"一带一路"建设标准化联通指引

非洲主要国家标准化管理体系

刘春卉　沈崇文　孙宇宁　等　著

U0224795

中国标准出版社

北 京

图书在版编目（CIP）数据

非洲主要国家标准化管理体系／刘春卉等著. —北京：中国标准出版社，2023. 10
ISBN 978 - 7 - 5066 - 9516 - 9

Ⅰ. ①非⋯　Ⅱ. ①刘⋯　Ⅲ. ①国家标准—标准化管理—管理体系—非洲　Ⅳ. ①T - 654. 01

中国版本图书馆 CIP 数据核字（2019）第 280529 号

中国标准出版社出版发行
北京市朝阳区和平里西街甲 2 号 （100029）
北京市西城区三里河北街 16 号 （100045）
网址：www. spc. net. cn
总编室：（010）68533533　　发行中心：（010）51780238
读者服务部：（010）68523946
中国标准出版社秦皇岛印刷厂印刷
各地新华书店经销

*

开本 787×1092　1/16　　印张 26　字数 592 千字
2023 年 10 月第一版　　2023 年 10 月第一次印刷

*

定价 130. 00 元

前　言

　　非洲是发展中国家最集中的大陆，大多数国家处于工业化初期阶段，对外来资金、设备、技术和管理经验有迫切的需求。中国的工业发展具有独特的优势，比如设备先进实用、技术成熟可靠、管理高效务实等。因此，越来越多的非洲国家认识到非洲的工业化进程需要中国的密切参与。2018年9月4日，中非合作论坛北京峰会期间国家主席习近平同非洲各国领导人就共建"一带一路"达成重要共识，一致同意将"一带一路"倡议同落实非洲联盟《2063年议程》《联合国2030年可持续发展议程》以及非洲各国发展战略进一步深入对接。《关于构建更加紧密的中非命运共同体的北京宣言》和《中非合作论坛——北京行动计划（2019—2021年）》明确指出，非洲是"一带一路"历史和自然的延伸，是重要参与方。中非双方将构建更加紧密的中非命运共同体。中非共建"一带一路"将为非洲发展提供更多资源和手段，拓展更广阔的市场和空间，提供更多元化的发展前景。

　　标准是国际贸易的"通行证"。中国作为"一带一路"建设的倡导者，通过发布《标准联通"一带一路"行动计划（2015—2017）》《标准联通共建"一带一路"行动计划（2018—2020年）》，从顶层设计到具体领域都做了战略部署，通过中国标准"走出去"推动"一带一路"共建国家互联互通，全面服务"一带一路"建设。但"一带一路"共建国家历史、地理、人文、宗教背景各不相同，标准发展历程、战略政策、体制机制、标准体系等各有特点，为了实现不同国家标准的联通和标准体系兼容，满足"一带一路"理念在非洲深入推进的需求，本书选取了涵盖北非、西非、中非、东非、南非五大区域中发展速度较快，与中国经贸往来、投资合作较多的非洲 19 个主要国家，对其标准化立法、标准化发展战略和政策、标准化机构、标准体系的特点、标准制修订、参与国际标准化活动等方面从多个维度进行分析和描述，尽可能真实地展现这些国家的标准化面貌。19 个国家包括：

北非：埃及、苏丹、阿尔及利亚；

西非：尼日利亚、塞内加尔、利比里亚、加纳；

中非：喀麦隆、赤道几内亚、刚果（布）；

东非：埃塞俄比亚、吉布提、肯尼亚、坦桑尼亚、乌干达、卢旺达；

南非：南非、安哥拉、莫桑比克。

为方便读者了解和掌握相关的标准信息，本书的附录部分收录了埃及国家标准目录。我们对这些标准按照专业领域进行了编排，标准状态的确认时间截至 2019 年 12 月 6 日。

本书作者撰写的具体章节如下：

刘春卉：第 1 章的 1.1，第 3 章；

沈崇文：第 1 章的 1.2 和 1.3，第 2 章；

旻苏：第 4 章，第 8 章，第 13 章；

宫轲楠：第 5 章，第 15 章，第 16 章，第 20 章；

陈银龙：第 6 章，第 9 章，第 10 章；

孙宇宁：第 7 章，第 11 章，第 12 章，第 14 章，第 18 章，第 21 章；

魏雪艳：第 17 章，第 19 章。

全书由刘春卉修改并统稿。

本书的出版得到了国家重点研发计划课题（编号：2016YFF0202903）和国家市场监督管理总局标准创新管理专项［编号：SAC（BC06）2019 - 062）］经费的资助。本项目领导组成员为中国标准化研究院李爱仙副院长，项目主要研究人员为汪滨、陈云鹏、刘春卉、于钢、计雄飞、旻苏、孙宇宁、沈崇文、张明、宫轲楠等，参与项目研究的还有于立梅、甘克勤、高燕、王霞、赵奇、李波、于志勇、滕慧玲、李燕、王静雅、李超、张继光、陆红、运耕涛、刘冰以及国家标准馆和中国标准化研究院标准信息研究所的各位同事。在本项目研究过程中，得到了国家市场监督管理总局标准创新管理司李玉冰副司长、郭晨光副司长、种栗处长和刘昕处长等领导，以及中国标准化研究院刘洪生院长、王宗龄书记、白殿一副院长和科技管理部余田主任、杨雪峰、王洋等领导和同事的大力支持和真诚帮助。在此全体作者对支持和帮助本书出版的人员表示诚挚的谢意。

鉴于我们对非洲主要国家标准化管理体系的研究工作还有待于进一步深入，加之时间和水平有限，纰漏和瑕疵在所难免，恳请读者提出宝贵意见，以便我们不断研究与探讨，持续改进与完善，更好地为社会各界服务。

著　者

2021 年 11 月

目　　录

第1章 概述

1.1 中非合作概况

非洲地域广阔,自然资源丰富,是全球发展中国家最集中的大陆,同时也是年轻人口最多、最具发展活力的经济体,部分非洲国家的经济增长速度位于全球领先位置,发展潜力巨大。

我国在中华人民共和国成立初期就与非洲结下了深厚的友谊。特别是近20年来,随着中国综合国力的不断增强,中国与非洲的合作关系变得愈发紧密。中非合作的主要特点可以概括为以下两个方面。

第一,中非政治互信和合作机制不断增强。自2000年成立中非合作论坛以来,中非双方建立了政治上平等互信、经济上合作共赢、文化上交流互鉴的新型战略伙伴关系。近20年来,双方共同制定并落实了一系列深化中非合作的重大举措,极大地促进了中非各领域友好合作关系的快速发展。中非政府间建立的经济贸易联合委员会、高级别指导委员会、联合工作组等经贸合作机制促进了双方合作的协调配合以及合作项目的实施落地。自2015年中非合作论坛约翰内斯堡峰会以来,中国全面落实约翰内斯堡峰会上确定的中非"十大合作计划",一大批铁路、公路、机场、港口等基础设施以及经贸合作区陆续建成或在建设之中,中非和平安全、科教文卫、减贫惠民、民间交往等合作深入推进。"十大合作计划"给中非人民带来了丰硕成果,展现出中非共同的创造力、凝聚力和行动力,将中非全面战略合作伙伴关系成功推向新的高度。

2018年9月4日,中非合作论坛北京峰会通过了《关于构建更加紧密的中非命运共同体的北京宣言》和《中非合作论坛——北京行动计划(2019—2021年)》,国家主席习近平在峰会上指出:中国和非洲将在"产业促进、设施联通、贸易便利、绿色发展、能力建设、健康卫生、人文交流、和平安全"八大领域展开深度合作,未来3年和今后一段时间重点实施"八大行动"。将共建"一带一路"同《联合国2030年可持续发展议程》、非盟《2063年议程》以及非洲各国发展战略对接起来,加强对中非关系发展的顶层设计,在更高水平上实现中非合作共赢、共同发展,壮大发展中国家整体力量,推动国际秩序向更加公正、合理方向发展。

第二,中非经贸合作不断深化和多元化。随着中非合作机制不断强化,中非间的贸易和投资不断增加,合作领域更加广泛,产业合作持续深化。中国自2009年起已连续10年保持非洲第一大贸易伙伴地位。截至2017年年末,中国企业在非洲地区的52个国家开展了投资,投资覆盖率约为86.7%,设立的境外企业超过3400家,占境外企业总数的8.7%。

中国政府鼓励中国企业加强对非洲产业投资的多元化发展，除建筑业和采矿业之外，还要扩大对非洲制造业、农业、金融服务、商贸物流和数字经济等传统及新兴领域的投资，支持非洲更好地融入全球和区域产业链。中国政府注重对非洲投资合作模式的创新，支持企业在非洲建立经贸合作区及产业园区，促进中国企业在非洲集群式投资合作。同时，中国政府还鼓励中国企业根据非洲发展战略和实际需求，在非方关注的能源、交通、信息通信、跨境水资源等重点领域，实施一批铁路、公路、港口、电力、电信等互联互通重点项目。此外，中国还将加强中非双方在重大项目规划科研、人才技术、管理运营等方面的合作，发挥援助和撬动作用。我国近年来提出的与基础设施有关的资金支持额度见表1-1。

表1-1 我国近年来提出的与基础设施有关的资金支持额度

地区	提出的时间与场合	资金支持额度
非洲	2006年中非合作论坛	30亿美元优惠贷款 20亿美元优惠出口买方信贷
	2009年中非合作论坛	100亿美元优惠性质贷款
	2012年中非合作论坛	200亿美元贷款额度
	2014年中非合作论坛	100亿美元贷款额度
	2015年中非合作论坛	50亿美元无偿援助和无息贷款 350亿美元优惠性质贷款及出口信贷额度
	2018年中非合作论坛	600亿美元支持：提供150亿美元的无偿援助、无息贷款和优惠贷款；提供200亿美元的信贷资金额度；支持设立100亿美元的中非开发性金融专项资金和50亿美元的自非洲进口贸易融资专项资金；推动中国企业未来3年对非洲投资不少于100亿美元。同时，免除与中国有外交关系的非洲最不发达国家、重债穷国、内陆发展中国家、小岛屿发展中国家截至2018年年底到期未偿还政府间无息贷款债务

1.2 非洲主要国家简况

本书选取与中国经贸往来较多的非洲19个主要国家，从近年来的经济贸易关系以及标准化发展现状两个方面进行信息收集、梳理和分析，用事实和数据判断这些国家与中国实现标准互联互通的可行性。这19个国家涵盖了北非、西非、中非、东非、南非五大区域中发展速度较快且与中国经贸往来、投资合作较多的主要非洲国家，具体包括：

- 北非：埃及、苏丹、阿尔及利亚；
- 西非：尼日利亚、塞内加尔、利比里亚、加纳；
- 中非：喀麦隆、赤道几内亚、刚果(布)；

- 东非：埃塞俄比亚、吉布提、肯尼亚、坦桑尼亚、乌干达、卢旺达；
- 南非：南非、安哥拉、莫桑比克。

此外，非洲大部分国家都曾受法国、英国、葡萄牙等西方国家的殖民统治，沿用了原宗主国的语言作为官方语言（见表1-2）。因此，非洲国家又可按官方语言划分为阿拉伯语区、法语区、英语区、葡萄牙语区、西班牙语区等。本书选取的19个国家包含了以上几个主要语言区域的重要国家，具体可分为：

- 阿拉伯语为官方语言的国家：埃及、苏丹、阿尔及利亚、吉布提；
- 法语为官方语言的国家：刚果（布）、卢旺达、喀麦隆、塞内加尔、赤道几内亚、吉布提、阿尔及利亚；
- 英语为官方语言的国家：利比里亚、加纳、尼日利亚、埃塞俄比亚、乌干达、坦桑尼亚、南非、肯尼亚、苏丹、喀麦隆；
- 葡萄牙语为官方语言的国家：莫桑比克、安哥拉、赤道几内亚；
- 西班牙语为官方语言的国家：赤道几内亚。

表1-2　19个非洲国家的官方语言及原宗主国

序号	国家	阿拉伯语	法语	英语	葡萄牙语	西班牙语	原宗主国
1	埃及	√					英国
2	苏丹	√		√			英国、埃及
3	阿尔及利亚	√	√				法国
4	尼日利亚			√			英国
5	塞内加尔		√				法国
6	利比里亚			√			英国
7	加纳			√			英国
8	喀麦隆		√	√			法国、英国
9	赤道几内亚		√		√	√	葡萄牙
10	刚果（布）		√				法国
11	埃塞俄比亚			√			无
12	吉布提	√	√				法国
13	肯尼亚			√			英国
14	坦桑尼亚			√			英国
15	乌干达			√			英国
16	卢旺达		√				法国
17	南非			√			英国
18	安哥拉				√		葡萄牙
19	莫桑比克				√		葡萄牙

1.3 非洲主要国家与中国的经贸关系

1.3.1 双边经贸协定

本书选取的 19 个国家是中国在非洲的传统友好国家和重要合作伙伴，中国与这些国家建交后，前后签署了经济贸易合作协定和投资保护协定。特别是近 20 年来，随着中国经济和生产力的不断提高，以及非洲国家在社会秩序稳定后投资营商环境的不断改善和对农业、制造业发展、基础设施建设的迫切需求，使得这些国家与中国的经贸关系不断加深，双方签署了一系列深化经济贸易合作的协定和实施纲领（详见表 1 - 3）。

表 1 - 3　19 个非洲国家与我国签署的合作文件一览表

序号	国家	签订年份（年）	合作文件概况
1	埃及	1955	《经济贸易协定》《投资保护协定》《关于对所得避免双重征税和防偷漏税协定》等一系列合作协定
		2012	《经济技术合作协定》《关于加强中埃农业技术研究示范基地合作的协议》《信息通信领域合作谅解备忘录》《环境合作谅解备忘录》《旅游合作执行计划》《中国国家开发银行股份有限公司对埃及国民银行2 亿美元授信协议》《中国国家开发银行股份有限公司与埃及科研部规划咨询合作框架协议》
		2016	《关于共同推进丝绸之路经济带和 21 世纪海上丝绸之路建设的谅解备忘录》《关于苏伊士运河走廊开发规划合作的谅解备忘录》《关于应对气候变化物资赠送的谅解备忘录》《2016—2018 年发展援助谅解备忘录》《经济技术合作协定》《关于埃及苏伊士经贸合作区二期的协定》《关于开展航空合作的谅解备忘录》《关于科学技术合作的谅解备忘录》等 21 项协议和项目合同
2	苏丹	1997	《关于鼓励和相互保护投资协定》《避免双重征税协定》
		2012	中国给予苏丹 95% 税目输华产品零关税待遇的换文
		2014	再次签署换文，将享受这一待遇的产品范围扩大至 97%
3	阿尔及利亚	1964/1979/1999	政府间贸易协定
		1982	成立经贸混委会的协定
4	尼日利亚	2001	《中华人民共和国政府和尼日利亚联邦共和国政府贸易协定》《中华人民共和国政府和尼日利亚联邦共和国政府相互促进和保护投资协定》
		2002	《中华人民共和国政府和尼日利亚联邦共和国政府关于对所得避免双重征税和防止偷漏税的协定》
		2006	《中华人民共和国和尼日利亚联邦共和国关于建立战略伙伴关系的谅解备忘录》
		2018	《中华人民共和国政府与尼日利亚联邦共和国政府关于共同推进丝绸之路经济带和 21 世纪海上丝绸之路建设的谅解备忘录》

表 1－3（续）

序号	国家	签订年份（年）	合作文件概况
5	塞内加尔	2008	中国给予非洲最不发达国家(含塞内加尔)442 项商品零关税待遇
		2009	双方签订成立双边经贸混委会的协定
		2015	受惠产品范围扩大至 97% 的商品
6	利比里亚	2006	利比里亚与中国签署协议，承认中国完全市场经济地位
		2012	中国政府单方面给予原产于利比里亚 95% 税目输华产品零关税待遇
		2015	中国政府同意单方面给予原产于利比里亚 97% 税目输华产品零关税待遇
7	加纳	—	经济技术合作协定、贸易协定和保护投资等多项协定，设有经贸联委会
8	喀麦隆	1972	《中华人民共和国政府和喀麦隆联合共和国政府贸易协定》
		1986	《中华人民共和国政府和喀麦隆共和国政府关于成立合作混合委员会协定》
		1999	《中华人民共和国国家出入境检验检疫局和喀麦隆共和国政府关于中华人民共和国向喀麦隆共和国出口商品装运前检验的协议》
		2014	《中华人民共和国政府和喀麦隆共和国政府关于相互促进和保护投资协定》
9	赤道几内亚	2015	《中华人民共和国和赤道几内亚共和国关于建立全面合作伙伴关系的联合声明》
		2004/2005	输华商品零关税待遇受惠商品范围由 190 个税目扩大至 442 个税目的换文
10	刚果(布)	1978	重新签订了双边贸易协定
		1984	中刚双边经贸混委会机制
		2014	签订了投资促进和保护协定
11	埃塞俄比亚	1971	《贸易协定》
		1996	《中华人民共和国政府和埃塞俄比亚联邦民主共和国政府贸易、经济和技术合作协定》
		1998	《中国与埃塞俄比亚相互促进与保护投资协定》
		2006—2014	双方签署了多个经济技术合作协定
		2013	《中华人民共和国政府和埃塞俄比亚联邦民主共和国政府经济技术合作协定》《中埃两国政府关于中国向埃塞俄比亚提供优惠贷款的框架协议》
		2018	《中华人民共和国政府和埃塞俄比亚联邦民主共和国政府关于援埃塞俄比亚紧急粮食援助项目的交接证书》《中华人民共和国政府和埃塞俄比亚联邦民主共和国政府关于中国向埃塞俄比亚提供混合贷款的框架协议》《中华人民共和国政府和埃塞俄比亚联邦民主共和国政府经济技术合作协定》

表 1 – 3（续）

序号	国家	签订年份（年）	合作文件概况
12	吉布提	1988	《中华人民共和国政府和吉布提共和国政府贸易协定》
		2003	《中华人民共和国政府和吉布提共和国政府关于鼓励促进和相互保护投资协定》
		2017	《中华人民共和国政府和吉布提共和国政府经济技术合作协定》
13	肯尼亚	1978/2001/2011	签署了《经济技术合作协定》《贸易协定》《投资保护协定》，建立了双边经贸混委会机制
14	坦桑尼亚	1985	《中华人民共和国政府和坦桑尼亚联合共和国政府关于成立经贸混委会的协定》
		2013	双方签署了基础设施建设、能源、通讯、农业、投融资、进口商品检疫等多个政府间以及企业和金融机构间合作文件
		2014	中国已单方面给予坦桑尼亚 97% 产品的进口免税待遇
15	乌干达	2004	《中华人民共和国政府和乌干达共和国政府关于相互促进和保护投资协定》
		2014	中乌两国政府完成对乌干达 97% 输华产品免关税换文
16	卢旺达	1972	两国政府签订贸易协定
		1983	两国签订关于成立经济技术贸易合作混合委员会协定，并于 1985 年 10 月、1988 年 5 月、1991 年 7 月、2000 年 5 月、2006 年 8 月、2009 年 7 月、2013 年 5 月分别在基加利和北京举行了 7 次混委会会议
		2014	双方签署关于我国给予卢方 97% 商品免关税待遇换文（2015 年 1 月 1 日开始实施）
17	南非	1997	《中华人民共和国政府和南非共和国政府关于相互鼓励和保护投资协定》
		1999	《关于成立两国经济贸易联合委员会协定》《贸易经济和技术合作协定》
		2000	《关于避免双重征税和偷漏税协议》
		2006	《关于促进两国贸易和经济技术合作的谅解备忘录》《中国和南非海关互助协定》
		2006	《中华人民共和国和南非共和国关于深化战略伙伴关系的合作纲要》
		2010	《中华人民共和国和南非共和国关于建立全面战略伙伴关系的北京宣言》
		2014	《中华人民共和国和南非共和国 5～10 年合作战略规划 2015—2024》
		2016	经济特区和工业园区合作谅解备忘录

表 1 - 3（续）

序号	国家	签订年份（年）	合作文件概况
18	安哥拉	1984	《中华人民共和国政府和安哥拉人民共和国政府贸易协定》
		1988	《中华人民共和国政府和安哥拉人民共和国政府成立中国和安哥拉政府经济、技术和贸易合作混合委员会的协定》
		2005	《中华人民共和国政府和安哥拉共和国政府能源、矿产资源和基础设施领域合作协定》
		2011	《中华人民共和国政府和安哥拉共和国政府在劳务领域的合作协定》
		2014	中国政府给予安哥拉97%输华产品免关税的换文
19	莫桑比克	1982	《中华人民共和国和莫桑比克人民共和国贸易协定》
		2001	《中华人民共和国政府和莫桑比克共和国政府关于鼓励促进和相互保护投资协定》
		2015	莫桑比克97%的输华商品享受零关税待遇
		2018	《中华人民共和国政府和莫桑比克共和国政府关于共同推进丝绸之路经济带和21世纪海上丝绸之路建设的谅解备忘录》

注："—"表示无法确认时间。

2018 年，中国提出"构建更加紧密的中非命运共同体"和将"一带一路"倡议与非洲联盟《2063 年议程》《联合国 2030 年可持续发展议程》以及每个非洲国家发展战略实现精准对接，得到了非洲国家的积极响应和参与。在 2018 年中非合作论坛北京峰会期间，有 37 个非洲国家与中国签署了共建"一带一路"政府间谅解备忘录。

在 19 个非洲国家中，除利比里亚、埃塞俄比亚、乌干达外，其余 16 个国家均已与中国建立了经济贸易联合委员会或经济技术贸易合作混合委员会的双边经贸磋商机制，定期或不定期召开双磋会议商讨双边经贸问题。另外，在这些国家中，阿尔及利亚、刚果（布）、埃塞俄比亚等国家已与中国建立了产能合作机制；乌干达等国家已与中国签署了基础设施合作协议；其中，埃及、苏丹、喀麦隆 3 个国家更是与中国开展了既有产能合作，又有基础设施合作的全面合作发展机制（见表 1 -4）。

表 1 - 4 中非经贸合作机制情况

序号	国家	与中国是否已建立双边经贸磋商机制/经贸联委会	与中国是否已建立产能合作机制	与中国是否已建立基础设施合作协议
1	埃及	√	√	√
2	苏丹	√	√	√
3	阿尔及利亚	√	√	—
4	尼日利亚	√	—	—
5	塞内加尔	√	—	—
6	利比里亚	—	—	—

表 1 - 4（续）

序号	国家	与中国是否已建立双边经贸磋商机制/经贸联委会	与中国是否已建立产能合作机制	与中国是否已建立基础设施合作协议
7	加纳	√	—	—
8	喀麦隆	√	√	√
9	赤道几内亚	√	—	—
10	刚果（布）	√	√	—
11	埃塞俄比亚	—	√	—
12	吉布提	√	—	—
13	肯尼亚	√	—	—
14	坦桑尼亚	√	—	—
15	乌干达	—	—	—
16	卢旺达	√	—	√
17	南非	√	—	—
18	安哥拉	√	√	√
19	莫桑比克	√	√	—

注："√"表示有，"—"表示无。

1.3.2 双边贸易

近年来，中国已成为大部分非洲国家最重要的贸易伙伴、进口来源国以及外资来源地（见表 1 - 5）。根据中国海关 2017 年中国和非洲国家间的贸易数据可以看出，中国与南非、安哥拉、尼日利亚、埃及、阿尔及利亚、加纳之间的贸易往来最为密切，双方贸易额远高于其他非洲国家；中国与南非的贸易额可占到我国与 19 个国家贸易总额的 30%。

另外，根据表 1 - 5 的数据可以看出，中国与大多数国家间的贸易是处于顺差地位的，中国向这些国家出口的商品以工业制成品为主，如机电产品、高新技术产品、车辆及零部件、电器、家具、纺织、服装等；而中国从这些非洲国家进口的商品以资源性产品为主，如矿物燃料、石油、橡胶、皮革、农产品等。除此之外，数据又显示出中国对安哥拉、刚果（布）和赤道几内亚 3 个国家处于贸易逆差，主要原因是这 3 个国家是中国在非洲重要的原油进口来源国。

1.3.3 投资合作

随着中非合作的持续深入，中国资本不断地注入非洲市场，中国企业在非洲的投资领域也在不断拓宽，从资源为导向的能源矿产开发领域，到基础设施、制造业、工业园建设、农产品加工领域，再到近年来的信息技术、房地产、物流、贸易投资便利化、金融领

表 1-5 2017 年中国和非洲国家间的贸易情况统计

单位：亿美元

序号	国家	双方贸易额	中国向非出口额	中国自非进口额	中国顺差/逆差额	中国出口商品	中国进口商品	双方贸易关系
1	埃及	108.27	94.87	13.40	81.47	工业制成品为主：机电产品、高新技术产品和纺织服装等	原油、液化石油气和农产品等	中国是埃及第一大进口来源国、第一大贸易伙伴
2	苏丹	27.73	21.59	6.14	15.45	机械器具、电气、皮革箱包、玻璃等	石油、木浆、可可等	中国已连续多年成为苏丹第一大贸易伙伴
3	阿尔及利亚	72.31	67.84	4.47	63.37	钢炉、机器机械、电机、电视、钢铁制品、车辆、服装、鞋靴、塑料等	矿物燃料、有机化学品、皮革、羊毛、动物毛皮等	中国为阿尔及利亚第五大贸易伙伴、第十大出口目的地国、第一大进口来源国
4	尼日利亚	137.80	121.60	16.20	105.40	电机、电气、锅炉、机械、车辆、铝制品、橡胶、塑料、纺织品等	矿物燃料、橡胶、可可、皮革、油籽、饲料、棉花等	中国是尼日利亚第二大贸易伙伴、中尼双边贸易额占中国与非洲贸易总额的比例为8.1%
5	塞内加尔	21.90	20.40	1.50	18.90	机电产品：机械、电器、家用电器、车辆、服装、金属制品等	农产品：花生及花生油、水产品、少量锰矿、砂、精矿、原木等	中国已成为塞内加尔第二大进口来源国
6	利比里亚	21.32	21.03	0.48	20.55	食品、衣帽鞋类、洁具、厨房用品、建材、车辆、工程机械、电子电器等	铁矿砂、矿渣、矿灰、橡胶、红木及原木	中国是利比里亚主要货物贸易伙伴
7	加纳	66.75	48.24	18.51	29.73	电机产品、纺织品、钢材等	原油、锰矿、可可豆等	中国已成为加纳第一大进口来源地和重要的贸易伙伴

表1-5（续）

单位：亿美元

序号	国家	双方贸易额	中国向非出口额	中国自非进口额	中国顺/逆差额	中国出口商品	中国进口商品	双方贸易关系
8	喀麦隆	19.45	13.89	5.56	8.33	机电产品、高新技术产品、鞋类、纺织纱线、织物及衣着附件、服装及水泥熟料、农产品、水泥熟料、汽车零配件、汽车等	原油、原木、锯材、棉花等	中国是喀麦隆第一大进口来源地和第二大出口目的地
9	赤道几内亚	16.15	1.65	14.50	-12.85	电机产品、钢铁制品、车辆、家具、塑料、服装等	原油、原木、盐、硫磺、土及石料等	中国是赤道几内亚主要贸易伙伴
10	刚果（布）	43.00	4.97	38.36	-33.39	电机产品、机械、棉花、纺织服装、陶瓷、高新技术产品等	原油、木材、咖啡、茶、盐、硫磺、土皮石料等	中国是刚果（布）第一大贸易伙伴、第一大出口目的地，刚果（布）是中国在非洲第二大原油进口来源国
11	埃塞俄比亚	30.23	26.65	3.58	23.07	轻工产品、高新技术产品、医药化工产品、机械设备、纺织品、机电产品等	芝麻、牛羊皮革、钽铌精矿、咖啡等	中国已成为埃塞俄比亚最大贸易伙伴、最大工程承包方和主要投资来源国
12	吉布提	21.76	21.76	0.0001	21.76	食品饮料、机械设备、电器产品、运输设备、金属制品、纺织品和鞋类等	—	中国是吉布提主要贸易伙伴
13	肯尼亚	52.03	50.36	1.67	48.69	电子类产品、服装和纺织纱线、钢铁及其制品、家具、塑料及其制品、车辆等	矿砂、农产品、皮革制品等	中国是肯尼亚的第一大贸易伙伴、第一大进口来源国、第一大投资来源国

表1-5（续）

单位：亿美元

序号	国家	双方贸易额	中国向非出口额	中国自非进口额	中国顺差/逆差额	中国出口商品	中国进口商品	双方贸易关系
14	坦桑尼亚	34.52	31.19	3.33	27.86	手机、电子家电、车辆、建筑材料、日用品等	矿产品、芝麻、腰果、棉花、木材、剑麻纤维、生皮和海产品等	中国是坦桑尼亚主要贸易伙伴、主要外资来源地
15	乌干达	8.11	7.77	0.34	7.43	机电产品、服装鞋类、医药品、电线电缆等	皮革、芝麻、咖啡、棉花、水产、羊毛等	中国已经成为对乌干达直接投资最多的国家
16	卢旺达	1.57	1.28	0.29	0.99	机电产品、音像设备、轻纺产品、车辆等	钽铌矿砂和钨矿砂等	中国是卢旺达第一大工程承包方、主要贸易国和投资国之一
17	南非	391.70	243.50	148.20	95.3	电机产品、纺织品、家具、鞋帽等制成品为主	资源性产品为主：矿砂、珠宝、钢铁、木浆、矿物燃料等	中国是南非第一大进口国和出口国
18	安哥拉	226.09	22.57	203.52	-180.95	汽车及零配件、家具产品、机电产品等	原油为主、矿物燃料、化工、木材等	中国是安哥拉第一大贸易伙伴、第一大出口目的地、第二大进口来源国
19	莫桑比克	18.34	13.07	5.27	7.80	电机产品、车辆配件、机械器具、鞋靴等	木材、矿砂、饲料、鱼类等	中国目前是莫桑比克最大投资来源国、主要贸易伙伴、基础设施项目最主要的融资方和建设者之一

注："—"表示无。

域，中国企业为非洲国家的现代化及经济发展提供了重要助力。

根据中国商务部统计，2017 年中国对这 19 个非洲国家的直接投资总额为 32.08 亿美元，其中，安哥拉、肯尼亚、南非、刚果（布）、苏丹是该年度中国直接投资最多的 5 个国家。截至 2017 年年末，中国对这 19 个国家累计投资额为 271.01 亿美元，其中南非、尼日利亚、安哥拉、埃塞俄比亚和阿尔及利亚是获得中国累计投资最多的 5 个目标国（见表 1 – 6）。

表 1 – 6   2017 年中国和非洲国家间的投资情况统计   单位：亿美元

序号	国家	直接投资额（2017 年）	累计投资额（2017 年）	当地中国企业数量/家	重点投资领域	工程承包领域
1	埃及	0.93	8.35	140	油气开采和服务、制造业、建筑业、信息技术产业以及服务业等	电力、电信、铁路、钻探工程等
2	苏丹	2.55	12.02	120	石油、农业、矿业、通讯业、建筑业、加工制造业、贸易、餐饮和医疗业等	港口、公路、桥梁、电力、水利等
3	阿尔及利亚	1.41	18.34	50	主要集中在油气、矿业领域	建筑工程、机场、高速公路、水坝等
4	尼日利亚	1.38	28.62	120	石油开采、经贸合作区建设、通讯广播、固体矿产资源开发、家电及车辆装配、食品饮料及桶装水生产、纺织品生产及加工、农业生产等	公路、铁路、电力、通信、航空、石油等
5	塞内加尔	0.65	2.14	>50	渔业、金属冶炼、花生加工、建材等	建筑、桥梁、管线等
6	利比里亚	0.40	3.2	20	产业分布在矿业、建筑业、林业、渔业和信息通信业等	公路、桥梁、电力、钢厂等
7	加纳	0.44	15.75	20	制造业、大宗贸易、旅游餐饮业、服务业	房建、供水、打井、供电、路桥、体育场、电信等
8	喀麦隆	0.88	4.24	50	工程承包、油气、矿产、橡胶、农业等	公路、港口、电站、房建、通讯、供水等
9	赤道几内亚	0.71	3.96	27	工程建设为主	承建电力、交通、住房、水利、电信等

表 1-6（续） 单位：亿美元

序号	国家	直接投资额（2017 年）	累计投资额（2017 年）	当地中国企业数量/家	重点投资领域	工程承包领域
10	刚果（布）	2.84	11.26	>30	工程建设、钾盐、油田、铜矿等	路桥、房建、水电、电信等
11	埃塞俄比亚	1.81	19.76	>45	天然气、纺织、制鞋、皮革、玻璃、水泥、汽车组装、工业园等	铁路、公路、通讯、电力、房建和水利灌溉等
12	吉布提	1.05	2.33	30	基础设施建设、物流运输、投资、能源开发等	铁路、路桥、水利、码头、自贸区建设等
13	肯尼亚	4.10	15.43	70	建筑、房地产、制造业等	路桥、铁路、灌溉水利等
14	坦桑尼亚	1.32	12.80	>40	矿业、水泥、剑麻、工业园等	路桥、道路升级改造、房建、机场、港口、供水等
15	乌干达	0.79	5.76	500	能源矿产开发、贸易、数字电视运营、农业开发、皮革加工、鞋类及塑料产品制造、钢铁等建材生产和酒店等	道路、房建、水利、水电、输变电、通讯、石油化工等
16	卢旺达	0.10	0.9925	>20	通讯电子、建筑、基础设施、数字电视等领域；主要从事修路、建筑、农田整治、工程咨询、通讯、数字电视、手机装配等业务活动	水利水电、房建、道路修复升级等
17	南非	3.17	74.73	180	矿业、化工、金融业、制造业、房地产业、传媒、运输、信息通信、房地产开发、饮料、农业和新能源等	矿业、电信、物流等
18	安哥拉	6.38	22.60	>200	建筑、商贸、地产和制造业等	能源电力、港口机场、公路铁路、市政供水、医院学校、社会住宅、工业园区等
19	莫桑比克	1.17	8.73	100	农业、能源、矿产、房地产开发、酒店、汽车装配、零售业等	公路、房建、矿区机械作业等

　　根据中国驻非洲 19 国使馆经商处统计，约有 1800 家中资企业机构在这些国家中开展经贸活动。其中，中国企业在工程承包领域处于绝对的领先地位，是很多非洲国家新兴基础设施项目中最主要的融资方和建设者。

　　本章介绍了中国与非洲 19 个重点贸易国家近年来的经贸合作情况。通过整理双边签署的经贸协定，以及列举 2017 年度双边经贸、投资的相关数据，可以比较清晰地了解中国与非洲 19 国各国的贸易结构和投资环境。从数据可知，中国目前已成为非洲国家最重要的贸易伙伴、进口来源国以及外资来源地之一，是非洲国家基础设施项目的重要参与者与建设者。但与此同时，我们也认识到虽然中国与非洲之间的贸易往来十分密切，但因为种种原因，如历史原因、语言原因、文化原因等，非洲国家在标准方面更倾向于采用欧美发达国家的标准，特别是原宗主国的标准。中国企业如果想在非洲国家当地项目中使用中国标准，将会遇到较大的障碍与阻力。因此，标准互联互通迫在眉睫。

第2章 非洲标准化组织

2.1 非洲标准化组织的发展简况

非洲标准化组织（African Organisation for Standardisation，ARSO）原名非洲地区标准化组织（African Regional Organisation for Standardisation），是由非洲统一组织（Organization of African Unity，OAU）［现名为非洲联盟（African Union，AU）］和联合国非洲经济委员会（United Nations Economic Commission for Africa，UNECA）于 1977 年在加纳首都阿克拉组成的非洲政府间标准机构。这是一个政府间组织，主要目的是促进非洲的标准化、质量管理和产品合格认证工作的发展；制定非洲地区标准（African Regional Standard，ARS）；协调成员国参加国际标准化活动，在本地区建立标准及与标准有关活动的文献和情报系统。对于已有 ARS 的产品，拟订和协调非洲地区的标准计划，进行相互承认或多边承认的认证工作。成员国包括埃及、埃塞俄比亚、加纳、科特迪瓦、肯尼亚、利比里亚、几内亚、利比亚、马拉维、毛里求斯、尼日利亚、尼日尔、塞内加尔、苏丹、多哥、突尼斯、喀麦隆、坦桑尼亚、乌干达、上沃尔特、扎伊尔和几内亚比绍。

20 世纪 70 年代，非洲大多数国家对于设立大陆级别标准化机构的构想持积极乐观的态度，这种积极的态度是泛非视标准化为非洲经济一体化议程的命运和基石、为促进非洲经济与世界联动以及协同推进非洲共同市场的必经之路的共同观点，是泛非团结和自力更生的表现。正是在这种条件下，1977 年 1 月 10 日—17 日，在联合国非洲经济理事会和非洲统一组织的主持下，非洲各国政府在加纳首都阿克拉参与了首次 ARSO 会议，并审议了 ARSO 的第一部章程。该会议制定了 ARSO 的任务，即通过标准化、计量和合格评定程序加速非洲经济一体化，并由 17 个非洲国家代表在以下 7 个组织出席会议的情况下签署。这 7 个组织分别是：非洲经济理事会（Economic Commission for Africa，ECA）、国际标准化组织（International Organization for Standardization，ISO）、国际电工委员会（International Electrotechnical Commission，IEC）、联合国工业发展组织（United Nations Industrial Development Organization，UNIDO）、阿拉伯标准化与计量组织（Arab Standardization and Metrology Organization，ASMO）、国际法制计量组织（International Organization for Legal Metrology，OIML）和非洲铁路联盟（Union of African Railways，UAR）。

ARSO 的根本宗旨是发展制定标准、统一标准的工具，并通过贯彻执行这一主旨提高非洲内部的贸易能力、增加非洲产品和服务在全球的竞争力、提高非洲用户的福利。为实现这一愿景，ARSO 力图协调统一国家和/或区域的标准为非洲标准，并为此向成员机构提出必要的建议、发起并协调非洲标准的制定、鼓励并推动国际标准的采用、协调其成员在 ISO、IEC、OIML、国际食品法典委员会（CAC）和其他国际组织对于标准化活动的观点。

ARSO 成员国占非洲国家的 2/3，是非洲规模最大、最具影响力的区域标准化组织。自 20 世纪 70 年代 ARSO 成立以来，在优化机构设置、精简组织管理、确立标准协调过程等方面作出了许多努力，力求实现其"成为促进贸易和商业发展的顶级标准化机构"的愿景。在标准及相关文件的协调方面，其制定程序与国际标准化机构接轨，以保证协调标准在制定、传播及采用等方面及时有效。为积极应对政治、经济技术等因素带来的挑战，紧跟全球贸易的最新进展，ARSO 最新的战略框架在体系建设、统筹协调、组织管理、合作发展 4 个方面提出了目标分解与任务部署，以期通过标准化促进非洲各成员国乃至世界贸易的发展。

2.2 非洲标准化组织的管理机制

ARSO 总部最早设立于加纳，后因加纳国内政治动荡迁至肯尼亚，并由肯尼亚政府通过肯尼亚标准局（Kenya Bureau of Standards，KEBS）主持，在 1981 年肯尼亚政府与 ARSO 签署了总部协议。协议第二条第 1 款（a）项规定：非洲地区标准化组织总部应设立在肯尼亚内罗毕。（b）项规定：ARSO 的常设总部应设在总部所在地，ARSO 决定撤除总部。除非 ARSO 有明确决定，任何情况下总部的临时转移不代表常设总部的撤除。

ARSO 的组织架构主要包括大会（General Assembly）、理事会（Council）及中央秘书处（Central Secretariat）。大会是 ARSO 的最高权力机关，由成员机构提名的代表按照议事规则正式召开会议，通常每年至少召开 1 次。理事会由主席和 12 个成员机构的代表组成。理事会负责管理 ARSO 的政策及活动，并将 ARSO 的活动传达给成员机构（每年）及大会（每会期）。主席负责主持大会及理事会，并在大会上递交理事会的提议及决定。副主席和财务主管由理事会选举产生。2016—2019 年 ARSO 理事会成员分别来自津巴布韦（主席）、突尼斯（副主席）、布基纳法索（财务主管）、博茨瓦纳、喀麦隆、刚果民主共和国、加纳、肯尼亚、尼日利亚、卢旺达、南非、苏丹和坦桑尼亚。

中央秘书处由秘书长、ARSO 员工及国家标准机构的成员组成。中央秘书处负责处理理事会和大会指定的任务，包括 ARSO 所有计划和活动的日常运行管理、调度和推进工作。中央秘书处还负责与各会员国、区域经济共同体、非洲联盟、国际标准化机构及合作伙伴、捐助者、政府部门等所有 ARSO 的利益相关方进行联络通信工作。

ARSO 的成员资格向所有非洲国家开放，需向管理标准和质量的标准机构或相应部门申请后获得，目前共有 36 个成员国。这些成员国的代表团组成 ARSO 技术协调理事会，负责参与大会并批准理事会的决定，向各类计划和活动提供经费（见表 2 - 1）。

表 2 - 1 36 个 ARSO 成员国

序号	国家	标准化组织外文名称及简称	标准化组织中文名称	网站
1	贝宁	Agence Béninoise de Normalisation et de Gestion de la Qualité Immeuble Trinité （ABENOR）	贝宁标准化和质量管理局	—

表 2 - 1（续）

序号	国家	标准化组织外文名称及简称	标准化组织中文名称	网站
2	布基纳法索	Agence Burkinabé de Normalisation, de la Métrologie et de la Qualité（ABNORM）	布基纳法索标准化、计量和质量局	—
3	博茨瓦纳	Botswana Bureau of Standards（BOBS）	博茨瓦纳标准局	www. bobstandards. bw
4	喀麦隆	Standards and Quality Agency（ANOR）	标准及质量局	www. anorcameroon. info
5	刚果共和国	Projet Centre de normalisation et de la gestion de la qualite industrielle（PCNGQI）	工业质量管理和标准化项目中心	—
6	科特迪瓦	l'Organisme National de Normalisation et de Certification de la Côte d'Ivoire（CORDINORM）	科特迪瓦国家标准化和认证局	www. codinorm. org
7	刚果民主共和国	Office Conglais De Controle（OCC）	中央控制办公室	www. occ - rdc. cd
8	埃及	Egyptian Organization for Standardization & Quality（EOS）	埃及标准化和质量局	www. eos. org. eg
9	埃塞俄比亚	Ethiopian Standards Agency（ESA）	埃塞俄比亚标准局	www. ethiostandards. org
10	加蓬	Agence De Normalisation et de Transfert de Technologies（ANTT）	标准化和技术转让局	—
11	加纳	Ghana Standards Authority（GSA）	加纳标准局	www. gsa. gov. gh
12	几内亚	Institut Guinéen de Normalisation et de Métrologie（IGNM）	几内亚标准化和计量研究所	—
13	几内亚比绍	Direcçao de Serviços de Norma-lizaçao e Promoçao da Qualidade（DSNPQ）	标准化和质量促进司	—
14	肯尼亚	Kenya Bureau of Standards（KEBS）	肯尼亚标准局	www. kebs. org
15	利比里亚	Liberia Division of Standards（LDS）	利比里亚标准司	www. moci. gov. lr
16	马达加斯加	Le Bureau de Normes de Madagascar（BNM）	马达加斯加标准局	www. bnm. mg

表 2 - 1（续）

序号	国家	标准化组织外文名称及简称	标准化组织中文名称	网站
17	马拉维	Malawi Bureau of Standards（MBS）	马拉维标准局	www. mbsmw. org
18	毛里求斯	Mauritius Standards Bureau（MSB）	毛里求斯标准局	www. msb. intnet. mu
19	纳米比亚	Namibian Standards Institute（NSI）	纳米比亚标准研究所	www. nsi. com. na
20	尼日尔	Agence Nationale de Vérification de Conformité aux Normes（AVCN）	国家标准符合性检验局	—
21	尼日利亚	Standards Organization of Nigeria（SON）	尼日利亚标准局	www. son. gov. ng
22	卢旺达	Rwanda Standards Board（RSB）	卢旺达标准局	www. rwanda - standards. org
23	塞内加尔	Association Sénégalaise de Normalisation（ASN）	塞内加尔标准化协会	www. asn. sn
24	塞舌尔	Seychelles Bureau of Standards（SBS）	塞舌尔标准局	www. seychelles. net/sbsorg
25	塞拉利昂	Sierra Leone Standards Bureau（SLSB）	塞拉利昂标准局	www. slstandards. org
26	南非	South African Bureau of Standards（SABS）	南非标准局	www. sabs. co. za
27	南苏丹	South Sudan National Bureau of Standards（SSNBS）	南苏丹国家标准局	www. ssnbs. net
28	苏丹	Sudanese Standards & Metrology Organization（SSMO）	苏丹标准和计量组织	www. ssmo. gov. sd
29	利比亚	Libyan National Center for Standardization and Metrology（LLNCSM）	利比亚国家标准化和计量中心	www. lncsm. org. ly
30	斯威士兰	Swaziland Standards Authority（SWASA）	斯威士兰标准局	www. swasa. co. sz
31	坦桑尼亚	Tanzania Bureau of Standards（TBS）	坦桑尼亚标准局	www. tbs. go. tz

表 2 - 1 （续）

序号	国家	标准化组织外文名称及简称	标准化组织中文名称	网站
32	多哥	De la Métrologie Industrielle et de la Promotion de la Qualité	工业计量与质量提升	—
33	突尼斯	National Institute for Standardization and Industrial Property （INNORPI）	国家标准化和工业产权研究所	www. innorpi. tn
34	乌干达	Uganda National Bureau of Standards （UNBS）	乌干达国家标准局	www. unbs. go. ug
35	赞比亚	Zambia Bureau of Standards （ZABS）	赞比亚标准局	www. zabs. org. zm
36	津巴布韦	Standards Association of Zimbabwe （SAZ）	津巴布韦标准协会	www. saz. org. zw

注："—"表示无法确定。

2.3 非洲标准化组织的标准体系

ARSO 通过制定统一标准，在推进非洲产业化、扩大非洲内部贸易和促进非洲国家经济一体化等诸多方面发挥着重要作用。当前世界大部分地区致力于解决贸易技术壁垒问题，并通过制定统一的标准和技术规范来实现区域合作。因此，为了实现非洲地区标准体系的统一，ARSO 将关于产品和服务的协调标准推广给非洲国家和地区使用，认真完成《拉各斯行动计划》中关于非洲经济发展、非洲经济共同体签订的条约及非洲联盟各项文件的要求。

ARSO 根据非洲标准协调模式（ASHAM）将区域标准协调为非洲标准。为此，ARSO 制定了《ASHAM 协调程序手册》（ASHAM Harmonisation Procedure Manual，ASHAM - SHPM），并由 ARSO 技术管理委员会（Technical Management Committee，TMC）负责协商区域标准的协调工作。根据《ASHAM 协调程序手册》，标准协调程序分为以下 6 个阶段：预备阶段（preliminary stage）、提案阶段（proposal stage）、准备阶段（preparatory stage）、委员会阶段（committee stage）、询问阶段（enquiry stage）和批准阶段（approval stage）。若所需协调标准是已发布的国际标准（ISO/IEC），那么可直接从对应 THC/SC 负责的询问阶段开始。此外，ARSO 还建立了 13 个技术协调委员会（Technical Harmonization Committees，THCs），以通过执行 ASHAM 作为实现 ARSO 战略框架目标的基础，推进非洲特定领域下标准的统一。这 13 个技术协调委员会分别是：

- ARSO/THC01 基本和通用标准；
- ARSO/THC02 农业和食品；
- ARSO/THC03 建筑及土木工程；
- ARSO/THC04 机械工程及冶金；
- ARSO/THC05 化学与化学工程；

- ARSO/THC06　电子工程；
- ARSO/THC07　纺织品和皮革；
- ARSO/THC08　交通和通信；
- ARSO/THC09　环境管理体系；
- ARSO/THC10　能源和自然资源；
- ARSO/THC11　质量管理体系；
- ARSO/THC12　服务；
- ARSO/THC13　非洲传统医药。

根据"ARSO 非洲标准目录"（Catalogue of African Standards，CEAS），目前 ARSO 共有协调标准 835 项，以英语和法语两种语言发布。

2.4　非洲标准化组织的标准化战略

ARSO 的目标是协调非洲标准及合格评定程序，减少贸易技术壁垒，从而促进非洲内部及国际间的贸易发展，加速非洲工业化。为实现这一目标，ARSO 提出了 2012—2017 年战略框架，在体系建设、统筹协调、组织管理、合作发展方面设定了 4 个战略目标。在体系建设方面，建立支持健全的规章制度的标准协调体系；在统筹协调方面，积极传播协调标准和准则，支持非洲内部与国际贸易及工业化；在组织管理方面，加强 ARSO 工作管理能力，促进本组织的可持续发展；在合作发展方面，促进成员和其他利益相关方积极参与。为确保战略目标合理有效的执行，框架还对目标设置进行了量化，将目标分解为子目标及对应的支撑活动，并设置责任方、关键业绩指标（KPI）及预算以便于目标的考核（具体实施计划见表 2 - 2）。框架通过促进非洲大陆、区域和国家在政策、标准协调及规章制度方面的合作，以期实现对内推动非洲经济发展、对外提高非洲市场的形象和地位的目标，使非洲更大程度地参与全球贸易活动，更好地迎接全球经济秩序的挑战，在加快非洲工业化进程的同时，提高非洲人民的生活条件。

表 2 - 2　ARSO 战略框架具体实施计划

战略目标	策略	活动	责任方
战略目标 1：建立支持健全的规章制度的标准协调体系	根据利益相关方的需要，与 OAU、UNECA、非洲认可合作组织（AF-RAC）、非洲电气标准理事会（AFSEC）、非洲区域计量组织（AFRIMETS）、区域经济共同体（RECs）、国家标准机构密切合作，建立非洲标准化体系	为非洲国家制定总体质量方针	ARSO 中央秘书处
		与泛非质量基础机构和其他类似组织建立合作框架	ARSO 中央秘书处、ARSO 理事会
		为非洲国家制定总体技术法规框架	ARSO 中央秘书处
		培养非洲标准化能力	ARSO 中央秘书处、国家标准化机构
		制定协调标准推广使用非洲咨询委员会（African Advisory Committee）竞争性工具（AACCT）及非洲标准协调模型（ASHAM）	ARSO 中央秘书处、OAU/非洲联盟理事会、国家标准化机构

表 2 - 2（续）

战略目标	策略	活动	责任方
战略目标 1：建立支持健全的规章制度的标准协调体系	建立协调体系，支持非洲经济可持续发展，加速基础设施发展，强调互连性、可靠性和成本效率	建立标准协调项目理事会和技术协调理事会（THC）	ARSO 中央秘书处、国家标准化机构
		制定年度 THC 会议日历并就标准协调定期举行 THC 会议	ARSO 中央秘书处、国家标准化机构
		在以下领域协调和制定可持续性标准、参考和准则：a. 农业；b. 渔业；c. 旅游业；d. 林业；e. 矿业；f. 纺织品和皮革；g. 食品保障、安全和营养；h. 环境和气候变化	ARSO 中央秘书处、国家标准化机构、OAU
		在以下领域协调基础设施发展的标准：a. 能源和可再生能源；b. 建筑施工；c. 运输系统	ARSO 中央秘书处、国家标准化机构、OAU
	建立技术性贸易壁垒（TBT）识别、监测和解决体系	在区域经济共同体水平制定 TBT 分类和鉴定标准	ARSO 中央秘书处
		建立与区域经济共同体非关税壁垒机制合作的框架 将私营部门标准简化为非洲统一标准，促进非洲私营部门和中小企业的发展	ARSO 中央秘书处、国家标准化机构
战略目标 2：传播协调标准和准则，支持非洲内部与国际贸易及工业化	有效的沟通策略	制定目标群体特定的沟通/拓展材料	ARSO 中央秘书处、国家标准化机构联络办公室负责人
		组织关于标准利用的研讨会和讲习班，重点关注中小企业、民间团体和消费者组织	ARSO 中央秘书处、国家标准化机构
		参加展会	ARSO 中央秘书处、国家标准化机构联络办公室负责人
		参加开放日和世界标准、计量、认证、质量日	ARSO 中央秘书处、国家标准化机构
		在国家标准化组织和利益相关者通讯简报中发表文章	ARSO 中央秘书处、国家标准化机构
		更新 ARSO 网站并创建链接利益相关者网站	ARSO 中央秘书处

表 2-2（续）

战略目标	策略	活动	责任方
战略目标2：传播协调标准和准则，支持非洲内部与国际贸易及工业化	建立有效的知识管理系统	自主或与合作伙伴组织关于标准化和合格评定系统的定向培训（国家标准机构、英国标准学会、欧盟、韩国技术标准院、德国联邦物理技术研究院、联合国环境规划署、联合国工业开发组织、瑞典国际发展合作署、挪威发展援助署等）	ARSO 中央秘书处、国家标准机构
		制定标准，协助国家标准机构利用立法产生可持续资源	ARSO 中央秘书处
		与消费机构和消费者咨询理事会（CAB）建立联系	ARSO 中央秘书处、ARSO 办公室
		开发针对非洲标准专家、认证登记审核员、认证专家、环境专家、合格评定专家的数据库	ARSO 中央秘书处、国家标准机构
		建立非洲标准及相关工具的数据库	ARSO 中央秘书处、国家标准机构
		制定和更新协调标准的基于网络的数据库	ARSO 中央秘书处
战略目标3：加强ARSO 工作管理能力，促进本组织的可持续发展	建立有效的休假计划	制定与战略计划活动挂钩的工作计划、方案和具体职权范围	ARSO 中央秘书处
		与国家标准机构和其他利益相关方开展联合计划，以提高工作人员在标准化和合格评定系统方面的知识	ARSO 中央秘书处、国家标准机构
	将国家标准机构和区域经济共同体专家与私有标准开发人员建立有效的联系	建立包括国家标准机构专家、区域经济共同体和/或部门专家的标准项目理事会	ARSO 中央秘书处、国家标准机构、区域经济共同体
		建立联合机制，在协调基于私有标准的标准时将私有标准纳入共识形成过程	ARSO 中央秘书处、国家标准化机构
	实施质量管理体系	建立质量管理体系	ARSO 中央秘书处
		提升 ARSO 人力资源能力	ARSO 中央秘书处、ARSO 理事会
		办公室基础设施升级，如升级信息通信技术设备及购买软件	ARSO 中央秘书处、ARSO 理事会
	ARSO 总部常设办事处	肯尼亚共和国政府为 ARSO 总部提供常设办公	ARSO 中央秘书处、ARSO 理事会、KEBS

表 2 - 2（续）

战略目标	策略	活动	责任方
战略目标 4：促进成员和其他利益相关方积极有效的参与	为成员国参与 ARSO 活动制定框架	在国家标准机构开展差距和能力分析以及需求评估	ARSO 中央秘书处、国家标准化机构
		制定和开展针对国家标准机构特定利益相关方的联合培训材料	ARSO 中央秘书处、国家标准化机构
		与区域经济共同体建立关于标准和合格评定协调的论坛	ARSO 中央秘书处、ARSO 理事会
		协调国家标准机构在协调活动中的作用	ARSO 中央秘书处
		在国家标准机构和区域经济共同体建立协调 ARSO 活动的框架	ARSO 中央秘书处
		组织开展联合定向研讨会和论坛	ARSO 中央秘书处、ARSO 理事会
		在成员国内制定有针对性的白皮书、政策简报	ARSO 中央秘书处
	增加会员	加强章程和程序规则的实施	ARSO 中央秘书处、国家标准化机构
		制定关于设立并优化国家标准机构运行的准则	ARSO 中央秘书处
	为定期互动和有效支持体系制定明确的参与框架	参与将 ARSO 纳入为非洲联盟理事会组织架构以及与非洲发展新伙伴关系计划（NEPAD）合作的过程	ARSO 中央秘书处、ARSO 理事会、非洲联盟理事会
		与利益相关者建立有效的沟通系统，使 ARSO 能够参与政策项目及计划活动	ARSO 中央秘书处
		制定联合计划和建议以确保发展合作伙伴的支持，在其任务范围内使用外包专家开发工具（标准、合格评定程序、参考指南）	ARSO 中央秘书处
		与研究机构建立联系以促进标准化、研究创新与自主研发现有技术等方面的合作，以标准化为工具促进非洲创新领域的市场准入	ARSO 中央秘书处、ARSO 理事会

第3章 埃及标准化研究

3.1 埃及标准化概况

埃及在 1953 年废除君主制成立阿拉伯埃及共和国后就积极参与国际贸易活动和标准、质量的基础建设，于 1957 年成立了埃及标准化组织（Egyptian Organization for Standardization，EOS）。此后，EOS 不断发展壮大，拓展业务范围，依法制定和发布标准，从事各类质量控制活动、合格评定（测试与发证）、产品的测试和工业计量活动。1995 年 6 月，埃及加入世界贸易组织（WTO），及时向 WTO 通报国内的标准与合格评定的发布情况。近年来，EOS 吸引外资加快本国标准化基础建设，积极参与区域和国际标准化活动，通过协调本国标准与国际标准，在提升埃及产品的质量、增强其国内和国际市场竞争力、推动埃及产品的国际贸易、保护埃及国家和消费者利益以及保护环境方面发挥了巨大作用。

3.2 埃及标准化工作机制

3.2.1 埃及标准化管理机构

EOS 是埃及负责标准化、质量管理和工业计量的唯一官方和主管部门，现为埃及国家贸易与工业部管理的政府机构。EOS 的前身是于 1957 年根据标准化法和第 2 号总统令成立的埃及标准化组织，其主要职责是负责全国与标准化、计量和质量有关的事务，并于当年成为 ISO 的正式成员。1979 年埃及新标准化法颁布后，根据第 392 号总统令，在 EOS 下又组建了质量控制中心，使 EOS 的职能范围得以扩大，并更名为埃及标准化与质量控制组织（Egyptian Organization for Standardization and Quality Control）。2005 年根据第 83 号总统令，更名为目前的埃及标准化与质量组织，但是其缩写 EOS 一直沿用。

EOS 的主要业务机构包括两个部分：一是标准化中心，二是质量控制中心。其中，标准化中心的主要工作是制定标准、参加并管理标准化技术委员会的工作、参与国际标准化活动、提供标准化方面的咨询服务等；质量控制中心的职责主要是材料和产品测试以及工业计量服务等。

EOS 的活动由理事会负责，理事会主席由 EOS 的局长兼任，由总统授权并经总理每年任命 1 次。EOS 的主要职能包括制定和发布埃及标准；对强制性认证产品发放认证标志和质量许可；为企业提供标准化咨询服务、产品检测、仪器校准；开展实验室检测工作；

提供标准化及相关业务知识培训；代表埃及参加国际和区域性标准化活动；承担埃及WTO/TBT 咨询点的工作等。EOS 的主要目标是提高埃及产品质量，提升埃及产品在国际和国内市场上的竞争力，保护消费者，保护环境。

3.2.2 埃及标准技术机构

根据《埃及标准化法》的规定，只有 EOS 能够制定标准，其他部门和企业可以制定类似标准的规范（Specification）或技术规范性文件，但不得与埃及国家标准冲突或抵触。

EOS 通过技术委员会（TC）负责编制埃及国家标准，承担 TC 秘书处的工作，指导相关的技术研究，跟踪标准草案编写所涉及内容要求的实验室测试等工作。EOS 每年制定标准计划，由技术委员会组织起草工作并征求各利益相关方的意见，在协调一致后，提交到 EOS 理事会，由其批准发布实施（强制性标准除外）。EOS 还负责协调解决标准起草过程中各部门间的意见分歧。倘若仍有争议，可通过内阁会议协调。

EOS 技术委员会由各个领域（工业、技术、监管、科研）的专家及消费者组成，具体分类如下。

（1）A——技术委员会

技术委员会的分布情况如下：
- 工程业领域，含 45 个技术委员会；
- 化学工业领域，含 33 个技术委员会；
- 食品业领域，含 29 个技术委员会；
- 纺织业领域，含 11 个技术委员会；
- 环境委员会；
- 质量委员会；
- 测量领域（机械、物理、电力），含 21 个技术委员会；
- （通信信息、医疗器械、安全系统）领域，含 7 个技术委员会；
- 文献工作委员会；
- 负责利用计算机规范使用阿拉伯文的委员会。

（2）B——综合委员会

综合委员会涉及以下 5 个领域：工程、食品、纺织、化学和测量。

（3）C——对口国际委员会

国际委员会对口情况如下：
- 对应 ISO TC 176 的质量管理体系委员会；
- 对应 ISO TC 207 的环境管理体系委员会；
- 食品工业领域的国际食品法典委员会（CAC）；
- 埃及消费者保护国际委员会；
- 与国际可持续采购委员会对应的技术委员会；
- ISO CASCO 合格评估体系委员会；
- 与国际反行贿委员会对应的技术委员会。

3.3 埃及国家标准体系

EOS 主要制定原材料、产品、检测方法、符号和术语、量和单位、测量仪器的校准和验证等方面的标准。埃及标准以自愿性标准为主，强制性国家标准数量较少，只涉及安全、环保、健康和消费者保护等方面，其数量约为国家标准总量的9%。

3.3.1 标准数量

截至 2016 年年初，埃及约有 10509 项国家标准。这些标准分布在工程、化学、食品、纺织、计量、文献与信息六大类中，具体数量分布见表 3 - 1。

表 3 - 1 埃及标准数量统计

类别	数量/项	类别	数量/项
工程	3035	纺织	1425
化学	2606	计量	1352
食品	1994	文献与信息	97

3.3.2 标准类别

埃及自愿性国家标准由 EOS 负责发布，而强制性国家标准则由 EOS 的主管部门（目前为国家贸易与工业部）以部长令的形式颁布。埃及国家标准的代号是 ES，标准编号方式为：ES + 序号 + 发布年代，例如：ES 6035 - 2015。每项埃及国家标准都有自己的版本类型，分别对应不同的出版发布状态，详见表 3 - 2。

表 3 - 2 埃及国家标准版本状态类型说明

版本类型	状态
新发布	第一次颁布
整体修订	对标准的绝大部分条款进行了修订，并且重新发布。发布时保留了标准编号，但变更了发布日期
部分修订	修订了标准的部分条款，修订内容说明将添加到原标准中，但标准编号及发布日期都不改变
更新	标准经审查后内容不做修改，标准编号不变而发行日期改变
撤销	撤销了之前发布的标准，使用新的标准对其予以取代
原语种采用	采用国际标准时不改变其原来的语言，也不对其进行任何修订。但使用埃及标准编号对其进行重新编号，并更换了发布日期

3.3.3　标准的实施与查询

在埃及，企业自愿采用非强制的国家标准，但必须执行强制性国家标准。政府不直接干预企业的标准化活动，只是对强制性国家标准的执行情况进行监督检查，由贸易与工业、卫生等有关部门执行。

3.3.4　标准的活跃程度

截至 2016 年 9 月，EOS 公布的埃及国家标准共 10501 项，其中 1231 项已废止，废止标准占比达到 12%。如图 3 - 1 所示，埃及国家标准标龄在 5 年内的现行标准的数量占比为 18.75%，现行标准标龄为 6 ~ 13 年的标准数量占 78%，现行标准标龄在 13 年以上的标准数量仅占 3.25%。从发布年代看，2005—2008 年埃及国家标准发布的现行标准数量约占总标准数量的 70%；1991 年以前制定的现行标准已经所剩无几。

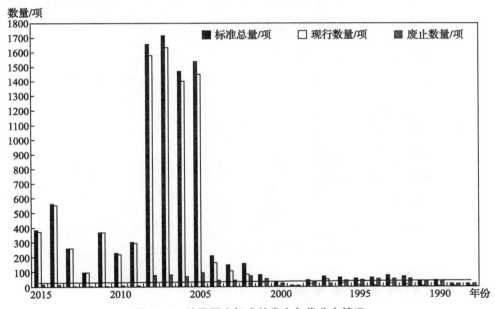

图 3 - 1　埃及国家标准的发布年代分布情况

3.3.5　强制性国家标准分布情况

按照标准实施的约束力，埃及国家标准分为强制性（Obligatory）国家标准和自愿性（Not Obligatory）国家标准。截至 2016 年 9 月，EOS 公布的现行强制性国家标准共 987 项。专业领域分布见图 3 - 2，其中化工领域 263 项、工程领域 416 项、食品领域 256 项、计量领域 22 项、纺织领域 30 项、文献信息领域 0 项。埃及国家标准目录详见本书附录。

3.3.6　自愿性国家标准分布情况

截至 2016 年 9 月，EOS 公布的现行自愿性国家标准共 9522 项。专业领域分布见图 3 - 3，其中工程领域 2619 项、化工领域 2343 项、食品领域 1738 项、计量领域 1330 项、纺织领域 1395 项、文献信息领域 97 项。大约 47% 的埃及工程领域标准采用了 ISO/IEC 标准，30% 的埃及化工领域标准采用了 ISO 标准，35% 的埃及食品领域标准采用了 ISO 标准，58% 的埃及计量领域标准采用了 ISO /IEC 标准，35% 的埃及纺织标准采用了 ISO 标准，100% 的文献信息领域标准采用了 ISO 标准。

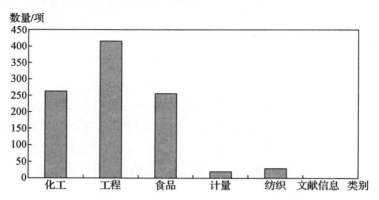

图 3 - 2　埃及强制性国家标准分布情况

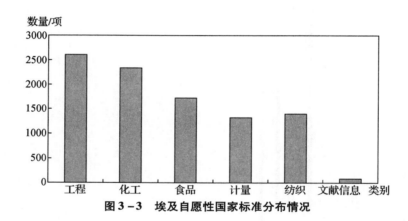

图 3 - 3　埃及自愿性国家标准分布情况

3.3.7　国家标准分类体系框架

国家标准的技术领域尚未按照国际标准分类法进行分类，其分类体系为六大类和若干小类。小类的粒度并不十分均匀，详细内容见表 3 -3。

表 3 - 3　埃及国家标准分类

序号	工程	化工	食品	计量	纺织	文献信息
1	安全系统	化肥	谷物、豆类和豆制品	电工电子测量仪器	成衣	文献
2	车辆的安全	化学品包装	花卉	辐射污染测量	包装	
3	导线和电缆	化妆品	精油	核仪器	纺织机械及配件	
4	道路车辆	家具	牛奶及奶制品	机械振动、冲击	纺织品测试	

表 3 - 3 （续）

序号	工程	化工	食品	计量	纺织	文献信息
5	道路车辆安全要求	建筑材料	农药残留与污染物	热的测定	铺地织物	
6	电气技术安装	建筑构件	清真食品	容积和压力测量	人类功效学	
7	电气系统	绝缘材料	肉和肉制品	声学和光学测量	术语	
8	电信与信息系统	木材	感官分析	时间测量	纤维和纱线	
9	断路器	耐火材料	食品包装、包装和标签	医疗器械和实验室仪器	杂项纺织品	
10	海洋技术与船舶建造	农药和杀虫剂	食品添加剂和污染物	音频和音频媒体	针织	
11	焊接	皮革及皮革制品	食品卫生	长度、面积、角度和体积测量	装饰斜纹及无纺布	
12	机床	气体与环境污染	食用油脂	质量和重量的测量		
13	机械	色漆、清漆和油墨	兽药	材料、力和硬度的性能		
14	技术图纸及配件	石油产品和油	水果和蔬菜			
15	家用电器	水处理用化学试剂	水质			
16	家用燃气器具	塑料、树脂和胶粘剂	饲料			
17	建筑材料	玩具及配件	糖、糖果、可可和可可制品			
18	金属表面的涂层与保护	洗涤剂和肥皂	特殊饮食用食品			
19	绝缘材料	橡胶	土壤质量			
20	空调与制冷	消防安全	鲜切花			
21	流体机械	消费者保护	香料			
22	容积和压力测量	鞋	饮料			
23	商用厨房设备	杂项化学品	鱼和水产品			
24	视听设备	职业安全与健康				
25	天线和电磁场暴露水平	纸张和文具				

表 3－3（续）

序号	工程	化工	食品	计量	纺织	文献信息
26	铁制品	珠宝				
27	压力容器					
28	医疗设备及设备					
29	医用金属装置					
30	有色金属产品					
31	职业安全					

3.4 埃及参与国际标准化活动情况

EOS 很重视采用国际标准和参与国际标准化活动。在埃及国家标准中，与国际标准协调一致的标准数量占 50% 以上。EOS 是很多国际和区域标准化组织的成员，如 ISO、OIML、ARSO、阿拉伯工业发展和采矿组织（AIDMO）和欧洲标准化委员会（CEN）等。另外，EOS 还与多个阿拉伯国家及中国、法国、俄罗斯、马来西亚等国家在标准化及合格评定等领域签订了备忘录和双边合作协议。

根据埃及第 180/1996 和 291/2003 号部长令的规定，如果缺乏适用的埃及标准时，可使用下述国际标准或国外标准：

- 国际标准（ISO/IEC）；
- 欧洲标准（EN），如无 EN 标准，则可使用英国标准（BS）、德国标准（DIN）、法国标准（NF）代替；
- 美国标准（ANSI）；
- 日本标准（JIS）；
- 国际食品法典委员会标准（CAC）；
- 美国试验与材料协会规范；
- 日本汽车协会规范（JASO）；
- 美国汽车工程师协会规范（SAE）；
- 美国石油协会规范（API）。

第4章　苏丹标准化研究

4.1　苏丹标准化组织

1994 年成立的苏丹标准计量组织（SSMO）是苏丹的国家级质检部门，隶属于苏丹内阁事务部。SSMO 总部设在喀土穆，设立了 15 个实验室（其中最重要的是苏丹港分公司）和信息中心。

SSMO 通过制定商品和服务标准规范，加强对出口和进口的管制，提高国家产品在地方、区域以及国际市场的竞争力，以保护消费者和国民经济。另外，SSMO 最重要的任务和功能是根据国家战略目标制定和审查标准，加强对战略出口的控制，并通过官方记录对进口进行控制和合格评定。

SSMO 的目标和宗旨如下：保护消费者和国民经济；筹备和颁布国家商品和服务标准；对出口和进口实行管制措施；加强当地生产商品的竞争力；将质量体系引入生产和服务组织，注重品质，追求卓越，持续改进；实现标准化领域的量化和质化发展，得到生产者和消费者的认可，维护国民经济。

SSMO 根据国家战略目标制定相关标准，并通过最高管理层、标准规范部、测量和校准部、监督和质量保障部、财务与人力资源部、规划与研究部等部门扩大服务范围，履行相应职责。

4.1.1　技术委员会

技术委员会作为管理层，是负责制定国家标准的技术主管部门之一。通过专门的技术委员会与利益相关方合作，处理初始与最终合格程序，并进行文件审核。

SSMO 的技术委员会在 ISO 承担多项技术评定项目，包括皮革、矿业、环境管理、水泥和石灰等方面。另外，SSMO 还作为 ISO 的合格评定委员会、消费者政策委员会和发展中国家问题委员会等的参与者积极应对各类标准化事宜。

4.1.2　测量与校准部

SSMO 的测量与校准部最初隶属于商务部。随着相关立法的发展，该部门于 1994 年加入苏丹标准计量组织。2015 年，为了完善校准系统，该测量与校准部成立了 4 个新型实验室，并配备了专门的技术人员。这项举措促使苏丹的校准事业取得了巨大飞跃，使其具有完备的实验条件应对全球日益发展的计量学。

测量与校准部主要负责监督和校准进口产品的相关特性，提供测量工具和设备，并对校准人员进行技术监督。此外，测量与校准部还负责提供测量和校准领域的技术咨询服务，以及测量分支机构的技术监督。表4-1所列为苏丹标准计量组织的实验室情况。

表4-1 苏丹标准计量组织的实验室情况

部门	职能
校准实验室	权重余量校准
	长度校准
	尺寸校准
	温度设备校准
	压力设备校准
	电子与机械平衡校准和维护
	燃油表校准和维护
进出口办公室	检测进口测量设备和仪器
	颁发和校准技术许可证
	维护和维修设备和测量仪器
	制造许可证检测设备

4.1.3 质量控制与监督部

质量控制与监督部负责全国各地的 SSMO 分支机构（约26家）检查、抽样检测等合格评定活动，并负责这些分支机构的所有技术业务，旨在加强对国家出口和进口商品的控制。该部门通过实施项目质量程序（产品认证），提高本地产品工厂的效率和质量。

为了保证实验室测试结果在全球的公认度，经过苏丹标准计量组织的不懈努力，SSMO 实验室的可靠性得到了国际认可，并于 2003 年获得了埃及认证委员会（EGAC）的认证证书。认证实验室一览表见表4-2。

表4-2 认证实验室一览表

通用化学实验室	光谱实验室
谷物实验室	纺织实验室
化妆品实验室	涂料实验室
色谱实验室	压力实验室
微生物实验室	现代中央实验室
生物实验室	建筑材料实验室
XRF 实验室	建筑与建筑材料实验室——混凝土
家用电器和设备实验室	建筑与建筑材料实验室——钢筋

4.2 苏丹国家标准的制定与发展

苏丹于 2015 年出台了一系列限制政策，要求进口产品必须符合苏丹标准，以进一步打击劣质商品和质量违法行为。了解苏丹标准制定程序，能够更加清楚地了解苏丹标准化的发展进程与现状。制定苏丹标准共分为以下 5 个步骤。

- 颁发和批准国家标准。TC 的组成人员除了非政府组织技术委员代表外，还包括公共和私营部门代表以及大学和研究中心的科学家和专家。
- 技术委员会根据 ISO、IEC、CAC、OIML、ARSO 等国际标准化组织颁布的国际标准，按照编制修改和翻译标准草案的年度计划开展工作。
- 将标准草案提交给相关技术人员，按照国家标准结构审查其措辞表达与结构，最后给出具体的标准草案。
- 利益相关者收到技术意见，由相关技术委员会和标准规范主管进行修订。
- 最终标准草案将由 SSMO 总干事和董事会主席审阅批准，随后作为国家标准出版并发行。

4.3 苏丹参与国际标准化活动情况

苏丹标准计量组织广泛参与各类国际标准化组织和活动，目前是 ISO 的成员以及 ARSO、IEC、OIML、国际商会（ICC）的附属成员。除了作为 WTO 协议的协调中心以外，SSMO 与其他国家标准化组织机构签订了多个双边协议，包括肯尼亚标准局（KEBS）、阿拉伯叙利亚阿拉伯标准化计量组织（SASMO）、埃及标准化和质量组织（EOS）、叙利亚标准组织（SASO）、阿联酋标准化局（ESMA）、土耳其国家标准化中心（TSE）、利比亚国家标准化中心（LNCSM）、中国国家标准化管理委员会（SAC）、乌干达国家标准化中心（UNBS）、突尼斯国家标准化研究所（INORPI）以及埃塞俄比亚标准局（ESA）等。此外，SSMO 还与部分国际组织机构签订了谅解备忘录（MOU）。

SSMO 除了参加 ISO、IEC、ARSO 和 ICC，还作为成员积极参与 CAC、AIDMO、AFSEC、国际联合农业运动（IFOAM）、国际计量局（BIPM）、OMIL 的活动。

第5章 阿尔及利亚标准化研究

5.1 阿尔及利亚标准化概况

中国与阿尔及利亚有着传统友好关系。在阿尔及利亚独立前，中国坚决支持阿尔及利亚民族解放战争，对其提供了大量援助。1958年9月，阿尔及利亚临时政府在开罗成立，中国即予以承认，是阿拉伯世界之外第一个承认阿尔及利亚的国家。同年12月20日，中阿两国建交。建交以来，两国战略合作关系深入发展，在政治、经济、军事、文化、卫生等各领域关系友好、发展顺利。2014年2月，两国发表《关于建立全面战略伙伴关系的联合公报》。2014年5月，国家主席习近平和布特·弗利卡总统共同签署了《关于建立全面战略伙伴关系的联合宣言》。2014年6月6日，我国外交部部长王毅会见了在北京参加中阿合作论坛第六届部长级会议的阿尔及利亚外长拉马拉，并共同签署了《中阿全面战略合作五年规划》。通过研究阿尔及利亚标准化现状，有助于了解阿尔及利亚的标准化发展趋势、标准化战略和重点领域，对促进双边贸易、消除贸易壁垒有着重要的支撑作用，发挥技术标准对推动经济发展的重要作用，推动中国企业走出去。

阿尔及利亚位于非洲西北部。北临地中海，东临突尼斯、利比亚，南与尼日尔、马里和毛里塔尼亚接壤，西与摩洛哥、西撒哈拉交界。海岸线长约1200km，为非洲面积最大的国家。阿尔及利亚地形分为地中海沿岸的滨海平原与丘陵、中部高原和南部撒哈拉沙漠3个部分，沙漠面积逾200万 km^2，约占国土总面积的85%。阿尔及利亚国土辽阔，但大部分地区被沙漠、森林和细茎针茅植被覆盖，耕地面积约800万 hm^2，水资源紧缺，植业资源较丰富。阿尔及利亚矿产资源较丰富，品类逾30种，最重要的资源为石油、天然气和页岩气，储量分别居世界第16位、第11位和第3位，为其经济社会的发展提供了资金保障。阿尔及利亚近年来连续实施基础设施五年规划，公路、铁路、通讯、电力等领域都得到一定的发展，但距规划目标还有一定差距。此外，阿尔及利亚农业、工业、旅游业等发展程度较低，但发展潜力仍很大。目前，油价下跌对阿尔及利亚经济造成了一定冲击，但同时也为经济模式转型提供了契机。

阿尔及利亚的标准化立法为2004年6月23日颁布的第1425号文件，该法律经议会通过，制定了阿尔及利亚标准化的总体框架，对技术法规、标准、合格评定等多方面进行了定义；明确了阿尔及利亚标准化协会（Institut Algerien de Normalisation，IANOR）为国家级标准化机构的地位；强调技术法规和国家标准的制定、采用和实施应以推动阿尔及利亚的贸易为前提，不得对贸易造成不必要的障碍。2016年6月19日颁布的第1437号文件对第1425号标准化法进行了修订，本次修订主要针对标准、技术法规、标准化机构等进行了重新定义。

除立法方面，阿尔及利亚政府还制定了 3 项行政法令，分别是：①1998 年 2 月 21 日颁布的第 1418 号第 98 - 69 条行政法令，确定了阿尔及利亚标准化协会的设立和地位。于 2011 年 1 月 25 日颁布的第 1432 号第 11 - 20 条行政法令，对第 1418 号第 98 - 69 条关于阿尔及利亚标准化协会的设立和地位的行政法令进行了修订。②2005 年 12 月 6 日颁布的第 1426 号第 05 - 464 条行政法令，明确了标准化机构的组织架构和职能。2016 年 12 月 13 日颁布的第 1438 号第 16 - 324 条行政法令，对第 1426 号第 05 - 464 条关于标准化机构的组织架构和职能的行政法令进行了修订。③2017 年 2 月 7 日颁布的第 1438 号第 17 - 62 条行政法令，确定了关于技术法规合格标志的条件和特征以及合格认证程序。

5.2　阿尔及利亚标准化机构

5.2.1　阿尔及利亚标准化协会

IANOR 根据 1998 年 2 月 21 日颁布的第 1418 号第 98 - 69 条行政法令设立，属于工商业的公共机构，隶属于阿尔及利亚工业与中小企业及投资促进部，依据 2011 年 1 月 25 日颁布的第 1432 号第 11 - 20 条最新行政法令继续行使职责。IANOR 是阿尔及利亚制定技术法规和标准、促进并维护标准化，以及保证产品和服务质量的国家级标准化机构。

（1）IANOR 的目标与职责

IANOR 负责：①阿尔及利亚标准的制定、出版和推广，满足阿尔及利亚的标准化需求。②所有标准化工作的组织和协调，确保国家标准化规划的有效合理实施。③在现行立法规定的范围内，采用符合阿尔及利亚标准的检验合格证和质量标志，发放使用这些检验合格证的授权并控制其使用。④在阿尔及利亚或国外推进工作、研究、试验，并设立制定标准及保证标准实施所需的试验设施。⑤建立、归档、保存所有有关标准化的文件或信息。⑥保证国际公约及协定在阿尔及利亚标准化领域内的适用性。⑦确保做好国家标准化管理委员会（Conseil National de la Normalisation，CNN）和标准化技术委员会秘书处的协助工作。⑧提供阿尔及利亚咨询点，以维护 WTO《TBT 协定》中的阿尔及利亚通报制度。

（2）IANOR 的愿景与使命

IANOR 的愿景包括以下 4 个方面：①提高阿尔及利亚标准化体系的效率，包括加强工作规划能力、降低制定标准的成本、缩短标准制修订时间等一系列行动，同时将标准化工作与市场和社会的需求相结合。②动员所有的合作伙伴参与标准化工作，包括确立标准化工作的目标和重要性并确定优先事项，欢迎新领域的专家参与，并寻求新的合作伙伴，合理统筹协调任务与资金的分配。③确保阿尔及利亚标准化体系在阿拉伯国家和国际背景下的竞争力和影响力，这要求 IANOR 必须在阿拉伯国家和国际标准化机构中具有更高的影响力，并以国家标准化机构的形式为阿尔及利亚在阿拉伯国家及国际立场上的影响力作出贡献。④提高标准化和认证的经济意义和战略意义，这要求更广泛的组织和个人参与国家标准化进程和服务，并就发展新的增值产品和服务以及提高宣传和交流进行积极对话。

全球化给国际标准化带来的推动力日益凸显。随着市场全球化和技术变革的加速，标准化和认证成为经济从业人员发展贸易的工具。在这一背景下，IANOR 积极开展标准化活动，满足经济从业人员的期望，并预测其需求的演变。IANOR 已经成立了一个多学科的团队，围绕以下 4 个主要业务为企业和集体服务：①帮助制定经济从业人员需要的参考标准。IANOR 帮助社会经济从业人员制定战略和贸易发展所需的参考标准，帮助从业人员获知标准化流程和信息并提供相关支持服务。②协助从业人员获取参考标准。IANOR 采用最新技术设计开发了一系列有针对性的信息产品和服务，以满足不同用户群体对标准获取的需求。③协助从业人员使用标准。通过培训、审计、咨询和支持服务，IANOR 帮助企业将标准的使用融入企业发展战略及日常工作中。④提供认证服务。IANOR 根据阿尔及利亚的标准规范提供产品认证（TEDJ 检验合格证）。这些使命要求 IANOR 参与所有经济领域的标准化工作，尤其是以新标准为基础的新技术领域。

（3）IANOR 的产品与服务

IANOR 为阿尔及利亚经济提供的服务包括标准、认证及培训 3 个方面，即制定、推广和维护阿尔及利亚国家标准，认证符合标准的产品、服务和流程/系统，开展标准、认证相关的咨询及培训服务。

在标准方面，标准化的目的是针对社会经济、科学和技术合作伙伴关系中多次遇到的产品、商品和服务方面的技术问题和商业问题提供包含解决方案的参考标准。IANOR 作为阿尔及利亚唯一的标准发布机构，负责阿尔及利亚技术法规、标准的制定、推广和维护，以保证阿尔及利亚在工业、农业、服务业等各个领域的竞争力不断提升，促进阿尔及利亚国内和国际贸易。标准已成为经济社会不可或缺的一部分，通过让所有利益相关者参与标准制修订及标准化活动，可以提高阿尔及利亚商品及服务的质量以及技术转让。

在认证方面，TEDJ 是 IANOR 颁发的自愿性认证的国家质量标志。该标志用于证明产品已通过阿尔及利亚标准的评估和认证，产品的 TEDJ 认证体系包括产品的测试以及相关质量体系的评估。

在培训方面，IANOR FORMATION 是其认证和培训管理部的组成部门，其主要职能为帮助客户使用标准，发展标准化、认证和需求，并提供相应的内部培训。IANOR FORMA-TION 制定了一整套培训形式，即研讨会、宣传询问日、公司内部培训。通过对培训管理人员、审计管理人员、认证项目管理人员以及主要负责国家技术委员会标准化活动的管理人员进行培训，IANOR FORMATION 积累了丰富的标准化及配套活动方面的专业知识及培训经验。

5.2.2 技术委员会

IANOR 技术委员会由公共机构和组织、企业、消费者、环境保护协会的代表以及所有其他利益相关方代表组成。技术委员会负责：①制定标准化工作规划草案，并将其转交相关标准化机构。②制定工作规划中所包含标准的初步草案和草案。③将标准草案交由标准化机构进行公共和行政调查。④定期审查国家标准。⑤审查国际标准草案。⑥向在国际技术委员会会议上的成员中选出的标准化机构代表提出草案。阿尔及利亚共有 70 个技术委员会，涉及的领域包括核心标准服务、农业食品、建筑材料、矿业冶金和机械、电子科技、化学及石油化学、健康安全和环境、清真食品八大类。

5.3　阿尔及利亚标准的制定与发展

阿尔及利亚标准是为自愿使用而制定的，不附加任何规定，但针对影响人和（或）动植物及环境安全、健康的产品需要进行强制性认证。标准为消费者、产业、政府等各利益相关方带来了许多效益：如在消费者方面，标准能够保护消费者免受劣质产品的危害；提高产品和服务的质量，让消费者拥有更多的选择。对企业而言，标准有助于促进生产的合理化并降低成本；节省资源并最大限度地保护环境；提高产品和服务的质量和可靠性；通过良好的竞争环境开拓新的市场；通过最多数量的成熟解决方案实现所有权；帮助企业更好地决策。在政府效益方面，标准有助于促进国际贸易，降低国际贸易中的技术壁垒；规范和监督行业，防止不良商业行为的发生。

5.3.1　阿尔及利亚标准的制定情况

（1）按年代统计

1974—2013 年，阿尔及利亚发布的标准共计 7055 项，具体数据见表 5 - 1。

表 5 - 1　IANOR 发布标准年份统计

发布年份（年）	标准数量/项	发布年份（年）	标准数量/项	发布年份（年）	标准数量/项
1974	2	1993	246	2004	62
1975	1	1994	458	2005	187
1980	2	1995	145	2006	404
1981	2	1996	165	2007	359
1984	2	1997	202	2008	497
1987	1	1998	147	2009	503
1988	3	1999	48	2010	473
1989	149	2000	71	2011	409
1990	505	2001	76	2012	457
1991	64	2002	63	2013	545
1992	742	2003	65		

从标准制定数据的发展趋势来看，20 世纪 90 年代及 2006—2013 年是 IANOR 标准发展较为快速的两个阶段。截至 2013 年，阿尔及利亚标准发展趋于稳定，每年制定约 450 项标准。

（2）按领域统计

阿尔及利亚技术委员会制定标准的统计情况反映了标准化不同技术领域的发展现状，表5-2显示了阿尔及利亚69个技术委员会的标准分布情况。

表5-2　阿尔及利亚技术委员会制定标准统计情况

技术委员会	标准数量/项	技术委员会	标准数量/项	技术委员会	标准数量/项
CTN 01	231	CTN 24	147	CTN 47	94
CTN 02	69	CTN 25	203	CTN 48	170
CTN 03	91	CTN 26	19	CTN 49	75
CTN 04	176	CTN 27	123	CTN 50	47
CTN 05	50	CTN 28	187	CTN 51	127
CTN 06	213	CTN 29	102	CTN 52	22
CTN 07	115	CTN 30	209	CTN 53	35
CTN 08	79	CTN 31	79	CTN 54	85
CTN 09	125	CTN 32	161	CTN 55	60
CTN 10	62	CTN 33	96	CTN 56	53
CTN 11	60	CTN 34	105	CTN 57	54
CTN 12	124	CTN 35	224	CTN 58	62
CTN 13	51	CTN 36	125	CTN 59	80
CTN 14	119	CTN 37	164	CTN 60	36
CTN 15	109	CTN 38	117	CTN 61	28
CTN 16	157	CTN 39	155	CTN 62	14
CTN 17	107	CTN 40	202	CTN 63	29
CTN 18	213	CTN 41	149	CTN 64	8
CTN 19	121	CTN 42	173	CTN 65	20
CTN 20	123	CTN 43	149	CTN 66	11
CTN 21	49	CTN 44	197	CTN 67	1
CTN 22	36	CTN 45	69	CTN 68	1
CTN 23	152	CTN 46	153	CTN 69	15

从表5-2可知，发布标准数量超过200项的有"CTN 01 核心标准""CTN 06 一般主题""CTN 18 道路车辆""CTN 25 钢铁和钢铁产品""CTN 30 塑料""CTN 35 纺织工业"

及"CTN 40 木制品及五金"。

另外，标准数量最多的前 15 个技术委员会还包括"CTN 44 环境保护""CTN 28 造纸工业""CTN 04 个人和集体保护""CTN 42 食品工业""CTN 48 农业食品植物产品及谷物以外的衍生物""CTN 37 黏合剂－混凝土""CTN 32 石油产品"及"CTN 16 螺母和螺栓"。

IANOR 注重采用国际标准。2004 年 6 月 23 日颁布的第 1425 号标准化立法要求在有国际标准的情况下，优先考虑采用国际标准。表 5 - 3 是以技术委员会为基础，统计采用国际标准的阿尔及利亚标准数量分布情况。采用国际标准 931 项，约占阿尔及利亚标准总数量 7067 项的 13%，采用的国际标准基本为 ISO/IEC 标准。

表 5 - 3　阿尔及利亚标准采用国际标准分类统计

技术委员会	采用 ISO 标准/项	采用 IEC 标准/项	采用 CAC 标准/项	采用 CAC/RCP 标准/项	技术委员会	采用 ISO 标准/项	采用 IEC 标准/项	采用 CAC 标准/项	采用 CAC/RCP 标准/项
CTN 01	19	0	0	0	CTN 22	1	0	0	0
CTN 02	19	0	0	0	CTN 23	1	0	0	0
CTN 03	32	0	0	0	CTN 24	10	0	0	0
CTN 04	3	0	0	0	CTN 25	5	0	0	0
CTN 05	1	0	0	0	CTN 26	0	0	0	0
CTN 06	0	11	0	0	CTN 27	3	0	0	0
CTN 07	0	39	0	0	CTN 28	18	0	0	0
CTN 08	0	48	0	0	CTN 29	20	0	0	0
CTN 09	0	36	0	0	CTN 30	6	0	0	0
CTN 10	0	32	0	0	CTN 31	0	0	0	0
CTN 11	0	28	0	0	CTN 32	2	0	0	0
CTN 12	0	35	0	0	CTN 33	3	0	0	0
CTN 13	0	33	0	0	CTN 34	0	0	0	0
CTN 14	0	41	0	0	CTN 35	18	0	0	0
CTN 15	1	0	0	0	CTN 36	40	0	0	0
CTN 16	5	0	0	0	CTN 37	0	0	0	0
CTN 17	3	0	0	0	CTN 38	0	0	0	0
CTN 18	9	0	0	0	CTN 39	1	0	0	0
CTN 19	9	0	0	0	CTN 40	0	0	0	0
CTN 20	0	0	0	0	CTN 41	7	0	0	0
CTN 21	1	0	0	0	CTN 42	25	0	9	0

表 5-3（续）

技术委员会	采用 ISO 标准/项	采用 IEC 标准/项	采用 CAC 标准/项	采用 CAC/RCP 标准/项	技术委员会	采用 ISO 标准/项	采用 IEC 标准/项	采用 CAC 标准/项	采用 CAC/RCP 标准/项
CTN 43	42	0	2	0	CTN 57	15	0	0	0
CTN 44	41	0	0	0	CTN 58	2	0	0	0
CTN 45	6	0	5	0	CTN 59	35	8	0	0
CTN 46	44	9	0	0	CTN 60	10	0	0	0
CTN 47	36	0	0	0	CTN 61	0	0	0	0
CTN 48	8	0	5	0	CTN 62	0	0	0	0
CTN 49	29	0	0	1	CTN 63	0	0	0	0
CTN 50	7	0	0	0	CTN 64	0	0	0	0
CTN 51	0	0	0	0	CTN 65	3	0	0	0
CTN 52	3	0	0	0	CTN 66	0	0	0	0
CTN 53	11	0	0	0	CTN 67	0	0	0	0
CTN 54	25	0	0	0	CTN 68	0	0	0	0
CTN 55	0	0	0	0	CTN 69	0	0	0	0
CTN 56	10	0	0	0					

在国际标准采用率层面，"CTN 13 测量，控制和通用测试"技术委员会共有 51 项标准，其中 33 项采用国际标准，采用率为 64.71%；"CTN 08 电能的生产和使用"技术委员会共有 79 项标准，其中 48 项采用国际标准，采用率为 60.76%；其他国际标准采用率较高的有"CTN 59 管理系统""CTN 10 安装及操作""CTN 11 电子通信"技术委员会，采用率分别为 53.75%、51.61% 和 46.67%。由此可见，国际标准采用率较高的阿尔及利亚标准主要分布在通用标准、测量、电力和电子通信技术等相关领域。

在数量层面，采用国际标准前 10 项的技术委员会分别为"CTN 46 牛奶和乳制品""CTN 08 电能的生产和使用""CTN 43 食品卫生""CTN 59 管理系统""CTN 14 家用电器安全""CTN 44 环境保护""CTN 36 皮革制品""CTN 07 材料""CTN 09 电力运输及分配""CTN 47 除食品以外的农业产品"。

然而，部分类别虽然标准总数量较多，但采用国际标准的数量较少，例如："CTN 35 工业纺织品"技术委员会有标准 224 项，但采用国际标准的数量比例较小（仅 18 项，占比为 8.04%），在一定程度上反映了阿尔及利亚工业纺织业水平相对落后。

5.3.2 阿尔及利亚标准的制定程序

IANOR 是阿尔及利亚唯一制定和颁布标准的机构，任何组织和个人都可以提出制定标准，阿尔及利亚标准的发布最终由 IANOR 批准，其制定流程见图 5-1。

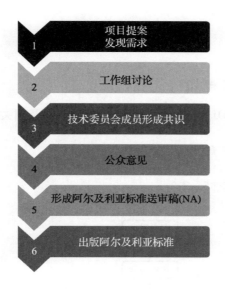

图 5 - 1   阿尔及利亚标准制定流程

5.4   阿尔及利亚参与国际标准化活动情况

阿尔及利亚积极参与国际和区域标准化活动，IANOR 代表阿尔及利亚在国际和区域标准化组织中开展活动、发挥作用，体现阿尔及利亚的利益。

5.4.1   参与 ISO 情况

阿尔及利亚是 ISO 的正式成员，共参与 68 个技术委员会，其中 28 个作为观察员（Observing Member，简称 O - Member）身份、40 个以正式成员（Participating Member，简称P - Member）身份参与，未承担技术委员会秘书处工作。在 ISO 的技术委员会中，O - Member 可以观察正在制定的标准，提供意见与建议；P - Member 通过发挥投票权积极参与标准制定的各个阶段。除此之外，阿尔及利亚还参与 3 个政策发展委员会（PDC），均是正式成员。

5.4.2   参与 IEC 情况

阿尔及利亚是 IEC 的成员，IANOR 共参与 IEC 的 2 个技术委员会/分委会，其中 1 个作为 P - Member、另一个作为 O - Member 参与，未承担技术委员会秘书处工作。

5.4.3   其他组织参与情况

阿尔及利亚除参与 ISO、IEC，还积极参与以下国际区域组织：

- 阿拉伯马格里布联盟（Arab Maghreb Union，AMU）；
- 联合国非洲经济委员会（UNECA）和国际食品法典委员会（CAC）。

5.5 IANOR 认证

5.5.1 IANOR 认证概述

阿尔及利亚产品的 TEDJ 认证体系包括产品的测试以及相关质量体系的评估。

5.5.2 IANOR 认证的一般流程

TEDJ 产品认证流程见图 5 – 2。

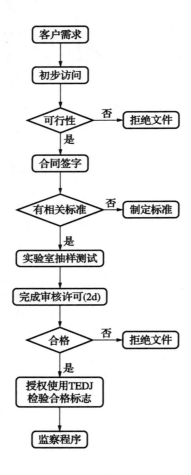

图 5 – 2   TEDJ 产品认证流程

5.5.3 IANOR 认证范围

TEDJ 对家用设备、化学制品、生物制品、土木和建筑以及纤维产品等领域共计 21 种产品认证，通过下设的 11 个认证委员会完成（见表 5 – 4）。

表 5 - 4　认证委员会及负责产品清单

编号	认证委员会名称	负责产品
1	水龙头	水槽配置器的壁挂式水龙头
2	清洁产品	漂白剂
3	水泥	水泥
4	塑料	PEHD 燃气管和水管
5	陶瓷	陶瓷卫生设备
6	与食品接触的用具	厨用刀剪、餐具、装饰性金属制品和餐桌金银器
7	蒸汽设备	锅炉
8	道路设备	缓冲带
9	盐	高质量食用盐
10	家用电子设备	断电器和插头
11	家用设备	取暖装置和散热装置

第6章　尼日利亚标准化研究

6.1　尼日利亚标准化概况

尼日利亚的标准化发展可以追溯到 20 世纪 70 年代。早在 1971 年，尼日利亚第 56 号法令颁布，授权成立了尼日利亚国家标准局，从法律层面确立了尼日利亚国家标准化工作机构的地位。

经过多年的发展，2004 年尼日利亚政府颁布了《尼日利亚标准组织法》(The Standards Organisation of Nigeria Act, Cap 59 laws of Federal Republic of Nigeria, 2004)，该法规定了尼日利亚标准化工作的相关事项。2015 年，由尼日利亚联邦共和国国民议会制定，经国民议会两院（参议院和众议院）通过，新的《尼日利亚标准组织法》(Standards Organisation of Nigeria Act, 2015) (Act No. 14) 颁布，与原法相比，新法增加了违例罚款及其他相关事项。在新法颁布的同时，废除了 1971 年第 56 号法令及其 3 项修正案和 2004 年《尼日利亚标准组织法》。

6.2　尼日利亚标准化机构

尼日利亚标准化工作主要通过两个机构进行：尼日利亚国家标准局 (Standards Organisation of Nigeria，简称 SON) 和尼日利亚标准委员会 (The Standards Council of Nigeria，简称 The Council)。

尼日利亚政府发展标准化的愿景是"通过标准化和质量保证改善生活"。为此，SON 始终坚持"专业、纪律、完整性、客户关注、团队合作"的核心价值观，履行"通过标准化和质量保证提升尼日利亚产品和服务的消费者信心和全球竞争力"的使命，致力于为尼日利亚的所有产品、服务和流程提供标准和质量保证服务，使其符合国际最佳实践并确保持续改进。

6.2.1　尼日利亚国家标准局

SON 是根据 1971 年 12 月颁布的第 56 号法令授权成立的。SON 的总干事是首席执行官，其职责是围绕尼日利亚标准委员会批准的广泛指导方针开展日常管理。此外，SON 作为尼日利亚最高标准化机构，代表尼日利亚参加国际标准化活动。

SON 的目标包括：提供与产品、计量、材料、工艺和服务等相关的标准，并在国内、区域和国际层面推广；工业产品认证；协助生产优质产品和服务；提高测量准确度和与标准有关的信息流通。

为了实现上述目标，SON 履行范围包括但不限于以下内容的职责：

- 组织测试，以确保符合标准委员会制定和批准的标准；
- 必要时对进口或尼日利亚制造的设施、系统、服务、材料和产品进行调查；
- 质量保证活动评估，包括对尼日利亚境内系统、产品和实验室的认证；
- 编制尼日利亚需要标准化产品的清单；
- 编写尼日利亚工业标准规范（NISS）；
- 国家标准的登记；
- 标准、标志和认证的登记和规范；
- 建立进出口产品监督、认证和合格评定方案；
- 对尼日利亚本地制造的产品建立强制性合格评定方案；
- 对违反进口、出口监察、认证或者合格评定方案的相关方，征收费用、处以罚款或者罚金；
- 对所有在尼日利亚分销、销售和消费的产品进行登记；
- 对标准样品进行准备和分发；
- 建立和维护一定数量的实验室或其他机构，作为履行职能的必要条件；
- 编译和发布一般科学或其他数据；
- 向联邦、州和地方政府部门提供有关标准规范的具体问题的建议；
- 开展并承接国际标准，如 ITU、IEC、ISO、OIML 或 CAC，以及尼日利亚标准或体系认证等的培训，并进行培训机构和组织的认证；
- 协调所有与尼日利亚有关的活动，并在必要时与相应的国家或国际组织合作，以确保标准规范的一致性；
- 建立国家标准、标准标志、认证制度和许可证的登记，根据《标准法》，涉及标准的所有事项均应包括在内；
- 对生产承诺和原材料进行适当的调查，并建立相关的质量保证体系，包括对受监管产品生产基地的认证；
- 组织实施《标准法》。

根据《标准法》，尼日利亚工业部部长可以向 SON 下达一般或特殊指令，SON 需遵守并执行此类指令，并且应实时向部长提供其各项活动的信息。

6.2.2 尼日利亚标准委员会

尼日利亚标准委员会是尼日利亚标准的制定和批准机构，履行以下职责：

- 向联邦政府提出关于标准、规范、质量控制和计量方面国家政策的建议；
- 制定、批准和发布用于尼日利亚全国范围商业和工业产品认证的计量、材料、商品、结构和过程方面的标准；
- 依照标准规范，为原材料和产品的质量控制提供必要的措施；
- 质量认证机构、检测机构、测试实验室、校准实验室及与这些活动相关的合格人员依法经营的认可和注册授权；

· 在《标准法》或任何其他法规框架下，履行其附加职能。

根据《标准法》，尼日利亚标准委员会的主管领导是尼日利亚工业部长，由其负责除涉及个人事项或法律案件以外的一般和特定事项。委员会应遵守工业部长的指示。

根据《标准法》，尼日利亚标准委员会由以下5个部分人员组成：

① 主席1名；

② 来自农业和农村发展、国防、贸易和投资、财政、工程、健康、科技各个联邦部代表各1名；

③ 由部长与有关机构协商后推荐的来自大学教育与研究，商会、工业和矿业，工程及工程咨询服务，加工制造，建筑业，雇主协会以及消费者协会各活动领域的代表各1名；

④ 非公职人员1名，该人员应具备无可置疑的公正力，并向部长承诺不代表其他任何利益或活动领域；

⑤ 总干事。

委员会主席和所有成员由总统根据工业部部长的推荐任命，每位成员任期4年，并且可连任4年，4年之后不可再任命。

6.3 尼日利亚国家标准种类

尼日利亚国家标准由尼日利亚标准委员会制定、批准并发布，由技术委员会负责起草，由尼日利亚国家标准局注册、登记。尼日利亚标准委员会有权修订或撤销其批准制定的任何标准。按照所属领域，尼日利亚标准分布在建筑/土木、化工/石油、电气/电子、食品/法典、机械、服务和纺织/皮革7个领域。

尼日利亚标准主要有以下3种类型。

① 尼日利亚工业标准（Nigerian Industrial Standards，NIS）是在达成共识的基础上，由尼日利亚标准委员会批准创建的文件，为共同使用和重复使用的规则、指南或产品和服务的特性以及相关的工艺或生产方法，目的是在一定范围内实现最佳秩序。

② 尼日利亚实践准则（Nigerian Code of Practice，NCP）一般为某项活动或事物的实践准则或业务规范，例如《尼日利亚创办驾驶学校实践准则》。

③ 采用的标准（Adopted Standards，AS）是指尼日利亚标准采用国际、国外先进标准的情况。根据SON网站公布的尼日利亚标准题录数据（截至2017年8月25日），采用标准约占尼日利亚标准总数的42%，主要采用ISO、IEC和OIML 3个国际组织的标准。

另外，发行的标准出版物如下：

· 《尼日利亚标准组织法》（2015）（SON ACT 2015）；

· 《SON认证标识指南》（SON Certification Logo Guideline）；

· 《产品网上注册指南》（E - Product Registration Guideline）。

6.4 尼日利亚参与国际与区域标准化活动情况

6.4.1 参与国际标准化活动情况

尼日利亚是 ISO 的正式成员，共参与 65 个技术委员会，其中 6 个以 O – Member 身份参与、59 个以 P – Member 身份参与，暂未承担技术委员会秘书处工作。尼日利亚还参与 3 个政策发展委员会（PDC），均是 P – Member。

除此之外，目前 SON 是 IEC 的准会员（Associate Members），以 P – Member 参与 2 个技术委员会——TC 77 电磁兼容技术委员会、TC 82 太阳能光伏能源系统技术委员会，暂未承担技术委员会秘书处工作。

6.4.2 参与区域标准化活动情况

尼日利亚是 ARSO 的成员，积极参与 ARSO 各项活动，共参与 12 个 TC，承担 2 个主席国和 2 个秘书国。

第7章 塞内加尔标准化研究

7.1 塞内加尔标准化概况

塞内加尔曾经是法国的殖民地，法国在政治、经济、文化、行政体制、法律、教育、生活习惯、思维方式等方面对塞内加尔的影响是全方位的。至今，法国是塞内加尔最大的投资和贸易伙伴、最重要的双边援助国，塞内加尔是获得法国援助最多的非洲国家之一。目前，塞内加尔约有 300 家法国企业，营业额约占塞内加尔国内生产总值的 1/4。同时，塞内加尔又是西非经济和货币联盟成员国。因此，塞内加尔的法律、法规大多参照或沿用法国或西非经济和货币联盟的法律制度，标准化水平也较高，有比较健全的标准化工作流程。

塞内加尔积极参与国际及区域标准化组织的活动，在 ISO 中发挥着积极的作用。它同时也是国际电信联盟（ITU）、CAC 等重要国际标准化组织的成员，还是 ARSO 等区域标准化组织的成员。

标准运行机制是指标准制修订过程中的组织和程序。塞内加尔遵循 ISO 的标准制定原则，即在编制标准过程中，遵守公开透明、各利益相关方协调一致的原则，构建"面向市场，规范有序，公开透明，广泛参与"的标准运行机制。

7.2 塞内加尔标准化机构

塞内加尔的标准化工作由塞内加尔标准化协会（Association sénégalaise de Normalisation，ASN）负责管理，其前身为根据 1978 年 3 月 14 日第 78228 号法令设立的塞内加尔标准化研究所，后于 2002 年 7 月 19 日根据第 2002 – 746 号法令改为塞内加尔标准化协会，隶属于塞内加尔工业和矿业部。该协会的主要职责如下：

- 为塞内加尔的经济主体，特别是制造商、分销商、消费者和政府行政人员，制定国家标准，提供标准相关信息和提高人们的认知；
- 为生产和服务企业提供关于提升质量的工具、程序和实施方法的培训，帮助企业制定有关产品、服务和生产环境的质量政策；
- 通过提供文献、信息、数据库和宣传资料等，建立沟通渠道，确保各领域经济主体提升质量，保护国内和国际市场中消费者的权益；
- 确保国家商标"NS – Qualité Sénégal"（NS – 质量　塞内加尔）的推广、实施和管理，推行产品标准符合性评估（产品认证）。

　　塞内加尔标准的制定工作由 ASN 设立的技术委员会（Comites Techniques，CT）进行。该技术委员会由生产者、消费者、科学机构、实验室、中央行政部门、地方政府等约 300 名专家及代表组成，标准是委员会成员协商后达成共识的结果。该技术委员会的所有成员是在自愿的基础上加入的，任何人可以通过申请、接受培训后成为该技术委员会的一员。ASN 共设立了 14 个技术委员会和 14 个技术小组委员会（Sous Comites Techniques，SCT），并特别加设了一个制定有关西非银行和金融组织及标准化相关的委员会，具体编号和名称见表 7 - 1。

表 7 - 1　塞内加尔技术委员会、技术小组委员会编号和名称

技术委员会编号	技术委员会名称	技术小组委员会编号	技术小组委员会名称
CT1	电子技术委员会	CT1/SCT1 第一技术小组委员会	电气安全
CT2	建筑、土木工程、公共工程技术委员会	CT2/SCT1 第一技术小组委员会	材料及产品
		CT2/SCT2 第二技术小组委员会	城市规划和建筑的技术和规则
		CT2/SCT3 第三技术小组委员会	图纸
		CT2/SCT4 第四技术小组委员会	热和能量效率
CT3	农业食品技术委员会	CT3/SCT1 第一技术小组委员会	总则
		CT3/SCT2 第二技术小组委员会	农业机械
		CT3/SCT3 第三技术小组委员会	动物和植物产品
		CT3/SCT4 第四技术小组委员会	加工食品
CT4	基础标准技术委员会	—	—
CT5	环境技术委员会	CT5/SCT1 第一技术小组委员会	水质
		CT5/SCT2 第二技术小组委员会	空气质量
		CT5/SCT3 第三技术小组委员会	土壤和固体废物质量

表7-1（续）

技术委员会编号	技术委员会名称	技术小组委员会编号	技术小组委员会名称
CT6	行政及贸易技术委员会	—	—
CT9	化学技术委员会	CT9/SCT1 第一技术小组委员会	化学品
		CT9/SCT2 第二技术小组委员会	制药
CT10	纺织技术委员会	—	—
CT11	社会责任技术委员会	—	—
CT13	学校能源技术委员会	—	—
CT14	家庭能源技术委员会	—	—
CT15	保健技术委员会	—	—
CT16	可持续城市和社区规划技术委员会	—	—
CT17	水及污水技术委员会	—	—
UEMOA CONOBAFI 标准①	西非银行和金融组织和标准化委员会	—	—

注："—"表示无。

7.3 塞内加尔标准制修订程序

在塞内加尔，任何法人都可以向标准化技术委员会提出制定标准的需求。一旦确定该标准需求有制定的必要，技术委员会将会组织所有专家召开会议，详细讨论标准的范围、关键定义和内容，并对标准草案达成一致共识。标准草案确定后，将向有关各方公开调查，征求修改意见和建议，并做相应修改。若修改后的标准能够获得各方共识，标准的最终文本将由技术委员会提交给 ASN 董事会，由董事会成员认可后可成为塞内加尔国家标准，并在塞内加尔官方期刊上发布。如标准未能获得各方共识，技术委员会必须继续对标准内容进行修改。通常，1 项标准的制定过程需要 1~3 年，标准出版后需要根据技术、科学和社会发展定期（至少每 5 年）进行修订。近年来，塞内加尔为加快标准的发展和降低不必要的成本，鼓励人们采用电子方式参与标准化制修订工作。

---

① UEMOA CONOBAFI 标准：UEMOA 为西非经济货币联盟（Union Economique et Monétaire Ouest Africaine）的缩写，CONOBAFI 为西非银行和金融组织和标准化委员会（Comité Ouest - Africain d'Organisation et de Normalisation Bancaire et Financière）的缩写。

塞内加尔标准的制定目标是满足市场需求，原则上供市场自愿采用，只有被法律、法规直接或间接引用时，标准才具有强制性（根据塞内加尔 2002 年 7 月 19 日第 13 条 2002 - 746 号法令《关于标准和认证标准可强制执行》）。目前，塞内加尔共有标准 555 项，其中约 30 项为强制性标准，主要涉及电力工程、建筑工程、食品工业、食用油、环境、液体/气体燃料、废水排放等领域。

塞内加尔标准仅有国家标准一级，标准代号为"NS"。标准编号由 3 个部分组成，形式为"NS + 标准领域代码 + 领域内标准编号"，如 NS 02 - 005。塞内加尔标准涉及的领域及其代码见表 7 - 2。

表 7 - 2 塞内加尔标准涉及的领域及其代码

代码	涉及的领域
01	电工
02	建筑、土木工程
03	农业食品
04	基本通则
05	环境
06	工商行政管理
09	化学
10	纺织
11	社会责任
13	太阳能
14	家用能源
15	卫生健康
16	城市和社区的可持续发展质量管理
其他 UEMOA 标准（CONOBAFI）	金融服务

按标准规定的内容，塞内加尔标准又分为以下 4 种类型：

① 核心标准：此类标准规定了术语、符号、统计工具和计量；

② 规范标准：此类标准规定了产品、服务、流程的特性和性能；

③ 分析和测试标准：此类标准描述了测量产品性能的测试方法；

④ 组织/管理标准：此类标准描述了为提高组织绩效而实施的方法，如质量管理、环境、物流、设备维护标准。

塞内加尔虽然在近几年经济实现较快增长，但总体来讲仍属于农业国家，工业基础较为薄弱，约 60% 的人口生活在农村地区并从事农业生产活动。渔业、花生、磷酸盐和旅游为塞内加尔四大创汇产业，商业、金融服务业等第三产业发展较快。塞内加尔标准化发展领域与其经济结构相对应，截至 2017 年 1 月 15 日塞内加尔标准化重点领域分布在农业食品领域（163 项）、土木工程领域（95 项）、电工领域（67 项）、环境领域（58 项）、化学领域（60 项）、水和卫生领域（44 项），还有小部分标准涉及健康、能源、质量管理、行政商务、金融服务领域。

7.4 塞内加尔参与国际标准化活动情况

塞内加尔非常重视参与国际标准化工作。为了顺应经济全球化和贸易国际化趋势，ASN 建立了非洲最早的标准化网络之一，在区域和国际标准化机构中发挥着不可或缺的作用。在区域一级，如在西非经济共同体（CEDEAO）和 ARSO 中，塞内加尔积极参与和推进标准一致化进程。在国际一级，塞内加尔是 ISO 和伊斯兰国家标准和计量组织（l'organisme de normalisation et de métrologie pour les pays islamiques，SMIIC）的常任成员，并且加入了 IEC 的扩展国家计划（Affiliate Country Programme）。在 ISO 中，塞内加尔积极参与国际标准化战略和国际标准的制定工作，有效地捍卫了塞内加尔的利益。目前，塞内加尔是 ISO 10 个 TC 的 P – Member、15 个 TC 的 O – Member，并承担 1 个 TC 的联合秘书处工作，详见表 7 – 3。

表 7 – 3　塞内加尔参与 ISO 技术委员会情况

序号	技术委员会	技术委员会名称	成员类型/承担工作
1	ISO/PC 318	以社区规模资源为导向的卫生处理系统	联合秘书处、P – Member
2	ISO/TC 224	与饮用水供应、废水及雨水系统有关的服务活动	P – Member
3	ISO/TC 234	渔业和水产养殖	
4	ISO/TC 268/SC 1	智能社区基础设施	
5	ISO/TC 285	清洁炉灶和清洁烹饪方法	
6	ISO/TC 323	循环经济	
7	ISO/TC 34	食用产品	
8	ISO/TC 34/SC 18	可可	
9	ISO/TC 34/SC 19	蜂产品	
10	ISO/TC 59/SC 17	建筑物及土木工程的可持续性	
11	ISO/IEC JTC 1/SC 27	IT 安全技术	O – Member
12	ISO/IEC JTC 1/SC 40	IT 服务管理和 IT 治理	
13	ISO/PC 315	间接的、温度控制的冷藏运输服务——中转包裹的陆上运输	
14	ISO/PC 317	消费者保护：为消费品和服务设计的隐私保护	
15	ISO/TC 176	质量管理和质量保证	
16	ISO/TC 207	环境管理	
17	ISO/TC 260	人力资源管理	

表 7 - 3（续）

序号	技术委员会	技术委员会名称	成员类型/承担工作
18	ISO/TC 268	可持续的城市和社区	
19	ISO/TC 283	职业健康与安全管理	
20	ISO/TC 304	医疗组织管理	
21	ISO/TC 314	老龄化社会	O – Member
22	ISO/TC 68	金融服务	
23	ISO/TC 68/SC 2	金融服务、安全	
24	ISO/TC 68/SC 8	金融服务参考数据	
25	ISO/TC 68/SC 9	金融服务信息交换	

　　塞内加尔非常注意国家标准与区域、国际标准以及世界贸易规则的一致性。在制定标准时，首先要从非洲区域或全球一级考虑，决定标准提议是否可以予以立项。目前，塞内加尔国家标准中约有 85% 的标准采用的是国际、国外标准。人们可以从 ASN 购买到塞内加尔标准、非洲标准、法国标准以及国际标准，并可以咨询这些标准的相关信息。

第8章 利比里亚标准化研究

8.1 利比里亚标准化概况

利比里亚位于非洲西海岸，海上运输极为便利，是"21 世纪海上丝绸之路"西线的沿线国家。2015 年 11 月，国家主席习近平会见到访的利比里亚总统瑟利夫时指出，中方愿同利方一道，全面深化基础设施建设、海洋运输、农渔业、产能和制造业等领域互利合作。在"一带一路"倡议的依托下，研究利比里亚标准化现状，有助于了解利比里亚的标准化发展趋势、标准化战略和重点领域，加强中国同利比里亚之间的政策沟通，有助于推进基础设施互联互通，继续扩大投资贸易合作，促进两国的交流发展。

2015 年 12 月 16 日，利比里亚加入 WTO。利比里亚政府宣布将致力于政府部门调整，减少贸易障碍，促进贸易便利化，改变过度依赖钢铁和橡胶的单一经济结构。

8.2 利比里亚标准化机构

利比里亚主要的标准化机构为利比里亚工商局标准部和国家标准实验室。

8.2.1 利比里亚工商局标准部

利比里亚工商局标准部于 1972 年 5 月成立，负责质量控制和测量。利比里亚工商局标准部主要负责协调商业和工业各行业的标准化相关活动；筹备、发布和出台其他国家和组织采纳的国家标准；促进、维护或改善国家产品服务流程相关标准；促进商业和工业机构的质量控制工作；通过国家标准实验室检验、测试和认证标准质量；规范相关措施，促进公平交易；通过促进贸易相关标准维护国家利益；大力推动计量发展，实现标准化；为政策制定者提供标准化及相关技术服务。

利比里亚工商局标准部通过建立、规范商品和行业贸易标准；收集、评估和发布工商业相关数据；制定和执行商业惯例标准并发放进出口许可证；监督和调控必需品价格，促进国内外贸易健康发展。

8.2.2 利比里亚国家标准实验室

利比里亚国家标准实验室（NSL）负责测试和校准，最初由工业发展组织与利比里亚政府作为牵头部门合作成立，负责执行西非质量方案，有利于加强区域质量基础设施建设，提高本国竞争力。2011 年 9 月 9 日，NSL 正式投入使用。

NSL 负责产品测试及校准，致力于改善利比里亚卫生体系，确保食品及相关商品质量，促进国内外贸易。此外，NSL 是利比里亚一流的质量基础设施，符合国家标准规范。NSL 的主要目标是提供测试和校准服务，严格把控可能威胁公共健康的未达标产品，并确保利比里亚的粮食和农业出口符合国际标准。

NSL 致力于维护和推广标准化措施，提高客户满意度，以最高的国际测试标准提供高品质测试服务。

NSL 服务是经济转型过程的支撑机制，有利于促进私营部门发展和出口政策改革，提高本国产品出口竞争力，扩大生产和就业，确保进出口商品符合国际标准。

NSL 为相关部门提供技术服务，例如：为卫生和社会福利部等监管机构提供国家食品安全指南；为环保局水质工业注册流程及水质质量管理提供指导原则；为废水处理部门废水分析及空气质量调查提供依据；促进农业部农业和粮食安全相关活动及地矿部能源采矿活动。

作为一个潜在的创收实体，NSL 通过服务实现可持续发展，以满足利比里亚乃至全球和区域国家有关项目及企业和行业的需求，有利于增强本国信誉，提升国际认可度。

NSL 拥有 3 个基本实验室：化学实验室、微生物实验室和计量实验室，主要负责在食品、非食品微生物和化学分析领域进行测试，包括长度、质量、温度和体积等项目的校准和验证。此外，NSL 致力于通过提供质量管理培训以及食品安全管理体系等方面的技术服务，增强机构的长期协作能力。

8.3　利比里亚标准种类

除利比里亚国家标准（SANS）外，利比里亚标准局标准部在共识的基础上还出版其他形式的成果，例如操作规程（ARP）、协调规范（CKS）、利比里亚技术规范（SATS）、行业技术协定（STA）和非规范性文件（如利比里亚技术报告）。据统计，7259 项利比里亚标准中包含 SANS 6989 项、ARP 75 项、CKS 119 项、SATR 43 项、SATS 33 项。

8.4　利比里亚参与国际标准化活动情况

利比里亚已于 2015 年加入 WTO。利比里亚于 2007 年提交了《外贸政策备忘录（MFTR）》的申请，当局与多个部委和机构的技术人员以及相关方讨论运作。2014 年 5 月，瑟里夫总统任命商务部部长为首席谈判代表。2014 年 10 月提交了利比里亚世界贸易组织市场准入方案，并在日内瓦讨论了相关起草事实概要和工作组报告草案。利比里亚税务局和法律改革委员会专业人员与利比里亚律师代表团针对关税的几个关键会议（如技术工作会议、双边谈判等）首次进行双边磋商。

利比里亚成功加入西非国家经济共同体（Economic Community of West African States，ECOWAS）。利比里亚加入包括以共同对外关税和关税联盟（ECOWAS CET）为基础的商品（关税）和服务机构，包括专业服务（法律服务，会计服务，税务服务，建筑服务，工程服务，综合工程服务，医疗牙科服务，兽医服务，护士、理疗师和医务人员提供的服务；计算机及相关服务；研究与开发服务；房地产服务）；通信服务；建筑及相关工程服务；配送服务；教育服务；环境服务；金融服务；健康相关和社会服务；旅游与旅游相关服务；娱乐、文化和体育服务以及运输服务。

利比里亚是西共体成员、马诺河联盟（Mano River Union，MRU）成员和非洲联盟成员。2010 年，中国政府与利比里亚政府确定给予 60% 的利比里亚对华出口商品零关税待遇。2006 年 12 月，美国政府批准利比里亚成为"非洲增长机制法案"受惠国，对原产于利比里亚的产品免除关税和进口税。在市场准入方面，根据加入路线图，利比里亚与日本、加拿大、欧盟、美国和泰国签署了有关其进入市场准入的双边谈判文件。在农业方面，利比里亚相关成员已经接受农业支持法案。在制定规则方面，工作组的最新报告草案已经完成编写并公布。利比里亚代表团于 2015 年 7 月 28 日就双边协议的合并召开技术审核会，确定了工作组报告草案和相关立法事宜。

第9章 加纳标准化研究

9.1 加纳标准化概况

为了帮助企业提高产品质量，1967 年 8 月，加纳共和国政府成立了加纳标准局，当时称为国家标准委员会（National Standards Board），隶属于工业研究所（IIR）。IIR 是加纳科学和工业研究理事会（CSIR）主要的 13 所研究机构之一，也是加纳主要的科技研究和开发机构。加纳标准局的第一任执行董事建议应成立一个独立行事的标准机构，由此加纳标准局从 IIR 分离出来。

在加纳标准局的发展过程中，机构名称也有所改变，从 1967 年的国家标准委员会（National Standards Board）到 1973 年的加纳标准委员会（Ghana Standards Board），最终在 2011 年确定为加纳标准局（Ghana Standards Authority，GSA），作为负责发展、出版和推广国家标准的政府机构。

加纳现行的标准化立法是 1973 年颁布实施的《标准授权法案》（Standards Authority Act，1973）（N. R. C. D. 173），该法案的颁布实施对加纳标准化工作和加纳标准局的发展提供了活动的法律框架。根据该法案，加纳标准局的发展目标包括以下 4 个方面：①制定和发布标准，以确保加纳生产产品的高质量，既包括本地消费产品，也包括出口产品；②促进工业和商业的标准化；③提高工业效率，促进工业发展；④推广公共健康和安全、工业福利方面的标准。

在该法案的法律框架下，加纳标准局作为国家标准机构，目标是发展成为一个以客户为中心的世界级标准组织，通过标准化、计量和合格评定促进工业发展、保护消费者权益以及促进贸易发展，一方面提高本国产品在国际市场的竞争力；另一方面，避免劣质不合格产品充斥市场，营造公平的贸易环境，保护消费者利益。

9.2 加纳标准化机构

9.2.1 加纳标准局

GSA 是依据 1973 年的《标准授权法案》（N. R. C. D. 173）而成立的国家标准机构和合格评定机构，是一个具有永久继承权和公章的法人团体。GSA 是国家法定机构，负责国家质量基础建设的管理，包含计量、标准化和合格评定 3 个部分，即测试、检验和认证。通过加强质量基础设施建设，确保商品和服务质量，促进工业的发展，加强可持续发展，实现良好的公共治理。根据《标准授权法案》的授权，GSA 的管理机构是董事会（The Board），董事会由 6 名成员组成，分别是主席、由总统根据宪法第 195 条任命的董事以及其他 4 名成员。

按照《标准授权法案》的规定，董事会成员应由总统根据《宪法》第 70 条任命。董事会可增选某人在其任何会议上担任顾问，但增选的人无权在会议上就由董事会作出决定的某事项投票表决，并且董事会程序的合法性不受其成员的空缺或任何委任的欠妥之处所影响。

为了实现上述目标，加纳标准局在法律上授权承担以下工作：

- 国家标准的制定和传播；
- 测试服务；
- 检验活动；
- 产品认证方案；
- 质量及称重计量仪器的校准、检定和检查；
- 新型称量计量器具的图样核准；
- 进口高风险货物的目的地检验；
- 推进工业质量管理体系；
- 向贸易和工业部提供标准和相关问题的咨询。

GSA 共有 5 个主要技术部门，分别是：

- 计量部：负责经济各部门测量设备、仪器和器材的校准和检定服务；
- 标准部：负责制定和促进标准；
- 测试部：负责货物的技术检验和分析；
- 监察司：负责进出口产品和本国销售产品的检验活动；
- 认证部：作为独立的第三方进行产品认证，其目的是为产品符合特定的国家或国际标准和规范提供信心和保证。

为了支持上述 5 个技术部门的各项活动，GSA 还设有 3 个支助司支持其技术活动，分别是行政和组织发展司、金融和企业规划司与监视和评估司。

9.2.2 技术委员会

技术委员会是加纳标准的主要制定机构，其秘书处多由标准部下属部门承担，如材料标准司承担"纺织技术委员会"和"皮革和皮革制品技术委员会"的秘书处工作。GSA 官方网站并未列明所有的技术委员会，表 9 - 1 所示为部分技术委员会概况。

表 9 - 1　部分技术委员会概况列表

序号	代码	英文名称	中文名称	秘书处
1	GSA/TC 1	Food	食品	—
2	GSA/TC 2	Textiles	纺织	材料标准司
3	GSA/TC 3	Cosmetics	化妆品	化学标准司

表 9 – 1（续）

序号	代码	英文名称	中文名称	秘书处
4	GSA/TC 7	Rubber and Plastics	橡胶和塑料	化学标准司
5	GSA/TC 8	Leather and Leather Products	皮革和皮革制品	材料标准司
6	GSA/TC 10	Electro Technical	电工技术	—
7	GSA/TC 12	Agriculture	农业	—
8	GSA/TC 13	Petroleum and Petroleum products	石油和石油产品	化学标准司
9	GSA/TC 14	Paper and Board	纸和纸板	化学标准司
10	GSA/TC 15	General and Household Chemicals	一般和家用化学品	化学标准司
11	GSA/TC 17	Metrology and Measurements	计量和测量	—
12	GSA/TC 19	Environmental Management	环境管理	化学标准司
13	GSA/TC 21	Renewable Energy	可再生能源	—
14	GSA/TC 22	Oil & Gas	石油天然气	—
15	GSA/TC 23	Information Technology	信息技术	—
16	GSA/TC 25	Water Quality	水质	化学标准司
17	GSA/TC 26	Packaging Materials	包装材料	化学标准司
18	GSA/TC 27	Herbal Medicine	草药	化学标准司
19	GSA/TC 28	Paints and Varnishes	油漆和清漆	化学标准司
20	GSA/TC 29	Wood and Wood Products	木材和木材产品	化学标准司

注："—"表示加纳官方网站未列明。

9.3 加纳标准

9.3.1 加纳标准管理模式

加纳标准是由标准部负责制定和发布的，《标准授权法案》对标准的制修订和撤销作出以下规定：董事会（Board）可按照有关委员会（Committee）的意见，宣布一项规范（包括国际或任何其他国外规范）作为本法框架下的标准规范，并可按照委员会的建议修订或撤销该项声明；凡董事会声明某规范成为标准规范，或修订、撤销某项标准规范，则该声明、修订或撤销的通知须在宪报刊登；此外，标准规范的修改或撤销应以董事会指定或条例规定的方式予以公布。

加纳政府重视标准应用对企业、消费者、国际贸易等多方面带来的技术、经济和社会效益。标准的好处体现在以下几个方面：

- 节约成本：有助于优化操作，从而提高底线；
- 提高顾客满意度：有助于提高质量、顾客满意度以及增加销售额；

- 进入新市场：有助于防止贸易壁垒、开放全球市场；
- 增加市场份额：有助于提高生产效率和竞争优势；
- 环境效益：有助于减少对环境的负面影响；
- 专家意见：由于标准是由专家制定的，各国政府通过将标准纳入国家条例，从专家的意见中获益，而不必直接要求提供服务；
- 开放世界贸易：标准是国际性的并且被诸多政府采用，通过将标准纳入国家条例，有助于确保世界各地对进出口的需求相同，从而促进货物、服务和技术从一个国家向一个国家的流动。

9.3.2　加纳国家标准制修订程序

加纳标准的制修订程序共经历 12 个主要阶段，为了监测标准的制修订情况，以数字（1~12）表示标准制修订的主要步骤（见表 9-2）。

表 9-2　加纳标准制修订程序步骤

序号	步骤代码	工作内容
1	(10.00)	新项目建议书
2	(10.20)	正在审查的新项目提案
3	(10.60)	审查结束
4	(20.20)	起草草案和 TC 讨论
5	(30.00)	委员会草案
6	(40.20)	公众评论
7	(50.92)	转回技术委员会
8	(60.20)	公报
9	(60.60)	出版
10	(60.99)	推广和销售
11	(90.20)	定期审查
12	(95.00)	撤回阶段

9.3.3　加纳标准制定情况

数据来源：GSA 发布的《加纳标准目录 2017》（GSA Catalogue 2017），截至 2017 年 3 月 26 日。

据统计，1973—2016 年发布的加纳标准共 2214 项，加纳标准年份统计见表 9-3。

表9-3 加纳标准年份统计

发布年份（年）	标准数量/项	发布年份（年）	标准数量/项	发布年份（年）	标准数量/项
1973	2	1998	4	2008	92
1975	1	1999	2	2009	46
1986	1	2000	2	2010	84
1990	14	2001	6	2011	238
1991	9	2002	4	2012	33
1992	5	2003	116	2013	143
1994	3	2004	25	2014	112
1995	6	2005	109	2015	334
1996	8	2006	472	2016	125
1997	7	2007	211	—	—

从标准制定数量的变化趋势来看，在2003年以前加纳标准的数量相对较少，每年制定标准的数量不足15项，标准化发展较为缓慢；自2003年以后，加纳标准数量有所增加，且增长幅度较大，但每年标准制定数量不稳定，相邻年份标准数量变化幅度较大。

9.3.4 采用国际标准情况

加纳2017年已有的2214项标准中约70%采用国际标准，其主要采用ISO、IEC和ITU 3种类型的国际标准，其中采用ISO标准1218项、IEC标准211项、ISO/IEC标准16项、ITU标准97项。

9.4 加纳参与国际标准化活动情况

9.4.1 国际标准化活动

加纳是ISO的正式成员，共参与35个技术委员会，其中19个以O-Member身份参与、16个以P-Member身份参与，与荷兰共同承担"ISO/TC 34/SC 18 可可"技术委员会秘书处工作。

除此之外，加纳以P-Member身份参与3个政策发展委员会（PDC），分别是合格评定委员会、消费者政策委员会和发展中国家事务委员会。

9.4.2 区域标准化活动

加纳是ARSO的成员，参与2个技术委员会，尚未承担技术委员会的主席国或秘书国。

第 10 章　喀麦隆标准化研究

10.1　喀麦隆标准化概况

喀麦隆标准化的法律地位是由 1996 年颁布的《关于标准化的第 96/11 号法案》确立的，该法案确立了喀麦隆标准化工作的法律框架，规定了标准化相关的工作，包括：标准制定，合格评定，国家质量标志推广，咨询公司、质量审核机构和标准化组织/机构的审批以及测试实验室、测试和质量控制机构的认证。

截至 2009 年，在综合考虑 1996 年《关于标准化的第 96/11 号法案》、2007 年《关于政府机构规定的第 2007/268 号法案》等相关法案以及相关委员会的意见后，喀麦隆总统于 2009 年 9 月 17 日签署颁布了《喀麦隆标准与质量局成立与运营法令》（第 2009/296 号法令），授权成立了喀麦隆标准与质量局（ANOR），通过此举将政府部门与公共组织和相关的私人组织建立联系，促使喀麦隆政府关于质量与标准化领域的政策得以制定和实施。

2009 年，喀麦隆政府公布了《2035 年远景规划》，重点是发展农业、扩大能源生产、加大基础设施投资、努力改善以原材料出口型为主的经济结构，争取到 2035 年使喀麦隆成为经济名列非洲前茅的新兴国家，建设成为一个新兴的、民主的、独立的、在多样性基础上统一的国家。喀麦隆政府认为标准是经济发展的工具，是质量、效率和竞争力提升的本质，有利于促进经济增长，改善喀麦隆人民的生活条件。同时也认识到，《2035 年远景规划》的经济发展目标在没有适当的标准和质量的情况下是无法实现的。

2010 年 11 月 12 日，喀麦隆首相签署了《国家标准化计划》（第 008/PM 号通知），强调把质量的概念融入人们的实践和消费习惯中，提出通过制定适当的标准以及产品、服务和系统认证来保护消费者健康和安全，促进喀麦隆国内市场的公平竞争，并优先制定符合经济和社会需求的标准。

在《国家标准化计划》的基础上，2017 年 9 月，ANOR 发布《国家标准制定方案（2018—2020 年）》（Programme National d'Elaboration des Normes au Cameroun，PNEN）。该方案是一个关于喀麦隆制定国家标准的国家计划，部署了 2018—2020 年每年喀麦隆标准的制修订计划，涉及 40 个技术委员会。

10.2　喀麦隆标准化机构

ANOR 是喀麦隆标准与质量的组织和运行的公共行政机构，拥有法人地位且财政独立。ANOR 总部位于雅温得（首都喀麦隆），该局在技术上和财政上分别受工业、矿产与技术开发部和财政部的管理，下设董事会和高级管理层，必要时在董事会的允许下可以在全国开设分支机构。ANOR 负责制定喀麦隆标准化与质量方面的政策，是实现现代化、减贫、创造青年就业和改善公共卫生标准的重要工具。

10.2.1 ANOR 的使命与职责

ANOR 的使命是将政府部门与公共组织和相关的私人组织建立联系，促使喀麦隆政府关于质量与标准化领域的政策得以制定和实施。

为了实现上述使命，ANOR 负责以下几个方面的工作：

- 制定和审批标准；
- 保证认证符合标准；
- 推进政府部门和私营组织的标准化进程；
- 持续与国际组织和专门负责标准化与质量的委员会进行合作；
- 提出标准对改善产品和服务质量采取措施的建议；
- 发布和传播关于标准的信息与文件；
- 所有政府委派的标准化与质量方面的其他任务。

此外，自 2016 年 8 月 31 日起，对于全部或部分适用于喀麦隆强制标准的进口货物，在装运前要进行合规性检验（PECAE），由正式委任的机构代表喀麦隆政府实施合规性检验。前两年试验阶段，在 ANOR 的监督之下，喀麦隆政府委托 SGS 和 Intertek 两家公司进行装运前合规性检验。检验前，进口商需要将 PECAE 项目及其强制要求通知其供应商，由供应商在 ANOR 网站（www. anorcameroun. info/pecae）进行申报，自行选择强制性合规检验机构。

10.2.2 ANOR 的组织和运行

ANOR 由董事会和局长来共同管理。

董事会拥有管理 ANOR 的最高权力，负责制定和指导 ANOR 的总体政策。董事会主席由共和国总统法令来任命。董事会成员包括共和国总统代表 1 名、首相部门代表 1 名、工业部代表 1 名、商业部代表 1 名、财政部代表 1 名、经济部代表 1 名、公共健康部代表 1 名、农业部代表 1 名、关于标准化的社会职业组织指定的私有部门代表 2 名、消费者协会代表 1 名以及个人代表 1 名。董事会成员均通过共和国总统法令任命，受其从属部门领导和技术部监督。董事会所有成员任期 3 年，届满重新任命。董事会成员在履行职责时，对其所知悉的情况、事实和行为有酌处权。董事会成员是无偿的，但董事及受邀咨询人士可以享受会期补偿，并可以享受代金券来补偿会议所产生的费用，董事会主席按月享受津贴。

董事会主要负责以下工作：

- 修正目标，批准行动计划；
- 根据局长的提议，审批组织结构、议事规则、个人报酬和福利时间表；
- 发布并执行预算、会计和财务报表以及活动报告；
- 根据局长的提议，依照《劳动法》聘用和解聘员工；

- 根据局长的提议，任命副主任及类似职位；
- 采取一切可能改善 ANOR 提供服务的措施；
- 接受所有捐赠、遗产和赠款；
- 批准履约合同或任何其他协议，包括由总干事编制的贷款等；
- 每年出版《喀麦隆标准化报告》。

ANOR 的全面管理由局长和副局长负责，局长和副局长可由共和国总统令任命，每届任期 3 年，可连任两届。局长负责管理和实施本局的一般性政策，对董事会负责，并定期报告，具体工作如下：

- 向董事会提交组织结构和议事规则，以及员工的薪酬和福利时间表；
- 编制主要授权人员的预算、活动报告以及账目和财务报表；
- 准备行政会议的审议，以咨询的身份协助会议并执行决议；
- 负责 ANOR 的行政、技术和财务管理；
- 聘请、委派、解聘员工，在董事会允许下，根据现行法令、法规和规定，确定薪酬福利待遇，执行预算和董事会决议；
- 在所有民事活动、司法活动中担任 ANOR 的代表。

10.3　喀麦隆标准

喀麦隆标准仅有国家标准（Normes Camerounaises），标准代号为 NC，由 ANOR 批准发布。喀麦隆标准由标准使用方依据相关领域国际要求制定，不论是消费者还是行业从业者，都可以参与制定标准。ANOR 鼓励企业与个人参与喀麦隆标准的制定，强调喀麦隆标准的优势之一就是由需要标准的人来制定相关标准。行业专家指导是从新标准需求确认到规定标准所有技术内容的整个标准制定阶段。这种做法有利于帮助企业优先获得未来市场构建的信息，有利于为企业在标准编写过程中表达自身观点创造机会，有利于帮助企业维持市场的开放性。

喀麦隆标准是自愿性的，而不是强制性的，但其政府可以通过立法或法令来强制执行。按照 ANOR 网站公布的标准数据和对标准状态的标注，对强制性标准和自愿性标准的比例进行统计，其中仅有 4% 为强制性标准，其余 96% 均为自愿性标准。

出版物包括：

- 强制性标准清单（LISTE DES NORMES OBLIGATOIRES），刊载了强制性技术法规、活动领域以及技术法规中参考标准的清单。
- 标准目录（CATALOGUE DES NORMES），目前 ANOR 网站的标准目录为 2015 年 4 月出版的版本。
- 相关法规，包括《关于标准化的第 96/11 号法案》（LOI N°96/117 DU 5 AOÛT 1996 RELATIVE à LA NORMALISATION）、《喀麦隆标准与质量局成立与运营法令》（DéCRET N°2009-296 DU 17/09/09 PORTANT CRéATION DE L'ANOR）、《国家标准化计划》（CIRCULAIRE N° 008/PM DU 12 NOVEMBRE 2010 RELATIVE AU PROCESSUS D'éLABORATION DES PROGRAMMES NATIONAUX）等。

10.4　喀麦隆参与国际标准化活动情况

目前，ANOR 主要在 ISO 和 ARSO 两个国际和区域标准化组织中参与相关标准化活动，体现喀麦隆利益。

喀麦隆是 ISO 的正式成员，共参与 36 个技术委员会，其中，32 个以 O – Member 身份参与；4 个以 P – Member 身份参与的技术委员会分别是 ISO/PC 305、ISO/TC 258、ISO/TC 34 和 ISO/TC 34/SC 18。在参与的各技术委员会中，ANOR 暂未承担各技术委员会的秘书处工作。除此之外，喀麦隆还参与 4 个政策发展委员会（PDC），其中 1 个以 P – Member 身份参与、3 个以 O – Member 身份参与。

喀麦隆是 ARSO 的成员，积极参与 ARSO 各项活动，共参与 12 个技术委员会，其中 6 个以 P – Member 身份参与、6 个以 O – Member 身份参与（见表 10 – 1）。

表 10 –1　喀麦隆参与 ARSO 的情况

序号	领域名称	主席国	秘书国	P 成员	O 成员
1	基础和通用标准	肯尼亚	埃塞俄比亚		√
2	农业和食品	坦桑尼亚	坦桑尼亚	√	
3	建筑和土木工程	埃及	南非	√	
4	机械工程与冶金	肯尼亚	南非		√
5	化学与化学工程	尼日利亚	尼日利亚		√
6	信息	埃及	埃及		√
7	纺织品和皮革	南非	埃塞俄比亚	√	
8	交通运输	突尼斯	南非	√	
9	环境管理	埃塞俄比亚	毛里求斯		√
10	能源和自然资源	卢旺达	尼日利亚	√	
11	质量管理体系	尼日利亚	毛里求斯	√	
12	服务	肯尼亚	卢旺达		√

注："√"表示喀麦隆在 ARSO 各技术委员会中的身份。

第11章　赤道几内亚标准化研究

11.1　赤道几内亚标准化概况

近20年来，随着以石油收入为主的财政收入不断增加，赤道几内亚的经济得到了快速的增长，但经济结构单一、产业结构失衡的缺陷也一直存在，除石油产业外，赤道几内亚其他产业基本没有得到相应的发展。目前，赤道几内亚工业基础仍然十分薄弱，农业现代化水平仍然较低，工业用品、农业产品、生活日用品和生产资料几乎全部依赖进口。有限的生产力和工业化水平也制约了赤道几内亚标准化的发展。从赤道几内亚政府官方网站上查找，涉及标准或标准化的信息非常少且相关度很低，由此可初步判断目前赤道几内亚标准化工作处于空白或停滞阶段。

从赤道几内亚政府官方网站提供的信息，我们无法确认该国是否设有专门负责标准化工作的部门或机构，只能从政府构成和职能划分中分析得出：赤道几内亚经济、贸易和企业促进部承担标准化的相关职能，因该部门的主要职责包括制定和实施贸易政策、促进国际贸易一体化以及对参与贸易的单位实行监督和管理等，这些职能都与标准化紧密相关。

由于赤道几内亚国内标准和标准化管理机制的缺失，在工程建设等需要大量使用标准的情境中，赤道几内亚最有可能采用的是项目投资国、援助国或工程承包企业所采用的标准。赤道几内亚的主要投资援助国有：①美国。美国在赤道几内亚的投资超过200亿美元，其中大部分来自美国石油公司，是赤道几内亚最主要的外资来源。②西班牙。西班牙是赤道几内亚原宗主国，每年向赤道几内亚提供约2500万美元援助，是赤道几内亚主要援助国，西班牙文是赤道几内亚的官方语言。③法国。法国每年向赤道几内亚提供约2000万美元的援助，并向总统府、国防部等政府部门派有顾问，两国设有混委会，法文是赤道几内亚的第二官方语言。④中国。根据我国商务部统计数据，2018年1月—9月，中国-赤道几内亚双边贸易额为16.48亿美元，其中，中国进口为15.33亿美元，是赤道几内亚第一大贸易伙伴和第一大原油进口国；另外，截至2018年9月底，中国企业在赤道几内亚累计完成各类承包工程营业额167.75亿美元，是赤道几内亚第一大工程承包方。除以上4个主要投资国之外，赤道几内亚还有来自摩洛哥、埃及、意大利等国的承包工程企业的投资。

根据以上情况，可以大致分析出赤道几内亚标准使用状态，应该可分为以下3种情形：①凡是与石油相关的项目标准应该是以美、欧标准为主要基准——因赤道几内亚石油产业由美、欧等发达国家石油企业把控，其国民经济也极度依赖石油产业的贸易和投资，所以美、欧标准在现阶段赤道几内亚经济发展中应该起着绝对作用；②由于历史、语言、政治等原因，赤道几内亚可能倾向于优先采用西班牙标准、法国标准或欧盟标准；③在非石油或非石油相关领域，赤道几内亚可能采用其他投资国家的标准，采用程度和接受程度应该以项目、投资国不同而有所区别。

在 2007 年召开的第二届全国经济大会上，赤道几内亚制定了《2008—2020 年国家经济社会发展远景规划》，在强化油气产业发展的同时，全面启动交通、通讯、电力和卫生等基础设施建设，推动经济多元化发展。在 2014 年 2 月召开的首届经济多元化会议上，赤道几内亚正式启动经济多元化进程，重点发展农牧业、渔业、石化与矿业、旅游业、金融服务业五大战略产业。产业的发展离不开标准化，赤道几内亚的标准化工作是否会随着这些规划的落实而有所发展，是值得持续关注的问题。

11.2 赤道几内亚参与国际标准化活动情况

除了国内标准化发展滞后外，赤道几内亚参与国际、区域标准化活动的程度也不高。目前，赤道几内亚尚未加入 ISO、IEC，也不是 ARSO 的成员。虽然分别在 1970 年加入 ITU、1988 年加入 CAC，但因受制于经济、科技的发展水平，赤道几内亚在这些国际标准化组织中的贡献也非常有限。

第12章 刚果(布)标准化研究

12.1 刚果(布)标准化机构

刚果(布)于2015年10月29日颁布了第19-2015号和第20-2015号法令,宣布设立刚果(布)标准化和质量协会(Congolese Standardization and Quality Agency,ANOCOQ)以及对刚果(布)国家标准化和质量管理体系进行规范。根据第19-2015号法令,ANOCOQ隶属于刚果(布)工业部,是一个具有独立法人资格和财务自主权的公共行政和技术机构,其主要职责是提升各部门标准化、计量、认证以及质量管理的工作水平。该协会的具体职能包括:
- 确定国家标准需求;
- 统一管理所有标准化工作;
- 以标准化技术委员会为基础,制定标准化和质量规范,标准化技术委员会的组织和运作模式由法规规定;
- 促进公司和其他社会经济组织的质量管理工作;
- 提供培训,提高所有社会经济参与主体对标准化、计量、认证和质量的认知;
- 管理国家标准目录;
- 确保国家计量系统与国际单位制的一致性;
- 创建行业技术委员会和认证委员会,并使其发挥职能;
- 实施国家产品和服务认证体系,颁发国家合格标志;
- 代表国家参加国际标准化机构的相关活动。

ANOCOQ的组织框架见图12-1,除执行秘书处和信息技术处外,还包含标准化理事会、质量促进理事会、计量理事会以及内部行政管理部门。

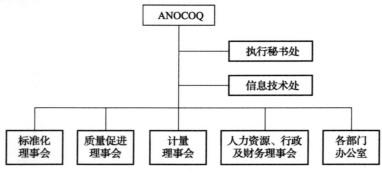

图12-1 ANOCOQ组织框架

12.2 刚果(布)标准

刚果(布)标准运行机制所遵循的原则与 ISO 一致,即标准的制定是公开透明的,且需要各利益相关方协调一致。标准运行机制包含以下两个方面:标准制定主体和标准制修订程序。

12.2.1 标准制定主体

刚果(布)国家标准的制定主体为技术委员会。任何公共服务部门、专业机构和个人均可以向 ANOCOQ 提出制定国家标准的提案,在协会确定该提案具有必要性之后,由协会组织各利益相关方专家或代表组成标准化技术委员会并统一安排标准编写工作。目前,刚果(布)技术委员会制定的标准主要涉及水泥、油漆、混凝土、瓷砖和其他材料产品,标准制定的目标是确保这些产品的质量,保证其不会危害消费者的生命和安全。由于刚果(布)标准化工作还处于起步阶段,且官方发布的信息有限,技术委员会的数量、种类等信息目前尚无从得知。

12.2.2 标准制修订程序

刚果(布)国家标准的制定程序可大致分为 6 个阶段,按照开展的顺序依次是:①预备阶段:通过文献研究、收集资料,确定标准提案是否具备必要性;②起草阶段:由技术委员会编写标准草案;③征求意见阶段:通过为期 90 天的公共调查,收集对标准草案的意见;④审查阶段:对收集的意见进行验证,起草最终标准文件;⑤批准阶段:批准和公布标准;⑥修订或废止标准阶段:任何机构可以向 ANOCOQ 提出修改或撤销标准的申请,由技术委员会决定该申请是否成立,之后的程序遵循制定标准所需的程序。

12.2.3 刚果(布)标准性质及分类

刚果(布)国家标准为非强制性标准,原则上供市场自愿采用。但在以下情况下,政府主管部门可以要求强制执行标准中的规定:①涉及国家政策及公共安全的情况,如国防、健康、环境保护、人民生命保护、动物或植物保护等;②涉及税务或海关管制的情况;③涉及公平贸易和消费者权益保护的情况。

刚果(布)标准仅有国家标准,由 ANOCOQ 主导制定,尚无由行业组织或非政府机构主导制定的标准。刚果(布)标准代号为"NCGO",标准编号由 3 个部分组成:NCGO + 标准编号 + 发布时间,如"NCGO 0004 - 1:2017 - 09"。如 12.2.1 所述,由技术委员会制定的刚果(布)国家标准主要涉及的领域有水泥、油漆、混凝土、瓷砖和部分材料,但具体标准数量和名称目前没有渠道获得。

除技术委员会之外,ANOCOQ 还设立了一些战略委员会。战略委员会的组成方式与技术委员会相同,但其任务不是制定标准,而是为某一特定行业制定战略指导方针。例如,2018 年 1 月 25 日根据第 111 MEIPP/CAB 号决议,ANOCOQ 设立了国家电工战略委员会,该委员会的目标是确保所有电工产品,如熨斗、冷冻机、电表、灯泡、家用电器、电缆等，具有较高质量，让消费者在使用时没有任何风险。由此可知，刚果（布）涉及产品质量的规范性文件应有以下两种：一种是标准化技术委员会制定的国家标准，另一种是战略委员会制定的行业指导性文件。

12.3 刚果（布）参与国际标准化活动情况

目前刚果（布）标准化工作还处于起步阶段。虽尚未成为 ISO 成员，但刚果（布）政府鼓励企业积极采用国际标准，号召企业在新的项目中根据 ISO 9001：2015《质量管理体系》制定企业的质量管理文件。同时，ANOCOQ 还为企业开展 ISO 标准体系的相关培训，如 ISO 14001：2015《环境管理体系》、ISO 22000：2018《食品安全管理体系》的培训。

在其他国际标准化活动中，目前刚果（布）已加入 IEC 为发展中国家设立的"扩展国家计划（The IEC Affiliate Country Programme）"，同时也是 ITU、CAC 的成员。在区域标准化方面，刚果（布）加入了 ARSO，并积极参与中非国家优质基础设施建设计划（Quality Infrastructure Programme for Central Africa，PIQAC）中与标准化相关的活动。

第 13 章　埃塞俄比亚标准化研究

13.1　埃塞俄比亚标准化概况

20 世纪 50 年代初期，因农业合作出口方面缺乏标准化的支持，埃塞俄比亚国内对标准化的需求日益显著。随着埃塞俄比亚首都亚的斯亚贝巴不断发展成为一个现代化城市，在城市建筑、电器和水上设施方面的标准化需求也十分迫切。这些需求促成了 1972 年埃塞俄比亚国家标准化机构的成立。

埃塞俄比亚标准局（ESA）是 ISO、IEC、CAC、OIML 等国际标准化组织的成员。埃塞俄比亚标准与其他国家标准一样具有国家范围和适用性。埃塞俄比亚国家法律规定埃塞俄比亚标准为强制性标准。

13.2　埃塞俄比亚标准化机构

ESA 是埃塞俄比亚的国家标准化机构，它是在 2010 年埃塞俄比亚质量和标准局重组后成立的，是隶属于科技部的非营利组织，其决策和管理机构的成员是由各政府部门和组织任命的标准委员会。ESA 的使命是确保制造商和服务商在国际通用的管理体系中具有竞争力，通过制定标准、组织培训和技术支持、技术转让等促进国家的经济和社会发展。

埃塞俄比亚标准化机构自 1970 年成立以来，经历了多次机构和名称的变更。2010 年，根据埃塞俄比亚部长会议理事会第 193 号规定，埃塞俄比亚重组建立了 ESA，前埃塞俄比亚质量和标准局（QSAE）重组成为 4 个机构——埃塞俄比亚标准局（ESA）、埃塞俄比亚合格评定机构、埃塞俄比亚计量研究所和埃塞俄比亚认证机构，即新的国家标准化机构（NSB）。

此外，ESA 是负责进出口货物检验的商检机构。埃塞俄比亚对进口货物的商检把控严格，所有进口商品必须符合埃塞俄比亚标准，否则不予进口。除 ISO 标准外，其他国家的标准，即使是像 SGS 商检标准这样得到普遍公认的标准，埃塞俄比亚也不完全认同。埃塞俄比亚对进口货物的商检有一种特殊做法——不成文的进口货物商检预审制度，即标准局规定：须经商检合格后方可进口的商品，应在银行对外开证之前上报标准局进行预审检验。

13.2.1　ESA 的目标

ESA 的目标：制定埃塞俄比亚标准，并建立产品和服务符合标准规定的验证系统；

通过使用制定的标准促进国家技术转化；制定能够提升本地产品和服务国际竞争力的国家标准；参与 ISO 技术委员会以反映国家在标准领域的兴趣与需求；制定和实施符合国家发展规划的标准化战略；确保利益相关方参与制定、批准和发布埃塞俄比亚标准；审核国家、国际或任何其他标准化机构的标准被采用为埃塞俄比亚标准；建立国家技术委员会。

埃塞俄比亚标准化机构包括 3 个核心业务领域，主要侧重于标准制定和培训及技术支持、组织和传播标准、符合性评估和技术法规。ESA 的主要职能是引导和协调国家标准化顺利进行；批准、公布和执行国家制定的埃塞俄比亚标准；代表埃塞俄比亚政府参加国际标准组织，并与其他国家标准化机构合作；建立国家咨询点以提供标准化合格评估及技术规范服务；通过提供技术支持、培训和咨询服务，协助实施技术标准以促进埃塞俄比亚工业的发展。

13.2.2 ESA 的服务领域和职责

ESA 的服务可以大致分为以下 3 个方面：
- 制定和销售埃塞俄比亚国家标准；
- 提供促进标准执行的培训和技术支持；
- 提供标准相关信息以提高公众意识。

ESA 作为埃塞俄比亚的国家标准化机构，为工业、贸易业和公众提供有效的信息服务。ESA 技术信息组提供的服务涉及以下内容：
- 销售埃塞俄比亚标准；
- 记录并答复标准信息查询问题；
- 向访客提供技术信息服务；
- 管理会籍计划。

13.2.3 ESA 的信息资源

ESA 文件中心的资源相当独特，是全国唯一拥有国家、区域和国际标准及其他规范性文件的综合性文件中心（数量超过 20 万册）。此外，ESA 的标准、书籍、杂志和年度报告的最新版本也及时提供给用户以方便其访问和查询。

13.2.4 ESA 的愿景与使命

埃塞俄比亚标准为相关行业及用户追求更好的产品和服务质量、提升可操作性以及生产效率提供了可能。与此同时，埃塞俄比亚标准有利于促进人类安全与健康，改善生活环境并提高生活质量。

13.2.5 ESA 的服务和培训

ESA 负责提供与标准化相关的培训和技术支持，促进国家标准化工作。此外，技术支持有助于相关行业和供应商评估、选择、转让和利用最新技术。ESA 致力于为农业、工业和服务业提供优质的培训，解决其在管理体系和标准实施过程中遇到的问题。

ESA 向拟实施标准的组织提供技术支持，以提高生产优质产品的竞争力，促进国家的经济发展。ESA 提供的技术支持服务主要侧重于建立不同类型的管理体系，并帮助相关组织根据现行国家和国际惯例制定标准。具体提供的技术支持如下：

- 建立质量管理体系；
- 建立食品安全管理体系；
- 建立环境管理体系；
- 建立实验室管理体系；
- 协助公司及协会制定标准。

ESA 提供的服务包括以下内容：依据进出口法规和要求提供技术咨询并协助进行标准收集和管理；召开标准研讨会以提高公众意识。ESA 为政府、商业社区、消费者协会以及不同机构和公众提供广泛的产品和服务。ESA 提供技术服务支持的对象包括以下方面。

（1）支撑政府

作为埃塞俄比亚国家标准机构（NSB），ESA 与政府密切合作。ESA 与商业、学术界和消费群体代表一同参加技术委员会，确保产品、流程、技术和服务符合所有相关方的认知和需求。ESA 还直接与具体的政府部门合作，针对特定问题制定快速解决方案。

（2）服务企业

ESA 致力于同各种国际组织合作，为企业界提供广泛的产品和服务标准。为减少繁琐程序，ESA 充分考虑相关技术和商业需求，确保企业生产符合规范的产品。此外，ESA 为中小企业（SME）提供了具体支持，中小企业可以最大限度地从标准化过程中获益，从而提高上市速度并降低风险，并且与更大的组织开展有效竞争。

（3）代表消费者

虽然大多数产品的生产是为了满足商业和工业的直接需求，但所有的标准对公众都有直接或间接的影响。事实上，许多标准的推广和使用对于广大市民具有直接的有益影响，如家用电器以及可再生能源等。

ESA 致力于确保标准制定过程的涉及范围尽可能广泛，鼓励利益相关方广泛参与制定过程，保护消费者权益。消费者代表由具有不同背景、拥有专业知识和经验的高素质人才构成。在参与标准化过程中，尚不熟悉标准化相关内容的消费者代表将会得到有针对性的培训和指导，最终通过研究并制定标准内容，以反映公众对安全保障的需求和迫切愿望。

13.2.6　ESA 的组织结构

目前，ESA 有 90 个埃塞俄比亚委员会，约有 700 名成员。所有委员会成员在各自所属的行业协会的支持下自愿提供工作时间和个人专长。根据目前的工作方案和参与程度，大多数委员会每年只举行几次会议，其中一些委员会成员传达了在国外举行的国际会议的某些观点。根据 ESA 法规要求，所有技术委员会均代表了用户、制造商、政府机构及其他相关机构的利益与需求。

ESA 致力于制定产品、流程、服务和管理体系的埃塞俄比亚标准。埃塞俄比亚标准应用于农业、食品、制造业、工程、化工、纺织、皮革、健康和环境等各个领域，涵盖了术语、符号、设计、规格、取样、测试方法、包装、标签和标记等诸多方面。ESA 代表埃塞俄比亚政府参与国际和区域标准化事务，是 ISO 和 ARSO 的成员。

13.2.7 技术委员会

埃塞俄比亚国家标准化委员会批准了 97 个技术委员会，负责埃塞俄比亚标准编制和相关规范性文件（技术报告）的技术工作。其中，10 个技术委员会的信息见表 13 - 1。

表 13 - 1 埃塞俄比亚技术委员会信息

代号	技术委员会英文名称	技术委员会中文名称
TC 2	Information and Documentation	信息与文件
TC 3	Paper, board and pulp	纸、纸板和纸浆
TC 4	School materials and stationary items	学校材料和固定物品
TC 5	Management and Systems	管理和系统
TC 6	Packaging and distribution on goods	货物包装和分发
TC 7	Ethiopic script	埃塞俄比亚文稿
TC 8	Information Technology	信息技术
TC 9	Graphic technology, graphical symbols, technical drawings and photography	图形技术、图形符号、技术图纸和摄影
TC 11	Cereals, pulses and derived products	谷物、豆类和派生产品
TC 12	Oilseeds, oilseed residues and derived products	油籽、油籽残渣和衍生产品

13.2.8 埃塞俄比亚标准化理事会

埃塞俄比亚国家标准化理事会由政府设立，与 ESA 合作密切，致力于埃塞俄比亚标准的制定工作。ESA 局长在该理事会中担任常任理事，以促进和监督标准制定进程。该理事会负责决定并批准技术委员会提出的某些产品和服务标准的强制性要求，同时接受安全、卫生、环境等方面的监管。

13.3 埃塞俄比亚标准的制定与发展

埃塞俄比亚标准技术委员会由不同行业（如政府机构、专业协会、公共部门、监管机构、标准用户等）相关部门的专家组成，共同参与埃塞俄比亚标准的制定。在标准制定过程中，需要根据标准涉及的要求或意见征集利益相关方及其他方面的意见。除此之外，为适应科技变革的最新发展需求，需要对已经出版的埃塞俄比亚标准不断进行审查并定期更新。

13.3.1　标准制定过程及遵循原则

建立埃塞俄比亚标准以普遍共识为基础，由有关各方组织合作推动，确保在标准制定过程中进行经常性审查，必要时可进行修订，从而建立明确的评估手段。此外，还应该考虑埃塞俄比亚标准的具体实施过程（如根据标准的性质以及埃塞俄比亚法律、法规，可考虑依法执行或自愿执行）。

所有利益相关方应积极参与埃塞俄比亚标准的制定，这对于即将公布的标准是否能够有效执行至关重要。在大多数情况下，标准筹备包括参加技术委员会的会议和对公开的标准草案发表评论两个方面。

13.3.2　埃塞俄比亚标准制定阶段和可交付成果

（1）阶段 1——初步建议阶段

通过政府机构、公共或私人工业公司、专业协会甚至个人等渠道，获得新的标准项目的相关建议。在 ESA 技术委员会审核具体新项目的目标及活动可行性之后，该建议才能被批准接受。ESA 定期进行调查，并不断接收有关埃塞俄比亚标准的申请意见。

（2）阶段 2——准备阶段

工作草案（WD）由 ESA 工作人员或技术合作部门等其他组织的主管专业人员共同编写并达成一致意见。

（3）阶段 3 和 4——委员会和调查阶段

技术委员会或小组委员会的一级审查通过后可以得到拟订的草案，综合考虑将在调查阶段从潜在用户和公众处收到的意见作为埃塞俄比亚标准的最终草案（FDES）。

（4）阶段 5 和 6——批准和出版阶段

将上一阶段得到的埃塞俄比亚标准的最终版提交至质量委员会批准，并作为埃塞俄比亚标准出版发行。

（5）阶段 7——审查阶段

埃塞俄比亚标准出版后必须至少每 5 年进行强制性定期审查，以便随时了解当前技术的发展情况并进行及时更新。

13.3.3　标准制定审查制度

ESA 标准草案审查制度是指 ESA 在官方网站上推出的国家公众意见征询草案在线评审系统，公众能够在线阅读完整草案，并就可能在标准最终版本中使用的内容发表意见和建议。

13.4　埃塞俄比亚参与国际标准化活动情况

ESA 积极参与各领域技术委员会，尤其是农业和食品领域。ESA 是 ISO、OIML 和 CAC 的成员，它也是 ARSO 的创始成员，与 IEC 有着密切的关系。

① 埃塞俄比亚作为 ISO 的成员之一，以 P – Member 身份参与 15 个技术委员会的标准

制定和审查工作，具体内容见表 13 – 2。此外，ESA 还以 O – Member 身份参与 50 个技术委员会的相关工作。

表 13 – 2　埃塞俄比亚参与 ISO 技术工作情况

编号	名称	编号	名称
ISO/PC 305	可持续的非污水卫生系统	ISO/TC 282/SC 4	工业用水再利用
ISO/TC 120	皮革	ISO/TC 285	清洁灶具和干净的烹饪方案
ISO/TC 147	水质	ISO/TC 296	竹藤
ISO/TC 176	质量管理和质量保证	ISO/TC 297	废物管理，回收和道路运营服务
ISO/TC 204	智能交通系统	ISO/TC 34/SC 15	咖啡
ISO/TC 207/SC 1	环境管理体系	ISO/TC 34/SC 17	食品安全管理体系
ISO/TC 228	旅游及相关服务	ISO/TC 38	纺织品
ISO/TC 282	水再利用		

② ESA 是国际标准化组织情报网络（ISONET）成员。该情报网络是基于达成协议的标准化机构之间的信息网络，将标准、技术规则及相关信息结合起来，便于用户查找有关 ISO 标准信息以及世界各地使用的数十万项标准和技术规范。

③ ESA 是 ARSO 的创始成员和理事会成员，负责协调东非和南非区域的标准化活动。

④ ESA 是 CAC 的成员并设有联络点。为履行 CAC 的成员义务，埃塞俄比亚设立了相应的国家机构。

⑤ 国家法典委员会（NCC）于 2003 年 2 月 10 日由埃塞俄比亚质量和标准局成立，该委员会由不同机构的成员组成。为了更高效地履行职责，NCC 于 2008 年 7 月 29 日进行重组。NCC 的成员组织包括亚的斯亚贝巴大学、卫生部、农业部、贸易和工业部、埃塞俄比亚健康和营养研究所、埃塞俄比亚农业研究组织、埃塞俄比亚化学学会、埃塞俄比亚制造业协会、埃塞俄比亚消费者协会、埃塞俄比亚商会、部门协会和埃塞俄比亚标准局。

⑥ ESA 被指定为埃塞俄比亚的国家食品法典联络点与 CAC 联络，它还负责将 CAC 标准采用为埃塞俄比亚的国家标准，并在特定领域执行技术法规。国家食品法典联络点作为联络处，通过 NCC 与其他相关政府组织（包括监管机构）、食品工业、消费者、贸易商、研发机构和学术界进行协调沟通，以确保政府提供合理的政策和技术咨询支持。

第14章 吉布提标准化研究

14.1 吉布提标准化概况

由于吉布提长期为法国殖民地，受法国和欧洲影响较大，工程质量标准及验收、免责的相关规定大多采用西方国家标准，如多哈雷多功能码头采用英国标准、盐湖码头和塔朱拉港口采用意大利标准等。近年来，由于中国和吉布提经贸合作日益密切，吉布提逐渐接受中国标准，如亚吉铁路全部采用中国标准。

由于吉布提经济水平、工业化水平落后，大部分工农业产品和生活用品依靠进口，所以其国内的标准化工作也较为落后。因此，能够检索到的关于吉布提标准发展、标准制定情况等方面的信息非常有限。

14.2 吉布提标准化机构

经济、财政与工业部委托其下属部门承担商贸、中小企业、手工业、旅游业和标准化工作，负责制定贸易政策和手工业推广两项工作的筹备和实施等。也就是说，受托的部门与其部长共同承担监管、贸易政策、规范和正常化的工作。在区域标准互通的问题上，受托部门与其部长共同承担监管、区域标准一体化政策的职能。在中小企业方面，受托部门负责接收并实施政府出台的《关于中小企业和小微企业标准化流程的定位、标准化和简化》政策。因此，它监管着向中小企业和小微企业提供推广和支持服务的各个机构。在旅游业方面，受托部门起草并实施政府的《关于提高旅游活力和加强规范的政策》。同时，受托部门也管理着吉布提国家旅游署和国家工业产权和商务局（ODPIC）。作为分管工业的经济和财务部下属的部门，它也接受经济和财务部的管理。

14.3 吉布提参与国际标准化活动情况

吉布提经济水平和标准化水平较为落后，目前尚未成为 ISO、IEC 和 ARSO 等国际、地区标准化组织成员。但吉布提是 CAC 的成员，《食品法典》是国际食品标准、准则和操作规范，有助于提高国际食品贸易的安全性、质量和公正性，使消费者能够相信所购买食品的安全性和质量，使进口商能够相信所订购的食品符合相关的规定。

第15章 肯尼亚标准化研究

15.1 肯尼亚标准化概况

肯尼亚现行的标准化立法为肯尼亚法第 496 章——《肯尼亚标准化法》。该法于 1974 年 1 月 16 日批准，1974 年 7 月 12 日正式生效。《肯尼亚标准化法》旨在促进商品规格的标准化，为产品和服务提供标准化的国会法案；设立肯尼亚标准局（KEBS），明确其职能，并规定其内部管理机制。

15.2 肯尼亚标准化机构

KEBS 是依据《肯尼亚标准化法》（CAP 496）设立的法定机构。KEBS 于 1974 年 7 月开始运营，其董事会被称为国家标准委员会（NSC）。它是监督和控制 KEBS 的行政和财务管理的决策机构。常务董事是首席执行官，负责 KEBS 在 NSC 制定的准则范围内运转。

自 1974 年成立以来，KEBS 一直是提供标准、计量和合格评定服务的首要政府机构。在此期间，为本地制造产品提供更全面的标准开发、计量、合格评定、培训和认证服务。随着东非共同体（EAC）、东部和南部非洲共同市场（COMESA）的重建，现在 KEBS 的活动包括参与合格评定服务活动的制定和实施，参与协调标准的区域、区域一体化的测量和合格评定制度。

鉴于多年来 KEBS 服务范围的扩大，其管理结构在其内部动态和政府范围的公共部门改革方面都有发展。KEBS 于 2003 年制定第一个计划时，将战略规划作为一种管理工具。2012—2017 年计划是其第三个战略计划，旨在巩固 2007—2012 年战略规划期间取得的成就。2012—2017 年战略计划是所有部门积极参与的结果，其目标包括：通过每年提高 7% 的运作效率来加强 KEBS 的使命；通过提供支持"2030 愿景"和可持续发展目标的标准、计量和合格评定解决方案，使客户满意度每年提高 0.5%；通过加强制度建设并与国际最佳实践保持一致，获得国际认可并在标准、计量和合格评定方面保持领先地位；提供标准、计量和合格评定解决方案促进创新。

KEBS 的目标包括有关产品、测量、材料、工艺等标准的制定及其在国家、区域和国际层面的推广；工业产品质量认证；协助生产优质商品；改善测量精度和传播相关标准信息。作为 ISO 的成员，KEBS 的主要职能包括促进工商业标准化；为肯尼亚生产的商品提供检验和检测设施；用于认证目的的出口货物检验；准备、制定或修订规范和业务法规等。KEBS 以成为标准解决方案的全球领导者、提供质量保证服务为愿景，并以提供可持续发展标准化解决方案为使命，开展标准化及合格评定工作。

KEBS 为肯尼亚经济提供的服务包括：制定、推广和维护肯尼亚国家标准；提供计量服务、质量保证和检验、测试服务；开展国家质量学会（National Quality Institute，NQI）培训及机构认证工作。总的来讲，标准、计量、培训、认证和测试是 KEBS 的主要产品与服务。

在标准方面，KEBS 是肯尼亚唯一的标准发布机构，负责肯尼亚国家标准的制定、推广和维护。制定肯尼亚国家标准和采用国际标准将增强肯尼亚工业的竞争力，促进肯尼亚国内和国际贸易。标准已成为肯尼亚经济、社会和法律体系中不可或缺的组成部分，通过综合所有利益相关者的经验和专业知识而制定，这些利益相关者包括生产者、销售者、购买者以及特定材料、产品、过程或服务的监管机构。

在计量方面，自 2010 年 1 月起，KEBS 计量实验室成为国际计量大会（CGPM）正式成员，以及计量委员会互认协议（CIPM – MRA）签署国。计量部的任务是实现、维护和传播国际测量单位，目前设有的实验室涵盖的领域包括：力学计量、电气测量、机械车间和仪器仪表、计量联络和质量管理体系（QMS）、质量、压力、温度、密度和黏度、力学、体积和流量、尺寸测量等。

在质量保证和检验方面，包括质量标准化标志、质量钻石标志、优质进口标准标志和质量强化标志的认证。

在测试服务方面，提供化学、食品、微生物学、材料工程和纺织品领域的测试。其客户包括但不限于：采用肯尼亚标准的制造商、出口商、非政府组织、政府部门、研究机构、商人和 KEBS 质量检测员，以确保产品测试符合国际标准、国家标准、特定政府和其他客户的要求。

在培训方面，KEBS 于 2008 年 8 月成立 NQI。NQI 是由参与管理系统培训和认证的 KEBS 认证单位建立的。NQI 是东非地区质量相关课程的主要培训部门。NQI 的培训课程有助于客户提高产品或服务在本地和全球市场的竞争力。NQI 以加强肯尼亚社会的质量文化为使命，核心任务是在肯尼亚确立质量文化。此外，NQI 还在肯尼亚各行业内推进质量管理的原则、实践和技术，以支持"2030 愿景"。作为质量运动的拥护者，NQI 为行业、高素质专业人员、高素质从业人员和日常消费者提供技术、概念、工具和培训。

在认证方面，肯尼亚标准认证局（KEBS CB）是东部和中部非洲地区的领先认证机构。KEBS CB 是 KEBS 的一个部门，它是根据议会法案、标准法案、肯尼亚法律第 496 章成立的组织。

KEBS 隶属于工业贸易合作部，下设标准发展与国际贸易部、质量保证部、测试和计量服务部 3 个业务部门以及财务和行政部，其组织机构见图 15 – 1。

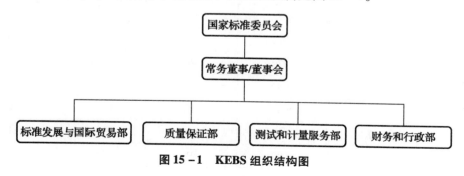

图 15 – 1　KEBS 组织结构图

标准发展与国际贸易部下设 6 个部门，分别为：

① 粮食和农业部：该部门负责制定涵盖食品技术、食品安全、化肥、农产品、牲畜和畜产品、家禽和家禽产品等方面的标准；

② 化工部：该部门负责制定涵盖肥皂、洗涤剂、油漆、杀虫剂、文具及相关设备以及所有基于化学制剂产品的标准；

③ 服务标准部：该部门负责制定服务业的标准，如旅游业、旅馆业、交通运输业、教育业、社会活动等，这些标准旨在解决服务业不断变化的需求；

④ 工程部：该部门制定的标准包括土木工程、电子技术、信息技术、可再生能源、纺织工程和机械工程；

⑤ 标准信息和资源部：该部门用于维护和提供标准信息、图书馆、WTO NEP 和标准销售；

⑥ 出版部：该部门用于编辑和出版所有肯尼亚标准和相关文件。

KEBS 目前有 204 个技术委员会，涵盖食品和农业、化学、纺织和皮革、民事、电工、机械、服务、贸易事务等方面。

15.3　肯尼亚标准的制定与发展

肯尼亚标准是 KEBS 一致同意和批准的文件，提供了通用或重复使用的产品和服务规则、指南或特性以及相关的工艺或生产方法，目的是在给定背景中实现最佳秩序，它适用于产品、过程或生产方法的术语、符号、包装、标志或标签要求。因此，标准有助于确保产品和服务符合其目的，并具有可比性和兼容性。

KEBS 是肯尼亚唯一制定和颁布标准的机构，负责肯尼亚国家标准的制定、推广和维护，目前共有肯尼亚标准（KS）7697 项。肯尼亚可用于年代统计的标准共计 7406 项，包含 1960—2017 年肯尼亚发布的标准，具体数据见表 15 - 1。

表 15 - 1　KEBS 发布标准年份统计

发布年份（年）	标准数量/项	发布年份（年）	标准数量/项	发布年份（年）	标准数量/项
1960	1	1975	37	1984	95
1963	1	1976	36	1985	122
1966	2	1977	37	1986	90
1969	3	1978	31	1987	104
1970	1	1979	49	1988	101
1971	4	1980	67	1989	127
1972	11	1981	110	1990	168
1973	17	1982	82	1991	116
1974	24	1983	59	1992	118

表 15 - 1（续）

发布年份（年）	标准数量/项	发布年份（年）	标准数量/项	发布年份（年）	标准数量/项
1993	145	2002	195	2011	211
1994	155	2003	264	2012	244
1995	146	2004	226	2013	256
1996	124	2005	265	2014	250
1997	219	2006	234	2015	218
1998	248	2007	413	2016	173
1999	394	2008	210	2017	146
2000	290	2009	236	—	—
2001	305	2010	226	—	—

从标准制定数据的发展趋势来看，1997—2015 年是肯尼亚标准发展较快的阶段，近年来肯尼亚标准发展较稳定，每年制定约 200 项标准。

2017 年肯尼亚采用国际标准的标准数量达 5562 项，占肯尼亚标准总数量 7697 项的 72.2%。其中，采用 ISO 标准 3454 项、IEC 标准 1513 项、东非协调标准（EAS）450 项、CAC 指南及标准 100 项、OIML 国际建议 45 项。

除发布肯尼亚标准外，KEBS 的出版物还包括 Benchmark 杂志（季刊）。该杂志反映了 KEBS 对提高肯尼亚人民生活质量的愿景和使命，还展示了来自 KEBS 及其合作伙伴和关键利益相关者的活动和成就。

15.4　肯尼亚参与国际标准化活动情况

肯尼亚是 ISO 的正式成员，共参与 223 个技术委员会，其中 136 个以 O - Member 身份参与、87 个以 P - Member 身份参与，与 ANSI 共同承担 ISO/TC 285 清洁灶具和清洁烹饪解决方案技术委员会秘书处工作。除此之外，肯尼亚还参与 4 个政策发展委员会（PDC），其中 1 个以 O - Member 身份参与、3 个以 P - Member 身份参与。

肯尼亚是 IEC 的准会员，KEBS 共参与 IEC 的 3 个 TC/SC，均以 P - Member 身份参与。另外，参与其他组织的活动，如 ARSO、东非政府间发展组织（IGAD）、东非共同体（EAC）、东南非共同市场（COMESA）、环印度洋地区合作联盟（IOR - ARC）、萨赫勒·撒哈拉地区国家共同体（Community of Sahel - Saharan States，CEN - SAD）、CAC，是非洲 FAO/WHO 协调委员会所在地。

第16章 坦桑尼亚标准化研究

16.1 坦桑尼亚标准化概况

坦桑尼亚现行的标准化立法为2009年颁布的《标准法》（Standards Act, 2009），该法案提供了商品和服务的标准化规范，重新建立了坦桑尼亚标准局（Tanzania Bureau of Standards, TBS），更好地规定了标准局的职能和管理，废除了《标准法》第130章，并规定了其他有关事项。在此基础上，TBS还发布了关于认证、测试产品认证以及批量认证的规定。

16.2 坦桑尼亚标准化机构

TBS由工业和贸易部根据议会法案1975年第3号《标准法》设立，是坦桑尼亚的国家标准化机构，并于1976年4月开始运作。第3号《标准法》后来被废除，并被2009年第2号《标准法》取代，该法赋予TBS更多的自主权以完成政府指派的各项任务。TBS的建立是政府加强经济和工商部门支持基础设施努力成果的一部分。具体而言，TBS的任务是对所有的产品进行质量控制并采取相应的措施，促进工业和商业的标准化。

根据2009年第2号《标准法》第4(1)节，TBS具有以下职能：

- 对所有商品、服务和环境的质量保证采取措施，促进工业和贸易的标准化；
- 为有关精密仪器、仪表和科学仪器的测试和校准提供设备，与工贸部根据董事会的建议批准的标准作出比较，确定其准确度和可追溯性，并向其颁发证书；
- 为商品及材料或物质的检验和测试作出安排或提供设备，以及设备的制造、生产、加工或处理的方式；
- 按照《标准法》的规定批准、登记和控制标准标志的使用；
- 授予、更新、暂停、更改或取消使用任何标准标志使用许可证；
- 协助各行业建立和实施质量保证和环境管理体系程序；
- 准备、制定、修改或修订国家标准；
- 鼓励或从事与标准化、质量保证、计量、测试和环境有关的教育工作；
- 协助政府或任何其他方制定标准；
- 与其他政府机构、行业、法定公司或个人的代表合作，以确保标准的采纳和实际应用；

- 提供当地制造和进口商品的检查、抽样和检验，以确定商品是否符合《标准法》或任何与这些商品有关的标准的法律规定；
- 收藏并更新国家度量衡标准；
- 与其他国家计量机构签署互认协议；
- 收集、发布和传播关于标准化和其他相关主题的文献和其他材料，并为公众提供查阅资料的便利；
- 开展、促进或协助标准化和相关学科的研究工作；
- 参加或安排与 TBS 活动有关事项的会议、讲习班、讨论会和讨论；
- 与区域和国际组织就与标准化和质量保证有关的所有事项展开合作，并在这些事项中代表坦桑尼亚；
- 定期公布使用计量数量和单位的国家标准的更新版本，该标准应符合国际单位制的最新版本；
- 按照标准进行装运前检验；
- 就董事会认为适宜或有必要适当且有效履行 TBS 职能的应急、有效或必要的事项，实施其他一切行为和事项，并开展交易。

在履行其职能时，TBS 密切关注坦桑尼亚人民的健康、安全、环境和公共福利，并尽可能保持与法律或根据成文法建立的机构进行协商和合作的制度。

坦桑尼亚国家标准化发展愿景是成为国家和国际知名标准化及质量保证活动的卓越中心，TBS 的使命是向工商部门传播对标准化和质量保证的认识，促进其采用标准化规范和质量保证，以帮助国家在国内外市场上提供更好的品质和更高竞争力的产品，其总体目标是促进坦桑尼亚人民获得良好和安全的产品以及经济的发展。TBS 为坦桑尼亚提供的服务形式多样，主要包括标准化、认证、计量、检验检测、咨询等几个方面。

在标准化方面，TBS 建立了国家标准化体系，负责制定国家标准。该体系以全球协商一致原则为基础，通过技术委员会发挥作用。这些委员会吸引所有利益相关方的成员，包括行业、政府部门、研究机构、高等院校、企业和消费者等。截至目前，TBS 能够执行的坦桑尼亚标准已超过 1000 项，这些标准包括产品标准、试验方法、操作规程和卫生规范，涵盖了经济的各个部门，包括食品和农业、化学品、纺织品和皮革、工程、环境和一般技术。

在认证服务方面，TBS 可提供 3 种产品认证方案，即质量认证方案的标准标志、批量认证方案和经测试的产品认证方案。其中，标准标志认证方案允许其产品符合坦桑尼亚标准的制造商在其产品上使用 TBS 质量标准标志。质量标准标志是制造商用来推销其产品和消费者辨别产品质量的有力证据。

在检验方面，TBS 要求对部分进口货物进行目的地检测。

在咨询服务方面，TBS 下设信息中心，提供的信息服务包括：①提供与 TBS 工作人员、企业、商界、学术界、研究人员和消费者有关的标准和标准相关材料的信息；②维护坦桑尼亚国家标准、其他国家标准、国际标准；③销售国家标准和国外标准；④标准查询；⑤推荐用户获得最适当的信息资源；⑥提供最新资料通告服务。此外，TBS 向进出口商提供关于外国市场技术要求的重要信息和咨询服务。

在计量方面，TBS 拥有经认证的实验室，负责在国际公认的准确性水平上建立和维护与所有物理参数有关的国家计量标准，并通过国家计量标准向公众提供可追溯性来传播测量的 SI 单位。该实验室承担测量标准和精密仪器在各种测量领域中的顶尖水平校准，如长度、质量、温度、时间频率、体积（包括垂直和水平散装储罐）、压力、DC/AC 电压（低频）下的电气测量、电流和电阻等。

在测试方面，TBS 于 1982 年建立了测试实验室，其目的包括：①协助制造商提高产品的质量；②为产品的测试提供便利，以确保产品适合其预期用途，以及检验进出口前的产品质量。目前，测试实验室共包括化学实验室，食品实验室，材料测试实验室，纺织、皮革和保险套实验室，包装技术实验室和棉花实验室等。

此外，坦桑尼亚政府正努力通过加强包装领域现有的标准化和测试能力来支持包装工业的协调发展，在 TBS 设立了包装技术中心。该中心提供的包装服务包括：①测试产品包装和包装材料，以确保其质量；②为工业和中小型企业提供关于高质量的包装设计事项的培训；③开展与质量包装有关问题的研究和咨询工作；④为根据可接受标准生产的包装材料和包装提供第三方认证；⑤为包装和包装材料提供测试服务；⑥制定包装和包装材料国家标准；⑦根据相关标准促进包装材料的进出口；⑧提供有关包装标准、要求和技术的信息。

TBS 隶属于坦桑尼亚工业和贸易部（Ministry of Industry and Trade），董事会共由 5 人组成。TBS 由四大部分组成，分别是企业服务，标准化，测试、校准及包装服务，以及质量管理。四大部分又下设馆藏与信息通信技术部、财务与管理部、工程标准部、工艺技术标准部、测试与校准部以及包装技术中心。

16.3　坦桑尼亚标准的制定与发展

TBS 是坦桑尼亚的法定国家标准机构，其任务是制定、颁布和实施国家标准，国家标准的编制工作由 TBS 独立完成。目前，TBS 共有 8 个监督委员会，通常称为分部（标准）委员会。监督委员会每年约有 12 名成员，成员来自包括政府、学术界和研究、制造商、分销商和消费者在内的跨部门的利益相关者。在每个分部委员会下，有多达 8 个技术委员会成员，由利益相关方的跨部门专家委员会组成。在某些情况下，技术委员会可组成起草初步草案的 3~4 名专家工作组。所有委员会的主席通常都是从诸如大学、政府、相关中立机构中选拔出来的。TBS 分部委员会及技术委员会清单见表 16-1。

TBS 拥有超过 1500 项自愿性和强制性坦桑尼亚标准（TZS），涉及的领域包括电气工程、机械工程、土木工程、环境、农业和食品、包装、标签、纺织、建筑和施工、制造、信息和通信技术、能源、质量管理、合格评定和服务等。可用于年代统计的标准共 1601 项，包含 1979—2017 年坦桑尼亚发布的标准，具体数据见表 16-2。

表 16－1 TBS 分部委员会及技术委员会清单

序号	分部委员会	技术委员会
1	电气工程分部标准委员会（EEDC）	EEDC 1 – 电气设备
		EEDC 2 – 电池和电池
		EEDC 3 – 电气装置
		EEDC 4 – 人员安全系统
		EEDC 5 – 太阳能光伏系统
2	机械工程分部标准委员会（MEDC）	MEDC 1 – 基本标准
		MEDC 2 – 金属和结构
		MEDC 4 – 金属管和配件
		MEDC 9 – 汽车部件
		MEDC 10 – 农具
		MEDC 11 – 手动泵
		MEDC 12 – 火炉
		MEDC 13 – 消防和灭火
3	建筑与施工分部标准委员会（BCDC）	BCDC 1 – 混凝土
		BCDC 2 – 砌体
		BCDC 3 – 装载
		BCDC 4 – 水泥和石灰
		BCDC 5 – 道路
		BCDC 6 – 锯材、原木和木基组件
		BCDC 7 – 卫生
		BCDC 8 – 堆料和沙子
		BCDC 9 – 屋面材料和饰面
		BCDC 10 – 桥梁
		BCDC 11 – 建筑用钢
		BCDC 12 – 木材结构
		BCDC 13 – 基建
		BCDC 14 – 建筑和土木工程概述
		BCDC 15 – 门和窗户
		BCDC 16 – 用于土木工程的土壤
4	一般技术分部标准委员会（GTDC）	GTDC 1 – 数量、单位、符号和换算系数
		GTDC 2 – 筛、筛分和其他施胶方法 – 建筑和施工
		GTDC 3 – 应用统计方法和质量保证
		GTDC 4 – 包装
		GTDC 5 – 筛、筛分和其他施胶方法 – 农业和食品

表 16 – 1（续）

序号	分部委员会	技术委员会
5	农业和食品分部标准委员会 （AFDC）	AFDC 1 – 食品加工设备卫生规范
		AFDC 2 – 标签、包装和包装
		AFDC 3 – 食品的一般测试方法和取样程序
		AFDC 4 – 脂肪和油
		AFDC 5 – 食品添加剂
		AFDC 6 – 婴儿食品
		AFDC 7 – 香料和调味品
		AFDC 8 – 食品的微生物学规范
		AFDC 9 – 动物饲料
		AFDC 10 – 肥料及其残留物
		AFDC 11 – 杀虫剂
		AFDC 12 – 加工的水果和蔬菜
		AFDC 13 – 酒精饮料
		AFDC 14 – 牛奶和奶制品
		AFDC 15 – 面包和糖果
		AFDC 16 – 谷物产品
		AFDC 17 – 糖
		AFDC 18 – 茶
		AFDC 19 – 食用油质种子
		AFDC 20 – 烟草及其产品
		AFDC 21 – 根作物及其产品
		AFDC 22 – 肉类和肉类产品
		AFDC 23 – 鱼和鱼产品
		AFDC 24 – 咖啡及其产品
		AFDC 25 – 感官分析
		AFDC 26 – 新鲜水果和蔬菜产品
		AFDC 27 – 食品农药残留
		AFDC 28 – 有机食品
		AFDC 29 – 有机食品
		AFDC 30 – 可可和可可产品
6	化学品分部标准委员会 （CDC）	CDC 1 – 牙膏
		CDC 2 – 肥皂和洗涤剂
		CDC 3 – 化妆品和乳制品

表 16 - 1（续）

序号	分部委员会	技术委员会
6	化学品分部标准委员会 （CDC）	CDC 4 - 安全匹配
		CDC 5 - 玻璃产品
		CDC 6 - 水质/流出物
		CDC 7 - 工业和实验室化学品
		CDC 8 - 国内杀虫剂
		CDC 9 - 气体
		CDC 10 - 文具和纸制品
		CDC 11 - 塑料产品
		CDC 13 - 油漆和清漆
		CDC 14 - 橡胶和橡胶产品
		CDC 15 - 石油和石油产品
		CDC 16 - 药品（包装）
		CDC 17 - 润滑油和油品
7	纺织品分部标准委员会 （TDC）	TDC 1 - 标志
		TDC 2 - 服装
		TDC3 - 家用纺织品
		TDC 4 - 标签（指定）
		TDC 5 - 采样程序和测试方法
		TDC 6 - 织物 - 防火和阻燃
		TDC 7 - 纤维 - 棉花
		TDC 8 - 纱线和麻线
		TDC 9 - 医院纺织品
		TDC 10 - 机械避孕药具
		TDC 11 - 皮革和皮革产品
8	环境管理分部标准委员会 （EMDC）	EMDC 1 - 废水
		EMDC 2 - 空气质量
		EMDC 3 - 土壤/土地
		EMDC 4 - 环境管理系统
		EMDC 5 - 辐射
		EMDC 6 - 噪声和振动水平
		EMDC 7 - 林业
		EMDC 8 - 生态标签
		EMDC 9 - 有害气味
		EMDC 10 - 环境绩效评估

表16-2 TBS 发布标准年份统计

发布年份（年）	标准数量/项	发布年份（年）	标准数量/项
1979	28	1999	23
1980	25	2001	37
1981	30	2002	37
1982	6	2003	40
1983	9	2004	32
1984	43	2005	12
1985	12	2006	72
1986	15	2007	40
1987	3	2008	32
1988	19	2009	117
1989	34	2010	166
1990	19	2011	94
1991	2	2012	93
1992	19	2013	84
1994	1	2014	124
1995	23	2015	183
1996	5	2016	105
1997	3	2017	14

从标准制定数据的发展趋势来看，2009—2016 年是坦桑尼亚标准发展较快的阶段，近年来坦桑尼亚每年平均制定约 100 项标准。

对标准按 ICS 分类代码的统计在一定程度上反映了坦桑尼亚不同技术领域标准化的发展现状，见表16-3。

表16-3 坦桑尼亚标准 ICS 分类代码统计

ICS 代码	标准数量/项	ICS 代码	标准数量/项
67	400	29	74
59	156	91	71
13	121	77	68
71	111	55	47
65	81	83	45

表16-3（续）

ICS 代码	标准数量/项	ICS 代码	标准数量/项
07	42	03	12
01	39	79	9
43	39	93	9
75	39	25	7
85	36	35	4
61	34	19	3
11	26	31	2
87	23	50	2
97	17	60	2
23	16	73	2
27	15	120	2
21	14	100	1

表16-3显示了近40年来坦桑尼亚标准的技术领域分布情况，其中发布标准数量超过100项的有："67食品技术"制定标准400项、"59纺织和皮革技术"制定标准156项、"13环保、保健与安全"制定标准121项、"71化工技术"制定标准111项。

经统计，坦桑尼亚采用ISO标准136项、IEC标准2项、东非共同体协调标准40项，共计采用国际标准138项、区域标准40项，分别占坦桑尼亚标准总量的8.4%和2.5%。表16-4是以ICS分类为基础，采用国际及区域标准的坦桑尼亚标准数量分布情况统计。

表16-4 坦桑尼亚采用国际及区域标准 ICS 分类统计

ICS 代码	采用数量（该分类总数量）/项	采用率/%
67	44（400）	11.00
65	22（81）	27.16
91	14（71）	19.72
71	13（111）	11.71
55	8（47）	17.02
87	7（23）	30.43
13	6（121）	4.96
23	4（16）	25.00
35	4（4）	100.00

表 16 - 4（续）

ICS 代码	采用数量（该分类总数量）/项	采用率/%
75	4 (39)	10. 26
25	3 (7)	42. 86
03	2 (12)	16. 67
77	2 (68)	2. 94
01	1 (39)	2. 56
27	1 (15)	6. 67
59	1 (156)	0. 64
97	1 (17)	5. 88

由表 16 - 4 可知，在国际标准采用率层面，"35 信息技术、办公机械设备"的国际及区域标准采用率最高，达 100%，4 项标准均采用国际标准。其他国际或区域标准采用率较高的有"25 机械制造"和"87 涂料和颜料工业"，采用率分别为 42.86% 和 30.43%。在数量层面，"67 食品技术"的标准总数量和采用国际标准数量均为首位，"65 农业"采用国际标准数量次之。

除发布坦桑尼亚标准外，TBS 每半年出版 The Announcer 公报以及 Viwango 季报。

16.4　坦桑尼亚参与国际标准化活动情况

坦桑尼亚是 ISO 的正式成员，共参与 161 个技术委员会，其中 130 个以 O - Member 身份参与、31 个以 P - Member 身份参与，没有承担技术委员会秘书处工作。此外，坦桑尼亚还参与 2 个政策发展委员会（PDC），其中 1 个以 O - Member 身份参与、1 个以 P - Member 身份参与。目前，坦桑尼亚参加了 IEC 的"接纳国家计划"，但还不是成员。坦桑尼亚还积极参与 ARSO、南部非洲发展共同体（Southern African Development Community，SADC）、东非共同体（East African Community，EAC）、CAC 等组织的活动。

第17章 乌干达标准化研究

17.1 乌干达标准化概况

乌干达政府于 1983 年颁布《乌干达国家标准局法案》（Uganda National Bureau of Standards Act），并实施至今，该法建立了乌干达两个国家标准化组织：乌干达国家标准局（Uganda National Bureau of Standards，UNBS）和国家标准委员会（National Standards Council，NSC）。UNBS 于 1989 年开始运作，而 NSC 是 UNBS 的管理机构，负责总体政策制定、国家标准的申报和监督 UNBS 的战略方向。

17.2 乌干达标准化机构

17.2.1 乌干达国家标准局

UNBS 根据 1983 年的《乌干达国家标准局法案》成立，是隶属于贸易工业和合作社部的一个法定机构，并于 1989 年开始运作。UNBS 由 NSC 管理，由执行主任领导，负责 UNBS 的日常运作。UNBS 是乌干达最高标准化机构，是标准的监管者、质量的守护者，其作用是提高乌干达产品的竞争力，促进贸易以及保护消费者免于市场上假冒伪劣商品的危险。UNBS 的使命是提高生活质量，提供标准、测量和合格评定服务。UNBS 的主要任务包括：

- 标准的制定和推广使用；
- 加强标准在保护公共卫生和安全、保护环境、杜绝危险和不合格产品中的作用；
- 通过可靠的测量体系，确保贸易的公平性和工业的精确性；
- 通过保证本地制造的产品质量，加强在区域和国际市场的出口竞争力，增强乌干达的经济。

UNBS 开展以下活动：标准制定；协助企业家/制造商和生产商提高其产品和服务的质量；提供与标准、质量保证、计量和测试有关的所有事项的信息服务；市场监督以清除市场上的危险、假冒和不合格产品；检验商品交易中贸易商和消费者使用的计量和测量仪器的准确性，并校准工业用测量和测试设备；对出口、进口和投标物资进行装运检验和合格检验；协助私营部门、采购代理、政府和公众对产品进行测试、测量和检验，以符合标准和/或规范；进行工厂检验，以评估与标准的一致性；与国家、区域和国际标准化及相关机构保持联络。

UNBS 始终秉持"专业、完整性、以客户为中心、创新、团队"的价值观，以期在提供可持续标准化服务方面成为具有国际声望的一流机构。UNBS 在实验室测试、工业和科学计量、法制计量、认证和检验等领域提供合格评定服务。

（1）测试

UNBS 的主要职能之一是建立和运营国家测试实验室，UNBS 共运营 4 个实验室，即微生物学、化学、材料和电气实验室。

测试是进行技术测量或检查，从而得出结论，说明产品或服务是否符合标准规定的要求。典型的测试涉及材料或结构的尺寸、化学成分、微生物纯度、强度或其他物理特性的测量。另外，测试还包括对电气安全的评估以及免于物理缺陷（如裂纹）和其他可能导致故障的缺陷。

（2）计量

计量是测量的科学。测量和计量在标准化、质量管理、检定和计量系统，尤其是提供合格评定服务方面具有特殊的意义。在质量监管部门，计量是几乎所有检验、测试和认证服务的基础。计量有以下 3 种类型。

① 科学计量。计量的这一分支是处理计量问题中共有的问题，而不论测量是多少。其包括：与计量单位有关的一般理论和实际问题；测量误差问题；测量仪器的计量性能问题。

② 工业计量。工业计量是指工业中的计量活动，如生产测量和质量控制。典型的问题包括校准程序和校准间隔、测量过程的控制以及测量设备的管理。

③ 法制计量。法制计量涉及强制性技术要求。法制计量服务实施这些要求，以确保在诸如贸易、健康、环境和安全等公共利益领域进行正确的测量。

（3）认证

认证是指对某一产品、个人或组织的特定特征的确认。这种确认通常是由某种形式的外部审查、评估或审计提供的。认证提供了符合规范的保证。

17.2.2 国家标准委员会

NSC 是由贸易工业和合作社部部长任命的 9 名成员组成的管理机构。NSC 与管理部门密切合作，制定政策和业务战略。NSC 的业务是通过技术委员会进行的，即财务和规划、工作人员和行政部门、标准和技术以及审计。

NSC 的职能包含以下两个方面。

（1）委员会须

宣布标准规格、认证标志和业务守则，并按照《乌干达国家标准局法案》的规定进行附带或相关的一切事情；负责主席团的一般行政工作；负责制定和执行主席团的政策；就《乌干达国家标准局法案》规定的任何事项向部长提供咨询；为实施《乌干达国家标准局法案》的规定和宗旨做一切必要的事情。

（2）委员会可以

就任何特定商品或商品类别进行研究、检验或测试；对在乌干达或其他地方生产的不同品牌或不同规格的商品进行或安排进行比较研究、检验或测试。

17.2.3 技术委员会

UNBS 已组建 18 个技术委员会，在各部门开展乌干达国家标准的制定工作，技术委员会具体的代号及名称见表17-1。

表17-1 乌干达技术委员会代号及名称列表

序号	代号	技术委员会英文名称	技术委员会中文名称
1	UNBS/TC 1	Basic and General Standards	基础和通用标准
2	UNBS/TC 2	Food and Agriculture	食品和农业
3	UNBS/TC 3	Building and Civil engineering	建筑与土木工程
4	UNBS/TC 4	Mechanical Engineering and Metallurgy	机械工程和冶金
5	UNBS/TC 5	Chemicals and Environment	化学与环境
6	UNBS/TC 6	Electrotechnology	电工技术
7	UNBS/TC 7	Textiles, leather, paper and related products	纺织、皮革、造纸及相关产品
8	UNBS/TC 8	Transport and Communication	交通和通信
9	UNBS/TC 9	Metrology	计量
10	UNBS/TC 10	Management and services	管理和服务
11	UNBS/TC/11	Consumer Products	消费品
12	UNBS/TC 12	Furniture	家具
13	UNBS/TC 13	Energy Management	能源管理
14	UNBS/TC 14	Medical Devices	医疗设备
15	UNBS/TC 15	Halal integrity	清真完善
16	UNBS/TC 16	Petroleum	石油
17	UNBS/TC 17	Application of statistical methods	统计方法应用
18	UNBS/TC 18	Information and Communication Technologies	信息和通信技术

17.3 乌干达国家标准的制定与发展

UNBS 积极推动国家标准的编写，协调乌干达参与区域、国际标准化及标准的出版。乌干达国家标准是由代表社会各阶层的志愿者专家组成的技术委员会制定的，其中包括用户、制造商、顾问、消费者团体、大学、测试实验室和政府管理机构。

乌干达国家标准通过汇集所有感兴趣的利益相关者，如制造商、卖家、买家、用户和特定的材料、产品、工艺或服务而制定。

乌干达国家标准是在需求的基础上制定的，对新标准的需求可以由个人、制造商或政府机构发起。当人们认识到需要标准时，就会制定一项新的标准。如果新的产品类型可能需要标准化，就可能需要对工业过程进行规范，以保护工人或消费者。UNBS 的作用是，一旦意识到对新标准的需求，就使用国际公认的最佳做法来管理标准制定的过程。

一般来说，UNBS 发布的国家标准大多数为自愿性标准，也包含一部分强制性标准，这些标准主要涉及消费者健康和安全，强制性标准在乌干达被视为技术法规，受到法律的保护。乌干达国家标准涉及的主要领域包括粮食和农业、工程、化学和消费品以及管理体系四大领域。

17.3.1 乌干达国家标准制修订程序

乌干达国家标准由 NSC 批准发布，乌干达国家标准的制定是通过技术委员会进行的。技术委员会的成立是为了审议某一领域或区域的标准，它是由所有利益相关方的代表组成。

技术委员会通过的乌干达国家标准草案广泛分发给利益相关方和公众征求意见。在将标准草案提交 NSC 申报作为国家标准之前，对所收到的意见进行审查和审议。

17.3.2 乌干达国家标准制定情况

截至 2017 年 8 月 23 日，通过 UNBS 官方网站（https：//webstore. unbs. go. ug/）公布的所有乌干达国家标准，共收集到标准题录数据 3165 项，剔除重复数据及字段不完整数据（标准名称、年代号为空）后有效数据共 3104 项。约 70% 的乌干达国家标准采用国际标准，主要采用 ISO、IEC、CAC 3 种类型国际标准，此外，乌干达国家标准还广泛采用东非标准（EAS）。UNBS 发布的标准按年份统计，具体数量见表 17 – 2。

表 17 – 2　UNBS 发布标准年份统计

年份（年）	标准数量/项	年份（年）	标准数量/项	年份（年）	标准数量/项
1966	6	1971	1	1975	13
1967	1	1972	6	1976	7
1968	4	1973	15	1977	11
1969	1	1974	10	1978	4

表 17 - 2（续）

年份（年）	标准数量/项	年份（年）	标准数量/项	年份（年）	标准数量/项
1979	5	1992	20	2005	129
1980	17	1993	35	2006	174
1981	53	1994	26	2007	164
1982	13	1995	51	2008	121
1983	16	1996	51	2009	131
1984	31	1997	38	2010	104
1985	19	1998	55	2011	173
1986	16	1999	91	2012	128
1987	15	2000	112	2013	199
1988	23	2001	107	2014	166
1989	21	2002	139	2015	124
1990	24	2003	102	2016	84
1991	23	2004	110	2017	115

从表 17 - 2 显示的各年份标准制修订数量的变化来看，乌干达国家标准数量发展较缓慢，1966—1987 年，乌干达每年发布的标准数量维持在 10 ~ 20 项，个别年份标准数量较多；1988—1997 年，乌干达每年发布国家标准数量增长到约 40 项；自 2000 年起，乌干达每年发布国家标准数量基本维持在 100 项以上，近 10 年每年发布国家标准约 140 项。

按所属领域统计，乌干达国家标准共分布在 4 个领域，分别是化学品和消费品标准（Chemicals And Consumer Product Standards）、工程标准（Engineering Standards）、粮食和农业标准（Food and Agriculture Standards）和管理体系标准（Management System Standards）。已发布的乌干达国家标准中，工程标准占标准总数的 35%、食品和农业标准占标准总数的 30%、化学品和消费品标准占标准总数的 24%、管理体系标准仅占标准总数的 11%。

在标准制定初期，乌干达国家标准主要集中在食品和农业领域，且至今仍为乌干达标准制定的主要领域之一；自 1987 年起，工程标准数量总体有所增加，保持增长趋势，并逐渐占据主导地位；化学品和消费品领域的标准与工程标准发展趋势整体接近；管理体系标准于 1999 年开始逐渐得到发展。近年来，乌干达每年各领域标准制定的数量相对平衡，工程标准数量稍多。

按照标准的约束力，乌干达标准可分为强制性标准（Compulsory Standard）和自愿性标准（Voluntary Standard）两种类型。自愿性标准被认为是自愿执行的，通常以指导方针的形式服务，本身不具有法律效力；当贸工部部长宣布某项标准为强制性时，该项标准就成为强制性的，这些标准主要覆盖可能影响消费者健康和安全的商品，之后此类标准作为技术规范，并由法律强制执行。一般而言，UNBS 发布的大多数标准都是自愿性的。据统计，2017 年 8 月 23 日乌干达 3104 项有效标准题录数据中强制性标准共 1374 项，约占标准总数的 44%，其中工程标准占大多数，其次是食品和农业标准，具体领域分布见表 17 – 3。自愿性标准共 1730 项，约占标准总数的 56%，标准数量最多的仍是工程标准，具体领域分布见表 17 – 4。

表 17 – 3　强制性标准所属领域分布

所属领域	标准数量/项
工程标准	551
食品和农业标准	434
化学品和消费品标准	315
管理体系标准	74

表 17 – 4　自愿性标准所属领域分布

所属领域	标准数量/项
工程标准	549
食品和农业标准	489
化学品和消费品标准	428
管理体系标准	264

不同性质标准的领域分布，仍是工程标准占多数，其次是食品和农业标准、化学品和消费品标准，此 3 类标准的强制性和自愿性标准数量基本接近，且标准数量较多；而管理体系标准略有不同，其多数为自愿性标准，强制性标准数量较少。

17.4　乌干达参与国际标准化活动情况

乌干达是 ISO 的正式成员，共参与 45 个技术委员会，其中 18 个以 O – Member 身份参与、27 个以 P – Member 身份参与，暂未承担技术委员会秘书处工作。另外，乌干达还参与 2 个政策发展委员会（PDC），其中 1 个以 P – Member 身份参与、1 个以 O – Member 身份参与。除此之外，乌干达还是 ARSO 的成员，但尚未参与任何技术委员会。

第18章　卢旺达标准化研究

18.1　卢旺达标准化概况

卢旺达在 1994 年前经历着长时间的战乱，自 1994 年卢旺达爱国阵线武装宣布停火，逐渐控制了卢旺达全境并组建了全国统一政府之后，政局稳定，社会治安良好，经济快速发展，国家面貌焕然一新。目前，卢旺达在经商便利度、政府廉洁度、全球经济竞争力、社会治安、城市整洁度等方面均位于非洲各国前列，标准化水平也日益提高。

卢旺达标准的编制、批准和出版由卢旺达标准局（RSB）负责。自 2002 年以来，RSB 在农业、卫生、工程、电子、计量、化学产品和环境等领域发布了 633 项国家标准。另外，它还参与东非共同体（EAC）和东南非共同市场（COMESA）的协调标准的制定工作。目前，大约有 1200 项 EAC 和 300 项 COMESA 协调标准被所有成员采用并实施。

RSB 是 ISO、IEC、OIML、CAC、ASTM 等国际标准制定机构的成员。所有这些组织都为 RSB 提供了一系列可在国家层面免费采用的国际标准。目前，RSB 信息中心可提供约 60000 项标准和相关的参考资料。

尽管存在很多可用的标准信息，但卢旺达本地的工业、公共机构和公众对现有标准的执行程度和意识仍然很低。提高卢旺达民众对标准的认识以促进质量文化，RSB 在此方面发挥着至关重要的作用。在传播标准信息上，RSB 承担着 WTO/TBT 国家咨询点（NEP）的角色，向企业界提供有关卢旺达标准、技术法规和合格评定程序的信息。

18.2　卢旺达标准化机构

卢旺达标准局是由 2013 年 6 月 28 日卢旺达政府颁布的第 50/2013 号法规确立的公共机构。该法规定了 RSB 的任务、组织和职能，规定了 RSB 负责卢旺达有关标准制定、合格评定和计量服务的所有工作和活动。

RSB 是唯一有权界定和掌握国家标准的机构。RSB 由以下 4 个部门组成：①国家标准部（National Standards Division）；②国家质量检测实验室（National Quality Testing Laboratories）；③国家计量服务（National Metrology Services）；④国家认证部（National Certification Division）。公共服务和公共或私营公司必须向 RSB 提交标准，以在国家层面上采用。RSB 由理事会管理，理事会成员由来自政府、产业和学术机构的主要利益相关者以及消费者协会组成。

虽然法规规定卢旺达标准的编制、批准和出版全部由 RSB 负责，但卢旺达一些部委和机构制定的标准和规程规范并没有按照 RSB 使用的国际认可程序进行，这与卢旺达第 43/2006 号第 3 条法律相左，有些标准的制定甚至无视 RSB 已经制定出版的标准，直接供公众使用。

18.2.1 RSB 的目标与职责

RSB 是由卢旺达政府设立的公共国家标准机构，其职责是制定和发布国家标准，开展标准化领域的研究，以及传播有关标准、技术法规的信息。

RSB 的前身是原卢旺达标准局，通过将监管和非监管职能分离，然后将单位升级为部门而成。改革的目的是建立一个能够应对卢旺达国内和国外营商环境不断变化的机构。RSB 现在是服务提供机构，其标准执行职能、法定计量检定和监督职能已转移到其他的独立机构。

RSB 致力于提供标准化、合格评定和计量服务，以提高卢旺达产品和服务在本国和国际上的竞争力。

18.2.2 RSB 的愿景

提供国际公认的和适合客户的标准化服务，成为值得信赖的公共机构。

18.2.3 RSB 的使命

在安全和稳定的环境中促进社会经济增长，为保护消费者和促进贸易提供关于标准的解决方案。

为了让卢旺达民众有效且高效地参与标准化，他们必须理解所有标准化活动的意义。这也是国家层面标准化部门向各行业普及标准化知识的重要性。

RSB 通过其标准化部门为公众、私营企业和政府机构开展关于标准化的培训项目。教育和培训的主要目标是满足卢旺达中小企业在标准化领域对质量培训日益增长的需求和期望，使他们能够制造优质的产品，从而提高竞争力并进入区域和国际市场。

RSB 提供以下方面的培训：
- RS ISO 9001 质量管理体系；
- RS ISO 19011 内部质量审计培训；
- RS ISO/IEC 17025 实验室管理系统；
- RS ISO 22000 食品安全管理的实施和 HACCP 食品安全管理体系培训；
- RS ISO 14001 环境管理系统培训；
- RS ISO 9004 机构持续成功的管理——质量管理系统方法；
- RS 183 职业健康与安全；
- RS EAS 38 预包装食品标签—— 一般要求；
- RS CAC/RCP1 食品卫生通用原则 —— 操作守则；
- 产品标准。

18.3　卢旺达标准的制定与发展

卢旺达每项标准均由研究员、制造商、研究人员、政府机构和消费者组成的技术委员会共同制定，以确保制定的国家标准符合社会和市场需要。RSB 国家标准部是标准制定项目的管理部门和标准技术委员会的秘书处，技术委员会及其成员在制定标准方面发挥着关键作用。目前，卢旺达标准局有大约 55 个制定国家标准的技术委员会（见表 18 - 1）。

表 18 - 1　卢旺达国家标准技术委员会列表

技术委员会编号	技术委员会英文名称	技术委员会中文名称
RSB/TC 001	Non - alcoholic beverages	不含酒精的饮料
RSB/TC 002	Tea and derived products	茶和衍生产品
RSB/TC 003	Cereals, pulses, legumes and cereal products	谷物、干豆、豆类和谷类产品
RSB/TC 004	Milk and milk products	牛奶和奶制品
RSB/TC 005	Meat and meat products	肉及肉类产品
RSB/TC 006	Edible oils and fats	食用油和油脂
RSB/TC 007	Crop production inputs	作物生产投入
RSB/TC 008	Animal feeding stuffs	动物饲料
RSB/TC 009	Civil engineering and building materials	土木工程和建筑材料
RSB/TC 010	Electrical installation and protection against electrical shock	电气安装和防电冲击
RSB/TC 011	Cosmetics and related products	化妆品及相关产品
RSB/TC 012	Sugars and sugar products	糖和糖产品
RSB/TC 013	Water and sanitation	水和卫生设施
RSB/TC 014	Quality management and quality assurance	质量管理和质量保证
RSB/TC 015	Pharmaceutical products	医药产品
RSB/TC 016	Fresh fruits and vegetables	新鲜水果和蔬菜
RSB/TC 017	Urban planning	城市规划
RSB/TC 018	Farming	农业
RSB/TC 019	Spices, condiments	香料、调味品
RSB/TC 020	Packaging and packaging materials	包装和包装材料
RSB/TC 021	IT and multimedia	IT 和多媒体
RSB/TC 022	Nutrition and foods for special dietary uses	特殊膳食用营养品和食品
RSB/TC 023	Road vehicles	汽车
RSB/TC 024	Chemical and consumer products	化学和消费产品

表 18 - 1（续）

技术委员会编号	技术委员会英文名称	技术委员会中文名称
RSB/TC 025	Handcraft products	手工产品
RSB/TC 026	LPG and natural gases equipment and accessories	液化石油气和天然气设备及附件
RSB/TC 027	Beekeeping and beekeeping products	养蜂和养蜂产品
RSB/TC 028	Fire safety	消防安全
RSB/TC 029	Textile and leather technology	纺织和皮革技术
RSB/TC 030	Roots and tubes	根和管
RSB/TC 031	Alcoholic beverages	酒精饮料
RSB/TC 032	Seeds and planting materials	种子和种植材料
RSB/TC 033	Tourism and hospitality	旅游和酒店
RSB/TC 034	Medical equipments and accessories	医疗设备及配件
RSB/TC 035	Coffee and derived products	咖啡和衍生产品
RSB/TC 036	Fish and fish products	鱼和鱼产品
RSB/TC 037	Veterinary inputs	兽医投入
RSB/TC 038	Processed fruits and vegetables	加工水果和蔬菜
RSB/TC 039	Forestry	林业
RSB/TC 040	Financial services	金融服务
RSB/TC 041	Environmental protection	环境保护
RSB/TC 042	Surface active agents	表面活性剂
RSB/TC 043	Traditional medicine	传统医学
RSB/TC 044	Essential oils	精油
RSB/TC 045	Petroleum and petroleum products	石油和石油产品
RSB/TC 046	Metrology and physical phenomena	计量和物理现象
RSB/TC 047	Steel, aluminium and related products	钢铁、铝及相关产品
RSB/TC 048	Plastic tanks, pipes, accessories and related products	塑料罐、管道、配件及相关产品
RSB/TC 049	Solar energy system and accessories	太阳能系统和附件
RSB/TC 050	Electrical energy, equipments and accessories	电力、设备和配件
RSB/TC 051	Petroleum, infrastructure, equipments and accessories	石油、基础设施、设备和配件
RSB/TC 052	Transfusion, infusion and injection, and blood processing equipments for medical and pharmaceutical use	医疗和医药用输注、输血和注射、血液处理设备
RSB/TC 053	Telecommunication	电信
RSB/TC 054	Furniture and wood products	家具和木制品
RSB/TC 055	Roads and highway engineering	道路和公路工程

卢旺达现有国家标准 150 余项，其中大量采用 ISO、IEC 标准。其中，强制性国家标准 40 余项，主要涉及食品与农业，化学和消费产品，工程，环境、健康和安全 4 个方面。

18.4 卢旺达参与国际标准化活动情况

RSB 积极投身于区域和国际标准化合作活动，参与标准制定和标准协调工作。

卢旺达为 ISO 的成员，目前共参与 29 个 ISO 技术委员会，其中以 P – Member 身份参与 24 个技术委员会、以 O – Member 身份参与 5 个技术委员会。另外，卢旺达还以 P – Member 身份参与 ISO 2 个政策发展委员会（PDC）的工作，具体情况见表 18 –2。

表 18 –2 卢旺达参与 ISO 技术委员会情况

技术委员会编号	技术委员会英文名称	技术委员会中文名称
正式成员（P – Member）		
ISO/IEC JTC 1/SC 40	IT Service Management and IT Governance	IT 服务管理和 IT 治理
ISO/PC 288	Educational organizations management systems – Requirements with guidance for use	教育组织管理系统—使用指导、要求
ISO/PC 305	Sustainable non – sewered sanitation systems	可持续的未铺设下水道区的污水排放卫生系统
ISO/TC 176	Quality management and quality assurance	质量管理和质量保证
ISO/TC 176/SC 2	Quality systems	质量体系
ISO/TC 205	Building environment design	建筑环境设计
ISO/TC 207	Environmental management	环境管理
ISO/TC 207/SC 1	Environmental management systems	环境管理系统
ISO/TC 207/SC 2	Environmental auditing and related environmental investigations	环境审计和相关环境调查
ISO/TC 207/SC 5	Life cycle assessment	生命周期评估
ISO/TC 268	Sustainable cities and communities	可持续城市和社区
ISO/TC 268/SC 1	Smart community infrastructures	智能社区基础设施
ISO/TC 282	Water reuse	水的再利用
ISO/TC 282/SC 1	Treated wastewater reuse for irrigation	处理废水的废水再利用
ISO/TC 282/SC 2	Water reuse in urban areas	城市地区的水再利用
ISO/TC 283	Occupational health and safety management	职业健康与安全管理
ISO/TC 285	Clean cookstoves and clean cooking solutions	清洁炉灶和清洁烹饪解决方案
ISO/TC 301	Energy management and energy savings	能源管理和节能
ISO/TC 34/SC 17	Management systems for food safety	食品安全管理系统

表18-2（续）

技术委员会编号	技术委员会英文名称	技术委员会中文名称
ISO/TC 34/SC 3	Fruits and vegetables and their derived products	水果和蔬菜及其衍生产品
ISO/TC 34/SC 4	Cereals and pulses	谷类和豆类
ISO/TC 34/SC 5	Milk and milk products	牛奶和奶制品
ISO/TC 54	Essential oils	精油
ISO/TC 82	Mining	矿业
观察员（O-Member）		
ISO/IEC JTC 1	Information technology	信息技术
ISO/IEC JTC 1/SC 27	IT Security techniques	IT 安全技术
ISO/TC 207/SC 7	Greenhouse gas management and related activities	温室气体管理和相关活动
ISO/TC 282/SC 4	Industrial water reuse	工业水重复使用
ISO/TC 34	Food products	食品
政策发展委员会成员（PDC Participation Member）		
ISO/CASCO	Committee on conformity assessment	合格评定委员会
ISO/DEVCO	Committee on developing country matters	发展中国家事务委员会

卢旺达是 IEC 的成员，目前卢旺达标准中采用 IEC 标准的有150项。卢旺达参与8个 IEC 技术委员会工作，具体情况见表18-3。

表18-3　卢旺达参与 IEC 技术委员会情况

技术委员会编号	技术委员会英文名称	技术委员会中文名称
TC 1	Terminology	术语
TC 8	Systems aspects of electrical energy supply	电力供应系统
TC 13	Electrical energy measurement and control	电能测量与控制
TC 57	Power systems management and associated information exchange	电力系统管理和相关信息交换
TC 59	Performance of household and similar electrical appliances	家用电器和类似电器的性能
TC 61	Safety of household and similar electrical appliances	家庭和类似电器的安全
TC 64	Electrical installations and protection against electric shock	电气装置和防触电装置
TC 77	Electromagnetic compatibility	电磁兼容性
TC 82	Solar photovoltaic energy systems	太阳能光伏能源系统

第 19 章 南非标准化研究

19.1 南非标准化概况

南非共和国（The Republic of South Africa）简称南非，位于非洲大陆最南端，是非洲三大经济体之一（其他 2 个分别是尼日利亚和埃及），有"彩虹之国"的美誉。南非是世界上唯一有 3 个首都的国家：行政首都（中央政府所在地）为茨瓦内，立法首都（议会所在地）为开普敦，司法首都（最高法院所在地）为布隆方丹。

南非属于发展中国家，在经济方面，南非基础设施良好，资源丰富，是世界五大矿产国之一，经济开放程度较高。矿业、制造业、农业和服务业是四大经济支柱，深矿开采技术在世界处于领先水平。南非经济是以农业和采矿业为基础、制造业为主导的较为发达的现代经济，但产业结构中仍存在着发展不平衡的问题，轻工业和纺织业相对落后，二元制经济特征明显。在双边贸易方面，南非与中国的贸易结构具有较强的互补性，南非自中国进口的产品主要为机电产品、纺织品及原料、贱金属及制品等，南非对中国出口的产品主要为矿产品。自 1998 年 1 月 1 日我国与南非建立外交关系以来，两国关系全面、快速发展，双边经济关系进展迅速，中国已连续 7 年成为南非的最大贸易伙伴、出口市场和进口来源地，南非也是中国在非洲最大的贸易伙伴。2015 年 12 月，国家主席习近平出访南非，签署了 26 项双边协议。

随着全球经济一体化的发展，南非政府积极实施标准化战略，目的是促进市场准入，从而提高南非在全球贸易环境中的竞争力，以及保护当地产业免于低质量、廉价进口商品，制定标准以推进南非社会经济在全球经济中的良好发展。研究南非标准化现状，有助于了解南非的标准化发展趋势、标准化战略和重点领域，对促进双边贸易、消除贸易壁垒有着重要的支撑作用，从而发挥技术标准对推动经济发展的重要作用，推动我国企业走出去。

19.2 南非标准化立法

南非现行的标准化立法主要包括《南非标准法》（Standard Act）和《强制性规范的国家规制机关法》（National Regulator for Compulsory Specifications Act）两部法律，这两部法律是由 1945 年颁布的《南非标准法》修订而来的。

《南非标准法》于 2008 年 7 月 15 日由南非议会发布，其目的是形成一个制定、宣传和维护南非国家标准和提供合格评定服务及相关活动的法律框架；确保南非标准局

（South African Bureau of Standards，SABS）作为南非国家标准的最高国家机构可持续发展，推动南非国家标准的发展、维护和推广，从而使南非国家标准推动国际贸易的发展。

《强制性规范的国家规制机关法》于 2008 年 7 月 1 日由南非总统签署后发布，该法建立了南非强制性规范的国家规制机关，规定其负责强制性规范的管理和维护，建立了一个实施强制性规范的监督和遵守体系；通过这个国家规制机关提供市场监管，保证强制性规范的遵守以及对于违法行为给予制裁。SABS 制定的南非国家标准为自愿性标准，但《强制性规范的国家规制机关法》规定根据董事会的建议，南非贸易和工业部（Department Trade and Industry，DTI）部长对于有可能影响公共安全、健康或环境的产品、商品或服务，可以通过公报宣布某项国家标准或某项国家标准的某个条款为强制性规范。

19.3　南非标准化机构

SABS 是依据 1945 年《南非标准法》成立的标准化法定机构，隶属于 DTI，并在 2008 年颁布的《南非标准法》的最新条款框架下运转。

2008 年，《南非标准法》确定了 SABS 作为南非发展、促进和维护南非国家标准的最高国家机构，并建立了 SABS 理事会，规定理事会由 7 ~ 9 人组成，理事会主席由 DTI 部长指定。

19.3.1　SABS 的目标与职责

SABS 的目标是发展、促进和维护南非国家标准；提升商品、产品和服务质量；提供合格评定服务，并协助与之相关的事宜。

为了实现上述目标，SABS 在以下方面开展相关工作：

● 制定、发布、宣传、维护、修订或撤回南非国家标准和相关的规范出版物，以满足南非社会的标准化需求；

● 提供参考材料、合格评定服务以及与标准相关的培训服务；

● 协调、影响和管理与国际和其他国家标准机构的双边互动；

● 提供有关标准查询信息服务，处理南非国家标准以及类似国际和国外机构出版物的销售和分销；

● 提供南非咨询点，以维护 WTO《TBT 协定》中的南非通报制度；

● 制定统一的程序，其他专业机构和部门可通过此程序认可成为标准制定组织（Standards Development Organizations，SDO），并且此类组织制定的标准可由 SABS 作为南非国家标准发布；

● 通过技术委员会制定和修订南非国家标准等。

SABS 作为南非的国家标准化机构，不仅负责南非本土标准化活动，还代表南非在国际或区域标准化组织中开展活动。

19.3.2　SABS 的愿景与使命

SABS 遵循"公正、创新、责任、完整、质量和以客户为中心"的核心价值观。SABS 的愿景是成为值得信赖的标准化和质量保证服务提供者。SABS 的使命是提供标准和合格评定服务，使南非经济高效运转。

19.3.3　SABS 的产品与服务

SABS 提供的产品和服务是技术基础，不仅方便与国外市场的贸易，也提供符合南非的标准和合格评估，确保产品和服务的安全性和功能性。SABS 为南非经济提供以下服务：制定、推广和维护南非国家标准；测试和审核符合标准规定要求的产品；认证符合标准的产品、服务和流程/系统；标准内容和使用相关的服务；推广国家工业设计。标准、培训、认证和测试是 SABS 的主要产品与服务。

19.3.4　SABS 的组织结构

SABS 董事会现由 9 人组成，董事会主席由 DTI 部长指定，其组织机构见图 19 – 1。

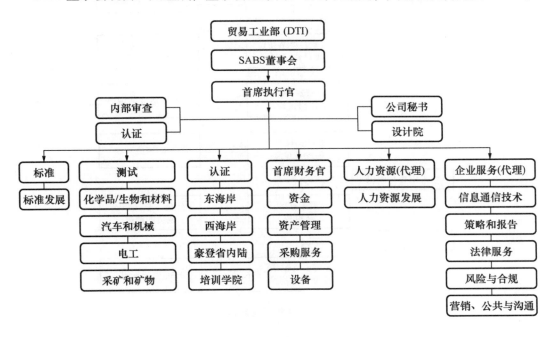

图 19 – 1　SABS 组织结构

SABS 由非商业部分和商业部分两个部分组成，其中非商业部分主要承担标准功能、商业部分主要承担在商业基础上提供合格评定和培训服务。

SABS 商业（控股）有限公司提供的认证、测试、委托检验和其他服务，绝大多数是针对工业领域的。除了提供符合南非国家标准要求的系统认证和产品测试，SABS 商业

（控股）有限公司也有其专有的产品认证方案，即批准 SABS 标志，向消费者保证产品的安全性，并满足其目的或提供赔偿。

为了改善其服务提供和对客户需求的响应速度，SABS 还将其商业服务改组为以下七大产业集群：化学制品、电工技术、食品与健康、机械与材料、采矿与矿物、服务、交通运输。这种重组服务向行业提供更专注、更专业化的服务。

19.4 南非标准

19.4.1 南非标准的制定程序

SABS 是南非唯一的制定和颁布标准的机构，在南非的任何组织和个人都可以提出制定标准，起草项目提案后交给标准评审委员会（SAC）审定，标准的发布由 SABS 批准，根据南非国家标准 SANS 1 - 1：2012 的规定，南非标准的制定程序见图 19 - 2。

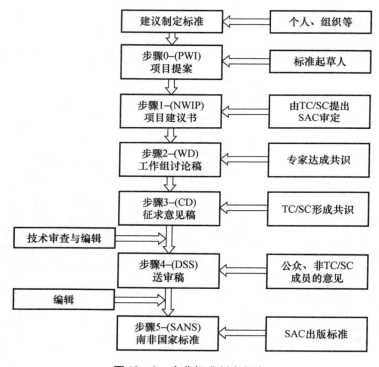

图 19 - 2 南非标准制定程序

19.4.2 南非标准化技术委员会

SABS 标准化技术委员会在南非标准制定中发挥着至关重要的作用，SABS 实施的 eCommitte 项目在线上的工作空间中包含技术委员会的基本信息、投票情况、所属分技术委员会和工作组。SABS 标准化技术委员会的所有委员会成员都是在自愿的基础上加入，通过成为标准化技术委员会成员可以参与标准制定。

目前，南非有标准化技术委员会共 621 个，其中特定标准的工作组为 181 个，其余 440 个均为针对特定领域的标准化技术委员会。

19.4.3 南非标准采用国际标准情况

SABS 注重采用国际标准，制定标准时，在有国际标准的情况下，优先考虑采用国际标准。经统计，南非采用国际标准的标准数量达 4611 项，约占南非标准总数量（7262 项）的 63.5%。其中，等同采用（IDT）国际标准 4543 项，约占采用标准总数量的 98.5%；修改采用（MOD）国际标准 57 项，约占采用标准总数量的 1.2%；非等效采用（NEQ）国际标准 11 项，约占采用标准总数量的 0.2%，采用的国际标准基本为 ISO/IEC 标准。

19.4.4 南非标准的类型

除南非国家标准外，SABS 标准部在达成共识的基础上还出版其他形式的成果，例如，ARP 操作规程（APP）、协调规范（CKS）、南非技术规范（SATS）、行业技术协定（STA）和非规范性文件［如南非技术报告（SATR）］。

据统计，南非标准共 7259 项，其中含 SANS 标准 6989 项、ARP 标准 75 项、CKS 标准 119 项、SATR 标准 43 项以及 SATS 标准 33 项。

19.5 南非参与国际标准化活动情况

南非积极参与国际和区域标准化活动，SABS 作为南非的国家标准化机构代表南非在国际和区域标准化组织中开展活动、发挥作用，体现南非利益。

19.5.1 参与 ISO 活动情况

南非是 ISO 的创始成员之一，SABS 共参与 435 个技术委员会，其中 167 个 TC 以 O – Member 身份参与、268 个 TC 以 P – Member 身份参与，承担 11 个技术委员会秘书处的工作（见表 19 – 1）。

表 19 – 1 南非承担的 ISO 技术委员会情况

序号	技术委员会编号	技术委员会英文名称	技术委员会中文名称
1	ISO/PC 273	Customer contact centres	客户联络中心
2	ISO/TC 133	Clothing sizing systems – size designation, size measurement methods and digital fittings	服装尺寸系统—尺寸名称、尺寸测量方法和数字配件
3	ISO/TC 135/SC 2	Surface methods	表面法
4	ISO/TC 137	Footwear sizing designations and marking systems	鞋类尺寸命名和标记系统
5	ISO/TC 147/SC 1	Terminology	术语

表 19 - 1（续）

序号	技术委员会编号	技术委员会英文名称	技术委员会中文名称
6	ISO/TC 173/SC 1	Wheelchairs	轮椅
7	ISO/TC 27	Solid mineral fuels	固体矿物燃料
8	ISO/TC 27/SC 3	Coke	焦炭
9	ISO/TC 27/SC 4	Sampling	取样
10	ISO/TC 38/SC 20	Fabric descriptions	结构描述
11	ISO/TC 59/SC 18	Construction procurement	施工采购

除此之外，南非还参与了 35 个政策发展委员会（PDC），均是 P - Member。

19.5.2 参与 IEC 活动情况

南非是 IEC 的成员，SABS 共参与 IEC 的 133 个技术委员会/分委员，其中 71 个以 P - Member 身份参与、62 个以 O - Member 身份参与，承担了 1 个技术委员会的秘书处工作（TC 11 架空线路）。

19.5.3 其他标准化组织参与情况

南非除参与 ISO、IEC 活动外，还积极参与其他国际及区域组织活动。如：
- 非洲地区标准化组织（ARSO）；
- 太平洋地区标准大会（Pacific Area Standards Congress，PASC）；
- 南部非洲发展共同体标准化组织（Southern African development community cooperation in standardization，SADCSTAN）；
- 联合国欧洲经济委员会（Economic Commission for Europe，ECE）和 CAC。

第 20 章 安哥拉标准化研究

20.1 安哥拉标准化概况

安哥拉共和国（葡语：República de Angola，刚果语：Repubilika ya Ngola）是位于非洲西南部的国家，首都罗安达，西滨大西洋，北及东北邻刚果民主共和国，南邻纳米比亚，东南邻赞比亚，是中部、南部非洲的重要出海通道之一。

安哥拉自然条件优越，政局稳定，经济政策稳健，具有一定的投资合作吸引力：一是资源优势突出；二是农业综合开发空间广阔；三是制造和加工业机遇较多；四是基础设施合作有潜力。石油和钻石开采是安哥拉国民经济的支柱产业，安哥拉经济总量的近 60% 为油气资源开发和炼油，其他主要的工业包括农产品加工、饮料生产、纺织品加工、水泥以及其他建材生产、塑料制品、金属加工、香烟制造、制鞋业等。安哥拉为非洲第二大产油国，其石油主要出口目的地为美国、中国和其他欧亚国家。中国是安哥拉原油的最大进口国。安哥拉是中国在非洲仅次于南非的第二大贸易伙伴，中国是安哥拉第一大贸易伙伴国、第一大出口目的地国、第二大进口来源国，中安贸易额约占安哥拉对外贸易总额的 34.4%。2006—2014 年，安哥拉连年位居中国在全球第二大原油进口来源国，仅次于沙特阿拉伯。2015 年，安哥拉为中国在全球第三大原油进口来源国。

安哥拉是撒哈拉以南非洲的第三大经济体和最大吸收外资的国家之一。2010 年，中国与安哥拉建立战略伙伴关系，双边经贸合作深化发展。安哥拉是中国第三大石油进口来源国、主要的对外承包工程市场和重要劳务合作伙伴。2015 年，国家主席习近平与多斯桑托斯总统分别在北京和约翰内斯堡两度会晤，对两国经贸关系发展给予高度评价，达成多项重要共识，为进一步加强和深化双边经贸合作、加快中资企业在安哥拉转型升级指明了方向。安哥拉区位独特，处于非洲南、中、西枢纽位置，我国中铁二十局承建的安哥拉本格拉铁路横贯安哥拉东西全境，是安哥拉重要的交通动脉，也是安哥拉、刚果（金）和赞比亚 3 国"洛比托走廊计划"的重要一环，可以有效带动铁路沿线人口和物资的运输，推动区域交通以及经济的发展。我国与安哥拉开展经贸合作不仅具备基础，而且仍有较大的潜力。

据中国海关统计，2015 年中安贸易额为 197.16 亿美元，同比下降 46.82%，其中中方出口为 37.19 亿美元，同比下降 37.75%；中方进口为 159.96 亿美元，同比下降 48.56%。中国对安哥拉出口商品的主要类别包括汽车及零配件、家具及家具产品、机电产品等；中国从安哥拉进口商品主要为原油，其他类别包括：①矿物燃料、矿物油及其产品、沥青等；②盐、硫黄、土及石料、石灰及水泥等；③木及木制品、木炭；④矿物材料的制品；⑤电机、电气、音响设备及其零附件。

安哥拉对中国投资合作项目较少，2014 年投资额约为 609 万美元。中国企业全方位参与了安哥拉的经济重建，除石油项目外，还对安哥拉的农业、饮用水、植业、电网、电信、公路、铁路、医院、学校以及基础设施建设等方面进行投资。

据中国商务部统计，2015 年中国对安哥拉非金融类直接投资额为 19752 万美元。截至 2015 年年末，中国对安哥拉直接投资存量为 12.68 亿美元。中国是安哥拉仅次于葡萄牙、维尔京群岛、荷兰的第四大投资来源国。

通过研究安哥拉标准化现状，有助于了解安哥拉的标准化发展趋势、标准化战略和重点领域，对促进双边贸易、消除贸易壁垒有着重要的支撑作用，从而发挥技术标准对推动经济发展的重要作用，推动我国企业走出去。

安哥拉与标准化及质量体系的法案较为分散，主要包括宣布设立安哥拉标准化与质量协会的第 31/96 号法令、批准安哥拉质量体系的第 83/02 号法令等，详见表 20－1。

表 20－1　安哥拉标准化相关立法

法令或法律名称	简介
第 31/96 号法令	成立工业部下辖安哥拉标准化与质量协会（简称 IANORQ），并通过其组织章程
第 44/05 号联合行政法令	通过 IANORQ 组织章程的修正案，并废除第 31/96 号法令
第 1/98 号法令	制定 IANORQ 的内部规章制度
第 83/02 号法令	批准安哥拉质量体系（SAQ），用于促进旨在巩固产品、流程和服务质量的手段和机制。在 SAQ 范畴内，成立国家质量委员会（CNQ），是 SAQ 质量政策和发展领域内的政府咨询机构
第 17/02 号法律	质量和计量标准法，旨在规范安哥拉计量单位和计量仪器的使用
第 53/04 号法令	批准计量控制的规章制度
第 59/04 号法令	通过 IANORQ 提供服务的收费金额
第 55/08 号行政法令	关于合格性评估实体的注册证明及认证

20.2　安哥拉标准化机构

安哥拉标准化与质量协会（Instituto Angolano de Normalização e Qualidade，IANORQ）成立于 1996 年 10 月 25 日，依据发行于共和国第 45 号的部长理事会第 31/96 号法令所设立。该法令与"第 44/05 号联合行政法令"相冲突的部分被废除，并受颁布的第 103/15 号总统令批准的组织法约束。该总统令用于安哥拉公共机构和其他立法的创建、结构和职能。根据其职能范围，IANORQ 在国家层面对标准化、计量和质量等业务进行协调，并在区域和国际上代表安哥拉的国家利益。

20.2.1　IANORQ 的目标与职责

IANORQ 是一个公共机构，受工业部监督。IANORQ 具有法人资格和行政自主权，负责执行行政当局在安哥拉质量体系的推进、组织和发展方面的政策，以及确保实施国家质量政策。

20.2.2　IANORQ 的愿景与使命

IANORQ 促进推动质量政策的监管和采用，旨在提高安哥拉企业的生产力、竞争力和公信力。其愿景为：通过向社会提供优质服务，反映现代化形象，高效及有效地行事，在安哥拉社会促进质量文化，促使"高质量"成为国家发展和可持续发展的基本理念。其使命为：推动质量政策的监管和采用，按照公正和公平的道德准则、条例行事，并在工作方式中展现公信力和透明度，确保提供优质的服务并具有社会责任感。

20.2.3　IANORQ 的产品与服务

IANORQ 提供的产品和服务包括五大部分，即标准化、计量工作、认证、培训及咨询。

在标准化方面，标准化部门负责协调和跟踪在安哥拉质量体系范畴内，由行业标准化机构、技术标准化委员会和其他有资格的实体开展的国家标准化领域中与 IANORQ 执行职责相关的活动。标准化部门的主要职责包括：

- 推动标准化工作的合理化和活跃性，协调和支持技术委员会的运作；
- 制定年度标准化计划；
- 开展对通过安哥拉标准草案及其核准和公布的相关工作；
- 确保与行业标准化组织的关系；
- 推动安哥拉采用国际标准的工作；
- 确保参与安哥拉加入国际标准的制定工作；
- 确保与国际标准化组织的关系；
- 协调国家层面的标准化工作，制定国家规范汇编并做宣传；
- 推动国家、地区和国际标准的应用。

计量学作为一种计量科学，为经济、健康、安全和环境行业不可或缺的测量系统提供了可靠的支持，是现代社会必不可少的技术基础。在这一背景下，计量部门的任务是开展计量工作，并负责协调在制定和实施国家标准和监管工作方面开展合作的不同组织机构。计量部门具有以下工作职能：

- 协调并检验经认证的实验室网络的测量标准等级；
- 确定适用于计量实验室的计量仪器质量认证的方法和标准；
- 协调并推进计量管理相关规章的应用；
- 编制年度计量计划及相关的日程安排；
- 批准计量仪器的型号；
- 确保 IANORQ 拥有的国家计量标准的保存及更新；
- 加强国家参与法制计量相关的地区和国际活动的力度，并促进与国外和国际组织机构的交流；
- 监督和控制各国测量仪器的制造、维护使用情况以及使用方式；
- 确保使用计量单位，同时要考虑安哥拉认可的国际公约等其他方面的建议；

- 鼓励科学和应用计量领域的研究活动；
- 行使法律规定或上文确定的其他权限。

质量政策管理部（Departamento de Gestão de Políticas da Qualidade，DGPQ）负责监督和跟踪安哥拉质量体系框架下制定的政策执行情况以及 IANORO 的工作执行情况。同时该部门的权限还包括推广质量管理体系的使用，对质量管理的各个领域进行培训，对产品、服务和流程的合规性进行认证和核实等。质量政策管理部具有以下权限：

- 对国内市场上最敏感的产品质量的技术和行政管理要求提出政策和立法措施，并与国内专业组织机构合作，建立旨在确保进出口产品和服务质量的机制；
- 与主管的部级部门合作，建立机制以确保符合国家和国际质量管理体系的标准；
- 在国际标准和安哥拉国家标准的基础上，推进使用质量管理系统；
- 提议设立并管理质量审计员奖励金；
- 对维护人类的环境、健康和安全至关重要的产品、服务和体系，提出并更新强制认证清单；
- 在质量管理的各个领域逐步优化调整以及展开培训；
- 对国内现有的实验室进行统计，并保持更新相关的调查档案；
- 加强国家参与培训和质量保证相关的国际活动的力度，并促进与国内外组织和机构的交流；
- 承担认证机构的职能，认证产品、服务、流程和人员，并制定必要的方法和合规性标记或符号，确保其传播、管理、使用并得到区域和国际认可；
- 通过使用现有的检验和分析工具，核实国内生产的和进口的产品、服务和系统是否合规。

在培训及咨询方面，质量政策管理部为管理人员、审计人员和培训人员提供以下培训和咨询，包括质量管理、实验室、环境安全、职业健康与安全、危害分析和关键控制点、食品安全、集成系统等方面。

20.2.4 IANORQ 的组织结构

"第 44/05 号联合行政法令"更新了 IANORQ 的章程，并在其附件 Ⅲ 中列出了 IANORQ 的组织结构（见图 20 - 1）。

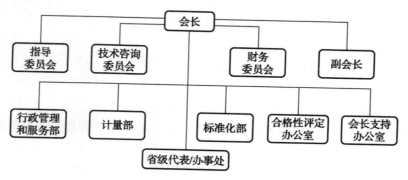

图 20 - 1　IANORQ 组织结构

"第 55/08 号行政法令"界定了指导委员会、技术咨询委员会、财务委员会 3 个委员会的权限、构成及其运作模式，并规定成立 IANORQ 省级代表/办事处，IANORQ 组织运行模式见图 20 - 2。

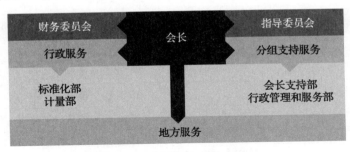

图 20 - 2　IANORQ 组织运行模式

20.3　安哥拉标准的制定

20.3.1　安哥拉标准的制定情况

据统计，目前安哥拉维护的标准共 99 项，在去除 16 项没有年份的标准后，可用于年代统计分析的安哥拉标准共计 82 项，具体数据见表 20 - 2。

表 20 - 2　IANORQ 发布标准年份统计

发布年份（年）	标准数量/项	发布年份（年）	标准数量/项
2000	2	2011	8
2006	4	2012	11
2007	5	2013	9
2008	7	2014	1
2009	9	2015	2
2010	7	2016	17

从安哥拉标准的数量可以看出，安哥拉目前还没有完全制定国家标准体系。但在日益重视标准制定的情况下，IANORQ 积极支持政府努力建设相关标准化体系，促进国内生产能力及出口贸易。2015 年 7 月，ASTM International 与 IANORQ 签署了一份谅解备忘录，该备忘录有助于安哥拉标准的持续增长，提高 ASTM 对于安哥拉参与制定的 ASTM 标准方案的接受程度。

由于同一项标准存在属于两个或两个以上 ICS 分类的情况，对标准 ICS 分类的统计在一定程度上反映了安哥拉不同技术领域标准化的发展现状。

表 20 - 3 反映了自 2000 年以来，安哥拉标准的技术领域分布情况，其中标准数量最多的前 3 项分别为"03 社会学、服务、公司（企业）的组织和管理、行政、运输""67 食

品技术"和"07 数学、自然科学"。可以看出，由于安哥拉没有完善的标准体系，其标准类型最多的为通用标准及食品相关标准。

表 20 - 3 安哥拉标准 ICS 分类统计

ICS 代码	标准数量/项	ICS 代码	标准数量/项
03 社会学、服务、公司（企业）的组织和管理、行政、运输	23	11 医药卫生技术	2
		91 建筑材料和建筑物	2
67 食品技术	17	13 环保、保健与安全	1
07 数学、自然科学	15	27 能源和热传导工程	1
01 综合、术语学、标准化、文献	9	47 造船和海上建筑物	1
29 电气工程	5		

20.3.2 采用国际标准情况

2016 年安哥拉标准中采用 ISO 标准 42 项、IEC 标准 22 项，采用国际标准共计 64 项，约占全部标准的 65%。表 20 - 4 是以 ICS 分类为基础，等同采用国际标准的安哥拉标准数量分布情况的统计。

表 20 - 4 安哥拉标准采用国际标准 ICS 分类统计情况

ICS 代码	等同采用数量（该分类总数量）/项	采用率/%
01 综合、术语学、标准化、文献	8（9）	88.89
03 社会学、服务、公司（企业）的组织和管理、行政、运输	21（23）	91.30
07 数学、自然科学	12（15）	80
11 医药卫生技术	2（2）	100
13 环保、保健与安全	1（1）	100
27 能源和热传导工程	1（1）	100
29 电气工程	0（5）	0
47 造船和海上建筑物	1（1）	100
67 食品技术	7（17）	41.18
91 建筑材料和建筑物	0（2）	0

在上述 10 种 ICS 分类中，只有"29 电气工程"和"91 建筑材料和建筑物"没有采用国际标准，其他 8 种均采用国际标准且采用率在 40% 以上。

20.3.3 安哥拉标准的制定程序

IANORQ 作为安哥拉的国家标准化机构，负责安哥拉的标准化工作制定准则和程序。

有关准则和程序制定的文件分为 4 个不同的部分：第一部分为标准化的一般方面，用于引入标准化以使利益相关方熟悉标准化的目标、原则和条款；第二部分是标准的制定过程，即描述一项标准从概念形成到出版的整个过程；第三部分明确了行业标准化机构（Organismos de Normalização Sectorial，ONS）以及技术委员会的性质、要求和职责；第四部分为安哥拉标准的提交和编写，用于介绍关于制定和提交安哥拉标准的指导原则。

ONS 是由 IANORQ 认可的，在某一特定行业开展标准化活动的公共、私营或混合机构，用于协调标准化技术委员会。标准化技术委员会为常设机构，负责在其活动范围内制定、修订和更新安哥拉标准，委员会由与所涉及的利益相关的实体组成。

20.4 安哥拉参与国际标准化活动情况

安哥拉积极参与国际和区域标准化活动，IANORQ 作为安哥拉的国家标准化机构，代表安哥拉在国际和区域标准化组织中开展活动、发挥作用，体现安哥拉利益。

20.4.1 参与 ISO 的情况

安哥拉于 2002 年 7 月 1 日成为 ISO 的通讯成员，共参与 4 个技术委员会，其中 1 个以 O – Member 身份参与、3 个以 P – Member 身份参与，没有承担技术委员会秘书处的工作。除此之外，安哥拉还参与 2 个政策发展委员会（PDC），其中 1 个以 P – Member 身份参与、1 个以 O – Member 身份参与。

20.4.2 参与 IEC 的情况

安哥拉目前参加了 IEC 的"接纳国家计划"，但还不是成员。

20.4.3 参与其他国际标准化活动的情况

安哥拉除参与 ISO、IEC 外，还加入了以下区域和国际组织：CAC、SADC、南部非洲发展共同体在认证方面的合作组织（Southern African Development Community Accreditation，SADCA）、南部非洲发展共同体在法定计量方面的合作组织（SADC Co – operation in Legal Metrology，SADCMEL）、南部非洲发展共同体在计量方面的合作组织（SADC Co – operation in Measurement Traceability，SADCMET）、南部非洲发展共同体在标准化方面的合作组织（SADC Co – operation in Standardization，SADCSTAN）、中部非洲国家经济共同体（Communauté économique des états de l'Afrique Centrale，CEEAC）、几内亚湾区域组织以及葡语国家共同体（Comunidade dos Países de Língua Portuguesa，CPLP）。

安哥拉工业部通过由工业部部长批示设立的国家认证中心，加入了南部非洲发展共同体认证服务机构（SADCAS）。SADCAS 的职能是为 SADC 国家的实验室、认证机构和检查机构提供认证服务，具有资源共享和短期内更便利地制定合规性评估活动公证的多边协定的优势，旨在世界层面上促进国际贸易。

IANORQ 在区域和国际组织中代表安哥拉的国家利益。在此范畴内，已经建立了伙伴关系和合作，已获得一系列的优势，即：与其他成员更多的互动，了解标准化、计量和质量政策体系，就各成员的国家标准交流信息及经验，在制定标准方面力争让重复工作最小化，以及共同出资、培训和开展项目等。

20.5 IANORQ 认证

20.5.1 IANORQ 认证概述

质量政策管理部（DGPQ）负责监督和跟踪安哥拉质量体系框架下制定的政策执行情况，制定 IANORQ 工作以及活动计划。同时，该部门的权限还包括推广质量管理体系的使用，对质量管理的各个领域进行培训，对产品、服务和流程的合规性进行认证和验证等。

根据第 55/08 号行政法令，所有个人或集体、公共或私营的实体在安哥拉质量保证范畴内经营，即认证、咨询、检验和试验实验室以及校准领域的实体均应到 IANORQ 进行注册登记和随后的认证。

20.5.2 IANORQ 认证所需材料

在安哥拉质量领域运营的公司在其注册过程中，需要以下文件：
- 致 IANORQ 的公函；
- 注册费支付证明；
- 填妥的表格（公司和技术人员）；
- 公司的法律文件；
- 公司/组织的介绍，包括其使用的标志；
- 所申请活动的程序/方法；
- 所使用的参考标准、设备和方法的描述性备忘录；
- 负责的技术人员和其他技术人员的简历；
- 负责的技术人员和其他技术人员注册申请相关领域的技术和学术资格证明；
- 负责的技术人员和其他技术人员的身份证明文件副本，对于外国人则需要提供工作签证或在安哥拉合法逗留的并授权其进行劳务活动的其他文件的副本；
- 证明或认证副本（如有）（可选）。

IANORQ 针对进口电缆还作出了特别说明，电缆作为进口特殊的商品，其进口必须有 IANORQ 的提前授权，这是海关税则规定的法定要求，由 2008 年 11 月 22 日第 10/13 号总统法令批准，该法令通过第 1/14 号修正案全面更改。在进口电缆的授权过程中，申请人需要提供以下文件：申请人致 IANORQ 的公函、申请进口商填写的技术资料表、电缆和运输文件的形式或商业发票、技术说明（目录或其他制造商的文件）、实验室的测试证明。

第 21 章　莫桑比克标准化研究

21.1　莫桑比克标准化概况

莫桑比克于 1992 年结束内战，国家实现了和平稳定。莫桑比克政府通过加大基础设施投入，大力调整经济结构，改善投资环境，积极引进外资，鼓励开发矿产、能源、农林渔业等资源，近年来经济持续快速增长。莫桑比克重视本国标准化工作的开展，积极参与国际、区域标准化组织的相关活动，致力于与国际接轨，其国家标准大量采用 ISO、IEC、欧盟（EN）等标准。

21.2　莫桑比克标准化机构

莫桑比克标准化管理工作由莫桑比克国家标准化与质量研究所（The Instituto Nacional de Normalização e Qualidade，INNOQ）承担。INNOQ 是国家一级的公共机构，隶属于莫桑比克工业和贸易部，具有法人资格和行政自主权，于 1993 年 3 月 24 日根据莫桑比克部长级会议第 02/93 号法令成立。

INNOQ 的目标是发展和协调国家质量政策，通过标准化、计量、认证和质量管理活动改善工业条件，保护消费者和环境，便利国内和国际贸易，提高人民生活水平并促进国民经济发展。作为国家级的质量管理机构，INNOQ 承担着发布国家质量政策、制定国家标准，以及代表国家参与区域及国际标准化、计量领域的活动等职责。

莫桑比克标准运行机制的基本要求与 ISO 是一致的，即标准的制定遵循公开透明原则，且需要各利益相关方协调一致。标准运行机制主要由两方面组成：标准制修订过程中的组织（制定主体）和程序。

莫桑比克标准制定主体是技术委员会。在莫桑比克，任何政府部门、行业单位及个人均可以向 INNOQ 提出制定标准的需求，由 INNOQ 评估该需求是否具有必要性。评估通过的标准提案，由 INNOQ 分配到相关的技术委员会，同时被纳入国家标准化计划中。如无相关的技术委员会可分配，INNOQ 则会成立一个特定委员会或技术小组。技术委员会由各利益相关方组成，如生产者、政府监管部门、研究人员、专业协会、消费者等。标准的起草由技术委员会中的专家负责。目前，莫桑比克共有 15 个技术委员会，涉及 5 个行业领域（见表 21 - 1）。

表 21-1 莫桑比克标准化技术委员会领域、编号及名称

领域	编号	名称
领域一 CTNSaap——食品、卫生、农业、渔业、化学品、化学工程和环境领域	CTN 1	健康与食物标准化技术委员会
	CTN 2	农产品加工标准化技术委员会
	CTN 3	环境保护标准化技术委员会
领域二 CTNSeee——电气工程、电子工业、通信领域	CTN 4	电气术语、符号和测量标准化技术委员会
	CTN 5	建筑物的电气装置标准化技术委员会
	CTN 6	电气设备标准化技术委员会
领域三 CTNSgap——质量管理、环境管理、基础安全领域	CTN 7	质量管理、环境管理标准化技术委员会
	CTN 8	基本规则标准化技术委员会
	CNT16	银行及金融服务标准化技术委员会
	CTN 17	旅游及旅游服务标准化技术委员会
领域四 CTNScdm——土木工程、技术设计、木材和林业领域	CTN 9	建筑材料标准化技术委员会
	CTN 10	技术设计和技术测量标准化技术委员会
	CTN 13	森林和木材加工产品标准化技术委员会
领域五 CTNSmct——机械工程、燃料、锅炉、压力容器和运输领域	CTN 11	运输标准化技术委员会
	CTN 12	计量标准化技术委员会
	CTN 14	燃料标准化技术委员会
	CTN 15	锅炉和压力容器标准化技术委员会

莫桑比克标准的制定程序可大致分为 5 个阶段：①可行性评估与规划阶段。接收标准申请并评估其可行性，将合格的申请分配给技术委员会并制定编制计划。②预备阶段。编制并提交标准初稿。③制定阶段。技术委员会对初稿进行研究、批准。④公众咨询阶段。向各方征集对标准草案的意见，为期 45 天。⑤发布阶段。标准印刷（出版）、发行和销售。表 21-2 详细说明了莫桑比克标准制定每个阶段的工作内容和目标。

表 21-2 莫桑比克标准制定程序

阶段	工作内容和目标
可行性评估与规划阶段	接收申请，确定优先事项，评估各委员会的实际情况，计划标准编制或标准更新的活动
预备阶段	编制工作方案，提交标准初稿以及所有参考资料，组织与标准文本翻译、起草、修正有关的活动
制定阶段	标准化技术委员会对标准内容进行研究和批准，以及进行补充工作（召开会议、提出意见、投票进入下一阶段）
公众咨询阶段	广泛地向有关各方征集对标准草案的意见，确保标准制定过程中的透明度和公正性
发布阶段	涵盖标准的印刷（出版）、发行和销售。保证标准最新版本可在网站上进行查询和销售。通过电子版资料、印刷品、论坛、研讨会、讲座等渠道进行标准和标准化推广活动

21.3　莫桑比克标准

莫桑比克标准是推荐性/非强制性的，原则上供市场自愿采用。但当某一项已发布的莫桑比克标准被法律条文引用，或是被政府有关部门宣布具有法律约束性时，该标准的性质便由推荐性/非强制性转换为强制性。

莫桑比克标准仅有国家级标准。按照国际标准分类法进行分类，莫桑比克标准涉及的行业领域有 34 个大类、130 个中类，基本涵盖各行各业。INNOQ 每年出版标准约 100 项，目前莫桑比克标准总计 900 余项。莫桑比克标准可分为非采用国际/国外标准和采用国际/国外标准两种。非采用国际/国外标准的标准以"NM + 标准编号：出版年份"的形式体现，如 NM 107：2009；采用国际/国外标准的标准以"NM + 采用的国际/国外标准号：出版年份"的形式体现，如 NM ISO 13006：1998、NM IEC 60335 – 2 – 762：2014、NM OHSAS 18001：2012。

21.3.1　采用国际/国外标准程度

2017 年，莫桑比克标准清单中标准共计 741 项，其中采标标准 156 项，约占标准总数量的 21%，采用的大部分是 ISO、IEC 标准，还有一部分是 EN 标准、CAC 标准。从 INNOQ 发布的《2018—2020 战略计划》中可以看出，莫桑比克计划制定和正在制定的标准中，对国际、国外标准的采用率大幅度提高，除 ISO、IEC 标准外，ASTM 标准、巴西标准也得到大量采用。

21.3.2　莫桑比克标准化重点领域

莫桑比克标准共涉及 34 个大类，以每个类别标准数量作为依据，排名靠前的被认为是莫桑比克标准化重点领域。由表 21 –3 可以看出，目前莫桑比克在食品技术领域（215 项）、建筑材料和建筑物领域（101 项）、社会学、服务、公司（企业）的组织和管理、行政、运输领域（100 项）、综合、术语学、标准化、文献领域（66 项）、电气工程领域（57 项）、环保、保健与安全领域（50 项）和石油及相关技术领域（43 项）的标准数量较其他领域更为显著。

表 21 –3　莫桑比克标准领域分类及数量

ICS 代码	领域	标准数量/项
01	综合、术语学、标准化、文献	66
03	社会学、服务、公司（企业）的组织和管理、行政、运输	100
11	医药卫生技术	21
13	环保、保健与安全	50
17	计量学和测量、物理现象	6

表21-3（续）

ICS 代码	领域	标准数量/项
19	试验	5
21	机械系统和通用件	2
23	流体系统和通用件	9
25	机械制造	2
27	能源和热传导工程	14
29	电气工程	57
31	电子学	1
33	电信、音频和视频技术	5
35	信息技术、办公机械设备	4
37	成像技术	7
43	道路车辆工程	28
47	造船和海上建筑物	1
55	货物的包装和调运	16
59	纺织和皮革技术	3
61	服装工业	1
65	农业	19
67	食品技术	215
71	化工技术	10
73	采矿和矿产品	3
75	石油及相关技术	43
77	冶金	7
79	木材技术	20
81	玻璃和陶瓷工业	3
83	橡胶和塑料工业	13
85	造纸技术	10

表 21 - 3（续）

ICS 代码	领域	标准数量/项
87	涂料和颜料工业	3
91	建筑材料和建筑物	101
93	土木工程	14
97	家用和商用设备、文娱、体育	28

21.4　莫桑比克参与国际标准化活动情况

　　INNOQ 代表莫桑比克在国际和区域标准化组织中开展活动、发挥作用，体现莫桑比克利益。在参与国际标准化方面，莫桑比克目前是 ISO 的通讯成员，共参与 9 个 ISO TC 的工作，其中以 P - Member 身份参与了 5 个、以 O - Member 身份参与了 4 个（见表 21 - 4）。同时，莫桑比克还以 O - Member 参与了 ISO 3 个政策发展委员会（PDC）的工作（见表 21 - 5）。

表 21 - 4　莫桑比克参与 ISO 技术委员会情况

序号	技术委员会编号	技术委员会中文名称	成员类型/承担工作
1	ISO/TC 147/SC 4	微生物方法	P - Member
2	ISO/TC 228	旅游及相关服务	
3	ISO/TC 34/SC 3	水果、蔬菜及其衍生产品	
4	ISO/TC 34/SC 6	肉类、家禽、鱼类、蛋类及其制品	
5	ISO/TC 59/SC 15	房屋性能描述框架	
6	ISO/TC 107/SC 9	物理气相沉积涂料	O - Member
7	ISO/TC 147	水质	
8	ISO/TC 34	食物产品	
9	ISO/TC 68	金融服务	

表 21 - 5　莫桑比克参与 ISO 政策发展委员会情况

序号	委员会英文名称	委员会中文名称	成员类型/承担工作
1	ISO/CASCO	合格评定委员会	O - Member
2	ISO/COPOLCO	消费者政策委员会	
3	ISO/DEVCO	发展中国家事务委员会	

　　另外，莫桑比克还是 IEC 为发展中国家设立的"接纳国家计划"的成员，同时也是 CAC 的成员。在参与区域标准化方面，莫桑比克作为 SADC 的一员，参与了其中的标准化区域合作（SADCSTAN）、测量可追溯性区域合作（SADCMET）、法制计量区域合作（SADCMEL）、区域认可合作（SADCA）、南部非洲认可服务（SADCAS）、南部非洲共同体贸易壁垒伙伴委员会（SADCTBTC）以及技术法规联络委员会（SADCTRLC）等与质量、标准化相关的工作。

附　录

埃及国家标准目录

序号	标准编号	标准名称
1	ES 19 – 2013	生亚麻油　涂料规范
2	ES 20 – 1958	亚麻油
3	ES 20 – 2013	涂料用煮沸的亚麻油　规格
4	ES 22 – 2006	涂料用（1）型松节油
5	ES 23 – 2006	涂料用（2）型松节油
6	ES 24 – 2007	涂料用石油溶剂液
7	ES 25 – 2008	商用蓖麻油（一级）
8	ES 26 – 2016	涂料和清漆催干剂
9	ES 196 – 2007	防腐涂料
10	ES 197 – 2007	防污涂料
11	ES 198 – 1986	水线漆
12	ES 199 – 2007	涂料用白色颜料
13	ES 200 – 1983	涂料填充剂
14	ES 200 – 1 – 2015	涂料填充剂　规格和试验方法　第 1 部分：简介和通用试验方法
15	ES 200 – 2 – 2015	涂料填充剂　规格和试验方法　第 2 部分：重晶石（天然硫酸钡）
16	ES 200 – 3 – 2015	涂料填充剂　规格和试验方法　第 3 部分：硫酸钡粉
17	ES 200 – 4 – 2015	涂料填充剂　规格和试验方法　第 4 部分：白垩
18	ES 200 – 5 – 2015	涂料填充剂　规格和试验方法　第 5 部分：天然晶型碳酸钙
19	ES 200 – 6 – 2015	涂料填充剂　规格和试验方法　第 6 部分：沉淀碳酸钙
20	ES 200 – 7 – 2015	涂料填充剂　规格和试验方法　第 7 部分：白云石
21	ES 200 – 8 – 2015	涂料填充剂　规格和试验方法　第 8 部分：天然黏土
22	ES 200 – 9 – 2015	涂料填充剂　规格和试验方法　第 9 部分：煅烧黏土
23	ES 200 – 10 – 2015	涂料填充剂　规格和试验方法　第 10 部分：片状天然滑石/亚氯酸盐
24	ES 200 – 11 – 2015	涂料填充剂　规格和试验方法　第 11 部分：含碳酸盐的片状天然滑石
25	ES 200 – 12 – 2015	涂料填充剂　规格和试验方法　第 12 部分：白云母类云母
26	ES 200 – 13 – 2015	涂料填充剂　规格和试验方法　第 13 部分：天然石英（地）
27	ES 200 – 14 – 2015	涂料填充剂　规格和试验方法　第 14 部分：方石英
28	ES 200 – 15 – 2015	涂料填充剂　规格和试验方法　第 15 部分：透明石英
29	ES 200 – 16 – 2015	涂料填充剂　规格和试验方法　第 16 部分：氢氧化铝
30	ES 200 – 17 – 2015	涂料填充剂　规格和试验方法　第 17 部分：沉淀硅酸钙
31	ES 200 – 18 – 2015	涂料填充剂　规格和试验方法　第 18 部分：沉淀硅铝酸钠
32	ES 200 – 19 – 2015	涂料填充剂　规格和试验方法　第 19 部分：沉淀二氧化硅
33	ES 200 – 20 – 2015	涂料填充剂　规格和试验方法　第 20 部分：煅制二氧化硅
34	ES 200 – 21 – 2015	涂料填充剂　规格和试验方法　第 21 部分：石英砂（未磨碎天然石英）
35	ES 200 – 22 – 2015	涂料填充剂　规格和试验方法　第 22 部分：热碱处理的硅藻土
36	ES 216 – 1983	涂料用白色颜料化学分析的标准方法
37	ES 217 – 1983	涂料用白色颜料物理分析的标准方法

续表

序号	标准编号	标准名称
38	ES 386 – 2006	色漆用红丹
39	ES 387 – 1983	涂料用天然氧化铁
40	ES 409 – 1984	通用型预拌油基漆
41	ES 397 – 1983	涂料填充剂物理和化学试验的标准方法
42	ES 398 – 2008	涂料用铁氧化物物理和化学试验的标准方法
43	ES 408 – 2006	群青、蓝紫颜料
44	ES 450 – 1963	涂料用合成铁氧化物
45	ES 471 – 2008	涂料用黑炭颜料
46	ES 482 – 1964	烘瓷漆、耐汽油（修改件86）
47	ES 508 – 2006	室内用途的油性清漆1，2，3类
48	ES 509 – 2006	室外用途的油性清漆1，2，3类
49	ES 510 – 2006	超硬干燥清漆
50	ES 511 – 2006	消光漆类型1& 2
51	ES 550 – 2005	铬酸锌颜料 碱性铬酸锌钾颜料和锌四羟基－铬酸盐颜料
52	ES 551 – 2005	（1）型和（2）型金尺寸用清漆
53	ES 552 – 1983	结边
54	ES 555 – 1988	预拌油基底漆
55	ES 556 – 2013	涂料用碱精制亚麻油规格
56	ES 562 – 2008	清漆物理化学试验
57	ES 640 – 1965	1，2和3型涂料用白油浆
58	ES 715 – 1966	合成底漆
59	ES 716 – 2007	浮型铝（粉和膏）和铝漆清漆
60	ES 724 – 2008	涂料和清漆的技术术语及定义
61	ES 744 – 2008	底涂层用合成涂料
62	ES 759 – 2019	油漆试验前期调查、取样和准备工作
63	ES 759 – 01 – 2015	涂料和清漆 试样的检查和制备
64	ES 759 – 02 – 2008	涂料和清漆 标准试板
65	ES 760 – 2018	涂料细度试验
66	ES 761 – 2005	非挥发物质含量的测定
67	ES 762 – 1983	涂料比重的测定
68	ES 763 – 1983	涂料衰减试验
69	ES 764 – 2007	用福特环测量油漆的稠度
70	ES 765 – 2007	涂料防污试验
71	ES 766 – 2005	涂料划痕硬度的测定
72	ES 767 – 2005	石油制品和其他液体 闪点测定 阿贝尔闭杯法
73	ES 793 – 2008	外表面和内表面用光泽和半光泽合成空气干燥漆
74	ES 794 – 2007	寒冷交通用漆（路标漆）
75	ES 819 – 2007	涂料色牢度试验
76	ES 820 – 2005	涂料和清漆 表面干燥试验 小玻璃球法
77	ES 821 – 1983	涂料和清漆中水含量的测定（Dean & Stark 方法）
78	ES 822 – 2005	涂料和清漆的耐热试验
79	ES 823 – 2005	涂料抗盐水喷雾的试验方法
80	ES 824 – 2005	圆柱心轴弯曲试验

续表

序号	标准编号	标准名称
81	ES 919 – 2008	金属抛光化合物
82	ES 930 – 2006	硬脂
83	ES 957 – 1986	伪装涂料
84	ES 970 – 2008	冰箱用白色烘干瓷漆
85	ES 980 – 2006	食品装罐用合成清漆
86	ES 981 – 2008	金属和木材表面用硝基漆
87	ES 1065 – 2008	涂料中颜料和黏合剂的分离和测定
88	ES 1070 – 1970	1，2类便携式水箱内表面用预拌漆
89	ES 1074 – 2007	磨料纸和布
90	ES 1122 – 1972	地板清漆（1986 年修改件）
91	ES 1123 – 2008	木材表面用阻燃涂料
92	ES 1124 – 2007	浸渍或填充型织物防火涂料
93	ES 1136 – 2001	涂料抗润滑油苯和石油烃的测定
94	ES 1222 – 2007	防污漆中氧化亚铜的测定
95	ES 1223 – 2008	土耳其红油规格
96	ES 1263 – 2001	防污涂料中氧化汞的测定
97	ES 1293 – 2008	硝化纤维刮腻子
98	ES 1366 – 2006	纤维素涂料和清漆稀释剂
99	ES 1368 – 2006	涂料和清漆　热效应测定
100	ES 1382 – 2008	耐酸和耐碱性涂料类型 1，2
101	ES 1485 – 1980	轻质和重质石油原料储存和运输用油罐和油桶的特种涂料
102	ES 1536 – 1983	印刷油墨的通用试验方法
103	ES 1538 – 1993	预拌油基漆
104	ES 1541 – 2008	车用炉漆
105	ES 1617 – 2007	虫胶
106	ES 1657 – 2007	工业用棕榈仁油
107	ES 1679 – 2007	工业用椰子油（油漆树脂）
108	ES 1757 – 2008	内外表面用亚光（MATT）合成风干型油漆
109	ES 1759 – 2007	皮鞋油
110	ES 1881 – 2007	涂料刷
111	ES 2085 – 2006	涂料用锌钡白颜料　规格和试验方法
112	ES 2343 – 2008	印刷字体耐摩擦性测量方法
113	ES 2541 – 2007	氧化铁底漆
114	ES 3166 – 2008	炎热交通用漆（路标漆）
115	ES 3176 – 2007	一般用途的铝喷涂
116	ES 3303 – 2008	卫生污水装置用内环氧涂料
117	ES 3349 – 1998	钢或混凝土制饮用水管道和容器的内环氧涂层
118	ES 3607 – 2008	木材或金属用硝基漆
119	ES 4321 – 2004	道路建造和维护设备　沥青胶粘剂摊铺机/喷涂机　术语和商业规格
120	ES 4323 – 2004	涂料和清漆　人工风化和暴露于人工辐射　暴露于过滤氙弧辐射
121	ES 4324 – 2004	涂料和清漆　自然风化试验实施指南备注
122	ES 4325 – 2 – 2004	涂料和清漆　比色法　第 2 部分：色彩测定

续表

序号	标准编号	标准名称
123	ES 4325 – 3 – 2004	涂料和清漆　比色法　第3部分：色差计算
124	ES 4326 – 2015	涂料和清漆　弯曲试验（锥形心轴）
125	ES 4327 – 2004	涂料和清漆　中性盐雾（雾）耐性测定
126	ES 4328 – 1 – 2015	涂料和清漆　耐磨性测定　第1部分：旋转砂纸覆盖砂轮法
127	ES 4329 – 12 – 2004	涂覆粉末　第12部分：相容性的测定
128	ES 4330 – 2015	涂料和清漆　通过铅笔测试测定漆膜硬度
129	ES 4331 – 1 – 2004	橡胶或塑料涂覆织物　耐磨性的测定　第1部分：泰伯法
130	ES 4586 – 2005	涂料、清漆和黏合剂　确定水基涂层材料和黏合剂特性的试验方法
131	ES 4587 – 3 – 2005	涂料和清漆　涂层材料术语和定义　第3部分：表面处理和应用方法
132	ES 4588 – 2005	涂料和清漆用胶粘剂　羟基值的测定　滴定法
133	ES 4589 – 1 – 2015	涂料和清漆用胶粘剂　醇酸树脂　第1部分：通用方法
134	ES 4589 – 2 – 2015	涂料和清漆用胶粘剂　醇酸树脂　第2部分：邻苯二甲酸酐含量的测定
135	ES 4589 – 3 – 2015	涂料和清漆用胶粘剂　醇酸树脂　第3部分：皂化第三方材料含量的评估
136	ES 4589 – 4 – 2015	涂料和清漆用胶粘剂　醇酸树脂　第4部分：脂肪酸含量的测定
137	ES 4590 – 2005	涂料和清漆用胶粘剂　环氧树脂　通用试验方法
138	ES 4734 – 2 – 2004	涂料和相关产品涂覆前的钢基材制备　表面清洁度试验　第2部分：清洁表面氯化物的实验室测定
139	ES 4901 – 1 – 2005	单板和胶合板的试验方法　第1部分：颜料颜色的比较
140	ES 4901 – 2 – 2005	颜料和填充剂的通用试验方法　第2部分：105℃下挥发物的测定
141	ES 4901 – 3 – 2005	颜料和填充剂的通用试验方法　第3部分：水中可溶物质的测定　热萃取法
142	ES 4901 – 4 – 2005	颜料和填充剂的通用试验方法　第4部分：水萃取液酸度或碱度的测定
143	ES 4901 – 5 – 2005	颜料和填充剂的通用试验方法　第5部分：吸油量的测定
144	ES 4901 – 7 – 2005	颜料和填充剂的通用试验方法　第7部分：筛余物的测定　水法　手工操作
145	ES 4901 – 8 – 2005	颜料和填充剂的通用试验方法　第8部分：水中可溶物质的测定　冷萃取法
146	ES 4901 – 9 – 2005	颜料和填充剂的通用试验方法　第9部分：水悬浮液 pH 值的测定
147	ES 4901 – 10 – 2005	颜料和填充剂的通用试验方法　第10部分：密度的测定　比重瓶法
148	ES 4901 – 11 – 2005	颜料和填充剂的通用试验方法　第11部分：压实后压实体积和表观密度的测定
149	ES 4901 – 13 – 2015	颜料和填充剂的通用试验方法　第13部分：水溶性硫酸盐、氯化物和硝酸盐的测定
150	ES 4901 – 14 – 2005	颜料和填充剂的通用试验方法　第14部分：水萃取液电阻率的测定
151	ES 4901 – 16 – 2005	颜料和填充剂的通用试验方法　第16部分：相对着色力（或等效着色值）和着色颜料还原后的色度测定　目视比较法

续表

序号	标准编号	标准名称
152	ES 4901 – 17 – 2005	颜料和填充剂的通用试验方法　第 17 部分：白色颜料发光能力的测定
153	ES 4901 – 18 – 2005	颜料和填充剂的通用试验方法　第 18 部分：筛余物测定　机械冲洗法
154	ES 4901 – 19 – 2005	颜料和填充剂的通用试验方法　第 19 部分：水溶性硝酸盐的测定（水杨酸法）
155	ES 4901 – 21 – 2005	颜料和填充剂的通用试验方法　第 21 部分：用烘干法比较颜料热稳定性
156	ES 4901 – 22 – 2005	颜料和填充剂的通用试验方法　第 22 部分：颜料抗渗色性的比较
157	ES 4901 – 23 – 2005	颜料和填充剂的通用试验方法　第 23 部分：密度的测定（用离心机清除携入的空气）
158	ES 4901 – 24 – 2005	颜料和填充剂的通用试验方法　第 24 部分：着色颜料相对着色力和白色颜料相对散射力的测定光度计法　光度测定法
159	ES 4901 – 25 – 2005	颜料和填充剂的通用试验方法　第 25 部分：白色、黑色和着色颜料的纯色体系颜色比较　比色测定法
160	ES 4907 – 3 – 2005	涂料和相关产品涂覆前的钢基材制备　经喷砂清洁后的非金属磨料的规格　第 3 部分：铜精炼厂矿渣
161	ES 4907 – 5 – 2005	涂料和相关产品涂覆前的钢基材制备　经喷砂清洁后的非金属磨料的规格　第 5 部分：镍精炼厂矿渣
162	ES 4907 – 6 – 2005	涂料和相关产品涂覆前的钢基材制备　经喷砂清洁后的非金属磨料的规格　第 6 部分：炼铁炉炉渣
163	ES 4907 – 8 – 2005	涂料和相关产品涂覆前的钢基材制备　经喷砂清洁后的非金属磨料的规格　第 8 部分：橄榄石砂
164	ES 4908 – 1 – 2015	涂料和相关产品涂覆前的钢基材制备　经喷砂清洁后的非金属磨料的试验方法　第 1 部分：取样
165	ES 4908 – 2 – 2015	涂料和相关产品涂覆前的钢基材制备　经喷砂清洁后的非金属磨料的试验方法　第 2 部分：粒度分布的测定
166	ES 4908 – 3 – 2015	涂料和相关产品涂覆前的钢基材制备　经喷砂清洁后的非金属磨料的试验方法　第 3 部分：表观密度的测定
167	ES 4908 – 4 – 2015	涂料和相关产品涂覆前的钢基材制备　经喷砂清洁后的非金属磨料的试验方法　第 4 部分：利用载玻片试验的硬度评定
168	ES 4908 – 5 – 2015	涂料和相关产品涂覆前的钢基材制备　经喷砂清洁后的非金属磨料的试验方法　第 5 部分：水分测定
169	ES 4908 – 6 – 2015	涂料和相关产品涂覆前的钢基材制备　经喷砂清洁后的非金属磨料的试验方法　第 6 部分：用电导率测量法测定水溶性污染物
170	ES 4908 – 7 – 2015	涂料和相关产品涂覆前的钢基材制备　经喷砂清洁后的非金属磨料的试验方法　第 7 部分：水溶性氯化物的测定
171	ES 4909 – 1 – 2005	涂料和相关产品涂覆前的钢基材制备　经喷砂清洁后的金属磨料的规格　第 1 部分：总则和分类
172	ES 4909 – 2 – 2005	涂料和相关产品涂覆前的钢基材制备　经喷砂清洁后的金属磨料的规格　第 2 部分：冷淬铁砂粒
173	ES 4909 – 3 – 2005	涂料和相关产品涂覆前的钢基材制备　经喷砂清洁后的金属磨料的规格　第 3 部分：高碳铸钢丸和砂

续表

序号	标准编号	标准名称
174	ES 4909 - 4 - 2005	涂料和相关产品涂覆前的钢基材制备　经喷砂清洁后的金属磨料的规格　第4部分：低碳铸钢丸
175	ES 4910 - 1 - 2005	涂料和相关产品涂覆前的钢基材制备　经喷砂清洁后的金属磨料的试验方法　第1部分：取样
176	ES 4910 - 2 - 2005	涂料和相关产品涂覆前的钢基材制备　经喷砂清洁后的金属磨料的试验方法　第2部分：粒度分布的测定
177	ES 4910 - 3 - 2005	涂料和相关产品涂覆前的钢基材制备　经喷砂清洁后的金属磨料的试验方法　第3部分：硬度测定
178	ES 4910 - 4 - 2005	涂料和相关产品涂覆前的钢基材制备　经喷砂清洁后的金属磨料的试验方法　第4部分：表观密度的测定
179	ES 4910 - 5 - 2005	涂料和相关产品涂覆前的钢基材制备　经喷砂清洁后的金属磨料的试验方法　第5部分：微观结构的缺陷粒子比例的测定
180	ES 4910 - 6 - 2005	涂料和相关产品涂覆前的钢基材制备　经喷砂清洁后的金属磨料的试验方法　第6部分：分析用可溶性污染物的萃取　布雷斯勒法
181	ES 4910 - 7 - 2005	涂料和相关产品涂覆前的钢基材制备　经喷砂清洁后的金属磨料的试验方法　第7部分：水分测定
182	ES 5012 - 2005	各种不同涂料的使用要求和预防措施
183	ES 5134 - 2006	安全色荧光涂料
184	ES 5135 - 2006	斑纹漆（合成树脂乳浊型）
185	ES 5214 - 2015	涂料和清漆　通过流杯测定流动时间
186	ES 5215 - 2015	涂料和清漆　含二氧化硫潮湿空气耐性的测定
187	ES 5216 - 2006	涂料和清漆及其原料　检验和试验温度和湿度
188	ES 5217 - 2015	涂料和清漆　摆杆阻尼试验
189	ES 5218 - 2015	涂料和清漆　十字形切口试验
190	ES 5219 - 1 - 2015	涂料和清漆　液体耐性测定　第1部分：通用方法
191	ES 5219 - 2 - 2015	涂料和清漆　液体耐性测定　第2部分：水浸法
192	ES 5220 - 2006	涂料和清漆　涂料颜色的目视比较
193	ES 5221 - 2006	涂料和清漆　涂料对比率（遮盖力）的比较
194	ES 5222 - 1 - 2006	透明液体　使用加氏颜色等级评定颜色　第1部分：目视法
195	ES 5222 - 2 - 2006	透明液体　使用加氏颜色等级评定颜色　第2部分：分光光度法
196	ES 5223 - 2006	涂料和清漆用胶粘剂　皂化值的测定　滴定法
197	ES 5225 - 2006	涂料和清漆　涂层暴露于人工风化　暴露于紫外线荧光和水
198	ES 5226 - 2015	涂料和清漆　杯突试验
199	ES 5227 - 1 - 2015	涂料和清漆　密度测定　第1部分：比重计法
200	ES 5227 - 2 - 2015	涂料和清漆　密度测定　第2部分：浸水体（铅锤）法
201	ES 5227 - 3 - 2015	涂料和清漆　密度测定　第3部分：振荡法
202	ES 5227 - 4 - 2015	涂料和清漆　密度测定　第4部分：压力杯法
203	ES 5228 - 1 - 2006	涂料和清漆　耐湿性测定　第1部分：持续冷凝
204	ES 5493 - 2006	实验室用标准测温锥
205	ES 5496 - 2006	涂料和清漆用胶粘剂　环氧树脂　通用试验方法
206	ES 5497 - 2006	石油制品　烃液　折射率测定
207	ES 5498 - 1 - 2006	涂料和清漆　比色法　第1部分：原理
208	ES 5498 - 2 - 2006	涂料和清漆　比色法　第2部分：色彩测定

续表

序号	标准编号	标准名称
209	ES 5498 – 3 – 2006	涂料和清漆　比色法　第3部分：色差计算
210	ES 5499 – 2015	涂料用氧化铁颜料
211	ES 5759 – 1 – 2006	底涂层用合成涂料　第1部分：风干底涂层用合成涂料
212	ES 6075 – 1 – 2007	炉灶或滚刀顶部用家用涂覆炊具　第1部分：钢和铸铁搪瓷的通用要求
213	ES 6445 – 2007	轻质和重质石油原料储存和运输用地上油罐输油管的特种涂料
214	ES 6447 – 2007	钢或混凝土制饮用水管道和容器的内环氧涂层
215	ES 6623 – 2008	墙面用腻子水乳胶
216	ES 6836 – 2008	地板清漆
217	ES 7520 – 2012	涂料和清漆中挥发性有机化合物的最大限值要求
218	ES 1539 – 2008	室内外使用乳胶漆的规格
219	ES 7607 – 2013	氧化锌颜料规格
220	ES 326 – 2001	书写用蓝黑色墨水
221	ES 327 – 2015	用于书写的染料基油墨（蓝－绿－红－紫－黑）
222	ES 329 – 2015	印油
223	ES 380 – 2001	登记和支票和记录用液体油墨
224	ES 5006 – 1 – 2015	防水油墨用图纸　第1部分：彩色墨水
225	ES 5006 – 2 – 2015	防水油墨用图纸　第2部分：黑色墨水
226	ES 5132 – 2006	粉末或片剂
227	ES 5307 – 1 – 2006	彩色印刷用胶印油墨　第1部分：突出色彩和透明度的冷固胶印
228	ES 5307 – 2 – 2006	彩色印刷用胶印油墨　第2部分：热固型卷筒纸胶印
229	ES 5307 – 3 – 2006	彩色印刷用胶印油墨　第3部分：丝网印刷
230	ES 5329 – 2006	涂料和油墨　耐光度评定
231	ES 5330 – 2013	涂料和油墨　以过滤氙弧灯评定耐光度
232	ES 6080 – 2007	印刷技术　四色印刷油墨设置的验收和透明度　印刷出版　凹版印刷
233	ES 6537 – 2008	钢笔墨水　铁加洛鞣酸（铁含量0.1%）
234	ES 7198 – 2010	印刷技术　用胶印和凸印油墨制作的测试印样的制备
235	ES 7565 – 2013	印刷技术　用黏性仪测定浆状油墨和连接料的黏性
236	ES 13 – 2013	纸
237	ES 86 – 2014	纸和纸板　采样确定平均质量
238	ES 87 – 2014	纸、纸板和纸浆　检验和试验用标准大气　大气监测流程和样品检验
239	ES 88 – 2008	测定纸和纸板机械方向的标准试验方法
240	ES 89 – 2014	纸、纸板和纸浆　900℃下燃烧灰烬（灰）测定
241	ES 90 – 2 – 2012	纸和纸板　拉伸性能测定　第2部分：恒速拉长法
242	ES 90 – 3 – 2013	纸和纸板　拉伸特性测定　第3部分：恒速拉长法（100mm/min）
243	ES 91 – 2006	纸张印刷油墨渗透性的标准试验方法（蓖麻油测试）
244	ES 92 – 2012	纸和纸板　不透明度测定（纸衬）　漫反射
245	ES 93 – 2006	多层盒纸板脱层的标准试验方法
246	ES 94 – 2006	采用水和书写墨水吸收纸进行吸收的标准试验方法
247	ES 95 – 2014	纸　耐折度测定
248	ES 96 – 2014	纸张抗破碎强度的标准试验方法
249	ES 97 – 2008	纸张湿卷曲度的标准试验方法

续表

序号	标准编号	标准名称
250	ES 98 – 2008	纸张尺寸变化的标准试验方法
251	ES 222 – 2015	纸和纸板　厚度、密度和比容测定
252	ES 223 – 2014	纸张定量的测定
253	ES 345 – 2008	纸和纸板中纤维百分比的测定
254	ES 410 – 2001	铅笔　笔铅和拷贝
255	ES 410 – 1 – 2008	铅笔　第1部分：要求和试验方法
256	ES 410 – 2 – 2008	铅笔　第2部分：木盒装铅笔用笔铅　分类和直径
257	ES 411 – 2008	粉笔
258	ES 459 – 2001	纸张和纸板工业的技术术语及定义
259	ES 459 – 1 – 2005	纸　纸板、纸浆和相关术语　词汇　第1部分：字母顺序索引
260	ES 459 – 2 – 2005	纸　纸板、纸浆和相关术语　词汇　第2部分：制浆术语
261	ES 459 – 3 – 2005	纸　纸板、纸浆和相关术语　词汇　第3部分：造纸术语
262	ES 459 – 4 – 2005	纸　纸板、纸浆和相关术语　词汇　第4部分：纸和纸板等级和加工产品
263	ES 459 – 5 – 2005	纸　纸板、纸浆和相关术语　词汇　第5部分：纸浆、纸和纸板的特性
264	ES 472 – 2005	着色　铅笔
265	ES 473 – 2008	书写纸、包装纸和某些等级印刷纸的标准规格
266	ES 582 – 2014	纸　撕裂强度测定（埃尔曼多法）
267	ES 588 – 2008	书写纸和印刷纸的施胶度的测定
268	ES 589 – 2008	牛皮纸施胶度的测定
269	ES 590 – 2012	纸张白度和不透明度的测定
270	ES 591 – 2001	纸透气度的测定
271	ES 591 – 1 – 2006	纸和纸板　透气性测定（中距）　第1部分：通用方法
272	ES 591 – 3 – 2018	纸和纸板　透气性测定（中距）　第3部分：本特森法
273	ES 591 – 4 – 2006	纸和纸板　透气性测定（中距）　第4部分：谢菲尔德法
274	ES 591 – 5 – 2006	纸和纸板　透气性测定（中距）　第5部分：葛尔莱法
275	ES 592 – 2011	纸和纸板　纸堆水分测定　烘干法
276	ES 705 – 2007	蜡纸上石蜡含量的测定
277	ES 706 – 2018	纸张水溶解酸度或碱度的标准试验方法
278	ES 707 – 2007	纸张矿物填料和矿物涂料的定性分析
279	ES 708 – 2001	纸提取物 pH 值的测定
280	ES 708 – 1 – 2016	纸　纸板和纸浆　水提取物 pH 值的测定　第1部分：冷提取
281	ES 708 – 2 – 2016	纸　纸板和纸浆　水提取物 pH 值的测定　第2部分：热提取
282	ES 709 – 2018	纸和纸板　松脂测定
283	ES 723 – 2018	纸中水溶性物质的测定
284	ES 725 – 2018	玻璃纸
285	ES 726 – 2020	牛皮纸
286	ES 745 – 2020	瓦楞纸板箱
287	ES 868 – 2018	纸浆　游离度方法滤水性能测定
288	ES 869 – 2018	纸浆　卡伯值测定
289	ES 871 – 2008	胶带纸粘合力的测定
290	ES 872 – 2008	纸浆铜值的测定

续表

序号	标准编号	标准名称
291	ES 873 – 2006	纸和纸板铜值的测定
292	ES 927 – 2008	甘蔗渣
293	ES 969 – 2008	文具信封规格
294	ES 1027 – 2008	纸牌
295	ES 1047 – 2008	纸和纸板　抗压强度　环压法
296	ES 1048 – 2008	纸盒
297	ES 1089 – 1 – 2005	茶叶袋　规格　第1部分：托盘和集装箱茶叶运输用基准袋
298	ES 1089 – 2 – 2005	茶叶袋　规格　第2部分：处理茶叶袋用纸
299	ES 1119 – 2008	笔记本
300	ES 1156 – 1972	纸板穿刺和硬度的标准试验方法
301	ES 1158 – 2008	用于卷绕纱线的纸箱纸管
302	ES 1230 – 2008	卷烟纸
303	ES 1348 – 2008	亚硫酸盐浆纸和涂蜡牛皮纸
304	ES 1424 – 2008	新闻纸
305	ES 1425 – 2008	多层板
306	ES 1453 – 2014	描图纸
307	ES 1662 – 1988	印刷纸的试验方法（彩色平印纸和亮光铜版纸）
308	ES 1758 – 2008	记号笔
309	ES 1758 – 1 – 2003	记号笔　第1部分：水基
310	ES 1758 – 2 – 2004	记号笔　第2部分：油基
311	ES 1892 – 2007	用于聚氯乙烯树脂包装的牛皮纸包装
312	ES 1897 – 2007	无碳复写纸
313	ES 2251 – 2007	民用炸药支撑和运输用瓦楞纸箱
314	ES 3434 – 2015	纸和纸板浸水后的抗拉强度的测定方法
315	ES 3435 – 2014	纸和纸板浸水后的破裂强度的测定方法
316	ES 3436 – 2007	纸　纸板和纸浆　水溶氯化物的测定
317	ES 3437 – 2007	纸　纸板和纸浆　水溶硫酸盐的测定
318	ES 3644 – 2008	纸制品（纸巾）
321	ES 3663 – 2001	纸和纸板　加速老化　105℃下干热处理
322	ES 3664 – 2001	纸和纸板　粗糙度和平滑度测定（空气泄露法）　谢菲尔德法
323	ES 3665 – 2001	持久性的信息和文件要求
324	ES 3702 – 2002	卷材墙面饰层
325	ES 3817 – 2002	纸　纸板和纸浆　特性表示单位
326	ES 3862 – 2014	女士卫生巾
327	ES 3863 – 2008	婴儿纸尿裤
328	ES 3941 – 2005	中性笔
329	ES 4080 – 2008	医用滑石粉
330	ES 4082 – 2005	信纸文件
331	ES 4121 – 2018	塑料复写纸
332	ES 4124 – 2008	湿纸巾
333	ES 4160 – 2005	纸板　湿巾
334	ES 4215 – 2003	纸和纸板　微生物特性测定　第1部分：总细菌数
335	ES 4216 – 1 – 2003	纸　光散射和吸收系数测定（采用库贝尔卡蒙克理论）

续表

序号	标准编号	标准名称
336	ES 4217 – 2014	纸和纸板　纸片材料水蒸气传递速率测定　动态吹扫和静态气体法
337	ES 4218 – 2003	绘图与书写仪器　签字笔和圆珠笔　词汇
338	ES 4219 – 2003	信封　词汇
339	ES 4220 – 2003	图画明信片和邮简　尺寸
340	ES 4221 – 2003	图画明信片和邮简　尺寸
341	ES 4295 – 2008	纸表面强度的标准试验方法（封蜡选择法）
342	ES 4296 – 2013	纸和纸板　光泽度测定　75°会聚波束光泽度　TAPPI 法
343	ES 4303 – 2014	纸、纸板和纸浆　镉含量测定　原子吸收光谱法
344	ES 4304 – 2014	纸和纸板　以单张垂直悬挂试验法测定卷曲性
345	ES 4305 – 2004	纸和纸板　碱储量测定
346	ES 4306 – 2004	纸　水浸后的尺寸变化测定
347	ES 4383 – 2008	纤维板船运集装箱防水性的标准试验方法（喷射法）
348	ES 4384 – 2008	测定纤维板抗压强度的标准试验方法
349	ES 4386 – 1 – 2005	纸浆　利用自动光学分析来测定纤维长度　第1部分：偏振光法
350	ES 4387 – 2005	纸　纸板和纸浆　水溶硫酸盐的测定
351	ES 4388 – 2014	纸浆　干物质含量测定
352	ES 4389 – 2005	纸浆　浆料浓度测定
353	ES 4390 – 2005	纸浆　实验室湿法分解
354	ES 4390 – 1 – 2005	纸浆　实验室湿法分解　第1部分：化学浆分解
355	ES 4390 – 2 – 2005	纸浆　实验室湿法分解　第2部分：20℃温度条件下的机械浆分解
356	ES 4390 – 3 – 2005	纸浆　实验室湿法分解　第3部分：85℃以上温度条件下的机械浆分解
357	ES 4391 – 1 – 2005	纸浆　实验室打浆　第1部分：瓦利打浆机法
358	ES 4391 – 2 – 2005	纸浆　实验室打浆　第2部分：PFI 碾磨法
359	ES 4392 – 2005	纸和纸板　颜色测定（C/2 度）　漫反射法
360	ES 4562 – 2004	蜡笔和油彩
361	ES 4563 – 1 – 2005	铅笔用铅芯　第1部分：活动黑铅芯　类别：基质和尺寸
362	ES 4563 – 2 – 2005	活动铅笔用铅芯　第2部分：黑色和彩色铅芯　要求和试验方法
363	ES 4564 – 2008	卷笔刀
364	ES 4567 – 2008	回收纸和回收纸板（废纸）
365	ES 4582 – 1 – 2005	液体制图介质　第1部分：水性墨水　要求和试验条件
366	ES 4582 – 3 – 2005	液体制图介质　第3部分：水质彩色绘图墨水　要求和试验条件 自动铅笔的铅芯
367	ES 4583 – 2005	木质外体铅笔的石墨铅芯　分类和直径
368	ES 4584 – 2 – 2005	用印度墨水在描图纸上绘图的手持式针管笔的管状笔尖　第2部分：性能、测试参数和试验条件
369	ES 4585 – 1 – 2005	用印度墨水在描图纸上绘图的手持式针管笔的管状笔尖　第1部分：定义、尺寸、名称和标记
370	ES 4626 – 2008	影响打印机的连续有孔虫
371	ES 4627 – 2008	邮票用纸
372	ES 4775 – 2014	信息和文献　文件纸　性能要求

续表

序号	标准编号	标准名称
373	ES 4776－2020	信息和文献　档案纸和耐久性
374	ES 4777－1－2016	压敏胶粘打印纸　第1部分：一般要求
375	ES 4777－2－2016	压敏胶粘打印纸　第2部分：测试方法
376	ES 4842－2005	自动铅笔　自动铅笔
377	ES 4844－2019	纸板　破裂强度的测定
378	ES 4889－1－2020	纸和纸板　核心测试　第1部分：采样
379	ES 4889－2－2020	纸和纸板　核心测试　第2部分：尺寸测量
380	ES 5005－2020	纸和纸板　粗糙度和平滑度测定（空气泄露法）
381	ES 5125－2006	罗盘转接器用管状针管笔
382	ES 5126－2020	长度仪测定短纤维
383	ES 5133－2018	塑料卡片盒
384	ES 5315－2006	蛋板托盘
385	ES 5487－1－2014	用于光学字符识别系统的65～85g/m² 的纸　要求和试验　第1部分：未涂布且未经处理的纸
386	ES 5487－2－2014	用于光学字符识别系统的65～85g/m² 的纸　要求和试验　第2部分：涂布且经处理的无碳复印纸
387	ES 5488－1－2014	用于光学字符识别系统的90g/m² 纸　要求和持久性　第1部分：未经涂覆处理的纸
388	ES 5488－2－2014	用于光学字符识别系统的90g/m² 的纸　要求和试验　第2部分：涂布且经处理的无碳复印纸
389	ES 5495－2006	印刷油墨的通用试验
390	ES 5571－2006	纸和纸板试验　利用油墨测定书写性能
391	ES 5572－2006	纸和纸板试验　采用砂轮法测定耐磨性
392	ES 5882－2014	印刷纸　地图　规范
393	ES 5892－2007	信封　名称和尺寸
394	ES 5893－2018	纸和纸板　水吸收性测定　克波法
395	ES 5894－2007	纸和纸板　文件夹和文件　尺寸
396	ES 5895－2020	纸浆　碱溶性测定
397	ES 5896－2020	纸浆　耐碱性测定
398	ES 5897－2018	纸浆　酸不溶性灰分的测定
399	ES 5898－2007	纸、纸板和纸浆　酸溶钙的测定
400	ES 5899－2007	纸、纸板和纸浆　酸溶铜的测定
401	ES 5900－2007	纸、纸板和纸浆　酸溶铁的测定
402	ES 5901－1－2020	纸浆　成批销售质量的测定　第1部分：板式包装纸浆
403	ES 5901－2－2020	纸浆　成批销售质量的测定　第2部分：组合浆包（急骤干燥浆）
404	ES 5901－3－2020	纸浆　成批销售质量的测定　第3部分：承载式包
405	ES 5902－2020	纸　一般档案用开孔　规格
406	ES 5903－2018	纸、纸板和纸浆　525℃下燃烧灰烬（灰）测定
407	ES 5904－2007	纸、纸板和纸浆　酸溶锰的测定
408	ES 5905－2018	纸、纸板和纸浆　漫发射系数测定
409	ES 5906－2007	纸、纸板和纸浆　漫反射蓝色反射系数测量（ISO 亮度）
410	ES 5907－2007	纸和纸板　抗弯能力测定
411	ES 5908－2018	薄板材料　水蒸气透湿度的测定　重量（盘）法

续表

序号	标准编号	标准名称
412	ES 5909 – 2020	信息处理用连续格式 尺寸和链轮进给孔
413	ES 5910 – 2020	波纹纤维板 单张厚度的测定
414	ES 5911 – 2020	单面和单壁瓦楞纤维板 抗平压强度的测定
415	ES 5912 – 2020	波纹纤维板 边压强度的测定（边缘补强法）
416	ES 5913 – 2020	瓦楞纸板 胶粘抗水性的测定（浸水法）
417	ES 6714 – 2020	卷材墙面饰层 成品壁纸，墙乙烯基和塑料墙纸的规格
418	ES 6715 – 2020	卷材墙面饰层 后序装饰用墙面饰层规格
419	ES 6716 – 2011	卷材墙面饰层 术语和符号
420	ES 6766 – 2018	木材和纸浆中戊聚糖含量的测定
421	ES 6769 – 2020	化学无碳纸曝光后图像稳定性的标准试验方法
422	ES 7046 – 1 – 2020	卷材墙面饰层 重型 墙纸 第1部分：规格
423	ES 7046 – 2 – 2020	卷材墙面饰层 重型 墙纸 第2部分：抗冲击性的测定
424	ES 7324 – 2020	卷材墙面饰层 甲醛释放和氯乙烯单体、重金属和其他特定元素迁移的测定
425	ES 328 – 2013	圆珠笔和笔芯
426	ES 1115 – 2018	复写纸
427	ES 4222 – 2007	图画明信片 地址填写区域
428	ES 4300 – 2008	塑料尺
429	ES 7371 – 2011	纸张打孔机
430	ES 7425 – 2011	修正液
431	ES 7427 – 2011	信纸
432	ES 7519 – 2012	固定式纤维长度计
433	ES 7527 – 2012	擦字胶
434	ES 7528 – 2012	切纸器
435	ES 7529 – 2012	陶瓷 搪瓷标牌
436	ES 7530 – 2012	印章 印泥
437	ES 332 – 2008	三聚氰胺餐具
438	ES 467 – 2007	热固性树脂浸渍纸高压装饰层积板
439	ES 467 – 1 – 2019	热固性树脂浸渍纸高压装饰层积板
440	ES 467 – 2 – 2019	热固性树脂浸渍纸高压装饰层积板 第2部分：性能测定
441	ES 522 – 2008	纺织玻璃纤维增强塑料 预浸料、模塑料和层压塑料 纺织玻璃纤维和矿物质填料含量的测定 煅烧法
442	ES 523 – 2008	塑料 酚醛模塑材料 可溶于丙酮的物质测定（非模塑状态下材料的表观树脂含量）
443	ES 524 – 2008	塑料 聚氯乙烯、含氯化物的相关同聚物和共聚物及其化合物的热稳定性测定 褪色法
444	ES 525 – 2008	塑料材料的水蒸气渗透性
445	ES 526 – 2008	塑料和填料的腐蚀指数
446	ES 561 – 2008	塑料含水量的测定 重量损失法
447	ES 620 – 2008	塑料 增塑剂损耗测定 活性碳法
448	ES 621 – 2008	塑料 液态化学品浸泡效果测定的试验方法
449	ES 720 – 2005	塑料 着色剂渗色的定性评估
450	ES 733 – 2019	塑料 检验和试验用标准大气

续表

序号	标准编号	标准名称
451	ES 769 – 2008	与塑料工业有关的术语和词汇定义
452	ES 847 – 2017	工业用聚氯乙烯管
453	ES 848 – 1987	饮用水供水用硬质聚氯乙烯管和管件
454	ES 848 – 1 – 2008	供水用未增塑的聚（氯化乙烯）（硬聚氯乙烯）管道和配件　第1部分：管道
455	ES 848 – 2 – 2008	供水用硬质聚氯乙烯（PVC – U）管和管件　第2部分：配件
456	ES 880 – 2008	热塑性塑料餐具
457	ES 895 – 2019	塑料　夏比冲击强度测定
458	ES 897 – 2019	塑料　抗弯强度测定
459	ES 898 – 2008	甲醇可溶物聚苯乙烯的测定
460	ES 899 – 2008	聚苯乙烯中苯乙烯含量的测定
461	ES 907 – 2008	塑料制水瓶
462	ES 908 – 2008	热固性塑料制厕所座椅
463	ES 982 – 2008	冷水运输用聚氯乙烯软管
464	ES 1030 – 1970	木材用合成树脂型胶粘剂（酚醛树脂和氨基塑料）
465	ES 1247 – 2008	塑料醋酸纤维板和眼镜架
466	ES 1283 – 2008	电气安装用塑料导管和配件
467	ES 1283 – 1 – 1976	电气安装用塑料导管和配件　第1部分：自熄塑料材料制成的可弯曲导管
468	ES 1343 – 2008	开袋用重型聚乙烯
469	ES 1371 – 2005	酯胶
470	ES 1381 – 2008	民防用非金属头盔
471	ES 1443 – 2007	木材动物胶
472	ES 1454 – 2007	张紧带
473	ES 1463 – 2006	苯酚甲醛"酚醛清漆"　固态和液态
474	ES 1481 – 2008	家用厨具的非黏性无钢筋塑料涂层
475	ES 1495 – 2008	软质多孔聚合材料　聚氨酯泡沫
476	ES 1516 – 2005	冲击改良的聚苯乙烯（PS – I）的挤出片
477	ES 1553 – 2005	农田排水系统用塑料波纹管
478	ES 1574 – 2007	农用聚乙烯薄膜
479	ES 1575 – 2007	聚乙烯和聚丙烯编织袋
480	ES 1612 – 2007	用于灯具的亚克力板材
481	ES 1613 – 2006	塑料垫
482	ES 1661 – 1998	牙刷
483	ES 1661 – 1 – 2018	牙刷　第1部分：要求和试验
484	ES 1661 – 2 – 2018	牙刷　第2部分：毛簇栽区硬度的测定
485	ES 1716 – 2007	铅酸电池的聚氯乙烯隔板
486	ES 1717 – 2008	下水道用未增塑的聚（氯化乙烯）（硬聚氯乙烯）管道和配件
487	ES 1719 – 2007	地板胶粘剂
488	ES 1739 – 2015	压力和无压力排水和排污用塑料管道系统　基于不饱和聚酯（UP）树脂的玻璃增强热固性塑料（GRP）系统
489	ES 1761 – 2008	压克力淋浴装置
490	ES 1782 – 2007	家庭使用的聚丙酸浴缸

续表

序号	标准编号	标准名称
491	ES 1832 – 1990	用于饮水供应的聚乙烯管道和配件
492	ES 1832 – 1 – 2007	热水和冷水装置用塑料管道系统 氯化聚氯乙烯（PVC – C） 第1部分：通则
493	ES 1832 – 2 – 2007	供水用塑料管道系统 聚乙烯 第2部分：管道
494	ES 1833 – 1 – 2005	压力和无压供水 基于不饱和聚酯（UP）树脂的玻璃增强热固塑料（GRP）系统
495	ES 1926 – 2006	无石棉填料的聚氯乙烯地板砖
496	ES 1991 – 2007	聚氯乙烯树脂悬浮液
497	ES 1992 – 1 – 2007	聚氯乙烯树脂 第1部分：堆积密度和流动时间测定
498	ES 1992 – 2 – 2007	聚氯乙烯树脂 第2部分：加热重量损失测定
499	ES 1992 – 3 – 2007	聚氯乙烯树脂 第3部分：黏度测量
500	ES 1992 – 4 – 2007	聚氯乙烯树脂 第4部分：筛析测定
501	ES 1992 – 5 – 2007	聚氯乙烯树脂 第5部分：黑树脂测定
502	ES 1992 – 6 – 2007	聚氯乙烯树脂 第6部分：残余单体测定
503	ES 1992 – 7 – 2007	聚氯乙烯树脂 第7部分：孔隙度测定
504	ES 1992 – 8 – 2007	聚氯乙烯树脂 第8部分：聚氯乙烯薄膜白点测定
505	ES 2041 – 2017	双向聚丙烯包装薄膜
506	ES 2125 – 2005	塑料 三聚氰胺甲醛模塑 可提取甲醛的测定
507	ES 2129 – 2006	柔性聚酯泡沫燃烧特性的测定
508	ES 2515 – 2007	电缆用柔性聚氯乙烯化合物
509	ES 2516 – 2007	柔性聚氯乙烯混合剂的试验方法
510	ES 2522 – 2007	玻璃纤维增强的聚酯罐
511	ES 2523 – 2007	采用纤维缠绕交叉卷绕或者离心铸造法的玻璃纤维增强聚酯罐
512	ES 2542 – 1993	在木材和木制品制造中用作胶合剂的聚氯乙烯乳液或乳胶
513	ES 2543 – 1993	木材加工用聚醋酸乙烯酯（悬浮乳液）胶粘剂的试验方法
514	ES 2545 – 1993	胶合板生产用合成树脂型胶粘剂（酚醛树脂和氨基塑料）
515	ES 2553 – 2007	聚氯乙烯树脂热增塑剂吸收率的测定方法
516	ES 2788 – 1 – 2015	塑料 酚醛粉末模塑化合物（PF – PMC） 第1部分：标号体系和基础规格
517	ES 2788 – 2 – 2005	塑料 酚醛粉末模塑化合物（PF – PMC） 第2部分：试样制备与特性测定
518	ES 2788 – 3 – 2015	塑料 酚醛粉末模塑化合物（PF – PMC） 第3部分：选定模塑化合物的要求
519	ES 2789 – 1995	三聚氰胺 甲醛粉末模塑化合物
520	ES 2789 – 1 – 2015	塑料 三聚氰胺甲醛粉末模塑化合物（MF – PMC） 第1部分：标号体系和基础规格
521	ES 2789 – 2 – 2005	塑料 三聚氰胺甲醛粉末模塑化合物（MF – PMC） 第2部分：试样制备与特性测定
522	ES 2789 – 3 – 2015	塑料 三聚氰胺甲醛粉末模塑化合物（MF – PMC） 第3部分：选定模塑化合物的要求
523	ES 2790 – 1995	脲甲醛模塑化合物粉末

续表

序号	标准编号	标准名称
524	ES 2790 – 1 – 2006	塑料　脲醛和尿素三聚氰胺甲醛模塑化合物（UF – 和 UFP M C）第 1 部分：标签体系和符号
525	ES 2790 – 2 – 2006	塑料　脲醛和尿素三聚氰胺甲醛模塑化合物（UF – 和 UFP M C）第 2 部分：试样制备与特性测定
526	ES 2790 – 3 – 2015	塑料　脲醛和尿素三聚氰胺甲醛模塑化合物（UF – 和 UFP M C）第 3 部分：选定模塑化合物的要求
527	ES 3069 – 2007	电话线用塑化聚氯乙烯化合物
528	ES 3300 – 2007	聚氯乙烯园艺软管
529	ES 3448 – 2008	塑料　热塑性塑料熔融质量流速(MFR)和熔融体积流速(MVR)的测定
530	ES 3622 – 1 – 2008	异型外部表面和光滑内部表面的热塑管及其配件　第 1 部分：要求和试验方法
531	ES 3622 – 2 – 2008	异型外部表面和光滑内部表面的热塑管及其配件　第 2 部分：尺寸
532	ES 3666 – 2015	泡沫塑料　硬质材料开孔和闭孔体积百分率的测定
533	ES 3703 – 1 – 2008	聚丙烯管道　第 1 部分：要求和试验方法
534	ES 3703 – 2 – 2008	聚丙烯管道　第 2 部分：尺寸
535	ES 3776 – 2005	冲击改良的聚乙烯（PE – HD）的挤出片　要求和试验方法
536	ES 3859 – 2006	热塑性材料的维卡软化温度的测定
537	ES 3874 – 2015	塑料　试样的机械加工制备
538	ES 3875 – 1 – 2015	塑料　热塑性材料试样的注塑　第 1 部分：通用原则和多用途和棒形试样的模塑
539	ES 3876 – 2002	塑料、硬橡胶　设置硬度刻度针脚（肖氏硬度）
540	ES 3877 – 2015	塑料　试验用聚氯乙烯膏的制备　溶解器法
541	ES 3878 – 2015	橡胶和塑料　撕裂强度和黏结强度测定获得的多峰迹分析
542	ES 3879 – 2002	塑料　酚醛树脂　定义和试验方法
543	ES 3880 – 2002	塑料　微生物影响评估
544	ES 3881 – 1 – 2002	塑料　乙烯/乙烯醇（EVOH）共聚物模塑和挤塑材料　第 1 部分：标号体系和基础规格
545	ES 3882 – 2015	塑料　伊佐德氏冲击强度测定
546	ES 3883 – 2015	塑料　多用途试样
547	ES 3942 – 2008	软质泡沫聚合材料　恒定负载敲击疲劳度测定
548	ES 3943 – 2008	软质多孔聚合材料　硬度的测定（压痕技术）
549	ES 3944 – 2008	软质多孔聚合材料　拉伸强度和断裂伸长的测定
550	ES 3945 – 2008	软质多孔聚合材料　加速老化试验
551	ES 3946 – 2008	软质多孔聚合材料　压缩形变的测定
552	ES 4025 – 2008	普通工作用黏接剂
553	ES 4117 – 2008	灌溉支渠用聚乙烯管道
554	ES 4118 – 2008	瓷砖胶粘剂　定义和规格
555	ES 4223 – 1 – 2015	塑料　符号和缩略语　第 1 部分：基本聚合物及其特殊性质
556	ES 4223 – 2 – 2015	塑料　符号和缩略语　第 2 部分：填料和增强材料
557	ES 4223 – 3 – 2015	塑料　符号和缩略语　第 3 部分：增塑剂
558	ES 4223 – 4 – 2015	塑料　符号和缩略语　第 4 部分：阻燃剂
559	ES 4224 – 1 – 2003	塑料　热塑性聚酯（TP）模塑和挤塑材料　第 1 部分：标号体系和基础规格

续表

序号	标准编号	标准名称
560	ES 4224 – 2 – 2003	塑料 热塑性聚酯（TP）模塑和挤塑材料 第2部分：试样制备与特性测定
561	ES 4312 – 2004	塑料管道和配件 组合化学品耐性分级表
562	ES 4319 – 2004	热塑塑料管 通用壁厚表
563	ES 4378 – 2008	按钮 测试方法
564	ES 4393 – 2005	塑料 薄膜和轧板 摩擦系数测定
565	ES 4394 – 2009	塑料 薄膜和轧板 抗粘连性测定
566	ES 4395 – 2004	塑料 薄膜和轧板 加热后尺寸变化的测定
567	ES 4396 – 2009	塑料 薄膜和轧板 润湿张力测定
568	ES 4397 – 2004	塑料 薄膜和轧板 冷裂温度测定
569	ES 4569 – 1 – 2008	瓷砖用黏合剂的试验方法 第1部分：敞开时间的测定
570	ES 4569 – 2 – 2008	瓷砖用黏合剂的试验方法 第2部分：反应型树脂黏合剂剪切黏结强度的测定
571	ES 4569 – 3 – 2008	瓷砖用黏合剂的试验方法 第3部分：滑动性的测定
572	ES 4569 – 4 – 2008	瓷砖用黏合剂的试验方法 第4部分：水泥黏合剂拉伸黏结强度的测定
573	ES 4569 – 5 – 2008	瓷砖用黏合剂的试验方法 第5部分：水泥黏合剂和灌浆横向变形的测定
574	ES 4569 – 6 – 2008	瓷砖用黏合剂的试验方法 第6部分：分散型黏合剂剪切黏结强度的测定
575	ES 4628 – 2005	厚度小于1cm的硬质聚氯乙烯板材
576	ES 4629 – 1 – 2004	氯化聚氯乙烯（pvc – c）纸 第1部分：尺寸（毫米）
577	ES 5004 – 2005	非硬质氯乙烯 塑料薄膜和薄板
578	ES 5224 – 2006	塑料（聚酯树脂）和涂料和清漆（黏合剂） 部分酸值和总酸值的测定
579	ES 5229 – 2015	塑料管道和通道系统 以外推法测定管道中热塑性材料长期流体静力强度
580	ES 5230 – 2015	塑料管道系统 塑料组件 尺寸测定
581	ES 5231 – 1 – 2006	热塑管 拉伸性能的测定 第1部分：通用试验方法
582	ES 5231 – 2 – 2006	热塑管 拉伸性能的测定 第2部分：未增塑聚氯乙烯（PVC – U）、氯化聚氯乙烯（PVC – C）和耐高强冲击的聚氯乙烯（PVC – Hi）管
583	ES 5232 – 1 – 2007	热水和冷水装置用塑料管道系统 氯化聚氯乙烯（PVC – C） 第1部分：通则
584	ES 5232 – 2 – 2007	热水和冷水装置用塑料管道系统 氯化聚氯乙烯（PVC – C） 第2部分：管道
585	ES 5232 – 3 – 2015	热水和冷水装置用塑料管道系统 氯化聚氯乙烯（PVC – C） 第3部分：配件
586	ES 5232 – 5 – 2015	热水和冷水装置用塑料管道系统 氯化聚氯乙烯（PVC – C） 第5部分：系统适应性
587	ES 5232 – 7 – 2015	热水和冷水装置用塑料管道系统 氯化聚氯乙烯（PVC – C） 第7部分：合格性评估指南
588	ES 5233 – 2006	塑料 试样的线性映射

续表

序号	标准编号	标准名称
589	ES 5234 - 1 - 2006	塑料　挤压成型的聚苯乙烯材料的耐冲击问题　第1部分：系统图标和标记理论
590	ES 5234 - 2 - 2015	塑料　抗冲聚苯乙烯（PS-I）模塑和挤塑材料　第2部分：试样制备与特性测定
591	ES 5304 - 2006	滑动轴承　带材制成的环形垫圈　尺寸和容限
592	ES 5575 - 2006	苯酚和氨基塑料合成树脂胶粘剂
593	ES 6065 - 2007	基于聚醋酸乙烯酯的乳胶黏结剂
594	ES 6331 - 2007	饮用水供水用硬质聚氯乙烯（PVC-U）管　萃取作为杂质出现的镉和汞
595	ES 6332 - 2007	饮用水用硬质聚氯乙烯（乙烯基氯化物）（PVC-U）管
596	ES 6487 - 1 - 2008	塑料　聚丙烯（PP）模塑和挤塑材料　第1部分：标号体系和基础规格
597	ES 6487 - 2 - 2008	塑料　聚丙烯（PP）模塑和挤塑材料　第2部分：试样制备与特性测定
598	ES 6488 - 2008	塑料　薄膜和轧板　双向拉伸聚对苯二甲酸乙二醇酯（PET）薄膜
599	ES 6619 - 2008	试验前回收塑料的清洗和分离
600	ES 6845 - 2008	压力和无压力供水用塑料管道系统　基于不饱和聚酯（UP）树脂的玻璃增强热固性塑料（GRP）系统
601	ES 6909 - 2009	再生塑料中污染物的分离和鉴定技术
602	ES 6923 - 2009	与塑料有关的缩略术语
603	ES 7049 - 2009	塑料　通过菌斑测试法测定回收的聚对苯二甲酸乙二醇酯（PET）瓶子和芯片中所含污染物
604	ES 7186 - 1 - 2010	热塑性管道系统的胶粘剂　第1部分：胶黏膜特性的测定
605	ES 7186 - 2 - 2010	塑料　热塑管道系统胶粘剂　第2部分：抗剪强度测定
606	ES 7186 - 3 - 2010	热塑性管道系统的胶粘剂　第3部分：测定耐内压力性的试验方法
607	ES 7368 - 1 - 2011	塑料　聚乙烯醇（PVAL）材料　第1部分：标号体系和基础规格
608	ES 7368 - 2 - 2011	塑料　聚乙烯醇（PVAL）材料　第2部分：特性测定
609	ES 7420 - 2011	塑料　薄膜和轧板　双向拉伸聚酰胺（尼龙）薄膜
610	ES 122 - 2008	皮革物理试验
611	ES 123 - 2007	皮革的化学和生物试验
612	ES 274 - 2008	植物或铬或混合鞣鞋面革
613	ES 275 - 2007	手套和衣服用皮革
614	ES 330 - 1963	皮鞋（2000年撤销，已被ES 3571—2000代替）
615	ES 331 - 1978	橡胶鞋和鞋底
616	ES 447 - 2007	衬里革
617	ES 466 - 2007	植物或铬或混合鞣底革
618	ES 635 - 2007	内饰皮革
619	ES 790 - 1966	工业橡胶靴
620	ES 844 - 1982	帆布胶底鞋
621	ES 1161 - 2007	军事用皮鞋
622	ES 1342 - 1992	漆革

续表

序号	标准编号	标准名称
623	ES 1362 – 1977	拉帕皮
624	ES 1367 – 2006	人造革　第1部分：用于鞋面
625	ES 1455 – 1979	采矿业工人用带有前端加固型金属趾的皮革
626	ES 1496 – 2007	服装人造革
627	ES 1518 – 2007	压缩皮革纤维板和工业替代品　用于制造鞋子和皮革制品
628	ES 1537 – 1983	轻型塑料鞋底
629	ES 1585 – 2005	制鞋业用胶粘剂
630	ES 1614 – 2006	聚氯乙烯和棉织物制装饰性人造皮革
631	ES 1705 – 1989	塑料鞋底和前端为布面的鞋
632	ES 1889 – 2007	轧花用皮革地板
633	ES 1890 – 2007	衬里革
634	ES 1891 – 2007	机械皮革
635	ES 2113 – 2007	皮革视觉缺陷
636	ES 2114 – 1992	测定皮革表观密度的标准方法
637	ES 2115 – 2007	测定皮革湿度的标准方法
638	ES 2116 – 1992	测定皮革表面收缩的标准方法
639	ES 2117 – 1992	测定皮革厚度的标准方法
640	ES 2118 – 1992	测定皮革拉伸强度的标准方法
641	ES 2119 – 2007	测定皮革脂肪物质的标准方法
642	ES 2120 – 2007	皮革　物理和机械试验　用扰度仪测定抗弯性
643	ES 2121 – 2007	测定皮革铁氧化物的标准方法
644	ES 2122 – 2007	测定皮革联合脂肪物质的标准方法
645	ES 2123 – 2007	皮革压缩性的标准试验方法
646	ES 2124 – 2013	皮革　化学试验　铬（VI）含量的测定
647	ES 2525 – 1993	皮鞋
648	ES 2791 – 1995	标准工业鞋底运动鞋
649	ES 2792 – 1995	轻便型热塑性橡胶鞋底
650	ES 3139 – 2007	橡胶配合剂　炭黑　加热损失的测定
651	ES 3424 – 2007	原料皮
652	ES 3425 – 2007	鞋号
653	ES 3426 – 2007	鞋胶粘强度的试验方法
654	ES 3571 – 2015	鞋类
655	ES 3572 – 2015	运动鞋
656	ES 3732 – 2008	汽车安全带（安全带）
657	ES 4332 – 2004	皮革　涂层粘牢度试验
658	ES 4333 – 2004	皮革　采样　总样本项目数
659	ES 4735 – 2004	皮革　面积测量
660	ES 5335 – 2006	皮革　物理和机械试验　静态吸水性的测定
661	ES 5336 – 2006	皮革　化学、物理、机械和牢度试验　取样位置
662	ES 5337 – 2006	皮革　物理和机械试验　试样制备和调节
663	ES 5338 – 2006	皮革　物理和机械试验　表观密度的测定
664	ES 5339 – 2006	皮革　物理和机械试验　表观密度的测定
665	ES 5340 – 2006	皮革　物理和机械试验　厚度的测定

续表

序号	标准编号	标准名称
666	ES 5341 – 2006	皮革　物理和机械试验　抗拉强度和伸长率的测定
667	ES 5342 – 1 – 2006	皮革　物理和机械试验　抗拉强度和伸长率的测定
668	ES 5342 – 2 – 2006	皮革　物理和机械试验　撕裂力的测定　第2部分：双边撕裂
669	ES 5343 – 2006	皮革　物理和机械试验　粒面抗裂强度和折裂指数的测定
670	ES 5344 – 2006	皮革　物理和机械试验　100℃以下收缩温度的测定
671	ES 5345 – 2014	皮革　色牢度试验　耐周期性往复摩擦的色牢度
672	ES 5346 – 2006	皮革　色牢度试验　耐汗渍色牢度
673	ES 5347 – 2006	皮革　色牢度试验　耐水色牢度
674	ES 5348 – 2006	皮革　色牢度试验　小型样品耐干洗溶剂的色牢度
675	ES 5349 – 2006	皮革　涂层粘牢度试验
676	ES 5350 – 2006	皮革　物理和机械试验　皮革耐干热性的测定
677	ES 5351 – 2006	皮革　物理和机械试验　透湿性的测定
678	ES 5352 – 2006	鞋类　鞋帮和内衬的试验方法　透气性和吸水性
679	ES 5353 – 2006	皮革　化学试样的制备
680	ES 5354 – 2006	皮革　pH 值的测定
681	ES 5355 – 2006	皮革　硫酸盐总灰分和硫酸盐水不溶物灰分的测定
682	ES 5356 – 2006	皮革　氮含量和"隐藏物质"的测定　滴定法
683	ES 5357 – 2006	皮革　水溶性镁盐的测定　EDTA 滴定法
684	ES 5358 – 2006	皮革　牛、马原料皮　修边方法
685	ES 5359 – 2006	皮革　牛、马原料皮　堆置盐腌防腐
686	ES 5360 – 2005	皮革　二氯甲烷中可溶物质的测定
687	ES 5361 – 2006	皮革　总硅含量的测定　还原硅钼酸盐分光光度法
688	ES 5362 – 2006	皮革　面积测量
689	ES 5363 – 2006	鞋类　鞋内底的试验方法　鞋跟钉固定强度
690	ES 5364 – 2006	鞋类　老化调节
691	ES 5365 – 2006	鞋类　鞋内底的试验方法　线缝抗撕裂强度
692	ES 5366 – 2006	鞋类　鞋帮、内衬和穿袜的试验方法　颜色迁移
693	ES 5367 – 2006	鞋类　鞋帮、内衬和穿袜的试验方法　颜色迁移
694	ES 5368 – 2006	鞋类　鞋帮的试验方法　高温反应
695	ES 5369 – 2006	鞋类　鞋帮、内衬和穿袜的试验方法　热绝缘
696	ES 5370 – 2006	鞋类　整鞋的试验方法　在家用洗衣机中的可洗性
697	ES 5586 – 2006	个人防护设备　鞋具试验方法
698	ES 5587 – 2006	个人防护设备　安全鞋具
699	ES 5588 – 2006	个人防护设备　防护鞋具
700	ES 5589 – 2006	个人防护设备　职业鞋具
701	ES 5914 – 2007	皮革　化学、物理、机械和牢度试验　取样位置
702	ES 5915 – 2007	皮革　化学、物理和机械试验　样本制备和调节
703	ES 5916 – 2007	皮革　牛、马原料皮　堆置盐腌防腐
704	ES 5917 – 2007	皮革　取样　批样的取样数量
705	ES 5918 – 2007	皮革　物理和机械试验　抗拉强度和伸长率的测定
706	ES 5919 – 1 – 2007	皮革　物理和机械试验　撕裂力的测定　第1部分：单边撕裂
707	ES 5919 – 2 – 2007	皮革　物理和机械试验　撕裂力的测定　第2部分：双边撕裂
708	ES 5920 – 2007	皮革　物理和机械试验　柔软皮革防水性能的测定

续表

序号	标准编号	标准名称
709	ES 5921 – 2015	皮革　服饰用皮革的选择指南（皮毛除外）
710	ES 5922 – 2007	皮革　物理和机械试验　表面涂层厚度的测定
711	ES 5923 – 2012	皮革　湿铬鞣革山羊皮　规范
712	ES 5924 – 2012	皮革　绵羊蓝湿革　规范
713	ES 5925 – 2012	皮革　牛蓝湿革　规范
714	ES 5926 – 2007	皮革　物理和机械试验　皮革耐干热性的测定
715	ES 6337 – 2007	纺织面料、聚氯乙烯或者聚氨酯或者其混合的人造革
716	ES 6449 – 1 – 2007	皮革　氧化铬含量的化学测定　第1部分：定量滴定法
717	ES 6449 – 3 – 2007	皮革　氧化铬含量的化学测定　第3部分：原子吸收光谱测定法定量测定
718	ES 6449 – 4 – 2007	皮革　氧化铬含量的化学测定　第4部分：定量测定
719	ES 6535 – 2008	人造皮革的通用要求
720	ES 7268 – 2011	用于卖给消费者鞋类主要组成部分材料的标识
721	ES 7322 – 2011	皮革　皮革制品及其零件的安全性和健康的基本要求
722	ES 7422 – 2011	皮革　化学试验　皮革中五氯苯酚（p.c.p）含量的测定
723	ES 7572 – 2 – 2013	皮革　甲醛含量的化学测定　第2部分：比色分析法
724	ES 7573 – 2013	皮革　皮革术语和定义
725	ES 7574 – 2013	坯革
726	ES 150 – 2007	家用研磨剂粉末
727	ES 698 – 1980	非液体家用洗涤剂
728	ES 858 – 2015	家用肥皂和洗涤剂
729	ES 1044 – 2014	洗衣皂
730	ES 1045 – 2008	肥皂的标准试验方法（总脂肪物质的测定）
731	ES 1526 – 2006	甘油皂
732	ES 1556 – 2007	增白剂洗涤
733	ES 1560 – 2007	表面活性剂　清洗织物用洗涤剂　性能比较试验指南
734	ES 1562 – 2015	家用液体洗涤剂
735	ES 1643 – 2006	织物用液体洗涤剂
736	ES 1644 – 1993	非液体低泡洗涤剂
737	ES 1654 – 2014	清洁玻璃液
738	ES 1656 – 2006	织物膏状洗涤剂
739	ES 1760 – 2006	通用膏状洗涤剂
740	ES 1883 – 2007	用洗涤剂的薄片和粉末肥皂
741	ES 2087 – 2007	不皂化皮革加脂剂测定用试验方法
742	ES 2255 – 2007	香皂包装材料
743	ES 2379 – 2007	高泡沫洗涤剂中酶的测定
744	ES 2380 – 2007	软皂
745	ES 2382 – 2007	透明香皂
746	ES 2383 – 2007	超脂肥皂
747	ES 2384 – 2006	石炭酸皂
748	ES 2385 – 2007	液体肥皂
749	ES 2386 – 2007	厨房肥皂
750	ES 2387 – 1993	肥皂片

续表

序号	标准编号	标准名称
751	ES 2388 – 1993	剃须皂和皂条
752	ES 2389 – 2007	普通皂
753	ES 2390 – 2007	肥皂粉
754	ES 2391 – 2005	香皂
755	ES 2392 – 2007	肥皂
756	ES 2393 – 2008	十二烷基硫酸钠
757	ES 2394 – 2007	硬水用香皂
758	ES 2401 – 1993	非液体高泡含酶洗涤剂
759	ES 2526 – 2006	婴儿香皂
760	ES 2902 – 2007	洗涤剂用样本细分方法
761	ES 3428 – 2008	柔软剂
762	ES 3608 – 2008	肥皂中乙二胺四乙酸的测定
763	ES 3750 – 2008	家用机洗餐具用洗涤剂
764	ES 3797 – 2008	地毯香波
765	ES 4030 – 2008	衣服和织物油污去除剂
766	ES 4122 – 2006	身体沐浴露
767	ES 4127 – 2003	液体香皂
768	ES 4128 – 2014	合成洗涤剂用羧酸甲基纤维素（C. M. C）
769	ES 4157 – 2008	全自动洗衣机用低泡沫液体合成洗涤剂
770	ES 4158 – 2008	普通消毒用液体洗涤剂
771	ES 4159 – 2008	添加有合成洗涤剂的香皂
772	ES 4736 – 2004	环氧乙烷非离子表面活性剂和混合型非离子表面活性剂　浊点的测定
773	ES 4737 – 2004	表面活性剂　特定洗涤效果的评估　未染污棉对照布的制备和使用方法
774	ES 4738 – 2004	表面活性剂　家用机洗餐具用洗涤剂　性能比较试验指南
775	ES 4739 – 2004	表面活性剂　干洗溶剂中的水分散能力
776	ES 4740 – 2004	表面活性剂　工业烷基芳基磺酸钠(不包括苯衍生物)　分析方法
777	ES 4900 – 2006	合成洗衣粉
778	ES 5235 – 1 – 2006	通过属性检验的取样规程　第1部分：以分批检验的合格质量级（AQL）为指标的取样方案
779	ES 5236 – 2006	表面活性剂　洗涤剂　采用人工或机械直接双相滴定程序测定阴离子活性物
780	ES 5237 – 2006	石油制品和沥青材料　水的测定　蒸馏法
781	ES 5238 – 2006	精炼铜型材中总磷含量的测定方法
782	ES 5320 – 2006	洗碗机用液体洗涤剂
783	ES 5321 – 2006	汽车用液体洗涤剂
784	ES 5322 – 2006	抽水马桶用消毒剂液体洗涤剂
785	ES 5323 – 2006	烤箱和电饭锅用液体洗涤剂
786	ES 5375 – 2006	肥皂和洗涤剂　制造期间的取样技术
787	ES 5376 – 2006	肥皂和洗涤剂　螯合剂含量的测定　滴定法
788	ES 5377 – 2006	肥皂　氯含量的测定　电位滴定法
789	ES 5378 – 2006	肥皂　氯含量的测定　滴定法

续表

序号	标准编号	标准名称
790	ES 5379 – 2006	表面活性剂　工业烷烃磺酸盐　分析方法
791	ES 5380 – 2006	表面活性剂　采用拉起液膜法测定表面张力
792	ES 5381 – 2006	表面活性剂　用作试验溶剂的水　规格和试验方法
793	ES 5382 – 2006	表面活性剂　洗涤剂　对加酸水解稳定的阴离子活性物　痕量的测定
794	ES 5762 – 2006	洗涤剂　干洗　氯乙烯
795	ES 5763 – 2006	引流剂
796	ES 6081 – 2007	药皂
797	ES 6490 – 2008	肥皂分析　氯的测定　采用硝酸银的滴定法
798	ES 6910 – 2009	清洁剂和清洁产品的标签
799	ES 7370 – 2011	肥皂　乙醇含量的测定　不溶物
800	ES 7531 – 1 – 2012	擦光剂　第1部分：铜和锌擦光剂
801	ES 7605 – 2013	肥皂分析　总游离碱含量的测定
802	ES 166 – 2006	卡车运送散装燃料用橡胶软管和软管组合件
803	ES 225 – 2011	硫化橡胶或热塑性橡胶　纺织面料黏合强度的测定
804	ES 226 – 2001	硫化橡胶撕裂强度的测定
805	ES 227 – 2013	硫化橡胶或热塑性橡胶　拉伸应力　应变特性的测定
806	ES 228 – 2008	硫化橡胶或热塑性橡胶　弯曲裂纹和裂纹扩展的测定
807	ES 342 – 2005	硫化橡胶或热塑性橡胶　加速老化和耐热性试验
808	ES 343 – 2015	硫化橡胶抗磨性的测定
809	ES 344 – 2005	硫化橡胶或热塑性橡胶　压痕硬度的测定　第1部分：硬度计法（肖氏硬度）
810	ES 365 – 2005	硫化橡胶　密度的测定
811	ES 366 – 2006	硫化橡胶或热塑性橡胶　常温、高温和低温下压缩永久变形的测定
812	ES 412 – 2007	汽车轮胎用内管
813	ES 448 – 1963	普通实验室用橡胶塞
814	ES 449 – 2014	一般实验室用橡胶塞和管
815	ES 479 – 2005	液化石油装置用橡胶软管
816	ES 480 – 1992	压缩空气橡胶软管（重型）
817	ES 481 – 1992	压缩空气橡胶软管（轻型）
818	ES 504 – 1992	水管　冷水或热水用低压
819	ES 505 – 1992	水管　光压
820	ES 506 – 1992	化学品橡胶软管化学品
821	ES 507 – 1992	啤酒和食品软管
822	ES 553 – 2006	气焊设备　焊接、切割和相关工艺用橡胶软管
823	ES 554 – 1992	外盖　车辆
824	ES 554 – 1 – 2008	汽车用橡胶轮胎　第1部分：卡车和公共汽车轮胎（米制系列）
825	ES 554 – 2 – 2008	汽车用橡胶轮胎　第2部分：商用车轮胎（米制系列）
826	ES 593 – 2014	喷砂用橡胶软管
827	ES 594 – 2014	蒸气胶管
828	ES 636 – 2007	内燃机冷却系统用橡胶软管和纯胶管　规格
829	ES 637 – 2008	由橡胶和聚氯乙烯规格制造的热水瓶

续表

序号	标准编号	标准名称
830	ES 638 – 2008	橡胶冰袋
831	ES 787 – 2014	高压下喷洒农药用橡胶软管
832	ES 789 – 1985	工业用无休止 V 带传动装置
833	ES 789 – 1 – 2014	机器用无休止 V 带　第 1 部分：基准系统中经典长度和窄 V 带
834	ES 789 – 2 – 2014	机器用无休止 V 带　第 2 部分：型材 9N／J，15N／J，25N／J 的窄 V 带（有效系统长度）
835	ES 789 – 3 – 2014	机器用无休止 V 带　第 3 部分：存储和标记要求
836	ES 789 – 4 – 2005	机器用无休止 V 带　第 4 部分：词汇和定义
837	ES 789 – 5 – 2005	机器用无休止 V 带　第 5 部分：机械性能
838	ES 789 – 6 – 2005	机器用无休止 V 带　第 6 部分：耐火性
839	ES 791 – 1992	橡胶地板
840	ES 791 – 1 – 2007	弹性铺地物　第 1 部分：匀质和非匀质光面橡胶铺地物
841	ES 791 – 2 – 2007	弹性铺地物　第 2 部分：带泡沫背衬的匀质和非匀质光面橡胶铺地物
842	ES 826 – 2015	硫化橡胶　样品和试件的制备　第 2 部分：化学试验　橡胶制备和调节物理试验方法用试件的通用程序
843	ES 870 – 2015	橡胶　溶剂提取物的测定
844	ES 1062 – 2005	乘用车和其他中型车辆用液压驱动缸的橡胶杯（最大值为 12℃）
845	ES 1071 – 2008	汽车用橡胶环
846	ES 1073 – 2014	松紧带
847	ES 1540 – 2008	胶乳泡沫橡胶组件
848	ES 1547 – 2015	输送带　一般用途纺织用橡胶或者塑料涂覆输送带的规范
849	ES 1564 – 2005	橡胶传动带
850	ES 1571 – 2005	吸水和排水用橡胶软管和软管组合件
851	ES 1584 – 2005	家用橡胶手套
852	ES 1595 – 1 – 2005	医用橡胶手套　第 1 部分：一次性使用无菌外科橡胶手套
853	ES 1595 – 2 – 2005	医用橡胶手套　第 2 部分：由橡胶胶乳或者橡胶溶液制成的一次性使用医用检查手套
854	ES 1647 – 2006	橡胶概况
855	ES 2001 – 2007	舂谷机用橡胶滚筒
856	ES 2126 – 1992	弹簧用橡胶垫和垫圈
857	ES 2127 – 1992	牵引电机橡胶支座
858	ES 2527 – 2007	普通婴儿洗衣机用橡胶软管
859	ES 2551 – 2007	受压弹性体软管的供货技术规格
860	ES 2552 – 1993	在铁路和地铁车厢之间使用的橡胶接头
861	ES 2793 – 2007	硫化橡胶和热塑性橡胶　建筑用预制垫片　分类、规格和试验方法
862	ES 3060 – 2007	橡胶配合剂　炭黑（造粒）　细粉含量的测定
863	ES 3061 – 2015	橡胶配合剂　炭黑　灰分的测定
864	ES 3070 – 2007	橡胶配合剂　炭黑（造粒）　灰尘含量的测定
865	ES 3270 – 2015	复合成分　炭黑　邻苯二甲酸二丁酯吸收值的测定　塑度计或者塑化计法
866	ES 3297 – 2007	自行车轮胎用内管

续表

序号	标准编号	标准名称
867	ES 3301 – 2006	橡胶制品　消防用不可折叠软管
868	ES 3478 – 2008	内燃机燃料用橡胶和塑料软管　可燃性试验方法
869	ES 3481 – 2008	使用非石油基制动液的液压制动软管总成
870	ES 3485 – 2008	炭黑的试验方法　自动形成的单个颗粒硬度
871	ES 3558 – 2008	自行车橡胶气动齿
872	ES 3575 – 2008	炭块酸碱值的试验方法
873	ES 3590 – 1 – 2005	汽车橡胶轮胎试验　第1部分：卡车和公共汽车轮胎
874	ES 3590 – 2 – 2006	汽车橡胶轮胎试验　第2部分：乘用车轮胎
875	ES 3591 – 2005	轮胎工业术语的定义
876	ES 3726 – 2002	燃油软管
877	ES 3726 – 1 – 2005	内燃机燃料回路用橡胶软管和纯胶管　第1部分：柴油燃料
878	ES 3726 – 2 – 2005	内燃机燃料回路用橡胶软管和纯胶管　规格　第2部分：汽油燃料
879	ES 3730 – 2008	炭黑　硫含量的测定
880	ES 3810 – 2015	橡胶配合剂　炭黑　碘吸附值的测定　滴定法
881	ES 3811 – 2015	橡胶配合剂　炭黑　着色强度的测定
882	ES 3812 – 2015	橡胶配合剂　炭黑　比表面积的测定　氮吸附方法
883	ES 3813 – 2002	橡胶配合剂　炭黑　比表面积的测定　CTAB 吸附法
884	ES 3814 – 2002	橡胶配合剂　炭黑　酞酸二丁酯吸附式压缩样本的测定样品的制备
885	ES 3815 – 2002	橡胶试验混合物　制剂混合与硫化　设备和程序
886	ES 3816 – 2002	橡胶密封件　给排水和排污管道用联合环　材料规格
887	ES 4059 – 2003	橡胶或塑料涂覆织物　拉伸强度和断裂伸长率的测定
888	ES 4060 – 2003	橡胶或塑料涂覆织物　静态条件下抗臭氧龟裂的测定
889	ES 4078 – 2005	石油产品供给管道和配件用橡胶密封圈
890	ES 4119 – 2008	橡胶密封件　高达110℃的热水源管道用联合环　材料规格
891	ES 4120 – 2008	供气管和配件用橡胶密封环
892	ES 4156 – 2006	机动车动力转向装置用橡胶软管和软管组合件
893	ES 4225 – 1 – 2003	橡胶　产品公差　第1部分：尺寸公差　补充件 1 – 2001 至 ISO 3302 – 1：1996 闪光分类系统
894	ES 4226 – 2003	橡胶和塑料软管及软管组合件　尺寸测量方法
895	ES 4227 – 2003	硫化橡胶　低温脆性的测定
896	ES 4228 – 2003	硫化橡胶　液体影响的测定
897	ES 4311 – 1 – 2004	硫化橡胶或热塑性橡胶　耐臭氧龟裂性　第1部分：静态应变试验
898	ES 4311 – 2 – 2004	硫化橡胶或热塑性橡胶　耐臭氧龟裂性　第2部分：动态应变试验
899	ES 4313 – 2004	硫化橡胶　液体影响的测定
900	ES 4314 – 2012	橡胶和塑料软管　静态条件下耐臭氧性的评估
901	ES 4315 – 1 – 2004	橡胶　产品公差　第1部分：尺寸公差
902	ES 4316 – 2004	橡胶和塑料软管及软管组合件　尺寸测量方法
903	ES 4317 – 2004	硫化橡胶　低温脆性的测定
904	ES 4318 – 2004	橡胶　灰分的测定
905	ES 4389 – 2005	纸浆　浆料浓度测定
906	ES 4390 – 2005	纸浆　实验室湿法分解
907	ES 4400 – 2005	橡胶和塑料软管及软管组合件　无弯曲的液压脉冲试验

续表

序号	标准编号	标准名称
908	ES 4580－2005	橡胶和塑料软管及软管组合件　水压试验
909	ES 4581－2005	橡胶和塑料软管及软管组合件　耐吸扁性能的测定
910	ES 4625－1－2013	橡胶软管和软管组合件　钢丝编织增强液压型　规格　第1部分：油基流体应用
911	ES 4625－2－2013	橡胶软管和软管组件　金属丝编织物增强式液压型　规格　第2部分：水基流体应用
912	ES 4741－1－2004	摩托车轮胎和轮辋（公制系列）　第1部分：设计指南
913	ES 4742－1－2004	摩托车轮胎和轮辋（代码　指定系列）　第1部分：轮胎
914	ES 4840－2005	道路车辆　用于石油基流体的液压制动系统的制动软管组件
915	ES 4886－2005	内燃机空气和真空系统用橡胶软管和纯胶管　规格
916	ES 4887－2005	油燃烧器用橡胶软管和软管组合件
917	ES 5003－2005	橡胶制品　存储指南
918	ES 5045－2006	皮带传动　汽车工业用皮带轮和V型肋带　PK轮廓：尺寸
919	ES 5574－2006	压缩空气用织物增强橡胶软管
920	ES 5581－2006	混凝土用细集料和粗集料　每体积的颗粒质量和吸水性的测定　比重瓶法
921	ES 6064－2007	摩托车轮胎试验
922	ES 6117－2017	气焊设备　焊接、切割和相关工艺用设备的橡胶软管组件规格
923	ES 6450－2011	机车车辆内部沟通通道使用弹性体法兰连接的供货技术规格
924	ES 6763－2008	消防软管　橡胶和塑料抽吸软管及软管组件
925	ES 6767－2－2008	橡胶软管和软管组合件　液压用织物增强型
926	ES 6793－2008	气焊设备　450Pa最大设计压力以下压缩气或者液化气用橡胶和塑料软管
927	ES 7480－1－2011	农用拖拉机和机械用轮胎（层级标志系列）和轮辋　第1部分：轮胎名称和尺寸及规定轮辋轮廓
928	ES 7480－2－2011	农用拖拉机和机械用轮胎（层级标志系列）和轮辋　第2部分：轮胎额定载荷值
929	ES 5－2007	饮用水和工业用水净化用生石灰和熟石灰
930	ES 6－2014	漂白粉
931	ES 7－2014	硫酸铜类型1，2，3
932	ES 8－2007	人类用水处理用化学品　硫酸亚铁
933	ES 12－2012	火柴　性能要求、安全和分类
934	ES 62－2008	运动弹药
935	ES 64－2014	1型、2型和3型氢氧化钠
936	ES 65－2008	硫酸品种（1，2，3，4，5）（1990年发布）
937	ES 65－2－2014	硫酸　第2部分：铅酸蓄电池组用硫酸的规格
938	ES 99－2008	钢和铸铁　硫含量的测定　重量分析法
939	ES 99－1－2019	钢和铸铁　第1部分：总碳含量的测定　燃烧重量分析法
940	ES 99－2－2019	钢和铸铁　第2部分：硫含量的测定　重量分析法
941	ES 99－3－2019	钢和铸铁　第3部分：总硅含量的测定　重量分析法
942	ES 99－4－2019	钢和铸铁　第4部分：锰含量的测定　分光光度法
943	ES 99－5－2008	钢和铸铁　第5部分：磷含量的测定　磷钒钼酸盐分光光度法
944	ES 100－2008	合金钢化学试验的标准方法

续表

序号	标准编号	标准名称
945	ES 106 – 1988	盐酸　类型 1, 2 和 3
946	ES 106 – 1 – 2014	盐酸　商用类型 1 和 2
947	ES 107 – 2007	1, 2, 3 和 4 级硝酸
948	ES 108 – 2008	商用无水氯化铁
949	ES 181 – 2002	利用硝酸亚汞检验铜和铜合金的标准方法
950	ES 229 – 2008	原料铜化学试验的标准方法
951	ES 230 – 2008	钢合金化学试验的标准方法
952	ES 231 – 2008	白色金属轴承合金规格
953	ES 273 – 1991	氯化钠　工业用途
954	ES 273 – 2 – 2006	氯化钠　第 2 部分：工业用途（修改件 1996）
955	ES 273 – 3 – 2005	氯化钠　分析试剂　第 3 部分：要求
956	ES 273 – 4 – 2005	氯化钠　分析试剂　第 4 部分：检验和试验方法
957	ES 382 – 1 – 2005	乙醇　第 1 部分：乙醇的种类
958	ES 382 – 2 – 2005	乙醇　第 2 部分：乙醇转化材料
959	ES 440 – 2008	无水氨（压缩）
960	ES 441 – 2008	水溶液铵溶液（1, 2 和 3 级）
961	ES 475 – 2008	铝和铝合金的标准分析方法
962	ES 513 – 2008	1 型、2 型无水硫酸钠
963	ES 563 – 2011	煤　各种硫类型的测定
964	ES 564 – 2011	固体矿物燃料　硫总含量的测定　埃斯卡法
965	ES 565 – 2008	煤　矿物质的测定
966	ES 566 – 2008	铜镍和铜镍锌合金化学分析的试验方法
967	ES 567 – 2008	铝合金带材、薄板材和厚板材产品规格
968	ES 574 – 2007	一般用途硅酸钠
969	ES 614 – 2007	硝化纤维素（工业）
970	ES 634 – 2008	工业用滑石
971	ES 639 – 1965	硬脂酸（工业）
972	ES 690 – 2007	精锡和工业锡的化学分析
973	ES 691 – 2008	锡合金焊料的化学分析
974	ES 692 – 2008	甘油
975	ES 714 – 1966	炸药
976	ES 714 – 1 – 2005	炸药　第 1 部分：技术规格
977	ES 714 – 2 – 2005	炸药　第 2 部分：检查和试验方法
978	ES 721 – 2008	铁合金　取样和样本制备　总则
979	ES 727 – 2008	采用气相色谱法测定乙酸乙酯的酒精度和纯度的试验方法
980	ES 788 – 2008	工业用丙酮
981	ES 795 – 2007	磷酸盐（矿石）
982	ES 796 – 2008	醋酸等级 1, 2, 3 & 4
983	ES 797 – 2008	醚等级 1, 2, 3
984	ES 827 – 2008	铁硅合金　铝含量的测定　火焰原子吸收光谱法
985	ES 828 – 2008	锌和锌合金化学分析的试验方法
986	ES 843 – 2007	甲醛溶液级别 1, 2
987	ES 845 – 2008	有机溶剂蒸馏范围的测定装置

续表

序号	标准编号	标准名称
988	ES 866 – 2008	铁锰合金的化学分析
989	ES 867 – 2007	铬铁合金的化学分析
990	ES 910 – 2008	工业用粗酚
991	ES 926 – 2008	溶剂石脑油 90 – 190
992	ES 928 – 2008	工业用 1，2 和 3 型氯化钙
993	ES 936 – 2008	硝基苯
994	ES 939 – 2008	次氯酸钙溶液
995	ES 973 – 1 – 2008	冶金焦炭
996	ES 977 – 2008	液氯
997	ES 984 – 2007	水洗蓝
998	ES 1013 – 2008	黄铁矿灰渣（矿渣）
999	ES 1026 – 2005	搬运液氯容器的技术要求
1000	ES 1028 – 2008	甲基苯磺酸钠
1001	ES 1067 – 2008	工业用明胶
1002	ES 1133 – 2007	苏打水（1990 年更新）
1003	ES 1186 – 1973	铸铁的标准分析方法
1004	ES 1202 – 2007	稳定过氧化氢
1005	ES 1224 – 2008	精炼镍化学分析的试验方法
1006	ES 1254 – 1975	工业硬脂酸
1007	ES 1370 – 1977	消防员的头盔
1008	ES 1462 – 2008	次氯酸钠溶液
1009	ES 1508 – 2007	工业用无水碳酸钠
1010	ES 1529 – 2007	1 型、2 型碳酸氢钠
1011	ES 1561 – 2005	炸药用纯硝酸铵
1012	ES 1592 – 1986	铸造焦炭
1013	ES 1592 – 2020	铸造焦炭　固体矿物燃料测定
1014	ES 1631 – 2007	纺织工业用淀粉
1015	ES 1640 – 2007	食品工业用碳酸氢铵（1998 年修改件）
1016	ES 1655 – 2005	医学麻醉用氧化亚氮生产用硝酸铵
1017	ES 1740 – 2007	电池用蒸馏水
1018	ES 1772 – 1989	商用磷酸
1019	ES 1772 – 1 – 2006	磷酸　第 1 部分：化工用磷酸
1020	ES 1772 – 2 – 2006	磷酸　第 2 部分：肥料生产中使用的磷酸
1021	ES 1773 – 2007	硫酸制造用硫矿石
1022	ES 1777 – 2007	测定砷的通用方法（砷斑法）
1023	ES 1803 – 2005	黑色消毒液
1024	ES 1812 – 2020	测定水的试验方法　卡尔费瑟方法（通用方法）
1025	ES 1925 – 2007	磷酸氢钙
1026	ES 2197 – 1992	摄影用溴化钾
1027	ES 2198 – 1992	摄影用无水硫酸钠
1028	ES 2531 – 1993	摄影用无水焦亚硫酸钠　规格
1029	ES 2533 – 1993	摄影用硫代硫酸钠
1030	ES 2794 – 1995	中低压锅炉用水

续表

序号	标准编号	标准名称
1031	ES 2794 – 1 – 2005	中低压锅炉用水　第1部分：要求
1032	ES 2794 – 2 – 2005	中低压锅炉用水　第2部分：检查和试验方法
1033	ES 2821 – 2007	工业用氢氧化钾硅含量的测定
1034	ES 2823 – 2007	工业用氢氧化钾铁含量的测定
1035	ES 2824 – 2007	工业用氢氧化钾　分析方法
1036	ES 2999 – 2007	纤维素粉
1037	ES 3000 – 2007	钙含量的测定
1038	ES 3001 – 2007	工业用氢氧化钾　钠含量测定
1039	ES 3302 – 2007	四氮六甲环
1040	ES 3348 – 2007	工业用氢氧化钾　二氧化碳含量测定
1041	ES 3438 – 2007	炭黑可萃取物　甲苯变色
1042	ES 3482 – 2008	工业用碳酸氢钠　碳酸氢钠含量的测定　滴定法
1043	ES 3777 – 2008	用于生产乙炔气体的碳化钙
1044	ES 3809 – 1 – 2002	化学分析用试剂　第1部分：一般试验方法
1045	ES 3809 – 2 – 2002	化学分析用试剂　第2部分：规格　系列1
1046	ES 3809 – 3 – 2002	化学分析用试剂　第3部分：规格　系列2
1047	ES 3962 – 2003	基准材料相关使用术语及定义
1048	ES 3963 – 2003	参考资料　证书和标签目录
1049	ES 3964 – 2003	分析化学的校准和经检定的基准材料的使用
1050	ES 3965 – 2003	已认证标准物质的使用
1051	ES 3966 – 2003	标准样品生产者能力的通用要求
1052	ES 3967 – 2003	参考材料认证　通用和统计原则
1053	ES 4087 – 1 – 2008	丙三醇的试验方法　第1部分：丙三醇含量的测定
1054	ES 4087 – 2 – 2008	丙三醇的试验方法　第2部分：比重的测定
1055	ES 4087 – 3 – 2008	丙三醇的试验方法　第3部分：铜的测定
1056	ES 4087 – 4 – 2008	丙三醇的试验方法　第4部分：铁的测定
1057	ES 4087 – 5 – 2008	丙三醇的试验方法　第5部分：氯化物的测定
1058	ES 4087 – 6 – 2008	丙三醇的试验方法　第6部分：硫酸盐的测定
1059	ES 4087 – 7 – 2008	丙三醇的试验方法　第7部分：铅的测定
1060	ES 4087 – 8 – 2008	丙三醇的试验方法　第8部分：不挥发性物质的测定(有机和无机)
1061	ES 4087 – 9 – 2008	丙三醇的试验方法　第9部分：脂肪酸和脂肪酯的测定
1062	ES 4087 – 10 – 2008	丙三醇的试验方法　第10部分：还原性材料的检测
1063	ES 4087 – 11 – 2008	丙三醇的试验方法　第11部分：砷的测定
1064	ES 4087 – 12 – 2008	丙三醇的试验方法　第12部分：灰分和硫酸灰分的测定
1065	ES 4087 – 13 – 2008	丙三醇的试验方法　第13部分：酸碱度的测定
1066	ES 4087 – 14 – 2008	丙三醇的试验方法　第14部分：颜色的测定以及糖分检测
1067	ES 4131 – 2008	硫酸镁（泻盐）$MgSO_4 - 7H_2O$
1068	ES 5013 – 1 – 2005	氢氧化钠中汞含量测定的检验和试验方法　无火焰原子吸收分光光度法
1069	ES 5014 – 1 – 2005	工业用硬脂酸　第1部分：通用规格
1070	ES 5371 – 2006	摄影　冲洗药品　溴化钾规格
1071	ES 5372 – 2006	摄影　冲洗药品　无水亚硫酸钠规格
1072	ES 5373 – 2006	摄影　冲洗药品　无水焦亚硫酸钠规格

续表

序号	标准编号	标准名称
1073	ES 5374－2006	摄影　冲洗药品　无水硫代硫酸钠和五水硫代硫酸钠规格
1074	ES 5753－1－2006	食品消毒剂（杀菌剂）与金刺激器
1075	ES 5753－2－2006	农场和相关场所用食品消毒剂（杀菌剂）与金刺激器
1076	ES 5753－3－2006	具有不同刺激的消毒剂（杀菌剂）　第3部分：带有用于固体表面消毒的银刺激器的消毒剂（杀菌剂）
1077	ES 5753－4－2006	具有不同刺激的消毒剂（杀菌剂）　第4部分：带有用于压载水和城市生活垃圾消毒的钯刺激器的消毒剂（杀菌剂）
1078	ES 5753－5－2006	具有不同刺激的消毒剂（杀菌剂）　第5部分：带有用于游泳池、喷淋水和个人家用工具消毒的铂刺激器的消毒剂（杀菌剂）
1079	ES 5754－2006	农场和相关场所用碘消毒液（杀菌剂）
1080	ES 5760－2006	工业用磺酸
1081	ES 5886－2007	油和油脂除油器
1082	ES 6122－2008	木炭生产使用烧窑的规格
1083	ES 6448－2007	有色纤维洗涤剂
1084	ES 6921－1－2009	木炭　第1部分：用作燃料的木炭的通用要求
1085	ES 7193－2010	工业用硫酸和发烟硫酸　总酸度的测定以及发烟硫酸中游离三氧化硫含量的计算　滴定法
1086	ES 7197－2010	化工产品　还原法和滴定法测定作为硫酸盐的硫化合物痕量的通用方法
1087	ES 4－2008	人类用水处理用化学品　固体明矾
1088	ES 1701－2005	门窗用木制框架和框缘
1089	ES 3961－2013	分析实验室用水　规格和试验方法
1090	ES 5311－1－2006	人类用水处理用化学品　第1部分：镉、镍、铅的测定
1091	ES 5311－2－2006	人类用水处理用化学品　第2部分：砷、硒、锑的测定
1092	ES 5311－3－2006	人类用水处理用化学品　第3部分：汞的测定
1093	ES 5311－4－2007	处理人类生活水使用铝基化学品的试验方法　第4部分：铁（FE）的测定
1094	ES 5311－5－2007	处理人类生活水使用铝基化学品的试验方法　第5部分：铝（AL）的测定
1095	ES 5311－6－2007	处理人类生活水使用铝基化学品的试验方法　第6部分：硅酸盐的测定（还原硅钼酸盐光谱法）
1096	ES 5311－7－2007	处理人类生活水使用铝基化学品的试验方法　第7部分：碱度的测定（草酸滴定法）
1097	ES 5311－9－2007	处理人类生活水使用铝基化学品的试验方法　第9部分：硫酸盐的测定（重量法）
1098	ES 5311－10－2007	处理人类生活水使用铝基化学品的试验方法　第10部分：游离酸度的测定（滴定法）
1099	ES 5887－2007	人类用水处理用化学品　氯化铝（单体）、碱式氯化铝（单体）和碱式氯化铝硫酸盐（单体）
1100	ES 6121－1－2007	饮用水用家庭过滤器　第1部分：分类
1101	ES 7563－2013	人类用水处理用化学品　氯化物
1102	ES 144－2013	硝酸铵肥料
1103	ES 145－2008	硝酸铵肥料

续表

序号	标准编号	标准名称
1104	ES 146 – 2008	硫酸铵肥料
1105	ES 147 – 1992	高磷钙肥
1106	ES 147 – 1 – 2014	超级磷酸钙肥　第1部分：超级单磷酸钙肥料
1107	ES 147 – 2 – 2014	超级磷酸钙肥　第2部分：三超磷肥
1108	ES 148 – 2001	碱性渣（铁渣）肥
1109	ES 149 – 2015	化学复混肥
1110	ES 1594 – 2015	尿素肥料
1111	ES 1989 – 2014	肥料中无机酸溶性磷的提取
1112	ES 1990 – 2013	水溶性磷酸盐（肥料用）的萃取
1113	ES 2148 – 2005	肥料中钾含量的测定（作为四苯硼酸盐沉淀）
1114	ES 2199 – 2014	硫酸钾肥
1115	ES 2200 – 2005	磷酸铵肥料
1116	ES 2524 – 2015	氯化铵肥料
1117	ES 2532 – 2014	氯化钾肥
1118	ES 2534 – 2005	肥料　硝态氮含量的测定　氮试剂重量法
1119	ES 2547 – 2014	磷酸铵肥料
1120	ES 2548 – 2013	肥料的定义和技术术语
1121	ES 2795 – 2014	农业石膏
1122	ES 2983 – 2007	液体肥料
1123	ES 2984 – 2007	分析液体肥料的试验方法
1124	ES 3140 – 2005	使用重量分析法测定容量
1125	ES 3299 – 2013	固体肥料　小批量的简单取样方法
1126	ES 3331 – 2014	固体肥料　化学和物理分析用试样的制备
1127	ES 3345 – 1998	固体肥料　水分含量的测定
1128	ES 3346 – 2006	肥料和土壤改良剂　分类
1129	ES 3347 – 2014	容积密度的测定
1130	ES 3351 – 2014	样品还原　固体肥料
1131	ES 3376 – 2015	肥料　容积密度（紧装）的测定
1132	ES 3377 – 2015	肥料　氮总含量的测定　蒸馏后滴定法
1133	ES 3384 – 2015	肥料　在氢氧化钠作用下其他物质释放出的氨气中测定氨态氮的含量
1134	ES 3385 – 2015	固体肥料和土壤改良剂试验筛
1135	ES 3592 – 2015	肥料 20/20/20
1136	ES 3593 – 2015	液体肥料　样品的初步目视检查和制备　（物理）试验
1137	ES 3643 – 2007	肥料（NPK）（19/19/19）
1138	ES 3705 – 2007	肥料（NPK）（15/15/15）
1139	ES 3775 – 2006	缓效肥料（尿素甲醛）
1140	ES 3860 – 2015	缓效肥料　膨润土包衣尿素
1141	ES 4088 – 2015	缓效肥料　硫包衣尿素
1142	ES 4168 – 2015	肥料　次要营养运输和微量影响元素的最小限度
1143	ES 4579 – 2015	肥料中含氮量的测定方法
1144	ES 4695 – 2015	肥料中磷的测定
1145	ES 4779 – 2005	含有限元素的有机肥料

续表

序号	标准编号	标准名称
1146	ES 4780 – 2005	带有无限制元素的有机肥料
1147	ES 5318 – 2015	液体肥料：硝酸钙
1148	ES 5319 – 2015	复合肥料不得超出的营养素主要比率限制
1149	ES 5494 – 2015	尿素硝酸铵（U. A. N）
1150	ES 5889 – 2007	可溶于 2% 柠檬酸的磷的测定
1151	ES 5890 – 2007	可溶于 2% 甲酸的磷的测定
1152	ES 5891 – 2007	尿素磷肥
1153	ES 6078 – 2007	中性柠檬酸铵可溶性磷的萃取
1154	ES 6079 – 2007	螯合肥料
1155	ES 6446 – 2007	施肥之后土壤中允许存在的重金属浓度范围
1156	ES 6496 – 2008	植物残体产生的堆肥
1157	ES 6620 – 2008	生物肥料　通用标准
1158	ES 6621 – 2008	尿素肥料　单过磷酸钙
1159	ES 6846 – 2011	硝酸钾
1160	ES 6920 – 2017	硝酸盐生物肥料（共生关系）
1161	ES 7047 – 2009	生物肥料　弗兰克氏菌
1162	ES 7048 – 2009	生物肥料　绿萍
1163	ES 7228 – 1 – 2010	肥料　用色谱法测定肥料中的螯合剂　第 1 部分：EDTA，HEDTA 和 DTPA
1164	ES 7228 – 2 – 2011	肥料　色层分离法测定肥料中的螯合剂　第 2 部分：用离子偶色谱法测定 o,o – EDDHA 和 o,o – EDDHMA 螯合的铁
1165	ES 7483 – 2011	肥料　测定螯合的微量养料含量和微量养料的螯合系数用的阳离子交换树脂处理
1166	ES 7521 – 2012	磷酸溶解生物肥料
1167	ES 7522 – 2012	蓝藻生物肥料
1168	ES 7523 – 2012	非共生固氮微生物肥料
1169	ES 468 – 1963	商用二氧二苯三氯乙烷
1170	ES 469 – 1963	DDT 可湿性粉剂和 DDT 扑粉
1171	ES 470 – 1963	DDT 乳液浓缩物
1172	ES 842 – 2007	用作杀虫剂的马拉硫磷浓缩乳剂
1173	ES 846 – 2003	用作农药的异狄氏剂浓缩乳剂
1174	ES 1486 – 2008	萘
1175	ES 1517 – 2008	在杀虫剂配方中用作填充物的黏土
1176	ES 1593 – 1991	家庭杀虫剂（气溶胶）
1177	ES 1593 – 1 – 2005	家庭杀虫剂　第 1 部分：定义
1178	ES 1593 – 2 – 2005	家庭杀虫剂　第 2 部分：试验和检验方法
1179	ES 1593 – 3 – 2005	家庭杀虫剂　第 3 部分：写在包装上的标签和警告
1180	ES 1999 – 2005	防护剂
1181	ES 2000 – 2005	液体房屋杀虫剂
1182	ES 2128 – 2005	家用杀虫粉剂
1183	ES 2528 – 2006	马拉硫磷粉剂
1184	ES 2549 – 2005	水溶性灭鼠剂
1185	ES 2550 – 2018	毒饵灭鼠剂

续表

序号	标准编号	标准名称
1186	ES 3124 – 2006	农药标签信息
1187	ES 3304 – 2007	抗凝血灭鼠剂简单剂量（溴敌隆）
1188	ES 3305 – 2007	抗凝血灭鼠剂
1189	ES 3306 – 2007	结构实体 碱式氯化铜
1190	ES 3320 – 2006	二硝基甲苯全硫代 β – O – 4
1191	ES 3321 – 2006	S – 甲基 – N – [（甲基氨基甲酰）氧]硫代乙酰胺
1192	ES 3322 – 1998	圆弧硫代双羰基氧双二甲酯
1193	ES 3323 – 1998	O，S – 二甲基硫代磷酰胺
1194	ES 3324 – 1998	2 – 甲基 – 2 –（甲基硫代）丙醛 – O –（甲基氨基甲酰基）肟
1195	ES 3325 – 2006	O，O – 二乙基 – [6 – 甲基 – 2 –（1 – 甲基乙基）– 4 – 嘧啶基]硫代磷酸酯
1196	ES 3326 – 2007	流动浓度（水悬浮液浓度）
1197	ES 3327 – 2006	农业硫黄
1198	ES 3328 – 2007	代森锰锌可湿性粉剂
1199	ES 3329 – 2007	可湿性粉剂形式的碳硅藻杀菌剂
1200	ES 3330 – 2007	水分散粒剂形式的含硫农药
1201	ES 5136 – 2006	农药产品使用含有表面张力润湿铺展乳化剂和悬浮物质的材料
1202	ES 5316 – 1 – 2006	农药制剂类型 第1部分：水可湿性粉剂
1203	ES 5316 – 2 – 2006	农药制剂类型 第2部分：水分散型粉剂
1204	ES 5316 – 3 – 2006	农药制剂类型 第3部分：可乳化浓缩物（ES）
1205	ES 5316 – 4 – 2006	农药制剂类型 第4部分：粉末
1206	ES 5316 – 5 – 2007	农药制剂类型 第5部分：颗粒剂（gr）
1207	ES 5316 – 6 – 2007	农药制剂类型 第6部分：水分散型粒剂（w.g）
1208	ES 5316 – 7 – 2007	农药制剂类型 第7部分：超低容量（ulv）液体
1209	ES 5316 – 8 – 2007	农药制剂类型 第8部分：湿拌处理（ws）用水分散型粉剂
1210	ES 5316 – 9 – 2007	农药制剂类型 第9部分：可溶性浓缩物
1211	ES 5316 – 10 – 2007	农药制剂类型 第10部分：微乳液（ME）
1212	ES 5316 – 11 – 2007	农药制剂类型 第11部分：水包油乳剂制剂
1213	ES 5316 – 12 – 2009	农药制剂类型 第12部分：水悬浮微胶囊剂（Cs）
1214	ES 5317 – 2006	农药配方中使用的溶剂
1215	ES 5576 – 2006	运输、储存和处置农药容器期间的安全预防措施
1216	ES 5577 – 2006	使用和应用农药期间的安全预防措施
1217	ES 6625 – 1 – 2008	活性成分汽化热系统 第1部分：蚊香（Mc）
1218	ES 6625 – 2 – 2008	活性成分汽化热系统 第2部分：电热蚊香液（Lv）
1219	ES 6625 – 3 – 2008	活性成分汽化热系统 第3部分：电热蚊香片（Mv）
1220	ES 6835 – 1 – 2008	蚊油 第1部分：无杀虫剂
1221	ES 6835 – 2 – 2008	蚊油 第2部分：有添加杀虫剂
1222	ES 7199 – 2010	细菌农药的液态制剂类型 细菌杀幼虫剂悬液
1223	ES 7200 – 1 – 2010	细菌农药的液态制剂类型 第1部分：细菌杀幼虫剂水分散型粒剂（wg）
1224	ES 7200 – 2 – 2010	细菌农药的液态制剂类型 第2部分：细菌杀幼虫剂可湿性粉剂（wp）

续表

序号	标准编号	标准名称
1225	ES 7226－1－2010	农业虫害治理用矿物油的制剂类型　第1部分：可乳化浓缩物（ES）
1226	ES 7226－2－2011	农业虫害治理用矿物油的制剂类型　第2部分：乳剂浓缩物（蛋黄酱）
1227	ES 7419－1－2011	种子处理用制剂类型　固体制剂　第1部分：直接使用（ds）的种子处理粉剂
1228	ES 7419－2－2011	种子处理用制剂类型　固体制剂　第2部分：湿拌种子处理（ws）用水分散型粉剂
1229	ES 7419－3－2011	种子处理用制剂类型　固体制剂　第3部分：种子处理（ss）用水溶性粉剂
1230	ES 7517－1－2012	种子处理用液态制剂类型　第1部分：种子处理（ls）用单纯溶液
1231	ES 7517－2－2012	种子处理用液态制剂类型　第2部分：种子处理（es）用乳剂
1232	ES 7517－3－2012	种子处理用液态制剂类型　第3部分：种子处理用悬液浓缩液
1233	ES 7564－2013	农药的术语及定义
1234	ES 7608－2013	活性物质的通用核心数据集　化学物质
1235	ES 7609－2013	农药产品的通用核心数据集　化学产品
1236	ES 7610－2013	活性物质的数据集　化学物质
1237	ES 7611－2013	生物制剂的额外数据集
1238	ES 9－2005	水质　废水采样指南
1239	ES 512－1964	氧（气体、液体）
1240	ES 512－1－2005	气体和液氧　第1部分：工业用氧气
1241	ES 512－2－2008	气体和液氧　第2部分：医用氧气
1242	ES 575－1965	乙炔气
1243	ES 575－1－2006	乙炔气　第1部分：要求
1244	ES 613－2005	氧化亚氮气体
1245	ES 694－2005	气体和液氮
1246	ES 695－1998	二氧化碳气体
1247	ES 695－1－2005	二氧化碳　第1部分：用于灭火的二氧化碳
1248	ES 695－2－2005	二氧化碳　第2部分：用于医疗和非医疗用途的二氧化碳
1249	ES 1309－1976	工业用压缩氢
1250	ES 1309－1－2007	氢气　第1部分：要求
1251	ES 1898－2007	工业用氩气
1252	ES 1945－2014	空气质量　环境空气中气态硫化物的测定　取样设备
1253	ES 2040－1991	水质　过氧高锰酸钾消解后无焰原子吸收光谱法测定总汞
1254	ES 2071－2014	空气质量　环境空气中二氧化硫质量浓度的测定　钍试剂分光光度法
1255	ES 2086－2014	空气质量　通用状况　词汇
1256	ES 2201－2014	道路车辆　检查或者维护期间产生废气的测量方法
1257	ES 2202－2006	水质　汞的测定
1258	ES 2203－2007	水质　溶解氧的测定　光学传感器法
1259	ES 2518－2014	环境空气　一氧化碳质量浓度的测定　气相色谱法
1260	ES 2530－2007	空气污染物"苯"的测量方法

续表

序号	标准编号	标准名称
1261	ES 2554 – 2007	废气中氯的测定　血红蛋白吸收测量法
1262	ES 2555 – 2007	废气中氯的测定　联甲苯胺连续分析方法
1263	ES 2556 – 2007	水质　用稀释接种法测定 5 日生化需氧量（BOD）
1264	ES 2817 – 2006	工作场所空气　一氧化碳浓度的测定　用直接指示的短期取样用检测管进行测定的方法
1265	ES 2818 – 2006	工作场所空气　二氧化氮密浓度的测定　用直接指示的短期取样用检测管进行测定的方法
1266	ES 2819 – 2014	工作场所空气　测定
1267	ES 2820 – 2007	工作场所空气　铅颗粒及铅化合物的测定　火焰或电热原子吸收光谱法
1268	ES 2822 – 1995	纳氏试剂比色法（直接和蒸馏）测定天然水和废水中的氨氮
1269	ES 2825 – 2007	水质　氨含量的测定　原子吸收光谱法
1270	ES 2826 – 1 – 2007	焊接和相关工艺的烟气　第 1 部分：颗粒物取样和分析方法指南
1271	ES 2826 – 2 – 2007	焊接和相关工艺的烟气　第 2 部分：气体取样和分析方法指南
1272	ES 2932 – 2014	环境空气　臭氧质量浓度的测定　化学发光法
1273	ES 2933 – 2014	环境空气　黑烟指数的测定
1274	ES 2934 – 2007	道路车辆　压缩废气不透明度的测量　点火（柴油）发动机　凸耳试验
1275	ES 2935 – 2007	道路车辆　压缩废气不透明度的测量　点火（柴油）发动机　稳态单速试验
1276	ES 2973 – 1996	水质　在 pH 为 6 时采用扩散法测定氰化物
1277	ES 2974 – 2007	空气污染物测量方法　第 1 部分：尘降量
1278	ES 3016 – 2007	水质　比色法测定氰化物
1279	ES 3017 – 1996	环境空气中粉尘浓度测量方法的通用原则
1280	ES 3017 – 1 – 2007	悬浮颗粒物的测量方法　通用要求　第 1 部分：定义和分类
1281	ES 3024 – 2014	工作场所空气　测定
1282	ES 3447 – 2014	水质　用原子吸收法测定钾
1283	ES 3476 – 2006	水质　原子吸收法测定钠
1284	ES 3477 – 2006	水质　原子吸收光谱法测定镉
1285	ES 3556 – 2006	水质　通过玻璃纤维过滤器的过滤测定悬浮固体
1286	ES 3557 – 2008	水质　铬的原子吸收分光法测定
1287	ES 3594 – 2005	水质　取样程序设计指南
1288	ES 3595 – 2005	水质　硒原子吸收法的测定（氢化物技术）
1289	ES 3610 – 2005	水质　汞的测定
1290	ES 3611 – 2005	水质　砷原子吸收光谱法（氢化物法）的测定
1291	ES 3641 – 2008	水质　钴、镍、铜、锌、镉和铅的测定　火焰原子吸收光谱法
1292	ES 3733 – 2008	水质　易释放硫化物的测定
1293	ES 3749 – 2008	水质　磷钼铵的测定　光谱法
1294	ES 3884 – 2008	水质　铝含量的测定　邻苯二酚紫分光光谱法
1295	ES 3885 – 2008	水质　使用亚甲基蓝光度法测定水质可溶性硫化物
1296	ES 3886 – 2016	水质　用异构化物进行分层测量
1297	ES 3968 – 3 – 2003	室内空气　第 3 部分：甲醛和其他碳酰基混合物的测定　活性抽样法

续表

序号	标准编号	标准名称
1298	ES 3969－2003	固定源排放　载气道中颗粒物质浓度和质量流率　人工重量分析法
1299	ES 3970－2003	环境空气　石棉纤维的测定　传递电子显微镜法
1300	ES 3971－1－2003	室内空气、环境空气和工作场所空气　用吸附管/热解吸/毛细管气相色谱法对挥发性有机物进行分析和取样　第1部分：抽吸取样法
1301	ES 3972－2003	水质　水质分析的分析质量控制指南
1302	ES 4161－2005	水质　铁的测定　采用1,10邻二氮杂菲的光谱法
1303	ES 4162－2008	水质　总有机碳（TOC）和溶解有机碳（DOC）的测定指南
1304	ES 4212－2005	工作场所空气　乙烯基氯化物－碳燃料的测定　气相色谱法
1305	ES 4213－2005	水质　消解和蒸馏后测定无机总氟化物方法
1306	ES 4380－2008	工作场所空气　镉颗粒及镉化合物的测定　火焰和电热原子吸收光谱法
1307	ES 4401－2005	水质　测量方法性能特性的测定
1308	ES 4402－2005	环境空气　过滤介质上颗粒物质量的测量　β射线吸收法
1309	ES 4403－2005	工作场所空气　扩散取样器的性能评估协议
1310	ES 4404－2005	空气质量　温度，压力和湿度的数据处理
1311	ES 4405－2005	固定源排放　气体浓度自动测定取样
1312	ES 4575－2005	工作场所空气质量　用2－（1－甲氧苯基）哌嗪和液相色谱法测定空气中异氰酸酯组的含量
1313	ES 4576－2005	水质　碱度的测定　总碱度和复合碱度的测定
1314	ES 4577－2005	水质　硝酸盐－4－氟苯酚的测定　分组后的光谱法
1315	ES 4578－2008	环境空气　过滤器收集的悬浮微粒中铅微粒子含量的测定　原子吸收分光光度测定法
1316	ES 4890－2005	水质　发射光谱法测定钠和钾
1317	ES 4891－2005	水质　碱度的测定　碳酸盐碱度
1318	ES 6580－2008	职业健康和安全　热应力预防
1319	ES 7190－2010	气体灭火系统　物理特性和系统设计　ig－100灭火剂
1320	ES 7603－1－2013	压缩空气　第1部分：杂质和纯度等级
1321	ES 55－1991	石棉　水泥压力管和接头
1322	ES 56－1986	卫生下水道和工业排水用黏土管和配件
1323	ES 56－1－2005	卫生下水道和工业排水用黏土管和配件　第1部分：黏土管及配件的通用要求
1324	ES 56－2－2005	卫生下水道和工业排水用黏土管和配件　第2部分：黏土管及配件的试验方法
1325	ES 56－3－2004	卫生下水道和工业排水用黏土管和配件　第3部分：红外发射器试验方法
1326	ES 165－1962	石棉　水泥土、废物和通风管
1327	ES 187－1962	混凝土管
1328	ES 187－1－2005	无钢筋混凝土管道和管件　第1部分：技术要求
1329	ES 187－2－2005	无钢筋混凝土管道和管件　第2部分：试验方法　建筑石膏　第1部分：要求
1330	ES 188－1－2005	建筑石膏　第1部分：要求
1331	ES 188－2－2014	建筑石膏　第2部分：建筑石膏物理试验的标准方法

续表

序号	标准编号	标准名称
1332	ES 188 – 3 – 2005	建筑石膏　第3部分：建筑石膏化学试验的标准方法
1333	ES 269 – 1 – 2014	水泥瓦　第1部分：要求
1334	ES 269 – 2 – 2014	水泥瓦　第2部分：水泥瓦的试验方法
1335	ES 273 – 1991	氯化钠　工业用途
1336	ES 474 – 1994	水泥化学分析的标准方法
1337	ES 541 – 1992	低热硅酸盐水泥
1338	ES 583 – 2005	抗硫酸盐硅酸盐水泥
1339	ES 584 – 2003	建筑用途和一些工业用途的生石灰和熟石灰
1340	ES 584 – 1 – 2008	建筑石灰　第1部分：定义、规格和合格度
1341	ES 584 – 2 – 2007	建筑石灰　第2部分：合格度评定
1342	ES 597 – 1980	石灰物理和化学分析的标准试验方法
1343	ES 597 – 1 – 2007	建筑石灰　第1部分：物理石灰的标准试验方法
1344	ES 597 – 2 – 2007	建筑石灰　第2部分：试验方法
1345	ES 633 – 1978	石棉　水泥平板和波纹板
1346	ES 652 – 2004	石棉水泥平薄板和波纹板的试验方法
1347	ES 958 – 1969	钢筋混凝土管道
1348	ES 958 – 1 – 2006	无内压的钢筋混凝土管道　第1部分：一般要求
1349	ES 958 – 2 – 2006	无内压的钢筋混凝土管道　第2部分：试验方法
1350	ES 974 – 1992	高炉矿渣硅酸盐水泥（1998年修改件）
1351	ES 1031 – 1992	波特兰白水泥（1998年修改件）
1352	ES 1031 – 6 – 2000	波特兰白水泥
1353	ES 1078 – 2005	对砂硅酸盐水泥　对砂硅酸盐水泥
1354	ES 1108 – 2006	砌体灰浆用砂
1355	ES 1109 – 2008	天然来源的混凝土集料
1356	ES 1155 – 2003	硬化硅酸盐水泥混凝土组分的测定
1357	ES 1206 – 1973	聚氯乙烯（乙烯基）石棉地板砖（1986年修改件）
1358	ES 1289 – 2014	混凝土路边石　要求和试验方法
1359	ES 1290 – 2008	照明灯柱　混凝土灯柱
1360	ES 1291 – 2008	混凝土铺地砖
1361	ES 1450 – 1979	特定细度的硅酸盐水泥（超细4100）（1998年修改件）
1362	ES 1519 – 1 – 2006	砌体工程　第1部分：词汇
1363	ES 1519 – 2 – 2007	建筑的定义和技术术语　第2部分：水泥
1364	ES 1519 – 3 – 2007	建筑的定义和技术术语　第3部分：石灰和石灰石
1365	ES 1519 – 4 – 2006	建筑的定义和技术术语　第4部分：石膏
1366	ES 1524 – 1993	承重墙用耐烧建筑单元
1367	ES 1555 – 2008	石膏砌块
1368	ES 1658 – 1 – 2006	混凝土试验　第1部分：新拌混凝土的现场取样
1369	ES 1658 – 2 – 2008	混凝土试验　第2部分：新拌混凝土的性能
1370	ES 1658 – 3 – 1989	混凝土试验　第3部分：压实系数的测定方法
1371	ES 1658 – 4 – 2008	混凝土试验　第4部分：试样的制作和固化
1372	ES 1658 – 5 – 1991	混凝土试验　第5部分：新拌混凝土立方体试块的制作方法
1373	ES 1658 – 6 – 2008	混凝土试验　第6部分：混凝土芯的取样、制备和试验
1374	ES 1658 – 7 – 1993	混凝土试验　第7部分：试样的常规处理方法

续表

序号	标准编号	标准名称
1375	ES 1658 – 8 – 2020	混凝土试验　第8部分：混凝土密度（单位重量）、屈服点和空气含量（重量法）的试验方法
1376	ES 1658 – 9 – 2018	混凝土试验　第9部分：硬化混凝土强度以外的性能　压力下密度和水渗透深度的测定
1377	ES 1658 – 10 – 2008	混凝土试验　第10部分：硬化混凝土的无损试验
1378	ES 1802 – 2014	采用压力液体比重计测定轻质烃密度和相对密度的标准试验方法
1379	ES 1899 – 1 – 2006	混凝土、砂浆和泥浆外加剂　第1部分：混凝土外加剂　定义、要求、一致性、标记和标签
1380	ES 1899 – 2 – 2006	混凝土、砂浆和水泥外加剂　第2部分：试验用参考混凝土和参考砂浆
1381	ES 1899 – 3 – 2006	混凝土、砂浆和泥浆外加剂　第3部分：试验方法　砂浆外加剂试验用标准砌筑砂浆
1382	ES 1947 – 2006	水泥的取样
1383	ES 2002 – 2015	石膏板
1384	ES 2042 – 1991	陶土排水管道橡胶接头
1385	ES 2042 – 1 – 2005	以总成形式用于陶管及其配件的聚合物挠性接头　第1部分：要求
1386	ES 2059 – 1991	石棉水泥压力管道和接头的试验方法
1387	ES 2070 – 2007	无钢筋和钢筋混凝土的术语
1388	ES 2149 – 2005	中热硅酸盐水泥
1389	ES 2421 – 1 – 2020	水泥　物理和机械试验　第1部分：凝结时间和安定性的测定
1390	ES 2421 – 2 – 2020	水泥　物理和机械试验　第2部分：硬度的测定
1391	ES 2421 – 3 – 2007	水泥　物理和机械试验　第3部分：方法
1392	ES 2421 – 4 – 2005	水泥　物理和机械试验　第4部分：硅酸盐水泥的热压膨胀
1393	ES 2421 – 5 – 1993	水泥　物理和机械试验　第5部分：根据勒沙特列法测定水泥膨胀的安定性
1394	ES 2421 – 6 – 2020	水泥　物理和机械试验　第6部分：水泥水化产生的热量
1395	ES 2421 – 7 – 2020	水泥　物理和机械试验　第7部分：手柄强度的测定
1396	ES 2421 – 8 – 2006	水泥　物理和机械试验　第8部分：飞灰的试验方法　游离氧化钙含量的测定
1397	ES 2421 – 9 – 2020	水泥　物理和机械试验　第9部分：水化半绝热法
1398	ES 2796 – 1995	高矿渣高炉水泥（1998年修改件）
1399	ES 2797 – 2005	富硫酸盐水泥
1400	ES 2798 – 2005	高铝水泥
1401	ES 2903 – 1995	水泥工业用粒状高炉矿渣
1402	ES 3071 – 1996	水泥试验方法　水泥氯化物含量测定
1403	ES 3072 – 1996	水泥试验方法　水泥含碱量测定
1404	ES 3136 – 2007	花岗岩
1405	ES 3137 – 1997	建筑用天然建筑石材的取样
1406	ES 3138 – 2007	建筑施工用砂石（石英）
1407	ES 3374 – 1998	硅酸盐水泥熟料
1408	ES 3375 – 1998	处理中的水泥储存要求和安全警示
1409	ES 3950 – 2018	石灰石规格石料的标准规格

续表

序号	标准编号	标准名称
1410	ES 4322 – 2004	混凝土集料　容积密度的测定
1411	ES 4382 – 2 – 2004	连锁混凝土停车砖　第 2 部分：试验方法
1412	ES 4568 – 1 – 2008	集料通用性能试验　第 1 部分：取样方法
1413	ES 4756 – 1 – 2013	水泥　第 1 部分：普通水泥的成分，规格和合格标准
1414	ES 4756 – 2 – 2005	水泥　第 2 部分：合格评定
1415	ES 4899 – 2005	水泥火山灰性的试验方法　火山灰水泥试验
1416	ES 5229 – 2015	塑料管道和通道系统　以外推法测定管道中热塑性材料长期流体静力强度
1417	ES 5230 – 2015	塑料管道系统　塑料组件　尺寸测定
1418	ES 5325 – 2006	水泥的化学分析
1419	ES 5578 – 1 – 2006	建筑物的公差　基础　第 1 部分：评估和规范原则
1420	ES 5578 – 2 – 2006	建筑物的公差　统计　第 2 部分：具有尺寸分布的组件之间配合性的预测基础
1421	ES 5579 – 2006	混凝土集料　容积密度的测定
1422	ES 5580 – 2006	混凝土的粗集料　颗粒密度和吸水性的测定　液压静力平衡法
1423	ES 5581 – 2006	混凝土用细集料和粗集料　每体积的颗粒质量和吸水性的测定比重瓶法
1424	ES 5583 – 2009	集料的混凝土筛分析
1425	ES 5584 – 2006	气体吸附 BET 原理测定固态物质比表面积
1426	ES 5585 – 1 – 2006	通过属性检验的取样规程　第 1 部分：以分批检验的合格质量级（AQL）为指标的取样方案
1427	ES 6071 – 2007	纤维水泥平板材
1428	ES 7095 – 1 – 2009	混凝土、灰浆和薄泥用研磨成颗粒状的高炉碎渣　第 1 部分：定义、规格和合格标准
1429	ES 7095 – 2 – 2009	混凝土、灰浆和薄泥用研磨成颗粒状的高炉碎渣　第 2 部分：合格评定
1430	ES 7229 – 1 – 2010	集料化学性能试验　第 1 部分：化学分析
1431	ES 7231 – 3 – 2010	集料的机械和物理性能试验　第 3 部分：松散松密度和虚空度的测定
1432	ES 7231 – 10 – 2011	集料的机械和物理性能试验　第 10 部分：吸水高度的测定
1433	ES 7417 – 1 – 2011	水泥的安全要求　第 1 部分：水泥中水溶解铬（vi）含量的测定和试验方法
1434	ES 7532 – 1 – 2012	混凝土　第 1 部分：规格、性能、制造和合格性
1435	ES 7606 – 2013	石灰石中总有机碳的测定
1436	ES 52 – 2015	与耐火材料有关的定义和术语
1437	ES 53 – 2008	玻璃熔炉行业炉灶中用到的耐火材料
1438	ES 54 – 1960	锅炉用耐火材料
1439	ES 58 – 2015	水泥行业用定形耐火材料
1440	ES 59 – 2008	钢铁材料的化学分析
1441	ES 67 – 2006	钢铁行业中用到的耐火材料
1442	ES 68 – 2007	钢铁行业电炉用定形耐火材料
1443	ES 69 – 1960	化铁炉用耐火材料
1444	ES 70 – 1973	通用耐火材料

续表

序号	标准编号	标准名称
1445	ES 71 – 2005	定形隔热耐火材料
1446	ES 72 – 1960	鼓风炉及其热风炉用耐火材料
1447	ES 73 – 2005	不定型耐火材料（致密和隔热）的分类
1448	ES 73 – 1 – 1988	耐火灰浆　第1部分：耐火砖砌砖用耐火灰浆
1449	ES 73 – 2 – 1988	耐火灰浆　第2部分：整体耐火材料
1450	ES 74 – 1960	耐火材料物理性能的标准试验方法
1451	ES 103 – 1961	炼铜炉行业用耐火材料
1452	ES 104 – 1961	石油工业用耐火材料
1453	ES 105 – 1961	钢铁行业通用耐火材料
1454	ES 124 – 1961	陶瓷窑用耐火材料
1455	ES 125 – 1961	熔铅炉用耐火材料
1456	ES 126 – 1961	炼锌炉用耐火材料
1457	ES 158 – 2008	测定石油产品黏度的标准方法（雷德伍德黏度计法）
1458	ES 159 – 2014	采用克立夫兰敞口杯测定闪点和燃点的标准试验方法
1459	ES 192 – 1962	耐火剂焙烧窑炉中用到的耐火材料
1460	ES 272 – 1972	石灰石煅烧窑炉中用到的耐火材料
1461	ES 451 – 1988	耐火砖的标准形状和尺寸
1462	ES 451 – 1 – 2005	耐火砖　尺寸　第1部分：耐火砖
1463	ES 451 – 2 – 2005	耐火砖　尺寸　第2部分：拱形耐火砖
1464	ES 451 – 3 – 2014	耐火砖　尺寸　第3部分：蓄热室用直形格子砖
1465	ES 451 – 4 – 2005	耐火砖　尺寸　第4部分：电弧炉炉顶用球顶砖
1466	ES 451 – 5 – 2014	耐火砖　尺寸　第5部分：斜砌块
1467	ES 451 – 6 – 2014	耐火砖　尺寸　第6部分：吹氧炼钢转炉用碱性砖
1468	ES 925 – 2005	白云岩矿和烧白云石
1469	ES 1858 – 2007	耐火材料取样指南
1470	ES 1859 – 1990	致密成型材料体密度、真密度、真空隙度和表观孔隙度的测定
1471	ES 1859 – 1 – 2006	致密成型耐火材料制品的物理性能试验　第1部分：体积密度，表观孔隙度和真实孔隙度的测定
1472	ES 1859 – 2 – 2006	致密成型耐火材料制品的物理性能试验　第2部分：真实密度的测定
1473	ES 1950 – 2006	耐火材料　物理性能试验　示温熔锥当量（耐火度）的测定
1474	ES 2057 – 2006	耐火制品　环境温度下断裂性的测定
1475	ES 2058 – 2006	耐火制品的机械性能的试验方法　高温断裂模量的确定
1476	ES 2150 – 1992	耐火材料　物理性能试验　成型耐火制品常温抗碎强度的测定
1477	ES 2150 – 1 – 2007	致密定形耐火制品低温抗压强度的测定　第1部分：无衬垫仲裁试验
1478	ES 2150 – 2 – 2007	致密定形耐火制品低温抗压强度的测定　第2部分：有衬垫仲裁试验
1479	ES 2951 – 2007	矿渣颗粒和坩埚法测定耐火材料的抗攻击性
1480	ES 2952 – 2007	耐火材料导热系数的测定
1481	ES 2953 – 2007	旋转式炉法测定炉渣对耐火材料的影响
1482	ES 2954 – 2007	菱镁矿和白云石　化学分析
1483	ES 2955 – 2008	高铝水泥、耐火材料用水泥

续表

序号	标准编号	标准名称
1484	ES 3261 – 2007	铸铁行业用定形耐火材料
1485	ES 3262 – 1997	一般用途定形耐火黏土耐火材料
1486	ES 3949 – 2008	耐火制品　耐火砖的尺寸和外部效应的测量
1487	ES 4026 – 2008	耐火制品　受压蠕变的测定
1488	ES 4129 – 2008	烟囱使用耐化学性砖石的取样和试验
1489	ES 4130 – 2008	工业烟囱用耐化学砌块
1490	ES 4132 – 2008	化学沉降硅酸盐和耐化学性硅砂浆
1491	ES 4133 – 2008	通用致密定形耐火材料
1492	ES 4134 – 2008	通用致密定形铝硅酸盐耐火材料
1493	ES 4307 – 2008	致密定形耐火制品　透气性的测定
1494	ES 4308 – 2012	耐火制品　陶瓷纤维制品的试验方法
1495	ES 4309 – 2012	致密定形耐火制品　含碳产品的试验方法
1496	ES 4310 – 2009	致密性定型耐火制品　耐硫酸侵蚀试验方法
1497	ES 4690 – 1 – 2008	灰浆的试验方法　第1部分：耐化学腐蚀灰浆施工时间、凝固时间和维护强度凝固时间的试验方法
1498	ES 4690 – 2 – 2008	灰浆的试验方法　第2部分：耐化学腐蚀灰浆线性收缩率和热膨胀系数的试验方法
1499	ES 4690 – 3 – 2007	灰浆的试验方法　第3部分：耐化学腐蚀性灰浆抗弯强度的试验方法
1500	ES 4690 – 4 – 2007	灰浆的试验方法　第4部分：耐化学腐蚀性灰浆吸收性的试验方法
1501	ES 4690 – 5 – 2007	灰浆的试验方法　第5部分：耐化学腐蚀性灰浆黏结强度的测定
1502	ES 4690 – 6 – 2008	灰浆的试验方法　第6部分：耐化学腐蚀性灰浆抗拉强度的试验方法
1503	ES 4778 – 2005	不定型基本耐火制品
1504	ES 4834 – 1 – 2005	致密性定型耐火制品的分类　第1部分：残余碳含量小于7%的基本产品
1505	ES 4834 – 2 – 2007	致密性定型耐火制品的分类　第2部分：残余碳含量为7%～30%的基本产品
1506	ES 4893 – 2005	特殊产品用致密性定型耐火制品的分类
1507	ES 5124 – 2006	耐火材料的物理性能试验　成型绝缘耐火材料制品加热后尺寸永久变化的测定
1508	ES 6443 – 2007	耐火制品抗一氧化碳性的测定
1509	ES 6444 – 1 – 2007	耐火材料抗热冲击（分裂）性的测定　第1部分：空气淬火法
1510	ES 6444 – 2 – 2007	耐火材料抗热冲击（分裂）性的测定　第2部分：水浸渍法
1511	ES 6491 – 2008	耐火制品荷重软化温度的测定　升温示差法
1512	ES 6492 – 1 – 2008	耐火灰浆　第1部分：稠度测定　渗透锥法
1513	ES 6492 – 2 – 2008	耐火灰浆　第2部分：稠度测定　往复流动表法
1514	ES 6492 – 3 – 2008	耐火灰浆　第3部分：灰缝稳定性的测定
1515	ES 6492 – 4 – 2008	耐火灰浆　第4部分：柔性黏结强度的测定
1516	ES 6492 – 5 – 2008	耐火灰浆　第5部分：粒度分布的测定（筛分分析）
1517	ES 6492 – 6 – 2008	耐火灰浆　第6部分：预拌灰浆含水量的测定
1518	ES 6497 – 2008	耐火材料　X射线荧光光谱化学分析熔铸玻璃片法

续表

序号	标准编号	标准名称
1519	ES 6708 – 2008	耐火材料热膨胀试验方法
1520	ES 6709 – 2008	耐火试样制备　气动喷嘴混合式喷枪喷补料
1521	ES 6710 – 2008	耐火制品　密实成型的耐酸产品的分类
1522	ES 6911 – 2009	隔热耐火制品　低温压碎强度的测定
1523	ES 6912 – 2009	成型密实耐火制品的试验方法　利用真空汞法测定颗粒状材料的体积密度
1524	ES 6913 – 2009	工业烟囱的通用要求
1525	ES 6914 – 2009	隔热耐火制品　体积密度和真孔隙率的测定
1526	ES 7050 – 2009	轻质可铸耐火材料粒度尺寸的试验方法
1527	ES 7051 – 2009	回转窑中用到的耐火砖　热面标记
1528	ES 7369 – 2011	致密成型耐火制品　利用差动法测定热膨胀
1529	ES 7430 – 2011	用热线法测定耐火材料导热系数（平行）
1530	ES 7481 – 1 – 2011	不定型耐火制品　第1部分：定义和分类
1531	ES 7481 – 2 – 2011	不定型耐火制品　第2部分：试验取样
1532	ES 7481 – 3 – 2011	不定型耐火制品　第3部分：验收特性
1533	ES 7481 – 4 – 2012	不定型耐火制品　第4部分：耐火混凝土的一致性测定
1534	ES 7481 – 6 – 2012	不定型耐火制品　第6部分：物理特性的测量
1535	ES 7604 – 2013	烟囱　组件　混凝土外壁构件
1536	ES 352 – 2006	化妆品用玻璃容器
1537	ES 353 – 1 – 2005	玻璃片　第1部分：透明玻璃片
1538	ES 353 – 2 – 2005	玻璃片　第2部分：浮动法制造
1539	ES 353 – 3 – 2005	玻璃片　第3部分：建筑用增强玻璃片
1540	ES 353 – 4 – 2005	玻璃片　第4部分：建筑用压花玻璃片
1541	ES 354 – 2009	道路车辆使用安全玻璃
1542	ES 381 – 2006	与食品接触的家用保温容器　真空器皿，保温瓶和保温壶
1543	ES 445 – 2006	液体制剂（糖浆）用螺口玻璃容器和附件
1544	ES 446 – 2006	用于制药片剂的玻璃容器及附件
1545	ES 648 – 2008	玻璃容器耐化学侵蚀性的试验方法
1546	ES 785 – 2008	显微镜用玻璃盖和滑片
1547	ES 814 – 2008	采用纤维伸长法测定玻璃软化点和应变点的试验方法
1548	ES 815 – 2007	玻璃　平均线热膨胀系数的测定
1549	ES 816 – 2006	玻璃容器　偏振镜检查的试验方法
1550	ES 817 – 2008	玻璃弯曲试验
1551	ES 818 – 2007	玻璃软化点的测定
1552	ES 837 – 2008	玻璃和玻璃制品的术语
1553	ES 940 – 2008	投射灯用玻璃片
1554	ES 1577 – 2005	水晶玻璃
1555	ES 1869 – 2006	玻璃餐具
1556	ES 1948 – 2008	建筑用夹层玻璃
1557	ES 1951 – 2007	建筑用安全玻璃的冲击试验
1558	ES 2060 – 1991	接触食品饮料的陶瓷制品、玻璃制品、玻璃陶瓷制品的铅和镉释放量允许限值
1559	ES 2060 – 1 – 2008	去除与食品和饮料接触的器具上的铅和镉　第1部分：玻璃餐具

续表

序号	标准编号	标准名称
1560	ES 2060 – 2 – 2007	接触食品的陶瓷制品、玻璃陶瓷制品的铅和镉释放量允许限值 第2部分：陶瓷制品
1561	ES 2147 – 2006	制药用玻璃容器　内部静水压力测试
1562	ES 2423 – 2007	药品玻璃容器　耐热冲击性试验方法
1563	ES 2424 – 2007	玻璃容器　耐垂直负载的试验方法
1564	ES 2425 – 2007	药品玻璃容器　光传输试验方法
1565	ES 2426 – 2006	药用玻璃容器　耐化学腐蚀的试验方法
1566	ES 2427 – 2005	道路车辆　安全玻璃　耐辐照，高温和潮湿的试验方法
1567	ES 2428 – 2005	道路车辆　安全玻璃　机械特性的试验方法
1568	ES 2429 – 2007	通过属性检验的取样规程　第1部分：以分批检验的合格质量级（AQL）为指标的取样方案
1569	ES 2430 – 2005	道路车辆　安全玻璃　光学性能试验方法
1570	ES 2468 – 2006	玻璃容器　重量法测定容量
1571	ES 2764 – 2006	药物滴眼液和滴眼液用玻璃容器
1572	ES 3030 – 2007	用于制造无色玻璃的石灰石
1573	ES 3125 – 1 – 2007	玻璃制砂的取样和分析　第1部分：玻璃制砂的取样和物理试验方法
1574	ES 3125 – 2 – 2008	玻璃制造砂　第2部分：规格
1575	ES 3125 – 3 – 2007	玻璃制造砂　第3部分：ASTM玻璃砂化学分析的标准国际试验方法
1576	ES 3125 – 4 – 1997	玻璃制造砂　第4部分：化学试验方法
1577	ES 3241 – 1 – 2005	医用注射设备　第1部分：注射剂用安瓿瓶
1578	ES 3241 – 2 – 2006	医用注射设备　第2部分：一点切割安瓿瓶
1579	ES 3242 – 2007	安瓿的试验方法
1580	ES 3243 – 2006	安瓿瓶　采样程序
1581	ES 3399 – 2005	实验室用3.3型硼硅玻璃
1582	ES 4211 – 2008	薄玻璃板或厚玻璃板的试验方法
1583	ES 4385 – 1 – 2008	玻璃和玻璃器皿　提取液分析　第1部分：磷的测定
1584	ES 4385 – 2 – 2008	玻璃和玻璃器皿　提取液分析　第2部分：用火焰光谱法测定氧化钠和氧化钾
1585	ES 4385 – 3 – 2009	玻璃和玻璃器皿　提取液分析　第3部分：用火焰原子吸收光谱法测定氧化钙和氧化镁
1586	ES 4385 – 4 – 2009	玻璃和玻璃器皿　提取液分析　第4部分：用分子吸收光谱法测定氧化铝
1587	ES 4385 – 5 – 2009	玻璃和玻璃器皿　提取液分析　第5部分：用分子吸收光谱法和火焰原子吸收光谱法测定氧化铁（Ⅲ）
1588	ES 4385 – 6 – 2009	玻璃和玻璃器皿　提取液分析　第6部分：用分子吸收光谱法测定硼（Ⅲ）氧化物
1589	ES 4691 – 2008	建筑用硼硅酸盐玻璃
1590	ES 4692 – 2008	采用浮力法测定玻璃密度的试验方法
1591	ES 4894 – 2005	玻璃　98℃时玻璃颗粒的耐水性　试验方法和分类
1592	ES 4895 – 2005	玻璃　121℃时玻璃颗粒的耐水性　试验方法和分类
1593	ES 5131 – 2006	耐热玻璃厨具

续表

序号	标准编号	标准名称
1594	ES 5563－2006	用浮沉比较仪测定玻璃密度
1595	ES 5764－1－2006	玻璃 黏度和黏度固定点 第1部分：黏度和黏度固定点的测定规则
1596	ES 5764－2－2006	玻璃 黏度和黏度固定点 第2部分：使用旋转黏度计测定黏度
1597	ES 5764－3－2006	玻璃 黏度和黏度固定点 第3部分：用纤维拉伸黏度计测定黏度
1598	ES 5764－4－2006	玻璃 黏度和黏度固定点 第4部分：使用旋转黏度计测定黏度
1599	ES 5764－5－2006	玻璃 黏度和黏度固定点 第5部分：用插杆黏度计测定作用点
1600	ES 5764－6－2006	玻璃 黏度和黏度固定点 第6部分：软化点的测定
1601	ES 5764－7－2006	玻璃 黏度和黏度固定点 第7部分：用光束弯曲法测定退火点和应变点
1602	ES 5764－8－2006	玻璃 黏度和黏度固定点 第8部分：（膨胀）相变温度的测定
1603	ES 5885－2007	玻璃 100℃时耐盐酸连接性 火焰发射或火焰原子吸收光谱法
1604	ES 6336－2007	玻璃 黏度和黏度固定点 （膨胀）相变温度的测定
1605	ES 6534－2008	建筑用玻璃 夹层玻璃和夹层安全玻璃 耐久性试验方法
1606	ES 650－1－2008	木材 第1部分：通用要求
1607	ES 650－2－2008	木材 第2部分：木材的试验方法
1608	ES 739－1992	用于包装和运输民用炸药的木箱
1609	ES 902－2005	划船和其桨
1610	ES 906－1－2006	碎料板 第1部分：规格
1611	ES 906－2－2006	碎料板 第2部分：试验方法
1612	ES 906－3－2007	人造板和刨花板 第3部分：垂直于板平面的拉伸强度的测定
1613	ES 906－4－2007	人造板和刨花板 第4部分：与相对湿度变化有关的尺寸变化的测定
1614	ES 906－5－2007	人造板和刨花板 第5部分：循环试验条件下抗湿性的测定
1615	ES 906－6－2007	人造板和刨花板 第6部分：耐湿性的测定 煮沸试验
1616	ES 906－7－2007	人造板和刨花板 第7部分：表面坚固性的测定
1617	ES 906－8－2007	人造板和刨花板 第8部分：浸水后厚度膨胀的测定
1618	ES 906－9－2007	人造板和刨花板 第9部分：板材尺寸的测定
1619	ES 906－10－2007	人造板和刨花板 第10部分：试样尺寸的测定
1620	ES 906－11－2008	人造板 甲醛释放量的测定 第11部分：室法测定甲醛释放量
1621	ES 906－12－2009	人造板 甲醛释放量的测定 第12部分：室法测定甲醛释放量
1622	ES 949－1994	通用胶合板
1623	ES 949－1－2005	胶合板 第1部分：软、硬木材表面外观分类
1624	ES 949－2－2005	胶合板 第2部分：公差尺寸
1625	ES 949－3－2005	胶合板 第3部分：粘接质量测试方法和质量
1626	ES 949－4－2005	胶合板 第4部分：词汇
1627	ES 949－5－2005	胶合板 第5部分：制造和要求
1628	ES 976－2005	刨花板用亚麻屑
1629	ES 1088－2008	纤维硬纸板
1630	ES 1482－2005	木门 第1部分：平开门
1631	ES 1483－2006	木门 第2部分：板式门
1632	ES 1701－2005	门窗用木制框架和框缘

续表

序号	标准编号	标准名称
1633	ES 1701 – 1 – 2005	内部和外部木门、门叶和框架　第1部分：通用要求
1634	ES 1701 – 2 – 2005	内部和外部木门、门叶和框架　第2部分：尺寸要求规范
1635	ES 1774 – 2005	木制门窗百叶窗
1636	ES 1838 – 2007	盖有三聚氰胺浸渍纸的层压刨花板
1637	ES 1839 – 2007	浸染三聚氰胺的纸张覆盖层压碎料板试验
1638	ES 1993 – 2015	细木工板和夹芯板
1639	ES 2204 – 1992	胶合板　词汇
1640	ES 2331 – 2008	木质包装的通用要求
1641	ES 2422 – 1 – 2005	木门试验　第1部分：验收试验
1642	ES 2422 – 2 – 2006	木门试验　第2部分：风雨密性试验
1643	ES 2422 – 3 – 2007	木门试验　第3部分：动态试验
1644	ES 2422 – 4 – 2005	木门试验　第4部分：静态试验
1645	ES 2422 – 5 – 2005	木门试验　第5部分：门扇尺寸和不垂直度的测量
1646	ES 2422 – 6 – 2005	木门试验　第6部分：门扇总平直度缺陷测量
1647	ES 2422 – 7 – 2005	木门试验　第7部分：门扇静扭力试验
1648	ES 2422 – 8 – 2005	木门试验　第8部分：门扇静载试验
1649	ES 2422 – 9 – 2006	木门试验　第9部分：门组件　门扇透气性试验
1650	ES 2762 – 1 – 2007	木材单板　第1部分：装饰木材单板的要求
1651	ES 2763 – 1 – 2007	胶合板试验方法　第1部分：密度和水分测定
1652	ES 2763 – 2 – 2008	胶合板试验方法　第2部分：静态弯曲强度的测定
1653	ES 2763 – 3 – 2008	胶合板试验方法　第3部分：拉伸强度测定
1654	ES 2763 – 4 – 2007	胶合板试验方法　第4部分：密度和水分测定
1655	ES 2763 – 5 – 2008	胶合板试验方法　第5部分：尺寸测定
1656	ES 2763 – 6 – 2008	胶合板试验方法　第6部分：板材抗剪强度的测定
1657	ES 2763 – 7 – 2009	胶合板试验方法　第7部分：抗剪强度测定
1658	ES 2763 – 8 – 2005	胶合板试验方法　第8部分：耐水性和微组织效应的测定
1659	ES 2763 – 9 – 2005	胶合板试验方法　第9部分：酸碱值测定
1660	ES 2763 – 10 – 2006	胶合板试验方法　第10部分：斜接接头强度的测定
1661	ES 2765 – 2007	船舶用胶合板
1662	ES 2799 – 2007	混凝土用单板胶合板模板
1663	ES 3354 – 1998	阔叶树类锯材　缺陷
1664	ES 3536 – 1 – 2008	木材试验方法　第1部分：木材　线性胀缩率的测定
1665	ES 3536 – 2 – 2008	木材试验方法　第2部分：体积膨胀率测定
1666	ES 3536 – 3 – 2008	木材　物理试验方法　词汇　第3部分：通用概念和宏观结构
1667	ES 3578 – 1 – 2006	纤维板　第1部分：定义、分类和符号
1668	ES 3578 – 2 – 2010	纤维板　规格　第2部分：通用要求
1669	ES 3578 – 3 – 2010	纤维板　规格　第3部分：干加工中密度板（MDF）的要求
1670	ES 3578 – 4 – 2013	纤维板　规格　第4部分：硬纸板的要求
1671	ES 3578 – 5 – 2006	纤维板　规格　第5部分：中等板材的要求
1672	ES 3578 – 6 – 2006	纤维板　规格　第6部分：软板的要求
1673	ES 3596 – 1 – 2008	木屑板和纤维板试验方法　第1部分：浸水厚度膨胀测定
1674	ES 3596 – 2 – 2006	木屑板和纤维板试验方法　第2部分：螺钉干制板轴向抽出阻力的测定

续表

序号	标准编号	标准名称
1675	ES 3596 – 3 – 2008	木屑板和纤维板试验方法　第3部分：密度测定
1676	ES 3596 – 4 – 2008	木屑板和纤维板试验方法　第4部分：含水量测定
1677	ES 3596 – 5 – 2008	人造板测试方法　第5部分：甲醛含量测定
1678	ES 3596 – 6 – 2008	人造板　第6部分：垂直于板平面抗拉强度的测定（内部黏结）
1679	ES 3596 – 7 – 2008	人造板　第7部分：板试验件取样和切割的确定
1680	ES 3596 – 8 – 2008	人造板　第8部分：面板尺寸的测定
1681	ES 3596 – 9 – 2003	人造板　第9部分：试件尺寸的测定
1682	ES 3596 – 10 – 2003	人造板　第10部分：弹性模量的测定
1683	ES 4027 – 2015	硬木圆材　定性分类榉木原木
1684	ES 4028 – 2008	硬木圆材　定性分析　QAK – 原木
1685	ES 4167 – 1 – 2008	原木和锯木　术语　第1部分：通用术语　水分含量相关术语
1686	ES 4167 – 2 – 2008	原木和锯木　术语　第2部分：与原木锯材和生物结构有关的通用术语
1687	ES 4167 – 3 – 2008	原木和锯木　术语　第3部分：与原木和锯木材有关的通用术语
1688	ES 4167 – 4 – 2008	原木和锯木　术语　第4部分：与原木和锯木特征有关的术语
1689	ES 4167 – 5 – 2008	原木和锯木　术语　第5部分：与昆虫变色真菌攻击和降解有关的术语
1690	ES 4297 – 2008	橡树锯材
1691	ES 4379 – 2008	山毛榉木材
1692	ES 4570 – 2005	紧密材镶木地板　山毛榉木条的分类
1693	ES 4571 – 2005	紧密材镶木地板　橡木条的分类
1694	ES 4572 – 2008	马赛克镶嵌板　一般特性
1695	ES 4781 – 2005	紧密材镶木地板　通用特征
1696	ES 4892 – 2005	木材和木质材料的湿度调节
1697	ES 5128 – 2006	木材和木基材料的比重
1698	ES 5313 – 1 – 2006	非金属叶形门扉防火门组件　第1部分：通用要求
1699	ES 5313 – 2 – 2008	非金属叶形门扉防火门组件　第2部分：设计和制造考虑
1700	ES 5313 – 3 – 2009	非金属叶形门扉防火门组件　第3部分：现场护理和安装
1701	ES 5313 – 4 – 2009	非金属叶形门扉防火门组件　第4部分：门检修
1702	ES 5383 – 2009	石软木地板砖　试验方法
1703	ES 5384 – 2013	建筑用纤维板　砂含量的测定
1704	ES 5385 – 2006	建筑用纤维板　表面光洁度的测定
1705	ES 5386 – 2006	建筑用纤维板　表面稳定性的测定
1706	ES 5387 – 2009	建筑用纤维板　硬板和中硬板　浸水后吸水性和厚度膨胀的测定
1707	ES 5752 – 2012	碎料板　规格
1708	ES 5927 – 2015	实心木材结构尺寸　特定物理和机械性能的测定
1709	ES 5928 – 2009	宽叶锯木（实心）　公称尺寸
1710	ES 5929 – 2009	宽叶锯木（实心）　尺寸　测量方法
1711	ES 5930 – 2009	锯材　试验方法　顺纹剪切极限强度的测定
1712	ES 5931 – 2007	托盘施工用锯材的质量
1713	ES 5932 – 2008	阔叶树类锯材　缺陷　分类
1714	ES 5933 – 2009	阔叶树类锯材（实木）　缺陷　术语和定义
1715	ES 5934 – 2009	阔叶树类锯材（实木）　缺陷测量

续表

序号	标准编号	标准名称
1716	ES 5935 – 2007	结构木材　视觉强度分级　基本原则
1717	ES 5936 – 2007	结构木材　机械　强度分级　基本原则
1718	ES 5937 – 2007	材料转移用托盘　词汇
1719	ES 5938 – 1 – 2007	材料转移用托盘　平托盘　第1部分：试验方法
1720	ES 5938 – 2 – 2007	材料转移用托盘　平托盘　第2部分：性能要求和试验选择
1721	ES 5938 – 3 – 2007	材料转移用托盘　平托盘　第3部分：最大工作负载
1722	ES 5939 – 2013	木制平托盘的修理
1723	ES 6073 – 1 – 2007	木楼梯　第1部分：含直踏步和斜踏步楼梯和直角转弯楼梯平台或全宽楼梯平台家用带封闭式梯级竖板的楼梯规格
1724	ES 6073 – 2 – 2007	木楼梯　第2部分：由木质材料制成的家用楼梯的性能要求规格
1725	ES 6333 – 2007	有机溶剂中木材防腐剂的保存
1726	ES 6334 – 1 – 2007	包含有机材料或者由其制成的面板产品的抗真菌性　抗木腐担子菌的测定方法
1727	ES 6338 – 2007	材料转移用托盘　平托盘新木制构件的质量
1728	ES 6538 – 2008	窗户和门高高度窗　风阻试验
1729	ES 6924 – 2009	针叶树锯木　尺寸　测量方法
1730	ES 6925 – 2009	针叶树锯木　尺寸　允许偏差和收缩率
1731	ES 6926 – 2009	针叶树锯木　缺陷　分类
1732	ES 6927 – 2009	针叶树锯木　缺陷　测量
1733	ES 6928 – 2009	针叶树锯木　缺陷　术语和定义
1734	ES 6929 – 2009	针叶树锯木　尺寸　术语和定义
1735	ES 7045 – 2009	锯材　批量平均含水率的测定
1736	ES 7194 – 2010	人造板　地板、墙壁和屋顶用承重板的性能规格和要求
1737	ES 7220 – 2011	建筑用人造板　特性、合格评定和标记
1738	ES 7424 – 1 – 2011	竹子　物理特性和机械特性的测定　第1部分：要求
1739	ES 7514 – 1 – 2012	木材和木基制品的耐久性　使用类别定义　第1部分：总则
1740	ES 7515 – 2012	阿拉伯式花纹（阿拉伯蚀刻）　技术要求
1741	ES 7571 – 2013	木材　径向和切向膨胀的测定
1742	ES 7594 – 2013	窗户和门高度窗　机械试验
1743	ES 14 – 1995	汽车　汽油
1744	ES 15 – 2013	家用煤油
1745	ES 16 – 2013	柴油燃料
1746	ES 17 – 2007	燃油
1747	ES 1469 – 1995	液化石油气丙烷、商业丁烷和丁烷混合物
1748	ES 66 – 2008	乳化植物喷雾油
1749	ES 77 – 2006	石油产品的常压蒸馏
1750	ES 78 – 2014	煤油和航空涡轮燃料烟点的标准试验方法
1751	ES 79 – 2007	石油产品凝点的测定
1752	ES 80 – 2014	采用比重计法测定石油原油和液态石油产品的密度（比重）或API比重的试验方法
1753	ES 81 – 2007	测定石油产品中灰分含量的标准方法
1754	ES 82 – 1988	石油产品中无机酸度的测定　颜色指示剂滴定法
1755	ES 83 – 2007	测定石油产品中碳残留的标准方法　康氏法

续表

序号	标准编号	标准名称
1756	ES 84 – 2015	采用蒸馏法测定石油产品和沥青材料中水分的标准试验方法
1757	ES 85 – 2007	原油和石油产品中沥青质（正庚烷不溶物）的测定
1758	ES 156 – 2007	石油产品和烃类溶剂中苯胺点和混合苯胺点的测定
1759	ES 157 – 2008	测定汽油中四乙基铅的标准方法（氯酸盐氧化法）
1760	ES 158 – 2008	测定石油产品黏度的标准方法（雷德伍德黏度计法）
1761	ES 159 – 2008	采用克立夫兰敞口杯测定闪点和燃点的标准试验方法
1762	ES 176 – 2014	石油产品蒸气压力的试验方法（雷德法）
1763	ES 177 – 2014	采用潘斯基－马丁斯闭杯试验仪测定闪点的标准试验方法
1764	ES 178 – 2008	测定石油产品中硫含量的标准方法（石英管法）
1765	ES 179 – 1984	测定柴油指数的标准方法
1766	ES 180 – 1972	煤油燃烧试验的标准方法
1767	ES 193 – 2008	固态沥青
1768	ES 194 – 2008	稀释沥青
1769	ES 195 – 2008	氧化沥青
1770	ES 218 – 2008	石油制品和其他液体　闪点测定　阿贝尔闭杯法
1771	ES 219 – 2008	采用洛维邦得色辉计测定石油产品颜色的标准方法
1772	ES 220 – 2007	采用喷射蒸发法测定燃料中实际胶质的标准方法
1773	ES 221 – 1972	测定电机燃料氧化稳定性的标准方法
1774	ES 222 – 2015	纸和纸板　厚度、密度和比容测定
1775	ES 223 – 2014	纸张定量的测定
1776	ES 289 – 2015	沥青材料渗透性的标准试验方法
1777	ES 290 – 2008	测定沥青延展性的标准方法
1778	ES 291 – 2008	沥青软化的标准试验方法
1779	ES 419 – 2014	采用铜带试验测定石油产品对铜腐蚀性的试验方法
1780	ES 420 – 2014	利用弹式量热计测定液烃燃料燃烧热的标准试验方法
1781	ES 421 – 2008	测定沥青水滴渗透百分比的标准方法
1782	ES 422 – 2008	沥青和沥青胶粘剂　工业沥青加热后质量损失的测定
1783	ES 442 – 2007	内燃机用润滑油
1784	ES 453 – 1963	沥青材料在三氯乙烯中溶解度的测定
1785	ES 454 – 2015	沥青铺路混合料用矿物填料的规格
1786	ES 454 – 1963	沥青材料在三氯乙烯中溶解度的测定
1787	ES 455 – 2014	火花点火发动机燃料研究法辛烷值的标准试验方法
1788	ES 456 – 2014	火花点火发动机燃料的马达法辛烷值的标准试验方法
1789	ES 514 – 2005	汽车齿轮润滑油
1790	ES 515 – 2005	涡轮机油
1791	ES 527 – 2015	液化石油气中硫的标准试验方法（氢氧烧硫炉或灯）
1792	ES 547 – 2005	电气装置使用矿物绝缘油的标准规格
1793	ES 548 – 2006	液压制动液
1794	ES 549 – 2005	锭子油
1795	ES 653 – 2008	润滑油的破乳化值
1796	ES 693 – 2008	城市燃气
1797	ES 696 – 2006	粘度指数的计算方法（应用运动粘度 ν）
1798	ES 697 – 2008	采用萃取法测定原油和燃料油中沉淀物的标准试验方法

续表

序号	标准编号	标准名称
1799	ES 700 – 2008	变压器油电强度的测定
1800	ES 792 – 1996	汽车用润滑脂
1801	ES 798 – 2005	仪器用润滑油
1802	ES 825 – 1984	石油产品酸度的测定（中和值）
1803	ES 829 – 2014	矿物绝缘油氧化稳定性的标准试验方法
1804	ES 849 – 2012	工业用液压油
1805	ES 909 – 2007	二甲苯
1806	ES 929 – 2008	加热和制冷用煤油
1807	ES 934 – 2008	防锈石油产品
1808	ES 935 – 1967	重石脑油
1809	ES 937 – 2001	石油醚 40/60
1810	ES 948 – 1968	索拉林
1811	ES 983 – 2008	黑色密封蜡
1812	ES 1057 – 2015	燃料和溶剂中活性硫类物质定性分析的标准试验方法（试硫液试验）
1813	ES 1063 – 2006	散热器防锈液
1814	ES 1064 – 2006	散热器冲洗液
1815	ES 1080 – 2008	石油原油和石油产品的含盐量
1816	ES 1082 – 2005	再生润滑油
1817	ES 1083 – 2008	汽油
1818	ES 1084 – 2005	船用燃料
1819	ES 1085 – 2008	汽油中铅含量的容量测定
1820	ES 1137 – 2008	硫醇硫含量（硝酸银法）
1821	ES 1138 – 2008	封闭式工业齿轮用润滑油
1822	ES 1154 – 2008	润滑脂滴点的标准试验方法
1823	ES 1199 – 2015	液化石油（LP）气挥发性的标准试验方法
1824	ES 1226 – 2007	商业白色矿物油（石蜡油）
1825	ES 1245 – 2011	石油和石油制品人工取样方法
1826	ES 1284 – 2005	工业用工业凡士林
1827	ES 1285 – 2015	液化石油（LP）气测量蒸气压力的标准试验方法（液化石油气法）
1828	ES 1339 – 2005	蒸汽汽缸油
1829	ES 1340 – 2008	测定石油产品酸度和酸值的标准方法（硝嗪指示剂法）
1830	ES 1363 – 2006	空气压缩机油
1831	ES 1364 – 2015	石油产品浊点的标准试验方法
1832	ES 1368 – 2007	涂料和清漆　热效应测定
1833	ES 1390 – 2015	透明和不透明液体运动粘度的标准试验方法（包括动态黏度的计算）
1834	ES 1391 – 2005	金属切割油
1835	ES 1411 – 2015	润滑脂锥体针入度的标准试验方法
1836	ES 1417 – 2005	石蜡
1837	ES 1418 – 2008	工业液体润滑剂　ISO 黏度分级
1838	ES 1468 – 2007	商用液化丙烷气
1839	ES 1470 – 2006	热处理油
1840	ES 1514 – 2010	抗氧化矿物油氧化性能的标准试验方法
1841	ES 1515 – 2007	商用己烷

续表

序号	标准编号	标准名称
1842	ES 1542 – 2008	燃气轮机用汽油
1843	ES 1545 – 2015	采用电位滴定法测定石油产品酸值的标准试验方法
1844	ES 1549 – 2015	利用旋转压力容器测定汽轮机油氧化稳定性的标准试验方法
1845	ES 1569 – 2014	润滑油抗起泡性能的标准试验方法
1846	ES 1583 – 2015	石油空气释放性能的标准试验方法
1847	ES 1596 – 2008	微晶蜡
1848	ES 1597 – 2007	石油蜡针入度的标准试验方法
1849	ES 1598 – 2015	采用离心法测定原油中水和沉积物的标准试验方法（实验室方法）
1850	ES 1604 – 2007	直链烷基苯
1851	ES 1605 – 2015	石油产品中硫的标准试验方法（通用氧弹法）
1852	ES 1611 – 2007	水中油脂和石油烃的标准试验方法
1853	ES 1627 – 2007	工业燃料油泵抽送能力的标准试验方法
1854	ES 1663 – 2007	汽油中铅含量的标准试验方法　一氯化碘法
1855	ES 1664 – 2007	有水的情况下加抑制剂矿物油防锈特性的标准试验方法
1856	ES 1687 – 2007	测定航空涡轮机燃料热氧化稳定性的标准试验方法（jftot 法）
1857	ES 1699 – 2008	银腐蚀航空涡轮燃料
1858	ES 1734 – 2007	气溶胶用液化石油气
1859	ES 1735 – 2007	馏分燃料（瓦斯油和柴油）的标准方法
1860	ES 1736 – 2015	航空燃料与馏分燃料电导率的标准试验方法
1861	ES 1737 – 2015	采用颜色指示剂滴定法测定酸碱值的标准试验方法
1862	ES 1738 – 2007	气溶胶用煤油
1863	ES 1882 – 2015	采用气相色谱法分析液化石油（LP）气和丙烯浓缩物的标准试验方法
1864	ES 1884 – 2007	润滑油氧化稳定性的标准试验方法
1865	ES 1893 – 2015	液化石油气中硫的标准试验方法（氢氧烧硫炉或灯）
1866	ES 1894 – 2014	采用荧光指示剂吸收法测定液态石油产品中烃类物质的标准试验方法
1867	ES 1895 – 2007	白色药用油
1868	ES 1896 – 2014	液化石油（LP）气中残留的标准试验方法
1869	ES 1994 – 2014	包括凡士林在内的石油蜡滴熔点的标准试验方法
1870	ES 1995 – 2007	硝化级甲苯
1871	ES 1996 – 2008	工业级苯
1872	ES 1997 – 2007	工业级甲苯
1873	ES 2517 – 2014	液化石油（LP）气中硫化氢的标准试验方法（醋酸铅法）
1874	ES 2519 – 2014	采用电量滴定法测定芳香烃溴值的标准试验方法
1875	ES 2520 – 2007	轻质石油馏分油中铅含量的测定　双硫腙萃取比色法
1876	ES 2843 – 2014	采用液化石油（LP）气测定铜带腐蚀性的标准试验方法
1877	ES 2844 – 2014	石油蜡含油量的标准试验方法
1878	ES 2845 – 2014	石油产品赛波特（Saybolt）比色的标准试验方法（赛波特比色计法）
1879	ES 2846 – 2014	采用紫外线吸收法评估白色矿物油的标准试验方法
1880	ES 2847 – 2014	航空涡轮机燃料酸度的标准试验方法
1881	ES 2848 – 2007	有水的情况下加抑制剂矿物油防锈特性的标准试验方法
1882	ES 2849 – 2014	电绝缘油中腐蚀性硫的标准试验方法

续表

序号	标准编号	标准名称
1883	ES 2870 – 2014	润滑油抗乳化性能的标准试验方法
1884	ES 2872 – 2008	标定用混合气的制备　渗透法
1885	ES 2873 – 2007	气体燃料热值、压缩系数和相对密度的计算方法
1886	ES 2896 – 2008	军用和船用燃料油
1887	ES 2897 – 2008	夏季用柴油
1888	ES 2898 – 2008	特种瓦斯油
1889	ES 3059 – 2014	采用便携式分离器测定航空涡轮燃料水分离特性的标准试验方法
1890	ES 3167 – 2008	烃类气体中硫醇硫化物，硫化氢和羰基硫化物的试验方法　（电位滴定法）
1891	ES 3203 – 2007	采用原子吸收和火焰发射光谱法测定汽轮机燃料中痕量金属的标准试验方法
1892	ES 3204 – 2015	工业芳烃及相关物质蒸馏的标准试验方法
1893	ES 3218 – 2015	石油商品 ASTM 颜色的标准试验方法（ASTM 比色度）
1894	ES 3219 – 2015	苯、甲苯、二甲苯、溶剂石脑油和类似工业芳烃酸度的标准试验方法
1895	ES 3449 – 2015	石油油料和合成流体水可分离性的试验方法
1896	ES 3479 – 2010	无铅汽油 80，90，92，95 号
1897	ES 3480 – 2015	润滑油和添加剂中硫酸化灰分的试验方法
1898	ES 3609 – 2008	疏松石蜡
1899	ES 3727 – 2015	阳离子乳化沥青
1900	ES 3728 – 2008	硬质工程用固态沥青 60/70
1901	ES 4083 – 2008	超级柴油燃料
1902	ES 4573 – 2015	采用能量扩散 X 射线荧光光谱法测定石油和石油产品中硫含量的标准试验方法
1903	ES 4632 – 2015	采用四个变量方程式计算十六烷指数的标准试验方法
1904	ES 4633 – 2015	采用原子吸收光谱法测定汽油中铅含量的标准试验方法
1905	ES 4689 – 2008	采用 X 射线光谱法测定汽油中铅含量的标准试验方法
1906	ES 4753 – 2011	液化石油气商业/丁烷混合物
1907	ES 6711 – 2008	制冷压缩机用润滑油　要求和试验
1908	ES 7189 – 2010	空气压缩机用润滑油
1909	ES 7482 – 1 – 2012	石油行业　术语　第 1 部分：原料和成品
1910	ES 7482 – 3 – 2011	石油行业　术语　第 3 部分：勘探和生产
1911	ES 6768 – 2008	自动传动液（Atf）
1912	ES 234 – 1983	釉瓷的标准试验方法
1913	ES 234 – 1 – 2005	搪瓷的标准试验方法　第 1 部分：制件搪瓷区域用试验方法的选择
1914	ES 234 – 2 – 2005	搪瓷的标准试验方法　第 2 部分：薄板试样的生产
1915	ES 234 – 3 – 2005	搪瓷的标准试验方法　第 3 部分：铸铁试样的生产
1916	ES 234 – 4 – 2005	搪瓷的标准试验方法　第 4 部分：铝试样的生产
1917	ES 234 – 5 – 2014	搪瓷的标准试验方法　第 5 部分：耐热性的测定
1918	ES 234 – 6 – 2007	搪瓷的标准试验方法　第 6 部分：冷凝盐酸蒸气耐性的测定
1919	ES 234 – 7 – 2007	搪瓷的标准试验方法　第 7 部分：碱性液体的试验器具

续表

序号	标准编号	标准名称
1920	ES 234 – 8 – 2007	搪瓷的标准试验方法　第 8 部分：酸性和中性液体及其蒸汽的试验器具
1921	ES 234 – 9 – 2007	搪瓷的标准试验方法　第 9 部分：测定洗涤纺织品用热洗涤剂溶液耐性时使用的器具
1922	ES 234 – 10 – 2007	搪瓷的标准试验方法　第 10 部分：耐洗涤纺织品用热洗涤剂溶液性能的测定
1923	ES 234 – 11 – 2008	搪瓷的标准试验方法　第 11 部分：耐热氢氧化钠性能的测定
1924	ES 234 – 12 – 2008	搪瓷的标准试验方法　第 12 部分：流动性的测定　熔化液流试验
1925	ES 234 – 13 – 2008	搪瓷的标准试验方法　第 13 部分：检测和定位缺陷的低电压试验
1926	ES 234 – 14 – 2008	搪瓷的标准试验方法　第 14 部分：耐室温条件下柠檬酸性能的测定
1927	ES 234 – 15 – 2008	搪瓷的标准试验方法　第 15 部分：自清洁性能的试验方法
1928	ES 234 – 16 – 2008	搪瓷的标准试验方法　第 16 部分：耐沸水和水蒸气性能的测定
1929	ES 234 – 17 – 2015	搪瓷的标准试验方法　第 17 部分：耐烹饪用具和预制薄板钢组件以外用品涂层热冲击性能的测定
1930	ES 234 – 18 – 2015	搪瓷的标准试验方法　第 18 部分：沸腾柠檬酸耐性测定
1931	ES 234 – 19 – 2008	搪瓷的标准试验方法　第 19 部分：封闭系统中的腐蚀试验
1932	ES 234 – 20 – 2015	搪瓷的标准试验方法　第 20 部分：表层瓷漆抗划伤性的测定
1933	ES 234 – 21 – 2009	搪瓷的标准试验方法　第 21 部分：室温条件下硫酸耐性的测定
1934	ES 234 – 27 – 2014	搪瓷的标准试验方法　第 27 部分：热交换器用包覆有搪瓷钢板边缘的测定
1935	ES 271 – 1988	瓷砖
1936	ES 293 – 2001	陶瓷和彩陶砖的测试
1937	ES 293 – 1 – 2014	瓷砖试验　第 1 部分：吸水率、表观孔隙率、表观相对密度体积和密度的测定
1938	ES 293 – 2 – 2005	瓷砖试验　第 2 部分：无釉砖耐磨深度的测定
1939	ES 293 – 3 – 2014	瓷砖试验　第 3 部分：有釉砖表面耐磨性的测定
1940	ES 293 – 4 – 2014	瓷砖试验　第 4 部分：尺寸和表面质量的测定
1941	ES 293 – 5 – 2014	瓷砖试验　第 5 部分：釉面砖抗龟裂性的测定
1942	ES 293 – 6 – 2006	瓷砖试验　第 6 部分：抗热震性的测定方法
1943	ES 293 – 7 – 2005	瓷砖试验　第 7 部分：表面莫氏划伤硬度的测定
1944	ES 293 – 8 – 2014	瓷砖试验　第 8 部分：取样方法和验收依据
1945	ES 293 – 9 – 2015	瓷砖试验　第 9 部分：湿膨胀的测定
1946	ES 293 – 10 – 2005	瓷砖试验　第 10 部分：断裂模数和破裂强度的测定
1947	ES 293 – 11 – 2015	瓷砖试验　第 11 部分：耐化学腐蚀性的测定
1948	ES 293 – 13 – 2015	瓷砖试验　第 13 部分：抗沾污性的测定
1949	ES 293 – 14 – 2006	瓷砖试验　第 14 部分：摩擦静态系数的测定
1950	ES 293 – 15 – 2010	瓷砖试验　第 15 部分：线性热膨胀的测定
1951	ES 293 – 16 – 2015	瓷砖试验　第 16 部分：采用恢复系数测定耐碰撞性
1952	ES 293 – 18 – 2015	瓷砖试验　第 18 部分：釉面砖铅和镉释放量的测定
1953	ES 618 – 2005	搪瓷铸铁卫生洁具的试验方法
1954	ES 631 – 2005	搪瓷铸铁卫生器具的形状和尺寸（通用）

续表

序号	标准编号	标准名称
1955	ES 632 – 2005	陶瓷搪瓷铸铁卫生洁具
1956	ES 649 – 1 – 2006	瓷质陶瓷卫生洁具试验方法　第1部分：吸水率的测定
1957	ES 649 – 2 – 2006	瓷质陶瓷卫生洁具试验方法　第2部分：目视法
1958	ES 649 – 3 – 2006	瓷质陶瓷卫生洁具试验方法　第3部分：耐化学杯法
1959	ES 649 – 4 – 2006	瓷质陶瓷卫生洁具试验方法　第4部分：耐温度冲击
1960	ES 649 – 5 – 2006	瓷质陶瓷卫生洁具试验方法　第5部分：冲水试验
1961	ES 649 – 6 – 2006	瓷质陶瓷卫生洁具试验方法　第6部分：抗染色和燃烧性
1962	ES 649 – 7 – 2006	瓷质陶瓷卫生洁具　第7部分：抗龟裂性的测定
1963	ES 649 – 8 – 2006	瓷质陶瓷卫生洁具　第8部分：耐碰撞性和耐崩裂性试验
1964	ES 649 – 9 – 2006	瓷质陶瓷卫生洁具　第9部分：耐静荷载试验
1965	ES 649 – 10 – 2006	瓷质陶瓷卫生洁具　第10部分：表面莫氏划伤硬度的测定
1966	ES 922 – 2006	陶器卫浴　形状和尺寸
1967	ES 923 – 2005	陶瓷餐具
1968	ES 944 – 1 – 2005	陶瓷餐具的试验方法　第1部分：吸水率的测定
1969	ES 944 – 2 – 2005	陶瓷餐具的试验方法　第2部分：釉层耐湿膨胀性的测定
1970	ES 944 – 3 – 2005	陶瓷餐具的试验方法　第3部分：釉层耐热冲击性的测定
1971	ES 944 – 4 – 2005	陶瓷餐具的试验方法　第4部分：采用莫氏标度测定硬度的试验方法
1972	ES 944 – 5 – 2005	陶瓷餐具的试验方法　第5部分：玻璃的试验方法
1973	ES 944 – 6 – 2005	陶瓷餐具的试验方法　第6部分：测定耐染色性和耐燃烧性的试验方法
1974	ES 944 – 7 – 2005	陶瓷餐具的试验方法　第7部分：测定半透明属性的试验方法
1975	ES 944 – 8 – 2005	陶瓷餐具的试验方法　第8部分：耐碰撞性和耐崩裂性的试验方法
1976	ES 944 – 9 – 2005	陶瓷餐具的试验方法　第9部分：釉层耐化学物质腐蚀的试验方法
1977	ES 1402 – 2003	小型砖
1978	ES 905 – 1994	瓷质陶瓷卫生洁具
1979	ES 3168 – 1 – 2005	瓷砖　定义、分类、特征和标记
1980	ES 3168 – 2 – 2005	瓷砖　第2部分：吸水率小于或等于0.5%的瓷砖
1981	ES 3168 – 3 – 2005	瓷砖　第3部分：吸水率大于0.5%且小于或等于3%的瓷砖
1982	ES 3168 – 4 – 2005	瓷砖　第4部分：吸水率大于3%且小于或等于6%的瓷砖
1983	ES 3168 – 5 – 2005	瓷砖　第5部分：吸水率大于6%且小于或等于10%的瓷砖
1984	ES 3168 – 6 – 2005	瓷砖　第6部分：吸水率大于6%至大于或等于10%的瓷砖
1985	ES 3168 – 7 – 2006	瓷砖　第7部分：吸水率E≤3%的挤压瓷砖　ai组
1986	ES 3168 – 8 – 2006	瓷砖　第8部分：吸水率3%＜E≤6%的挤压瓷砖（aiia组－第1部分）
1987	ES 3168 – 9 – 2006	瓷砖　第9部分：吸水率3%＜E≤6%的挤压瓷砖（aiia组－第2部分）
1988	ES 3168 – 10 – 2006	瓷砖　第10部分：吸水率6%＜E≤10%的挤压瓷砖（aiib组－第1部分）

续表

序号	标准编号	标准名称
1989	ES 3168 – 11 – 2006	瓷砖　第11部分：吸水率6%＜E≤10%的挤压瓷砖（aiib组–第2部分）
1990	ES 3168 – 12 – 2006	瓷砖　第12部分：吸水率E＞10%的挤压瓷砖（aiii组）
1991	ES 5562 – 2006	瓷质陶瓷卫生洁具
1992	ES 6248 – 2007	耐火黏土洗涤池规格　尺寸与工艺
1993	ES 6712 – 2 – 2008	釉火黏土卫生用具　第2部分：板式小便池
1994	ES 6712 – 3 – 2008	釉火黏土卫生用具　第3部分：立式小便器
1995	ES 6712 – 4 – 2008	釉火黏土卫生用具　第4部分：验尸板
1996	ES 7227 – 2010	白陶瓷品黏土化学分析的试验方法
1997	ES 7421 – 2011	采用干涉法测定釉料熔块和白瓷材料线性热膨胀的标准试验方法
1998	ES 7561 – 2013	瓷砖和硅酸盐水泥浆黏结强度的标准试验方法
1999	ES 7601 – 2013	坐浴盆　功能要求和试验方法
2000	ES 7602 – 2013	墙挂式小便器　功能要求和试验方法
2001	ES 881 – 1967	塑料药剂容器
2002	ES 955 – 2001	润滑油用纤维和纸箱
2003	ES 2250 – 2007	塑料药品包装材料的通用试验　化学试验
2004	ES 2252 – 2007	氨肥和磷肥包装用聚乙烯袋
2005	ES 2253 – 2008	水泥包装用纸袋
2006	ES 2254 – 2005	石膏包装用纸袋
2007	ES 2256 – 1992	药品包装材料（一般条件）
2008	ES 2257 – 1992	血液和血液成分用塑料容器
2009	ES 2258 – 1992	血液和血液成分用塑料容器的化学试验
2010	ES 2259 – 1992	血液和血液成分用塑料容器的生物试验
2011	ES 2260 – 1992	血液和血液成分用塑料容器的生物利用度试验
2012	ES 2262 – 1 – 1992	片剂、胶囊和糖锭用塑料容器　第1部分：多剂量容器
2013	ES 2534 – 2005	肥料　硝酸盐氮含量的测定重量法
2014	ES 2535 – 1993	药膏、霜剂、凝胶和软膏等药物剂型的塑料容器
2015	ES 2536 – 1993	膏状物、胶状物和糊状物药剂形式用塑料容器的试验方法
2016	ES 2537 – 2007	药物滴剂用塑料容器
2017	ES 2538 – 2007	滴状物药剂用塑料容器的试验方法
2018	ES 2804 – 2007	栓剂包装用（低密度）PVC/PE预制层压带材
2019	ES 2874 – 2006	锐器盒
2020	ES 2904 – 2007	包装　圆柱形弹性层压管　尺寸与容限
2021	ES 3040 – 2005	预捆扎材料用塑料袋
2022	ES 3041 – 2006	预包装材料用塑料袋的通用试验
2023	ES 3042 – 2006	预包装材料用塑料袋的取样方法
2024	ES 3043 – 2015	高密度聚乙烯（HDPE）产生的一次性黑色垃圾袋
2025	ES 3044 – 2007	以高密度聚乙烯（HDPE）制作黑色垃圾袋的试验规程
2026	ES 3533 – 2009	应属无菌的医疗设备包装材料和系统　热封和自封袋、纸卷、塑料膜的构造　要求与试验方法
2027	ES 3534 – 2007	医用蒸汽灭菌纸袋的试验方法
2028	ES 3535 – 2009	应属无菌的医疗设备包装材料和系统　纸袋、小袋和卷筒制造用纸　要求与试验方法

续表

序号	标准编号	标准名称
2029	ES 3577 – 2005	配制农药容器
2030	ES 3642 – 2005	化学产品标签
2031	ES 3748 – 1 – 2002	末端无菌医疗设备包装
2032	ES 3774 – 2008	石油和石油蜡用塑料容器的通用要求
2033	ES 3947 – 2003	包装和环境术语
2034	ES 3948 – 2008	包装 可通过堆肥和生物降解回收的包装要求 试验方案与包装最终验收评估标准
2035	ES 4031 – 2011	包装 以能量形式回收的包装要求（含最小低位热值规范）
2036	ES 4032 – 2010	包装 可通过材料回收复原的包装要求
2037	ES 4298 – 2010	包装 重复使用
2038	ES 4299 – 2008	包装 解决消费者需求的建议
2039	ES 4381 – 2008	包装 护边物规格
2040	ES 4694 – 2005	包装 触碰危险警告 要求
2041	ES 4782 – 2015	软木塞 尺寸特性检验的抽样
2042	ES 4783 – 2005	软木塞 词汇
2043	ES 4784 – 2005	圆柱软木塞 尺寸特性、取样、包装标识
2044	ES 5009 – 1 – 2005	运输包装 可重复使用硬塑料配送箱 第 1 部分：一般用途应用
2045	ES 5009 – 2 – 2005	运输包装 可重复使用硬塑料配送箱 第 2 部分：通用试验规格
2046	ES 5305 – 2006	碳钢和合金钢紧固件的机械性能 螺栓/螺钉和螺柱
2047	ES 5314 – 2006	包装 弹性包装材料 抗穿刺性测定 试验方法
2048	ES 5326 – 1 – 2009	包装 袋 词汇和类型 第 1 部分：纸袋
2049	ES 5326 – 2 – 2009	包装 袋 词汇和类型 第 2 部分：热塑弹性膜制作的袋子
2050	ES 5327 – 1 – 2008	包装 袋 测量说明和方法 第 1 部分：空纸袋
2051	ES 5327 – 2 – 2008	包装 袋 测量说明和方法 第 2 部分：热塑弹性膜制作的空袋
2052	ES 5328 – 1 – 2008	包装 通用包装袋的尺寸容限 第 1 部分：纸袋
2053	ES 5328 – 2 – 2008	普通袋子的尺寸公差 第 2 部分：热塑性柔性薄膜制袋子
2054	ES 5485 – 2006	航空货运设备 地面设备与飞机单元装载设备的相容性要求
2055	ES 5573 – 2006	包装 规定堆肥条件下实用导向试验中的包装材料分解评定
2056	ES 5761 – 1 – 2006	滚动集装箱 第 1 部分：术语
2057	ES 5761 – 2 – 2007	滚动集装箱 第 2 部分：通用设计和安全原则
2058	ES 6123 – 2007	可回收塑料包装材料规范
2059	ES 6300 – 2007	药剂配发容器规范 第 8 部分：固体剂型、半固体型和粉末状药剂用玻璃和塑料容器规范
2060	ES 6493 – 2008	包装 回收率 计算定义和方法
2061	ES 6494 – 2008	包装 能量回收率 计算定义和方法
2062	ES 6918 – 2009	包装和材料回收 回收方法标准 回收程序说明和流程图
2063	ES 7119 – 2010	包装 弹性管 术语
2064	ES 7120 – 2010	包装 弹性塑料/金属层压管喷嘴 s13 的尺寸和容限
2065	ES 7187 – 2010	包装 词汇
2066	ES 7188 – 2010	包装 袋 热塑弹性膜制作的袋子 卷边撕裂延展
2067	ES 7428 – 1 – 2011	包装 袋 试验条件 第 1 部分：纸袋
2068	ES 7429 – 2011	包装 袋 已装满的袋子摩擦力测定
2069	ES 7568 – 2013	包装 材料回收 预防持续回收障碍的物质与材料要求报告

续表

序号	标准编号	标准名称
2070	ES 7599 - 2 - 2013	袋　跌落试验　第2部分：热塑性软质薄膜袋
2071	ES 7600 - 2013	包装　可用设计　通用要求
2072	ES 2261 - 2007	塑料药品包装材料的通用试验　生物试验
2073	ES 2511 - 1993	用于注射制剂的橡胶封闭性
2074	ES 2512 - 1993	水溶液注射剂橡胶封装的物理力学试验
2075	ES 2513 - 1993	用作注射制剂的水胶塞的生物试验
2076	ES 2514 - 1993	注射制剂用橡胶塞的化学试验
2077	ES 2865 - 2007	一次性使用无菌引流导管及辅助器械
2078	ES 2875 - 2006	一次性使用输液器
2079	ES 2905 - 2007	栓剂包装用聚氯乙烯/聚乙烯（低密度）箔的物理化学试验
2080	ES 2906 - 2007	栓剂包装用预制聚氯乙烯/低密度聚乙烯叠层带的物理力学试验
2081	ES 3156 - 2005	血凝指示器、血凝指示滤清器和血凝滤清器的额外体血电路
2082	ES 3156 - 1 - 1997	塑料制透析器和血液管路系统　第1部分：术语和定义
2083	ES 3156 - 2 - 1997	塑料制透析器和血液管路系统　第2部分：基本元件的设计和尺寸
2084	ES 3156 - 3 - 1997	塑料制透析器和血液管路系统　第3部分：要求和试验
2085	ES 3192 - 2005	一次性使用无菌注射针
2086	ES 3193 - 2006	一次性使用输液器
2087	ES 3352 - 2005	集尿袋　术语
2088	ES 3559 - 2008	巴黎石膏绷带
2089	ES 3667 - 2007	天然乳胶避孕套　要求和试验方法
2090	ES 3667 - 1 - 2001	橡胶避孕套　第1部分：要求
2091	ES 3667 - 2 - 2001	橡胶避孕套　第2部分：长度的测定
2092	ES 3667 - 3 - 2001	橡胶避孕套　第2部分：宽度的测定
2093	ES 3667 - 5 - 2001	橡胶避孕套　第5部分：针孔试验
2094	ES 3667 - 6 - 2001	橡胶避孕套　第6部分：爆破容量和爆破压力的测定
2095	ES 3667 - 7 - 2001	橡胶避孕套　第7部分：贮存期间耐老化性能的测定
2096	ES 3667 - 9 - 2001	橡胶避孕套　第9部分：拉伸特性的测定
2097	ES 3667 - 10 - 2001	橡胶避孕套　第10部分：包装和标志
2098	ES 3748 - 2005	皮革　面积测量
2099	ES 3818 - 2002	含铜宫内避孕器：要求和试验
2100	ES 3819 - 1 - 2002	子宫内避孕环　第1部分：断裂力的测定
2101	ES 3819 - 2 - 2002	子宫内避孕环　第2部分：灭菌建议
2102	ES 3819 - 3 - 2002	子宫内避孕环　第3部分：包装和标志
2103	ES 3820 - 2007	机械性避孕法　可重复使用的自然和硅橡胶避孕隔膜　要求和试验
2104	ES 3820 - 1 - 2002	可重复使用的橡胶避孕膜　第1部分：分类　取样和要求
2105	ES 3820 - 2 - 2002	可重复使用的橡胶避孕膜　第2部分：尺寸的测定
2106	ES 3820 - 3 - 2002	可重复使用的橡胶避孕膜　第3部分：穹顶厚度的测定
2107	ES 3820 - 4 - 2002	可重复使用的橡胶避孕膜　第4部分：无可视缺陷
2108	ES 3820 - 5 - 2002	可重复使用的橡胶避孕膜　第5部分：拉伸性能的测定
2109	ES 3820 - 6 - 2002	可重复使用的橡胶避孕膜　第6部分：加速老化后的性能退化测定

续表

序号	标准编号	标准名称
2110	ES 3820 – 7 – 2002	可重复使用的橡胶避孕膜　第7部分：螺旋弹簧和弹簧膜片压缩性能的测定
2111	ES 3820 – 8 – 2002	可重复使用的橡胶避孕膜　第8部分：卷簧和板簧避孕工具压缩时的扭转测定
2112	ES 3820 – 9 – 2002	可重复使用的橡胶避孕膜　第9部分：包装盒标记
2113	ES 3820 – 10 – 2002	可重复使用的橡胶避孕膜　第10部分：存储建议
2114	ES 5486 – 2006	人类血液及其成分用塑料可折叠容器
2115	ES 6930 – 2009	呼吸防护装置　颗粒防护用过滤半面罩　要求、试验和标记
2116	ES 988 – 1970	石油火灾灭火用机械泡沫（3%）
2117	ES 1121 – 1972	石油火灾灭火用机械泡沫（6%）
2118	ES 1141 – 1972	便携式灭火器的灌装
2119	ES 4079 – 1 – 2005	危险物职业安全和安保管理　气体　第1部分：一般要求
2120	ES 4079 – 2 – 2008	危险物职业安全和安保管理　气体　第2部分：乙炔
2121	ES 4079 – 3 – 2008	危险物职业安全和安保管理　气体　第3部分：氢气
2122	ES 4079 – 4 – 2008	危险物职业安全和安保管理　气体　第4部分：笑气和氧气
2123	ES 4079 – 5 – 2008	危险物职业安全和安保管理　气体　第5部分：制氨
2124	ES 4079 – 6 – 2005	危险物职业安全和安保管理　气体　第6部分：氨制冷
2125	ES 4079 – 7 – 2005	危险物职业安全和安保管理　气体　第7部分：液化石油气使用一般要求
2126	ES 4079 – 8 – 2004	危险物职业安全和安保管理　气体　第8部分：液化石油气一般用途
2127	ES 4079 – 9 – 2005	危险物职业安全和安保管理　气体　第9部分：压缩和液化天然气
2128	ES 4209 – 1 – 2008	危险物职业健康和安全管理　油漆　第1部分：可燃物喷漆加工
2129	ES 4209 – 2 – 2008	危险物职业健康和安全管理　油漆　第2部分：浸入易燃材料的方法
2130	ES 4210 – 1 – 2005	危险物职业健康和安全管理：可燃液体　第1部分：罐储、管道和管件
2131	ES 4210 – 2 – 2005	危险物职业健康和安全管理：可燃液体　第2部分：罐储、管道和管件
2132	ES 4210 – 3 – 2008	危险物职业健康和安全管理：可燃液体　第3部分：工业装置和储罐
2133	ES 4210 – 4 – 2008	危险物职业健康和安全管理：可燃液体　第4部分：加油站、炼油厂、制造厂和化学实验室
2134	ES 4631 – 2005	职业健康和安全管理　道路爆炸物运输
2135	ES 4638 – 1 – 2005	灭火介质　泡沫浓缩物　第1部分：顶面应用的与水不混溶的低膨胀泡沫浓缩物的规格
2136	ES 4638 – 2 – 2005	灭火介质　泡沫浓缩物　第2部分：顶面应用的与水不混溶的中和高膨胀泡沫浓缩物的规格
2137	ES 4638 – 3 – 2005	灭火介质　泡沫浓缩物　第3部分：顶面应用的与水溶混的低膨胀泡沫浓缩物的规格
2138	ES 4688 – 1 – 2008	石油行业职业安全和安保管理　第1部分：定义和一般要求
2139	ES 4688 – 2 – 2008	石油行业职业健康和安全管理　第2部分：钻井和生产过程
2140	ES 4688 – 3 – 2005	石油行业职业健康和安全管理　第3部分：蒸馏、运输和加工

续表

序号	标准编号	标准名称
2141	ES 4772 – 2005	职业健康和安全要求　危险物运输
2142	ES 4773 – 2005	造纸厂职业健康和安全管理
2143	ES 4832 – 2005	职业健康和安全管理　道路石油制品要求
2144	ES 4833 – 2014	化学干粉灭火
2145	ES 5046 – 2006	职业健康和安全管理　爆炸物搬运和存放
2146	ES 5331 – 1 – 2006	焊接和相关工艺中的健康和安全　电弧焊产生的烟尘和气体取样的实验室方法　第1部分：颗粒烟气分析用排放率和取样的测定
2147	ES 5331 – 2 – 2006	焊接和相关工艺中的健康和安全　电弧焊产生的烟尘和气体取样的实验室方法　第2部分：除臭氧外的气体排放率的测定
2148	ES 5331 – 3 – 2006	焊接和相关工艺中的健康和安全　电弧焊产生的烟尘和气体取样的实验室方法　第3部分：用固定点测量法确定臭氧浓度
2149	ES 5332 – 1 – 2011	防爆系统　第1部分：空气中可燃粉尘爆炸指数测定方法
2150	ES 5332 – 2 – 2012	防爆系统　第2部分：空气中可燃气体爆炸指数测定方法
2151	ES 5332 – 3 – 2012	防爆系统　第3部分：除粉尘/空气和气体/空气混合物以外的燃料/空气混合物爆炸指数测定方法
2152	ES 5333 – 2006	辐射防护　密封放射源　漏泄试验方法
2153	ES 5334 – 2006	放射性物质安全运输　货包的泄漏检验
2154	ES 5755 – 2006	危险化学品搬运作业的职业健康和安全管理
2155	ES 6076 – 2007	有关不溶水铬酸盐暴露的职业健康和安全要求
2156	ES 6077 – 2007	有关水溶性金属切割液暴露的职业健康和安全要求
2157	ES 6118 – 2 – 2007	有关危险品暴露的职业健康和安全要求
2158	ES 6119 – 2007	有关放射性物质运输的职业健康和安全要求
2159	ES 6339 – 2008	职业健康和安全管理体系　要求
2160	ES 6527 – 2008	职业安全和安保　危险物质管理（化学品）
2161	ES 6528 – 2008	有关职业暴露在可吸入石英环境中的健康要求
2162	ES 6792 – 2008	职业噪声暴露
2163	ES 6978 – 1 – 2009	有害物质控制　第1部分：控制有害物质危险接触的通用要求
2164	ES 6978 – 2 – 2009	有害物质控制　第2部分：工作场所通风
2165	ES 7219 – 2011	建设和运行核与放射性设施时的人类和环境安全要求
2166	ES 443 – 1991	香水
2167	ES 444 – 1963	淡香水
2168	ES 717 – 2005	牙膏
2169	ES 1609 – 2005	洗发水
2170	ES 1653 – 2005	除臭剂
2171	ES 2381 – 2005	软膏和剃须膏
2172	ES 2982 – 1996	唇膏
2173	ES 3570 – 2005	酒精香味的液体
2174	ES 3731 – 2006	指甲花叶粉
2175	ES 4081 – 2006	护发（香脂）
2176	ES 4634 – 2008	荷荷巴油
2177	ES 4635 – 2006	护肤霜
2178	ES 4636 – 2008	化妆品　试验方法
2179	ES 4823 – 2005	脱毛剂

续表

序号	标准编号	标准名称
2180	ES 4824 – 2005	眼圈粉
2181	ES 4835 – 2005	化妆品成分禁用物质
2182	ES 4836 – 2005	限制和条件以外的化妆品禁用物质
2183	ES 4837 – 2007	化妆品适用防腐剂
2184	ES 4838 – 2007	允许用于化妆品的紫外线过滤成分
2185	ES 4843 – 2005	暂时允许在化妆品中使用的着色剂
2186	ES 5011 – 2005	指甲油
2187	ES 5490 – 2006	头发固定拉直用化妆品
2188	ES 5566 – 2006	化妆品　眼部化妆品
2189	ES 5567 – 2006	化妆品　氧化染料
2190	ES 5568 – 2006	唇膏　唇彩　唇部化妆品
2191	ES 5756 – 1 – 2006	化妆品　试验方法　第1部分：游离钠钾氢氧化物的测定和鉴定
2192	ES 5756 – 2 – 2006	化妆品　试验方法　第2部分：护发产品中草酸及其碱性盐的测定和鉴定
2193	ES 5756 – 3 – 2006	化妆品　试验方法　第3部分：牙膏中氯仿的测定
2194	ES 5756 – 4 – 2007	化妆品　试验方法　第4部分：锌的测定
2195	ES 5756 – 5 – 2007	化妆品　试验方法　第5部分：羟基苯磺酸的测定
2196	ES 5756 – 6 – 2007	化妆品　试验方法　第6部分：氧化剂的鉴定和过氧化氢的测定
2197	ES 5756 – 7 – 2008	化妆品　试验方法　第7部分：染发剂中的某些氧化着色剂的鉴定和半定量测定
2198	ES 5756 – 8 – 2007	化妆品　试验方法　第8部分：亚硝酸盐的鉴定和测定
2199	ES 5756 – 9 – 2007	化妆品　试验方法　第9部分：甲醛的鉴定和测定
2200	ES 5756 – 10 – 2007	化妆品　试验方法　第10部分：洗发水和头发洗剂中间苯二酚的测定
2201	ES 5756 – 11 – 2007	化妆品　试验方法　第11部分：与乙醇或丙烷 – 2 – 醇有关的甲醇的鉴定和测定
2202	ES 5756 – 12 – 2007	化妆品　试验方法　第12部分：二氯甲烷和1，1，1三氯乙烷的测定
2203	ES 5756 – 13 – 2007	化妆品　试验方法　第13部分：喹啉 – 8 – 醇和8 – 羟基喹啉硫酸盐的鉴定和测定
2204	ES 5756 – 14 – 2007	化妆品　试验方法　第14部分：氨水测定
2205	ES 5756 – 15 – 2007	化妆品　试验方法　第15部分：氨的测定
2206	ES 5756 – 16 – 2008	化妆品　试验方法　第16部分：烫发、拉直以及脱毛产品中巯基酸的鉴定和测定
2207	ES 5756 – 17 – 2008	化妆品　试验方法　第17部分：六苄氯酚的鉴定和测定
2208	ES 5756 – 18 – 2008	化妆品　试验方法　第18部分：氯胺T钠（氯胺 – T）的定量测定
2209	ES 5756 – 19 – 2008	化妆品　试验方法　第19部分：牙膏中总氟的测定
2210	ES 5756 – 20 – 2008	化妆品　试验方法　第20部分：有机汞化合物的鉴定和测定
2211	ES 5757 – 2006	洗发水和护发素
2212	ES 5884 – 2007	化妆品　发油
2213	ES 6074 – 2007	化妆品　发乳
2214	ES 6252 – 2007	化妆品　面膜

续表

序号	标准编号	标准名称
2215	ES 6536 – 2008	化妆品包装上必须印制标签
2216	ES 6832 – 2008	化妆品　面部和眼部卸妆液
2217	ES 6833 – 2008	化妆品　爽肤水
2218	ES 6834 – 2008	化妆品　基础
2219	ES 7323 – 2011	化妆品安全的基本要求
2220	ES 4637 – 2013	保修证书
2221	ES 4693 – 2008	消费品使用说明
2222	ES 4841 – 2014	产品和服务的广告要求
2223	ES 5008 – 2014	儿童广告要求
2224	ES 5308 – 2006	质量管理　组织内投诉处理客户满意度指南
2225	ES 6579 – 2008	给客户提供的商品和服务的购买信息
2226	ES 6622 – 2008	图形符号　考虑消费者需求的技术准则
2227	ES 6624 – 2008	发票
2228	ES 7183 – 2011	维护、维修和保养中心
2229	ES 7598 – 2013	客户联络中心　服务提供要求
2230	ES 6329 – 2007	维修术语
2231	ES 6442 – 2007	维修　维修合同编写指南
2232	ES 6616 – 2008	维修　混凝土结构保护和维修用产品和系统　定义、要求、质量控制和一致性评估　定义
2233	ES 1395 – 2005	屋面用增强沥青板
2234	ES 1401 – 2005	蒸压加气混凝土砌块和平部件
2235	ES 1998 – 2007	防潮和防水用沥青
2236	ES 2521 – 1993	建筑物隔热的术语和定义
2237	ES 3029 – 2005	泡沫塑料和橡胶　表观（体积）密度的测定
2238	ES 3298 – 1 – 1998	隔热材料　玻璃棉及其制品　第1部分：规格
2239	ES 3298 – 2 – 1998	隔热材料　玻璃棉及其制品　第2部分：试验方法
2240	ES 3400 – 2006	建筑用珠光岩疏松填充隔热材料
2241	ES 3401 – 2007	建筑应用隔热产品　工厂生产膨胀珍珠岩产品（EPB）　规格
2242	ES 3427 – 1 – 1999	岩棉制隔热材料　第1部分：规格
2243	ES 3427 – 2 – 1999	岩棉制隔热材料　第2部分：试验方法
2244	ES 3483 – 2005	泡沫塑料　刚性材料蒸气透过率的测定
2245	ES 3484 – 2005	泡沫塑料　尺寸稳定性试验
2246	ES 3729 – 2006	建筑绝热用喷涂硬质聚氨酯泡沫塑料　规格
2247	ES 4084 – 2008	建筑应用隔热产品　垂直面抗拉强度的测定
2248	ES 4085 – 2008	建筑应用隔热产品　通过部分浸泡测定短期吸水性
2249	ES 4086 – 2008	建筑应用隔热产品　平行面抗拉强度的测定
2250	ES 4123 – 2008	建筑应用隔热产品　测定厚度的标准方法
2251	ES 4124 – 2008	瓦楞纸箱
2252	ES 4125 – 2008	无规聚丙烯（APP）改性沥青聚酯增强型板材
2253	ES 4163 – 2008	建筑应用隔热产品　测定长度和宽度的标准方法
2254	ES 4164 – 2008	建筑应用隔热产品　测定平整度的标准方法
2255	ES 4165 – 1 – 2005	防水柔性板　屋面防水用沥青板　第1部分：抗撕裂性测定（钉杆）
2256	ES 4165 – 2 – 2008	改良沥青薄板材料　第2部分：尺寸稳定性的测定

续表

序号	标准编号	标准名称
2257	ES 4165－3－2004	改良沥青薄板材料　第3部分：高温稳定性的测定
2258	ES 4165－4－2004	改良沥青薄板材料　第4部分：低温柔性的测定
2259	ES 4165－5－2004	改良沥青薄板材料　第5部分：伸长率测定
2260	ES 4165－6－2004	改良沥青薄板材料　第6部分：用粒状磨耗法测定矿物颗粒附着力
2261	ES 4165－7－2006	防水柔性板材　屋顶防水用沥青、塑料和橡胶板　水密性测定
2262	ES 4214－2008	建筑应用隔热产品　通过弥散测定长期吸水性
2263	ES 4301－2008	建筑应用隔热产品　弯曲性能的测定
2264	ES 4565－2008	建筑应用隔热产品　试样线性尺寸的测定
2265	ES 4774－2005	用于改善土壤特性的化学添加剂
2266	ES 4896－2005	纤维素纤维稳定的隔热材料
2267	ES 4897－2005	蛭石制疏松填充隔热材料
2268	ES 4898－2005	预制沥青池、塘、渠和沟用衬里（暴露型）
2269	ES 5010－2005	铺屋面、防潮及防水用沥青底层
2270	ES 5127－2006	结构用绝缘板　硅酸钙
2271	ES 5306－2006	桥梁建设用薄钢板
2272	ES 5312－2006	用于改善沥青特性和沥青混合料性能的添加剂
2273	ES 5489－2006	纤维素纤维松散填充绝热
2274	ES 5564－2006	防水柔性板材　屋顶防水用沥青板　可见缺陷的测定
2275	ES 5565－2006	防水柔性板材　屋顶防水用沥青、塑料和橡胶板　取样规则
2276	ES 5569－2006	纤维增强水泥制品　隔热和防火用不可燃纤维增强硅酸钙板或水泥
2277	ES 5570－2006	纤维碎块和绝热板
2278	ES 5751－2006	保温材料气味排放的评价
2279	ES 5758－2006	土木工程用膨润土材料
2280	ES 5888－2007	法兰和其连接件　与垫圈圆形法兰连接用设计规则有关的垫圈参数和试验程序
2281	ES 6072－2007	隔热　通风屋面空间用矿物棉毡　通风不受限制的水平应用规格
2282	ES 6253－2007	防水柔性板材　屋顶防水用塑料和橡胶板　暴露于水和液体化学品的方法
2283	ES 6330－2007	房屋建筑　连接件　密封胶的分类和要求
2284	ES 6441－2007	隔热　通风屋面空间用矿物棉毡
2285	ES 6489－2008	房屋建筑　连接件　可变温度条件下密封剂黏结/附着性能的测定
2286	ES 6495－2008	铸造用膨润土
2287	ES 6764－2008	防水柔性板材　塑料和橡胶蒸汽控制层　特征和定义
2288	ES 6765－2008	波纹沥青板　产品技术规格和试验方法
2289	ES 6919－2009	建筑应用隔热产品　外部隔热复合系统（Etics）耐拉脱性的测定（泡沫块试验）
2290	ES 7043－2009	建筑应用隔热产品　玻璃纤维网状物机械性能的测定
2291	ES 7044－2009	建筑材料和制品　申报值和设计值的测定程序
2292	ES 7121－2010	隔热材料及其制品　现场成形膨胀黏土轻质集料产品（LWA）松填装产品的安装前规格

续表

序号	标准编号	标准名称
2293	ES 7122 – 2010	建筑应用隔热产品　隔热材料用黏合剂和基底涂层拉伸黏结强度的测定
2294	ES 6615 – 2008	房屋建筑　连接件　密封胶　拉紧状态下拉伸性能的测定
2295	ES 7184 – 2010	制成品中石棉样纤维的测定方法
2296	ES 7596 – 2013	用于屋面的液体应用丙烯酸涂料
2297	ES 7597 – 2013	土工织物和相关制品　道路和沥青铺面需使用的特征
2298	ES 3123 – 2007	玩具的安全性
2299	ES 3123 – 1 – 2014	玩具的安全性　第1部分：有关机械和物理性能的安全方面
2300	ES 3123 – 2 – 2014	玩具的安全性　第2部分：易燃性
2301	ES 3123 – 3 – 2014	玩具的安全性　第3部分：特定元素的迁移
2302	ES 3123 – 4 – 2014	玩具的安全性　第4部分：化学和相关活动的成套实验装置
2303	ES 3123 – 5 – 2014	玩具的安全性　第5部分：实验装置除外的化学玩具（成套）
2304	ES 3123 – 6 – 2008	玩具的安全性　第6部分：年龄警示标签用图形符号
2305	ES 3123 – 7 – 2014	玩具的安全性　第7部分：手指涂料　要求和试验方法
2306	ES 3123 – 8 – 2013	玩具的安全性　第8部分：家用室内外秋千、滑梯和类似活动的玩具
2307	ES 3123 – 9 – 2010	玩具的安全性　第9部分：有机化合物　要求
2308	ES 3123 – 10 – 2010	玩具的安全性　第10部分：有机化合物　样品制备和抽取
2309	ES 3123 – 11 – 2008	玩具的安全性　第11部分：有机化合物　分析方法
2310	ES 6808 – 2008	安全方面　儿童日常生活安全指南
2311	ES 7093 – 2014	玩具安全的基本要求
2312	ES 7094 – 1 – 2009	儿童护理用品　婴幼儿安抚奶嘴　第1部分：通用安全要求和试验方法
2313	ES 7094 – 2 – 2009	儿童护理用品　婴幼儿安抚奶嘴　第2部分：机械要求和试验
2314	ES 7094 – 3 – 2009	儿童护理用品　婴幼儿安抚奶嘴　第3部分：安全要求和试验
2315	ES 7201 – 2010	玩具分类　指南
2316	ES 7269 – 2011	电动玩具　安全性
2317	ES 7562 – 2013	玩具和儿童用品中酞酸盐及其衍生物的使用限制
2318	ES 7612 – 1 – 2013	通用物品色牢度的测定　第1部分：人工唾液试验
2319	ES 7613 – 2014	沥青混合物集料和公路、机场和其他车辆通行区域路面处理
2320	ES 5167 – 2014	消防安全　词汇
2321	ES 5582 – 2006	建筑材料防火性能试验　燃烧热的测定
2322	ES 6837 – 2008	建筑材料防火性能试验　不可燃性试验
2323	ES 6838 – 2008	测量建筑材料燃烧反应的试验　开发与应用
2324	ES 6839 – 2008	防火性能试验　建筑材料的可燃性　辐射热源法
2325	ES 6840 – 1 – 2008	铺地材料防火性能试验　第1部分：燃烧性能的测定　辐射热源法
2326	ES 6841 – 2 – 2008	防火性能试验　易受直接火焰冲击的建筑材料的可燃性　第2部分：单一火焰源试验
2327	ES 6842 – 2008	铺地材料防火性能试验　建筑材料和运输产品的基材选择指南
2328	ES 6843 – 2 – 2008	对火灾试验结果的反应使用　第2部分：建筑产品火灾危险性评价
2329	ES 6844 – 1 – 2013	耐火试验　房屋建筑构件　第1部分：通用要求

续表

序号	标准编号	标准名称
2330	ES 6844 – 3 – 2008	耐火试验　建筑构件　第3部分：试验方法和试验数据应用注释
2331	ES 7560 – 1 – 2013	承重构件的耐火试验　第1部分：墙
2332	ES 6685 – 2008	珠宝　贵金属的纯度
2333	ES 6713 – 2008	珠宝　戒指尺寸　定义、测量和命名
2334	ES 7196 – 2010	金合金的颜色　定义、颜色和名称范围
2335	ES 495 – 1 – 2005	办公家具　第1部分：办公椅　尺寸测定
2336	ES 495 – 2 – 2015	办公家具　第2部分：办公椅　安全要求
2337	ES 495 – 3 – 2005	办公家具　第3部分：办公椅　安全试验方法
2338	ES 495 – 4 – 2005	办公家具　第4部分：工作台和工作桌　尺寸
2339	ES 3861 – 2005	家具　表面试验　抗冲击性的评定
2340	ES 4029 – 1 – 2005	家具　桌子　第1部分：稳定性的测定
2341	ES 4029 – 2 – 2005	木制家具　储物柜　第2部分：稳定性的测定
2342	ES 4229 – 2005	木制家具　教育机构用桌椅　功能尺寸
2343	ES 4230 – 1 – 2005	家具　儿童高脚椅　第1部分：安全要求
2344	ES 4230 – 2 – 2008	家具　儿童高脚椅　第2部分：试验方法
2345	ES 4231 – 1 – 2008	折叠床　安全要求和试验　第1部分：安全要求
2346	ES 4231 – 2 – 2008	折叠床　安全要求和试验　第2部分：试验方法
2347	ES 5309 – 1 – 2006	家具　椅子　稳定性的测定　第1部分：有稳定背部和无背部的椅子
2348	ES 5309 – 2 – 2006	家具　椅子　稳定性的测定　第2部分：在充分倾斜时带有倾斜或者倾斜机构的椅子和摇椅
2349	ES 5310 – 2006	家具　椅子和凳子　强度和耐久性的测定
2350	ES 5491 – 2006	家具　耐冷液的评估
2351	ES 5492 – 2006	厨房设备　橱柜和工作台的安全要求和试验方法
2352	ES 6617 – 2008	木制家具　耐干热性表面评定试验
2353	ES 6618 – 2008	木制家具　耐湿热性表面评定试验
2354	ES 6979 – 1 – 2009	家用儿童帆布床和折叠床　第1部分：安全要求
2355	ES 6979 – 2 – 2009	家用儿童帆布床和折叠床　第2部分：试验方法
2356	ES 7191 – 2010	家具　曝光影响评估
2357	ES 7192 – 2010	家具　表面耐划痕的评定
2358	ES 7195 – 1 – 2010	家用双格床　安全要求和试验　第1部分：安全要求
2359	ES 7195 – 2 – 2010	家用双格床　安全要求和试验　第2部分：试验方法
2360	ES 7232 – 1 – 2010	家具　装饰家具的可燃性评定　第1部分：火源　燃着的香烟
2361	ES 7232 – 2 – 2010	家具　装饰家具的可燃性评定　第2部分：火源　与火柴火焰等同的火源
2362	ES 7233 – 1 – 2010	家具　床垫和装饰床具的可燃性评定　第1部分：火源　燃着的香烟
2363	ES 7233 – 2 – 2010	家具　床垫和装饰床具的可燃性评定　第2部分：火源　与火柴火焰等同的火源
2364	ES 7321 – 2011	家居安全、健康和标签要求
2365	ES 7327 – 2011	家具五金件　可伸展部件及其零件的强度、耐久性和安全性
2366	ES 7328 – 2011	家具五金件　铰链及其零件的强度和耐久性　垂直轴心的铰链门
2367	ES 7329 – 2014	家具五金件　滑动门和卷门滑动配件的强度和耐久性

续表

序号	标准编号	标准名称
2368	ES 7418 – 2011	脚轮和车轮　家具用脚轮的要求
2369	ES 7526 – 2012	家具　表面耐摩擦性的评定
2370	ES 7569 – 2013	脚轮和车轮　转椅脚轮的要求
2371	ES 7570 – 2013	家具　存储单元　强度和耐久性的测定
2372	ES 6922 – 2009	减速系统　减速带
2373	ES 7426 – 2011	精细陶瓷（高级陶瓷，高级工业陶瓷）　词汇
2374	ES 41 – 1986	衬砌排水隧道用耐酸砖
2375	ES 41 – 1 – 2005	陶土衬板　第 1 部分：规格
2376	ES 41 – 2 – 2008	陶土衬板　第 2 部分：试验方法
2377	ES 46 – 1965	黏土红钻
2378	ES 47 – 1960	黏土平屋面瓦
2379	ES 47 – 1 – 2005	黏土屋面瓦　第 1 部分：通用要求
2380	ES 619 – 1 – 2006	砖的标准试验方法　第 1 部分：砖石建筑自然试验的标准方法
2381	ES 619 – 2 – 2003	建筑用砖的标准试验方法　第 2 部分：砌砖结构化学试验的标准方法
2382	ES 1292 – 1991	预制混凝土砌块
2383	ES 1292 – 1 – 2015	黏土砌块　第 1 部分：承重混凝土砌块
2384	ES 1292 – 2 – 2015	混凝土砌块　第 2 部分：非承重混凝土砌块
2385	ES 1349 – 1994	混凝土砖和混凝土砌块的试验方法
2386	ES 1401 – 1 – 1998	蒸压加气混凝土砌块（轻质砂砖）　第 1 部分：技术要求
2387	ES 1401 – 2 – 1998	蒸压加气混凝土砌块（轻质砂砖）　第 2 部分：试验方法
2388	ES 1756 – 2005	非承重墙用烧结黏土建筑单元
2389	ES 3373 – 2007	大理石
2390	ES 4382 – 2008	混凝土铺面砖　要求和试验方法
2391	ES 4382 – 1 – 2004	连锁混凝土停车砖　第 1 部分：要求
2392	ES 4566 – 1 – 2004	规格石料的吸收性和堆积比重的标准试验方法
2393	ES 4566 – 2 – 2004	规格石料破裂模量的标准试验方法
2394	ES 4763 – 2006	建筑用砖　用黏土或页岩制实心砌块
2395	ES 5324 – 2006	砖和黏土空心砖取样和试验的标准试验方法
2396	ES 6066 – 2007	天然石材试验方法
2397	ES 6067 – 2007	天然石材试验方法　用毛细管测定吸水系数
2398	ES 6068 – 2007	天然石材试验方法　利用热冲击方法测定抗老化性
2399	ES 6069 – 2007	天然石材试验方法　实密度和表密度、总孔隙率和开放孔隙率的测定
2400	ES 6070 – 2007	天然石材试验方法　动态弹性模量的测定（基本共振频率测量法）
2401	ES 6249 – 2007	天然石材试验方法　耐冻性测定
2402	ES 6250 – 2007	天然石材试验方法　用摆式试验机测定防滑性能
2403	ES 6251 – 2007	天然石材试验方法　集中载荷条件下抗弯强度的测定
2404	ES 6706 – 2008	混凝土砌块和相关砌块取样和试验的试验方法
2405	ES 6707 – 2008	混凝土砌块线性干燥收缩度的标准试验方法
2406	ES 6759 – 2008	天然石材试验方法　努氏硬度的测定
2407	ES 6760 – 2008	天然石材试验方法　利用二氧化硫作用测定湿润条件下的抗老化性

续表

序号	标准编号	标准名称
2408	ES 6761 – 2008	天然石材试验方法　线性热膨胀系数的测定
2409	ES 6762 – 2008	天然石材试验方法　石料砌块几何特性的测定
2410	ES 6804 – 2008	天然石材试验方法　破裂能量的测定
2411	ES 6805 – 2008	天然石材试验方法　大气压力条件下的吸水性的测定
2412	ES 6806 – 2008	天然石材试验方法　耐磨性的测定
2413	ES 6807 – 2008	天然石材试验方法　岩石检验
2414	ES 6915 – 2009	天然石材　未加工石块（粗块）要求
2415	ES 6916 – 1 – 2009	天然石材制品　第1部分：标准面砖要求
2416	ES 6916 – 2 – 2010	天然石材制品　第2部分：覆面用石板的要求
2417	ES 6916 – 3 – 2010	天然石材制品　第3部分：地板和楼梯用石板的要求
2418	ES 6916 – 4 – 2010	天然石材制品　第4部分：粗板材要求
2419	ES 6917 – 2009	天然石材试验方法　静态弹性模量的测定
2420	ES 7185 – 2010	天然石材试验方法　利用盐雾试验测定抗老化性
2421	ES 7230 – 2010	天然石材试验方法　声速传播的测定
2422	ES 7325 – 2011	天然石材试验方法　抗压强度的测定
2423	ES 7326 – 2011	天然石材试验方法　固定力矩条件下抗弯强度的测定
2424	ES 7372 – 2011	天然石材试验方法　定位销孔处断裂载荷的测定
2425	ES 7423 – 2011	铺路用天然路边石　要求和试验方法
2426	ES 7523 – 2012	非共生固氮微生物肥料
2427	ES 7566 – 2013	合成石　术语和分类
2428	ES 7567 – 2 – 2013	合成石　试验方法　第2部分：挠曲（弯曲）强度的测定
2429	ES 7567 – 8 – 2013	合成石　试验方法　第8部分：固定阻力的测定（定位销孔）
2430	ES 7524 – 2012	不同用途的喷雾器
2431	ES 1606 – 2014	天然气销售量
2432	ES 4845 – 2005	天然气　潜在烃液含量的测定　重量法
2433	ES 4846 – 2 – 2013	天然气　汞的测定　第2部分：汞取样的金/铂合金汞齐化法
2434	ES 4847 – 2005	天然气　高压条件下含水量的测定
2435	ES 4848 – 2015	天然气　利用气相色谱法测定硫化合物
2436	ES 4849 – 2005	天然气　热值、密度、比重和沃布指数的计算　技术勘误表
2437	ES 4902 – 2005	天然气　扩展分析　气相色谱法
2438	ES 4903 – 2 – 2005	天然气　利用卡尔费休法测定含水量　第2部分：滴定法
2439	ES 4904 – 2 – 2005	天然气　压缩系数的计算　第2部分：摩尔组成分析计算方法
2440	ES 4904 – 3 – 2005	天然气　压缩系数的计算　第3部分：物理性质计算方法
2441	ES 4905 – 2005	天然气　含水量和水露点之间的关联性
2442	ES 7525 – 2012	天然气　质量指标
2443	ES 21 – 2005	起动用铅酸蓄电池　通用要求和试验方法
2444	ES 21 – 1 – 2009	起动用铅酸蓄电池　第1部分：通用要求和试验方法
2445	ES 21 – 4 – 2006	起动用铅酸蓄电池　第4部分：重型卡车用电池的尺寸
2446	ES 29 – 1 – 2005	原电池　第1部分：概述
2447	ES 29 – 2 – 2005	电池　第2部分：规格表
2448	ES 75 – 1 – 2005	通用铅酸蓄电池组（阀门调节型）　第1部分：通用要求　功能特性　试验方法
2449	ES 75 – 2 – 2005	通用铅酸蓄电池组（阀门调节型）　第2部分：尺寸、终端和标记

续表

序号	标准编号	标准名称
2450	ES 75 – 3 – 2005	便携式铅酸电池和蓄电池（阀门调节型）　第3部分：电器使用安全建议
2451	ES 102 – 1 – 2005	固定式铅酸蓄电池组　通用要求和试验方法　第1部分：开孔透气型
2452	ES 102 – 2 – 2005	固定式铅酸蓄电池组　通用要求和试验方法　第2部分：阀调整型
2453	ES 349 – 2008	铅酸火车照明用蓄电池（普兰特和福勒式）
2454	ES 404 – 2004	电话和无线中心用铅酸蓄电池
2455	ES 1634 – 1 – 1987	太阳能加热器　第1部分：定义
2456	ES 2052 – 1997	开放式镉镍棱柱形可充电电池
2457	ES 2402 – 2006	镉镍开口蓄电池用电解液
2458	ES 2406 – 1 – 2005	光伏太阳能电池系统及其组件的特殊标准和条件　第1部分：定义和技术术语
2459	ES 2675 – 1 – 1994	测定家用太阳能热水系统热力性能的试验方法　第1部分：目视检查
2460	ES 2675 – 5 – 1994	测定热力性能的试验方法　第5部分：太阳能集热器认证操作指南
2461	ES 2739 – 1994	小型密封铅酸蓄电池组
2462	ES 3255 – 2005	手表电池
2463	ES 4623 – 1 – 2004	便携式充电电池和蓄电池　第1部分：总则和规格
2464	ES 4623 – 2 – 2004	便携式充电电池和蓄电池　第2部分：安全标准
2465	ES 5288 – 2007	原电池　研究综述和原电池反向安装风险限制措施
2466	ES 5289 – 1 – 2006	铅酸牵引电池　第1部分：通用要求和试验方法
2467	ES 5289 – 2 – 2006	铅酸牵引电池　第2部分：电池尺寸和电池终端与极性标记
2468	ES 5612 – 2006	含碱或其他非酸性电解质的蓄电池和蓄电池组　碱性蓄电池和蓄电池组现行标准命名指南
2469	ES 5683 – 2006	蓄电池和蓄电池组　检查为降低爆炸危险而设计的装置性能的试验方法　启动用铅酸蓄电池组
2470	ES 5684 – 1 – 2006	道路电动车辆推进应用设备用镍/镉充电电池和蓄电池　第1部分：动态放电性能试验和动态耐久性试验
2471	ES 5686 – 1 – 2006	碱性副电池和蓄电池使用过程中可能存在的安全和健康危险　设备制造商和用户指南
2472	ES 5706 – 1 – 2011	含碱或其他非酸性电解质的蓄电池和蓄电池组　便携式密封可充电单体蓄电池　第1部分：镍镉
2473	ES 5706 – 2 – 2011	含碱或其他非酸性电解质的蓄电池和蓄电池组　便携式密封可充电单体蓄电池　第2部分：镍氢
2474	ES 5707 – 2006	碱性二次电池和电池组　扣式密封镉镍可充整体电池组
2475	ES 6015 – 2007	铅酸牵引电池监控系统的使用指南
2476	ES 6478 – 2008	含碱或其他非酸性电解质的蓄电池和蓄电池组　方形密封镍镉可充电单体蓄电池
2477	ES 6584 – 2008	含碱或其他非酸性电解质的蓄电池和蓄电池组　方形排气式镍镉可充电单体蓄电池
2478	ES 6803 – 2008	移动电话充电电池

续表

序号	标准编号	标准名称
2479	ES 170 – 1991	无轨电车和有轨电车的无线电干扰抑制
2480	ES 2011 – 1991	电力电容器的安全要求
2481	ES 2012 – 1991	电力电容器的质量要求和试验
2482	ES 5264 – 11 – 2006	机械的安全性 机械的电气设备 第 11 部分：电压高于交流 1000V 或直流 1500V 且不超过 36kV 的高压设备要求
2483	ES 6129 – 1 – 2007	配电线路载波系统的配电自动化 第 1 部分：电源信号要求 频带和输出电平
2484	ES 6129 – 2 – 2010	配电线路载波系统的配电自动化 第 2 部分：Mv 相相分离的电容耦合装置
2485	ES 6129 – 3 – 2007	配电线路载波系统的配电自动化 第 3 部分：主要信号要求 MV 相到地面和屏幕到地面侵入耦合装置
2486	ES 136 – 1 – 2005	电力变压器 第 1 部分：总则
2487	ES 136 – 2 – 2005	电力变压器 第 2 部分：温升
2488	ES 136 – 3 – 2006	电力变压器 第 3 部分：绝缘水平、绝缘试验和外绝缘空气间隙
2489	ES 136 – 4 – 1990	电力变压器 第 4 部分：分接头和连接件
2490	ES 136 – 5 – 2005	电力变压器 第 5 部分：承受短路的能力
2491	ES 538 – 2005	电阻焊设备 变压器通用规格
2492	ES 598 – 2008	电气工程的技术术语及定义（机械和变压器）
2493	ES 951 – 2015	测量碳刷运行特性的试验方法和设备
2494	ES 1086 – 1971	发电机 分马力电动机
2495	ES 164 – 1 – 1995	分马力电动机和发电机性能 第 1 部分：电气特性
2496	ES 164 – 2 – 1995	分马力电动机和发电机性能 第 2 部分：尺寸
2497	ES 1164 – 1972	分马力电动机
2498	ES 1203 – 1997	电动机和发电机 尺寸和额定输出
2499	ES 1203 – 1 – 2015	旋转电机的尺寸和产出序列 第 1 部分：序列号为 56 ~ 400 的电机的结构和序列号为 55 ~ 1080 的电机法兰
2500	ES 1203 – 2 – 2015	旋转电机的尺寸和产出序列 第 2 部分：序列号为 355 ~ 1000 的电机的结构和序列号为 1180 ~ 2360 的电机法兰
2501	ES 1203 – 3 – 2005	旋转电机的尺寸和产出序列 第 3 部分：小型内置电动机 法兰序列号为 BF 10 ~ BF 50
2502	ES 1886 – 11 – 2007	电力变压器 第 11 部分：干式变压器
2503	ES 1886 – 1 – 1990	干式电力变压器 第 1 部分：总则
2504	ES 1886 – 2 – 1990	干式变压器 第 2 部分：撬式变压器
2505	ES 1888 – 2015	干式电力变压器负载指南
2506	ES 1939 – 2006	卫生用水龙头 单一和组合水龙头（pn10） 通用技术规格
2507	ES 2050 – 1 – 2005	旋转电机内置热保护 第 1 部分：旋转电机的保护规则
2508	ES 2132 – 1 – 2008	旋转电机 第 1 部分：额定值和开启条件
2509	ES 2132 – 2 – 2008	旋转电机 第 2 部分：总则
2510	ES 2614 – 2007	旋转电机 旋转电机的端子设计和转动方向
2511	ES 2623 – 2007	旋转电机 试验用旋转电机损耗和效率的测定方法（不包括牵引车用机器）

续表

序号	标准编号	标准名称
2512	ES 2623 - 1 - 1994	试验中旋转电机（不包括牵引车辆用电机）损耗和效率的测定方法　第1部分：总则　直流电机和感应电机损失和功效的测定方法
2513	ES 2623 - 2 - 2006	旋转电机　第2部分：试验用旋转电机损耗和效率的测定方法（不包括牵引车用机器）
2514	ES 2837 - 2005	旋转电机外壳防护等级的分类（IP代码）
2515	ES 2899 - 2015	旋转电机的冷却方法（IC代码）
2516	ES 2900 - 2006	旋转电机　不平衡电压法三相感应电动机的运行性能的影响
2517	ES 3025 - 2008	碳刷、刷握、换向器和集电环的定义和名称
2518	ES 3054 - 2006	旋转电机　噪声限值
2519	ES 3215 - 2007	旋转电机　从转换器中馈电时的笼式感应电动机　应用指南
2520	ES 3251 - 1997	升降平台桅杆攀登工作平台
2521	ES 3279 - 7 - 1998	加工中心的试验条件　第7部分：成品试件的精度
2522	ES 3280 - 1998	机床　水平轴和单轴自动车床的试验条件　精度测试
2523	ES 3281 - 1998	具有垂直砂轮的表面研磨机的验收条件
2524	ES 4519 - 2004	测定电机用电刷材料物理性能试验规程
2525	ES 4520 - 18 - 34 - 2004	旋转电机　第18-34部分：绝缘系统的功能评定　模绕线圈的试验程序　绝缘系统的热机耐久性评定
2526	ES 4536 - 2005	超声波磁致伸缩换能器
2527	ES 4537 - 1 - 2004	可变电容器　第1部分：术语和试验方法
2528	ES 4747 - 1 - 2015	分马力电动机和发电机性能　第1部分：电气特性
2529	ES 4794 - 2007	旋转电机　第18部分：绝缘系统的功能评定　第（21）节：模绕组线的试验步骤　热评价和分类
2530	ES 4795 - 2007	绝缘体系的功能评定　绕组线的试验程序　变化和绝缘组件替换的分类
2531	ES 4796 - 2005	旋转电机　第18部分：绝缘系统的功能评定　第（31）节：模绕组线的试验步骤　在不超过50MVA（含）和15KV（含）的机器中使用的绝缘系统的热评价和分类
2532	ES 4797 - 2015	旋转电机　绝缘系统功能评定　用于50MVA和15KV及以下的机器绝缘系统的电气评价
2533	ES 4798 - 2005	旋转电机　第18部分：绝缘系统的功能评估　第（33）节：模绕组用实验规程　耐同步热应力和电应力的多因素评价绕组的试验规程
2534	ES 4913 - 1 - 2015	额定电压小于或等于1000V的交流系统用非自愈式并联电力电容器
2535	ES 4934 - 2005	旋转电机　传统和整流器馈电的直流机器的具体试验方法
2536	ES 5096 - 2015	交流电机在交流电压条件下工作时的绕组电阻的测量
2537	ES 5244 - 1 - 2006	轨道和道路车辆用电力牵引旋转电机　第1部分：除电子变流器馈电交流电动机之外的机器
2538	ES 5244 - 2 - 2006	轨道和道路车辆用电力牵引旋转电机　第2部分：电子变流器馈电交流电动机
2539	ES 5244 - 3 - 2006	轨道和道路车辆用电力牵引旋转电机　第3部分：通过元件损耗求和的电子变流器馈电交流电动机
2540	ES 5443 - 2006	旋转电机　热保护 5444/2008

续表

序号	标准编号	标准名称
2541	ES 5689 – 1 – 2006	电缆和光缆的绝缘和护套材料通用试验方法　第 1 部分：一般应用方法　厚度和外形尺寸的测量　机械性能的测定试验
2542	ES 5690 – 2006	旋转电机　耐用线圈架绕线定子线圈交流旋转电机电平的脉冲电压
2543	ES 5794 – 1 – 2007	额定电压小于或等于 1000V 的交流系统用自愈式并联电力电容器　第 1 部分：通用性能、试验和额定值　安全要求　安装和操作指南
2544	ES 5794 – 2 – 2007	额定电压小于或等于 1000V 的交流系统用自愈式并联电力电容器　第 2 部分：老化试验、自愈性试验和破坏试验
2545	ES 6177 – 2007	旋转电机　往复式内燃机（RIC）引擎驱动交流发电机
2546	ES 6410 – 2007	旋转电机　竖井高度为 56mm 及以上的特定机械的机械振动　振动严重度的测量、评价和限值
2547	ES 6529 – 2008	旋转电机　结构型式、安装型式及接线盒位置的分类（IM 代码）
2548	ES 6581 – 2008	旋转电机　圆柱转子同步机的具体要求
2549	ES 6743 – 2008	额定电压大于 1000V 的交流电力系统用并联电容器　内部熔断器
2550	ES 6791 – 2008	三相异步鼠笼式电动机的能源效率
2551	ES 6977 – 2009	配电变压器的能量效率
2552	ES 6991 – 2015	电力变压器　应用指南
2553	ES 7000 – 2009	额定电压大于 1000V 的交流电力系统用并联电容器　耐久试验
2554	ES 7001 – 2009	额定电压大于 1000V 的交流电力系统用并联电容器　并联电容器和并联电容器组的保护
2555	ES 11 – 2008	架空牵引和动力传动系统用铜和铜镉绞合导线
2556	ES 61 – 2006	圆线同心绞架空导线
2557	ES 152 – 1986	漆包圆铜线（醚 – 树脂磁漆）
2558	ES 171 – 1962	铅和铅合金　电缆护套
2559	ES 182 – 1 – 2011	额定电压不超过 450/750V（含）的聚氯乙烯（PVC）绝缘线　第 1 部分：通用要求
2560	ES 182 – 2 – 2011	额定电压不超过 450/750V（含）的聚氯乙烯（PVC）绝缘线　第 2 部分：试验方法
2561	ES 182 – 3 – 2011	额定电压不超过 450/750V（含）的聚氯乙烯（PVC）绝缘线　第 3 部分：固定布线用无铠装电缆
2562	ES 182 – 4 – 2012	额定电压不超过 450/750V（含）的聚氯乙烯（PVC）绝缘线　第 4 部分：固定布线用铠装电缆
2563	ES 182 – 5 – 2006	额定电压不超过 450/750V（含）的聚氯乙烯（PVC）绝缘线　第 5 部分：挠性电缆（索）
2564	ES 182 – 6 – 2005	额定电压不超过 450/750V（含）的聚氯乙烯（PVC）绝缘线　第 6 部分：提升索和挠性连接用电缆
2565	ES 183 – 2008	架空电力传输线路用钢芯铝导线
2566	ES 264 – 2008	绝缘电导管和配件（伯格曼）类型
2567	ES 266 – 2008	纸芯电话线
2568	ES 267 – 2005	铅和铅合金　护套浸渍纸绝缘电缆
2569	ES 437 – 1963	橡胶绝缘软电线电缆
2570	ES 784 – 2005	精密电气设备用裸电阻丝

续表

序号	标准编号	标准名称
2571	ES 952 – 1968	塑料绝缘地下电话线
2572	ES 965 – 2005	额定电压为 1kV 和 3kV 的挤包绝缘电力电缆
2573	ES 965 – 2 – 2006	额定电压为 1kV（μm = 1.2kV）～30kV（μm = 36kV）的挤包绝缘电力电缆及其附件　第 2 部分：额定电压为 6kV（μm = 7.2kV）～30kV（μm = 36kV）的电缆
2574	ES 1025 – 1970	漆包圆铜线
2575	ES 1072 – 1970	电动电梯用柔性旅游电缆
2576	ES 1244 – 1974	电话线用软电缆
2577	ES 1264 – 1975	聚乙烯铠装绝缘地下电话线
2578	ES 1265 – 2006	带有聚氯乙烯绝缘和聚氯乙烯护套的低频电缆和电线　第 2 部分：内部装置用双芯、三芯、四芯和五芯电缆
2579	ES 1266 – 2008	带有聚氯乙烯绝缘和聚氯乙烯护套的低频电缆和电线　第 2 部分：对线组、四线组电缆
2580	ES 1413 – 2008	注入凡士林的聚氯乙烯铠装绝缘地下电话线
2581	ES 2948 – 2005	绝缘电缆用导体
2582	ES 2975 – 2008	圆形导体的尺寸限制指南
2583	ES 3228 – 2008	电缆的耐火特性
2584	ES 3229 – 1997	着火条件下电缆的试验
2585	ES 3232 – 2008	着火情况下限幅电路完整的热固绝缘电缆
2586	ES 3869 – 2008	注入凡士林的聚乙烯薄片状绝缘地下电话线
2587	ES 4510 – 1 – 2005	搪瓷 LED 圆铜　第 1 部分：通用要求
2588	ES 4521 – 11 – 2005	着火条件下电缆的试验　电路完整性　第 11 部分：耐燃烧温度至少为 750 ℃单独火焰的设备
2589	ES 4521 – 12 – 2005	着火条件下电缆的试验　电路完整性　第 12 部分：耐温度至少为 830 ℃冲击火焰的设备
2590	ES 4521 – 21 – 2005	着火条件下电缆的试验　电路完整性　第 21 部分：程序和要求　额定电压小于或等于 0.6/1.0kV 的电缆
2591	ES 4521 – 23 – 2009	着火条件下电缆的试验　电路完整性　第 23 部分：程序和要求　电数据电缆
2592	ES 4522 – 1 – 2004	着火条件下电缆的试验　第 1 部分：单根垂直绝缘电线或电缆的试验
2593	ES 4522 – 2 – 2004	着火条件下电缆的试验　第 2 部分：单根小型垂直绝缘铜质电线或电缆的试验
2594	ES 4522 – 3 – 10 – 2004	着火条件下电缆的试验　第 3 – 10 部分：垂直安装的成束电线或电缆垂直火焰蔓延的试验　装置
2595	ES 4522 – 3 – 21 – 2004	着火条件下电缆的试验　第 3 – 21 部分：垂直安装的成束电线或电缆垂直火焰蔓延的试验　类别 AF/R
2596	ES 4522 – 3 – 22 – 2004	着火条件下电缆的试验　第 3 – 22 部分：垂直安装的电线或电缆垂直火焰蔓延的试验　类别 A
2597	ES 4522 – 3 – 23 – 2004	着火条件下电缆的试验　第 3 – 23 部分：垂直安装的成束电线或电缆垂直火焰蔓延的试验　类别 B

续表

序号	标准编号	标准名称
2598	ES 4522 – 3 – 24 – 2004	着火条件下电缆的试验　第 3 – 24 部分：垂直安装的成束电线或电缆垂直火焰蔓延的试验　类别 C
2599	ES 4522 – 3 – 25 – 2004	着火条件下电缆的试验　第 3 – 25 部分：垂直安装的成束电线或电缆垂直火焰蔓延的试验　类别 D
2600	ES 4523 – 2005	电子投影测量和关键性能标准文档　第 1 部分：固定分辨率投影机
2601	ES 4524 – 2008	屏蔽对称电缆　用三线法测量连接衰减
2602	ES 4525 – 1 – 2004	带有聚氯乙烯绝缘和聚氯乙烯护套的低频电缆和电线　第 1 部分：通用试验和测量方法
2603	ES 4528 – 1 – 2004	通用布线系统　根据 ISO/IEC 11801 对平衡通信布线进行检验的规格　第 1 部分：总则
2604	ES 4787 – 1 – 2005	电流额定值的计算　第 1 部分：额定电流方程（100% 负荷系数）和损耗计算
2605	ES 5245 – 1 – 2006	着火条件下电缆和光缆的试验　单根绝缘电线或电缆装置垂直火焰蔓延的试验　第 1 部分：装置
2606	ES 5245 – 3 – 2006	着火条件下电缆和光缆的试验　单根绝缘电线或电缆垂直火焰蔓延的试验　第 3 部分：测定燃烧滴落物/颗粒的规程
2607	ES 5689 – 2 – 2007	电缆和光缆的绝缘和护套材料通用试验方法　第 2 部分：弹性化合物的专用方法　臭氧抗性、热固和矿物油浸渍试验
2608	ES 5689 – 3 – 2007	电缆和光缆的绝缘和护套材料通用试验方法　第 3 部分：一般应用　密度的测定方法　吸水试验　收缩试验
2609	ES 6139 – 1 – 2007	电缆的电气试验方法　第 1 部分：电压不超过且包括 450/750V 的电缆和电线的电气试验
2610	ES 6139 – 2 – 2007	电缆的电气试验方法　第 2 部分：局部放电试验
2611	ES 6317 – 1 – 2007	电缆绝缘和护套材料通用试验方法　第 1 部分：聚氯乙烯混合料专用试验方法　高温压力试验　抗开裂试验
2612	ES 6318 – 1 – 2007	电缆和光缆绝缘和护套材料　通用试验方法　第 1 部分：聚乙烯和聚丙烯化合物专用方法　抗环境应力致裂　熔化流动指数测量　直接燃烧法测定聚乙烯中炭黑和/或矿物填料含量　热重分析（TGA）测量碳含量　聚乙烯中炭黑分散性的评价
2613	ES 6377 – 2007	聚烯烃绝缘和隔潮层聚烯烃护套低频电缆
2614	ES 7005 – 2 – 2009	焊接和相关工艺　词汇　第 2 部分：焊接和钎焊工艺及相关条款
2615	ES 7166 – 2010	电缆　带特殊保护功能挤出护套的试验
2616	ES 7586 – 2013	着火条件下电缆和光缆的试验　第 2 – 2 部分：单根小型绝缘电线或电缆垂直火焰蔓延的试验　扩散火焰规程
2617	ES 2841 – 2006	爆炸性气体环境用电气设备　通用要求
2618	ES 2841 – 2 – 2006	爆炸性气体环境用电气设备的通用要求　第 2 部分：全部电气设备的要求
2619	ES 2841 – 3 – 2006	爆炸性气体环境用电气设备的通用要求　第 3 部分：具体电气设备的补充要求

续表

序号	标准编号	标准名称
2620	ES 2841 − 4 − 2006	爆炸性气体环境用电气设备的通用要求　第4部分：验证和试验
2621	ES 2841 − 5 − 2006	爆炸性气体环境用电气设备的通用要求　第5部分：标记
2622	ES 2928 − 2006	电气设备隔爆外壳的结构和验证试验
2623	ES 2980 − 2005	爆炸性气体环境用电气装置点火温度试验方法
2624	ES 3055 − 1996	环境参数和严酷环境条件的分类
2625	ES 3370 − 2010	爆炸性气氛　浸油"o"的设备保护
2626	ES 4108 − 2 − 2003	电流通过人体的效应　第2部分：特殊部分　第4章：频率高于100Hz的交流电效应
2627	ES 4109 − 2 − 2003	电流通过人体的效应　第2部分：特殊部分　第5章：电流特殊波形的效应
2628	ES 4110 − 2 − 2003	电流通过人体的效应　第2部分：特殊部分　第6章：短时单向单脉冲电流的效应
2629	ES 5097 − 2006	爆炸性气体环境用电气设备　加压保护的房间或建筑物的施工和使用
2630	ES 6016 − 2007	爆炸性气体环境用电气设备　保护分析仪器房屋的人工通风
2631	ES 6385 − 2007	爆炸性气体环境用电气设备　隔爆型"d"
2632	ES 6386 − 2007	爆炸性气体环境用电气设备　危险区分类
2633	ES 1634 − 2 − 1987	太阳能加热器　第2部分：太阳能加热系统
2634	ES 1634 − 3 − 1988	太阳能加热器　第3部分：平板式太阳能收集器组件
2635	ES 1634 − 4 − 2006	太阳能加热器　第4部分：家用热水的太阳能加热系统
2636	ES 3646 − 1 − 2005	光伏设备　第1部分：光伏电流电压特性测量
2637	ES 5990 − 1 − 2007	太阳能集热器的试验方法　第1部分：带压降的釉面液体集热器的热性能
2638	ES 6140 − 2007	光伏能源系统（PVES）用蓄电池和蓄电池组　通用要求和试验方法
2639	ES 6302 − 2007	太阳能加热　家用热水系统　第2部分：单一太阳能系统的系统性能表征和年度预测的室外试验方法
2640	ES 151 − 1 − 2006	电工绝缘胶带　第1部分：通用要求
2641	ES 151 − 2 − 2007	电工用压敏胶粘带规格　第2部分：试验方法
2642	ES 151 − 3 − 1 − 2006	电气用途的压敏胶粘带　第3部分：单项材料规格表1：含有压敏胶粘剂涂层的聚酯薄膜胶带的要求
2643	ES 151 − 3 − 2 − 2006	电气用途的压敏胶粘带　第3部分：单项材料规格表2：含有热固性橡胶丙烯酸交联型胶粘剂涂层的聚酯薄膜胶带的要求
2644	ES 151 − 3 − 3 − 2006	电气用途的压敏胶粘带　第3部分：单项材料规格表3：含有橡胶热塑料黏合剂涂层的聚酯薄膜胶带
2645	ES 151 − 3 − 4 − 2006	电气用途的压敏胶粘带　第3部分：单项材料规格表4：含有热塑性橡胶胶粘剂涂层的纤维素绉纸
2646	ES 151 − 3 − 5 − 2006	电气用途的压敏胶粘带　第3部分：单项材料规格表5：含有热固性橡胶胶粘剂涂层的无皱型纤维素纸
2647	ES 151 − 3 − 6 − 2006	电气用途的压敏胶粘带　第3部分：单项材料规格表6：含有热塑性橡胶胶粘剂涂层的聚碳酸酯薄膜胶带
2648	ES 151 − 3 − 7 − 2006	电气用途的压敏胶粘带　第3部分：单项材料规格表7：含有压敏胶粘剂涂层的聚碳酸酯薄膜胶带

续表

序号	标准编号	标准名称
2649	ES 151 – 3 – 9 – 2006	电气用途的压敏胶粘带　第3部分：单项材料规格表9：含有热固性橡胶胶粘剂涂层的醋酸纤维素织带
2650	ES 151 – 3 – 10 – 2006	电气用途的压敏胶粘带　第3部分：单项材料规格表10：含有热固性橡胶胶粘剂涂层的醋酸丁酸纤维素薄膜胶带的要求
2651	ES 151 – 3 – 11 – 2006	电气用途的压敏胶粘带　第3部分：单项材料规格表11：带热固性橡胶胶粘剂涂层的用纤维素绉纸和聚对苯二甲酸乙酯薄膜制作的复合胶带
2652	ES 151 – 3 – 12 – 2007	电气用途的压敏胶粘带　第3部分：单项材料规格12：压敏黏着剂聚乙烯和聚丙烯薄膜胶带要求
2653	ES 151 – 3 – 13 – 2006	电气用途的压敏胶粘带　第3部分：单项材料规格表13：复合纤维素要求　亚麻纤维织带　一面覆盖一层热塑材料　一面覆盖WIT
2654	ES 151 – 3 – 14 – 2006	电气用途的压敏胶粘带　第3部分：单项材料规格表14：含有热固性橡胶胶粘涂层的剂聚酯薄膜/聚酯无纺布复合材料
2655	ES 151 – 3 – 15 – 2006	电气用途的压敏胶粘带　第3部分：单项材料规格表15：含有热固性橡胶胶粘剂涂层的聚酯薄膜/聚酯无纺布复合材料
2656	ES 151 – 3 – 16 – 2006	电气用途的压敏胶粘带　第3部分：单项材料规格表16：带压敏胶粘剂涂层的聚酯薄膜/玻璃丝复合胶带
2657	ES 151 – 3 – 17 – 2007	电气用途的压敏胶带　第3部分：单项材料规格表17：含有压敏胶粘剂涂层的聚乙烯和聚丙烯薄膜胶带的要求
2658	ES 268 – 1997	1000V及以上架空电力线的陶瓷和玻璃绝缘子
2659	ES 268 – 1 – 2005	标称电压高于1000V的架空线路绝缘子　第1部分：交流系统用瓷或玻璃绝缘子元件
2660	ES 268 – 2 – 2005	标称电压高于1000V的架空线路绝缘子　第2部分：交流系统用绝缘子串及绝缘子串组
2661	ES 610 – 2006	基于操作热稳定性的电气机械和仪器的绝缘材料的分类
2662	ES 786 – 2008	通信和信号针式线路玻璃绝缘子
2663	ES 1126 – 2006	配电不超过1kV的陶瓷绝缘子的定义和技术术语
2664	ES 1163 – 1995	分配电功率小于1000V的陶瓷绝缘子试验
2665	ES 1163 – 2 – 2006	陶瓷绝缘子试验　第2部分：配电功率小于1kV
2666	ES 1878 – 2005	绝缘子串元件的槽型连接尺寸
2667	ES 1879 – 2005	线路支柱绝缘子的特性
2668	ES 1880 – 1 – 1997	交流电压1000V以上的套管　第1部分：技术术语和评级
2669	ES 1880 – 2 – 1997	交流电压1000V以上的套管　第2部分：试验
2670	ES 4106 – 2003	固体绝缘材料在潮湿条件下的相对泄痕指数和耐泄痕指数的测定方法
2671	ES 4107 – 2003	评估电气绝缘材料在恶劣环境条件下耐漏电起痕和耐电蚀损性的试验方法
2672	ES 4660 – 2005	污染条件下用绝缘子的选择指南
2673	ES 4793 – 2007	旋转电机绝缘体系的功能评定　第1部分：通用指南
2674	ES 4932 – 2005	交流电流系统用高压绝缘子的人工污染度试验
2675	ES 4951 – 2005	复合绝缘子　户外和户内电气设备用空心绝缘子　定义、试验方法、验收标准和设计建议
2676	ES 4952 – 2005	交流电压高于1000V的绝缘套管

续表

序号	标准编号	标准名称
2677	ES 4953 – 2005	套管 抗震鉴定
2678	ES 4954 – 2005	绝缘套管 油为主绝缘（通常为纸）浸渍介质套管中溶解气体分析（DGA）的判断导则
2679	ES 4955 – 2005	绝缘子串元件的热 – 机械性能试验和机械性能试验
2680	ES 4956 – 2005	标称电压高于 1000V 的架空线路绝缘子 直流系统的陶瓷或玻璃绝缘子元件 定义、试验方法和验收标准
2681	ES 4957 – 2005	标称电压高于 1000V 的架空线路绝缘子 绝缘子串组的交流电源电弧试验
2682	ES 4958 – 2005	标称电压大于 1000V 的系统用陶瓷材料或玻璃制成室内和室外支柱绝缘子的试验
2683	ES 4959 – 2005	用于标称电压大于 1000V 的系统的室内和室外支柱绝缘子的特性
2684	ES 4960 – 2005	绝缘子 标称电压大于 1000V 并且小于 300kV 的系统用室内有机材料支柱绝缘子的试验
2685	ES 5251 – 2006	开槽沉头平头螺钉（普通头型） A 级产品
2686	ES 5453 – 2006	标称电压高于 1000V 的架空线路绝缘子 交流系统的陶瓷绝缘子长杆式绝缘子元件的特性
2687	ES 5629 – 1 – 2007	小于或等于 1000V 交流电以及 1500V 直流电低压配电系统的电气安全 保护措施的测试、测量或监测设备 第 1 部分：通用要求
2688	ES 5629 – 2 – 2007	小于或等于 1000V 交流电以及 1500V 直流电低压配电系统的电气安全 保护措施的测试、测量或监测设备 第 2 部分：绝缘电阻
2689	ES 5629 – 3 – 2007	小于或等于 1000V 交流电以及 1500V 直流电低压配电系统的电气安全 保护措施的测试、测量或监测设备 第 3 部分：回路阻抗
2690	ES 5629 – 4 – 2007	小于或等于 1000V 交流电以及 1500V 直流电低压配电系统的电气安全 保护措施的测试、测量或监测设备 第 4 部分：接地和等电位连接电阻
2691	ES 5629 – 5 – 2008	小于或等于 1000V 交流电以及 1500V 直流电低压配电系统的电气安全 保护措施的测试、测量或监测设备 第 5 部分：地面电阻
2692	ES 5629 – 6 – 2006	小于或等于 1000V 交流电以及 1500V 直流电低压配电系统的电气安全 保护措施的测试、测量或监测设备 第 6 部分：TT 和 TN 系统中的剩余电流装置（RCD）
2693	ES 5629 – 8 – 2013	小于或等于 1000V 交流电以及 1500V 直流电低压配电系统的电气安全 保护措施的测试、测量或监测设备 第 8 部分：系统绝缘监控设备
2694	ES 5629 – 9 – 2013	小于或等于 1000V 交流电以及 1500V 直流电低压配电系统的电气安全 保护措施的测试、测量或监测设备 第 9 部分：系统绝缘故障定位设备
2695	ES 5629 – 10 – 2013	小于或等于 1000V 交流电以及 1500V 直流电低压配电系统的电气安全 保护措施的测试、测量或监测设备 第 10 部分：保护措施试验、测量或者监控用组合测量设备
2696	ES 5809 – 2007	标称电压高于 1000V 的架空线路绝缘子 交流系统的陶瓷或者玻璃绝缘子元件 盘形和针形悬式绝缘子组特性
2697	ES 5810 – 2007	高压绝缘子无线电干扰试验
2698	ES 6011 – 2007	绝缘子串元件球窝联接用锁紧销 尺寸和试验

续表

序号	标准编号	标准名称
2699	ES 6403 – 2007	标称电压高于1000V的交流架空线路复合绝缘子 定义 试验方法和验收标准
2700	ES 6530 – 1 – 2008	电气绝缘系统 热评定规程 第1部分：通用要求 低电压
2701	ES 6530 – 2 – 2008	电气绝缘系统 热评定规程 第2部分：线绕应用的特定要求
2702	ES 6530 – 3 – 2008	电气绝缘系统 热评价程序 第3部分：线圈封装模型电线包绕电气绝缘系统（EIS）的具体要求
2703	ES 6691 – 2008	带电作业 挂杆式短路装置用接地设备或接地并短路设备 挂杆接地
2704	ES 6692 – 2008	电气绝缘系统 既定线绕电气绝缘系统修订的热评价
2705	ES 7172 – 2010	电器用绝缘材料套
2706	ES 265 – 1 – 2006	低压熔断器 第1部分：通用要求
2707	ES 265 – 2 – 1990	低压熔断器 第2部分：通用要求
2708	ES 265 – 3 – 2006	低压熔断器 第3部分：非熟练人员使用的熔断器（主要是家用和类似用途的熔断器）的补充要求
2709	ES 265 – 4 – 1994	低压熔断器 第4部分：非熟练人员使用的熔断器（主要是家用和类似用途的熔断器）的补充要求
2710	ES 265 – 5 – 2008	低压熔断器 第5部分：经培训人员使用熔断器的附加要求
2711	ES 325 – 2 – 1996	不超过1000V交流电压和1200V直流电压的断路器 第2部分：设计、试验和操作
2712	ES 497 – 2015	电力传输和分配系统的标准电压
2713	ES 560 – 2001	电气工程的技术术语及定义（通用）
2714	ES 622 – 2001	电气工程的技术术语及定义（开关装置和控制装置）
2715	ES 704 – 1996	空气断路刀电开关
2716	ES 860 – 1 – 1997	电力开关设备 第1部分：工厂制造的不超过1000V的低压开关设备和控制设备
2717	ES 860 – 2 – 1997	电力开关设备 第2部分：额定电压超过1kV且不超过72.5kW的金属封闭式开关设备和控制设备
2718	ES 1015 – 1970	房屋电气设备的防火和防爆外壳
2719	ES 2010 – 1991	电力电容器的安装和运行指南
2720	ES 2502 – 1 – 2006	高压交流断路器 第1部分：定义和技术术语
2721	ES 2615 – 2007	高压开关设备和控制设备标准的共用技术要求
2722	ES 2615 – 1 – 1994	高压开关设备和控制设备标准的通用条款 第1部分：通用条款
2723	ES 2615 – 2 – 1998	高压开关设备和控制设备标准的通用条款 第2部分：试验
2724	ES 2740 – 2007	高压熔断器 第1部分：限流熔断器
2725	ES 2740 – 1 – 1994	高压熔断器 限流熔断器 第1部分：总则
2726	ES 2740 – 2 – 1994	高压熔断器 限流熔断器 第2部分：试验
2727	ES 2740 – 3 – 1996	高压熔断器 限流熔断器 第3部分：特性、评级和应用指南
2728	ES 3231 – 3 – 1997	电流小于或等于32A的应急照明用小型电力继电器（电磁型）规格
2729	ES 5293 – 2006	高压开关设备和控制设备标准的共用技术要求
2730	ES 5298 – 2006	低压开关设备和控制设备 第2部分：断路器
2731	ES 5299 – 2006	低压开关设备和控制设备 第4–3节：接触器和电动机启动器 非电动机负载用交流半导体控制器和接触器

续表

序号	标准编号	标准名称
2732	ES 5300 – 2006	低压开关设备和控制设备　第7部分：辅助设备　第1节：铜导体的接线端子排
2733	ES 5301 – 2006	低压开关设备和控制设备　第3部分：开关、隔离器、隔离开关以及熔断器组合电器
2734	ES 6135 – 4 – 2007	装有空气燃烧器且用于产生家用热水的家用燃气快速热水器　第4部分：能源合理利用
2735	ES 6476 – 2008	低压开关设备和控制设备的尺寸　开关设备和控制设备中电气器件的机械支承件在轨道上的标准化安装
2736	ES 6477 – 2008	低压开关设备和控制设备　辅助设备　铜导体的保护导体端子排
2737	ES 135 – 1995	无线电干扰限值
2738	ES 323 – 1963	用于抑制无线电干扰的滤波器零件和单元
2739	ES 324 – 1963	听觉和视觉再现用无线电接收设备的干扰特性和性能
2740	ES 361 – 1 – 2006	各种发射类别的无线电接收机的测量方法（含音频测量）　第1部分：有关无线电频率接收机的一般问题和测量方法
2741	ES 361 – 2 – 2006	各种发射类别的无线电接收机的测量方法（含音频测量）　第2部分：音频和无线电频率的测量
2742	ES 361 – 3 – 2006	各种发射类别的无线电接收机的测量方法（含音频测量）　第3部分：工作频率测量　稳定性和调谐系统特性
2743	ES 915 – 1967	无线电接收器的灵敏度测量
2744	ES 916 – 1995	无线电接收器的选择性测量
2745	ES 1337 – 1 – 1996	不超过1000V交流电压和1200V直流电压的断路器　第1部分：总则
2746	ES 1527 – 1 – 1994	压燃式发动机燃油滤清器试验方法
2747	ES 1527 – 2 – 2006	电视广播传输接收机的测量方法　第2部分：音频通道　一般方法和单声道方法
2748	ES 1979 – 2005	陆地移动通信FM或PM发射机的最低标准
2749	ES 1980 – 2005	陆地移动通信FM或PM接收机的最低标准
2750	ES 2484 – 2005	卫星地面站所用无线电设备的测量方法
2751	ES 2501 – 1 – 2005	电网电源供电的家用和类似一般用途的电子及相关设备的安全要求　第1部分：总则
2752	ES 3053 – 2006	各种发射类别的无线电接收机的测量方法　第4部分：调频声音广播发射接收机
2753	ES 3053 – 1 – 1996	调频声音广播发射接收机的射频测量　第1部分：总则
2754	ES 3420 – 4 – 1999	调频声音广播发射接收机的射频测量　第4部分：灵敏性
2755	ES 4283 – 2004	具有可视显示终端的办公室工作的人类工效学要求
2756	ES 4526 – 1 – 1 – 2005	射频连接器　第1部分：一般要求和测量方法　第1节：电气试验和测量步骤：反射系数
2757	ES 4715 – 2004	信息技术设备的安全性
2758	ES 5266 – 2 – 2006	可编程仪表用标准数字接口　第2部分：代码、格式、协议和通用命令维护
2759	ES 5269 – 7 – 2006	全球海上遇险和安全系统（GMDSS）　第7部分：船用甚高频无线电话发射机和接收机　操作和性能要求、试验方法和所需试验结果

续表

序号	标准编号	标准名称
2760	ES 5270 – 1 – 2006	用于测量和控制的数字数据通信 工业控制系统用现场总线 第1部分：IEC 61158 系列 5271/2006 的概述和指南
2761	ES 7072 – 2009	识别卡 压花记录技术
2762	ES 7317 – 2011	声音和电视广播接收机及相关设备 抗干扰特性 极值和测量方法
2763	ES 7318 – 2013	声音和电视广播接收机及相关设备 无线电干扰特性 极值和测量方法
2764	ES 7319 – 2011	人体暴露于家用电器和类似装置的电磁场的测量方法
2765	ES 7320 – 2011	工业、科学和医疗设备 视频干扰特性 限值和测试方法
2766	ES 7344 – 4 – 2011	12kMHz 频带的卫星广播传输接收机的测量方法 第4部分：NTSC 制式数字副载波系统的声音/数据解码器装置的电气测量
2767	ES 6433 – 2007	无源无线电干扰滤光片和抑制元件的抑制特性测量方法
2768	ES 3723 – 1 – 2002	家用和类似用途电动、电热器具、电动工具及类似电器无线电干扰特性的限值和测量方法
2769	ES 3723 – 2 – 2002	电磁兼容性 家用电器、电动工具和类似器具的要求 第2部分：抗扰性 产品系列标准
2770	ES 3725 – 2 – 2002	无线电干扰和抗扰度测量设备和方法规范 第2部分：干扰和抗扰度测量方法
2771	ES 4511 – 4 – 2 – 2011	电磁兼容性（EMC） 第4–2部分：试验和测量技术 静电放电抗扰度试验
2772	ES 4511 – 4 – 4 – 2011	电磁兼容性（EMC） 第4–4部分：试验和测量技术 电快速瞬变/脉冲群抗扰度试验
2773	ES 4511 – 4 – 11 – 2013	电磁兼容性（EMC） 第4–11部分：试验和测量技术 电压暂降、短时中断和电压变化 抗扰度试验
2774	ES 4512 – 4 – 8 – 2005	电磁兼容性（EMC） 第4–8部分：试验和测量技术 工频磁场抗扰度试验
2775	ES 4513 – 4 – 16 – 2005	电磁兼容性（EMC） 第4–16部分：试验和测量技术 在频率范围0Hz至150kHz内进行的常见模式干扰的抗扰度试验
2776	ES 4514 – 4 – 17 – 2005	电磁兼容性（EMC） 第4–17部分：试验和测量技术 直流输入电源端口抗扰度试验研究
2777	ES 4515 – 4 – 24 – 2004	电磁兼容性（EMC） 第4部分：试验和测量技术 第24节：HEMP 传导干扰保护设备的试验方法 基本电磁兼容性出版物
2778	ES 4516 – 4 – 27 – 2005	电磁兼容性（EMC） 第4–27部分：试验和测量技术 不平衡、抗扰度试验
2779	ES 4517 – 4 – 28 – 2005	电磁兼容性（EMC） 第4–28部分：试验和测量技术 电源频率变化、抗扰度试验
2780	ES 4518 – 4 – 29 – 2005	电磁兼容性（EMC） 第4–29部分：试验和测量技术 直流输入电源端口的电压暂降、短暂中断和电压变化 抗扰度试验
2781	ES 4853 – 2 – 2005	电磁兼容性（EMC） 第3–2部分：限值 谐波电流排放限值（设备输入电流不大于16A 每相）
2782	ES 4853 – 3 – 2005	电磁兼容性（EMC） 第3–3部分：限值 每相额定电流小于或者等于16A并且不按照一定条件连接的设备在公共低压供电系统中的电压变化、电压波动和闪烁限值

续表

序号	标准编号	标准名称
2783	ES 4853 – 4 – 2005	电磁兼容性（EMC） 第3–4部分：限值 额定电流超过16A设备的低压供电系统的谐波电流辐射限值
2784	ES 4853 – 5 – 2005	电磁兼容性（EMC） 第3部分：限值 第5节：额定电流超过16A设备的低压供电系统的电压波动和闪烁限值
2785	ES 4853 – 6 – 2005	电磁兼容性（EMC） 第3部分：限值 第6节：中压和高压电力系统中畸变负载发射限值的评估 基本电磁兼容性出版物
2786	ES 4853 – 7 – 2005	电磁兼容性（EMC） 第3部分：限值 第7节：中压和高压电力系统中波动荷载发射限值的评估 基本电磁兼容性出版物
2787	ES 4853 – 8 – 2005	电磁兼容性（EMC） 第3部分：限值 第8节：低压电气装置的信号传输 排放水平、频带和电磁干扰水平
2788	ES 4853 – 11 – 2005	电磁兼容性（EMC） 第3–11部分：限值 特殊情况下额定电流小于或者等于75A设备在公共低压供电系统中的电压变化、电压波动和闪烁限值
2789	ES 4853 – 12 – 2005	电磁兼容性（EMC） 第3–12部分：限值 每相输入电流大于16A且小于或等于75A的公共电压供电系统连接设备生产的谐波电流限值
2790	ES 4946 – 1 – 2005	滚动轴承 公差 第1部分：术语和定义 三种语言版
2791	ES 5687 – 2006	电磁兼容性和无线电频谱情况（ERM） 无线电设备和服务的电磁兼容性（EMC）标准 地面语音广播业务发射器的特殊要求
2792	ES 5688 – 1 – 2006	电磁兼容性和无线电频谱情况（ERM） 无线电设备和服务的电磁兼容性（EMC）标准 第1部分：通用技术要求
2793	ES 5688 – 2 – 2007	电磁兼容性和无线电频谱情况（ERM） 第2部分：数字和蜂窝无线电通信系统（GSM和DCS）的移动和便携式无线电及辅助设备的特定条件
2794	ES 5688 – 3 – 2007	电磁兼容性（EMC） 无线电设备和服务标准 第3部分：GSM基站的特殊条件
2795	ES 5688 – 4 – 2007	电磁兼容性（EMC） 无线电设备和服务标准 第4部分：移动和便携式模拟蜂窝无线通信设备的具体条件
2796	ES 5688 – 5 – 2007	无线电设备和服务的电磁兼容性 第5部分：无线麦克风、类似的无线电频率（RF）音频链路设备、无线音频和入耳式监测设备的具体条件
2797	ES 5826 – 2007	测量、控制和实验室用电气设备 电磁兼容性（EMC）要求 第1部分：通用要求
2798	ES 5827 – 2007	测量、控制和实验室用电气设备 电磁兼容性（EMC）要求 第2–1部分：特殊要求 用于敏感性试验和电磁兼容性为保护应用的测量设备的试验配置、操作条件和性能标准
2799	ES 5828 – 2007	测量、控制和实验室用电气设备 电磁兼容性（EMC）要求 第2–2部分：特殊要求 用于便携式试验、测量和监控低压配电系统用设备的试验配置、操作条件和性能标准
2800	ES 5829 – 2007	测量、控制和实验室用电气设备 电磁兼容性（EMC）要求 第2–3部分：特殊要求 具有集成或者远程信号调节的传感器的试验配置、操作条件和性能标准

续表

序号	标准编号	标准名称
2801	ES 5830 – 2007	测量、控制和实验室用电气设备　电磁兼容性（EMC）要求　第2-4部分：特殊要求　绝缘监测设备的试验配置、操作条件和性能标准
2802	ES 5831 – 2007	测量、控制和实验室用电气设备　电磁兼容性（EMC）要求　第2-5部分：特殊要求　带接口现场设备的试验配置、操作条件和性能标准
2803	ES 5832 – 2007	测量、控制和实验室用电气设备　电磁兼容性（EMC）要求　第2-6部分：特殊要求　体外诊断（IVD）医疗设备
2804	ES 5833 – 3 – 2007	电磁兼容性和无线电频谱情况（ERM）　无线电设备和服务的电磁兼容性（EMC）标准　第3部分：在9kHz～40kMHz频率范围运行的短距离无线通信设备（SRD）用特定条件
2805	ES 5833 – 4 – 2007	电磁兼容性和无线电频谱情况（ERM）　无线电设备和服务的电磁兼容性（EMC）标准　第4部分：固定无线电链路和辅助设备和服务的具体条件
2806	ES 5833 – 5 – 2007	电磁兼容性和无线电频谱情况（ERM）　无线电设备和服务的电磁兼容性（EMC）标准　第5部分：专用陆地移动无线电（PMR）和辅助设备（语音和非语音）的特定条件
2807	ES 6307 – 1 – 2007	电磁兼容性（EMC）总标准　第1部分：住宅、商业和轻工业环境的抗扰度
2808	ES 6307 – 2 – 2007	电磁兼容性（EMC）总标准　第2部分：住宅、商业和轻工业环境中的辐射
2809	ES 6429 – 1 – 2007	电磁兼容性　家用电器、电动工具和类似器具的要求　第1部分：辐射
2810	ES 6429 – 2 – 2009	电磁兼容性　家用电器、电动工具和类似器具的要求　第2部分：抗扰性　产品系列标准
2811	ES 6430 – 2007	电气照明和类似设备的无线电干扰特性的限值和测量方法
2812	ES 6431 – 2007	单头和双头荧光灯用电子镇流器电磁发射试验方法
2813	ES 6432 – 1 – 1 – 2007	无线电干扰和抗扰度测量设备和方法规范　第1-1部分：无线电干扰和抗干扰测量设备　测量设备
2814	ES 6432 – 1 – 2 – 2007	无线电干扰和抗扰度测量设备和方法规范　第1-2部分：无线电干扰和抗干扰测量设备　辅助设备　传导干扰
2815	ES 6432 – 1 – 3 – 2007	无线电干扰和抗扰度测量设备和方法规范　第1-3部分：无线电干扰和抗干扰测量设备　辅助设备　干扰功率
2816	ES 6432 – 1 – 4 – 2007	无线电干扰和抗扰度测量设备和方法规范　第1-4部分：无线电干扰和抗干扰测量设备　辅助设备　辐射干扰
2817	ES 6432 – 1 – 5 – 2007	无线电干扰和抗扰度测量设备和方法规范　第1-5部分：无线电干扰和抗干扰测量设备　30MHz～1000MHz的天线校准试验场地
2818	ES 6432 – 2 – 1 – 2007	CISPR 16-2-1（2005-9）无线电干扰和抗扰度测量设备和方法规范　第2-1部分：干扰和抗扰度测量方法　传导干扰测量
2819	ES 6432 – 2 – 2 – 2007	无线电干扰和抗扰度测量设备和方法规范　第2-2部分：干扰和抗扰度测量方法　干扰功率测量

续表

序号	标准编号	标准名称
2820	ES 6432 - 2 - 3 - 2007	无线电干扰和抗扰度测量设备和方法规范　第 2 - 3 部分：干扰和抗扰度测量方法　辐射交联 6432 - 2 - 4 /2007
2821	ES 6432 - 2 - 4 - 2007	无线电干扰和抗扰度测量设备和方法规范　第 2 - 4 部分：干扰和抗扰度测量方法　抗扰度测量
2822	ES 6432 - 3 - 2007	无线电干扰和抗扰度测量设备和方法规范　第 3 部分：CISPR 技术报告
2823	ES 6432 - 4 - 1 - 2007	无线电干扰和抗扰度测量设备和方法规范　第 4 - 1 部分：不确定度、统计学和限值建模　标准 EMC 试验的不确定度
2824	ES 6432 - 4 - 2 - 2007	无线电干扰和抗扰度测量设备和方法规范　第 4 - 2 部分：不确定度、统计学和限值建模　EMC 测量的不确定度
2825	ES 6432 - 4 - 3 - 2007	无线电干扰和抗扰度测量设备和方法规范　第 4 - 3 部分：不确定度、统计学和限值建模　测定批量生产产品的电磁兼容符合性的统计考虑事项
2826	ES 6432 - 4 - 4 - 2007	无线电干扰和抗扰度测量设备和方法规范　第 4 - 4 部分：不确定度、统计学和限值建模　投诉统计和限值计算模型
2827	ES 6432 - 4 - 5 - 2007	无线电干扰和抗扰度测量设备和方法规范　第 4 - 5 部分：不确定度、统计学和限值建模　可选试验方法的适用条件
2828	ES 7218 - 2011	信息技术设备　射频干扰特性　限值和测量方法
2829	ES 496 - 2008	音频录制　光盘数字音频系统
2830	ES 737 - 1966	扬声器的额定阻抗和尺寸
2831	ES 1077 - 1 - 1971	电视屏幕　第 1 部分：性能测量
2832	ES 1103 - 2 - 1971	电视显像管　第 2 部分：对比度的测定
2833	ES 1104 - 3 - 1971	电视显像管　第 3 部分：显像管防内爆铠装方法
2834	ES 1105 - 4 - 1971	电视显像管　第 4 部分：电视显像管电阻测量
2835	ES 1147 - 5 - 1972	电视显像管　第 5 部分：色度测量
2836	ES 1153 - 1 - 1972	电视接收机的测量方法　第 1 部分：总则
2837	ES 1173 - 6 - 1972	电视显像管　第 6 部分：分辨率测量
2838	ES 1248 - 3 - 1973	电视性能测量方法　第 3 部分：灵敏度
2839	ES 1281 - 8 - 1976	电视性能测量方法　第 8 部分：声音灵敏度
2840	ES 1301 - 4 - 1976	电视性能测量方法　第 4 部分：干扰性
2841	ES 1333 - 5 - 1976	电视性能测量方法　第 5 部分：保真度
2842	ES 1334 - 6 - 1976	电视性能测量方法　第 6 部分：稳定性
2843	ES 1335 - 7 - 1976	电视性能测量方法　第 7 部分：辐射性
2844	ES 1372 - 9 - 1977	电视性能测量方法　第 9 部分：干扰性
2845	ES 1373 - 10 - 1977	电视性能测量　第 10 部分：声音保真度
2846	ES 1799 - 2005	磁带录音和重放系统　通用条件和要求
2847	ES 1800 - 2005	磁带录音和重放系统的磁带机械特性的测量
2848	ES 1924 - 2005	VHS 型和 VHS 紧凑型食品记录系统磁带盒的通用特性
2849	ES 1940 - 1991	视频特性的测量方法
2850	ES 2139 - 2005	磁带录音和重放系统　磁带录音和放音设备特性的测量方法
2851	ES 2192 - 2005	VHS 型录像磁带录音机

续表

序号	标准编号	标准名称
2852	ES 2483 – 2005	高保真度音响设备和系统最低性能要求　电视调谐器的声音输出
2853	ES 2485 – 2005	高保真度音响设备和系统最低性能要求　扬声器
2854	ES 2488 – 2005	脉冲反射波诊断设备的性能测量方法
2855	ES 2501 – 2 – 2005	电网电源供电的家用和类似一般用途的电子及相关设备的安全要求　第2部分：耐热和耐燃
2856	ES 2501 – 3 – 2006	音频、视频以及类似电子设备　安全要求　第3部分：设计和机械要求
2857	ES 2501 – 4 – 2006	音频、视频以及类似电子设备　安全要求　第4部分：试验和测量方法附件
2858	ES 2503 – 2007	录像磁带录音机　β型格式
2859	ES 2616 – 2007	Beta 格式视频磁带盒的通用特性
2860	ES 2617 – 1994	高保真度音响设备和系统最低性能要求　FM 无线电调谐器
2861	ES 2618 – 2005	磁盘声音用高保真磁记录和复制设备的最低性能
2862	ES 2622 – 2007	声系统设备　人工混响、时间延迟和移频设备
2863	ES 2979 – 2006	磁带录音和重放系统　第5部分：电磁带性能
2864	ES 3066 – 2007	声系统设备　麦克风
2865	ES 3066 – 1 – 2002	麦克风　第1部分：麦克风测量条件
2866	ES 3314 – 2008	声系统设备　扬声器
2867	ES 3314 – 2 – 1998	扬声器　第2部分：物理和电气特性和其测量
2868	ES 3315 – 2008	声系统设备　放大器
2869	ES 3315 – 1 – 1998	声系统放大器　第1部分：通用要求
2870	ES 3474 – 2008	声系统设备　头戴式耳机和耳塞机
2871	ES 3645 – 2008	音响系统设备的辅助无源元件
2872	ES 4102 – 1 – 2008	电视显像管的测量方法　第1部分：测量用一般要求
2873	ES 4102 – 2 – 2005	电视显像管的测量方法　第2部分：电视显像管电气性能的测量方法
2874	ES 4102 – 3 – 2005	电视显像管的测量方法　第3部分：彩色电视显像管测量方法
2875	ES 4150 – 1 – 2007	液晶和半导体显示装置
2876	ES 4150 – 2 – 2005	液晶和固态显示装置　第2部分：液晶显示模组的分规格
2877	ES 4150 – 3 – 2005	液晶和固态显示装置　第3部分：无源矩阵单色液晶显示单元空白详细规格
2878	ES 4150 – 7 – 2006	液晶和固态显示装置　第7部分：环境耐久性和机械试验方法
2879	ES 4531 – 1 – 2005	电子投影测量和关键性能标准文档　第1部分：固定分辨率投影机
2880	ES 4531 – 2 – 2005	电子投影测量和关键性能标准文档　第2部分：可变分辨率的投影机
2881	ES 4532 – 2004	迷你磁盘录音机/播放机的测量方法
2882	ES 4533 – 1 – 2005	警告系统　第1部分：通用要求　第2节：动力装置、试验方法和性能标准
2883	ES 4534 – 1 – 2005	警告系统　第1部分：通用要求　第3节：环境试验
2884	ES 4535 – 2005	录像盘　参数的测量方法
2885	ES 4931 – 2005	磁带录音和重放系统　商业磁带记录和家用磁带盒

续表

序号	标准编号	标准名称
2886	ES 5258 – 2006	音频、视频和相关设备的耗电量的测量方法
2887	ES 5267 – 2006	音频、视频和视听系统　家用数字总线（D2B）
2888	ES 6699 – 2008	DVD 播放机的测量方法
2889	ES 6700 – 2008	多媒体系统和设备　色彩测量和管理　数字摄像机
2890	ES 6901 – 2009	摄像机（Pal – Ntsc – Secam）测量方法　摄像机和摄像记录器的自动功能
2891	ES 7161 – 2010	多媒体系统和设备　色彩测量和管理　彩色打印机　反射打印 RGB 颜色输入值
2892	ES 7162 – 1 – 2013	音频和视听设备　数字音频部分　音频特性的基本测量方法　第 1 部分：总则
2893	ES 7162 – 2 – 2010	音频和视听设备　数字音频部分　音频特性的基本测量方法　第 2 部分：个人电脑
2894	ES 7640 – 2013	多媒体系统和设备　色彩测量和管理　第 8 部分：多媒体彩色扫描仪
2895	ES 738 – 1994	一般应用的铝电解电容器
2896	ES 914 – 1967	电子元件的气候和机械试验
2897	ES 966 – 1 – 1969	电子管和电子阀电气特性的测量　第 1 部分：正向电极电流的测量方法
2898	ES 967 – 2 – 1969	电子管和电子阀电气特性的测量　第 2 部分：加热器灯丝电流的测量方法
2899	ES 968 – 3 – 1969	电子管和电子阀电气特性的测量　第 3 部分：阴极加热时间和热丝升温时间
2900	ES 1004 – 4 – 1970	电子管和电子阀电气特性的测量　第 4 部分：噪声因素的测量方法　电子管和电子阀电气特性的测量　第 5 部分：电子管和电子阀机械冲击脉冲激励应用方法
2901	ES 1005 – 5 – 1970	电子管和电子阀电气特性的测量　第 5 部分：电子管和电子阀中机械冲击脉冲激励的测量方法
2902	ES 1006 – 6 – 1970	电子管和电子阀电气特性的测量　第 6 部分：阴极界面阻抗的测量方法
2903	ES 1101 – 1 – 2005	电子元件的环境试验（电阻器和电容器）　第 1 部分：总则
2904	ES 1102 – 2008	额定电压不超过 30000V 的固定云母介质直流电容器的试验方法和通用要求的选择
2905	ES 2336 – 1 – 2006	自动处理用组件包装　第 1 部分：连续条带上带有轴向引线的组件条带包装
2906	ES 2337 – 1994	自动处理用组件包装
2907	ES 2337 – 2 – 2006	自动处理用组件包装　第 2 部分：连续条带上带有单向引线的组件条带包装
2908	ES 2338 – 3 – 2006	自动处理用组件包装　第 3 部分：连续条带上无引线组件包装
2909	ES 2486 – 1993	半导体自换相变流器的定义和技术术语
2910	ES 2487 – 1993	半导体自励变换器的特性和服务条件
2911	ES 2619 – 2005	印刷电路的术语及定义
2912	ES 2866 – 1 – 2005	印制板　测试方法　第 1 部分：一般检查和电气测试
2913	ES 2866 – 2 – 2005	印制板　测试方法　第 2 部分：机械测试

续表

序号	标准编号	标准名称
2914	ES 2866 - 3 - 2005	印制板　测试方法　第3部分：综合测试
2915	ES 2866 - 4 - 2005	印制板　测试方法　第4部分：环境调节
2916	ES 3035 - 1 - 1996	印刷电路基体材料的试验方法　第1部分：通用要求和电气试验
2917	ES 3035 - 2 - 1997	印刷电路用基材　第2部分：铜覆盖材料的非电气测试
2918	ES 3035 - 3 - 2006	印制板和其他互连结构用材料　第2部分：包被和非包被增强基材
2919	ES 3523 - 1 - 2008	印刷电路板的设计和使用　第1部分：材料和表面抛光
2920	ES 3523 - 2 - 2008	印刷电路板的设计和使用　第2部分：电路尺寸和装配安排
2921	ES 3523 - 3 - 2008	印刷电路板的设计和使用　第3部分：电气和机械特性
2922	ES 3523 - 4 - 2008	印刷电路板的设计和使用　第4部分：其他
2923	ES 3552 - 1 - 2000	电子设备用固定电容器　第1部分：总则
2924	ES 3552 - 2 - 2000	电子设备用固定电容器　第2部分：试验和电气测量
2925	ES 3552 - 3 - 2001	电子设备用固定电容器　第3部分：试验和机械测量
2926	ES 3552 - 4 - 2001	电子设备用固定电容器　第4部分：试验和环境测量和耐久性
2927	ES 3552 - 5 - 2001	电子设备用固定电容器　第5部分：试验和杂项测量
2928	ES 3864 - 2008	半导体器件　分立器件和集成电路
2929	ES 3960 - 1 - 1 - 2003	着火危险试验　第1-1部分：电工技术产品着火危险评估指南　通用指南
2930	ES 3960 - 1 - 2 - 2003	着火危险试验　第1-2部分：电工产品着火危险评定技术要求和试验规范制订指南　电子元件指南
2931	ES 3960 - 1 - 3 - 2003	着火危险试验　第1-3部分：电工产品着火危险评定技术要求和试验规范制订指南　预选程序使用指南
2932	ES 4368 - 2008	半导体器件　集成电路
2933	ES 4370 - 2008	晶体硅地面光伏（PV）组件　设计质量和型式批准
2934	ES 4372 - 2 - 2005	半导体器件　集成电路　第2部分：数字集成电路
2935	ES 4372 - 2 - 1 - 2005	半导体器件　集成电路　第2部分：数字集成电路　第1节：双极型单片数字集成电路门（不包括自由逻辑阵列）的空白详细规格
2936	ES 4372 - 2 - 2 - 2005	半导体器件　集成电路　第2部分：数字集成电路　第2节：54/74 HC，54/74 HCT 至 54/74 HCU 系列的 HC - MOS 数字集成电路的系列规格
2937	ES 4372 - 2 - 3 - 2005	半导体器件　集成电路　第2部分：数字集成电路　第3节：HC-MOS 数字集成电路的空白详细规格（54/74 DC，54/74 HCT 54/74 HCU 系列）
2938	ES 4372 - 2 - 4 - 2005	半导体器件　集成电路　第2部分：数字集成电路　第4节：40t 10 系列 4000VB 带宽互补 MOS 数字集成电路的系列规格
2939	ES 4372 - 2 - 5 - 2005	半导体器件　集成电路　第2部分：数字集成电路　第5节：4000 系列 4000VB 带宽互补 MOS 数字集成电路的空白详细规格
2940	ES 4372 - 2 - 6 - 2005	半导体器件　集成电路　第2部分：数字集成电路　第6节：微处理器集成电路的空白详细规格
2941	ES 4372 - 2 - 7 - 2005	半导体器件　集成电路　第2部分：数字集成电路　第7节：集成电路熔链可编程双极型只读存储器的空白详细规格
2942	ES 4372 - 2 - 8 - 2004	半导体器件　集成电路　第2部分：数字集成电路　第8节：集成电路静态读写存储器的空白详细规格

续表

序号	标准编号	标准名称
2943	ES 4372 – 2 – 9 – 2005	半导体器件　集成电路　第2部分：数字集成电路　第9节：MOS 紫外光擦除电可编程只读存储器的空白详细规格
2944	ES 4372 – 2 – 10 – 2005	半导体器件　集成电路　第2部分：数字集成电路　第10节：集成电路动态读写存储器的空白详细规格
2945	ES 4538 – 1 – 2004	无焊连接　第1部分：绕接连接器　通用要求、试验方法和实践指南
2946	ES 4538 – 2 – 2005	无焊连接　第2部分：无焊压接连接　通用要求、试验方法和实践指南
2947	ES 4538 – 3 – 2005	无焊连接　第3部分：可接触无焊绝缘置换连接　通用要求、试验方法和实践指南
2948	ES 4538 – 4 – 2005	无焊连接　第4部分：不可接触无焊绝缘置换连接　通用要求、试验方法和实践指南
2949	ES 4538 – 5 – 2004	无焊连接　第5部分：压入连接　通用要求、试验方法和实践指南
2950	ES 4538 – 6 – 2004	无焊连接　第6部分：绝缘穿孔连接　通用要求、试验方法和实践指南
2951	ES 4538 – 7 – 2005	无焊连接　第7部分：弹簧夹件连接　通用要求、试验方法和实践指南
2952	ES 4786 – 1 – 2005	半导体器件　传感器　第1部分：总则和分类
2953	ES 4786 – 2 – 2005	半导体器件　传感器　第2部分：霍尔元件
2954	ES 4786 – 3 – 2005	半导体器件　传感器　第3部分：压力传感器
2955	ES 4970 – 2005	印制板和其他互连结构用材料　第2－4部分：包覆和非包覆增强基材　阻燃型（垂直燃烧试验）铜包覆的聚酯非编织/编织的玻璃纤维层压板
2956	ES 4971 – 2005	印制板和其他互连结构用材料　第2－7部分：包覆和非包覆增强基材　阻燃型（垂直燃烧试验）铜包覆的环氧编织 E 级层压板
2957	ES 4972 – 2005	印制板和其他互连结构用材料　第2－12部分：包覆和不包覆增强基材分规格集　规定可燃性的铜包覆环氧树脂非编织芳香聚酰胺层压材料
2958	ES 4973 – 2005	印制板和其他互连结构用材料　第2－13部分：包覆和不包覆增强基材分规格集　规定可燃性的铜包覆氰酸酯非编织芳香聚酰胺层压材料
2959	ES 4974 – 2005	印制板和其他互连结构用材料　第2－18部分：包覆和非包覆增强基材　规定燃烧性（垂直燃烧试验）的铜包覆聚酯纤维非编织玻璃纤维增强层压板
2960	ES 4975 – 2005	印制板和其他互连结构用材料　第2－19部分：包覆和非包覆增强基材　规定燃烧性（垂直燃烧试验）的铜包覆环氧交叉帘布层线性纤维玻璃
2961	ES 5162 – 1 – 2006	电子设备连接器　试验和测量　第10－4部分：动态应力试验　试验10a：稳态加速
2962	ES 5162 – 2 – 2006	电子设备连接器　试验和测量　第6－2部分：动态应力试验　试验6b：碰撞

续表

序号	标准编号	标准名称
2963	ES 5162 – 3 – 2006	电子设备连接器　试验和测量　第6-3部分：动态应力试验　试验6c：冲击
2964	ES 5162 – 4 – 2006	电子设备连接器　试验和测量　第6-4部分：动态应力试验　试验6d：振动（正弦）
2965	ES 5162 – 5 – 2006	电子设备用机电元件　基本试验程序和测量方法　第6-5部分：动态应力试验　试验6e：随机振动
2966	ES 5162 – 7 – 2006	电子设备用机电元件　基本试验程序和测量方法　第7部分：机械操作试验和密封试验
2967	ES 5162 – 8 – 2006	电子设备用机电元件　基本试验程序和测量方法　第8部分：接触件和终端上的连接器试验（机械）和机械试验
2968	ES 5162 – 9 – 2006	电子设备用机电元件　基本试验程序和测量方法　第9部分：杂项试验
2969	ES 5162 – 10 – 2006	电子设备连接器　试验和测量　第10部分：冲击试验（自由连接器）；静载荷试验（固定连接器）、耐久性试验和过载试验　试验10d：电器过载（连接器）
2970	ES 5162 – 11 – 2006	电子设备用机电元件　基本试验程序和测量方法　第11部分：气候试验　第1节：试验11a：气候序列
2971	ES 5239 – 2006	半导体转换器　第2部分：自换向半导体转换器，包括直流转换器
2972	ES 5260 – 2 – 2006	可编程控制器　第2部分：设备要求和试验
2973	ES 5260 – 3 – 2006	可编程控制器　第3部分：编程语言
2974	ES 5260 – 7 – 2006	可编程控制器　第7部分：模糊控制程序
2975	ES 5260 – 8 – 2006	可编程控制器　第8部分：编程语言应用和实施指南
2976	ES 5261 – 2 – 2006	静电学　第5-2部分：静电现象中电子设备的保护　用户指南
2977	ES 5262 – 2 – 2006	电子设备连接器　试验和测量　第11-2部分：气候试验　试验11b：组合/连续低温、低气压和湿热
2978	ES 5262 – 3 – 2006	电子设备连接器　试验和测量　第11-3部分：气候试验　试验11c：湿热、稳态
2979	ES 5262 – 4 – 2006	电子设备连接器　试验和测量　第11-4部分：气候试验　试验11d：温度快速变化
2980	ES 5262 – 5 – 2006	电子设备连接器　试验和测量　第11-5部分：气候试验　试验11e：霉菌生长
2981	ES 5262 – 6 – 2006	电子设备连接器　试验和测量　第11-6部分：气候试验　试验11f：腐蚀、盐雾
2982	ES 5262 – 7 – 2006	电子设备连接器　试验和测量　第11-7部分：气候试验　试验11g：流动混合气体腐蚀试验
2983	ES 5262 – 8 – 2006	电子设备用机电元件　基本试验程序和测量方法　第11-8部分：气候试验　第8节：试验11h：沙尘和灰尘
2984	ES 5262 – 9 – 2006	电子设备连接器　试验和测量　第11-9部分：气候试验　试验11i：干热
2985	ES 5262 – 10 – 2006	电子设备连接器　试验和测量　第11-10部分：气候试验　试验11j：低温

续表

序号	标准编号	标准名称
2986	ES 5262 – 11 – 2006	电子设备连接器　试验和测量　第 11 – 11 部分：气候试验　试验 11k：低气压
2987	ES 5262 – 12 – 2006	电子设备连接器　试验和测量　第 11 – 12 部分：气候试验　试验 11m：湿热、循环
2988	ES 5262 – 13 – 2006	电子设备连接器　试验和测量　第 11 – 13 部分：气候试验　试验 11n：气密性、无焊绕连接
2989	ES 5262 – 14 – 2006	电子设备连接器　试验和测量　第 11 – 14 部分：气候试验　试验 11p：流动单气体腐蚀试验
2990	ES 5268 – 3 – 2006	电子设备连接器　第 3 – 104 部分：矩形连接器　数据传输频率在 600kHz 以内的 8 向非屏蔽固定式连接器的详细规格
2991	ES 5597 – 2006	电子设备连接器　试验和测量　总则
2992	ES 5598 – 2006	电子设备连接器　试验和测量　目视检查
2993	ES 5599 – 2006	电子设备连接器　尺寸和质量的试验和测量
2994	ES 5600 – 2006	电子设备用机电元件　基本试验程序和测量方法　电接合长度
2995	ES 5601 – 2006	电子设备用机电元件　基本试验程序和测量方法　接触防护有效性（防斜插）
2996	ES 5676 – 2006	电子装置静电现象防护　通用要求
2997	ES 5704 – 2006	电子元件可靠性数据的表示和规格
2998	ES 5705 – 1 – 2006	电子设备用固定电容器　第 1 部分：总规格
2999	ES 5705 – 2 – 2006	电子设备用固定电容器　第 2 部分：分规格金属化聚乙烯对苯二甲酸酯膜介质直流固定电容器
3000	ES 5793 – 2007	电子设备用固定电容器　第 2 部分：分规格：固定低功率非线绕电阻器
3001	ES 5808 – 2007	压电滤波器评估质量　标准外形和引线连接
3002	ES 5834 – 2007	电子设备用固定电容器　第 2 – 1 部分：空白详细规格：金属化聚乙烯对苯二甲酸酯膜介质直流固定电容器　评估等级 E 和 EZ
3003	ES 5835 – 2007	印制板和其他互连结构用材料　第 2 – 5 部分：包被和非包被增强基材　阻燃型（垂直燃烧试验）铜包被的溴化环氧纤维素纸增强芯/编织的 E 型玻璃增强表面层压板
3004	ES 5836 – 2007	印制板和其他互连结构用材料　第 2 – 21 部分：包被和非包被增强基材　阻燃型（垂直燃烧试验）铜包被的非卤化环氧编织 E 型玻璃纤维层压板
3005	ES 5837 – 2007	印制板和其他互连结构用材料　第 2 – 22 部分：包被和非包被增强基材　阻燃型（垂直燃烧试验）铜包被的改良的非卤化环氧编织 E 型玻璃纤维层压板
3006	ES 5838 – 2007	印制板和其他互连结构用材料　第 2 – 22 部分：包被和非包被增强基材　阻燃型（垂直燃烧试验）铜包被的改良的非卤化环氧编织 E 型玻璃纤维层压板
3007	ES 5839 – 2007	印制板和其他互连结构用材料　第 2 – 26 部分：包被和非包被增强基材　阻燃型（垂直燃烧试验）铜包被的非卤化环氧非编织/编织 E 型玻璃纤维增强层压板

续表

序号	标准编号	标准名称
3008	ES 5840 – 2007	印制板和其他互连结构用材料　第3－3部分：包被和不包被的非增强基材分规格集（用于挠性印刷电路板）　黏合剂涂覆的挠性聚酯薄膜
3009	ES 5841 – 2007	印制板和其他互连结构用材料　第3－4部分：包被和不包被的非增强基材分规格集（用于挠性印刷电路板）　黏合剂涂覆的挠性聚酰亚胺薄膜
3010	ES 5842 – 2007	印制板和其他互连结构用材料　第3－5部分：包被和不包被的非增强基材分规格集（用于挠性印刷电路板）　转换黏合剂薄膜
3011	ES 5843 – 2007	印制板和其他互连结构用材料　第4－2部分：非包被预浸料的分规格集　阻燃型多功能环氧编织E型玻璃纤维预浸料坯
3012	ES 5844 – 2007	印制板和其他互连结构用材料　第4－5部分：非包被预浸料的分规格集　阻燃型改良和未改良的聚酰亚胺编织E型玻璃纤维预浸料坯
3013	ES 5845 – 2007	印制板和其他互连结构用材料　第4－11部分：非包被预浸料的分规格集　阻燃型非卤化环氧编织E型玻璃纤维预浸料坯
3014	ES 5846 – 2007	印制板和其他互连结构用材料　第4－12部分：非包被预浸料的分规格集　阻燃型非卤化多功能环氧编织E型玻璃纤维预浸料坯
3015	ES 5847 – 2007	互连结构材料　第5部分：有涂层或无涂层的导电箔和导电膜分规格　第1节：铜基复合材料制备用铜箔
3016	ES 5848 – 2007	互连结构材料　第5部分：有涂层或无涂层的导电箔和导电膜分规格　第4节：导电墨水
3017	ES 5849 – 2007	电子设备用可测固定电阻器　第9部分：各电阻器可单独测量的表面安装固定电阻网络分规格
3018	ES 5850 – 2007	电子设备用固定电阻器　第9－1部分：空白详细规格　各电阻器可单独测量的固定表面安装电阻网络　评估等级EZ
3019	ES 5995 – 2007	压电滤波器评估质量　分规格　能力认可
3020	ES 6130 – 2007	压电滤波器评估质量　通用规格
3021	ES 6155 – 2007	IEC 60512－1－100（2006－3）电子设备连接器　试验和测量　第1－100部分：总则　适用出版物
3022	ES 6156 – 2007	IEC 60512－2－1（2002－2）电子设备连接器　试验和测量　第2－1部分：电连续性和接触电阻试验　试验2a：接触电阻　毫伏级方法
3023	ES 6157 – 2007	IEC 60512－2－2（2003－5）电子设备连接器　试验和测量　第2－2部分：电连续性和接触电阻试验　试验2b：接触电阻　指定试验电流法
3024	ES 6158 – 2007	电子设备连接器　试验和测量　第2－3部分：电连续性和接触电阻试验　试验2c：接触电阻变化
3025	ES 6159 – 2007	电子设备连接器　试验和测量　第2－5部分：电连续性和接触电阻试验　试验2e：接触干扰
3026	ES 6160 – 2007	电子设备连接器　试验和测量　第2－6部分：电连续性和接触电阻试验　试验2f：外壳电气连续性
3027	ES 6161 – 2007	电子设备连接器　试验和测量　第3－1部分：绝缘试验　试验3a：绝缘抗性

续表

序号	标准编号	标准名称
3028	ES 6162 – 2007	电子设备连接器　试验和测量　第 4 – 1 部分：电压应力试验　试验 4a：电压证明
3029	ES 6163 – 2007	电子设备连接器　试验和测量　第 4 – 2 部分：电压应力试验　试验 4b：部分放电
3030	ES 6164 – 2007	电子设备连接器　试验和测量　第 4 – 3 部分：电压应力试验　试验 4c：预绝缘压接套管的电压检验
3031	ES 6165 – 2007	电子设备用机电元件　基本试验程序和测量方法　第 5 部分：冲击试验（自由组件）、静态荷载试验（固定组件）、耐久性试验和超载试验
3032	ES 6167 – 2007	电子设备连接器　试验和测量　第 5 – 2 部分：载流容量试验：电流 – 温度下降
3033	ES 6168 – 2007	电子设备用机电元件　基本试验程序和测量方法　第 6 部分：气候试验和焊接试验
3034	ES 6169 – 2007	电子设备连接器　试验和测量　第 9 – 3 部分：耐久性试验　试验 9c：带有电荷载的机械操作（结合/分离）
3035	ES 6305 – 2007	压电滤波器　压电滤波器使用指南　石英晶体滤波器
3036	ES 6306 – 2007	压电滤波器　压电滤波器使用指南　压电陶瓷滤波器
3037	ES 6319 – 2007	光纤互连器件和无源元件　基本试验和测量程序　目视检验
3038	ES 6320 – 2007	光纤互连器件和无源元件　基本试验和测量程序　单模光纤器件衰减的偏振依赖性
3039	ES 537 – 1 – 2011	电动循环风机和调节器　第 1 部分：性能要求和结构
3040	ES 6586 – 2008	铁氧体磁心　表面缺陷极限导则　总则
3041	ES 6587 – 2008	铁氧体磁心　表面缺陷极限导则　Rm 磁心
3042	ES 6588 – 2008	铁氧体磁心　表面缺陷极限导则　ETD 和 E 形磁心
3043	ES 6589 – 2008	铁氧体磁心　表面缺陷极限导则　环形磁心
3044	ES 6590 – 2008	光纤互连器件和无源元件　基本试验和测量程序　衰减对波长的依赖性和回波损耗
3045	ES 6591 – 2008	方法测量用软磁材料制成的磁芯　总规格
3046	ES 6592 – 2008	U 型和 E 型铁氧体磁芯的标记
3047	ES 6690 – 2008	光纤互连器件和无源元件　基本试验和测量程序　回波损耗
3048	ES 6898 – 2009	光纤互连器件和无源元件　基本试验和测量程序　衰减和回波损耗变化的主动监测
3049	ES 6899 – 2009	光纤互连器件和无源元件　基本试验和测量程序　衰减对波长的依赖性
3050	ES 6900 – 2009	铁氧体磁芯　尺寸　总则
3051	ES 7399 – 2011	软磁铁氧体材料分类
3052	ES 7459 – 2011	测量高激励水平时磁特性的软磁性材料制成的磁芯
3053	ES 27 – 2005	家用、类似家用和类似普通照明用钨丝灯　性能要求
3054	ES 60 – 1 – 2017	灯头、灯座及检验其互换性和安全性的量规　第 1 部分：灯头
3055	ES 60 – 2 – 2017	灯头、灯座及检验其互换性和安全性的量规　第 2 部分：灯座
3056	ES 60 – 3 – 2017	灯头和灯座以及互换性和安全控制仪表　第 3 部分：量规
3057	ES 133 – 2005	插头和插座　家用和类似用途的电源插座

续表

序号	标准编号	标准名称
3058	ES 134 – 1 – 1997	普通照明用管状荧光灯及其灯座　第1部分：总则
3059	ES 134 – 2 – 1997	普通照明用管状荧光灯及其灯座　第2部分：18W 的灯
3060	ES 134 – 3 – 1997	普通照明用管状荧光灯及其灯座　第3部分：20W 的灯
3061	ES 134 – 4 – 1997	普通照明用管状荧光灯及其灯座　第4部分：36W 的灯
3062	ES 134 – 5 – 1997	普通照明用管状荧光灯及其灯座　第5部分：340W 灯泡（由 134/2017 代替）
3063	ES 134 – 6 – 1997	普通照明用管状荧光灯及其灯座　第6部分：试验
3064	ES 134 – 7 – 1997	普通照明用管状荧光灯及其灯座　第7部分：LED 荧光灯管和底漆（由 134/2017 代替）
3065	ES 321 – 1 – 2007	管形荧光灯镇流器　第1部分：安全镇流器的特殊要求
3066	ES 321 – 2 – 2005	管形荧光灯镇流器　第2部分：性能要求
3067	ES 321 – 3 – 2005	管形荧光灯镇流器　第3部分：性能要求附录
3068	ES 321 – 4 – 2000	管形荧光灯镇流器　第4部分：性能要求附录
3069	ES 405 – 1963	普通照明以外的钨丝电灯
3070	ES 405 – 1 – 2005	非普通用途的钨丝灯　第1部分：200mm 圆形信号的道路交通信号灯的光度特性
3071	ES 438 – 2005	家用和类似用途固定式电气装置开关　通用要求
3072	ES 461 – 2005	道路车辆夹具性能要求
3073	ES 600 – 1994	管形荧光灯起动器座
3074	ES 1576 – 1 – 1997	建筑电气设备　第1部分：定义
3075	ES 1576 – 2 – 1997	建筑电气设备　第2部分：基本规则 – 预防和安全
3076	ES 1576 – 3 – 1997	建筑电气设备　第3部分：评估建筑电气装置的一般特性
3077	ES 1576 – 4 – 1995	建筑电气设备　第4部分：电击防护
3078	ES 1576 – 5 – 1994	建筑电气安装　第5部分：热效应保护
3079	ES 1576 – 6 – 1997	建筑电气设备　第6部分：过电流保护
3080	ES 1576 – 7 – 1995	建筑电气设备　第7部分：隔离和切换
3081	ES 1576 – 8 – 1994	建筑电气设备　第8部分：过电流防护措施
3082	ES 1576 – 9 – 1997	建筑电气设备　第9部分：电气设备的选择和安装（通用规则）
3083	ES 1576 – 10 – 1994	建筑电气设备　第10部分：根据接地安排和保护导体进行电气设备的选择和安装
3084	ES 1586 – 2006	低压开关设备和控制设备外壳的防护等级
3085	ES 1811 – 2008	外壳防护等级（IP 代码）
3086	ES 1887 – 1990	电流通过人体的效应
3087	ES 2191 – 2005	数据处理设备安装的接地要求
3088	ES 2346 – 2005	装有浴盆或淋浴池位置的特殊安装要求
3089	ES 2347 – 1993	建筑物电气装置用电线系统的电流承载能力
3090	ES 2348 – 2005	农业和园艺场所的特殊电气安装要求
3091	ES 2405 – 2005	限制性导电环境中的电气装置安全防护
3092	ES 2407 – 1993	灯帽和灯座设计
3093	ES 2489 – 1993	弧焊设备的安全要求　焊接电缆的插头、插座和耦合器
3094	ES 2490 – 2006	建筑电气设备　第7部分：特殊装置或者场所的要求　第702节：游泳池和其他水池　特殊装置或者场所的要求　第703节：桑拿炉的场所

续表

序号	标准编号	标准名称
3095	ES 2838 – 2006	夜间服务用低亮度钨丝灯电灯泡　通用要求
3096	ES 2996 – 2008	额定值小于 25W 的家用钨丝灯　通用要求
3097	ES 3230 – 1997	应急照明
3098	ES 3231 – 1 – 1997	除电影院和规定的其他娱乐场所以外的场所的应急照明实施规程
3099	ES 3263 – 1997	爱迪生螺口灯座
3100	ES 3264 – 1997	卡口灯座
3101	ES 3584 – 2005	普通照明用自镇流灯　性能要求
3102	ES 3585 – 2005	普通照明用自镇流灯
3103	ES 3871 – 2002	与电供给相关的带有额定值的电气设备的标记　安全要求
3104	ES 3872 – 2 – 2002	电流通过人体的效应
3105	ES 3873 – 1 – 2002	家用和类似用途低压电路用的连接器件　第 1 部分：通用要求
3106	ES 3873 – 2 – 2002	家用和类似用途低压电路用的连接器件　第 2 部分：作为独立单元的带螺纹型夹紧件的连接器
3107	ES 3873 – 2 – 2 – 2002	家用和类似用途低压电路用的连接器件　第 2 – 2 部分：带无螺纹型夹紧件装置的独立单元连接器的特殊要求
3108	ES 3938 – 2005	管状荧光灯用交流供电电子镇流器　性能要求
3109	ES 3939 – 2005	荧光灯用交流供电电子镇流器特殊安全要求
3110	ES 4045 – 2 – 2003	双头荧光灯　性能规格　第 2 部分：家用和类似场合普通照明用钨丝灯
3111	ES 4046 – 2011	双头荧光灯　安全规格
3112	ES 4111 – 2005	普通照明用钨丝灯（蜡烛灯）　通用要求
3113	ES 4755 – 2006	灯控制齿轮的总则和安全要求
3114	ES 5048 – 2006	家用和类似照明用途的钨丝灯性能规格
3115	ES 5274 – 2006	灯具　特殊要求　泛光灯
3116	ES 5275 – 2006	灯具　第 2 – 6 部分：特殊要求　第 6 节：内装变压器的钨丝灯灯具
3117	ES 5276 – 2006	灯具　特殊要求　嵌入式灯具
3118	ES 5277 – 2006	灯具　特殊要求　手灯
3119	ES 5278 – 2006	灯具　第 2 – 24 部分：特殊要求　限制表面温度灯具
3120	ES 5279 – 2006	灯具　第 2 部分：特殊要求　第 25 节：医院康复大楼和临床区用灯具
3121	ES 5616 – 2006	灯具控制装置　第 2 – 1 部分：起动装置的特殊要求（辉光启动器除外）
3122	ES 5617 – 2006	灯具控制装置　第 2 – 2 部分：钨丝灯用直流或者交流供电电子降压转换器的特殊要求
3123	ES 5618 – 2006	灯具控制装置　第 2 – 4 部分：普通照明用直流或者交流供电电子镇流器的特殊要求
3124	ES 5619 – 2006	灯具控制装置　第 2 – 5 部分：公共交通照明用镇流器的直流或者交流供电电子镇流器的特殊要求
3125	ES 5620 – 2006	灯具控制装置　第 2 – 9 部分：放电灯镇流器的特殊要求（不包括荧光灯）
3126	ES 5677 – 2006	道路车辆　类型　术语和定义
3127	ES 6313 – 2009	家用灯具能效标签

续表

序号	标准编号	标准名称
3128	ES 6795 – 2008	高压汞蒸气灯　性能要求
3129	ES 7171 – 2011	放电灯（不包括荧光灯）　安全规范
3130	ES 7634 – 2013	放电灯（不含荧光灯）用直流或交流供电电子镇流器特殊要求
3131	ES 322 – 1 – 2005	家用和类似用途电器的安全要求　熨斗的特殊要求
3132	ES 322 – 4 – 2005	家用和类似用途电熨斗　第4部分：性能测量方法
3133	ES 378 – 2005	家用和类似用途电器的安全要求　洗衣机的特殊要求
3134	ES 378 – 1 – 1985	家用电动洗衣机　第1部分：总则
3135	ES 378 – 2 – 1985	家用电动洗衣机　第2部分：设计和电气特性
3136	ES 378 – 3 – 1992	家用电动洗衣机　第3部分：设计和机械特性
3137	ES 378 – 4 – 1992	家用电动洗衣机　第4部分：性能和试验
3138	ES 378 – 5 – 1993	家用电动洗衣机　第5部分：附件
3139	ES 406 – 2005	家用和类似器具的安全性　室内取暖器的特殊要求
3140	ES 406 – 1 – 1991	电热器　第1部分：总则
3141	ES 406 – 2 – 1991	电热器　第2部分：安全要求：设计和电气特性
3142	ES 406 – 4 – 1992	试验方法　第4部分：家用房间电加热器的性能测量方法
3143	ES 537 – 1 – 2011	电风扇　第1部分：电风扇的性能和安装与组织的旋转速度要求
3144	ES 537 – 2 – 2005	电器和类似器具的安全要求　电风扇的特殊要求　第2部分：安全要求
3145	ES 904 – 2005	家用和类似用途电器的安全要求　真空清洁器和吸水式清洁器的特殊要求
3146	ES 904 – 1 – 1992	电动真空吸尘器　第1部分：总则
3147	ES 904 – 2 – 1993	家用电动真空吸尘器　第2部分：设计和电气特性
3148	ES 904 – 3 – 1993	电动真空吸尘器　第3部分：设计和机械要求
3149	ES 904 – 4 – 2005	家用真空吸尘器　第4部分：性能的测定方法
3150	ES 1498 – 2005	家用和类似用途电器的安全要求　储水式电加热器的特殊要求
3151	ES 1498 – 1 – 1981	电热水器　第1部分：总则
3152	ES 1498 – 2 – 1985	电热水器　第2部分：设计、电气和机械特性
3153	ES 1498 – 3 – 1985	电热水器　第3部分：附件
3154	ES 1498 – 4 – 1985	电热水器　第4部分：性能和通用试验方法
3155	ES 1590 – 2010	家用和类似用途电器的安全要求　厨房电器的特殊要求
3156	ES 1590 – 1 – 1986	厨房电器　第1部分：总则
3157	ES 1590 – 2 – 1986	厨房电器　第2部分：设计和电气特性
3158	ES 1590 – 3 – 1990	厨房电器　第3部分：设计和机械要求
3159	ES 1590 – 5 – 1986	厨房设备　第5部分：附录
3160	ES 1628 – 2006	家用和类似用途电器的安全要求　烤架、烤箱及类似便携式灶具的特殊要求
3161	ES 1781 – 2006	家用和类似用途电器的安全要求（通用要求）
3162	ES 2093 – 2005	家用电动洗碗机　性能测量方法
3163	ES 2403 – 2006	家用电热板性能测量方法
3164	ES 2404 – 2006	家用电烤面包炉性能测量方法
3165	ES 2620 – 2005	家用和类似用途电器的安全性　剃须刀、理发推剪和类似器具的特殊要求

续表

序号	标准编号	标准名称
3166	ES 2738 – 2005	家用和类似用途的电动通风扇和调节器
3167	ES 3201 – 2006	家用和类似用途电器的安全要求　器具的识别标记
3168	ES 3525 – 2005	家用和类似用途电器的安全性　加热板和类似器具的特殊要求
3169	ES 3743 – 2006	家用和类似用途电器的安全性　电机压缩机的特殊要求
3170	ES 3793 – 2006	家用和类似用途电器的安全性　制冷电器、冰激凌机和制冰机的特殊要求
3171	ES 3794 – 2006	家用电器的能源效率　冰箱、冰箱冷冻箱和冷藏柜能耗的测量和计算方法
3172	ES 4100 – 2006	家用和类似用途电器的能源效率　洗衣机能耗的测量和计算方法
3173	ES 4539 – 1 – 2005	家用和类似用途电器　气载噪声测定试验规程　第1部分：通用要求
3174	ES 4540 – 2 – 2005	家用和类似用途电器　气载噪声测定试验规程　第2-1部分：真空吸尘器的特殊要求
3175	ES 4541 – 2004	家用和类似用途电器　气载噪声测定试验规程　第2-3部分：洗碗机的特殊要求
3176	ES 4542 – 2005	家用和类似用途电器　气载噪声测定试验规程　第2-4部分：洗衣机和离心式脱水机的特殊要求
3177	ES 4543 – 2004	家用和类似用途电器　气载噪声测定试验规程　第2-5部分：储热式室内取暖器的特殊要求
3178	ES 4544 – 2004	家用和类似用途电器　气载噪声测定试验规程　滚筒式烘干机的特殊要求
3179	ES 4545 – 2005	家用和类似用途电器　气载噪声测定试验规程　第2部分：风扇的特殊要求
3180	ES 4751 – 2005	家用洗衣机　性能的测试方法
3181	ES 4752 – 2012	家用直接作用式房间电加热器　性能测试方法
3182	ES 5047 – 2006	家用电蓄热式加热器　性能测量方法
3183	ES 5290 – 2006	家用和类似用途电器　安全性　第2-6部分：固定烹调灶具、炉架、烤炉和类似器具的特殊要求
3184	ES 5302 – 1 – 2006	手持式电动工具　安全性　第1部分：通用要求
3185	ES 5691 – 2006	家用和类似用途电器　灭虫器的特殊要求
3186	ES 5806 – 2007	家用和类似用途电器的能源效率　热水器能耗的测量和计算方法
3187	ES 5813 – 2007	家用和类似用途电器　安全性　液体加热器具的特殊要求
3188	ES 6000 – 2009	家用制冷装置　特性和试验方法
3189	ES 6466 – 2008	家用和类似用途电器　安全性　缝纫机的特殊要求
3190	ES 6575 – 2008	家用和类似用途电器的安全要求　洗碗机的特殊要求
3191	ES 6789 – 2008	家用和类似用途电器的安全要求　皮肤或毛发护理器具的特殊要求
3192	ES 6790 – 2008	家用和类似用途电器的安全要求　快速热水器的特殊要求
3193	ES 6890 – 2013	家用和类似用途电器的安全要求　电池充电器的特殊要求
3194	ES 6891 – 2009	家用和类似用途电器的安全要求　地板处理机和湿式擦洗机的特殊要求

续表

序号	标准编号	标准名称
3195	ES 6976 – 2009	家用和类似用途电器的安全要求　微波炉（包括组合微波炉）的特殊要求
3196	ES 7174 – 2011	家用和类似用途电器的安全要求　滚筒式烘干机的特殊要求
3197	ES 7270 – 2011	设计用于一定限制电压限值的电气设备安全性的基本要求
3198	ES 7271 – 2011	家用和类似用途电器的安全要求　干衣机和毛巾架的特殊要求
3199	ES 7272 – 2011	家用和类似用途电器的安全要求　抽油烟机的特殊要求
3200	ES 7273 – 2011	家用和类似用途电器的安全要求　按摩器材的特殊要求
3201	ES 7274 – 2011	家用和类似用途电器的安全要求　便携浸入式加热器的特殊要求
3202	ES 7278 – 2011	家用和类似用途电器　安全性　电热泵、空调和除湿机的特殊要求
3203	ES 7279 – 2011	家用和类似用途电器　安全性　第2－51部分：供热和供水装置的固定循环泵的特殊要求
3204	ES 7280 – 2011	家用和类似用途电器　安全性　第2－52部分：口腔卫生用具的特殊要求
3205	ES 7281 – 2011	家用和类似用途电器　安全性　第2－45部分：便携式加热工具和类似器具的特殊要求
3206	ES 7282 – 2011	家用和类似用途电器　安全性　第2－41部分：泵的特殊要求
3207	ES 7283 – 2011	家用和类似用途电器的安全性　第2－26部分：时钟的特殊要求
3208	ES 7284 – 2011	家用和类似用途电器的安全性　第2－4部分：旋转式抽离机的特殊要求
3209	ES 7285 – 2011	家用和类似用途电器　安全性　第2－108部分：电解槽的特殊要求
3210	ES 7286 – 2011	家用和类似用途电器　安全性　第2－106部分：加热地毯和可拆卸地板覆盖物下安装的室内加热用供热机组的特殊要求
3211	ES 7287 – 2011	家用和类似用途电器　安全性　第2－105部分：多功能淋浴柜的特殊要求
3212	ES 7288 – 2011	家用和类似用途电器　安全性　第2－102部分：拥有电气连接的气体、油和固体燃料燃烧器具的特殊要求
3213	ES 7289 – 2011	家用和类似用途电器　安全性　第2－101部分：蒸发器的特殊要求
3214	ES 7290 – 2011	家用和类似用途电器　安全性　第2－98部分：加湿器的特殊要求
3215	ES 7291 – 2011	家用和类似用途电器　安全性　第2－97部分：卷帘百叶门窗、遮阳棚、遮帘和类似设备的特殊要求
3216	ES 7292 – 2011	家用和类似用途电器　安全性　第2－96部分：房间供暖用柔性片状加热元件的特殊要求
3217	ES 7293 – 2011	家用和类似用途电器　安全性　第2－88部分：预期作为加热、通风或空调系统使用的加湿器的特殊要求
3218	ES 7294 – 2011	家用和类似用途电器　安全性　第2－87部分：动物电击设备的特殊要求

续表

序号	标准编号	标准名称
3219	ES 7295 – 2011	家用和类似用途电器 安全性 第 2 – 85 部分：蒸汽熨斗的特殊要求
3220	ES 7296 – 2011	家用和类似用途电器 安全性 第 2 – 84 部分：卫生器具的特殊要求 安全性 第 2 – 83 部分：屋顶排水用加热槽的特殊要求
3221	ES 7297 – 2011	家用和类似用途电器 安全性 第 2 – 83 部分：屋顶排水用加热槽的特殊要求
3222	ES 7298 – 2011	家用和类似用途电器 安全性 第 2 – 82 部分：娱乐机和个人服务机的特殊要求
3223	ES 7299 – 2011	家用和类似用途电器 安全性 第 2 – 81 部分：暖脚器和加热垫的特殊要求
3224	ES 7300 – 2011	家用和类似用途电器 安全性 第 2 – 79 部分：高压清洁器和蒸汽清洁器的特殊要求
3225	ES 7301 – 2011	家用和类似用途电器 安全性 第 2 – 78 部分：户外烧烤用机器的特殊要求
3226	ES 7302 – 2011	家用和类似用途电器 安全性 第 2 – 73 部分：固定浸入式加热器的特殊要求
3227	ES 7303 – 2011	家用和类似用途电器 安全性 第 2 – 71 部分：繁殖和饲养动物用电加热器的特殊要求
3228	ES 7304 – 2011	家用和类似用途电器 安全性 第 2 – 70 部分：挤奶机的特殊要求
3229	ES 7305 – 2011	家用和类似用途电器 安全性 第 2 – 66 部分：水床加热器的特殊要求
3230	ES 7306 – 2011	家用和类似用途电器 安全性 第 2 – 65 部分：空气净化设备的特殊要求
3231	ES 7307 – 2011	家用和类似用途电器 安全性 第 2 – 61 部分：贮热式房间电暖器的特殊要求
3232	ES 7308 – 2011	家用和类似用途电器 安全性 第 2 – 60 部分：漩涡浴和旋涡按摩浴池的特殊要求
3233	ES 7309 – 2011	家用和类似用途电器 安全性 第 2 – 56 部分：投影仪和类似器具的特殊要求
3234	ES 7310 – 2011	家用和类似用途电器 安全性 第 2 – 55 部分：水族馆和花园池塘用电器的特殊要求
3235	ES 7311 – 2011	家用和类似用途电器 安全性 第 2 – 54 部分：家用液体或蒸汽表面清洁器具的特殊要求
3236	ES 7312 – 2011	家用和类似用途电器 安全性 第 2 – 53 部分：桑拿浴加热电器的特殊要求
3237	ES 7313 – 2011	家用和类似用途电器 安全性 第 2 – 44 部分：熨烫器的特殊要求
3238	ES 7314 – 2011	家用和类似用途电器 安全性 第 2 – 27 部分：紫外和红外辐射皮肤护理器具的特殊要求
3239	ES 7315 – 2011	家用和类似用途电器 安全性 第 2 – 17 部分：毯子、垫子、服装和类似柔性加热器具的特殊要求

续表

序号	标准编号	标准名称
3240	ES 7316 – 2011	家用和类似用途电器 安全性 第2 – 16部分：食物废弃物处理器的特殊要求
3241	ES 5303 – 2006	家用和类似用途电器 安全性 第2 – 89部分：带合并或远程制冷冷凝机组或压缩机的商用制冷器具的特殊要求
3242	ES 6012 – 2007	家用和类似用途电器 安全性 第2 – 36部分：商用电炉灶、烤箱、灶和灶单元的特殊要求
3243	ES 6116 – 2007	家用和类似用途电器 安全性 商用电深油炸锅特殊要求
3244	ES 6166 – 2007	家用和类似用途电器 安全性 商用电深油炸锅特殊要求
3245	ES 6787 – 2008	家用和类似用途电器 商用电深油炸锅特殊要求
3246	ES 7217 – 2011	家用和类似用途电器 安全性 商用电双层蒸锅的特殊要求
3247	ES 7398 – 2011	家用和类似用途电器 安全性 商用电热碗柜的特殊要求
3248	ES 7460 – 2011	家用和类似用途电器 安全性 商用电蒸锅的特殊要求
3249	ES 920 – 1989	家用电器液化石油气的低压调节器
3250	ES 376 – 1963	带消防管的卧式锅炉
3251	ES 533 – 1964	26.2L 的丁烷气瓶
3252	ES 608 – 2014	气瓶 LPG 气瓶阀规格和试验 手动操作
3253	ES 647 – 2014	液化石油气设备和附件 便携式可再填充的焊接和钎焊液化石油气（LPG）钢瓶 填充之前、之中以及以后的检查程序
3254	ES 780 – 2005	气瓶 可重复充装的钢制无缝气瓶 设计、结构和试验 正火钢瓶
3255	ES 780 – 1 – 2008	气瓶 可重复充装的钢质无缝气瓶 设计、结构和试验 第1部分：可拉伸强度大于或等于1100MPa的淬火和回火钢瓶
3256	ES 780 – 2 – 2008	气瓶 可重复充装的钢质无缝气瓶 设计、结构和试验 第2部分：可拉伸强度大于或等于1100MPa的淬火和回火钢瓶
3257	ES 780 – 3 – 2008	气瓶 可重复充装的钢制无缝气瓶 设计、结构和试验 第3部分：正火钢瓶
3258	ES 878 – 1989	丙烷、丁烷混合气缸（30L）
3259	ES 953 – 2013	炊具 家用压力锅
3260	ES 1157 – 2010	气瓶 安全操作
3261	ES 1241 – 1 – 1974	带有消防管的蒸汽锅炉 第1部分：材料和制造
3262	ES 1288 – 2 – 1976	带有消防管的锅炉 第2部分：检查和试验
3263	ES 1376 – 1 – 2002	压力容器 第1部分：定义 符号和单位
3264	ES 1637 – 1987	锅炉和与锅炉一起安装的管路用阀门、水危机及其他安全管件
3265	ES 1718 – 1 – 2005	医用气瓶 第1部分：通用条件
3266	ES 1755 – 1989	医用钢瓶阀门和氧气调节器的着色和标记
3267	ES 1784 – 1989	丙烷、丁烷混合气缸（60L）
3268	ES 1807 – 1990	溶解乙炔气瓶 基本要求
3269	ES 1807 – 1 – 2005	乙炔气瓶 基本要求 第1部分：无易熔塞的气瓶
3270	ES 1807 – 2 – 2005	乙炔气瓶 基本要求 第2部分：有易熔塞的气瓶
3271	ES 2635 – 1994	蒸汽锅炉的通用规定

续表

序号	标准编号	标准名称
3272	ES 2741－1994	内径小于600mm的蒸汽锅炉无缝联箱及类似管形制品的制造和试验
3273	ES 2742－1994	厚钢板制成蒸汽锅炉及其成品部件的检验和试验
3274	ES 2743－1994	蒸汽锅炉钢部件的焊接、制造、检验和试验
3275	ES 2744－1994	蒸汽发生器的蒸汽锅炉设备
3276	ES 3443－2013	气瓶　可重复充装运输焊接的液化石油气钢瓶　设计和结构
3277	ES 3603－2005	天然气作机动车辆燃料的车上储存用高压储气瓶
3278	ES 3649－1－2005	气瓶　阀门与气瓶连接用锥度25E 螺纹　第1部分：规格
3279	ES 3649－2－2005	气瓶　阀门与气瓶连接用锥度25E 螺纹　第2部分：检测仪
3280	ES 3700－1－2005	气瓶　阀门与气瓶连接用锥度17E　第1部分：规格
3281	ES 3700－2－2005	气瓶　阀门与气瓶连接用锥度17 E　第2部分：检测仪
3282	ES 4112－2008	气瓶　国际质量一致性体系　基本规则
3283	ES 4373－2014	移动式气瓶　以复合材料制作的气瓶的定期检查和试验
3284	ES 4374－1－2014	气瓶　可重复充装无缝钢瓶　性能试验　第1部分：原理、背景与结论
3285	ES 4374－2－2014	气瓶　可重复充装无缝钢瓶　性能试验　第2部分：断裂性能试验　单调爆破试验
3286	ES 4374－3－2014	气瓶　可重复充装无缝钢瓶　性能试验　第3部分：断裂性能试验　周期爆破试验
3287	ES 4375－2014	移动式气瓶　不可再灌装气瓶的气瓶阀　规格和原型试验
3288	ES 4376－2014	无缝气瓶的安全和性能标准　技术勘误表1：1996－ISO/TR 13763：1994
3289	ES 4377－2014	铝合金气瓶　避免瓶颈和瓶肩裂纹的操作要求
3290	ES 4546－2005	移动式气瓶　气瓶阀　生产试验和检查
3291	ES 4547－2004	无缝钢气瓶的定期检验和试验
3292	ES 4548－2004	无缝铝合金气瓶　定期检查和试验
3293	ES 4549－2007	焊接碳钢气瓶　定期检查和测试
3294	ES 4550－1－2014	移动式气瓶　气瓶和阀材料与所装气体的兼容性　第1部分：金属材料
3295	ES 4550－2－2007	移动式气瓶　气瓶和阀材料与所装气体的兼容性　第2部分：非金属材料
3296	ES 4550－3－2014	移动式气瓶　气瓶和阀材料与所装气体的兼容性　第3部分：有氧环境中的自燃试验
3297	ES 4550－4－2011	移动式气瓶　气瓶和阀材料与所装气体的兼容性　第4部分：选择抗氢脆金属材料的试验方法
3298	ES 4621－2008	呼吸设备　开路式自载压缩空气潜水装置　要求、试验和标记
3299	ES 4622－2007	气瓶　可运输溶解乙炔气瓶　定期检查和维护
3300	ES 4748－1－2013	锅壳式锅炉　第1部分：总则
3301	ES 4748－2－2013	锅壳式锅炉　第2部分：锅炉及其附件的压力零件材料
3302	ES 4748－3－2013	锅壳式锅炉　第3部分：压力零件的设计和计算
3303	ES 4748－4－2013	锅壳式锅炉　第4部分：锅炉压力零件的工艺和建造

续表

序号	标准编号	标准名称
3304	ES 4748 – 5 – 2013	锅壳式锅炉　第5部分：锅炉压力零件制造、文献汇编和标记过程中的检验
3305	ES 4748 – 6 – 2013	锅壳式锅炉　第6部分：锅炉设备要求
3306	ES 4748 – 7 – 2013	锅壳式锅炉　第7部分：锅炉用液体和气体燃料的燃烧系统要求
3307	ES 4748 – 8 – 2013	锅壳式锅炉　第8部分：过压安全防护要求
3308	ES 4748 – 9 – 2013	锅壳式锅炉　第9部分：锅炉及其附件的限制性装置要求
3309	ES 4748 – 10 – 2013	锅壳式锅炉　第10部分：给水和锅炉水质的要求
3310	ES 4748 – 11 – 2013	锅壳式锅炉　第11部分：验收试验
3311	ES 4748 – 12 – 2013	锅壳式锅炉　第12部分：锅炉用固体燃料的层燃燃烧系统要求
3312	ES 4748 – 13 – 2013	锅壳式锅炉　第13部分：操作说明
3313	ES 4748 – 14 – 2013	锅壳式锅炉　第14部分：独立于制造商的检验机构参与指南
3314	ES 4831 – 1 – 2005	医用气瓶　第1部分：通用要求
3315	ES 4831 – 2 – 2005	医用气瓶　内容识别标记
3316	ES 5050 – 2008	标称出口压力为150mbar的非家用电器液化石油气的低压不可调调节器
3317	ES 5057 – 2006	水容量为420L～840L可反复填充的液氯钢气瓶　设计、施工和试验
3318	ES 5073 – 2006	气瓶　水容量在150L～3000L的可重复充装的无缝钢管　设计、结构和试验
3319	ES 5074 – 2006	气瓶　非重复充装金属气瓶　规格和试验方法
3320	ES 5075 – 2006	永久气体钢瓶　灌装时的检验
3321	ES 5243 – 2011	气瓶　术语
3322	ES 5252 – 2006	医疗用小型气瓶　针导轭式阀连接
3323	ES 5436 – 2006	气瓶　溶解乙炔用气瓶　罐装检验
3324	ES 5437 – 2008	气瓶　预防片
3325	ES 5438 – 1 – 2008	气瓶　压缩呼吸气用气瓶阀的出口连接件　第1部分：轭式连接件
3326	ES 5438 – 2 – 2008	气瓶　压缩呼吸气用气瓶阀的出口连接件　第2部分：螺纹连接件
3327	ES 5438 – 3 – 2008	气瓶　压缩呼吸气用气瓶阀的出口连接件　第3部分：230bar阀门用适配器
3328	ES 5444 – 2008	工作时被强制撤回的打火机（焚化炉）液体燃料　定义、要求、试验和歧视
3329	ES 5595 – 2008	气瓶　用于压缩和液化气体的气缸管束（不含乙炔）　罐装检验
3330	ES 5701 – 2014	气瓶　可重复充装气瓶阀　规格和型式试验
3331	ES 5702 – 2014	无缝铝合金气瓶　定期检查和试验
3332	ES 5811 – 1 – 2007	气瓶　微电子工业中使用的气瓶阀连接件　第1部分：出口连接件
3333	ES 5811 – 2 – 2007	气瓶　微电子工业中使用的气瓶阀连接件　第2部分：阀门到气瓶连接件的规格和型式试验
3334	ES 5825 – 2007	气瓶　可重复充装的铝制无缝气瓶　设计、结构和试验　铝
3335	ES 5987 – 2007	移动式气瓶　气瓶阀　生产试验和检查

续表

序号	标准编号	标准名称
3336	ES 5988 – 2007	移动式气瓶　气瓶阀门的装配
3337	ES 5989 – 2007	锅壳式锅炉　锅炉用液体和气体燃料的燃烧系统要求
3338	ES 6014 – 2007	气瓶阀　额定试验压力高达300bar　类型、尺寸和出口
3339	ES 6026 – 1 – 2007	复合结构气瓶　规格和试验方法　第1部分：环向缠绕复合气瓶
3340	ES 6027 – 4 – 2007	气瓶　可重复充装的无缝钢瓶　性能试验　第4部分：次品钢瓶的循环试验
3341	ES 6044 – 2007	除 EN 12684 及其相关的丁烷、丙烷及其混合物用安全装置所涵盖的调节器外，容量最高为 100kg/h 且最大标称出口压力小于或等于 4bar 的调节器
3342	ES 6112 – 2007	锅壳式锅炉　独立于制造商的检验机构参与指南
3343	ES 6114 – 1 – 2007	气瓶　阀门与气瓶连接用平行螺纹（平螺纹）　第1部分：规格
3344	ES 6114 – 2 – 2007	气瓶　阀门与气瓶连接用平行螺纹（平螺纹）　第2部分：量规检验
3345	ES 6295 – 2007	气瓶　钢制无缝气瓶　定期检查和试验
3346	ES 6299 – 2007	气瓶　盖标志
3347	ES 6418 – 1 – 2007	水管锅炉和辅助设备　第1部分：总则
3348	ES 6418 – 2 – 2007	水管锅炉和辅助设备　第2部分：锅炉和附件压力零件用材料
3349	ES 6418 – 3 – 2007	水管锅炉和辅助设备　第3部分：压力零件的设计和计算
3350	ES 6418 – 4 – 2007	水管锅炉和辅助设备　第4部分：锅炉使用寿命期望值计算
3351	ES 6418 – 5 – 2007	水管锅炉和辅助设备　第5部分：锅炉压力部件的工艺和结构
3352	ES 6418 – 6 – 2007	水管锅炉和辅助设备　第6部分：锅炉压力部件制造、文献工作和标志过程的检测
3353	ES 6418 – 7 – 2007	水管锅炉和辅助设备　第7部分：锅炉设备的要求
3354	ES 6418 – 8 – 2007	水管锅炉和辅助设备　第8部分：锅炉液体和气体燃料的燃烧系统要求
3355	ES 6418 – 9 – 2007	水管锅炉和辅助设备　第9部分：锅炉用粉末状固体燃料的燃烧系统要求
3356	ES 6418 – 10 – 2007	水管锅炉和辅助设备　第10部分　过压安全防护要求
3357	ES 6418 – 11 – 2007	水管锅炉和辅助设备　第11部分：锅炉和附件限制装置的要求
3358	ES 6418 – 12 – 2007	水管锅炉和辅助设备　第12部分：锅炉给水和锅炉水质的要求
3359	ES 6418 – 14 – 2007	水管锅炉和辅助设备　第14部分：烟气 DENOX 系统的要求
3360	ES 6418 – 15 – 2007	水管锅炉和辅助设备　第15部分：验收试验
3361	ES 6418 – 16 – 2007	水管锅炉和辅助设备　第16部分：锅炉用固体燃料的炉算和流化床燃烧系统要求
3362	ES 6418 – 17 – 2007	水管锅炉和辅助设备　第17部分：独立于制造商订单之外的检查机构介入的指南
3363	ES 6467 – 2008	气体和混合气体气瓶瓶阀出气口　选择和尺寸
3364	ES 6974 – 2009	移动式气瓶　全包装组合气瓶
3365	ES 7107 – 2015	气体燃料用自动强制送风燃烧器
3366	ES 7108 – 1 – 2010	非家用多燃烧器的燃气式架空辐射管式加热器系统　第1部分：D 系统的安全性
3367	ES 7173 – 2010	移动式气瓶　气瓶组　设计、制造、识别和试验

续表

序号	标准编号	标准名称
3368	ES 7341 – 2011	简单压力容器的基本要求
3369	ES 7362 – 2011	焊缝无损检测　金属材料通用规则
3370	ES 7363 – 2014	简单压力容器用钢　钢厚板、带材和棒材的交货技术条件
3371	ES 7366 – 1 – 2011	金属材料焊接规程的规格和评定　焊接规程试验　第1部分：钢弧焊和气焊以及镍和镍合金弧焊
3372	ES 7366 – 2 – 2011	金属材料焊接规程的规格和评定　焊接规程试验　第2部分：铝和铝合金弧焊
3373	ES 7367 – 1 – 2011	设计用于装空气或氮气的不用火加热的简单压力容器　第1部分：一般用途压力容器
3374	ES 7367 – 2 – 2011	设计用于装空气或氮气的不用火加热的简单压力容器　第2部分：机动车及其拖车的空气制动和辅助系统用压力容器
3375	ES 7367 – 3 – 2011	设计用于装空气或氮气的不用火加热的简单压力容器　第3部分：设计用于铁路机车车辆空气制动设备和辅助气动设备的钢制压力容器
3376	ES 7367 – 4 – 2011	设计用于装空气或氮气的不用火加热的简单压力容器　第4部分：设计用于铁路机车车辆空气制动设备和辅助气动设备的铝合金压力容器
3377	ES 7461 – 2011	燃气器具用手动水龙头
3378	ES 7538 – 2012	移动式气瓶　气体运输用容量小于1000L的焊接式压力桶的规格设计和建造
3379	ES 7635 – 2013	燃烧液体或气体燃料的新型热水锅炉的效率要求
3380	ES 185 – 1962	便携式喷水灭火器（气体压力）
3381	ES 251 – 2001	便携式化学喷水灭火器（苏打和酸）（1974年和2000年修改件）
3382	ES 252 – 2001	便携式化学泡沫灭火器（1974年修改件）
3383	ES 253 – 2013	地下消防栓
3384	ES 675 – 1988	卤代烷灭火器（哈伦1211 – 哈伦1301）
3385	ES 734 – 2013	便携式干粉灭火器
3386	ES 735 – 2006	便携式二氧化碳灭火器
3387	ES 850 – 1966	便携式泡沫灭火器（气体压力）
3388	ES 1238 – 1 – 2005	消防设备和工具　第1部分：消防桶
3389	ES 1239 – 2 – 2005	消防设备和工具　第2部分：消防斧
3390	ES 1240 – 3 – 2005	消防设备和工具　第3部分：消防铲
3391	ES 1374 – 4 – 2005	消防设备和工具　第4部分：消防叉
3392	ES 1375 – 5 – 2005	消防设备和工具　第5部分：消防锹
3393	ES 1494 – 2007	轮式干粉灭火器水基性能与结构
3394	ES 1686 – 2007	50L和150L容量的化学灭火器泡沫型（10加仑和34加仑）
3395	ES 1871 – 2008	容量为250~750kg的机动挂车、消防车或者用作固定机组的干粉灭火器机组
3396	ES 1872 – 2005	消防　安全标志
3397	ES 4105 – 2005	便携式喷水灭火器和泡沫灭火器（气体压力）
3398	ES 4152 – 1 – 2005	消防和救援服务车辆　第1部分：术语和标识
3399	ES 4152 – 2 – 2006	锻制铝和铝合金片材、带材和板材　第2部分：机械性能
3400	ES 4152 – 3 – 2006	消防和救援服务车辆　第3部分：永久性安装设备　安全和性能

续表

序号	标准编号	标准名称
3401	ES 5166 – 1 – 2014	消防　词汇　第 1 部分：通用消防术语和现象
3402	ES 5166 – 2 – 2014	消防　词汇　第 2 部分：结构防火
3403	ES 5166 – 3 – 2014	消防　词汇　第 3 部分：火灾探测和报警
3404	ES 5166 – 4 – 2014	消防　词汇　第 4 部分：灭火设备
3405	ES 5166 – 5 – 2014	消防　词汇　第 5 部分：烟气控制
3406	ES 5166 – 6 – 2014	消防　词汇　第 6 部分：疏散和逃生装置
3407	ES 5166 – 7 – 2014	消防　词汇　第 7 部分：爆炸检测和抑制装置
3408	ES 5166 – 8 – 2014	消防　词汇　第 8 部分：针对消防作战、救援和危险物品储运的术语
3409	ES 5168 – 2014	火灾分类
3410	ES 5169 – 1 – 2014	消防　便携式和轮式灭火器　第 1 部分：选择和安装
3411	ES 5169 – 2 – 2014	消防　便携式和轮式灭火器　第 2 部分：检查和维护
3412	ES 5680 – 2008	带有玻璃球喷头的灭火器　干化学粉末储存压力操作
3413	ES 6115 – 2007	轮式二氧化碳灭火器　性能和施工
3414	ES 6383 – 2007	消防　建筑设备用二氧化碳灭火系统　设计和安装
3415	ES 6986 – 1 – 2009	消防　自动喷水系统　第 1 部分：喷洒器的要求和试验方法
3416	ES 6986 – 2 – 2009	消防　自动喷水系统　第 2 部分：湿式报警阀、延迟器和水力警铃的要求和试验方法
3417	ES 184 – 2000	木材用钢丝钉
3418	ES 318 – 2005	木螺丝
3419	ES 319 – 2007	公称直径为 1～8mm 的圆头铆钉
3420	ES 426 – 2002	技术图纸制备的通用原则
3421	ES 426 – 1 – 2015	技术图纸　表示的通用原则　第 1 部分：简介和指数
3422	ES 426 – 2 – 2015	技术图纸　表示的通用原则　第 2 部分：线条的基本惯例
3423	ES 426 – 3 – 2015	技术图纸　表示的通用原则　第 3 部分：采用计算机辅助设计（CAD）系统制备线条
3424	ES 426 – 4 – 2015	技术图纸　表示的通用原则　第 4 部分：指引线和基准线的基本惯例和应用
3425	ES 426 – 5 – 2007	技术图纸　表示的通用原则　第 5 部分：施工图纸上的线条
3426	ES 426 – 6 – 2007	技术图纸　表示的通用原则　第 6 部分：机械工程图纸上的线条
3427	ES 426 – 8 – 2015	技术图纸　表示的通用原则　第 8 部分：视图的基本惯例
3428	ES 426 – 9 – 2007	技术图纸　表示的通用原则　第 9 部分：机械工程图纸上的视图
3429	ES 426 – 10 – 2007	技术图纸　表示的通用原则　第 10 部分：切面图和剖面图的基本惯例
3430	ES 426 – 11 – 2007	技术图纸　表示的通用原则　第 11 部分：机械工程制图的截面图
3431	ES 426 – 12 – 2015	技术图纸　表示的通用原则　第 12 部分：切面图和剖面图表示区域的基本惯例
3432	ES 427 – 1996	商用螺栓
3433	ES 428 – 1996	商用螺母
3434	ES 429 – 2015	开口销
3435	ES 430 – 2005	通用公制螺栓螺母用平垫圈　总图
3436	ES 431 – 2005	高强度栓接结构用倒角硬化淬火平垫圈

续表

序号	标准编号	标准名称
3437	ES 432 – 2006	带矩形横截面的弹簧锁紧垫圈
3438	ES 433 – 2007	十字槽圆柱头螺钉
3439	ES 434 – 1963	螺栓和螺母的螺纹
3440	ES 487 – 2002	文献　与技术图纸有关的术语
3441	ES 532 – 2 – 1964	机械工程的术语及定义　第 2 部分：螺纹
3442	ES 535 – 2008	滚动轴承　径向轴承　外形尺寸和总方案
3443	ES 536 – 2008	滚动轴承　止推轴承　外形尺寸的总规划
3444	ES 596 – 2002	编制机械图纸的标准方法
3445	ES 596 – 1 – 2006	编制机械图纸的标准方法　第 1 部分：通用原则
3446	ES 599 – 2005	薄金属板用自攻螺钉
3447	ES 602 – 2006	用六角薄圆柱头的平头螺钉
3448	ES 623 – 2006	大型钢铆钉
3449	ES 624 – 1996	高强度螺栓和螺母
3450	ES 879 – 1996	紧固件机械性能　第 1 部分：螺栓、螺钉和螺柱
3451	ES 964 – 2006	带圆头的装饰钉
3452	ES 1497 – 2007	滚动轴承　静载荷额定值
3453	ES 2053 – 1991	通用公制螺纹
3454	ES 2054 – 2005	螺栓、螺钉、螺柱及螺母尺寸符号和标注
3455	ES 2055 – 2005	紧固件　螺栓和螺钉通孔
3456	ES 2056 – 2005	六角制件的对边宽度
3457	ES 2133 – 2005	皮带传动　皮带轮　中心调整极限值
3458	ES 2135 – 2006	碳钢和合金钢紧固件的机械性能　螺栓、螺钉和螺柱
3459	ES 2184 – 2005	皮带传动　多楔带、联组 V 型带以及 V 型带，包括宽节带和六角带　抗静电带的导电性：试验特性和试验方法
3460	ES 2186 – 2005	钢丝绳输送带的涂层黏结试验
3461	ES 2188 – 2005	无拉伸应力条件下的固定螺丝和蕾丝紧固件的机械性能
3462	ES 2189 – 2006	有规定标准值和粗螺距的螺母的机械性能
3463	ES 2357 – 2005	钢丝绳芯输送带的纵向拉伸试验
3464	ES 2358 – 2006	皮带传动滑轮的动态平衡和质量处理
3465	ES 2408 – 2006	六角螺母 1 型和产品等级 A 和 B 级
3466	ES 2409 – 2005	六角螺母式（2）和产品等级 A 和 B 级
3467	ES 2410 – 2005	制图纸板的规格和布局
3468	ES 2411 – 1993	平带传动皮带轮顶部
3469	ES 2412 – 2015	通用米制螺纹　螺钉、螺栓和螺母的选择尺寸
3470	ES 2413 – 2006	紧固件机械性能　第 6 部分：有规定标准载荷值的螺母　细牙螺纹
3471	ES 2416 – 2005	技术图纸　比例尺
3472	ES 2492 – 2005	六角薄螺母（未斜切）　产品等级 B
3473	ES 2493 – 2005	六角螺母间隙等级 C
3474	ES 2510 – 2005	螺栓、螺钉、螺母及附件　名词术语
3475	ES 2624 – 2005	厚壁多层轴承衬背
3476	ES 2625 – 2006	输送机用锻制无铆钉链

续表

序号	标准编号	标准名称
3477	ES 2626 – 1994	平面传动带和相应皮带轮的尺寸和公差
3478	ES 2627 – 1994	测定钢丝绳输送带伸长度的试验
3479	ES 2627 – 1 – 2006	钢丝绳传送带　纵向牵引试验　第1部分：伸长度的测量
3480	ES 2805 – 2006	机械轴轴高度
3481	ES 2867 – 2005	滚动轴承简图
3482	ES 2901 – 1995	矩形或方形平键及其键槽
3483	ES 3057 – 2005	滑动轴承　压制双金属半止推垫圈及其特征和容限
3484	ES 3190 – 1997	滑动轴承　卷制衬套　尺寸容限和检查方法
3485	ES 3190 – 1 – 2011	滑动轴承　卷制衬套　第1部分：尺寸
3486	ES 3190 – 2 – 2009	滑动轴承　卷制衬套　第2部分：内外径试验数据
3487	ES 3190 – 3 – 2011	滑动轴承　卷制衬套　第3部分：润滑孔、润滑槽和凹槽
3488	ES 3190 – 4 – 2011	滑动轴承　卷制衬套　第4部分：材料
3489	ES 3190 – 5 – 2012	滑动轴承　卷制衬套　第5部分：内径检查
3490	ES 3190 – 6 – 2012	滑动轴承　卷制衬套　第6部分：外径检查
3491	ES 3190 – 7 – 2012	滑动轴承　卷制衬套　第7部分：薄壁衬套壁厚测量
3492	ES 3217 – 2008	滑动轴承　带材制成的环形止推垫圈　尺寸和容限
3493	ES 3290 – 2008	滑动轴承　烧结衬套　尺寸和容限
3494	ES 3316 – 1998	带法兰的薄壁轴瓦
3495	ES 3344 – 1998	薄壁轴瓦　尺寸、公差和检验方法
3496	ES 3421 – 1 – 2005	滚动轴承　附件　第1部分：锥形衬套　尺寸
3497	ES 3421 – 2 – 2006	滚动轴承　附件　第2部分：锁紧螺母和锁紧装置　尺寸
3498	ES 3553 – 2006	滚动轴承　动态荷载额定值和额定寿命
3499	ES 3554 – 2006	内六角紧定螺钉
3500	ES 3772 – 2006	技术图纸　线性和角度尺寸公差
3501	ES 3940 – 2006	螺栓、螺钉和螺柱的公称长度和普通螺栓的螺纹长度
3502	ES 4024 – 2006	通用螺栓
3503	ES 4507 – 2005	铆钉柄直径
3504	ES 4822 – 2005	滑动轴承　薄壁滑动轴承用多层材料
3505	ES 4859 – 2007	滚动轴承　轴承座　外形尺寸
3506	ES 4860 – 2005	滚动轴承　止推轴承　公差
3507	ES 4861 – 2008	滚动轴承　圆柱滚子轴承可分离斜挡圈　外形尺寸
3508	ES 4862 – 2007	滚动轴承　公制圆锥滚子轴承　外形尺寸和系列标记
3509	ES 4863 – 2008	滚动轴承　带有定位卡环的径向轴承　尺寸和公差
3510	ES 4864 – 2005	滚动轴承　径向轴承　公差
3511	ES 4912 – 2008	滑动轴承　带或不带法兰的薄壁半轴承　容限、设计特征和试验方法
3512	ES 4949 – 2005	尺寸和公差
3513	ES 4961 – 2007	滚动轴承　公制锥形滚柱轴承　外形尺寸和系列标记
3514	ES 4962 – 1 – 2014	滚动轴承　公差　第1部分：术语和定义　三种语言版
3515	ES 4962 – 2 – 2014	滚动轴承　公差　第2部分：测量和计量原理　砂法
3516	ES 4976 – 2007	滚动轴承　尺寸系列48，49和69的滚针轴承　边界尺寸和公差
3517	ES 4977 – 2005	滚动轴承　仪器精密轴承

续表

序号	标准编号	标准名称
3518	ES 4978 – 1 – 2005	滚动轴承 附件 第1部分：锥形衬套 尺寸
3519	ES 4979 – 2007	滚动轴承 径向针辊和笼组件 尺寸和公差
3520	ES 4980 – 2014	滚动轴承 推力针辊和保持架组件、止推垫圈 边界尺寸和公差
3521	ES 4981 – 2008	滚动轴承 针辊 尺寸和公差
3522	ES 4982 – 2007	滚动轴承 镶装轴承的铸件和压装的轴承座
3523	ES 4983 – 2014	滚动轴承 滚针轴承、冲压外圈、无内圈 外形尺寸和公差
3524	ES 4984 – 2007	滚动轴承 球轴承 尺寸和公差
3525	ES 4985 – 2005	滚动轴承 词汇
3526	ES 4986 – 2007	滚动轴承 径向游隙
3527	ES 4991 – 2007	滚动轴承 滚针轴承滚道滚针 外形尺寸和公差
3528	ES 4992 – 2007	滚动轴承 凸缘外圈向心球轴承 凸缘尺寸
3529	ES 4993 – 2 – 2014	技术图纸 滚动轴承 第2部分：详细简化表示
3530	ES 4994 – 2007	滚动轴承 外球面球轴承和偏心套 外形尺寸和公差
3531	ES 4995 – 2007	滚动式装载机 直线运动、旋转球、嘈杂类型、公尺系列
3532	ES 4996 – 2007	滚动轴承 锥形滚柱轴承 命名系统
3533	ES 4997 – 2007	滚动轴承 单列圆柱滚动轴承 平挡圈和套圈无挡边端尺寸
3534	ES 4998 – 2007	滚动轴承 单列角面接触的滚珠轴承 外圈无止推侧面倒角尺寸
3535	ES 4999 – 2005	滚动轴承 套筒式线性运动循环 附件
3536	ES 5000 – 1 – 2005	滚动轴承 线性运动滚动轴承 第1部分：额定动载荷和额定寿命
3537	ES 5000 – 2 – 2005	滚动轴承 线性运动滚动轴承 第2部分：静态荷载额定值
3538	ES 5001 – 2007	滚动轴承 参数符号
3539	ES 5002 – 1 – 2014	滚动轴承 振动测量方法 第1部分：基础
3540	ES 5002 – 2 – 2006	滚动轴承 振动测量方法 第2部分：具有圆柱孔和圆柱外表面的向心球轴承
3541	ES 5062 – 2006	开槽半沉头（椭圆）头自攻螺钉（普通头型）
3542	ES 5063 – 2007	开槽平头自攻螺钉
3543	ES 5064 – 1 – 2006	流体动力系统和元件 图形符号和电路图 第1部分：图形符号
3544	ES 5064 – 2 – 2006	流体动力系统和组件 图形符号和电路图 第2部分：电路图双语版
3545	ES 5076 – 2006	螺钉和螺母的装配工具 六角螺钉键
3546	ES 5077 – 2006	十字槽半沉头（椭圆头）自攻螺钉
3547	ES 5078 – 2006	开槽盘头自攻螺钉
3548	ES 5079 – 2006	开槽沉头（平）头自攻螺钉（普通头型）
3549	ES 5080 – 2006	六角头自攻螺钉
3550	ES 5150 – 2007	滚动轴承 额定动载荷和额定寿命 基本额定动载荷计算中的间断点
3551	ES 5152 – 2014	滚动轴承 损伤和失效 术语、特征及原因
3552	ES 5153 – 2014	滚动轴承 额定热转速计算方法和系数
3553	ES 5241 – 2006	可热处理钢制自攻螺丝 机械性能
3554	ES 5242 – 2006	内六角锥端紧定螺钉
3555	ES 5434 – 2006	高强度栓接结构用硬化淬火平垫圈

续表

序号	标准编号	标准名称
3556	ES 5435 – 2006	紧固件机械性能　公称直径 1mm ~ 10mm 的螺栓和螺钉的扭力试验和最小扭矩
3557	ES 5596 – 1 – 2006	技术产品文件　词汇　第 1 部分：与技术图纸有关的术语：总则和图纸类型
3558	ES 5596 – 2 – 2007	技术产品文件　词汇　第 2 部分：与投影法有关的术语
3559	ES 5596 – 4 – 2007	技术产品文件　词汇　第 4 部分：与建筑工程文件有关的术语
3560	ES 5673 – 1 – 2006	技术图纸　螺纹和螺纹零件　第 1 部分：通用惯例
3561	ES 5673 – 2 – 2006	技术图纸　螺纹和螺纹零件　第 2 部分：通用惯例
3562	ES 5673 – 3 – 2007	技术图纸　螺纹和螺纹零件　第 3 部分：简化表示
3563	ES 5694 – 2006	技术图纸　项目列表
3564	ES 5722 – 2008	钢丝钉　一般用途散装钉
3565	ES 5812 – 1 – 2007	通用螺纹　基本概要　第 1 部分：螺纹
3566	ES 5812 – 2 – 2007	通用螺纹　基本概要　第 2 部分：米制螺纹
3567	ES 6013 – 2007	技术图纸　缩微复制要求
3568	ES 6310 – 2007	标称直径为 1.6 ~ 6mm 的椭圆头铆钉
3569	ES 6311 – 2007	公称直径为 3 ~ 5mm 的沉头铆钉
3570	ES 6312 – 2007	公称直径为 1 ~ 8mm 的沉头铆钉
3571	ES 6328 – 2007	地脚螺栓
3572	ES 6373 – 1 – 2011	滑动轴承　金属多层滑动轴承　第 1 部分：接合处无损超声波检测
3573	ES 6373 – 2 – 2007	滑动轴承　金属多层滑动轴承　第 2 部分：轴承金属接合处破坏性试验　层厚大于或等于 2mm
3574	ES 6373 – 3 – 2008	滑动轴承　金属多层滑动轴承　第 3 部分：无损穿透试验
3575	ES 6380 – 2007	公称直径为 1.6mm ~ 6mm 的蘑菇状圆头铆钉
3576	ES 6468 – 2008	滑动轴承　抗压测试　金属轴承材料
3577	ES 6469 – 2008	滑动轴承　多层滑动轴承用铅锡铸造合金
3578	ES 6524 – 1 – 2008	滑动轴承　术语、定义和分类　第 1 部分：设计、轴承材料及其特性
3579	ES 6524 – 2 – 2009	滑动轴承　术语、定义和分类　第 2 部分：摩擦与磨损
3580	ES 6524 – 3 – 2009	滑动轴承　术语、定义和分类　第 3 部分：润滑
3581	ES 6524 – 4 – 2009	滑动轴承　术语、定义和分类　第 4 部分：计算参数及其符号
3582	ES 7008 – 2009	试验筛和筛分试验　词汇
3583	ES 7010 – 2009	无损试验　术语　渗透检测中用到的术语
3584	ES 7011 – 2009	无损试验　声发射检测　词汇
3585	ES 7012 – 2009	无损试验　一般术语和定义
3586	ES 7013 – 2009	无损试验　超声波检测　词汇
3587	ES 7178 – 2010	吊环螺栓
3588	ES 320 – 2005	家用电冰箱
3589	ES 585 – 1992	室内空调器的术语和技术要求（窗式、分体式、落地式）
3590	ES 625 – 1995	饮用水冷却器的应用和安装要求
3591	ES 736 – 1993	单元式空调机组和匹配附件的技术要求
3592	ES 1488 – 1985	食品冷冻箱

续表

序号	标准编号	标准名称
3593	ES 1488 – 1 – 2005	食品冷冻箱　家用制冷装置　电动食品冷冻箱　第1部分：定义和技术术语
3594	ES 1488 – 2 – 2005	家用制冷电器　电动食品冷冻箱　第2部分　特性和试验方法
3595	ES 1855 – 1990	瓶装冷却器
3596	ES 2088 – 1992	室内空调器性能要求（窗外分机）
3597	ES 2089 – 1992	室内空调器的技术要求（窗式、分体式、落地式）
3598	ES 2090 – 1992	室内空调器试验
3599	ES 2185 – 1992	室用量热仪及其校准方法的技术要求
3600	ES 2491 – 2015	蒸发式空气冷却器（增湿冷风机）
3601	ES 2628 – 1994	空调制冷能力、制热能力和噪声水平的测量方法
3602	ES 2629 – 1 – 2005	散装乳冷藏罐　第1部分：定义
3603	ES 2629 – 2 – 2006	散装乳冷藏罐　第2部分：技术条件
3604	ES 2629 – 3 – 2006	散装乳冷藏罐　第3部分：试验方法
3605	ES 2745 – 1994	单元式空调匹配附件试验
3606	ES 2806 – 2005	分冷室冷室制造的施工要求
3607	ES 2839 – 2006	制冷机组容量评价
3608	ES 2930 – 2005	制冷压缩机性能数据的表示
3609	ES 3037 – 2005	空气配给和空气扩散　词汇
3610	ES 3202 – 1997	冷藏陈列柜
3611	ES 3202 – 1 – 2005	商用冷藏柜　技术规格　第1部分：通用要求
3612	ES 3202 – 2 – 2005	冷藏陈列柜
3613	ES 3238 – 2008	道路车辆空调、空气输送和冷却能力的评定
3614	ES 3267 – 2005	风管尺寸
3615	ES 3289 – 2006	冷水机组
3616	ES 3526 – 2 – 2005	货物集装箱　第2部分：设计要求
3617	ES 3587 – 2005	工业风扇　圆形法兰尺寸
3618	ES 3618 – 2008	降温和加热用机械制冷系统　安全要求
3619	ES 3618 – 1 – 2001	冷却和加热用机械制冷系统的安全要求　第1部分：定义
3620	ES 3618 – 2 – 2003	冷却和加热系统的安全要求　第2部分：分类
3621	ES 3618 – 3 – 2001	冷却和加热系统的安全要求　第3部分：设计与施工
3622	ES 3744 – 2005	空气配给和空气扩散　空气终端装置的实验室空气动力试验和评价
3623	ES 3795 – 2013	室内空调（窗口分体式空调机）能效比的测量和计算方法
3624	ES 3865 – 2006	工业风扇　尺寸
3625	ES 4075 – 2005	制冷系统和热泵　系统流程图和管路仪表图　布置和符号
3626	ES 4113 – 2003	压缩空气干燥器
3627	ES 4113 – 1 – 2006	压缩空气干燥器　第1部分：规格和试验
3628	ES 4113 – 2 – 2005	压缩空气干燥器　第2部分：性能评定
3629	ES 4277 – 2004	饮用水
3630	ES 4506 – 2004	压缩空气干燥器试验
3631	ES 4551 – 1 – 2004	耐火试验　空气分配系统的防火阀　第1部分：试验方法
3632	ES 4551 – 4 – 2004	耐火试验　空气分配系统的防火阀　第4部分：热释放机构试验

续表

序号	标准编号	标准名称
3633	ES 4788 – 1 – 2005	空调和空气源热泵设备的声功率额定值　第1部分：非管道式室外设备
3634	ES 4789 – 2014	制冷系统试验
3635	ES 4790 – 2014	家用冰箱　消费者信息的试验方法
3636	ES 4791 – 2005	降温和加热用机械制冷系统　安全要求
3637	ES 4792 – 1 – 2005	制冷系统和热泵　安全和环境要求　第1部分：基本要求、定义、分类和选择标准
3638	ES 4792 – 2 – 2005	制冷系统和热泵　安全和环境要求　第2部分：设计、结构、试验、标记和存档
3639	ES 4792 – 3 – 2005	制冷系统和热泵　安全和环境要求　第3部分：安装场地和个人防护
3640	ES 4792 – 4 – 2005	制冷系统和热泵　安全和环境要求　第4部分：运行、维护、修理和回收
3641	ES 4814 – 2013	非导管空调和热泵　性能试验和定级
3642	ES 4854 – 2005	空气配给和空气扩散　空气处理管道中气流率的测量方法准则
3643	ES 4855 – 2005	有机冷冻剂　数字标号
3644	ES 4856 – 2005	货运集装箱系列1　分类、外形尺寸和额定容量
3645	ES 4857 – 2014	货物集装箱　词汇（ISO 830 – 1999）技术勘误表1 – 2001
3646	ES 4858 – 2014	声学　风机和其他风动设备辐射入管道中的声功率测定　管道法
3647	ES 4933 – 2005	制冷压缩机试验
3648	ES 4950 – 2005	饮用水冷却器
3649	ES 4987 – 1 – 2005	货运集装箱系列1　规格和试验　第1部分：一般用途通用货物集装箱
3650	ES 4987 – 3 – 2005	货运集装箱系列1　规格和试验　第3部分：液体、气体和加压干散货罐式集装箱
3651	ES 4987 – 4 – 2005	货运集装箱系列1　规格和试验　第4部分：无压干散货集装箱
3652	ES 4987 – 5 – 2014	货运集装箱系列1　规格和试验　第5部分：平台式和台架式集装箱
3653	ES 4988 – 1 – 2005	工业风扇　标准化实验室条件下风扇声功率级的测定　第1部分：一般概述
3654	ES 4988 – 2 – 2005	工业风扇　标准化实验室条件下风扇声功率级的测定　第2部分：混响室法
3655	ES 4988 – 3 – 2005	工业风扇　标准化实验室条件下风扇声功率级的测定　第3部分：包络面法
3656	ES 4988 – 4 – 2005	工业风扇　标准化实验室条件下风扇声功率级的测定　第4部分：声强法
3657	ES 4989 – 2005	工业风扇　标准化航空公司的性能测试
3658	ES 4990 – 2014	工业风扇　风扇的机械安全性　装置护罩
3659	ES 5056 – 1 – 2008	制冷系统和热泵　安全和环境要求　第1部分：基本要求、定义、分类和选择标准
3660	ES 5056 – 2 – 2006	制冷系统和热泵　安全和环境要求　第2部分：设计、结构、试验、标记和存档

续表

序号	标准编号	标准名称
3661	ES 5071 – 1 – 2006	商用冷藏柜　试验方法　第1部分：通用试验条件
3662	ES 5071 – 2 – 2006	商用冷藏柜　试验方法　第2部分：温度试验
3663	ES 5071 – 3 – 2006	商用冷藏柜　试验方法　第3部分：电能消耗试验
3664	ES 5071 – 4 – 2006	商用冷藏柜　试验方法　第4部分：偶然机械接触试验
3665	ES 5072 – 2006	管道空调和空气对空气热泵　性能试验和比率
3666	ES 5148 – 2006	家用和相似用途的冰箱、冷冻食品储藏箱和食品冷冻箱　空传噪声排放的测量
3667	ES 5149 – 1 – 2006	冷藏陈列柜　第1部分：词汇
3668	ES 5149 – 2 – 2006	冷藏陈列柜　第2部分：分类、要求和试验条件
3669	ES 5240 – 2006	家用冰箱　消费者信息的试验方法
3670	ES 5254 – 1 – 2006	空间加热和冷却用带电驱动压缩机的空调器、液体制冷设备和热力泵　第1部分：术语和定义
3671	ES 5254 – 2 – 2006	空间加热和冷却用带电驱动压缩机的空调器、液体制冷设备和热力泵　第2部分：试验条件
3672	ES 5254 – 3 – 2007	空间加热和冷却用带电驱动压缩机的空调器、液体制冷设备和热力泵　第3部分：试验方法
3673	ES 5254 – 4 – 2007	空间加热和冷却用带电驱动压缩机的空调器、液体制冷设备和热力泵　第4部分：要求
3674	ES 5271 – 2006	家用制冷电器　带或不带低温隔层的冷藏箱　特性和试验方法
3675	ES 5272 – 2014	固定式空气压缩机　安全规则和实施规程
3676	ES 5273 – 1 – 2006	家用制冷电器　第1部分：性能要求
3677	ES 5273 – 2 – 2006	家用制冷电器　第11部分：冷冻食品储存专用低温室
3678	ES 5441 – 2 – 2006	空调和空气源热泵设备的声功率额定值　第2部分：非管道式室内设备
3679	ES 5678 – 2006	工业风扇　词汇和类别定义
3680	ES 5695 – 2006	非居住用建筑物通风　通风和室内空调装置的性能要求
3681	ES 5718 – 2014	工业风扇　状况性能测试
3682	ES 5799 – 1 – 2007	耐火试验　空气分配系统的防火阀　第1部分：试验方法
3683	ES 5799 – 2 – 2007	耐火试验　空气分配系统的防火阀　第2部分：试验结果分类，标准和应用领域
3684	ES 5799 – 3 – 2007	耐火试验　空气分配系统的防火阀　第3部分：试验方法指南
3685	ES 5799 – 4 – 2008	耐火试验　空气分配系统的防火阀　第4部分：热释放机构试验
3686	ES 5821 – 2007	建筑物通风　空气处理设备　装置、组件和零件的额定值和性能
3687	ES 5851 – 2007	空气或其他气体净化设备　词汇
3688	ES 6001 – 2007	冷冻剂回收和/或回收设备性能
3689	ES 6002 – 1 – 2007	水源热泵　性能试验和评价　第1部分：水对空气和盐水对空气热泵
3690	ES 6002 – 2 – 2007	水源热泵　性能试验和评价　第2部分：水对水和盐水对水热泵
3691	ES 6017 – 1 – 2007	高效空气过滤器（HEPA 和 ULPA）　第1部分：分类、性能试验和标记
3692	ES 6017 – 2 – 2007	高效空气过滤器（HEPA 和 ULPA）　第2部分：气溶胶生产、测量设备、粒子计数统计

续表

序号	标准编号	标准名称
3693	ES 6017 - 3 - 2007	高效空气过滤器（HEPA 和 ULPA）　第 3 部分：测试平板过滤介质
3694	ES 6017 - 4 - 2007	高效空气过滤器（HEPA 和 ULPA）　第 4 部分：过滤器元件泄漏的测定
3695	ES 6017 - 5 - 2007	高效空气过滤器（HEPA 和 ULPA）　第 5 部分：过滤器元件效率的测定
3696	ES 6034 - 2007	空气配给和空气扩散　恒流和变流的双导管箱或单导管箱及单导管装置的气动试验和测定　具有诱导流动设备的可变主流量控制装置
3697	ES 6035 - 2007	耐火试验　通风管道
3698	ES 6036 - 2007	工业风扇　平衡质量和振动等级规范
3699	ES 6037 - 2007	工业风扇　风扇振动的测量方法
3700	ES 6298 - 2007	制冷用冷凝装置　评级条件、公差和制造商性能数据介绍
3701	ES 6324 - 2007	热交换器　制冷用强制对流元件空气冷却器的性能确定试验程序
3702	ES 4021 - 2008	数控刀片的 A 型子弹　尺寸
3703	ES 6391 - 2 - 2007	蒸汽流真空泵　性能测量方法　第 2 部分：临界前级压力的测量
3704	ES 6409 - 2007	建筑物通风　空气处理设备　机械性能
3705	ES 6423 - 2007	制冷压缩机　额定条件、公差和制造商提供性能数据的表示法
3706	ES 4023 - 2008	收获设备　联合收割机　粮箱容量卸载设备性能的测定和设定
3707	ES 6424 - 2007	制冷系统和热泵　泄压装置和相关管道　计算方法
3708	ES 6425 - 1 - 2014	制冷用压缩机和冷凝装置　性能试验和试验方法　第 1 部分：制冷剂方法
3709	ES 6427 - 2007	制冷系统和热泵　软管元件、隔振器和伸缩接头　要求、设计和安装
3710	ES 6428 - 2014	制冷系统和热泵　限压用安全开关装置　要求和试验方法
3711	ES 6472 - 2008	热交换器　热交换器的性能定义及确立所有热交换器性能的一般试验程序
3712	ES 6473 - 2008	热交换器　强制循环空气冷却器和空气加热盘管　确定性能的试验程序
3713	ES 6474 - 2008	建筑物通风　空气终端设备　阻尼器和阀门的空气动力试验
3714	ES 6481 - 2008	建筑物通风　终端　受到模拟雨的天窗的性能试验
3715	ES 6602 - 2008	建筑物通风　符号、术语和图形符号
3716	ES 6751 - 2008	热交换器　热交换器的性能定义及确立所有热交换器性能的一般试验程序
3717	ES 6821 - 1 - 2008	空气分配系统终端再热装置的试验和评定　第 1 部分：热和气动性能
3718	ES 7177 - 2010	建筑物通风　空气终端设备　排带流应用空气动力试验和评定
3719	ES 7275 - 2011	建筑物通风　空气终端设备　混流应用空气动力试验和评定
3720	ES 491 - 1989	铁路车辆用叠层弹簧
3721	ES 492 - 1964	道路运输用纸旗
3722	ES 493 - 2008	螺旋压缩和拉伸弹簧　设计要求　性能试验方法
3723	ES 539 - 2006	内燃机用火花塞
3724	ES 918 - 2007	内燃机和压缩机的空气进气清洁装置　性能试验

续表

序号	标准编号	标准名称
3725	ES 918 - 1 - 2005	内燃机和压缩机的空气过滤器　第1部分：性能试验技术基础
3726	ES 918 - 2 - 2005	内燃机和压缩机的空气过滤器　第2部分：性能试验
3727	ES 1100 - 1 - 1996	活塞环　第1部分：一般检验
3728	ES 1125 - 2007	道路车辆　柴油发动机的燃料过滤器　试验方法
3729	ES 1125 - 1 - 1972	压燃式发动机用燃料过滤器的试验方法
3730	ES 1187 - 2005	挂车卡车通用条件
3731	ES 1191 - 1 - 2008	汽车工程的通用定义　第1部分：重量
3732	ES 1192 - 2 - 2008	汽车工程的通用定义　第2部分：最大速度、加速度及其他术语
3733	ES 1204 - 2 - 1996	活塞环　第2部分：类型特征
3734	ES 1326 - 2005	汽车发动机气缸衬垫
3735	ES 1327 - 2008	内燃机内的公称配合尺寸
3736	ES 1484 - 1998	汽车发动机活塞
3737	ES 1638 - 2006	便携式汽车千斤顶
3738	ES 1856 - 2008	汽车散热器　散热试验方法
3739	ES 1981 - 2007	汽车制动衬片
3740	ES 1982 - 2005	道路车辆　制动衬片　盘式制动衬块受热膨胀量　试验方法
3741	ES 1983 - 2005	道路车辆　制动衬片　衬片材料内剪切强度　试验方法
3742	ES 1984 - 2005	道路车辆　制动衬片　压缩应变试验方法
3743	ES 1985 - 2005	道路车辆　制动衬片　圆盘制动块和鼓式闸瓦组件的剪力试验方法
3744	ES 2005 - 2005	内燃机用全流量润滑油过滤器的试验方法　压差/流量特性
3745	ES 2006 - 2005	内燃机用全流量润滑油过滤器的试验方法　滤芯旁通阀特性
3746	ES 2007 - 2005	内燃机全流式润滑油滤清器的试验方法　耐高压差和耐高温特性
3747	ES 2008 - 2005	内燃机全流式润滑油滤清器的试验方法　静爆压力试验
3748	ES 2047 - 2005	商用车辆空气滤清部件　尺寸　A型和B型
3749	ES 2048 - 2006	商用车辆空气滤清部件　尺寸　C型和D型
3750	ES 2049 - 2005	乘用车空气滤清部件　尺寸　P型和R型
3751	ES 2630 - 2005	内燃机　活塞环　材料规格
3752	ES 2746 - 1994	内燃机　活塞环　词汇
3753	ES 2949 - 2006	乘用车用技术数据卡
3754	ES 2976 - 2005	道路车辆　商用车辆的车轮/轮辋　试验方法
3755	ES 2997 - 2005	道路车辆　乘用车车轮　试验方法
3756	ES 3014 - 2006	内燃机　活塞环　检验和测量原理
3757	ES 3026 - 2006	汽车爬陡坡试验方法
3758	ES 3056 - 2006	汽车行驶试验方法的通用原则
3759	ES 3121 - 2005	汽车的最大速度试验方法
3760	ES 3165 - 2005	汽车的加速试验方法
3761	ES 3239 - 2005	直径达200mm的活塞销
3762	ES 3341 - 2014	道路车辆　车辆识别代号（VIN）　位置与固定
3763	ES 3368 - 2014	道路车辆　车辆识别代号（VIN）　内容与构成
3764	ES 3369 - 2005	道路车辆　世界制造厂识别代号（WMI）
3765	ES 3444 - 2005	汽车的驾驶试验方法
3766	ES 3460 - 2005	汽车牵引试验方法

续表

序号	标准编号	标准名称
3767	ES 3475 – 2005	压缩天然气动力车辆用燃料系统元件的安装
3768	ES 3573 – 2006	汽车大修与检查方法
3769	ES 4101 – 2005	燃气汽车设计和加油站设备要求
3770	ES 4103 – 2008	叶片弹簧
3771	ES 4151 – 2008	道路车辆　装有调节器的交流发电机　试验方法和通用要求
3772	ES 4320 – 1 – 2007	道路车辆　交通事故分析　第1部分：词汇
3773	ES 4320 – 2 – 2007	道路车辆　交通事故分析　第2部分：冲击严重性措施的使用指南
3774	ES 4505 – 1 – 2005	道路车辆　三轮式车辆　第1部分：安全要求
3775	ES 4505 – 2 – 2005	道路车辆　三轮式车辆　第2部分：基本设计规格
3776	ES 4552 – 2004	道路车辆　音响信号装置　装车后的试验
3777	ES 4553 – 2004	商用道路车辆　平面连接固定螺母　试验方法
3778	ES 4554 – 2004	乘用车　轻合金车轮　冲击试验
3779	ES 4555 – 1 – 2005	道路车辆　过滤器评价的试验粉尘　第1部分：亚利桑那州测试粉尘
3780	ES 4555 – 2 – 2005	道路车辆　过滤器评价的试验粉尘　第2部分：氧化铝试验粉尘
3781	ES 4556 – 2005	乘用车　发动机冷却系统　压力式水箱盖试验方法和标记
3782	ES 4557 – 2005	柴油机　燃油喷射器的试验　第2部分：试验方法
3783	ES 4558 – 2005	摩托车　制动器和制动装置　试验和测量方法
3784	ES 4559 – 2004	摩托车　发动机试验规范　净功率
3785	ES 4560 – 2005	道路车辆　气压制动装置压力测试连接器
3786	ES 4561 – 2005	道路车辆　制动装置液压试验的连接器
3787	ES 4653 – 2014	后视镜的审批以及机动车辆后视镜安装审批
3788	ES 4654 – 2005	乘用车轮胎的安全要求
3789	ES 4655 – 2005	乘用车安全技术检验
3790	ES 4656 – 2005	机动车内部材料易燃性的安全要求
3791	ES 4935 – 1 – 2005	燃油系统　道路车辆　压缩天然气（CNG）　第1部分：安全要求
3792	ES 4935 – 2 – 2005	道路车辆　压缩天然气（CNG）燃料系统部件　第2部分：性能和通用试验方法
3793	ES 4935 – 3 – 2006	道路车辆　压缩天然气（CNG）燃料系统部件　第3部分：止回阀
3794	ES 4935 – 4 – 2006	道路车辆　压缩天然气（CNG）燃料系统部件　第4部分：手动阀
3795	ES 4935 – 5 – 2006	道路车辆　压缩天然气（CNG）燃料系统部件　第4部分：手动阀
3796	ES 4935 – 6 – 2006	道路车辆　压缩天然气（CNG）燃料系统部件　第4部分：自动阀
3797	ES 4935 – 7 – 2006	道路车辆　压缩天然气（CNG）燃料系统部件　第4部分：自动阀
3798	ES 4935 – 8 – 2006	道路车辆　压缩天然气（CNG）燃料系统部件　第8部分：压力指示器

续表

序号	标准编号	标准名称
3799	ES 4935 – 9 – 2006	道路车辆　压缩天然气（CNG）燃料系统部件　第9部分：压力调节器
3800	ES 4935 – 10 – 2006	道路车辆　压缩天然气（CNG）燃料系统部件　第10部分：气流调节器
3801	ES 4935 – 11 – 2006	道路车辆　压缩天然气（CNG）燃料系统部件　第11部分：天然气/空气混合器
3802	ES 4935 – 12 – 2006	道路车辆　压缩天然气（CNG）燃料系统部件　第12部分：泄压阀（prv）
3803	ES 4935 – 13 – 2007	道路车辆　压缩天然气（CNG）燃料系统部件　第13部分：压力消除装置（PRD）
3804	ES 4935 – 14 – 2011	道路车辆　压缩天然气（CNG）燃料系统部件　第14部分：溢流阀
3805	ES 4935 – 15 – 2011	道路车辆　压缩天然气（CNG）燃料系统部件　第15部分：气密罩和通风软管
3806	ES 4935 – 16 – 2011	道路车辆　压缩天然气（CNG）燃料系统部件　第16部分：硬质燃料管线
3807	ES 4935 – 17 – 2011	道路车辆　压缩天然气（CNG）燃料系统部件　第17部分：燃料软管
3808	ES 4935 – 18 – 2011	道路车辆　压缩天然气（CNG）燃料系统部件　第18部分：过滤器
3809	ES 4935 – 19 – 2011	道路车辆　压缩天然气（CNG）燃料系统部件　第19部分：配件
3810	ES 5049 – 1 – 2006	压缩天然气（CNG）燃料系统　第1部分：安全要求
3811	ES 5051 – 2006	道路车辆　电动机启动器电性能　试验方法和通用要求
3812	ES 5058 – 2008	运输车辆前挡风玻璃的安全要求
3813	ES 5059 – 2008	校车翻车防护要求
3814	ES 5066 – 2006	内燃机全流式润滑油滤清器的试验方法　第5部分：冷启动模拟和液压脉冲耐久性试验
3815	ES 5082 – 2006	道路车辆　护套型电热塞　通用要求和试验方法
3816	ES 5085 – 2006	汽车零件　用于悬挂系统的可伸缩减震器
3817	ES 5087 – 2006	道路车辆　制动衬片　试验后圆盘制动垫表面及材料缺陷评定方法
3818	ES 5088 – 2006	道路车辆　制动衬片　锈蚀对铁偶合面黏结影响　试验方法
3819	ES 5089 – 2006	道路车辆　制动衬片　耐水、盐水、油和制动液性能　试验方法
3820	ES 5091 – 2008	禁用车辆的警告装置
3821	ES 5092 – 2006	运输车辆的侧面碰撞保护
3822	ES 5163 – 1 – 2006	内燃机　活塞环　第1部分：词汇
3823	ES 5163 – 3 – 2006	内燃机　活塞环　第3部分：材料规格
3824	ES 5163 – 4 – 2006	内燃机　活塞环　第4部分：通用规格
3825	ES 5163 – 5 – 2006	内燃机　活塞环　第5部分：质量要求
3826	ES 5164 – 1 – 2006	内燃机　活塞环　第1部分：矩形铸铁环
3827	ES 5164 – 2 – 2006	内燃机　活塞环　第2部分：矩形钢环

续表

序号	标准编号	标准名称
3828	ES 5165 – 2006	内燃机　活塞环　油环
3829	ES 5253 – 2006	道路车辆　球头销和插座组件的测试程序
3830	ES 5445 – 2006	尾部碰撞防护装置
3831	ES 5446 – 2006	轿车车顶抗压强度
3832	ES 5447 – 2006	尾部碰撞防护装置
3833	ES 5448 – 2006	头枕
3834	ES 5449 – 2006	防盗装置
3835	ES 5450 – 2006	转向控制对驾驶员的冲击保护
3836	ES 5451 – 2006	游乐场设备的通用安全要求
3837	ES 5631 – 2006	道路车辆　旅居车和轻型挂车的耦合球　尺寸
3838	ES 5632 – 2006	道路车辆　牵引旅居车或轻型挂车的牵引连接装置　机械强度
3839	ES 5633 – 2006	道路车辆　旅居车和轻型挂车　球联轴器的静载荷
3840	ES 5634 – 1 – 2006	道路车辆　旅居车和轻型挂车　牵引杆的机械强度计算　第 1 部分：钢牵引杆
3841	ES 5635 – 2006	旅居车　质量和尺寸　词汇
3842	ES 5636 – 2006	旅居车和轻型挂车　装有超速制动器的 01 和 02 类挂车　制动器惯性台架试验方法
3843	ES 5637 – 1 – 2006	道路车辆　旅居车和轻型挂车的稳定装置　第 1 部分：集成稳定器
3844	ES 5666 – 2006	道路车辆　牵引车与全挂车机械连接装置　强度试验
3845	ES 5667 – 2006	道路车辆　类型　术语和定义
3846	ES 5682 – 2006	汽车散热器用压力水箱盖和加水口颈
3847	ES 5717 – 2 – 2006	道路车辆　行车记录仪系统　第 2 部分：电接口
3848	ES 5717 – 3 – 2006	道路车辆　行车记录仪系统　第 3 部分：运动传感器接口
3849	ES 5717 – 4 – 2006	道路车辆　行车记录仪系统　第 4 部分：CAN 接口
3850	ES 5717 – 5 – 2006	道路车辆　行车记录仪系统　第 5 部分：安全的 CAN 接口
3851	ES 5717 – 6 – 2006	道路车辆　行车记录仪系统　第 6 部分：诊断
3852	ES 5717 – 7 – 2006	道路车辆　行车记录仪系统　第 7 部分：参数
3853	ES 5795 – 1 – 2007	压燃式发动机　高压燃料喷油管用钢管　第 1 部分：密封冷拔单壁钢管的要求
3854	ES 5795 – 2 – 2007	压燃式发动机　高压燃料喷油管用钢管　第 2 部分：合成管的要求
3855	ES 5815 – 2007	道路车辆　行车记录仪　通用要求
3856	ES 5822 – 2008	安全要求　制动软管
3857	ES 5823 – 2008	安全要求　空气制动系统
3858	ES 6131 – 2007	两轴道路车辆　重心位置的测定
3859	ES 6132 – 2007	商用车和公共汽车　齿轮箱法兰　a 型
3860	ES 6133 – 2007	商用车和公共汽车　齿轮箱法兰　s 型
3861	ES 6144 – 2007	转向控制装置的向后位移
3862	ES 6146 – 2007	校车车身的联接强度
3863	ES 6148 – 2007	车辆乘坐系统
3864	ES 6150 – 2007	校车行人安全设备

续表

序号	标准编号	标准名称
3865	ES 6170 – 2007	道路车辆 使用旋转高压分电器的干式点火线圈
3866	ES 6171 – 2007	道路车辆 点火线圈 安装支架
3867	ES 6172 – 2007	道路车辆 点火线圈 低压电缆连接器
3868	ES 6301 – 1 – 2007	乘用车 紧急变道用试验车道 第1部分：双变道
3869	ES 6301 – 2 – 2007	乘用车 紧急变道用试验车道 第2部分：障碍跨越
3870	ES 6378 – 2007	道路车辆 碰撞分类 术语
3871	ES 6379 – 2007	道路车辆 车辆动力学和路面保持能力 词汇
3872	ES 6381 – 2007	道路车辆 车辆动力学和路面保持能力 词汇
3873	ES 6382 – 1 – 2007	道路车辆 车辆动力学试验方法 第1部分：乘用车概述
3874	ES 6384 – 2007	机动车道路 标准大气条件下的测定和底盘测功机再生产
3875	ES 6411 – 2007	客车紧急出口及车窗的固定与释放
3876	ES 6412 – 2014	残疾人用客车紧急出口及车窗的固定与释放
3877	ES 6577 – 2008	道路车辆 专业许可用技术检验站 试验和验收标准
3878	ES 6578 – 2008	医疗车辆及其设备 道路救护车
3879	ES 6603 – 2008	压缩天然气车辆燃料系统的完整性
3880	ES 6604 – 2008	压缩天然气燃料容器完整性
3881	ES 6693 – 2008	往复式内燃机离合器外壳规范 标称尺寸和公差
3882	ES 6694 – 2008	道路车辆 商用车辆 动力输出装置（PTO）和辅助传动组件之间的联结器
3883	ES 6695 – 2008	商用道路车辆 平面连接的车轮固定螺母
3884	ES 6827 – 2008	摩托车控制器和显示器
3885	ES 6908 – 2010	商用车及挂车充气轮胎翻新产品认证的统一规定
3886	ES 6975 – 1 – 2009	内燃机 活塞环 第1部分：梯形铸铁环
3887	ES 6975 – 2 – 2009	内燃机 活塞环 第2部分：半梯形铸铁环
3888	ES 6975 – 3 – 2011	内燃机 活塞环 第4部分：半梯形钢环
3889	ES 6975 – 4 – 2011	内燃机 活塞环 第4部分：半梯形钢环
3890	ES 6980 – 2009	道路车辆 屏蔽和防水的火花塞及其连接 1A 和1B 型
3891	ES 6981 – 1 – 2009	道路车辆 喷油泵试验 第1部分：动态条件
3892	ES 6981 – 2 – 2009	道路车辆 喷油泵试验 第2部分：静态条件
3893	ES 6982 – 1 – 2009	燃油喷射装置 词汇 第1部分：喷射泵
3894	ES 6982 – 2 – 2009	燃油喷射装置 词汇 第2部分：燃油喷射器
3895	ES 6982 – 3 – 2009	燃油喷射装置 词汇 第3部分：机泵喷嘴
3896	ES 6997 – 2009	机动车安全要求 风挡玻璃除霜除雾系统
3897	ES 6998 – 2009	风挡玻璃安装
3898	ES 7176 – 1 – 2010	道路车辆和内燃机 滤清器词汇 第1部分：滤清器和滤清器部件定义
3899	ES 7176 – 2 – 2010	道路车辆和内燃机 滤清器词汇 第2部分：滤清器及其部件特性的定义
3900	ES 7267 – 2011	车辆及其拖车用气胎有效性的术语和储存时间期限
3901	ES 7403 – 2012	汽车轮胎用内管
3902	ES 7468 – 2011	内燃机柴油燃料和汽油滤清器 颗粒计数过滤效率和污染物保持能力

续表

序号	标准编号	标准名称
3903	ES 7469 – 1 – 2011	道路车辆　点火系统　第1部分：词汇
3904	ES 7469 – 2 – 2011	道路车辆　点火系统　第2部分：电力性能和功能试验方法
3905	ES 7471 – 2011	道路车辆　发动机试验规格　净功率
3906	ES 7472 – 2011	内燃机柴油燃料和汽油滤清器　颗粒计数初始效率
3907	ES 7473 – 2011	柴油机　高压燃料喷射管组件　通用要求和尺寸
3908	ES 7474 – 2011	柴油机　高压燃料喷射管端　与锥形成60°连接
3909	ES 7475 – 2011	道路车辆　发动机试验规格　总功率
3910	ES 7476 – 2011	道路车辆　公路　火花塞的热额定值
3911	ES 7477 – 2011	汽车发动机　化油器　试验方法
3912	ES 7582 – 2013	皮带传动　汽车工业用窄V带　疲劳试验
3913	ES 488 – 1964	手锉刀和粗锉刀
3914	ES 488 – 1 – 2006	手锉刀和粗锉刀　第1部分：尺寸
3915	ES 488 – 2 – 2006	手锉刀和粗锉刀　第2部分：切割特性
3916	ES 488 – 3 – 2006	手锉刀和粗锉刀　第3部分：制造和试验条件
3917	ES 489 – 2006	金属制手用锯条
3918	ES 626 – 1990	黏结磨料制品　一般特征
3919	ES 627 – 2 – 1965	黏结磨料制品　第2部分：砂轮尺寸
3920	ES 862 – 1996	单刃切削刀具
3921	ES 862 – 1 – 2006	硬质合金刀尖的车刀　第1部分：名称和标记
3922	ES 862 – 2 – 2006	硬质合金刀尖的车刀　第2部分：硬质合金刀尖的车刀　内圆车刀
3923	ES 862 – 3 – 2006	硬质合金刀尖的车刀　第3部分：硬质合金刀尖的车刀　外圆车刀
3924	ES 862 – 4 – 2006	硬质合金刀尖的车刀　第4部分：单刃切削刀具　圆角半径
3925	ES 887 – 1967	单刃刀具用硬质合金刀头
3926	ES 901 – 1967	硬质合金刀尖的单刃切削刀具
3927	ES 933 – 1 – 1997	麻花钻　术语、定义和型式
3928	ES 933 – 3 – 1998	螺纹攻丝前钻孔用带直柄的阶梯麻花钻
3929	ES 933 – 4 – 1998	麻花钻　弧形中心孔的中心钻（B）型
3930	ES 933 – 6 – 2006	直柄超长麻花钻
3931	ES 933 – 7 – 1998	麻花钻　第7部分：螺纹攻丝前钻孔用带莫氏锥柄的阶梯麻花钻
3932	ES 1328 – 1 – 2008	传动轴　第1部分：圆柱形端轴的尺寸和标称可传动转矩
3933	ES 1329 – 2 – 2008	传动轴　第2部分：锥形端轴的尺寸和标称可传动转矩
3934	ES 1330 – 2008	可热处理的合金钢　热轧圆棒和线材的表面质量等级　技术交付条件
3935	ES 1941 – 1991	切削刀具工作部分的几何参数　通用术语
3936	ES 2136 – 2007	断屑器
3937	ES 2929 – 1996	作物保护设备　喷涂设备　喷嘴试验方法
3938	ES 2929 – 1 – 2007	作物保护设备　喷涂设备　第1部分：喷嘴试验方法
3939	ES 2929 – 2 – 2007	作物保护设备　喷涂设备　第2部分：液力喷雾机试验方法
3940	ES 3134 – 1 – 2005	金属切割带锯条　第1部分：尺寸和术语
3941	ES 3134 – 2 – 2005	金属切割带锯条　第2部分：基本尺寸和公差
3942	ES 3134 – 3 – 2005	金属切割带锯条　第3部分：各类锯条的特性

续表

序号	标准编号	标准名称
3943	ES 3254 – 1997	工业货车的安全性　货车自动功能的附加要求
3944	ES 3268 – 1998	手用和机用锯条　长度高达450mm且间距达6.3mm的尺寸
3945	ES 3268 – 1 – 2006	钢锯条　第1部分：手刃尺寸
3946	ES 3268 – 2 – 2006	钢锯条　第2部分：机床叶片尺寸
3947	ES 3371 – 2005	前端开放的机械动力印刷机　额定生产能力与尺寸
3948	ES 3383 – 2006	前端开放的机械动力印刷机　词汇
3949	ES 3396 – 2005	木工机械　细木工带锯机　命名和验收条件
3950	ES 3422 – 2007	带升降台的铣床的试验条件　带垂直主轴的机械的精度试验
3951	ES 3431 – 2005	旋转直径高达800mm标准精度车床　验收条件
3952	ES 3461 – 2006	旋转直径800～1600mm标准精度车床　验收条件
3953	ES 3527 – 2007	带升降台的铣床的试验条件　带水平主轴的机械的精度试验
3954	ES 3528 – 2006	高精度车床　旋转直径至500mm　车床中心距至1500mm　验收条件
3955	ES 3574 – 2005	切削工具　高速钢场地名称
3956	ES 3586 – 2005	车刀和刨刀柄　截面形状和尺寸
3957	ES 3605 – 2001	砂轮　标识　尺寸和公差　外径/中心孔径的选择
3958	ES 3619 – 2001	机床　用轮毂法兰安装普通砂轮
3959	ES 3745 – 2005	冲压工具　带60°锥头和细柄的圆冲头
3960	ES 3746 – 2006	冲压工具　圆形冲模
3961	ES 3773 – 2008	播种设备　试验方法　条播播种机
3962	ES 3796 – 2008	冲压工具　圆冲头指南
3963	ES 3870 – 1 – 2002	硬质合金刀尖的车刀　第1部分：名称和标记
3964	ES 3870 – 2 – 2002	硬质合金刀尖的车刀　第2部分：外圆车刀
3965	ES 3870 – 3 – 2002	硬质合金刀尖的车刀　第3部分：内圆车刀
3966	ES 4021 – 2008	数控刀片的A型子弹　尺寸
3967	ES 4022 – 2008	可转位刀片的车削和仿形切削刀夹和刀夹头　名称
3968	ES 4023 – 2008	收获设备　联合收割机　粮箱容量卸载设备性能的测定和设定
3969	ES 4114 – 2008	农业谷物干燥机　干燥性能的测定　总则
3970	ES 4279 – 2004	农业和林业用轮式拖拉机　保护结构　静态试验方法和验收条件
3971	ES 4280 – 1 – 2004	农业轮式拖拉机　后置式三点悬挂装置　第1部分：1，2，3和4类
3972	ES 4281 – 2004	农业拖拉机　后置动力输出轴1，2和3型
3973	ES 4282 – 1 – 2006	农业拖拉机　试验规程　第1部分：动力输出功率试验
3974	ES 4282 – 2 – 2006	农业拖拉机　试验规程　第2部分：后置三点悬挂装置的提升能力
3975	ES 4282 – 3 – 2006	农业拖拉机　试验规程　第3部分：车削和间隙直径
3976	ES 4282 – 4 – 2004	农业拖拉机　试验规程　第4部分：排烟的测量
3977	ES 4282 – 5 – 2006	农业拖拉机　试验规程　第5部分：非机械式传输的部分功率输出动力输出轴
3978	ES 4282 – 6 – 2006	农业拖拉机　试验规程　第5部分：非机械式传输的部分功率输出动力输出轴
3979	ES 4282 – 7 – 2006	农业拖拉机　试验规程　第7部分：轴功率测定

续表

序号	标准编号	标准名称
3980	ES 4282 – 8 – 2006	农业拖拉机　试验规程　第8部分：发动机空气滤清器
3981	ES 4282 – 9 – 2006	农业拖拉机　试验规程　第9部分：牵引功率试验
3982	ES 4282 – 10 – 2004	农业拖拉机　试验规程　第10部分：拖拉机与机具接口处液压功率
3983	ES 4282 – 11 – 2006	农业拖拉机　试验规程　第11部分：轮式拖拉机的转向能力
3984	ES 4282 – 12 – 2006	农业拖拉机　试验规程　第12部分：低温起动
3985	ES 4508 – 2005	木工机械　升降台和贮藏　命名
3986	ES 4509 – 2008	木工机械　单轴钻孔机　命名和验收条件
3987	ES 4624 – 2008	黏合磨料制品的安全要求
3988	ES 4743 – 2004	冲压工具　冲模
3989	ES 4744 – 2004	冲压工具　带60°锥头和细柄的圆冲头
3990	ES 4745 – 2004	可转位刀片的车削和仿形切削刀夹和刀夹头　名称
3991	ES 4746 – 2004	可转位刀片车削和仿形切削用单点刀具架　尺寸
3992	ES 4866 – 2005	农业拖拉机　牵引农具用分置式液压油缸
3993	ES 4938 – 2005	麻花钻　术语和定义
3994	ES 4939 – 2005	螺纹攻丝前钻孔用带直柄的阶梯麻花钻
3995	ES 4963 – 2005	农业拖拉机和机械　三点悬挂式机具的联接装置　机具上的间隙范围
3996	ES 4964 – 2005	农林业用拖拉机和机械　分类和术语　第0部分：分类系统和分类
3997	ES 4965 – 2005	农用机械　无限变速V型传动带和相应滑轮槽剖面
3998	ES 4966 – 2005	农林业用拖拉机和机械、草坪和园艺动力机械　使用说明书编写规则
3999	ES 4967 – 2005	农林业用拖拉机和自行式机械　驾驶室环境　第5部分：增压系统试验方法
4000	ES 4968 – 1 – 2005	农林业用拖拉机和机械、草坪和园艺动力机械　驾驶员控制和其他显示符号　第1部分：通用符号
4001	ES 4968 – 2 – 2005	农林业用拖拉机和机械、草坪和园艺动力机械　驾驶员控制和其他显示符号　第2部分：农用拖拉机和机械的符号
4002	ES 4968 – 3 – 2006	农林业用拖拉机和机械、草坪和园艺动力机械　驾驶员控制和其他显示符号　第3部分：草坪和园艺动力机械的符号
4003	ES 4938 – 2005	麻花钻　术语和定义
4004	ES 4969 – 1 – 2005	农林业用拖拉机和自行式机械　驾驶员控制　驱动力、移动、锁定和操作方法
4005	ES 5067 – 2006	B型半径中心孔的中心钻
4006	ES 5068 – 2006	螺纹攻丝前钻孔用带莫氏锥柄的阶梯麻花钻
4007	ES 5069 – 2006	直柄超长麻花钻
4008	ES 5081 – 2006	单刃切削刀具　圆角半径
4009	ES 5154 – 2006	动力草坪割草机、草坪拖拉机、草坪和园艺拖拉机、专业割草机以及配备割草附件的草坪和园艺拖拉机　定义、安全、要求和试验规程
4010	ES 5155 – 2007	橄榄栽培及橄榄生产设备　词汇
4011	ES 5156 – 2007	草地和园林使用的拖拉机　牵引杆

续表

序号	标准编号	标准名称
4012	ES 5157 – 2007	草地和园林使用的拖拉机　三点联结
4013	ES 5158 – 2007	草地和园林使用的拖拉机　单点管式套筒联结
4014	ES 5159 – 2007	草地和园林使用的拖拉机　动力输出
4015	ES 5160 – 2006	便携式电动绿篱机　定义、机械安全要求和试验
4016	ES 5161 – 2006	动力手推式和手持式草坪修剪机和草坪修边机　机械安全要求和试验方法
4017	ES 5291 – 1 – 2006	农业拖拉机　后置动力输出轴1，2和3型　第1部分：通用要求、安全要求、防护罩尺寸和空隙范围
4018	ES 5291 – 2 – 2006	农业拖拉机　后置动力输出轴1，2和3型　第2部分：窄轮距拖拉机防护罩尺寸和空隙范围
4019	ES 5291 – 3 – 2006	农业拖拉机　后置动力输出轴1，2和3型　第3部分：动力输出轴尺寸和花键尺寸、动力输出轴位置
4020	ES 5292 – 1 – 2006	农业轮式拖拉机　后置式三点悬挂装置　第1部分：1，2，3和4类的技术勘误1—1995 至 730 – 1—1994
4021	ES 5292 – 2 – 2006	农业轮式拖拉机　后置式三点悬挂装置　第2部分：1N类（窄轮距）
4022	ES 5615 – 1 – 2006	播种设备　试验方法　第1部分：单粒点播机（精密播种机）
4023	ES 5615 – 2 – 2006	播种设备　试验方法　第2部分：条播播种机
4024	ES 5855 – 2007	农业轮式拖拉机　最高速度的确定方法
4025	ES 5856 – 2007	农业车辆　被牵引车辆的机械联接装置　挂接环尺寸
4026	ES 5857 – 2007	农业灌溉设备　灌溉阀的压力损失　试验方法
4027	ES 6008 – 2007	钻探用钻套和附件　尺寸
4028	ES 6009 – 2007	木工机械　榫槽机　命名和验收条件
4029	ES 6022 – 2007	升降梯、自动扶梯和乘员输送机的数据记录和监测规格
4030	ES 6023 – 2007	机床的机械分度头的验收条件　精度检验
4031	ES 6024 – 1 – 2007	机械的安全性　减少机械排放的危险物质对健康造成的危害　第1部分：机械制造商的原则和规范
4032	ES 6024 – 2 – 2007	机械的安全性　减少机械排放的危险物质对健康造成的危害　第2部分：验证规程的制定方法
4033	ES 6025 – 2007	粒状杀虫剂或除草剂的分配设备　试验方法
4034	ES 6174 – 2007	农用拖拉机　驾驶员视野
4035	ES 6175 – 2007	土壤耕作设备　锄刃　固定尺寸
4036	ES 6176 – 2008	农用机械　土壤耕作设备　S型齿：主要尺寸和齿间距
4037	ES 6321 – 2007	播种设备　试验方法　第1部分：单粒点播机（精密播种机）
4038	ES 6322 – 2007	铣刀　互换性　尺寸
4039	ES 6323 – 2007	机床　润滑系统
4040	ES 6594 – 2008	土壤耕作设备　旋转耕耘机刀片　固定尺寸
4041	ES 6595 – 2008	圆柱柄刀夹　Z1型附件
4042	ES 6596 – 2008	机床　工具柄用自夹圆锥
4043	ES 6597 – 2008	机床工作台　T形槽和相应螺栓
4044	ES 6598 – 2008	工具柄用8°安装锥的弹簧夹头　弹簧夹头、螺母和配合尺寸
4045	ES 6599 – 2008	工具柄用1：10锥柄的弹簧夹头　弹簧夹头、锥柄座、螺母
4046	ES 6600 – 2008	莫氏锥柄刀具用缩径套和接长筒套
4047	ES 6661 – 1 – 2008	机床　连接尺寸主轴鼻和工件卡盘　第1部分：锥形连接

续表

序号	标准编号	标准名称
4048	ES 6661 – 2 – 2008	机床　床主轴端部与花盘　互换性尺寸　第2部分：凸轮锁紧型
4049	ES 6661 – 3 – 2008	机床　床主轴端部与花盘　互换性尺寸　第3部分：凸轮锁紧型
4050	ES 6822 – 2008	农用机械　土壤耕作设备　S型齿：试验方法
4051	ES 6823 – 2008	农用挂车和牵引式机具　制动用液压缸　规格
4052	ES 6824 – 2008	冲压工具　冲头　命名和术语
4053	ES 6825 – 2008	圆柱柄刀夹　装一个以上矩形车刀的D型刀夹
4054	ES 6983 – 2009	农业灌溉设备　喷射装置　通用要求和试验方法
4055	ES 6984 – 2009	钻套　定义和术语
4056	ES 7395 – 2011	农业灌溉设备　滴头和滴灌管　技术规格和试验方法
4057	ES 255 – 1963	离心泵单级
4058	ES 256 – 2008	半回转泵（双作用）
4059	ES 963 – 2008	通用螺栓连接阀盖钢截止阀
4060	ES 971 – 2005	铸铁闸阀
4061	ES 1066 – 1995	供水服务用水龙头
4062	ES 1098 – 1995	给水止阀
4063	ES 1160 – 1996	水混合器龙头
4064	ES 1190 – 2005	厕所冲洗水箱（包括两用冲洗水箱和冲洗管）
4065	ES 1246 – 1 – 1974	泵及其机械设备　第1部分：命名符号和单位
4066	ES 1659 – 1996	供水用角阀
4067	ES 1660 – 1988	具有陶瓷盘的水顶阀和混合器
4068	ES 1753 – 1989	暗阀
4069	ES 1754 – 1989	污水排水用旋转动力泵
4070	ES 1808 – 2006	铜合金球形阀、球形截止阀与止回阀和闸阀
4071	ES 1820 – 2006	建筑阀门　建筑物内供饮用水的手动铜合金和不锈钢球形阀　试验和要求
4072	ES 2134 – 2005	通用金属蝶阀
4073	ES 2631 – 1994	铸铁造法兰铸件
4074	ES 2631 – 1 – 2006	金属法兰　第1部分：钢法兰
4075	ES 2631 – 2 – 2014	金属法兰　第2部分：铸铁法兰
4076	ES 2631 – 3 – 2014	金属法兰　第3部分：铜合金和复合法兰
4077	ES 4104 – 1 – 2005	离心泵的技术规格　第1部分：总则
4078	ES 4104 – 2 – 2006	旋转动力泵　第2部分：试验
4079	ES 4276 – 2008	工业用阀门压力测试
4080	ES 4658 – 1 – 2008	阀门　术语　第1部分：阀门类型的定义
4081	ES 4658 – 2 – 2008	阀门术语　第2部分：阀门组件的定义
4082	ES 4658 – 3 – 2008	阀门　术语　第3部分：术语定义
4083	ES 4659 – 2008	喷射泵　定义和原则条件
4084	ES 4821 – 2015	供水系统的水龙头和混合器 – 1型和2型供水系统 – 通用技术规范（2016年修正）
4085	ES 4851 – 2005	液体泵和泵机组的共同安全要求
4086	ES 4852 – 2005	工业阀门　金属隔膜阀
4087	ES 4936 – 2005	旋转式容积泵　技术要求

续表

序号	标准编号	标准名称
4088	ES 4937－2014	往复式正排量泵和泵机组　技术要求
4089	ES 5065－2006	内燃机全流式润滑油滤清器的试验方法　第 5 部分：冷启动模拟和液压脉冲耐久性试验
4090	ES 5090－2006	压力范围为 1Pa～10Pa 的温度安全阀
4091	ES 5294－2006	石油石化和天然气行业　容积式往复泵
4092	ES 5295－2006	处理黏性液体的离心泵性能修正
4093	ES 5296－2006	离心泵和旋转泵用泵轴密封系统
4094	ES 5297－1－2014	过压保护安全设备　第 1 部分：安全阀
4095	ES 5297－4－2014	过压保护安全设备　第 4 部分：先导式安全阀
4096	ES 5675－1－2006	石油、石化和天然气工业用离心泵　第 1 部分：术语、定义、分类和命名
4097	ES 5675－2－2007	石油、石化和天然气工业用离心泵　第 2 部分：基本设计
4098	ES 5675－3－2007	石油、石化和天然气工业用离心泵
4099	ES 5675－4－2007	石油、石化和天然气工业用离心泵　第 4 部分：特定泵类型和供应商资料
4100	ES 5675－5－2008	石油、石化和天然气工业用离心泵　第 5 部分：附件
4101	ES 5805－1－2007	真空技术　词汇　第 1 部分：通用术语
4102	ES 5805－2－2014	真空技术　词汇　第 2 部分：真空泵及相关术语
4103	ES 5805－3－2014	真空技术　词汇　第 3 部分：真空计
4104	ES 6296－1－2014	工业用热塑阀　压力试验方法和要求　第 1 部分：总则
4105	ES 6296－2－2014	工业用热塑阀　压力试验方法和要求　第 2 部分：试验条件和基本要求
4106	ES 6397－2007	配气系统用聚乙烯阀门
4107	ES 6398－2014	热塑阀　疲劳强度　试验方法
4108	ES 6399－2014	热塑阀　扭矩　试验方法
4109	ES 6400－2014	压缩机　分类
4110	ES 6413－2007	石油和天然气工业用井下设备　用于人工举升泵的螺杆泵系统
4111	ES 6683－2008	真空泵的安全要求
4112	ES 6696－2008	采用声强技术测定声功率级的试验规程：工程方法　第 1 部分：泵
4113	ES 6697－2008	泵、压缩机和风扇电气图的图形符号
4114	ES 6905－2009	电气用图形符号　阀和风门
4115	ES 377－1963	人员和货物运输用电梯
4116	ES 377－1－2005	人员和货物运输用电梯　第 1 部分：技术简介　安装和施工规范（机器室和电梯井）
4117	ES 377－2－2005	人员和货物运输用电梯　第 2 部分：机械设备
4118	ES 460－1963	打字机
4119	ES 460－1－2005	打字机　第 1 部分：人工打字机
4120	ES 979－2008	建筑五金件　门窗螺栓　要求和检验方法
4121	ES 1003－2008	铰链
4122	ES 1018－2008	木制柜的杠杆式锁
4123	ES 1809－1995	插芯锁

续表

序号	标准编号	标准名称
4124	ES 1177 – 2006	挂锁和挂锁配件　要求和试验方法
4125	ES 2137 – 2006	起重机　控制仪表上的图形符号
4126	ES 2187 – 2006	起重机械　控制布置和特性　移动式起重机的基本布置和要求
4127	ES 2190 – 1992	起重机械　词汇
4128	ES 2320 – 2008	包装作业中机械辅助用具的技术术语
4129	ES 2321 – 2008	包装处理用槽式升降机和电梯
4130	ES 2322 – 2008	用于包装的辊式输送机
4131	ES 2323 – 2008	用于包装处理的起重机
4132	ES 2324 – 2008	纸浆　包裹处理用滑轮
4133	ES 2325 – 2008	包装　完整且已装满的运输用包装物　试验时的部件核对
4134	ES 2326 – 2008	包装搬运用堆垛机
4135	ES 2327 – 2008	包装搬运用堆装架
4136	ES 2328 – 2008	包装作业用各种设备
4137	ES 2332 – 2008	叉车　包装处理用车辆
4138	ES 2494 – 2006	起重机稳定性的通用要求
4139	ES 2495 – 2005	移动式起重机分类
4140	ES 2496 – 2005	起重机械　基本型的最大起重量范围
4141	ES 2497 – 2006	移动式起重机　稳定性测定
4142	ES 2632 – 1994	起重机载荷和尺寸的技术术语及定义
4143	ES 2633 – 2005	起重机械　卷筒和滑轮尺寸
4144	ES 2634 – 2005	悬臂起重机和相关设备
4145	ES 2636 – 2005	安装于住宅楼的乘用电梯　规划和选择
4146	ES 2840 – 2006	货物运输升降机
4147	ES 3248 – 1 – 1997	工业洗涤机械的安全要求　第1部分：通用要求
4148	ES 3248 – 2 – 1997	工业洗涤机械的安全要求　第2部分：洗涤机和脱水机
4149	ES 3248 – 3 – 1997	工业洗涤机械的安全要求　第3部分：包括组件机械的洗涤流水线
4150	ES 3248 – 4 – 1997	工业洗涤机械的安全要求　第4部分：空气干燥器
4151	ES 3248 – 5 – 1997	工业洗涤机械的安全要求　第5部分：熨平机，送料机和折叠机
4152	ES 3248 – 6 – 1997	工业洗涤机械的安全要求　第6部分：熨压及熔压
4153	ES 3250 – 1 – 1997	往复式内燃机　安全　第1部分：压燃式发动机
4154	ES 3647 – 1 – 2008	有害医疗废物的焚化　第1部分：性能要求
4155	ES 3647 – 2 – 2008	医院废弃物毁灭用焚化厂　第2部分：标准性能的试验和计算方法
4156	ES 3647 – 3 – 2008	医院废弃物毁灭用焚化厂　第3部分：指定购买方法
4157	ES 3647 – 4 – 2008	有害医疗废物的焚化　第4部分：设计、规范、安装和调试的实施规程
4158	ES 3723 – 2008	家用缝纫机　方向稳定性（漂移）的测定
4159	ES 4074 – 2008	建筑五金件　锁芯　要求和检验方法
4160	ES 4288 – 2004	手动操作酒糟卡车　主要尺寸
4161	ES 4289 – 2004	平衡重式叉车　稳定性试验

续表

序号	标准编号	标准名称
4162	ES 4290 – 2004	起重用短环链 通用验收条件
4163	ES 4291 – 2004	起重吊钩 命名
4164	ES 4292 – 2004	最大毛重30t的货运集装箱的提升钩装置 基本要求
4165	ES 4293 – 2004	非校准起重圆环链和吊链 使用和维护
4166	ES 4294 – 2004	船用电梯 特殊要求
4167	ES 5060 – 1 – 2008	兽医废弃物毁灭用焚化厂 第1部分：标准性能要求
4168	ES 5060 – 2 – 2008	兽医废弃物毁灭用焚化厂 第2部分：标准性能的试验和计算方法
4169	ES 5060 – 3 – 2008	兽医废弃物毁灭用焚化厂 第3部分：指定购买方法、要求
4170	ES 5060 – 4 – 2008	兽医废弃物毁灭用焚化厂 第4部分：设计规范和描述，安装和操作启动
4171	ES 5086 – 1 – 2006	农场和小奶牛场中牛奶巴氏杀菌法的实施规程 第1部分：巴氏杀菌设备的类型 部件和功能
4172	ES 5086 – 2 – 2007	牛奶厂和小型奶品厂的牛奶巴氏杀菌设备 第2部分：操作和维护方法
4173	ES 5454 – 2006	建筑五金件 锁和插销 机控锁、插销和锁片 要求和试验方法
4174	ES 5455 – 2006	起重机通用词汇
4175	ES 5614 – 2007	种植设备 马铃薯播种机 试验方法
4176	ES 5700 – 2006	建筑五金器具 杠杆式把手和圆形把手家具 要求和试验方法
4177	ES 6005 – 2007	建筑五金件 滑门和折叠门五金件 要求和试验方法
4178	ES 6006 – 2007	建筑五金件 耐腐蚀性 要求和检验方法
4179	ES 6007 – 2007	建筑五金件 旋转门用电力驱动常开装置 要求和试验方法
4180	ES 6010 – 2007	乘用电梯和货运电梯 车辆导轨和配重 T型
4181	ES 6021 – 2007	建筑五金件 控制门锁紧装置 要求和试验方法
4182	ES 6113 – 2011	升降机的建造与安装安全规则
4183	ES 6113 – 1 – 2012	升降机的建造与安装安全规则 第1部分：电力升降机
4184	ES 6113 – 2 – 2007	升降机的建造与安装安全规则 第2部分：液压升降机
4185	ES 6113 – 3 – 2011	升降机的建造与安装安全规则 第3部分：电动和液压服务升降机
4186	ES 6113 – 4 – 2007	升降机的建造与安装安全规则 载人和载货升降机的特殊应用 第4部分：供残疾人等人员使用的升降机的易用性
4187	ES 6113 – 5 – 2011	升降机的建造与安装安全规则 载人和载货升降机的特殊应用 第5部分：消防用升降机
4188	ES 6308 – 2007	端铣刀和槽铣刀 7/24锥柄铣刀
4189	ES 6309 – 2007	带有普通孔和键驱动的平面铣刀和侧面铣刀 米制系列
4190	ES 6315 – 1 – 2007	门和百叶窗组件的防火试验 第1部分：防火门和百叶窗
4191	ES 6315 – 3 – 2007	门和百叶窗组件的防火试验 第3部分：烟雾控制门和百叶窗
4192	ES 6392 – 2007	建筑五金件 窗和齐门窗用五金件 要求和试验方法 第9部分：枢轴铰链
4193	ES 6393 – 2007	建筑五金件 门协调装置 要求和检验方法
4194	ES 6394 – 2007	建筑五金件 铰链门或旋转门 耐垂直负载的测定

续表

序号	标准编号	标准名称
4195	ES 6395－2007	建筑五金件 由水平杆控制的紧急出口装置 要求和试验方法
4196	ES 6396－2007	栅栏用钢丝和钢丝制品 钢丝编织铰接和结网式栅栏
4197	ES 6479－2008	污泥特性 污泥使用和处置 词汇
4198	ES 6483－2008	建筑五金件 窗和齐门窗的要求和试验方法 倾斜、转动、倾斜优先和仅转动五金件
4199	ES 6752－2008	建筑五金件 由水平把手或推板控制的紧急出口装置 要求和试验方法
4200	ES 6753－2008	建筑五金件 窗和落地窗的要求和试验方法 各种五金的通用要求
4201	ES 6753－11－2012	建筑五金件 窗和落地窗用五金件 要求和试验方法 第11部分：上悬伸翻转五金件
4202	ES 6753－12－2012	建筑五金件 窗和齐门窗用五金件 要求和试验方法 第12部分：侧悬伸翻转五金件
4203	ES 6753－13－2012	建筑五金件 窗和齐门窗用五金件 要求和试验方法 第13部分：窗框平衡
4204	ES 6753－15－2012	建筑五金件 窗和齐门窗用五金件 要求和试验方法 第15部分：滚柱
4205	ES 6754－2008	建筑五金件 窗和齐门窗用五金件 要求和试验方法 长插销
4206	ES 6755－2008	建筑五金件 窗和齐门窗用五金件 要求和试验方法 窗扇扣件
4207	ES 6756－2008	建筑五金件 窗和齐门窗用五金件 要求和试验方法
4208	ES 6796－2008	船舶与海洋技术 船用焚烧炉 要求
4209	ES 6798－2008	废水处理 词汇
4210	ES 6799－2008	建筑五金件 窗和齐门窗用五金件 要求和试验方法 可变几何形状的固定铰链（无摩擦系统）
4211	ES 6985－2009	叉式升降机和登高装置的安全标准
4212	ES 7348－2011	升降梯、自动扶梯和乘员输送机的数据记录和监测规格
4213	ES 7349－10－2011	升降机的建造与安装安全规则 基础和解释 第10部分：EN 81标准系列的体系
4214	ES 7349－11－2011	升降机的建造与安装安全规则 基础和解释 第11部分：EN 81标准系列的相关解释
4215	ES 7349－21－2011	升降机的建造与安装安全规则 载人和载货升降机 第21部分：在用建筑物内新的载人和载货升降机
4216	ES 7349－28－2011	升降机的建造与安装安全规则 载人和载货升降机 第28部分：载人和载货升降机的远程警报
4217	ES 7349－31－2011	升降机的建造与安装安全规则 仅限货运的升降机 第31部分：仅限载货的升降机
4218	ES 7349－40－2011	升降机的建造与安装安全规则 特殊载人和载货升降机 第40部分：供残障人员使用的楼梯升降机和倾斜式升降平台
4219	ES 7349－41－2011	升降机的建造与安装安全规则 特殊载人和载货升降机 第41部分：供残障人员使用的垂直升降平台

续表

序号	标准编号	标准名称
4220	ES 7349 – 43 – 2011	升降机的建造与安装安全规则　特殊载人和载货升降机　第43部分：起重升降机
4221	ES 7349 – 70 – 2011	升降机的建造与安装安全规则　载人和载货升降机的特殊应用　第70部分：供残疾人等人员使用的升降机的易用性
4222	ES 7349 – 71 – 2011	升降机的建造与安装安全规则　载人和载货升降机的特殊应用　第71部分：防破坏升降机
4223	ES 7349 – 80 – 2011	升降机的建造与安装安全规则　在用升降机　第80部分：在用载人和载货升降机的安全改进规则
4224	ES 7349 – 82 – 2011	升降机的建造与安装安全规则　在用升降机　第82部分：供残疾人等人员使用的在用升降机的易用性改进
4225	ES 7349 – 83 – 2011	升降机的建造与安装安全规则　在用升降机　第83部分：防破坏性的改进规则
4226	ES 7350 – 2011	电磁兼容性　电梯、自动扶梯和自动过道的产品系列标准　排放
4227	ES 7351 – 1 – 2011	自动扶梯和自动人行道的安全性　第1部分：建设和安装
4228	ES 7351 – 2 – 2011	自动扶梯和自动人行道的安全性　第2部分：在用自动扶梯和自动人行道的安全性改进规则
4229	ES 7351 – 3 – 2011	自动扶梯和自动人行道的安全性　第3部分：EN115 – 1995 及其修改件与 EN 115 – 1 – 2008 的相关性
4230	ES 7352 – 2011	电梯和自动扶梯维修　维修指导规范
4231	ES 7353 – 2011	电磁兼容性　电梯、自动扶梯和自动过道的产品系列标准　抗扰度
4232	ES 7354 – 2011	带垂直升降机箱的人和物料用建筑提升机
4233	ES 7355 – 1 – 2011	货物用建筑提升机　第1部分：带有可进出平台的升降机
4234	ES 7355 – 2 – 2011	货物用建筑提升机　第2部分：带不可进出承载装置的斜式提升机
4235	ES 7396 – 2011	自动扶梯　建筑尺寸
4236	ES 7397 – 2011	电梯绳索用钢丝绳规范
4237	ES 7536 – 2012	建筑五金件　锁芯　要求和检验方法
4238	ES 7537 – 2012	便携式手持林业机械　割灌机切削附件　单片金属刃
4239	ES 2 – 2001	家用无烟囱煤油对流式加热器与烹调器规格
4240	ES 164 – 1988	用于液化石油气30cm w. g 压力或者天然气20cm w. g　压力的家用炊事用具
4241	ES 164 – 1 – 2008	用于液化石油气30cm 压力或者天然气20cm 压力的家用炊事用具　第1部分：安全性　总则
4242	ES 164 – 2 – 2008	燃料低于30cm 水位且气体燃料低于20cm 水位的家用燃气炊事用具　第2部分：具有强制对流炉或烤架安全的设备
4243	ES 164 – 3 – 2008	燃料低于30cm 水压或者天然气燃料低于20cm 水压的家用燃气炊事用具　第3部分：能量的合理利用　总则
4244	ES 164 – 4 – 2008	水压或者在20cm 水压以下的天然气燃料　第4部分：能量的合理利用　对流加热炉和/或烤架设备
4245	ES 348 – 1973	加压煤油灯（300 烛光的台灯）（1989 年修改件）

续表

序号	标准编号	标准名称
4246	ES 372 – 1996	在30cm水位计压力下使用液化石油气的热水器或在20cm水位计压力下使用天然气的热水器
4247	ES 372 – 1 – 2008	装有空气燃烧器且用于产生家用热水的家用燃气快速热水器　第1部分：定义
4248	ES 372 – 2 – 2008	装有常压燃烧器且用于产生家用热水的家用燃气快速热水器　第2部分：热水器和气体的分类
4249	ES 372 – 3 – 2008	装有空气燃烧器且用于产生家用热水的家用燃气快速热水器　第3部分：操作要求
4250	ES 372 – 4 – 2008	装有空气燃烧器且用于产生家用热水的家用燃气快速热水器　第4部分：能源合理利用
4251	ES 581 – 2005	使用液化石油气的家用空间加热器
4252	ES 782 – 2008	液化气配气装置安装与维护人员的职业要求
4253	ES 783 – 2003	液化石油气设备的供应，安装，维护和运输规范
4254	ES 990 – 1 – 2001	家用煤油灯芯型　第1部分：照明头
4255	ES 1002 – 1970	供液化石油气用的家用照明器具
4256	ES 1002 – 1 – 1970	供液化石油气用的家用照明器具　第1部分：气瓶
4257	ES 1002 – 2 – 2005	供液化石油气用的家用照明器具　第2部分：阀门
4258	ES 1002 – 3 – 2005	供液化石油气用的家用照明器具　第3部分：照明灯和配件（2001年修订版）　1003/2008铰链
4259	ES 1099 – 2 – 2001	燃烧煤油的家用电器
4260	ES 1172 – 2001	防风灯型式　"5级飓风"
4261	ES 1801 – 2008	焊接用低灯
4262	ES 1907 – 1990	石蜡常压炉
4263	ES 3036 – 2011	使用液化石油气的家用面包炉
4264	ES 3249 – 1997	带有蒸气燃烧器的燃油炉
4265	ES 3252 – 1997	装有净加热输入量不超过70kW风扇辅助燃烧器的空间加热用家用燃气强制对流空气加热器
4266	ES 3291 – 2005	家用缝纫机相关术语
4267	ES 3292 – 2005	家用缝纫机　缝纫能力的测定
4268	ES 3293 – 2005	家用缝纫机　一层材料对另一层材料蠕变性的测定
4269	ES 3648 – 2005	家用缝纫机　上线张力稳定性的测定
4270	ES 3699 – 2005	家用缝纫机　针脚长度设定再现性的测定
4271	ES 4911 – 2005	打火机　安全规范
4272	ES 5247 – 2006	家用石蜡照明器具
4273	ES 5257 – 2006	机械恒温器
4274	ES 5625 – 2006	产生家用热水的家用燃气存储热水器
4275	ES 5626 – 2006	燃气器具的火焰监控装置　热电火焰监控装置
4276	ES 5692 – 2010	天然气和可适用人造气用自锚式机械配件
4277	ES 5703 – 1 – 2006	加热系统用控制器　第1部分：热水加热系统用外温度补偿控制设备
4278	ES 5703 – 2 – 2006	加热系统用控制器　第2部分：热水加热系统用最优起止设备
4279	ES 5703 – 5 – 2006	加热系统用控制器　第5部分：加热系统用起止调度器

续表

序号	标准编号	标准名称
4280	ES 5804 - 1 - 2007	专用液化石油气器具的规格　包括室外配套使用烧烤架的独立板式灶　第1部分：定义
4281	ES 5804 - 2 - 2007	专用液化石油气器具的规格　包括室外配套使用烧烤架的独立板式灶　第2部分：分类　结构特征和性能特征的试验方法
4282	ES 5804 - 3 - 2007	专用液化石油气器具的规格　包括室外配套使用烧烤架的独立板式灶　第3部分：标记　附件
4283	ES 5997 - 2008	家用石蜡无排烟加热，照明和烹饪
4284	ES 5998 - 2007	燃气燃烧器和燃气器具的自动关闭阀
4285	ES 6137 - 1 - 2007	气体加热的餐饮设备　第1部分：通用安全规则
4286	ES 6137 - 2 - 2008	气体加热的餐饮设备　第2部分：结构和性能要求
4287	ES 6137 - 3 - 2008	气体加热的餐饮设备　第3部分：试验条件
4288	ES 6297 - 2007	质量的测定　词汇
4289	ES 6372 - 1 - 2007	烟囱　金属烟囱的要求　第1部分：系统烟囱产品
4290	ES 6526 - 1 - 2008	标准手持便携式工具及其他手持式设备　第1部分：定义
4291	ES 6758 - 1 - 2015	天然气和可适用人造气用聚乙烯管及其配件规格　第1部分：聚乙烯管及其配件使用聚乙烯化合物概述
4292	ES 6758 - 2 - 2015	天然气和可适用人造气用聚乙烯管及其配件规格　第2部分：压力低于5.5bar时使用的管件
4293	ES 6758 - 3 - 2015	天然气和可适用人造气用聚乙烯管及其配件规格　第3部分：热熔对接机和辅助设备
4294	ES 6758 - 4 - 2015	天然气和可适用人造气用聚乙烯管及其配件规格　第4部分：整体加热用熔接配件
4295	ES 6758 - 6 - 2015	天然气和可适用人造气用聚乙烯管及其配件规格　第6部分：电熔和/或热熔对接用插口端配件
4296	ES 6758 - 7 - 2015	天然气和可适用人造气用聚乙烯管及其配件规格　第7部分：挤压工具和设备
4297	ES 6758 - 8 - 2015	天然气和可适用人造气用聚乙烯管及其配件规格　第8部分：压力低于7Pa时使用的管件
4298	ES 6785 - 4 - 2008	修复黑色输气管泄漏的方法规范　第4部分：管道修复夹钳，开口轴环和受压支管连接
4299	ES 7096 - 2010	燃气器具的基本要求
4300	ES 7097 - 1 - 2010	燃具用压力调节器和相关安全装置　第1部分：500mbar和500mbar以上入水管用压力调节器
4301	ES 7098 - 1 - 3 - 2010	家用燃气炊事用具　第1-3部分：安全性　带有玻璃陶瓷热板的用具
4302	ES 7099 - 2 - 1 - 2010	气体加热的餐饮设备　第2-1部分：特定要求　开放式燃烧器和工作燃烧器
4303	ES 7100 - 2010	燃气燃烧器和燃气器具的自动关闭阀
4304	ES 7101 - 2010	带或不带风扇的气体燃烧器和燃气器具的自动燃气燃烧器控制系统
4305	ES 7102 - 1 - 2010	单个燃烧器燃气架空辐射管状加热器　第1部分：安全性

续表

序号	标准编号	标准名称
4306	ES 7103 – 2015	液化石油气专用器具的规格　家用无烟道空间加热器（包括扩散式催化燃烧加热器）
4307	ES 7104 – 2015	液化石油气专用器具的规格　便携式蒸汽压力液化石油气器具
4308	ES 7105 – 2015	直接通向净热输入不超过300kW区域的非家用强制妊娠流和燃气加热用空气加热器
4309	ES 7106 – 2015	净输入热量不超过300kW且不借助风扇输送燃烧空气和/或燃烧产物的空间加热用非家用燃气式强制对流空气加热器
4310	ES 7181 – 1 – 2011	烘焙设备规格（健康和安全要求）　第1部分：烤炉
4311	ES 7181 – 2 – 2011	烘焙设备规格（健康和安全要求）　第2部分：面团准备设备
4312	ES 7181 – 3 – 2011	烘焙设备规格（健康和安全要求）　第3部分：运输装置和辅助设备
4313	ES 7343 – 2011	燃气燃烧器具的多功能控制器
4314	ES 1 – 2014	灰铸铁分类
4315	ES 10 – 1995	压力主管路用灰铸铁管
4316	ES 101 – 1961	平底铁路钢轨
4317	ES 186 – 2013	卫生用铸铁管及管件
4318	ES 254 – 2008	钢筒　标称容量为20~60L的带有不可拆卸盖（密封盖）的筒
4319	ES 259 – 2008	石油产品储罐用立式钢
4320	ES 260 – 2004	热轧非合金结构钢
4321	ES 260 – 1 – 2007	结构钢热轧产品　第1部分：通用技术交付条件
4322	ES 260 – 2 – 2007	结构钢热轧产品　第2部分：非合金结构钢的技术交付条件
4323	ES 260 – 3 – 2007	结构钢热轧产品　第3部分：正火/正火轧制的可焊接细晶粒结构钢的技术交付条件
4324	ES 260 – 4 – 2007	结构钢热轧产品　第4部分：热机械轧制的可焊接细晶粒结构钢的技术交付条件
4325	ES 260 – 5 – 2007	结构钢热轧产品　第5部分：具有较高耐大气腐蚀性的结构钢的技术交付条件
4326	ES 260 – 6 – 2007	结构钢热轧产品　第6部分：淬火和回火条件下高屈服强度结构钢的平板产品的技术交付条件
4327	ES 261 – 2006	无涂层多孔金属碳素（钢）薄板规格
4328	ES 262 – 2000	钢筋混凝土用热轧钢筋
4329	ES 262 – 1 – 2009	混凝土配筋用钢　第1部分：普通钢筋
4330	ES 262 – 2 – 2009	混凝土配筋用钢　第2部分：带肋钢筋
4331	ES 262 – 3 – 2009	混凝土配筋用钢　第3部分：焊接网
4332	ES 263 – 1995	预应力混凝土用普通硬拉钢丝
4333	ES 263 – 5 – 2008	预应力混凝土用钢　第5部分：需连续处理或无需连续处理的热轧钢筋
4334	ES 341 – 1963	钢铁工业的技术术语及定义
4335	ES 341 – 1 – 2007	钢铁工业的技术术语及定义　第1部分：炼钢
4336	ES 350 – 2013	可适用螺丝接合的钢管
4337	ES 402 – 2005	石油管线用钢管
4338	ES 424 – 2013	与钢铁有关的术语和词汇定义

续表

序号	标准编号	标准名称
4339	ES 490 – 2008	热处理钢、合金钢和易切削钢 第14部分：淬火和回火弹簧用热轧钢
4340	ES 494 – 1993	餐具和扁平餐具
4341	ES 494 – 1 – 2013	与食品接触的材料和物品 餐具和凹形餐具 第1部分：用于制备食品的餐具的要求
4342	ES 494 – 2 – 2011	与食品接触的材料和物品 餐具和凹形餐具 第2部分：不锈钢和镀银餐具的要求 0496/2008 音频记录 光盘数字音频系统
4343	ES 534 – 1976	金属脚手架
4344	ES 571 – 2008	与铁和钢热轧铁有关的术语和词汇定义
4345	ES 572 – 2008	与钢铁有关的术语和词汇定义 第4部分：板材和带材
4346	ES 601 – 2005	普通管道用碳素钢管
4347	ES 609 – 2008	金属卧室 家具
4348	ES 674 – 1 – 2008	金属厨房家具 第1部分：通用要求
4349	ES 674 – 2 – 2008	金属厨房家具 第2部分：性能试验
4350	ES 677 – 2013	一般用途非合金钢丝绳和粗直径钢丝绳用拉拨钢丝 规格
4351	ES 713 – 2005	钢制保险箱
4352	ES 746 – 2008	大头针
4353	ES 747 – 2008	回形针
4354	ES 781 – 2008	一般工程用途钢
4355	ES 851 – 2006	一般用途钢丝绳 最低要求
4356	ES 851 – 1 – 1998	钢丝绳 第1部分：定义和分类
4357	ES 859 – 2005	一般用途钢制对焊管配件 一般用途钢管配件和异型管件
4358	ES 863 – 2005	热浸法处理钢铁制品上的镀锌镀层
4359	ES 888 – 2005	符合 ISO 7 – 1 螺纹标准的可锻铸铁配件
4360	ES 900 – 2006	一般工程和起重用途的非校准短环钢链
4361	ES 903 – 2008	铸铁制动鼓
4362	ES 932 – 2008	抗磨铸铁 分类
4363	ES 954 – 2006	桥梁建设用薄钢板
4364	ES 956 – 2006	锚链 电焊接钢链
4365	ES 956 – 1 – 1969	锚链 第1部分：电焊接钢链
4366	ES 1016 – 2005	金属丝网
4367	ES 1056 – 2008	工厂制造的钢罐 第1部分：易燃和不易燃的水污染液体地下储存用卧式圆柱形单层和双层钢罐
4368	ES 1058 – 1993	热轧钢型材用圆棒
4369	ES 1058 – 1 – 2005	热轧钢筋 第1部分：圆钢筋尺寸
4370	ES 1058 – 2 – 2005	热轧钢筋 第2部分：方钢筋尺寸
4371	ES 1059 – 1 – 2010	一般用途热轧钢棒 尺寸及形状和尺寸公差 第1部分：方钢
4372	ES 1059 – 2 – 2007	热轧钢型材非圆形方钢 第2部分：钢筋六角钢型材
4373	ES 1059 – 3 – 2006	热轧钢型材 第3部分：钢筋 – 扁钢
4374	ES 1059 – 4 – 2006	热轧钢型材 第4部分：半圆形钢和半椭圆形钢
4375	ES 1060 – 1 – 2006	热轧钢型材 第1部分：等边角钢 尺寸
4376	ES 1060 – 2 – 2006	热轧钢型材角钢 第2部分：等边角钢
4377	ES 1061 – 1 – 2006	热轧钢型材（梁） 第1部分：T形梁（长宽边）

续表

序号	标准编号	标准名称
4378	ES 1061 – 2 – 2006	热轧钢型材（梁）　第2部分：I形梁
4379	ES 1061 – 3 – 2006	热轧钢型材（梁）　第3部分：特殊I形梁（宽法兰）　IPB – IB 范围
4380	ES 1061 – 4 – 2006	热轧钢型材（梁）　第4部分：特殊I梁（重型）IPBV　范围
4381	ES 1061 – 5 – 2006	热轧钢型材（梁）　第5部分：特殊I梁（轻量型）IPBI　范围
4382	ES 1061 – 6 – 2006	热轧钢型材（梁）　第6部分：特殊I形梁　IPE 范围
4383	ES 1061 – 7 – 2006	热轧钢型材（梁）　第7部分：U型槽钢
4384	ES 1061 – 8 – 2006	热轧钢型材（梁）　第8部分：Z型梁（圆边）
4385	ES 1110 – 2005	碳含量最大值为0.25%的冷轧碳钢带材
4386	ES 1110 – 1 – 1989	软钢薄板材、带材和厚板材　第1部分：冷轧薄钢板
4387	ES 1111 – 2006	冷轧带钢
4388	ES 1112 – 2008	液压加压棉包用钢制扁平捆扎带
4389	ES 1162 – 2007	冷轧镀锡板和冷轧黑薄板材
4390	ES 1170 – 2006	热轧带钢和薄板
4391	ES 1171 – 4 – 2006	软钢薄板材、带材和厚板材　第4部分：非连续工艺的热轧厚板材
4392	ES 1198 – 5 – 1973	软钢薄板材、带材和厚板材　第5部分：非连续工艺的热轧厚板材
4393	ES 1200 – 2008	铸铁石墨显微组织的分类
4394	ES 1213 – 1974	白心可锻铸铁件
4395	ES 1215 – 1974	电车和电动火车用平底37钢轨
4396	ES 1261 – 2008	工具钢
4397	ES 1297 – 1976	可锻铸铁铸件
4398	ES 1298 – 1976	黑心可锻铸铁（铁素体）
4399	ES 1300 – 2008	球墨铸铁　分类
4400	ES 1324 – 2005	一般工程用铸造碳钢
4401	ES 1325 – 2006	铁硅合金　规格和交付条件
4402	ES 1347 – 2005	平底钢轨18
4403	ES 1379 – 2005	奥氏体锰钢铸件
4404	ES 1380 – 2008	锻制自由切削钢
4405	ES 1386 – 2006	铁合金
4406	ES 1403 – 1976	金属脚手架用钢管
4407	ES 1423 – 2006	通用技术交付要求
4408	ES 1618 – 2007	混凝土配筋用钢筋网
4409	ES 1810 – 2006	冷轧型钢
4410	ES 1905 – 2006	铁铬合金
4411	ES 1906 – 2006	钢轨固定用鱼尾板
4412	ES 1908 – 2006	厨房用不锈钢水槽
4413	ES 1908 – 1 – 2007	厨房水槽　功能要求和试验方法
4414	ES 1908 – 2 – 2007	厨房水槽　连接尺寸
4415	ES 1934 – 2006	宽度超过600mm的线圈产生的冷轧带材
4416	ES 1974 – 2006	铁磷合金
4417	ES 1975 – 1991	铁钨合金

续表

序号	标准编号	标准名称
4418	ES 1976 – 1991	铁钼合金
4419	ES 1977 – 1991	铁钒合金
4420	ES 1978 – 1991	铁钛合金
4421	ES 1987 – 1991	铠装电缆用镀锌低碳钢丝
4422	ES 1987 – 1 – 2007	电缆或远程通信电缆用锌或锌合金镀膜非合金钢线　第 1 部分：陆地电缆
4423	ES 1987 – 2 – 2006	电缆或远程通信电缆用锌或锌合金镀膜非合金钢线　第 2 部分：海底电缆
4424	ES 2414 – 2006	在地上和地下建造的平端卧式圆柱形罐
4425	ES 2498 – 2006	硬度检验仪的试样夹紧装置的设计和应用
4426	ES 2499 – 1993	餐具和扁平餐具　命名
4427	ES 2500 – 1993	餐具和扁平餐具　命名
4428	ES 2807 – 1995	压力管道用球墨铸铁管配件和附件的通用要求和试验
4429	ES 2868 – 2005	铁合金　钛铁合金、钼铁合金、钨铁合金、铌铁合金和钒铁合金化学分析取样和试样制备
4430	ES 2931 – 1996	压力主管路用灰铸铁管配件
4431	ES 2950 – 2005	铁合金　铁铬合金、铁铬硅合金、铁硅锰合金和铁锰合金化学分析取样和试样制备
4432	ES 3058 – 1996	压力管道用球墨铸铁管
4433	ES 3067 – 1996	压力管道用球墨铸铁管、配件和附件
4434	ES 3175 – 2005	钢筒　最小总容量为 212L、216.5L 和 230L 的带有不可拆卸盖（密封盖）的筒
4435	ES 3240 – 2005	钢丝条　尺寸和公差
4436	ES 3240 – 1 – 2005	钢丝条　第 1 部分：改轧成钢丝用非合金钢丝条的质量要求
4437	ES 3240 – 2 – 1997	钢丝条　第 2 部分：尺寸和公差
4438	ES 3269 – 2005	起重用短环链　通用验收条件
4439	ES 3294 – 1998	管道用球墨铸铁管、配件和附件
4440	ES 3398 – 2006	钢锻件　开式锻模锻造的棒材加工余量和允许变量
4441	ES 3589 – 2008	铸铁排水管及配件
4442	ES 3620 – 2001	钢铸件的通用技术交付要求
4443	ES 3721 – 2008	可锻铸铁
4444	ES 3747 – 2008	铁合金　取样和筛分分析
4445	ES 4115 – 2008	锻制渗氮钢
4446	ES 4116 – 2008	锻压表面硬化钢
4447	ES 4207 – 2008	机动车辆和/或行人区域的水沟顶部和人孔顶部
4448	ES 4750 – 2005	管及联结脚手架用钢管　交货技术条件
4449	ES 4762 – 2005	压力主管路用灰铸铁管专用铸件和灰铁零件
4450	ES 4867 – 2005	钢和钢制品　通用技术交付要求
4451	ES 4868 – 2005	结构钢　板材、宽带材、棒材截面和剖面　ISO 630：1995 的修改件 1 – 2003
4452	ES 4868 – 2 – 2005	结构钢　第 2 部分：热精整空心型材的交货技术条件
4453	ES 5083 – 2006	钢镀锌低碳钢制家用水箱
4454	ES 5147 – 2006	水和天然气应用的球墨铸铁管、配件、附件及其接头

续表

序号	标准编号	标准名称
4455	ES 5171 – 2007	铁钨合金　规格和交付条件
4456	ES 5172 – 2007	铁钼合金　规格和交付条件
4457	ES 5173 – 2007	铁钒合金　规格和交付条件
4458	ES 5174 – 2006	铁钛合金　规格和交付条件
4459	ES 5175 – 2006	铁硅合金　规格和交付条件
4460	ES 5176 – 2006	铁锰合金　规格和交付条件
4461	ES 5177 – 2006	铁铬合金　规格和交付条件
4462	ES 5801 – 2007	不锈钢　化学成分
4463	ES 5803 – 2007	铁镍合金　规格和交付要求
4464	ES 5992 – 2007	焊接和无缝平端钢管　每单位长度尺寸和质量总表
4465	ES 5993 – 2007	试验筛　金属丝筛网、穿孔金属厚板和电成型薄板　筛孔的标称尺寸
4466	ES 5996 – 11 – 2007	热轧钢型材　第11部分：倾斜凸缘槽钢（米制系列）尺寸和截面特性
4467	ES 5996 – 15 – 2007	热轧钢型材　第15部分：倾斜凸缘梁型钢（米制系列）尺寸和截面特性
4468	ES 5996 – 16 – 2007	热轧钢型材　第15部分：倾斜凸缘槽型钢（米制系列）尺寸和截面特性
4469	ES 6440 – 2007	铁路轨道应用　部分轨道 Vignole 46kg/m 及以上（替代 0101/1961 和 1215/1974）
4470	ES 6614 – 17 – 2008	热处理钢、合金钢和易切削钢　第17部分：球和滚子轴承钢
4471	ES 6705 – 1 – 2008	混凝土配筋用钢　第1部分：普通钢筋
4472	ES 6705 – 2 – 2008	混凝土配筋用钢　第2部分：带肋钢筋
4473	ES 6705 – 3 – 2008	混凝土配筋用钢　第3部分：焊接网
4474	ES 6747 – 2008	镍铁锭或块　分析取样
4475	ES 6794 – 2008	连续热轧不锈钢带材、板材/薄板等切割形状的长度公差和尺寸
4476	ES 6802 – 1 – 2008	钢的命名系统　第1部分：钢名称
4477	ES 6828 – 1 – 2008	钢筋和预应力混凝土　试验方法　第1部分：钢筋和钢丝
4478	ES 7164 – 2010	耐热钢
4479	ES 7224 – 2010	连续冷轧不锈钢　窄带宽带、板材/薄板　尺寸和形状的长度公差
4480	ES 7541 – 1 – 2012	铜和铜合金　管道配件　第1部分：低温焊接或纤焊接到铜管上的毛细管用端头管件
4481	ES 7541 – 2 – 2012	铜和铜合金　管道配件　第2部分：铜管用压缩端头管件
4482	ES 7541 – 3 – 2012	铜和铜合金　管道配件　第3部分：塑料管用压缩端头管件
4483	ES 7541 – 4 – 2012	铜和铜合金　管道配件　第4部分：与带有毛细管或压力端头的其他端头连接的管接头
4484	ES 7541 – 5 – 2012	铜和铜合金　管道配件　第5部分：钎焊到铜管的毛细管用短端头管件
4485	ES 7585 – 1 – 2013	照明灯柱　第1部分：定义和术语
4486	ES 7585 – 2 – 2013	照明灯柱　第2部分：通用要求和尺寸
4487	ES 7585 – 3 – 2013	照明灯柱　第3部分：钢照明柱的要求
4488	ES 57 – 1 – 2008	锻制铜（铜含量最低为 97.5%）　化学成分和锻制产品形式
4489	ES 57 – 2 – 2008	锻制铜（铜含量最低为 99.85%）　化学成分和锻制产品形式

续表

序号	标准编号	标准名称
4490	ES 246 – 1962	锻制铜合金
4491	ES 247 – 2006	铸造铜合金
4492	ES 248 – 1962	黄铜板材、带材和条材
4493	ES 249 – 2007	铜和铜合金　通用无缝圆管
4494	ES 250 – 2008	冷凝器及热交换器使用无缝锻铜和铜合金管的交货技术条件
4495	ES 316 – 1963	黄铜棒材、线材及型材
4496	ES 403 – 2006	纯铝和铝制品
4497	ES 531 – 1 – 2013	轻金属和其合金　术语和定义　第1部分：材料
4498	ES 531 – 2 – 2013	轻金属和其合金　术语和定义　第2部分：未锻轧产品
4499	ES 531 – 3 – 2013	轻金属和其合金　术语和定义　第3部分：锻制产品
4500	ES 531 – 4 – 2013	轻金属和其合金　术语和定义　第4部分：铸件
4501	ES 531 – 5 – 2013	轻金属和其合金　术语和定义　第5部分：加工和处理方法
4502	ES 573 – 2005	铝炊具
4503	ES 1017 – 2008	喷雾器
4504	ES 1024 – 2008	制冷和空调装置用薄铝带材
4505	ES 1235 – 1 – 2014	铝和铝合金　箔片　第1部分：检验和交货的技术条件
4506	ES 1235 – 2 – 2014	铝和铝合金　箔片　第2部分：检验和交货的技术条件
4507	ES 1235 – 3 – 2014	铝和铝合金　箔片　第3部分：尺寸公差
4508	ES 1235 – 4 – 2014	铝和铝合金　箔片　第4部分：特殊性能要求
4509	ES 1296 – 2007	铝和铝合金　电缆护套和套筒用铝合金钢锭
4510	ES 1296 – 1 – 2007	铝和铝合金　第1部分：蓄电池用铝合金
4511	ES 1296 – 2 – 1994	铝和铝合金　第2部分：电缆护套用铝合金
4512	ES 1296 – 3 – 2007	铝和铝合金　第3部分：铝的化学成分
4513	ES 1296 – 4 – 2007	铝和铝合金　第4部分：通用铝合金
4514	ES 1299 – 2008	铸造砂
4515	ES 1323 – 1 – 2005	锻制铝和铝合金　化学成分和产品形式　第1部分：化学成分
4516	ES 1323 – 2 – 2005	锻制铝和铝合金　化学成分和产品形式　第2部分：文件格式
4517	ES 1369 – 1977	铸造铝合金
4518	ES 1751 – 1989	铝产品和其合金的通用交付要求
4519	ES 1752 – 1 – 1989	铝和铝合金挤压型材　第1部分：原材料的化学成分和力学性能测试
4520	ES 1752 – 2 – 1990	铝和铝合金挤压型材　第2部分：挤压型材和其公差
4521	ES 1752 – 3 – 1990	铝和铝合金挤压型材　第3部分：铝－铝合金挤压型材的通用建议
4522	ES 1787 – 2006	民用建筑中的铝型材
4523	ES 1857 – 2008	农业灌溉用铝管
4524	ES 1935 – 2006	铜和铜合金未锻造产品（精炼型材）的术语和定义
4525	ES 1936 – 1991	铜和铜合金材料的术语和定义
4526	ES 1937 – 2007	铜和铜合金铸造的术语和定义
4527	ES 1938 – 2007	铜和铜合金加工和处理方法的术语和定义
4528	ES 2094 – 1992	铜和铜合金锻造产品的术语和定义
4529	ES 2352 – 1993	铸造铝合金　化学成分和机械性能
4530	ES 2353 – 2005	中间铝合金

续表

序号	标准编号	标准名称
4531	ES 2354 – 2015	铝合金冷铸参考试验棒
4532	ES 2355 – 2015	铝合金砂铸件参考试验棒
4533	ES 2417 – 2005	用于铸造的锌合金锭
4534	ES 2418 – 2007	锌合金锭　化学分析样品的选择和制备
4535	ES 2419 – 2015	锌锭
4536	ES 2420 – 2007	锌锭　化学分析样品的选择和制备
4537	ES 2637 – 2015	锅炉、压力容器和热交换器用锻铜和铜合金厚板和薄板的交货技术条件
4538	ES 2638 – 2006	一般用途铜和不锈成形合金特殊面板和导板的供货技术条件
4539	ES 2639 – 2015	弹簧用锻铜合金带材的交货技术条件
4540	ES 2640 – 2007	镍和镍合金　术语和定义　第1部分：材料
4541	ES 2641 – 2007	镍和镍合金　术语和定义　第2部分：炼油厂成品
4542	ES 2642 – 2007	镍和镍合金　术语和定义　第3部分：锻件和铸件
4543	ES 2643 – 2015	锻制铜和铜合金　以直线长度（片材）尺寸和公差交货的冷轧平板产品
4544	ES 2644 – 2015	用于实心滑动轴承的锻制铜合金
4545	ES 2645 – 2008	铅片尺寸
4546	ES 2647 – 2008	锻制铜和铜合金　圆形拉制棒材　直径和形状公差的所有减少公差
4547	ES 2658 – 2007	镁铝锌合金锭和合金铸件　砂铸参考试验棒的化学成分和机械性能
4548	ES 2659 – 2006	重力、砂、冷铸或者相关过程生产的铝合金涂层检验和交付的通用条件
4549	ES 2660 – 2007	滑动轴承　固体和多层厚壁滑动轴承用铸铜合金
4550	ES 2661 – 2007	铜和铜合金　材料设计规范
4551	ES 2662 – 2006	锻制铜镍合金　化学成分和锻制产品形式
4552	ES 2663 – 2006	锻制铜铝
4553	ES 2664 – 2006	锻制铜锡合金　化学成分和锻制产品形式
4554	ES 2665 – 2006	含铅铜锌合金的化学成分和形式
4555	ES 2666 – 2006	非含铅和特殊铜锌合金的化学成分和形式
4556	ES 2747 – 2007	非饮用水水管用铅制压力管道
4557	ES 2749 – 2006	精炼铜型材
4558	ES 2751 – 2007	排水系统用铅污水管和弯管
4559	ES 2981 – 1996	复合金属材料制滑动轴承金属的硬度试验
4560	ES 2981 – 1 – 2007	滑动轴承　轴承金属硬度测试　第1部分：复合材料
4561	ES 3027 – 2006	固体轴承用铝合金
4562	ES 3068 – 1 – 2007	锻制铜和铜合金　矩形拉制棒材　第1部分：跨幅宽度的对称正负公差和形状公差
4563	ES 3068 – 2 – 2007	锻制铜和铜合金　矩形拉制棒材　第2部分：尺寸和形状公差
4564	ES 3296 – 2005	锻制铝和铝合金冲击挤压毛坯
4565	ES 3342 – 2007	锻制铜合金　挤压型材　机械性能
4566	ES 3372 – 2007	锻制铜和铜合金　圆形、方形或者六角形挤压棒材

续表

序号	标准编号	标准名称
4567	ES 3395 – 2007	滑动轴承 铜合金衬套
4568	ES 3423 – 1 – 2005	锻制铝和铝合金冷拉杆材/棒材和管材 第1部分：检验和交货技术条件
4569	ES 3446 – 2008	滑动轴承 薄壁滑动轴承用多层材料
4570	ES 3529 – 2008	圆截面用铜管 尺寸
4571	ES 3532 – 2008	锻制铝镁和其合金 机械试验用试样和试件的选择
4572	ES 3701 – 2002	用于生产烹饪用具的铝和铝合金圈和圈储存
4573	ES 3724 – 2008	锻制铜、镍和锌合金 化学成分和锻制产品形式
4574	ES 3725 – 2008	特种锻铜合金 锻制品的化学成分和型式
4575	ES 3866 – 2008	锻制铜和铜合金线 交货技术条件
4576	ES 3867 – 2008	锻制铜和铜合金杆材和棒材 交货技术条件
4577	ES 4076 – 2008	轻金属及其合金 基于化学符号的指定代码
4578	ES 4077 – 2008	铝、镁及其合金回火符号
4579	ES 4153 – 2 – 2008	锻制铝和铝合金片材、带材和板材 第2部分：机械性能
4580	ES 4278 – 1 – 2008	锻制铝和铝合金挤压杆材、棒材、管材及型材 第1部分：检验和交货技术条件
4581	ES 4278 – 3 – 2006	锻制铝和铝合金挤压杆材、棒材、管材及型材 第3部分：矩形挤压棒材形状和形式尺寸公差
4582	ES 4278 – 4 – 2006	锻制铝及铝合金挤压杆材、棒材、管材及型材 第4部分：挤压型材形状和尺寸公差
4583	ES 4284 – 2004	用于铸造的锌合金锭
4584	ES 4278 – 5 – 2008	锻制铝及铝合金挤压杆材、棒材、管材及型材 第5部分：圆形、方形和六角形钢筋的形状和尺寸公差
4585	ES 4285 – 2004	锌锭
4586	ES 4371 – 2005	铸造铝合金 化学成分和机械性能
4587	ES 4651 – 1 – 2005	锻制铝和铝合金片材、带材和板材 第1部分：检验和交货技术条件
4588	ES 4651 – 2 – 2010	锻制铝和铝合金片材、带材和板材 第2部分：机械性能
4589	ES 4651 – 3 – 2006	锻制铝和铝合金片材、带材和板材 第3部分：带材 形状和尺寸公差
4590	ES 4651 – 4 – 2006	锻制铝和铝合金片材、带材和板材 第4部分：片材和板材 形状和尺寸公差
4591	ES 4652 – 2005	镍和镍合金 基于化学符号的材料描述规则
4592	ES 4865 – 1 – 2007	铜和铜合金 术语和定义 第1部分：材料
4593	ES 4865 – 2 – 2007	铜和铜合金 术语和定义 第2部分：未锻制产品
4594	ES 4865 – 3 – 2005	铜和铜合金 术语和定义 第3部分：锻制品
4595	ES 4865 – 4 – 2007	铜和铜合金 术语和定义 第4部分：铸件
4596	ES 4865 – 5 – 2007	铜和铜合金 术语和定义 第5部分：加工方法
4597	ES 5670 – 1 – 2006	航空航天 锻造铝和铝合金 检验测试和供应要求 第1部分：通用要求
4598	ES 5671 – 2006	重熔用非铝合金锭 分类和成分

续表

序号	标准编号	标准名称
4599	ES 5672 – 2006	冷凝器及热交换器使用带整体翅片的无缝铝和铝合金管的标准规格
4600	ES 5802 – 2007	不锈钢　化学成分
4601	ES 5994 – 2007	铅和铅合金　建筑轧板
4602	ES 6800 – 2008	锌和锌合金　铸件　规格
4603	ES 6801 – 2008	镁和镁合金　非合金镁　化学成分
4604	ES 6816 – 2008	用于铸造的锌合金锭
4605	ES 7393 – 2011	铅和铅合金　铅
4606	ES 7585 – 4 – 2013	照明灯柱　第4部分：铝照明柱的要求
4607	ES 7630 – 2013	内外包层的铝复合板
4608	ES 257 – 2006	金属　结构钢电弧焊
4609	ES 435 – 1963	包覆碳钢电弧焊规格
4610	ES 1169 – 1 – 2007	包覆碳钢弧焊焊条规格　第1部分：分类和性能
4611	ES 1169 – 2 – 2007	包覆碳钢弧焊焊条规格　第2部分：试验
4612	ES 1169 – 3 – 2007	包覆碳钢弧焊焊条规格　第3部分：尺寸、包装和存放
4613	ES 667 – 1 – 2006	焊接术语和定义　第1部分：总则
4614	ES 667 – 2 – 2006	焊接术语和定义　第2部分：焊接操作
4615	ES 667 – 3 – 2006	焊接术语和定义　第3部分：焊接位置
4616	ES 667 – 4 – 2006	焊接术语和定义　第4部分：焊接类型
4617	ES 667 – 5 – 2006	焊接术语和定义　第5部分：接缝类型
4618	ES 667 – 6 – 2006	焊接术语和定义　第6部分：焊接裂纹
4619	ES 917 – 1992	焊工资格
4620	ES 921 – 1967	包覆碳钢弧焊规格
4621	ES 924 – 2009	便携式灭火器的焊接
4622	ES 1169 – 1972	包覆碳钢弧焊规格
4623	ES 1236 – 1974	松香芯焊丝
4624	ES 1236 – 1 – 2006	药芯钎料丝　规格和试验方法　实芯和药芯焊丝　规范和试验方法
4625	ES 1236 – 2 – 2006	药芯钎料丝　规格和试验方法　实芯和药芯焊丝　规范和试验方法　第2部分：分类和性能要求
4626	ES 1236 – 3 – 2006	药芯钎料丝　规格和试验方法　第3部分：助熔剂含量的测定
4627	ES 1769 – 2008	焊接、钎焊和软钎焊连接　图纸上的符号表示
4628	ES 2009 – 1 – 2007	埋弧焊用碳钢焊条和焊剂规格　第1部分：焊丝分类
4629	ES 2009 – 2 – 2007	埋弧焊用碳钢焊条和焊剂规格　第2部分：焊剂
4630	ES 2009 – 3 – 2007	埋弧焊用碳钢焊条和焊剂规格　第3部分：试验
4631	ES 2351 – 2007	焊接材料　铝和铝合金的焊接用丝状焊条、焊丝和焊棒　分类
4632	ES 2351 – 1 – 2007	铝和铝合金焊条与焊丝　第1部分：棒和电极丝的分类
4633	ES 2351 – 2 – 2007	铝和铝合金焊条与焊丝　第2部分：试验
4634	ES 2351 – 3 – 2007	铝和铝合金焊条与焊丝　第3部分：尺寸和包装
4635	ES 3266 – 1 – 1997	不同负荷条件下埋地管线的结构设计　第1部分：通用要求
4636	ES 3397 – 2007	焊接材料　铸铁熔焊用焊条、焊丝、焊棒和管状焊条　分类

续表

序号	标准编号	标准名称
4637	ES 3531 – 2008	气体保护电弧焊用填充金属　非合金和合金钢气体保护电弧焊用电极丝、焊丝、实心棒和实现焊丝
4638	ES 3650 – 2009	焊接材料　化学分析用的焊接金属块的沉积
4639	ES 5669 – 1 – 2006	焊接材料　试验方法　第1部分：钢、镍和镍合金全焊金属试样的试验方法
4640	ES 5669 – 2 – 2010	焊接材料　试验方法　第2部分：单道焊和双道焊技术钢试样的制备
4641	ES 5721 – 1 – 2006	焊工资格考试　熔焊　第1部分：钢
4642	ES 5721 – 2 – 2009	焊工资格考试　熔焊　第2部分：铝和铝合金
4643	ES 5721 – 3 – 2006	焊工资格考试　熔焊　第3部分：铜和铜合金
4644	ES 5721 – 4 – 2006	焊工资格考试　熔焊　第4部分：镍和镍合金
4645	ES 5721 – 5 – 2009	焊工资格考试　熔焊　第5部分：钛和钛合金，锆和锆合金
4646	ES 6303 – 2007	涂料焊条　效率、金属回收率和熔敷系数的测定
4647	ES 6304 – 2007	焊缝　工作位置　倾角和转角的定义
4648	ES 7006 – 2009	焊接能力　金属材料　通用原则
4649	ES 7364 – 1 – 2011	焊工资格考试　熔焊　第1部分：钢
4650	ES 7365 – 1 – 2011	焊接　金属材料焊接建议　第1部分：弧焊通用指南
4651	ES 7470 – 2 – 2011	焊接和相关工艺　金属材料中几何缺陷的分类　第2部分：压焊
4652	ES 76 – 2001	金属材料　拉伸试验
4653	ES 137 – 1992	布氏硬度试验
4654	ES 243 – 1987	焊接接头机械试验
4655	ES 243 – 1 – 2005	金属材料焊缝的破坏性试验　第1部分：纵向拉伸试验
4656	ES 243 – 2 – 2014	金属材料焊缝的破坏性试验　第2部分：横向拉伸试验
4657	ES 243 – 6 – 2014	金属材料焊缝的破坏性试验　第6部分：断裂试验
4658	ES 243 – 7 – 2006	金属材料焊缝的破坏性试验　第7部分：焊缝的宏观和微观检查
4659	ES 244 – 2007	金属材料的冲击试验
4660	ES 245 – 2008	金属材料　夏比摆锤冲击试验　试验方法
4661	ES 891 – 1993	钢的洛氏硬度试验（负荷5kgf～100kgf）
4662	ES 913 – 1992	洛氏硬度试验
4663	ES 1049 – 1996	金属材料　拉伸试验
4664	ES 1050 – 2007	金属材料　厚度等于或小于3mm的薄板材和带材　反转弯曲试验
4665	ES 1051 – 2007	金属材料　线材　反复弯曲试验
4666	ES 1052 – 2007	金属材料　线材　卷缠试验
4667	ES 1053 – 2003	钢丝和薄钢板机械试验　第5部分：厚度小于3mm和不小于0.5mm的薄钢板和钢带的拉伸试验
4668	ES 1054 – 2003	钢丝　简单扭转试验钢
4669	ES 1055 – 2003	厚度小于3mm的薄钢板和钢带的简单弯曲试验
4670	ES 1107 – 2008	金属材料　薄板材和带材　埃里克森压凹试验
4671	ES 1234 – 2007	金属材料　弯曲试验
4672	ES 1404 – 2004	轻型金属及其合金的拉伸试验（铝、镁和钛）
4673	ES 1431 – 2004	铜和铜合金拉伸试验
4674	ES 1728 – 1989	金属材料　拉伸试验
4675	ES 1988 – 1991	金属材料　硬度试验　维氏硬度试验

续表

序号	标准编号	标准名称
4676	ES 2349 – 1993	金属管冷弯试验
4677	ES 2350 – 2007	镀锌线材的镀锌层试验
4678	ES 2356 – 2006	金属管环拉伸试验
4679	ES 2415 – 1993	钢管扩胀试验
4680	ES 2504 – 1993	钢的洛氏硬度试验（负荷 0.2kgf～5.0kgf）
4681	ES 2650 – 1 – 2008	无损试验　渗透检测　第 1 部分：一般原理
4682	ES 2650 – 2 – 2008	无损试验　渗透检测　第 2 部分：钢铸件渗透检测
4683	ES 2748 – 1 – 1994	钢铸件　磁性粒子检验　第 1 部分：通用原则
4684	ES 2748 – 2 – 1994	钢铸件　磁性粒子检验　第 2 部分：检验方法
4685	ES 2750 – 2008	铁合金　取样和样本制备　总则
4686	ES 2808 – 2006	固体材料制轴承金属的硬度试验
4687	ES 3038 – 2007	钢　扭转应力疲劳试验
4688	ES 3253 – 1997	无损试验　外观检测　一般原理
4689	ES 3318 – 2007	钢　薄表面硬化层的总深度或有效深度的测定
4690	ES 3530 – 2008	硬质合金　压缩试验
4697	ES 3555 – 2008	硬质合金　用烧结试件进行粉末的取样和试验
4692	ES 3588 – 2008	钢和钢制品　检验文件
4693	ES 5084 – 2006	铁路车辆材料　磁粉验收试验
4694	ES 5178 – 1 – 2006	金属材料　布氏硬度试验　第 1 部分：试验方法
4695	ES 5179 – 1 – 2006	金属材料　维氏硬度试验　第 1 部分：试验方法
4696	ES 5180 – 1 – 2008	金属材料　洛氏硬度试验　第 1 部分：试验方法（A，B，C，D，E，F，G，H，K，N，T 标尺）
4697	ES 5181 – 2007	金属材料　线材　单向扭转试验
4698	ES 5182 – 2006	金属材料　弯曲试验
4699	ES 5183 – 2006	金属材料　管材（全截面）　弯曲试验
4700	ES 5184 – 2006	金属材料　管材　环形拉伸试验
4701	ES 5185 – 2006	钢铸件　磁性粒子检验
4702	ES 5186 – 2006	钢铸件　渗透检验
4703	ES 5187 – 2006	金属材料　管材　扩口试验
4704	ES 5604 – 2006	受压力的无缝和焊接（埋弧焊除外）钢管　验证液压密封的电磁试验
4705	ES 5605 – 2006	无损试验　利用 X 射线和 γ 射线的金属材料射线照相检验方法
4706	ES 5668 – 2006	受压力的无缝和焊接（埋弧焊除外）钢管　检验纵向缺陷的全周边超声试验
4707	ES 6746 – 2008	金属材料　硬度和材料参数的仪表压痕试验　试验方法
4708	ES 6784 – 2008	金属材料　室温拉伸试验
4709	ES 7009 – 2009	无损试验　工业 X 射线和 γ 射线放射学　词汇
4710	ES 7163 – 2010	钢　夏比 V 形切痕摆式冲击试验　仪器试验法
4711	ES 7356 – 1 – 2011	无损试验　渗透检测　第 1 部分：一般原理
4712	ES 7357 – 1 – 2011	无损试验　超声波检测　第 1 部分：一般原理
4713	ES 7358 – 3 – 2011	无损试验　术语　第 3 部分：工业放射线检验
4714	ES 7359 – 2011	熔焊点的无损检验　目视检查
4715	ES 7360 – 2011	焊缝的无损检验　焊缝的磁粉检验

续表

序号	标准编号	标准名称
4716	ES 7361 – 2011	焊缝的无损检验　焊缝的超声波检验
4717	ES 7394 – 2011	钢和钢制品　机械试验用样品和试件的定位与制备
4718	ES 857 – 2006	钢丝锌涂层
4719	ES 1201 – 1995	热镀锌板
4720	ES 1986 – 2008	镀锌平轧扁钢铠装带的标准规格
4721	ES 2051 – 1991	单位面积锌镀层质量的测定
4722	ES 2138 – 2009	磁性基质的覆盖层　覆盖层厚度的测定　磁性法
4723	ES 2193 – 2007	人造大气腐蚀试验　通用要求
4724	ES 2194 – 2006	铝及铝合金阳极氧化　通过测量磷酸/铬酸中浸泡后的质量损失评定封闭阳极氧化膜的质量
4725	ES 2195 – 2006	铝及铝合金阳极氧化　通过测量酸溶液浸泡后的质量损失评估老化质量
4726	ES 2196 – 2006	铝及铝合金阳极氧化　通过阻抗导纳性测量评估优质密封阳极氧化膜
4727	ES 2469 – 2006	表面处理和金属镀层　通用术语分类
4728	ES 2470 – 1993	金属和合金的腐蚀　词汇
4729	ES 2505 – 2006	磁性和非磁性基体电沉积镍镀层　磁性法测量镀层厚度
4730	ES 2506 – 2013	金属和其他无机镀层　对铁或钢进行辅助处理的锌电镀层
4731	ES 2507 – 2006	锡镍合金的电镀层
4732	ES 2508 – 2006	铝及铝合金的阳极氧化　铝上阳极氧化涂料通用规格
4733	ES 2509 – 1993	金属和其他无机镀层　厚度测量方法述评
4734	ES 2646 – 2006	铝及铝合金阳极氧化　通过事先经酸处理的染斑试验估计封闭后阳极氧化膜吸收能力损失
4735	ES 2648 – 1994	金属镀层　除了基本金属的阳极以外的镀层　加速腐蚀试验　结果评估方法
4736	ES 2649 – 2006	金属基质上的金属镀层　电镀层和化学沉积层　黏着力试验方法述评
4737	ES 2651 – 2008	电镀和相关工艺　词汇
4738	ES 2652 – 1994	金属和其他无机镀层　有关厚度测量的定义和惯例
4739	ES 2653 – 2006	铝及铝合金阳极氧化　阳极涂层对变形开裂的抗性评价
4740	ES 2654 – 1994	金属镀层　镍加铬的电镀层和铜加镍再加铬的电镀层
4741	ES 2655 – 2006	锌和镉电镀层上的铬酸盐转化膜
4742	ES 2656 – 1994	锌和镉上的铬酸盐转化膜　试验方法
4743	ES 2657 – 2006	金属材料转化涂层　重量法测定单位面积的涂层质量
4744	ES 2752 – 1994	金属镀层　镍电镀层
4745	ES 2809 – 2006	阳极处理之铝及铝合金　孔蚀评估之分级系统　图标法
4746	ES 2869 – 2006	锡电镀层　规格和试验方法
4747	ES 2998 – 2007	金属镀层　工程用金及金合金电镀层
4748	ES 3015 – 2007	工程用银和银合金电镀层
4749	ES 3039 – 2007	金属镀层　自动催化（无电镀）的镍磷合金镀层　规范和试验方法
4750	ES 3122 – 2007	热喷涂　金属和其他无机涂层　锌、铝及其合金
4751	ES 3135 – 2007	银和银合金电沉积用涂层厚度的测定

续表

序号	标准编号	标准名称
4752	ES 3135 – 1 – 2007	金属镀层　银及银合金电镀层的试验方法　第1部分：镀层厚度的测定
4753	ES 3155 – 2007	金属镀层　银及银合金电镀层的试验方法　第2部分：黏着力试验
4754	ES 3256 – 2007	商用、拉制和建筑用连续热镀锡（铅合金）冷轧碳素薄钢板
4755	ES 3295 – 2008	锡铅合金电镀层　规格和试验方法
4756	ES 3317 – 2007	金属镀层　银及银合金电镀层的试验方法　第3部分：残留盐的测定
4757	ES 3319 – 1 – 2007	金属粉末　用还原法测定氧含量　第1部分：通用指南
4758	ES 3319 – 2 – 2007	金属粉末　用还原法测定氧含量　第2部分：氢气还原的质量损失（氢损）
4759	ES 3319 – 3 – 2007	金属粉末　用还原法测定氧含量　第3部分：可被氢还原的氧量
4760	ES 3319 – 4 – 2007	金属粉末　用还原法测定氧含量　第4部分：用还原萃取法测定总氧量
4761	ES 3343 – 2007	金属镀层　金及金合金电镀层的试验方法　环境试验
4762	ES 3432 – 2007	金属镀层　金及金合金电镀层的试验方法　含金量测定
4763	ES 3433 – 2007	金属和其他无机镀层　无机镀层　储存条件下腐蚀试验的通用规则
4764	ES 3445 – 2000	商用、拉制和建筑用连续热镀锡（铅合金）冷轧碳素薄钢板
4765	ES 3462 – 2008	电沉积金属层和相关镀层　属性检验用抽样程序
4766	ES 3606 – 2011	金属镀层　工程用铬电镀层
4767	ES 3746 – 1 – 2002	涂料和相关产品涂覆前的钢基材制备　表面清洁度目视评定　第1部分：无涂层钢基材和整体清除了以往涂层之后的钢基材的锈蚀等级和处理等级
4768	ES 3746 – 2 – 2002	涂料和相关产品涂覆前的钢基材制备　表面清洁度目视评定　第2部分：局部清除之前的涂层之后之前涂装的钢基材的处理等级
4769	ES 3747 – 1 – 2002	涂料和相关产品涂覆前的钢基材制备　表面清洁度评定试验　第1部分：可溶性铁腐蚀产物的现场试验
4770	ES 3747 – 2 – 2002	涂料和相关产品涂覆前的钢基材制备　表面清洁度评定试验　第2部分：经清洁的表面上的氯化物的实验室测量
4771	ES 3747 – 3 – 2002	涂料和相关产品涂覆前的钢基材制备　表面清洁度评定试验　第3部分：涂装前钢表面上的灰尘的评定（压敏胶带法）
4772	ES 4286 – 2004	金属和合金的腐蚀　环境腐蚀性分类
4773	ES 4287 – 2004	金属和合金的腐蚀　腐蚀评估用标准试样腐蚀率的大气腐蚀测定
4774	ES 4731 – 1 – 2007	涂料和相关产品涂覆前的钢基材制备　表面清洁度目视评估　第1部分：无涂层钢基材和整体清除了以往涂层的钢基材的锈蚀等级和处理等级
4775	ES 4731 – 2 – 2004	涂料和相关产品涂覆前的钢基材制备　表面清洁度目视评估　第2部分：局部去除原有涂层后的先前涂层的钢基的制备等级
4776	ES 4731 – 3 – 2007	涂料和相关产品涂覆前的钢基材制备　表面清洁度目视评定　第3部分：焊缝、割边和其他有表面缺陷的部位的处理等级

续表

序号	标准编号	标准名称
4777	ES 4906 – 1 – 2006	涂料和相关产品涂覆前的钢基材制备　经喷砂清洁后的钢基材的表面粗糙度特性　第1部分：ISO表面轮廓比较仪的规格和定义　磨料评定
4778	ES 4906 – 2 – 2006	涂料和相关产品涂覆前的钢基材制备　经喷砂清洁后的钢基材的表面粗糙度特性　第2部分：经喷砂清洁后的耐磨钢的评级方法　比较仪法
4779	ES 4906 – 3 – 2006	涂料和相关产品涂覆前的钢基材制备　经喷砂清洁后的钢基材的表面粗糙度特性　第3部分：ISO表面轮廓比较仪的标定方法以及表面测定方法
4780	ES 4906 – 4 – 2006	涂料和相关产品涂覆前的钢基材制备　经喷砂清洁后的钢基材的表面粗糙度特性　第4部分：ISO表面轮廓比较仪的标定方法以及表面测定方法
4781	ES 4906 – 5 – 2006	涂料和相关产品涂覆前的钢基材制备　经喷砂清洁后的钢基材的表面粗糙度特性　第5部分：表面轮廓测定　复写带法
4782	ES 5188 – 2007	金属镀层　铁类材料的热浸镀锌层　利用重量法测定单位面积的质量
4783	ES 5189 – 2006	金属和其他有机镀层　有关厚度测量的定义和惯例
4784	ES 5190 – 2007	金属镀层　镍加铬的电镀层和铜加镍再加铬的电镀层
4785	ES 5191 – 2006	锌镉、铝锌合金和锌铝合金上的铬酸盐转化膜　试验方法
4786	ES 5192 – 2006	金属镀层　镍电镀层
4787	ES 5193 – 2006	金属和合金的腐蚀　基本术语和定义
4788	ES 5194 – 2006	金属和其他无机镀层　厚度测量方法述评
4789	ES 5195 – 2016	金属涂层基体金属非阳极涂层：加速腐蚀试验结果评估方法
4790	ES 5196 – 2006	热镀锌板
4791	ES 5606 – 2 – 2006	涂料和相关产品涂覆前的钢基材制备　表面清洁度评定试验　第2部分：清洁表面上氯化物的实验室测定
4792	ES 5606 – 3 – 2006	ISO 8502 – 3：1992 涂装油漆和有关产品前钢材预处理　表面清洁度的评估试验　第3部分：涂装用钢表面灰尘的评估（压敏胶带法）
4793	ES 5606 – 4 – 2006	涂料和相关产品涂覆前的钢基材制备　表面清洁度评定试验　第4部分：涂料涂覆前冷凝可能性的评估指南
4794	ES 5606 – 5 – 2006	涂料和相关产品涂覆前的钢基材制备　表面清洁度评定试验　第5部分：涂装前钢表面上的氯化物的测量（离子检测管法）
4795	ES 5606 – 6 – 2007	涂料和相关产品涂覆前的钢基材制备　表面清洁度评定试验　第6部分：分析用可溶性污染物的萃取　布雷斯勒法
4796	ES 5606 – 8 – 2007	涂料和相关产品涂覆前的钢基材制备　表面清洁度评定试验　第8部分：用折光计法测定含水量的现场方法
4797	ES 5606 – 9 – 2007	涂料和相关产品涂覆前的钢基材制备　表面清洁度评定试验　第9部分：用折光计法测定水溶性盐的现场方法
4798	ES 5606 – 11 – 2007	涂料和相关产品涂覆前的钢基材制备　表面清洁度评定试验　第11部分：用浊度滴定法测定水溶性硫酸盐的现场方法

续表

序号	标准编号	标准名称
4799	ES 5606 – 12 – 2006	涂料和相关产品涂覆前的钢基材制备　表面清洁度评定试验　第12部分：用滴定法测定水溶性亚铁离子的现场方法
4800	ES 5630 – 2007	金属和氧化物镀层　镀层厚度测量　显微镜法
4801	ES 5699 – 2006	金属和合金的腐蚀　基本术语和定义
4802	ES 5991 – 2007	滚动轴承　滚针轴承滚道滚针　外形尺寸和公差
4803	ES 7175 – 1 – 2010	金属和合金的腐蚀　应力腐蚀试验　第1部分：通用试验方法指南
4804	ES 7175 – 2 – 2010	金属和合金的腐蚀　应力腐蚀试验　第2部分：弯曲梁试件的制备和使用
4805	ES 2303 – 1992	包装　完整且已装满的运输用包装物　压缩
4806	ES 2304 – 2006	图形符号绘制原则　第2部分：箭头形式和规格
4807	ES 2305 – 2006	包装　完整且已装满的运输用包装物　采用正弦变频进行振动试验
4808	ES 2306 – 2006	包装　完整且已装满的运输用包装物　水平冲击试验、水平面或斜面试验、水平摆锤试验
4809	ES 2307 – 2007	包装　完整且已装满的运输用包装物　坠落垂直冲击试验
4810	ES 2308 – 1992	包装　完整且已装满的运输用包装物　采用耐压试验的堆叠试验
4811	ES 2309 – 2007	包装　完整且已装满的运输用包装物和装载单位　试验条件
4812	ES 2310 – 2006	包装　完整且已装满的运输用包装物　滚动试验
4813	ES 2311 – 2006	包装　完整且已装满的运输用包装物　以静态负载进行堆叠试验
4814	ES 2312 – 2006	包装　完整且已装满的运输用包装物　低压试验
4815	ES 2313 – 2006	金属切削工具包装实施规程
4816	ES 2314 – 2006	直径150mm及以下的铸铁管和管件包装的实施规程
4817	ES 2315 – 2006	滚珠和滚子轴承包装的实施规程
4818	ES 2316 – 2006	出口钢和钢产品包装的实施规程
4819	ES 2317 – 2007	电子指示和记录仪器的包装实施规程
4820	ES 2318 – 2007	包装中金属和金属部件防腐蚀性的实施规程
4821	ES 2318 – 1 – 1992	包装中金属部件防腐蚀性的实施规程
4822	ES 2319 – 2006	球墨铸铁管　聚乙烯套管
4823	ES 2329 – 2006	钢管包装实施规程
4824	ES 2330 – 2007	包装　拉伸钢带规格
4825	ES 2333 – 2006	最大毛重30t的货运集装箱的提升钩装置　基本要求
4826	ES 2335 – 1992	玻璃容器用包覆铝箔
4827	ES 2335 – 1 – 2007	奶制品容器用包覆铝箔和铝盖规范　第1部分：用于玻璃容器的铝盖箔
4828	ES 2539 – 2008	包装　弹性圆柱形金属管　尺寸和容限
4829	ES 2540 – 1993	药物包装用可卸铝管的试验方法
4830	ES 2540 – 1 – 2008	包装　弹性铝管　壁厚测定方法
4831	ES 2540 – 2 – 2008	包装　弹性管　封装气密性试验方法
4832	ES 2540 – 3 – 2008	包装　弹性铝管　内部漆膜厚度测量方法
4833	ES 3265 – 1 – 1997	低温容器　气体/材料相容性　第1部分：氧气相容性

续表

序号	标准编号	标准名称
4834	ES 5681 – 2006	包装代码金属容器金属桶
4835	ES 5798 – 2007	包装 完整且已装满的运输用包装物 以耐压试验机进行耐压和堆叠试验
4836	ES 5816 – 2007	包装 钢桶 第1部分：最低总容量为208L，210L和216.5L的可移除盖子（开盖）的桶
4837	ES 6141 – 2007	包装 钢桶 第3部分：插入法兰式封装系统
4838	ES 6326 – 2007	包装 危险品运输用包装 IBC测试方法
4839	ES 6435 – 2007	金属喷雾罐 铝罐 孔径为25.4mm的铝罐的尺寸
4840	ES 6436 – 2007	金属喷雾罐 马口铁罐 易拉罐和三片罐的尺寸
4841	ES 6437 – 2007	气溶胶容器 铝制容器 口径25.4mm的单层罐的尺寸
4842	ES 6438 – 2007	气溶胶容器 双层气溶胶容器
4843	ES 6439 – 2007	气溶胶容器 铝制容器 牢固连接基本尺寸公差
4844	ES 6582 – 2008	轻型金属容器 圆形顶开口罐 由标称加盖总容量定义的罐
4845	ES 6583 – 2008	轻型金属容器 圆形顶开口罐 由标称加盖总容量定义的罐
4846	ES 6605 – 2008	包装 弹性铝管 内部漆膜厚度测定方法
4847	ES 6606 – 2008	包装 弹性铝管 壁厚测定方法
4848	ES 6607 – 2008	包装 弹性铝管 壁厚测定方法
4849	ES 6902 – 1 – 2009	轻型金属容器 定义和尺寸及容量的测定 第1部分：顶开口罐
4850	ES 6902 – 2 – 2010	轻型金属容器 定义和尺寸及容量的测定 第2部分：通用容器
4851	ES 6903 – 2009	包装 危险品运输用包装 大型包装物试验方法
4852	ES 6992 – 1 – 2009	与心理工作负荷有关的人类工效学原则 通用术语和定义
4853	ES 6992 – 2 – 2011	与心理工作负荷有关的人类工效学原则 第2部分：设计原理
4854	ES 6999 – 1 – 2009	机械的安全性 人体测量 第1部分：机械上供全身钻入的孔隙开口尺寸测定原则
4855	ES 6999 – 2 – 2011	机械的安全性 人体测量 第2部分：人孔尺寸的测定原则
4856	ES 7462 – 2011	工作系统设计中的人类工效学原则
4857	ES 7584 – 2013	热环境的人类工效学 穿着个人防护设备的工人热应变评价指南
4858	ES 4650 – 1 – 2015	铁路安全标准 第1部分：乘用车厢的安全要求
4859	ES 4650 – 2 – 2015	铁路安全标准 第2部分：乘用车厢的应急准备计划
4860	ES 4650 – 3 – 2014	铁路安全标准 第3部分：道口信号机的安全要求
4861	ES 4650 – 4 – 2014	铁路安全标准 第4部分：铁道安全标准
4862	ES 4650 – 5 – 2015	铁路安全标准 第5部分：机车安全标准
4863	ES 4650 – 10 – 2015	铁路安全标准 第10部分：铁道货运车厢的安全标准
4864	ES 5814 – 2007	铁路噪声排放符合性法规
4865	ES 6020 – 2007	尾部标印装置 客车、通勤车和货运列车
4866	ES 6145 – 2007	乘用车行李厢内部开启机构
4867	ES 6147 – 2007	车辆的加速器控制系统
4868	ES 6149 – 2007	门锁和门固定元件
4869	ES 6402 – 2007	移动装置适用铁路安全装置标准
4870	ES 6704 – 2008	铁路安全标准 铁道运行规则
4871	ES 6749 – 2008	铁路运营规则

续表

序号	标准编号	标准名称
4872	ES 3233 – 1997	建筑设计与施工中的防火措施
4873	ES 4154 – 1 – 2008	工作场所消防　第1部分：定义
4874	ES 4154 – 2 – 2008	工作场所消防　第2部分：消防队
4875	ES 4154 – 3 – 2008	工作场所消防　第3部分：便携式灭火器的安装、使用和维护要求
4876	ES 4154 – 4 – 2008	工作场所消防　第4部分：支架管系统和软管
4877	ES 4154 – 5 – 2008	工作场所消防　第5部分：自动喷水灭火系统
4878	ES 4154 – 6 – 2015	工作场所消防　第1部分：定义
4879	ES 4154 – 7 – 2015	工作场所消防　第7部分：火灾探测系统
4880	ES 4154 – 8 – 2015	工作场所消防　第8部分：警报系统
4881	ES 4369 – 2008	建筑物内的紧急疏散设施
4882	ES 5098 – 1 – 2008	职业健康和安全标准（OSHA）　第1部分：卫生
4883	ES 5098 – 2 – 2008	职业健康和安全标准（OSHA）　第2部分：临时收容所
4884	ES 5098 – 4 – 2006	通用环境控制　第4部分：许可证　密闭空间需要
4885	ES 5452 – 1 – 2014	职业健康和安全标准（OSHA）　1910年第1分卷　个人防护设备：1910.132 通用要求
4886	ES 5452 – 2 – 2006	个人防护设备　第2部分：眼部、脸部、头部、脚部和手部防护
4887	ES 5452 – 3 – 2014	个人防护设备　第3部分：呼吸防护
4888	ES 5452 – 4 – 2014	个人防护设备　第4部分：合身性试验程序　用户密封检查和口罩清洁程序
4889	ES 5452 – 5 – 2008	职业健康和安全标准（OSHA）　机械和机械防护　第5部分：呼吸器医疗评估问卷
4890	ES 5452 – 6 – 2006	个人防护设备　第6部分：电子防护设备
4891	ES 6004 – 1 – 2007	电气系统的设计安全　第1部分：简介
4892	ES 6004 – 2 – 2007	电气系统的设计安全　第2部分：用电系统
4893	ES 6004 – 3 – 2007	职业健康和安全标准（OSHA）　电气系统设计安全标准　第3部分：通用要求
4894	ES 6004 – 4 – 2007	电气系统的设计安全　第4部分：布线设计与保护
4895	ES 6004 – 5 – 2007	电气系统的设计安全　通用接线方法、组件和设备　接线方法、组件和设备
4896	ES 6004 – 6 – 2007	职业健康和安全标准（OSHA）　电气系统设计安全标准　第6部分：特定用途的设备和装置
4897	ES 6004 – 7 – 2007	职业健康和安全标准（OSHA）　电气系统设计安全标准　第7部分：危险场所（分类）
4898	ES 6371 – 1 – 2007	职业健康和安全标准（OSHA）　行走面和工作面　第1部分：定义
4899	ES 6371 – 2 – 2007	职业健康和安全标准（OSHA）　行走面和工作面　第2部分：一般要求
4900	ES 6371 – 3 – 2007	职业健康和安全标准（OSHA）　走行工作面　第3部分：防护地板和墙壁的开口和孔隙
4901	ES 6371 – 4 – 2007	职业健康和安全标准（OSHA）　行走面和工作面　第4部分：固定工业楼梯

续表

序号	标准编号	标准名称
4902	ES 6371 – 5 – 2007	职业健康和安全标准（OSHA） 行走面和工作面 第 5 部分：便携木梯
4903	ES 6371 – 6 – 2007	职业健康和安全标准（OSHA） 行走面和工作面 第 6 部分：便携铁梯
4904	ES 6371 – 9 – 2007	职业健康和安全标准（OSHA） 行走面和工作面 第 9 部分：手推进式移动爬梯和脚手架
4905	ES 6371 – 10 – 2007	职业健康和安全标准（OSHA） 行走面和工作面 第 10 部分：其他工作面
4906	ES 6525 – 1 – 2008	职业健康和安全标准（OSHA） 机械和机械防护 第 1 部分：定义
4907	ES 6525 – 2 – 2008	职业健康和安全标准（OSHA） 机械和机械防护 第 2 部分：所有机械的通用要求
4908	ES 6525 – 3 – 2008	职业健康和安全标准（OSHA） 机械和机械防护 第 3 部分：木材加工机械的要求
4909	ES 6525 – 5 – 2008	职业健康和安全标准（OSHA） 机械和机械防护 第 5 部分：橡胶和塑料行业中的研磨机和轧光机
4910	ES 6525 – 7 – 2008	职业健康和安全标准（OSHA） 机械和机械防护 第 7 部分：锻造机
4911	ES 6525 – 8 – 2008	职业健康和安全标准（OSHA） 机械和机械防护 第 8 部分：机械动力转化装置
4912	ES 6526 – 2 – 2008	职业健康和安全标准（OSHA） 手持式和手提式工具和其他手持设备 第 2 部分：手持式和手提式电动工具和设备 总则
4913	ES 6526 – 4 – 2008	职业健康和安全标准（OSHA） 手持和便携工具和其他手持设备 第 4 部分：其他便携工具和设备
4914	ES 6750 – 1 – 2008	职业健康和安全标准（OSHA） 电气 第 1 部分：范围
4915	ES 6750 – 2 – 2008	职业健康和安全标准（OSHA） 电气 第 2 部分：培训
4916	ES 6750 – 3 – 2008	职业健康和安全标准（OSHA） 电气 第 3 部分：工作实践选择和运用
4917	ES 6750 – 4 – 2008	职业健康和安全标准（OSHA） 电气 第 4 部分：设备使用
4918	ES 6750 – 5 – 2008	职业健康和安全标准（OSHA） 电气 第 5 部分：人员防护措施
4919	ES 6826 – 2008	美国职业安全健康管理标准 联邦法规 OSHA1990
4920	ES 7179 – 2011	职业健康和安全标准（OSHA） 焊接、切割和钎焊 电弧焊和切割
4921	ES 7180 – 2011	职业健康和安全标准（OSHA） 焊接、切割和钎焊 电阻焊
4922	ES 2621 – 2014	船舶电气设备 第 101 部分：定义和通用要求
4923	ES 5999 – 1 – 2007	内燃机的电子点火系统 第 1 部分：点火系统名称和术语
4924	ES 5999 – 2 – 2007	内燃机的电子点火系统 第 2 部分：点火开关
4925	ES 5999 – 3 – 2007	内燃机的电子点火系统 第 3 部分：点火系统测量程序
4926	ES 6136 – 2007	摩托车点火线圈
4927	ES 6173 – 1 – 2007	道路车辆 点火线圈和点火分电器用高压接头 第 1 部分：插座类型

续表

序号	标准编号	标准名称
4928	ES 6173 – 2 – 2007	道路车辆　点火线圈和点火分电器用高压接头　第 2 部分：插头类型
4929	ES 6987 – 2009	道路车辆　使用旋转高压分电器的干式点火线圈
4930	ES 7137 – 2010	根据发动机燃料要求的污染物排放
4931	ES 7347 – 2011	道路车辆　非屏蔽高压点火电缆组件　试验方法和通用要求
4932	ES 426 – 7 – 2007	技术图纸　表示的通用原则　第 7 部分：造船图纸上的线条
4933	ES 5246 – 2006	船舶与海洋技术　通用术语词汇
4934	ES 5255 – 2006	船用人孔
4935	ES 5256 – 2006	船用小型入孔
4936	ES 5439 – 2006	造船　船体型线　船体几何要素的数字表示法
4937	ES 5440 – 1 – 2006	造船与海上结构　耐火结构的窗和舷窗　规格　第 1 部分：B 级划分
4938	ES 5602 – 2006	造船　钢管件用带有法兰的焊接舱壁贯通件　PN6，PN10 和 PN16
4939	ES 5603 – 2006	用于测定空船排水量和船舶重心的稳定性试验（轻量调查和倾斜试验）的实施指南
4940	ES 5627 – 2014	船舶与海洋技术　起居舱室的空调和通风　计算设计
4941	ES 5628 – 2014	船舶与海洋技术　船舶机械控制室的空调和通风　设计条件和计算基础
4942	ES 5679 – 2006	造船　船舶的基本尺寸　计算机应用的术语和定义
4943	ES 5693 – 2006	船舶救生和消防设备用符号
4944	ES 5696 – 2006	制定船上防火控制计划的标准实施规程
4945	ES 5697 – 2006	船用水密推拉门指示器
4946	ES 5719 – 2014	船舶驾驶室的空气调节与通风　设计条件和计算基准
4947	ES 5720 – 2014	船舶干粮库的空气调节与通风　设计条件和计算基准
4948	ES 5800 – 2007	造船与海上结构　旋转视窗
4949	ES 5817 – 2007	闭式导缆口
4950	ES 5818 – 2007	船用缆孔盖
4951	ES 5819 – 2007	铸铁制甲板端滚子
4952	ES 5820 – 2007	舷边钢板滑轮
4953	ES 5852 – 2007	船舶与海洋技术　引航员用绳梯
4954	ES 5853 – 2007	造船　救生梯
4955	ES 5854 – 2014	造船　登船梯
4956	ES 6003 – 2007	船舶与海洋技术　通过分析测速试航数据以确定速度和功率性能的评估指南
4957	ES 6018 – 2007	灯箱
4958	ES 6019 – 2007	铸铁杆式锚链塞子
4959	ES 6038 – 2014	船舶与海洋技术　充气式救助艇　充气腔用胶布
4960	ES 6039 – 2014	船舶与海洋技术　静水压力释放器
4961	ES 6040 – 2014	船舶与海洋技术　救生艇筏和救助艇用海锚
4962	ES 6041 – 2014	船舶与海洋技术　充气救生装置用充气系统　救生设备
4963	ES 6042 – 2007	船舶与海洋技术　防火、救生设备和逃生设施的船上计划
4964	ES 6043 – 2014	船舶与海洋技术　救生设备示位灯　生产设备的试验、检查和标记

续表

序号	标准编号	标准名称
4965	ES 6138 – 2007	船舶与海洋技术　海洋环境保护　不同围油栏接头之间的连接适配器
4966	ES 6152 – 2007	小型船舵承
4967	ES 6153 – 2007	导缆管
4968	ES 6154 – 2007	导索器
4969	ES 6327 – 2007	开口导索器
4970	ES 6388 – 2007	造船与海上结构　充气式救生艇　材料
4971	ES 6389 – 2007	船舶与海洋技术　防火、救生设备和逃生设施的船上计划
4972	ES 6390 – 2007	船舶与海洋技术　救生艇筏和救助艇用海锚
4973	ES 6404 – 2007	船舶排水管光栅
4974	ES 6405 – 2007	传动轴用甲板和隔板件
4975	ES 6406 – 2007	船用放油塞
4976	ES 6407 – 2007	钢制船体结构公差（公制）的标准指南
4977	ES 6408 – 2007	选择船舶建造结构细节的标准指南
4978	ES 6418 – 13 – 2007	水管锅炉和辅助设备　第13部分：烟气清洁系统的要求
4979	ES 6419 – 2014	海工结构　移动式近海装置　锚用绞车
4980	ES 6420 – 2007	船舶与海洋技术　船桥布置和相关设备　要求　指南
4981	ES 6421 – 2007	船舶与海洋技术　船桥布置和相关设备　船桥集中和综合功能指南
4982	ES 6422 – 2014	造船　海上结构　安全疏散路线标记
4983	ES 6426 – 2007	造船　台式机械　通用要求
4984	ES 6482 – 2014	船舶与海洋技术　信号救生设备　生产设备的试验、检查和标记
4985	ES 6484 – 2014	造船　远洋船的铝制靠岸跳板
4986	ES 6485 – 2014	造船与海上结构　甲板机械　舷梯绞车
4987	ES 6532 – 2008	船舶与海洋技术　船上厨房油炸锅炊具防护用消防系统　燃烧试验
4988	ES 6533 – 2008	船舶与海洋技术　充气式救助艇　充气腔用胶布
4989	ES 6593 – 2008	造船与海上结构　安全疏散路线标记
4990	ES 6744 – 2008	船舶与海洋技术　静水压力释放器
4991	ES 6745 – 2008	船舶与海洋技术　海洋环境保护　有关溢油处理
4992	ES 6817 – 2008	船舶与海洋技术　客轮低位照明　布置
4993	ES 6818 – 2008	船舶与海洋技术　散货船　船体结构的建造质量
4994	ES 6829 – 2014	拆船管理系统　安全和环境无害拆船设施的拆船厂管理体系技术要求
4995	ES 6830 – 2014	造船　船舶一般安排计划细则说明
4996	ES 6989 – 2009	造船与海上结构　船内设备和结构组件的编号
4997	ES 6993 – 2009	造船　普通矩形窗　定位
4998	ES 6994 – 2009	船桥布置和相关设备　要求和指南
4999	ES 7003 – 2009	船舶与海洋技术　救生艇筏和救助艇用救生设备
5000	ES 7004 – 2009	造船　指示灯的颜色
5001	ES 7636 – 2013	内河航行船舶　走道和工作场所的安全要求
5002	ES 7637 – 2013	内河航行船舶　油性混合物排放接头
5003	ES 7638 – 2013	内河航行船舶　污水排放接头

续表

序号	标准编号	标准名称
5004	ES 6475 – 2008	建筑环境设计 室内环境 通用原则
5005	ES 6612 – 2 – 2009	建筑自动化和控制系统（BACS） 第2部分：五金件
5006	ES 6612 – 3 – 2014	建筑自动化和控制系统（BACS） 第3部分：功能
5007	ES 6612 – 5 – 2014	建筑自动化和控制系统（BACS） 第5部分：数据通信协议
5008	ES 6612 – 6 – 2008	建筑自动化和控制系统（BACS） 第6部分：数据通信一致性测试
5009	ES 6613 – 2 – 2008	窗、门和百叶窗的热性能 热传递系数的计算 第2部分：框架数值法
5010	ES 7583 – 2013	建筑环境设计 能源效率 术语
5011	ES 6531 – 2008	职业和健康项目管理
5012	ES 6757 – 2008	安全规程和个人安全装置
5013	ES 7169 – 2010	建筑性能标准 性能评估标准的内容和格式
5014	ES 7170 – 2010	建筑性能标准 面积和空间指示器的定义和计算
5015	ES 7346 – 2011	建筑性能标准 准备工作原则和需要考虑的因素
5016	ES 7535 – 2012	建筑性能标准 内容和演示
5017	ES 6906 – 2009	纳米技术 纳米术语和定义 对象 纳米粒子、纳米纤维和纳米板
5018	ES 7223 – 1 – 2010	纳米技术 职业环境中与纳米技术相关的健康和安全操作规范 第1部分：描述和制造方法
5019	ES 6414 – 2007	合格评定 组织的质量管理体系在产品认证中的使用指南
5020	ES 6415 – 2007	合格评定 词汇和通用原则
5021	ES 6416 – 2007	种类检查机构运作的通用标准
5022	ES 6417 – 1 – 2007	合格评定 供应商符合性证明 第1部分：通用要求
5023	ES 6417 – 2 – 2007	合格评定 供应商符合性证明 第2部分：配套文献
5024	ES 6608 – 2008	合格评定 产品认证基础
5025	ES 6609 – 2008	合格评定 合格性评估机构的认证机构的通用要求
5026	ES 6610 – 2008	合格评定 第三方产品认证制度应用指南
5027	ES 6611 – 2008	合格评定 管理体系审核和认证机构的要求
5028	ES 7212 – 2015	食品安全通用要求的通用食品安全规范
5029	ES 7213 – 2015	产品标记通用框架 粘贴 CE 标志的合格评定程序的管理
5030	ES 7214 – 2015	两个组成部分的测量仪器法规：测量仪器通用要求 粘贴测量仪器 CE 标识时应开展的合格性评估程序
5031	ES 7215 – 2015	关于产品销售的认证和市场监管要求 市场监管通用规程条例
5032	ES 7216 – 2015	缺陷产品责任 缺陷产品责任规则
5033	ES 959 – 1 – 2005	频率范围为 30MHz ~ 1kMHz 的电台与电视广播接收天线 第1部分：电气和机械特性
5034	ES 959 – 2 – 2006	频率范围为 30MHz ~ 1kMHz 的电台与电视广播接收天线 第2部分：电气性能参数的测量方法
5035	ES 959 – 3 – 2006	频率范围为 30MHz ~ 1kMHz 的电台与电视广播接收天线 第3部分：机械性能的测定方法
5036	ES 959 – 4 – 2006	频率范围为 30MHz ~ 1kMHz 的电台与电视广播接收天线 第4部分：天线性能规格制定指南

续表

序号	标准编号	标准名称
5037	ES 3524 – 1 – 2006	12kMHz 频带的卫星广播传输接收机的测量方法　第 1 部分：电气测量
5038	ES 3524 – 2 – 2006	11/12kMHz 频带的卫星广播传输接收天线的测量方法　第 2 部分：机械和环境试验
5039	ES 3722 – 1 – 2006	12kMHz 频带的卫星广播传输接收机的测量方法　第 1 部分：露天设备射频测量
5040	ES 3722 – 2 – 2006	肥料（NPK）（15/15/15）
5041	ES 3722 – 3 – 2006	12kMHz 频带的卫星广播传输接收机的测量方法　第 3 部分：包括户外装置和 DBS 调谐装置的接收机系统的综合性能电气测量
5042	ES 5070 – 2006	对人体暴露于电磁场（300MHz ~ 3kMHz）设置了基本限制的移动电话的合规性
5043	ES 5442 – 2006	人体接触频率范围为 3kHz ~ 300kMHz 的射频电磁场的安全水平
5044	ES 6128 – 2007	广播电视接收机与馈线系统插座的互连
5045	ES 6314 – 2007	人体暴露于手机电磁场（300MHz ~ 3kMHz）中的比吸收率的测量
5046	ES 6375 – 2007	数字微波无线电发射系统中所用设备的测量方法　地面无线电中继系统天线的测量
5047	ES 6376 – 2007	机械的安全性　评估和减少因机械辐射造成的危害　通用原则
5048	ES 6401 – 2007	卫星地面站所用无线电设备的测量方法　子系统综合测量方法 4kMHz ~ 6kMHz 频率范围内接收系统灵敏值（G/T）的测量
5049	ES 6684 – 2008	机械的安全性　评估和减少因机械辐射造成的危害　通过衰减或屏蔽降低辐射
5050	ES 6687 – 2008	机械的安全性　评估和减少因机械辐射造成的危害　辐射测量规程
5051	ES 6688 – 2008	射频电磁场暴露值测量　100kHz ~ 1kMHz 频率范围内的场强
5052	ES 6889 – 2009	机械的安全性　危害评估原则
5053	ES 6893 – 2009	数字微波无线电发射系统所用设备的测量方法　卫星地面站的测量
5054	ES 7539 – 2012	无线电发射设备的安全要求
5055	ES 7540 – 2012	数字微波无线电发射系统中所用设备的测量方法　卫星地面站的测量　卫星新闻报道（SNG）地面站
5056	ES 7631 – 2013	数字微波无线电发射系统中所用设备的测量方法　地面无线电中继系统交叉极化干扰消除器的测量
5057	ES 7632 – 2013	数字微波无线电发射系统中所用设备的测量方法　地面无线电中继系统的测量　保护开关
5058	ES 4208 – 1 – 2008	激光产品及其附件的安全要求　第 1 部分：设备分类和定义
5059	ES 4208 – 2 – 2005	激光产品的安全要求　第 2 部分：生产要求
5060	ES 4208 – 3 – 2005	激光产品的安全要求　第 3 部分：激光产品安全使用指南
5061	ES 4208 – 4 – 2005	激光产品的安全性　第 4 部分：激光防护屏
5062	ES 4208 – 5 – 2005	激光产品的安全性　第 5 部分：光纤通信系统的安全性
5063	ES 4785 – 1 – 2005	光纤电缆　第 1 部分：通则
5064	ES 4785 – 2 – 2006	光纤电缆　第 2 部分：光纤电缆安装指南
5065	ES 4785 – 3 – 2006	光纤电缆　第 3 部分：光纤电缆氢效应指南

续表

序号	标准编号	标准名称
5066	ES 5061 – 2006	光纤电缆测量方法与测试程序　通则和指南
5067	ES 5248 – 2006	光纤电缆　第1－20部分：测量方法与测试程序　光纤几何形状
5068	ES 5249 – 2006	光纤电缆测量方法与测试程序　衰减
5069	ES 5250 – 2006	光纤电缆测量方法与测试程序　涂层几何形状
5070	ES 5590 – 2014	光纤电缆测量方法与测试程序　抗拉强度
5071	ES 5591 – 2006	光纤电缆测量方法与测试程序　长度测量
5072	ES 5592 – 2006	光纤电缆测量方法与测试程序　干热
5073	ES 5593 – 2006	光纤电缆　测量方法与测试程序　湿热（稳态）
5074	ES 5594 – 2006	光纤电缆测量方法与测试程序　光纤验证试验
5075	ES 5621 – 2007	光纤电缆测量方法与测试程序　带宽
5076	ES 5622 – 2006	光纤电缆　测量方法与测试程序　色散
5077	ES 5623 – 2008	光纤电缆测量方法与测试程序　光缆与光纤的截止波长
5078	ES 5624 – 2009	光纤电缆　测量方法与测试程序　模场直径
5079	ES 5712 – 2006	光纤通信子系统基本试验程序　第1－3部分：一般通信子系统试验程序　中心波长和谱宽测量
5080	ES 5713 – 2006	光纤通信子系统基本试验程序　第1－1部分：一般通信子系统试验程序　单模光缆发射器光输出功率的测量
5081	ES 5714 – 2006	光纤通信子系统试验程序　第1－4部分：一般通信子系统　多模纤维发射机用二维近场数据的采集和整理
5082	ES 5715 – 2006	光纤通信子系统试验程序　第2－1部分：数字系统测试程序　接收机灵敏度和过载测量
5083	ES 5716 – 2006	光纤通信子系统试验程序　第2－4部分：数字系统测试程序　比特率公差测量
5084	ES 5796 – 1 – 2007	切削磨削基本量　第1部分：切削工具的活性部件的几何　通用术语、参考系统、工具和切削过程角、断屑器
5085	ES 5797 – 2007	光纤电缆　测量方法与测试程序　宏弯损耗
5086	ES 6031 – 2007	光纤通信子系统试验程序　第2－2部分：数字系统　光眼图、波形和消光比测量
5087	ES 6032 – 2007	光纤通信子系统基本试验程序　第2－5部分：数字系统的试验程序　不稳定信号传输功能测量
5088	ES 6033 – 2007	光纤通信子系统试验程序　第2－9部分：数字系统　密集波分复用系统的光信噪比测量
5089	ES 6125 – 2007	光纤电缆　测量方法与测试程序　温度变化
5090	ES 6126 – 2007	光纤电缆测量方法与测试程序　水浸
5091	ES 6127 – 2007	光纤电缆测量方法与测试程序　光传输变化检测
5092	ES 6689 – 2008	光纤电缆测量方法与测试程序　涂层可剥性
5093	ES 6894 – 2009	光纤产品规格　B类单模光纤分规格
5094	ES 6895 – 2009	光纤电缆测量方法与测试程序　光纤卷曲
5095	ES 6896 – 2009	光纤电缆测量方法与测试程序　数值孔径
5096	ES 6897 – 2009	光纤电缆测量方法与测试程序　色散
5097	ES 7015 – 1 – 48 – 2014	光纤电缆　第1－48部分：测量方法与测试程序　极化模色散
5098	ES 4657 – 2005	牙科设备　图形符号

续表

序号	标准编号	标准名称
5099	ES 4758 – 2005	牙科操作凳
5100	ES 4759 – 2005	牙科病人椅
5101	ES 4760 – 2005	牙科手术灯
5102	ES 4761 – 2005	牙科装置
5103	ES 4942 – 2005	牙科手机　连接尺寸
5104	ES 4944 – 2005	牙科设备　供应管线和废管线的连接
5105	ES 5698 – 2006	牙科设备　高级和中级　容积吸力
5106	ES 6142 – 2007	牙科设备　汞及合金混合器和调和器
5107	ES 6325 – 1 – 2007	牙科手机　第1部分：高速涡轮牙钻手机
5108	ES 6325 – 2 – 2007	牙科手机　第2部分：平角和啮合角手持式器械
5109	ES 6585 – 2008	牙科手机　软管连接件
5110	ES 6748 – 2008	齿科银汞调合器
5111	ES 6819 – 2008	牙科手机　牙钻气动机
5112	ES 6820 – 2008	牙科手机　牙科低压电动机
5113	ES 6907 – 2009	牙科手机　空气动力定标器和缩放提示
5114	ES 7225 – 2010	牙科用注射器
5115	ES 7400 – 2011	牙科用手持器械　可重复使用的牙科镜和手柄
5116	ES 7401 – 2011	牙科用旋转器具　公称直径和命名代码
5117	ES 7404 – 2012	牙科　牙科医疗器械　牙科植入物
5118	ES 7405 – 2012	牙科　牙科医疗器械　仪器
5119	ES 7406 – 2012	牙科　牙科医疗器械　设备
5120	ES 7464 – 2011	牙科植入物　牙科植入物制备指南
5121	ES 7465 – 2011	一次性使用无菌牙科注射针
5122	ES 7466 – 2011	外科和牙科手持器械　耐高压灭菌、耐腐蚀和耐热辐照性能的测定
5123	ES 7534 – 2012	牙科　韧带内注射用可重复使用的管式注射器
5124	ES 4940 – 2006	婴儿保育箱安全用特殊设备
5125	ES 4941 – 2005	运输保育箱安全用特殊设备
5126	ES 5613 – 1 – 2006	医用电器设备　第1部分：通用安全要求
5127	ES 5807 – 2007	婴儿光疗设备安全特殊要求
5128	ES 5824 – 2007	婴儿辐射保暖台安全特殊要求
5129	ES 6134 – 1 – 2007	医用抽吸设备　第1部分：电动抽吸设备　安全要求
5130	ES 6134 – 2 – 2008	医用抽吸设备　第2部分：手动抽吸设备
5131	ES 6134 – 3 – 2008	医用抽吸设备　第3部分：压力源或真空源驱动的抽吸设备
5132	ES 6486 – 2008	医疗器械　质量管理体系　法规要求
5133	ES 6576 – 2008	用于麻醉机和呼吸机的呼吸管
5134	ES 6788 – 1 – 2008	一次性使用无菌血管内导管　第1部分：通用要求
5135	ES 6788 – 2 – 2008	一次性使用无菌血管内导管　第2部分：血管造影用导管
5136	ES 6788 – 3 – 2008	一次性使用无菌血管内导管　第3部分：中心静脉导管
5137	ES 6788 – 4 – 2008	一次性使用无菌血管内导管　第4部分：球形扩张导管
5138	ES 6788 – 5 – 2008	一次性使用无菌血管内导管　第5部分：与针头相连的辅助导管
5139	ES 6831 – 1 – 2008	医用气体管道系统　第1部分：压缩医用气体和真空用管道系统

续表

序号	标准编号	标准名称
5140	ES 6892 – 2009	气管导管和插接器
5141	ES 7014 – 1 – 2009	肺呼吸器　第 1 部分：临危看护呼吸器的特殊要求
5142	ES 7014 – 3 – 2009	肺呼吸器　第 3 部分：急救和运输呼吸器的特殊要求
5143	ES 7167 – 2011	医用体温计　红外耳温计（最大型器材）
5144	ES 7390 – 2011	医疗器械及其附件的基本要求
5145	ES 7415 – 1 – 2011	呼吸治疗设备　第 1 部分：雾化系统及其元件
5146	ES 7415 – 2 – 2011	呼吸治疗设备　第 2 部分：配管和接头
5147	ES 7463 – 1 – 2011	医用笔式注射器　第 1 部分：笔式注射器　要求和试验方法
5148	ES 7463 – 2 – 2011	医用笔式注射器　第 2 部分：针头　要求和试验方法
5149	ES 7463 – 3 – 2011	医用笔式注射器　第 3 部分：芯筒成品　要求和试验方法
5150	ES 3052 – 1996	10kV ~ 400kV 的医用 X 射线设备的辐射防护
5151	ES 4943 – 2005	诊断 X 射线设备中的辐射防护的通用要求
5152	ES 6698 – 2008	诊断用 X – 射线成像设备　通用和大图形防散射滤栅的特性
5153	ES 6701 – 1 – 2008	医疗成像部门的评估和常规测试　第 1 部分：通用问题
5154	ES 6988 – 2009	医疗 X 射线部门的评估和常规测试　稳定性试验　计算机断层扫描用 X 射线设备的成像性能
5155	ES 7168 – 2010	医疗成像部门的评估和常规测试　稳定性试验　图像显示装置
5156	ES 1207 – 1 – 2005	专用交换机　第 1 部分：专用自动交换分机 P. A. B. X
5157	ES 1249 – 2 – 2005	专用交换机　第 2 部分：专用自动交换机 P. A. X
5158	ES 1282 – 3 – 1976	专用交换机　第 3 部分：专用手动交换分机 P. M. B. X
5159	ES 1336 – 4 – 1976	专用交换机　第 4 部分：专用手动交换机
5160	ES 1412 – 11 – 1978	电视性能测量　第 11 部分：非线性失真（已撤销）标准红 1527 – 01/82
5161	ES 3053 – 2 – 1997	调频声音广播发射接收机的射频测量　第 2 部分：一般保真度
5162	ES 3053 – 3 – 1998	调频声音广播发射接收机的射频测量　第 3 部分：选择性
5163	ES 3053 – 5 – 1998	调频声音广播发射接收机的射频测量　第 5 部分：干扰性
5164	ES 3053 – 6 – 1998	调频声音广播发射接收机的射频测量　第 6 部分：输入信号附加调制的抑制和其他问题
5165	ES 3216 – 1 – 2014	调幅声音广播发射无线电接收机的测量方法　第 1 部分：灵敏度测量
5166	ES 3216 – 3 – 2008	调幅声音广播发射无线电接收机的测量方法　第 3 部分：干扰和失真
5167	ES 4527 – 1 – 2005	电视和声音信号用电缆分配系统　第 1 部分：测量方法和系统性能
5168	ES 4529 – 1 – 2005	电视广播传输接收机的测量方法　第 1 部分：一般要求　音频和无线电频率的测量
5169	ES 4530 – 9 – 2005	各种发射类别的无线电接收机的测量方法　第 9 部分：无线电数据系统（RDS）接收特性的测量
5170	ES 4661 – 1 – 2014	电视广播传输接收机的测量方法　第 1 部分：一般要求　音频和无线电频率的测量
5171	ES 4945 – 2005	非话信号的线路传输　低比特率通信的视频编码

续表

序号	标准编号	标准名称
5172	ES 4947 – 2005	电话线中非话信号的线路传输 px 64kbits 视听业务的视频编解码器
5173	ES 4948 – 2005	公共电网中建立在异步传输模式（ATM）基础上的互联网协议（IP）传输
5174	ES 5094 – 2006	连接到终端设备（TE）模拟公共交换电话网络（PSTN）的附件要求
5175	ES 5095 – 2006	电话机 电气和声学要求
5176	ES 5170 – 2014	各种发射类别的无线电接收机的测量方法 通用通信接收机
5177	ES 5259 – 9 – 2014	数字微波无线电发射系统中所用设备的测量方法 第3部分：卫星地面站的测量 第9节：终端设备 SCPC – PSK
5178	ES 5259 – 10 – 2014	数字微波无线电发射系统中所用设备的测量方法 第3部分：卫星地面站的测量 第10节：终端设备 TDMA 通信地面站
5179	ES 5259 – 11 – 2014	数字微波无线电发射系统中所用设备的测量方法 第3部分：卫星地面站的测量 第11节：SCPC – PSK 传输业务信道设备
5180	ES 5259 – 13 – 2014	数字微波无线电发射系统中所用设备的测量方法 第3部分：卫星地面站的测量 第13节：VSAT 系统
5181	ES 5259 – 14 – 2014	数字微波无线电发射系统中所用设备的测量方法 第3部分：卫星地面站的测量 第14节：卫星新闻报道（SNG）地面站
5182	ES 5260 – 5 – 2014	可编程控制器 第5部分：通信
5183	ES 5263 – 2006	脉冲噪声对移动通信性能的干扰 降级评定方法和性能改善措施
5184	ES 5265 – 1 – 2006	脉冲技术和装置 第1部分：脉冲术语和定义
5185	ES 6316 – 2007	电信网络连接设备接口的电气安全分类
5186	ES 6387 – 2007	公共交换电话网（PSTN） 模拟手持电话试验规范
5187	ES 6434 – 2014	公共交换电话网络（PSTN）的附件 连接到 PSTN 模拟用户接口的设备的通用技术要求
5188	ES 6703 – 2008	公共交换电话网（PSTN） 手持电话要求
5189	ES 6797 – 2008	电话传送质量、电话安装、本地线路网 与电话机响度评定值的语音响度计算有关的测量
5190	ES 7391 – 2011	主动测量装置 人造耳
5191	ES 7392 – 2011	本地电话系统的灵敏度/频率特性的测定
5192	ES 4815 – 1 – 2005	外科植入物 金属材料 第1部分：锻制不锈钢
5193	ES 4815 – 2 – 2005	外科植入物 金属材料 第2部分：非合金钛
5194	ES 4815 – 3 – 2005	外科植入物 金属材料 第3部分：锻制钛6–铝4钒合金
5195	ES 4815 – 4 – 2005	外科植入物 金属材料 第4部分：钴铬钼铸造合金
5196	ES 4815 – 5 – 2005	外科植入物 金属材料 第5部分：锻制钴铬钨镍合金
5197	ES 4815 – 6 – 2005	外科植入物 金属材料 第6部分：锻制钴镍铬钼合金
5198	ES 4815 – 7 – 2005	外科植入物 金属材料 第7部分：可锻冷成型钴铬镍钼铁合金
5199	ES 4815 – 8 – 2005	外科植入物 金属材料 第8部分：锻制钴镍铬钼钨铁合金
5200	ES 4815 – 9 – 2005	外科植入物 金属材料 第9部分：锻制高氮不锈钢
5201	ES 4815 – 11 – 2005	外科植入物 金属材料 第11部分：锻制钛6–铝7–铌合金
5202	ES 4815 – 12 – 2005	外科植入物 金属材料 第12部分：锻制钴铬钼合金

续表

序号	标准编号	标准名称
5203	ES 4816 – 2005	外科器械　剪刀和大剪刀　通用要求和试验方法
5204	ES 4817 – 1 – 2005	外科器械　金属材料　第1部分：不锈钢　修改件1：1999 – ISO 7153 – 1：1991
5205	ES 4818 – 2005	外科器械　可更换刀片的手术刀　装配尺寸
5206	ES 4819 – 2005	外科器械　非切割铰接器械　通用要求和试验方法
5207	ES 4820 – 2005	外科器械用不锈钢规格
5208	ES 5052 – 2008	手术刀片和手术刀柄的配合尺寸
5209	ES 5053 – 2008	外科器械　剪刀和大剪刀　通用要求和试验方法
5210	ES 5054 – 2008	外科器械　非切割铰接器械　通用要求和试验方法
5211	ES 5055 – 1 – 2008	外科器械　金属材料　第1部分：不锈钢
5212	ES 6786 – 1 – 2008	外科植入物　骨骼针和线　第1部分：材料和机械要求
5213	ES 6786 – 2 – 2008	外科植入物　骨骼针和线　第2部分：施泰因曼骨骼引脚尺寸
5214	ES 6786 – 3 – 2008	外科植入物　骨骼针和线　第3部分：克氏针骨骼线
5215	ES 6972 – 2009	外科植入物　不对称螺纹的六角头球面颈金属骨螺钉　尺寸
5216	ES 6973 – 2009	外科植入物　金属接骨板　对应于具有不对称螺纹和球形下表面的螺钉的孔
5217	ES 7342 – 1 – 2011	牙科用旋转器具　柄　第1部分：金属柄
5218	ES 7342 – 2 – 2011	牙科用旋转器械　柄　第2部分：塑料柄
5219	ES 7402 – 1 – 2011	牙科用旋转器具　牙钻　第1部分：钢制牙钻和硬质合金牙钻
5220	ES 7402 – 2 – 2011	牙科用旋转器具　牙钻　第2部分：精加工牙钻
5221	ES 7407 – 2013	非活性外科植入物　关节替代用植入物　特殊要求
5222	ES 7408 – 2013	非活性外科植入物　关节替代用植入物　髋关节替代用植入物
5223	ES 7409 – 2013	非活性外科植入物　关节替代用植入物　膝关节替代用植入物
5224	ES 7410 – 2011	手动轮椅　要求和试验方法
5225	ES 7412 – 2011	医疗器械制造商提供的信息
5226	ES 7413 – 2011	残疾人用技术辅助用具　通用要求和试验方法
5227	ES 7414 – 2011	助行器　通用要求和试验方法
5228	ES 7416 – 2011	电动轮椅、小型摩托车及其充电器　要求和测试方法
5229	ES 7084 – 2014	门闩和门固定元件
5230	ES 7085 – 2014	发射非对称通过光束或驱动光束或同时发射两者的前照灯用白炽灯大灯
5231	ES 7086 – 2014	声音警告装置和信号
5232	ES 7087 – 2014	测速设备及其安装
5233	ES 7088 – 2014	动力驱动车辆和其挂车的白炽灯
5234	ES 7089 – 2014	机动车催化转换器的更换
5235	ES 7090 – 2014	机动车辆及其挂车用充气轮胎
5236	ES 7091 – 2014	商用车辆及其挂车用充气轮胎
5237	ES 7092 – 2014	机动车及其拖车的制动片组件和鼓式刹车片的更换
5238	ES 7639 – 2013	能源管理系统　使用指南要求
5239	ES 5093 – 2006	旅游服务设施、旅馆和其他类型的旅游住宿的术语
5240	ES 6143 – 1 – 2007	旅馆规格和评估规则　第1部分：旅馆通用规格和评估规则

续表

序号	标准编号	标准名称
5241	ES 6143 – 2 – 2007	旅馆规格和评估规则　第2部分：根据星级的旅馆规格和评估规则
5242	ES 6143 – 3 – 2007	旅馆规格和评估规则　第3部分：海滩度假地的规格和评估
5243	ES 6143 – 4 – 2007	旅馆规格和评估规则　第4部分：浮动旅馆的规格和评估规则
5244	ES 6151 – 1 – 2007	娱乐性潜水服务　娱乐性水肺潜水者培训的最低安全要求　第1部分：1级　监督潜水者
5245	ES 6151 – 2 – 2007	娱乐性潜水服务　娱乐性水肺潜水者培训的最低安全要求　第2部分：2级　独立潜水者
5246	ES 6151 – 3 – 2007	娱乐性潜水服务　娱乐性水肺潜水者培训的最低安全要求　第3部分：3级　带队潜水员
5247	ES 7002 – 2010	娱乐性潜水服务　娱乐性水肺潜水服务提供者的要求
5248	ES 7345 – 1 – 2011	娱乐性潜水服务　娱乐性水肺潜水教练培训的最低安全要求　第1部分：1级
5249	ES 7478 – 2011	旅游服务　提供专业导游培训和资格认证程序的要求
5250	ES 7479 – 2011	语言学习旅行提供者　要求
5251	ES 4869 – 2005	信息技术　安全技术　信息安全管理行为守则
5252	ES 5151 – 1 – 2007	信息技术　软件产品评价　第1部分：一般综述
5253	ES 5151 – 2 – 2006	软件工程　产品评估　第2部分：规划和管理
5254	ES 5151 – 3 – 2006	软件工程　产品评估　第3部分：开发者过程
5255	ES 5151 – 4 – 2006	软件工程　产品评估　第4部分：需要者过程
5256	ES 5151 – 5 – 2006	信息技术　软件产品评价　第5部分：评价者应用过程
5257	ES 5151 – 6 – 2014	软件工程　产品评估　第6部分：评估模块文件编制
5258	ES 5280 – 2006	信息技术　软件工程　CASE 工具的采用指南
5259	ES 5281 – 2006	系统工程　系统寿命周期过程
5260	ES 5282 – 1 – 2014	信息技术　CDIF 框架　第1部分：综述
5261	ES 5282 – 2 – 2014	信息技术　CDIF 框架　第2部分：模型的可扩展性
5262	ES 5283 – 1 – 2014	信息技术　CDIF 转换格式　第1部分：语法和编码的通用规则
5263	ES 5283 – 2 – 2014	信息技术　CDIF 转换格式　第2部分：语法 SYNTAX·1
5264	ES 5283 – 3 – 2014	信息技术　CDIF 转换格式　第3部分：编码 ENCODING·1
5265	ES 5284 – 1 – 2014	信息技术　CDIF 语义元模型　第1部分：基础
5266	ES 5284 – 2 – 2014	信息技术　CDIF 语义元模型　第2部分：总则
5267	ES 5284 – 3 – 2014	信息技术　CDIF 语义元模型　第3部分：数据定义
5268	ES 5284 – 4 – 2014	信息技术　CDIF 语义元模型　第4部分：数据模型
5269	ES 5284 – 6 – 2014	信息技术　CDIF 语义元模型　第6部分：状态/事件模型
5270	ES 5285 – 2006	信息技术　软件寿命周期过程　配置管理
5271	ES 5286 – 2006	信息技术　软件用户文献处理
5272	ES 5287 – 2006	软件工程　软件度量过程
5273	ES 5607 – 2006	信息处理　数据流程图、程序流程图、系统流程图、程序网络图、系统资源图的文件编制符号及约定
5274	ES 5608 – 2006	信息技术　软件文档管理指南

续表

序号	标准编号	标准名称
5275	ES 5609 – 2006	信息技术　程序设计语言及其环境和系统软件接口　语言独立的数据类型
5276	ES 5610 – 1 – 2006	信息技术　安全技术　IT 安全保证框架　第 1 部分：概述和框架
5277	ES 5610 – 2 – 2006	信息技术　安全技术　IT 安全保证框架　第 2 部分：保证方法
5278	ES 5611 – 2006	信息技术　安全技术　支持数字签名应用的 TTP 服务规范
5279	ES 5674 – 2006	信息技术　安全技术　信息安全管理体系要求
5280	ES 5708 – 2006	信息技术　安全技术　信息安全事件管理
5281	ES 5709 – 2006	系统和软件工程　应用软件使用者文件的设计和制作指南
5282	ES 5710 – 2006	软件工程　软件产品质量要求和评估（SQuaRE）　SQuaRE 指南
5283	ES 5711 – 2014	软件工程　ISO 9001：2000 计算机软件应用指南
5284	ES 6028 – 2007	信息技术　软件寿命周期过程
5285	ES 6029 – 2007	信息技术　软件维护
5286	ES 6030 – 2009	软件工程　软件产品质量要求和评估（SQuaRE）　商用成品（COTS）软件产品的质量要求和试验说明
5287	ES 6480 – 2008	有关软件采购的推荐性操作规范
5288	ES 6904 – 2009	软件工程　软件产品质量要求和评估（SQuaRE）　SQuaRE 指南
5289	ES 6990 – 1 – 2009	信息技术　服务管理　第 1 部分：规格
5290	ES 6996 – 2009	用于互联网的阿拉伯域名　语言表
5291	ES 7182 – 2010	用于互联网的阿拉伯域名　国家名称
5292	ES 7467 – 2011	软件工程　软件产品质量要求和评估（SQuaRE）　度量参考模型和指南
5293	ES 7587 – 2013	信息处理系统　用户软件包的用户文档和封面信息
5294	ES 6471 – 2008	识别卡　物理特性
5295	ES 6686 – 1 – 2008	识别卡　带触点的集成电路　第 1 部分：物理特性
5296	ES 6686 – 2 – 2008	识别卡　集成电路卡　第 2 部分：带触点的卡　触点尺寸和位置
5297	ES 6686 – 3 – 2009	识别卡　集成电路卡　第 3 部分：接触式卡　电子接口和传输协议
5298	ES 6686 – 4 – 2009	识别卡　集成电路卡　第 4 部分：组织、安全性和交换指令
5299	ES 6702 – 2008	识别卡　压花记录技术
5300	ES 6995 – 1 – 2009	声学　试验方法　第 1 部分：通用特性
5301	ES 7165 – 2010	识别卡　光学存储卡　通用特性
5302	ES 7222 – 1 – 2010	识别卡　光学存储卡　线性记录方法　第 1 部分：物理特性
5303	ES 7276 – 1 – 2011	识别卡　非接触式 IC 卡　感应卡　第 1 部分：物理特性
5304	ES 7277 – 1 – 2011	识别卡　无触点的集成电路卡　紧密耦合卡　第 1 部分：物理特性
5305	ES 7277 – 2 – 2011	识别卡　非接触式集成电路卡　第 2 部分：耦合区域的尺寸和位置
5306	ES 7221 – 2010	低压开关设备和控制设备　第 3 部分：开关、隔离器、隔离开关以及熔断器组合电器
5307	ES 7007 – 1 – 2009	焊接和相关工艺　金属材料中几何缺陷的分类　第 1 部分：熔焊
5308	ES 7016 – 1 – 2009	通过属性检验的取样规程　第 1 部分：以分批检验的合格质量级（AQL）为指标的取样方案

续表

序号	标准编号	标准名称
5309	ES 7016 – 2 – 2009	通过属性检验的取样规程　第 2 部分：以批量单独检验的极限质量（LQ）为指标的取样方案
5310	ES 7016 – 3 – 2009	通过属性检验的取样规程　第 3 部分：跳批取样规程
5311	ES 7016 – 4 – 2009	通过属性检验的取样规程　第 4 部分：声明质量水平的评估规程
5312	ES 7016 – 5 – 2009	通过属性检验的取样规程　第 5 部分：以分批检验的合格质量级（AQL）为指标的序贯取样计划体系
5313	ES 7016 – 10 – 2009	通过属性检验的取样规程　第 10 部分：通过属性检验用取样的 ISO 2859 标准系列介绍
5314	ES 287 – 2005	沙丁油鱼罐头
5315	ES 414 – 1 – 2005	虾罐头和螃蟹肉罐头　第 1 部分：虾罐头
5316	ES 414 – 2 – 2005	虾罐头和螃蟹肉罐头　第 2 部分：螃蟹肉罐头
5317	ES 516 – 2005	冷冻虾
5318	ES 546 – 2007	虾米
5319	ES 804 – 2005	金枪鱼和鲣鱼罐头
5320	ES 808 – 2005	包装凤尾鱼
5321	ES 889 – 1 – 2009	冻鱼　第 1 部分：全鱼
5322	ES 889 – 2 – 2009	冻鱼　第 2 部分：鱼部分
5323	ES 889 – 3 – 2009	冻鱼　第 3 部分：横切鱼片
5324	ES 1472 – 2005	鲑鱼罐头
5325	ES 1521 – 2005	鲭鱼罐头
5326	ES 1725 – 1 – 2005	腌制鱼类　第 1 部分：软骨
5327	ES 1725 – 2 – 2005	腌制鱼类　第 2 部分：腌制沙丁鱼
5328	ES 1725 – 3 – 2005	腌制鱼类　第 3 部分：盐度
5329	ES 2760 – 1 – 2006	水产品试验用物理化学方法　第 1 部分：冷冻鱼
5330	ES 2760 – 2 – 2006	水产品试验用物理化学方法　第 2 部分：鱼罐头
5331	ES 2760 – 3 – 2007	水产品试验用物理化学方法　第 3 部分：熏鱼
5332	ES 2760 – 4 – 2007	水产品试验用物理化学方法　第 4 部分：腌鱼
5333	ES 2760 – 5 – 2008	水产品试验用物理化学方法　第 5 部分：甲壳类和软体类
5334	ES 2760 – 6 – 2007	水产品试验用物理化学方法　第 6 部分：鱼子和鱼子酱
5335	ES 2800 – 2006	冷冻鱿鱼
5336	ES 3018 – 2007	罗伊和鱼子酱
5337	ES 3494 – 2005	冰鲜鱼
5338	ES 3495 – 2005	涂面包碎屑或拖挂面糊的速冻鱼制品
5339	ES 5021 – 2005	冷冻虾仁
5340	ES 5022 – 2005	速冻龙虾
5341	ES 5471 – 2014	鳕亚属咸鱼干
5342	ES 6188 – 2007	预包装食品的取样计划
5343	ES 6630 – 2008	干鱼翅
5344	ES 154 – 1976	乳和乳制品
5345	ES 154 – 1 – 2005	乳和乳制品　第 1 部分：生乳
5346	ES 154 – 2 – 2005	乳和乳制品　第 2 部分：天然液体奶油
5347	ES 154 – 3 – 2005	乳和乳制品　第 3 部分：天然乳脂粉

续表

序号	标准编号	标准名称
5348	ES 154 – 4 – 2005	乳和乳制品　第4部分：天然生奶油
5349	ES 154 – 5 – 2005	乳和乳制品　第5部分：天然奶牛黄油
5350	ES 154 – 6 – 2005	乳和乳制品　第6部分：本地天然水牛黄油
5351	ES 154 – 7 – 2005	乳和乳制品　第7部分：奶牛乳脂制品
5352	ES 154 – 8 – 2005	乳和乳制品　第8部分：本地天然水牛乳脂
5353	ES 155 – 1974	乳和乳制品试验用物理化学方法
5354	ES 155 – 1 – 2005	乳和乳制品试验用物理化学方法　第1部分：分析样品制备方法
5355	ES 155 – 2 – 2008	乳和乳制品试验用物理化学方法　第2部分：乳　脂肪含量测定　重量分析法
5356	ES 155 – 3 – 2008	乳和乳制品试验用物理化学方法　第3部分：炼乳和甜炼乳　脂肪含量测定　重量分析法
5357	ES 155 – 4 – 2008	乳和乳制品试验用物理化学方法　第4部分：奶油　脂肪含量测定　重量分析法
5358	ES 155 – 5 – 2008	乳和乳制品试验用物理化学方法　第5部分：干酪和加工干酪制品　脂肪含量测定　重量分析法
5359	ES 155 – 6 – 2006	乳和乳制品试验用物理化学方法　第6部分：奶粉和奶粉制品不可溶指数测定
5360	ES 155 – 7 – 2006	乳和乳制品试验用物理化学方法　第7部分：乳脂过氧化值测定
5361	ES 155 – 8 – 2008	乳和乳制品试验用物理化学方法　第8部分：乳清干酪　脂肪含量测定　重量分析法
5362	ES 155 – 9 – 2008	乳和乳制品试验用物理化学方法　第9部分：生奶食品添加剂检测
5363	ES 155 – 10 – 2008	乳和乳制品试验用物理化学方法　第10部分：以奶为基料的食用冰制品和冰配制食品　脂肪含量测定　重量分析法
5364	ES 155 – 11 – 2008	乳和乳制品试验用物理化学方法　第11部分：干奶和奶粉　脂肪含量测定　重量分析法
5365	ES 999 – 1 – 2005	加工奶酪和可涂布加工奶酪　第1部分：加工奶酪
5366	ES 999 – 2 – 2005	加工奶酪和可涂布加工奶酪　第2部分：可涂布加工奶酪
5367	ES 1000 – 2005	酸奶
5368	ES 1007 – 1 – 2005	硬奶酪　第1部分：硬奶酪的通用标准
5369	ES 1007 – 2 – 2005	硬奶酪　第2部分：切达奶酪
5370	ES 1007 – 3 – 2005	硬奶酪　第3部分：艾美达尔奶酪
5371	ES 1007 – 4 – 2005	硬奶酪　第4部分：罗米奶酪
5372	ES 1007 – 5 – 2005	硬奶酪　第5部分：拉斯奶酪
5373	ES 1007 – 6 – 2008	硬奶酪　第6部分：格鲁耶尔奶酪
5374	ES 1008 – 1 – 2005	软奶酪　第1部分：软奶酪通用标准
5375	ES 1008 – 2 – 2005	软奶酪　第2部分：奶油奶酪（高脂厚奶油）
5376	ES 1008 – 3 – 2005	软奶酪　第3部分：多米艾提奶酪
5377	ES 1008 – 4 – 2005	软奶酪　第4部分：奶酪
5378	ES 1008 – 5 – 2005	软奶酪　第5部分：冷藏奶酪
5379	ES 1008 – 6 – 2005	软奶酪　第6部分：农家奶油奶酪和夸克奶油奶酪
5380	ES 1008 – 7 – 2005	软奶酪　第7部分：农家奶酪、夸克奶酪和焙烤干酪

续表

序号	标准编号	标准名称
5381	ES 1008 – 8 – 2005	软奶酪　第8部分：林堡奶酪
5382	ES 1008 – 9 – 2005	软奶酪　第9部分：黄油卡司
5383	ES 1008 – 10 – 2005	软奶酪　第10部分：科罗米尔斯奶酪
5384	ES 1008 – 11 – 2005	软奶酪　第11部分：哈尔茨（美因茨）奶酪
5385	ES 1008 – 12 – 2005	软奶酪　第12部分：菲达奶酪
5386	ES 1008 – 13 – 2005	软奶酪　第13部分：罗马杜尔奶酪
5387	ES 1008 – 14 – 2005	软奶酪　第14部分：马苏里拉奶酪
5388	ES 1132 – 1 – 2005	含植物油和植物脂的加工奶酪　第1部分：含植物油和植物脂的加工奶酪
5389	ES 1132 – 2 – 2005	含植物油和植物脂的加工奶酪　第2部分：含植物油和植物脂的可涂布加工奶酪
5390	ES 1183 – 2005	半硬质干酪的通用标准
5391	ES 1183 – 1 – 2005	半硬质乳酪　第1部分：豪达奶酪
5392	ES 1183 – 2 – 2005	半硬质乳酪　第2部分：霉菌成熟蓝奶酪
5393	ES 1183 – 3 – 2005	半硬质乳酪　第3部分：伊丹乳酪
5394	ES 1185 – 1 – 2005	乳和刨冰（冰激凌）　第1部分：乳冰
5395	ES 1185 – 2 – 2005	乳和刨冰（冰激凌）　第2部分：刨冰
5396	ES 1185 – 3 – 2005	乳和刨冰（冰激凌）　第3部分：冰淇淋植物脂（2001年修订）
5397	ES 1267 – 2010	乳和乳制品　取样指南
5398	ES 1267 – 1 – 2005	分析用乳和乳制品的取样方法　第1部分：样本取样、存储和运输的特殊安排和所用装置
5399	ES 1267 – 3 – 2006	分析用乳和乳制品的取样方法　第3部分：乳和液体乳制品
5400	ES 1267 – 4 – 2006	分析用乳和乳制品的取样方法　第4部分：淡炼乳、甜炼乳、炼乳、浓缩乳和类似乳制品
5401	ES 1267 – 5 – 2006	分析用乳和乳制品的取样方法　第5部分：除黄油和奶酪之外的固体和半固体乳制品
5402	ES 1267 – 6 – 2006	分析用乳和乳制品的取样方法　第6部分：食用冰、半加工冰（半成品）和其他冷冻乳制品
5403	ES 1267 – 7 – 2006	分析用乳和乳制品的取样方法　第7部分：奶粉和奶粉制品
5404	ES 1414 – 2005	果汁用速冷乳冰粉和速冷刨冰的混合粉末
5405	ES 1599 – 2005	奶油粉与植物脂肪
5406	ES 1600 – 2005	淡奶液与植物脂肪
5407	ES 1616 – 2005	巴氏消毒奶
5408	ES 1623 – 2005	保鲜灭菌乳
5409	ES 1633 – 2005	超高温灭菌（UHT）发酵乳
5410	ES 1641 – 2005	（UHT）灭菌甜口味的牛奶
5411	ES 1648 – 2005	奶粉
5412	ES 1650 – 2005	加香酸乳酪
5413	ES 1768 – 2010	植物脂奶粉
5414	ES 1830 – 1 – 2005	炼乳　第1部分：未加糖炼乳和炼乳
5415	ES 1830 – 2 – 2005	炼乳　第2部分：甜型炼乳和炼乳
5416	ES 1867 – 2005	含有植物脂肪的软奶酪

续表

序号	标准编号	标准名称
5417	ES 2987 – 2007	乳制品脂肪分布
5418	ES 3157 – 2006	浓缩酸奶
5419	ES 3821 – 2002	脱脂乳、乳清和乳酪　脂肪含量的测定　重量分析法（参照法）
5420	ES 3822 – 2002	酸奶　可滴定酸度的测定　电位滴定法
5421	ES 3823 – 2002	奶粉和奶粉制品　不溶性指数的测定
5422	ES 3824 – 2002	乳脂　植物脂检测的植物甾醇乙酸酯试验
5423	ES 3825 – 2007	乳脂　植物脂测定的甾醇气液色谱法（R. M）
5424	ES 4135 – 1 – 2005	乳清粉产品　第1部分：乳清粉和酸性乳清粉
5425	ES 4135 – 2 – 2005	乳清粉产品　第2部分：浓缩乳糖乳清粉
5426	ES 4135 – 3 – 2005	乳清粉产品　第3部分：浓缩矿物乳清粉
5427	ES 4135 – 4 – 2005	乳清粉产品　第4部分：乳清蛋白浓缩粉
5428	ES 4342 – 2008	乳制品
5429	ES 4662 – 2008	调味巴氏杀菌奶
5430	ES 5869 – 2007	发酵后处理的发酵乳
5431	ES 6209 – 2010	乳清干酪
5432	ES 6221 – 2007	炼乳、酪乳和酪乳粉、乳清和乳清粉　磷酸酶活性的检测
5433	ES 6222 – 2 – 2007	乳和乳基食品　脂肪含量测定的韦布尔 – 伯恩特重力分析法（参考方法）　第2部分：食用冰制品和冰配制食品
5434	ES 6223 – 1 – 2007	乳和乳制品　硝酸盐和亚硝酸盐含量的测定　第1部分：镉还原法和光谱测定法
5435	ES 6224 – 2007	甜炼乳　蔗糖含量的测定　旋光法
5436	ES 6225 – 2010	乳　碱性磷酸酶的测定
5437	ES 6226 – 2007	奶粉　水分含量的测定（参考法）
5438	ES 6227 – 2010	乳　冰点的测定　热敏电阻冰点测定法（参考方法）
5439	ES 6228 – 2 – 2007	奶粉、干冰混合物和加工的奶酪　测定乳糖含量　第2部分：利用乳糖的半乳糖部分的酶法
5440	ES 6229 – 2010	奶粉　滴定酸度的测定（参考法）
5441	ES 6230 – 2007	奶粉　滴定酸度的测定（常规方法）
5442	ES 6231 – 2007	牛奶、奶油和淡奶　总固体含量的测定（参考方法）
5443	ES 6232 – 2007	甜炼乳　总固形物含量的测定（参照法）
5444	ES 6233 – 2007	奶粉　热级热数的评定（参考法）
5445	ES 6234 – 1 – 2007	乳　含氮量测定　第1部分：凯氏定氮法
5446	ES 6234 – 4 – 2007	乳　氮含量的测定　第4部分：非蛋白质氮含量的测定
5447	ES 6234 – 5 – 2007	乳　含氮量测定　第5部分：蛋白氮含量测定
5448	ES 6235 – 1 – 2010	乳　体细胞计数　第1部分：微观方法（参考方法）
5449	ES 6235 – 2 – 2010	乳　体细胞计数　第2部分：荧光电子计数器操作指南
5450	ES 6236 – 2007	黄油　盐含量的测定
5451	ES 6237 – 2010	黄油　脂肪折射率的测定（参考法）
5452	ES 6238 – 1 – 2007	黄油　水分、非脂肪固体和脂肪含量的测定　第1部分：水分含量的测定（标准方法）
5453	ES 6238 – 2 – 2007	黄油　水分、非脂肪固体和脂肪含量的测定　第2部分：非脂肪固体含量的测定（参考法）

续表

序号	标准编号	标准名称
5454	ES 6238 - 3 - 2007	黄油　水分、非脂肪固体和脂肪含量的测定　第3部分：脂肪含量的计算
5455	ES 6239 - 1 - 2007	黄油　水分、非脂肪固体和脂肪含量的测定（常规方法）　第1部分：水分含量的测定
5456	ES 6239 - 2 - 2007	黄油　水分、非脂肪固体和脂肪含量的测定（常规方法）　第2部分：非脂肪固体含量的测定
5457	ES 6239 - 3 - 2007	黄油　水分、非脂肪固体和脂肪含量的测定（常规方法）　第3部分：脂肪含量的计算
5458	ES 6240 - 2007	乳脂制品和黄油　脂肪酸的测定（参考方法）
5459	ES 6241 - 2007	乳清干酪　干物质的测定（参考法）
5460	ES 6242 - 2007	乳酪和加工乳酪　总固体含量的测定（参考法）
5461	ES 6243 - 2007	乳酪和乳酪外皮　游酶素含量的测定　分子吸收光谱法和高效液相色谱法
5462	ES 6243 - 1 - 2010	乳酪、乳酪外皮和加工乳酪　游酶素含量的测定　第1部分：乳酪外皮用分子吸收光谱测定法
5463	ES 6243 - 2 - 2010	乳酪、乳酪外皮和加工乳酪　游酶素含量的测定　第2部分：乳酪、乳酪外皮和加工乳酪用高效液相色谱法
5464	ES 6244 - 2 - 2007	乳和乳制品　碱性磷酸酶活性的测定　第2部分：奶酪的荧光测定法　乳和乳制品
5465	ES 6245 - 2010	加工奶酪和加工奶酪制品　所添加的柠檬酸乳化剂和酸化剂/酸碱度调节剂的含量计算（用柠檬酸表示）
5466	ES 6246 - 2007	冰激凌和牛奶冰　总固体含量的测定（参考法）
5467	ES 6247 - 2010	奶基可食用冰激凌和冰激凌混合物　脂肪含量的测定　重量分析方法（参照法）
5468	ES 7123 - 2010	牛奶和奶制品的基本要求
5469	ES 7125 - 1 - 2010	乳和乳制品　碱性磷酸酶活性的测定　第1部分：乳和乳基饮料的荧光分析法
5470	ES 7130 - 2010	乳　脂肪含量的测定
5471	ES 7131 - 2010	乳液中的固形物（总量）
5472	ES 7132 - 2010	牛奶滴定法的酸度
5473	ES 7133 - 2010	牛奶防腐剂
5474	ES 7134 - 2010	乳和乳制品的CRL欧洲筛选方法（2006年5月第3版）　乳和乳制品中金黄色葡萄球菌肠毒素的检测
5475	ES 49 - 1 - 2005	食用植物油　第1部分：芝麻籽油
5476	ES 49 - 2 - 2005	食用植物油　第2部分：橄榄油和橄榄果渣油
5477	ES 49 - 3 - 2005	食用植物油　第3部分：玉米油
5478	ES 49 - 4 - 2005	食用植物油　第4部分：食用亚麻籽油
5479	ES 49 - 5 - 2005	食用植物油　第5部分：花生油
5480	ES 49 - 6 - 2005	食用植物油　第6部分：豆油
5481	ES 49 - 7 - 2005	食用植物油　第7部分：葵花籽油
5482	ES 49 - 8 - 2005	食用植物油　第8部分：棉籽油
5483	ES 50 - 1982	人造黄油

续表

序号	标准编号	标准名称
5484	ES 50 – 1 – 2005	氢化植物油和人造黄油 第 1 部分：植物性脂肪制品
5485	ES 50 – 2 – 2005	氢化植物油和人造黄油 第 2 部分：氢化植物油
5486	ES 50 – 3 – 2005	氢化植物油和人造黄油 第 3 部分：餐用人造黄油
5487	ES 51 – 1985	可食用氢化油和人造黄油的标准试验方法
5488	ES 51 – 1 – 2008	可食用氢化油和人造黄油的标准试验方法 第 1 部分：冷态试验
5489	ES 51 – 2 – 2005	可食用氢化油和人造黄油的标准试验方法 第 2 部分：过氧化值的测定
5490	ES 51 – 3 – 2005	可食用氢化油和人造黄油的标准试验方法 第 3 部分：酸值和酸度的测定
5491	ES 51 – 4 – 2005	可食用氢化油和人造黄油的标准试验方法 第 4 部分：碘值的测定
5492	ES 51 – 5 – 2005	可食用氢化油和人造黄油的标准试验方法 第 5 部分：皂化值的测定
5493	ES 51 – 6 – 2005	可食用氢化油和人造黄油的标准试验方法 第 6 部分：动植物油脂 不可皂化物质的测定 己烷萃取法
5494	ES 51 – 7 – 2006	可食用氢化油和人造黄油的标准试验方法 第 7 部分：滴定度的测定
5495	ES 51 – 8 – 2006	可食用氢化油和人造黄油的标准试验方法 第 8 部分：铜、铁和镍含量的测定 石墨炉原子吸收法
5496	ES 51 – 9 – 2006	可食用氢化油和人造黄油的标准试验方法 第 9 部分：不溶性杂质含量的测定
5497	ES 51 – 10 – 2006	可食用氢化油和人造黄油的标准试验方法 第 10 部分：折射率的测定
5498	ES 51 – 11 – 2007	可食用氢化油和人造黄油的标准试验方法 第 11 部分：植物油和动物脂肪的测定
5499	ES 51 – 12 – 2006	可食用氢化油和人造黄油的标准试验方法 第 12 部分：茴香胺值的测定
5500	ES 51 – 13 – 1 – 2007	可食用氢化油和人造黄油的标准试验方法 第 13 – 1 部分：动植物油脂 脂肪酸甲酯的制备
5501	ES 51 – 13 – 2 – 2007	可食用氢化油和人造黄油的标准试验方法 第 13 – 2 部分：动植物油脂 采用气相色谱法分析脂肪酸甲酯
5502	ES 51 – 14 – 2006	可食用氢化油和人造黄油的标准试验方法 第 14 部分：检测初级酸败的 Kries 试验
5503	ES 51 – 15 – 2006	可食用氢化油和人造黄油的标准试验方法 第 15 部分：检测棉花籽油的 Halphen 试验
5504	ES 51 – 16 – 2007	可食用氢化油和人造黄油的标准试验方法 第 16 部分：动植物油脂中矿物油的检测
5505	ES 51 – 17 – 2007	可食用氢化油和人造黄油的标准试验方法 第 17 部分：检测动植物油脂中的残留工业乙烷含量
5506	ES 51 – 18 – 2007	可食用氢化油和人造黄油的标准试验方法 第 18 部分：动植物油脂中芝麻油的检测

续表

序号	标准编号	标准名称
5507	ES 51 – 19 – 2007	可食用氢化油和人造黄油的标准试验方法　第 19 部分：动植物油脂密度的测定
5508	ES 51 – 20 – 2007	可食用氢化油和人造黄油的标准试验方法　第 20 部分：动植物油脂中溶解肥皂的测定
5509	ES 51 – 21 – 2007	可食用氢化油和人造黄油的标准试验方法　第 21 部分：橄榄油中茶籽油的检测
5510	ES 51 – 22 – 2007	可食用氢化油和人造黄油的标准试验方法　第 22 部分：花生油的检测（伯利埃试验）
5511	ES 51 – 23 – 2007	可食用氢化油和人造黄油的标准试验方法　第 23 部分：动植物油脂中亚麻籽油的检测（六溴化合物试验）
5512	ES 51 – 24 – 2007	可食用氢化油和人造黄油的标准试验方法　第 24 部分：猪脂肪（猪油）　食用牛脂和氢化植物油的鉴定
5513	ES 51 – 25 – 2008	可食用氢化油和人造黄油的标准试验方法　第 25 部分：抗氧化剂的检测和鉴定　薄层色谱法
5514	ES 51 – 26 – 2008	可食用氢化油和人造黄油的标准试验方法　第 26 部分：叔丁基对羟基茴香醚（Bha）和二叔丁基羟基甲苯（Bht）的测定　气液相色谱法
5515	ES 1184 – 2007	工业用米糠粗制油
5516	ES 1250 – 2008	动植物油脂　取样
5517	ES 1312 – 2007	工业用米胚芽油
5518	ES 1471 – 2005	食品工业用食用油脂
5519	ES 1520 – 2005	食用棕榈油
5520	ES 1615 – 2005	食用椰子油
5521	ES 1632 – 2005	食用棕榈仁油
5522	ES 1672 – 2007	棉籽油　第二级（1997 年修改件）
5523	ES 1685 – 2005	精炼低芥酸油菜籽油食用油
5524	ES 1706 – 2005	棕榈油
5525	ES 1837 – 2005	半精炼棉花籽油
5526	ES 2098 – 2006	食用葡萄籽油（1997 年修改件）
5527	ES 2099 – 2005	食用红花籽油
5528	ES 2100 – 2005	食用芥子油（1997 年修改件）
5529	ES 2101 – 2006	食用油脂（1997 年修改件）
5530	ES 2142 – 2005	食用油炸油
5531	ES 2249 – 2005	食用棕榈油硬脂
5532	ES 2758 – 2005	色拉油
5533	ES 2759 – 1994	人造黄油千层饼
5534	ES 3386 – 2008	散装食用油脂存储和运输的通用原则
5535	ES 3599 – 2008	毛棕榈硬脂
5536	ES 3751 – 2008	粗棕榈仁油
5537	ES 3752 – 2008	原油
5538	ES 3753 – 2008	原油

续表

序号	标准编号	标准名称
5539	ES 3769 – 2015	动植物油脂 反式脂肪酸异构体含量的测定 气相色谱法
5540	ES 3770 – 2014	国际纯粹与应用化学联合会关于植物油的油脂分析标准方法 古柯二醇含量测定（IUPAC：2.431—1987）
5541	ES 3771 – 2002	油脂薄层芥酸和气相色谱法
5542	ES 3798 – 2008	原油
5543	ES 3799 – 2008	粗豆油
5544	ES 3800 – 2008	原油
5545	ES 3801 – 2008	玉米原油
5546	ES 3826 – 2015	动植物油脂 灰分测定
5547	ES 3827 – 2015	动植物油脂 水分含量的测定 卡尔·费休法
5548	ES 4038 – 2008	油和油脂 利用克利夫兰开口杯法测定烟点、闪点和燃点
5549	ES 4047 – 1 – 2003	估算具有多个碳原子的甘油三酸酯的实际含量和理论含量之间的差异（42）（2003 年）
5550	ES 4048 – 1 – 2003	毛细管柱气相色谱法测定含蜡量
5551	ES 4141 – 2008	调味液体植物油
5552	ES 4187 – 2003	动植物油脂 试样的制备
5553	ES 4720 – 2015	动植物油脂 苯并（a）芘的测定 反相高效液相色谱法
5554	ES 4721 – 2004	动植物油脂 罗维朋色泽的测定
5555	ES 4722 – 1 – 2004	动植物油脂 植物油中豆甾烷测定 第1部分：毛细管柱气相色谱法
5556	ES 4723 – 2004	动植物油脂 甾醇组成和甾醇总量的测定 气相色谱法
5557	ES 4724 – 2004	动植物油脂 生育酚和生育三烯酚类含量的测定 高效液相色谱法
5558	ES 4725 – 2004	动植物油脂 极性化合物含量的测定
5559	ES 4726 – 2004	动植物油脂 用 UV 消光系数表示的紫外线吸收率的测定
5560	ES 4727 – 2004	动植物油脂 2 – 甘油三酯分子中脂肪酸组成的测定
5561	ES 5107 – 2006	葵花籽油 高油酸
5562	ES 5108 – 2006	红花籽油 高油酸
5563	ES 5109 – 2006	食用棕榈超级油
5564	ES 6374 – 2007	脂肪扩散和混合扩散
5565	ES 6860 – 2008	植物油中鱼类和海洋动物油的检测
5566	ES 6861 – 2008	含乳脂脂肪中的丁酸 气相色谱法
5567	ES 6862 – 2008	动植物油脂 开口毛细管中熔点（滑点）的测定
5568	ES 6867 – 2008	动植物油脂中单甘酯的测定
5569	ES 6935 – 2009	食用油脂中的铅 石墨炉原子吸收光谱法
5570	ES 6937 – 2009	植物脂和植物油配乳脂
5571	ES 6938 – 2009	食用小麦胚芽油
5572	ES 6939 – 2009	食用南瓜籽油
5573	ES 6940 – 2009	食用黑芝麻油
5574	ES 7238 – 2010	动植物脂肪 盐含量的测定
5575	ES 7448 – 2011	动植物油脂 氧化稳定性的测定（加速氧化测试）
5576	ES 7449 – 2011	油脂中赖克特－梅斯、普可仁、克氏针值的测定

续表

序号	标准编号	标准名称
5577	ES 286 – 1 – 2005	通心粉　检查和试验方法　第1部分：通心粉
5578	ES 286 – 2 – 2006	通心粉　检查和试验方法　第2部分：检查和试验方法
5579	ES 357 – 2014	食用淀粉
5580	ES 1332 – 2005	Halawa 技术准则
5581	ES 413 – 2014	包装加工小扁豆
5582	ES 416 – 2 – 2008	饼干　试验和分析方法　第2部分：试验和分析方法
5583	ES 517 – 1964	咖啡和咖啡制品
5584	ES 1474 – 1987	咖啡和咖啡制品
5585	ES 1474 – 1 – 2014	咖啡和咖啡制品　第1部分：咖啡制品
5586	ES 1474 – 2 – 2014	咖啡和咖啡制品　第2部分：咖啡豆（生咖啡）
5587	ES 559 – 1 – 2005	茶叶及其分析和试验方法　第1部分：茶叶
5588	ES 559 – 2 – 2014	茶叶及其分析和试验方法　第2部分：茶叶分析和试验方法
5589	ES 806 – 2008	罐装鹰嘴豆
5590	ES 941 – 2006	塔希尼
5591	ES 942 – 2014	自发粉
5592	ES 961 – 1 – 2006	麦芽　第1部分：大麦麦芽
5593	ES 961 – 2 – 2014	麦芽　第2部分：麦芽工业用大麦
5594	ES 1251 – 1991	小麦粉和其不同的提取方法
5595	ES 1251 – 1 – 2005	采用不同提取方法和分析和试验方法的小麦粉　第1部分：不同提取方法的小麦粉
5596	ES 1251 – 2 – 2005	采用不同提取方法和分析和试验方法的小麦粉　第2部分：分析和试验方法　取样
5597	ES 1251 – 3 – 2005	采用不同提取方法和分析和试验方法的小麦粉　第3部分：水分含量的测定（标准方法）
5598	ES 1251 – 4 – 2005	采用不同提取方法和分析和试验方法的小麦粉　第4部分：分析和试验方法　水分含量常规参考方法测定
5599	ES 1251 – 5 – 2005	采用不同提取方法和分析和试验方法的小麦粉　第5部分：分析和试验方法　总灰分的测定
5600	ES 1311 – 2008	大米胚芽
5601	ES 1317 – 2006	蔬菜罐头和豆类罐头的试验和分析方法
5602	ES 1419 – 2006	面包类型
5603	ES 1447 – 2007	食品中的锑
5604	ES 1474 – 1980	速溶咖啡粉
5605	ES 1525 – 2014	爆米花制品
5606	ES 1601 – 2005	小麦籽粒
5607	ES 1601 – 1 – 2010	小麦　第1部分：小麦（软粒小麦）的通用原则
5608	ES 1649 – 2014	硬质小麦和硬质小麦面粉
5609	ES 1668 – 2014	箭竹熟粉
5610	ES 1682 – 1988	干蚕豆
5611	ES 1683 – 2014	玉米
5612	ES 1745 – 2007	包装烘干花生（2004年修改件）
5613	ES 1764 – 2006	芝麻籽

续表

序号	标准编号	标准名称
5614	ES 1866 – 1 – 2005	谷物、豆类和豆荚分析方法　第1部分：取样
5615	ES 1866 – 2 – 2006	谷物、豆类和豆荚分析方法　第2部分：玉米含水量测定（磨碎稻谷和整粒稻谷）
5616	ES 1866 – 3 – 2013	谷物、豆类和豆荚分析方法　第3部分：粗纤维含量测定
5617	ES 1866 – 4 – 2013	谷物、豆类和豆荚分析方法　第4部分：豆类杂质、尺寸、黏度、外部气味、昆虫和种类的测定
5618	ES 2140 – 1992	预包装加工型蒸粗麦粉
5619	ES 2140 – 1 – 2013	预包装加工型蒸粗麦粉　第1部分：粗麦粉硬粒小麦
5620	ES 2140 – 2 – 2013	预包装加工型蒸粗麦粉　第2部分：蒸粗麦粉
5621	ES 2244 – 2006	稻米（1997年修改件）
5622	ES 2245 – 2006	花生
5623	ES 2246 – 1992	咖啡和咖啡制品的试验和分析方法
5624	ES 2373 – 1993	扁豆
5625	ES 2378 – 2015	饼干和糕点工业用小麦粉
5626	ES 2471 – 2005	冰冻面团
5627	ES 2723 – 1994	玉米粉
5628	ES 2723 – 1 – 2005	玉米粉　第1部分：全玉米粉
5629	ES 2723 – 2 – 2005	玉米粉　第2部分：脱胚玉米粉和玉米糁
5630	ES 2724 – 2006	燕麦粒
5631	ES 2725 – 2005	大豆种子
5632	ES 2726 – 2007	葵花籽
5633	ES 2727 – 2007	亚麻籽
5634	ES 2728 – 2001	干豆类
5635	ES 2729 – 2006	特殊膳食用预包装食品的标签和说明
5636	ES 2852 – 2007	黑小麦谷粒
5637	ES 2853 – 2005	木薯粉
5638	ES 2909 – 2005	高粱谷粒
5639	ES 2967 – 2006	花生甜度
5640	ES 2968 – 2006	花生糊
5641	ES 3028 – 2006	小麦麸皮
5642	ES 3257 – 2005	玉米片
5643	ES 3258 – 2005	花生酱
5644	ES 3272 – 2005	甜玉米罐头
5645	ES 3418 – 2006	生产通心粉用白面粉
5646	ES 3640 – 2005	大豆蛋白制品
5647	ES 3742 – 1 – 2002	谷物和豆类储藏　第1部分：总则
5648	ES 3742 – 2 – 2002	谷物和豆类储藏　第2部分：基本要求
5649	ES 3742 – 3 – 2002	谷物和豆类储藏　第3部分：虫害的控制
5650	ES 3745 – 1 – 2002	食品　谷物和谷物制品中赭曲霉素A的测定　第1部分：重碳酸氢盐净化高性能液相色谱法
5651	ES 3745 – 2 – 2002	食品　谷物和谷物制品中赭曲霉素A的测定　第2部分：重碳酸氢盐净化高性能液相色谱法

续表

序号	标准编号	标准名称
5652	ES 3828 – 2007	油籽　取样
5653	ES 3829 – 2002	油籽　水分和挥发性物质含量的测定
5654	ES 3830 – 2007	油籽　油酸度的测定
5655	ES 3831 – 2008	淀粉　采用烘干法测定水分含量
5656	ES 3832 – 1 – 2010	谷物与豆类　隐蔽性昆虫感染的测定　第1部分：通用原则
5657	ES 3832 – 2 – 2009	谷物与豆类　隐蔽性昆虫感染的测定　第2部分：取样
5658	ES 3832 – 3 – 2008	谷物与豆类　隐蔽性昆虫感染的测定　第3部分：参考方法
5659	ES 3832 – 4 – 2010	谷物与豆类　隐蔽性昆虫感染的测定　第4部分：快速方法
5660	ES 3833 – 2008	固体速溶茶　规范
5661	ES 3834 – 2002	固体速溶茶　取样
5662	ES 3887 – 2002	茶叶和固体速溶茶　咖啡因含量的测定　高效液相色谱分析法
5663	ES 3888 – 2002	速溶咖啡　粒度分析
5664	ES 3953 – 2008	混合面粉加工面包
5665	ES 3958 – 2008	铁壳麦
5666	ES 3973 – 2009	茶叶　通过颗粒尺寸分析进行等级分类
5667	ES 3974 – 2008	袋装生咖啡豆　贮存和运输指南
5668	ES 3975 – 2007	油籽　杂质含量测定
5669	ES 3973 – 2003	淀粉和衍生产品　采用克耶达（Kjeldahl）法测定含氮量　滴定法
5670	ES 3974 – 2003	生咖啡　粒度分析　手工筛分
5671	ES 3985 – 2005	农业食品　粗纤维含量的测定　改进的沙勒法
5672	ES 4036 – 2005	高粱面粉
5673	ES 4037 – 2005	蛋糕
5674	ES 4049 – 2014	农业食品　用凯氏法测定氮含量的通用指南
5675	ES 4050 – 2007	油籽　含油量测定（参考方法）
5676	ES 4051 – 2007	油籽　水分和挥发性物质含量的测定
5677	ES 4052 – 2003	油籽　水分和挥发性物质含量的测定
5678	ES 4052 – 1 – 2010	谷物　体积密度，又称每百升质量的测定　第1部分：参考方法
5679	ES 4052 – 2 – 2010	谷物　体积密度，又称每百升质量的测定　第2部分：利用国际标准仪器的仪表测量可追踪性方法
5680	ES 4052 – 3 – 2010	谷物　体积密度，又称每百升质量的测定　第3部分：常规方法
5681	ES 4053 – 2007	豆类　配糖氢氰酸的测定
5682	ES 4136 – 2005	植物蛋白产品（vpp）
5683	ES 4137 – 2005	珍珠稗粉
5684	ES 4138 – 2005	点心
5685	ES 4170 – 2008	烘焙食品的安全要求
5686	ES 4250 – 2010	红茶　词汇
5687	ES 4252 – 2003	小麦粉　仪器法测定湿面筋
5688	ES 4253 – 2008	谷类和研磨谷类制品　面粉黏度的测定　面糊黏度测量法
5689	ES 4254 – 1 – 2003	茶叶袋　规格　第1部分：托盘和集装箱茶叶运输用基准袋
5690	ES 4254 – 2 – 2003	茶叶袋　规格　第2部分：托盘和集装箱茶叶运输用袋的性能规格

续表

序号	标准编号	标准名称
5691	ES 4255 – 2003	谷物、豆类和其他食用谷物　命名
5692	ES 4256 – 2003	电影技术　词汇
5693	ES 4257 – 1 – 2009	小麦粉　生面团的物理特性　第1部分：使用粉质仪测定吸水量和流变学特性
5694	ES 4257 – 2 – 2008	小麦粉　面团的物理特性　第2部分：使用伸长曲线仪测定流变特性
5695	ES 4257 – 4 – 2004	小麦粉　生面团的物理特性　第4部分：使用面筋拉力测定仪测定流变特性
5696	ES 4258 – 2008	硬质小麦粉和粗粒面粉　黄色素含量的测定
5697	ES 4259 – 2008	稻米　烹调过程中籽粒凝胶化时间的评估
5698	ES 4260 – 2008	稻米　稻谷和糙米潜在出米率的测定
5699	ES 4461 – 2008	加工谷类早餐食品
5700	ES 4462 – 2008	苏丹西瓜籽
5701	ES 4463 – 2008	小麦胚芽
5702	ES 4464 – 2008	谷物和其制品　面粉
5703	ES 4593 – 2008	次小麦粉
5704	ES 4594 – 2008	小麦粉2级
5705	ES 4728 – 2010	小麦、黑麦和相应的作物粉硬粒小麦和硬粒小麦粗粉　按 Hagberg – Perten 法测定降落数值
5706	ES 4729 – 1 – 2007	谷物和豆类储藏　第1部分：谷物储藏的通用建议
5707	ES 4729 – 2 – 2007	谷物和豆类储藏　第2部分：实用性建议
5708	ES 4729 – 3 – 2007	谷物和豆类储藏　第3部分：虫害的控制
5709	ES 4732 – 2007	碾碎谷类食品　脂肪酸的测定
5710	ES 4733 – 2007	高粱　单宁含量的测定
5711	ES 4767 – 2011	方便面
5712	ES 4768 – 2005	谷物和谷物制品　采样
5713	ES 4883 – 2013	干豆类
5714	ES 5023 – 2005	淀粉　灰分的测定
5715	ES 5024 – 2007	淀粉和衍生产品　总磷含量的测定　分光光度法
5716	ES 5025 – 2007	天然或加工淀粉　总脂肪含量的测定
5717	ES 5026 – 2008	淀粉水解产品　还原力和葡萄糖当量的测定　莱恩和埃诺常量滴定法
5718	ES 5027 – 2007	淀粉和衍生产品　采用克耶达（Kjeldahl）法测定含氮量　分光光度法　能量
5719	ES 5028 – 2008	淀粉和衍生产品　二氧化硫含量的测定　酸量滴定法和浊度测定法
5720	ES 5029 – 2005	淀粉水解产品　含水量测定　改良卡尔费瑟方法
5721	ES 5030 – 2007	淀粉和衍生产品　硫酸灰分的测定
5722	ES 5031 – 2007	淀粉和衍生产品　氯含量的测定　电位滴定法
5723	ES 5032 – 2008	天然淀粉　淀粉含量测定　Ewers 旋光计法
5724	ES 5110 – 2006	改性淀粉（食品级）
5725	ES 5111 – 2006	爆米花

续表

序号	标准编号	标准名称
5726	ES 5112－2006	大麦粒
5727	ES 5113－2006	南瓜籽
5728	ES 5114－2006	谷物中的糖
5729	ES 5115－2006	小麦胚胎里的面粉糖
5730	ES 5197－2008	改性淀粉　乙酰基含量的测定　酶催化法
5731	ES 5198－2007	改性淀粉　氧化淀粉中羧基团含量的测定
5732	ES 5199－2008	改性淀粉　乙酰化二淀粉磷酸酯中己二酸含量的测定　淀粉己二酸酯　气相色谱法
5733	ES 5200－2006	改性淀粉　羧甲基淀粉中羧甲基基团含量的测定
5734	ES 5201－2008	改性淀粉　羟丙基含量的测定　质子核磁共振分光法
5735	ES 5202－2008	谷物与豆类　散存粮食温度测定指南
5736	ES 5456－2006	芝麻酱香料
5737	ES 5468－2006	小麦粉和金小麦粉　动物源性杂质的测定
5738	ES 5469－2006	小麦粉　湿面筋含量的测定
5739	ES 5470－2006	谷物和谷物制品　脂肪总含量的测定
5740	ES 5639－2006	袋装生咖啡豆　取样
5741	ES 5640－2006	生咖啡　在105℃时质量损失的测定
5742	ES 5641－2006	现磨咖啡　水分含量的测定　103℃时质量损失测定法（常规法）
5743	ES 5642－2006	速溶咖啡　带内衬层的散装单元包装的取样方法
5744	ES 5643－2006	速溶咖啡　70℃减压条件下质量损失的测定
5745	ES 5723－2006	咖啡　咖啡因含量的测定（参考方法）
5746	ES 5858－2007	咖啡　咖啡因含量的测定　高效液相色谱法
5747	ES 5859－2007	烘焙咖啡　宏观检查
5748	ES 6048－2007	油籽　将实验室样品还原成试样
5749	ES 6049－2007	速冻粟米粒
5750	ES 6210－2007	生咖啡　水含量的测定　参考方法
5751	ES 6211－2007	甜木薯
5752	ES 6212－2014	谷物与豆类　谷物千粒质量测定
5753	ES 6213－2007	玉米棒子
5754	ES 6342－2007	烘焙咖啡和速溶咖啡　总灰分、酸不溶性灰分、灰分碱度和冷与热水浸出物的测定
5755	ES 6343－2007	烘焙咖啡　脂肪含量的测定
5756	ES 6451－2007	谷物和谷物制品　采样
5757	ES 6504－2008	木薯粉
5758	ES 6505－2008	脱皮的整珍珠小米标准
5759	ES 6550－2008	小麦粉和黑麦粉　拟定面包试验方法的通用指南
5760	ES 6551－2008	生咖啡　虫坏豆比例的测定
5761	ES 6626－2008	玉米笋
5762	ES 6639－2008	大麦粉
5763	ES 6859－1－2009	小麦和小麦粉　面筋含量　第1部分：手工法测定湿面筋含量
5764	ES 6859－2－2008	小麦和小麦粉　面筋含量　第2部分：机械法测定湿面筋含量
5765	ES 6859－3－2009	小麦和面粉　面筋含量　第3部分：采用烘箱干燥法使湿面筋变成干面筋的测定

续表

序号	标准编号	标准名称
5766	ES 6859 – 4 – 2009	小麦和小麦粉　面筋含量　第4部分：采用快速干燥法使湿面筋变成干面筋的测定
5767	ES 7109 – 2012	谷物和谷物制品　采样
5768	ES 7110 – 2010	谷物和谷物制品　水分含量的测定　参考方法
5769	ES 7111 – 2010	谷物与豆类　氮含量测定和粗蛋白质含量计算　凯氏法
5770	ES 7112 – 2010	小麦中脱氧雪腐镰刀菌烯醇　薄层色谱法
5771	ES 7378 – 2011	谷物，豆类和副产品　焚烧方法测定灰分产率
5772	ES 7379 – 2011	豆类　水分含量测定　烘箱法
5773	ES 7444 – 2011	谷物和谷物制品　硬粒小麦（T. durum Desf.）　用仪器测量粗粒小麦粉颜色的通用指南
5774	ES 355 – 1 – 2005	蜂蜜和检验与试验方法　第1部分：蜂蜜
5775	ES 355 – 2 – 2005	蜂蜜和检验与试验方法　第2部分：蜂蜜分析方法
5776	ES 356 – 2006	甘蔗糖浆
5777	ES 358 – 1990	精制糖和白糖
5778	ES 358 – 1 – 2005	精制糖和白糖　检验和试验方法　第1部分：精制糖和白糖
5779	ES 358 – 2 – 2006	精制糖和白糖　检验和试验方法　第2部分：分析方法
5780	ES 359 – 1970	葡萄糖浆
5781	ES 2363 – 1993	粗糖
5782	ES 359 – 1 – 2005	葡萄糖浆检验与试验方法　第1部分：葡萄糖浆
5783	ES 359 – 2 – 2006	葡萄糖浆　第2部分：葡萄糖浆分析方法
5784	ES 464 – 1992	糖果
5785	ES 464 – 1 – 2005	糖果
5786	ES 464 – 2 – 2006	糖果及其分析方法　第2部分：原糖分析方法
5787	ES 465 – 1 – 2005	可可及其制品　第1部分：可可块
5788	ES 465 – 2 – 2014	可可及其制品　第2部分：可可脂
5789	ES 465 – 3 – 2005	可可及其制品　第3部分：巧克力
5790	ES 465 – 4 – 2007	可可及其制品　第4部分：代可可脂巧克力
5791	ES 465 – 5 – 2007	可可及其制品　第5部分：分析和试验方法
5792	ES 465 – 6 – 2005	可可及其制品　第6部分：可可粉
5793	ES 465 – 7 – 2007	可可及其制品　第7部分：白巧克力
5794	ES 799 – 2009	蛋糊粉
5795	ES 800 – 2005	果冻晶体
5796	ES 989 – 2002	糖蜜草
5797	ES 989 – 1 – 2006	糖蜜草和方法分析　第1部分：糖蜜草
5798	ES 989 – 2 – 2006	糖蜜草和方法分析　第2部分：分析方法
5799	ES 1415 – 2007	速冷布丁粉
5800	ES 1499 – 2007	代可可脂
5801	ES 1587 – 2005	果糖糖浆 42% 和 55%
5802	ES 1786 – 2015	胶基
5803	ES 1903 – 2005	糖粉
5804	ES 1904 – 2015	乳糖
5805	ES 2102 – 2006	无水葡萄糖
5806	ES 2103 – 2005	一水葡萄糖

续表

序号	标准编号	标准名称
5807	ES 2104－2005	葡萄糖、起司（冰葡萄糖）
5808	ES 2363－1993	粗糖
5809	ES 2828－2005	果糖
5810	ES 2914－2005	蜂产品　蜂王浆
5811	ES 3073－2006	糖浆
5812	ES 3074－2006	枣蜜或枣浆
5813	ES 3075－2005	干葡萄糖浆
5814	ES 3419－2006	焦糖奶油粉
5815	ES 3889－2002	葡萄糖浆　干物质含量的测定　折射率法
5816	ES 4769－2005	蜂产品　蜂蜡
5817	ES 4770－2005	蜂产品　蜂胶蜜蜂胶
5818	ES 4771－2005	蜂产品　花粉粒
5819	ES 5120－2006	粗糖
5820	ES 6500－2008	葡萄糖　干燥后质量损失的测定　真空烘箱法
5821	ES 6552－2008	圆形软糖
5822	ES 6725－2008	块糖
5823	ES 6941－2009	甘草糖果
5824	ES 6942－2009	杏仁甜品
5825	ES 129－2005	果脯产品
5826	ES 129－1－2005	果脯产品　第1部分：仅用物理方法储藏的果汁的通用标准
5827	ES 129－5－1999	果脯产品　第5部分：橘子果酱
5828	ES 130－1990	果脯产品的标准试验方法
5829	ES 131－2005	脱水洋葱
5830	ES 132－2005	番茄果脯
5831	ES 132－1－2015	番茄果脯　第1部分：番茄浓缩产品
5832	ES 132－2－2015	番茄果脯　第2部分：瓶装番茄
5833	ES 132－3－2005	番茄果脯　第3部分：番茄酱
5834	ES 132－4－2005	番茄果脯　第4部分：脱水番茄
5835	ES 132－5－2005	番茄果脯　第5部分：天然番茄汁
5836	ES 172－2005	脱水大蒜
5837	ES 173－2007	脱水马铃薯
5838	ES 285－2005	干葡萄
5839	ES 335－2008	烤豆罐头
5840	ES 360－1－2007	新鲜蔬菜罐头　第1部分：青豌豆罐头
5841	ES 360－2－2008	新鲜蔬菜罐头　第2部分：秋葵罐头
5842	ES 360－3－2008	新鲜蔬菜罐头　第3部分：朝鲜蓟罐头
5843	ES 360－4－2008	新鲜蔬菜罐头　第4部分：青豆罐头
5844	ES 360－5－2008	新鲜蔬菜罐头　第5部分：菠菜罐头
5845	ES 375－2005	盒装干枣
5846	ES 375－1－2013	包装的干枣　第1部分：包装的枣
5847	ES 415－1988	新鲜的黄瓜
5848	ES 415－1－2007	罐装熟豇豆干和罐装熟干豆类　第1部分：罐装熟干豇豆
5849	ES 415－2－2007	罐装熟豇豆干和罐装熟干豆类　第2部分：罐装熟干豆类

续表

序号	标准编号	标准名称
5850	ES 452 – 2010	腌渍水果和蔬菜
5851	ES 544 – 1964	梨罐头和苹果罐头
5852	ES 544 – 1 – 2005	梨罐头和苹果罐头 第1部分：梨罐头
5853	ES 544 – 2 – 2005	梨罐头和苹果罐头 第2部分：苹果罐头
5854	ES 545 – 2005	罐装日期
5855	ES 646 – 2007	干青豆
5856	ES 683 – 1994	果汁试验方法
5857	ES 685 – 2005	天然芒果汁
5858	ES 686 – 1 – 2005	仅采用物理方式保存的橙汁 第1部分：橙汁
5859	ES 686 – 2 – 2005	仅采用物理方式保存的橙汁 第2部分：浓缩与冷冻橙汁
5860	ES 687 – 1996	番石榴汁
5861	ES 687 – 1 – 2005	仅用物理方法储存的番石榴汁 第1部分：天然番石榴汁
5862	ES 719 – 2005	罐装熟干豌豆
5863	ES 801 – 2007	鱼饵粉
5864	ES 805 – 2007	葡萄叶酒（罐装或玻璃容器包装）
5865	ES 807 – 2005	混合蔬菜罐头
5866	ES 865 – 2005	脱水胡萝卜
5867	ES 991 – 2008	冷冻蔬菜的和分析方法
5868	ES 1012 – 1 – 2005	仅用物理方法保藏的杏汁 第1部分：天然杏汁
5869	ES 1012 – 2 – 2005	仅用物理方法保藏的杏汁 第2部分：浓缩杏汁
5870	ES 1029 – 2005	仅以物理方式保存的天然葡萄果汁
5871	ES 1216 – 2008	经过加工的水果、蔬菜、酒精和非酒精饮料的取样
5872	ES 1242 – 2005	芒果罐头
5873	ES 1243 – 2005	桃罐头
5874	ES 1435 – 2008	肉类豆类罐头
5875	ES 1436 – 2008	肉类蔬菜罐头
5876	ES 1446 – 2008	肉类通心粉罐头
5877	ES 1511 – 2007	磨碎的椰子
5878	ES 1550 – 1 – 2005	仅用物理方法保存的柑橘汁 第1部分：天然柑橘汁
5879	ES 1550 – 2 – 2005	仅用物理方法保存的柑橘汁 第2部分：浓缩柑橘汁
5880	ES 1554 – 2014	黑橄榄泥
5881	ES 1558 – 1985	桃汁
5882	ES 1558 – 1 – 2005	仅以物理方式保存的桃汁 第1部分：天然桃汁
5883	ES 1558 – 2 – 2005	仅以物理方式保存的桃汁 第2部分：浓缩桃汁 冷冻浓缩桃汁
5884	ES 1578 – 1 – 2005	仅用物理方法储存的葡萄汁 第1部分：天然葡萄汁
5885	ES 1578 – 2 – 2005	仅用物理方法储存的葡萄汁 第2部分：浓缩葡萄汁 冷冻浓缩葡萄汁
5886	ES 1579 – 1 – 2005	仅用物理方法保藏的草莓果汁 第1部分：天然草莓果汁
5887	ES 1579 – 2 – 2005	仅用物理方法保藏的草莓果汁 第2部分：浓缩草莓果汁 浓缩草莓果汁冷冻
5888	ES 1580 – 1 – 2005	仅以物理方式保存的菠萝汁 第1部分：天然菠萝汁
5889	ES 1580 – 2 – 2005	仅以物理方式保存的菠萝汁 第2部分：浓缩菠萝汁
5890	ES 1581 – 1 – 2005	仅用物理方法保藏的苹果汁 第1部分：天然苹果汁

续表

序号	标准编号	标准名称
5891	ES 1581 – 2 – 2005	仅用物理方法保藏的苹果汁 第2部分：浓缩苹果汁
5892	ES 1582 – 2007	干杏片
5893	ES 1602 – 1995	无气甜味饮料
5894	ES 1602 – 1 – 2005	无气甜味饮料 第1部分：果肉饮料
5895	ES 1602 – 2 – 2005	无气甜味饮料 第2部分：果汁饮料和人工饮料
5896	ES 1610 – 2007	马铃薯罐头
5897	ES 1629 – 2005	马铃薯片
5898	ES 1635 – 2008	腌制食品分析和试验方法
5899	ES 1636 – 2007	精炼食用油
5900	ES 1676 – 2005	冷冻混合蔬菜
5901	ES 1681 – 2005	冷冻长蒴黄麻
5902	ES 1689 – 2007	新鲜的葡萄
5903	ES 1690 – 2007	新鲜的水果香蕉
5904	ES 1691 – 2007	新鲜的水果芒果
5905	ES 1692 – 2006	青柠水果
5906	ES 1702 – 2005	冷冻秋葵
5907	ES 1703 – 2006	本地市场的西瓜水果
5908	ES 1704 – 2006	本地销售用草莓水果
5909	ES 1707 – 2007	本地销售的李子
5910	ES 1708 – 2006	本地销售用香豌豆和水果
5911	ES 1709 – 2007	本地销售的桃子
5912	ES 1710 – 2007	鲜杏
5913	ES 1711 – 2005	供新鲜食用的橙子
5914	ES 1712 – 2006	本地市场马铃薯块茎
5915	ES 1721 – 2006	本地营销的绿豆和豌豆
5916	ES 1722 – 2006	当地销售的黄瓜
5917	ES 1723 – 2007	本地化营销用胡萝卜
5918	ES 1729 – 2006	本地销售用甜辣椒
5919	ES 1730 – 2007	鲜枣果实
5920	ES 1731 – 2007	本地营销用番石榴果实
5921	ES 1743 – 2014	冷冻绿豆
5922	ES 1746 – 2005	冰冻朝鲜蓟
5923	ES 1747 – 2007	冷冻番茄汁
5924	ES 1748 – 2014	速冻豌豆
5925	ES 1749 – 2014	冷冻绿菠菜
5926	ES 1766 – 2005	冰冻的葡萄叶
5927	ES 1767 – 2008	脱水秋葵
5928	ES 1794 – 2005	柑橘果实鲜食
5929	ES 1795 – 2007	本地销售用番茄水果
5930	ES 1821 – 2007	新鲜的朝鲜蓟
5931	ES 1822 – 2007	新鲜萝卜
5932	ES 1823 – 2007	新鲜骨髓

续表

序号	标准编号	标准名称
5933	ES 1824－2007	新鲜生菜
5934	ES 1825－1998	新鲜洋葱
5935	ES 1825－1－2007	新鲜洋葱　第1部分：充分成熟的新鲜洋葱
5936	ES 1825－2－2007	新鲜洋葱　第2部分：完全成熟的洋葱
5937	ES 1826－2007	新鲜的甜菜
5938	ES 1827－2007	新鲜的大蒜
5939	ES 1828－2007	新鲜的茄子
5940	ES 1829－2007	新鲜菠菜
5941	ES 2220－2006	仅用物理方法保存的青柠汁
5942	ES 2221－1992	橘子果酱
5943	ES 2237－2005	蘑菇罐头
5944	ES 2238－1992	罐装柚子
5945	ES 2239－2007	仅以物理方式保存的某些柑橘类水果饮料
5946	ES 2365－2007	冷冻炸土豆
5947	ES 2368－2008	速冻草莓
5948	ES 2369－2006	草莓罐头
5949	ES 2370－2006	橘子罐头
5950	ES 2472－2007	速冻胡萝卜丁
5951	ES 2473－2007	冷冻饵料
5952	ES 2475－2007	冰冻豆
5953	ES 2613－8－2002	食品的耐久性周期　第8部分：蔬菜、水果及其制品的耐久性周期
5954	ES 2722－2007	冷冻芋艿
5955	ES 2827－2007	冰冻茄子
5956	ES 2851－2007	冷冻马铃薯
5957	ES 2908－2007	冰冻浓缩番茄酱
5958	ES 3184－2006	菠萝罐头
5959	ES 3214－1997	速冻法式炸土豆条
5960	ES 3273－2007	冷冻大蒜
5961	ES 3274－2007	包装蒜泥
5962	ES 3754－2008	带壳的开心果
5963	ES 3802－2008	树莓罐头
5964	ES 3858－2008	冷冻桃子
5965	ES 3890－2015	桃子　冷藏指南
5966	ES 3891－2002	新鲜菠萝　储存和运输
5967	ES 3892－2002	梨　冷藏
5968	ES 3893－2015	水果和蔬菜　冷藏后成熟
5969	ES 3894－2002	生香蕉　储存和运输指南
5970	ES 3895－2015	苹果　冷藏
5971	ES 3896－2002	新鲜水果和蔬菜　陆地运输车辆中平行六面体包装安排
5972	ES 3951－2008	鲜果包装要求
5973	ES 3986－2003	水果和蔬菜制品　水不溶性固体的测定

续表

序号	标准编号	标准名称
5974	ES 3987 – 2003	水果和蔬菜　冷藏的物理条件　定义和测量
5975	ES 3988 – 2003	水果和蔬菜制品　pH 的测定
5976	ES 3989 – 2015	新鲜水果和蔬菜　取样
5977	ES 3990 – 2003	水果、蔬菜和衍生产品　挥发性酸的测定
5978	ES 4169 – 2005	李子罐头
5979	ES 4188 – 2003	柑橘类水果及衍生产品　精油含量的测定（参考方法）
5980	ES 4189 – 2003	水果、蔬菜和衍生产品　山梨酸含量的测定
5981	ES 4261 – 2007	水果和蔬菜制品　乙醇含量的测定
5982	ES 4339 – 2005	什锦罐头
5983	ES 4407 – 2004	杏罐头
5984	ES 4411 – 2004	水果、蔬菜和衍生产品　镉含量的测定　火焰原子吸收光谱法
5985	ES 4412 – 2004	花椰菜　冷藏和冷藏运输指南
5986	ES 4413 – 2004	柑橘类水果　存储指南
5987	ES 4414 – 2004	胡萝卜　存储指南
5988	ES 4475 – 2005	橘子果酱
5989	ES 4481 – 2004	鲜食葡萄　冷藏指南
5990	ES 4916 – 2014	脱水洋葱和脱水大蒜的试验方法　总灰分的测定
5991	ES 4917 – 2014	脱水洋葱和脱水大蒜的试验方法　酸不溶性灰分的测定
5992	ES 4918 – 2014	脱水洋葱和脱水大蒜的试验方法　冷水可溶萃取物
5993	ES 5015 – 2015	脱水洋葱和脱水大蒜的试验方法　感官评价用再水化的测定
5994	ES 5034 – 2005	黄瓜　储存和冷藏运输
5995	ES 5035 – 2005	甜辣椒　冷藏和运输指南
5996	ES 5036 – 2005	鳄梨　储存和运输指南
5997	ES 5037 – 2005	水果、蔬菜和衍生产品　苯甲酸含量的测定　分光光度法
5998	ES 5038 – 2005	水果、蔬菜和衍生产品　火焰原子吸收光谱法测定铁含量
5999	ES 5039 – 2005	芒果　冷藏
6000	ES 5040 – 2005	李子　冷藏指南
6001	ES 5041 – 2005	草莓　冷藏指南
6002	ES 5042 – 2005	杏子　冷藏指南
6003	ES 5043 – 2005	绿香蕉　成熟情况
6004	ES 5122 – 2006	新鲜苹果
6005	ES 5203 – 2006	水果、蔬菜和衍生产品　山梨酸含量的测定
6006	ES 5204 – 2006	洋葱　储存指南
6007	ES 5205 – 2006	大蒜　冷藏
6008	ES 5388 – 2014	脱水洋葱和蒜的试验和分析方法　水分测定
6009	ES 5748 – 2006	核桃
6010	ES 5864 – 2007	新鲜的柚子
6011	ES 6204 – 2007	新鲜菠萝
6012	ES 6205 – 2007	新鲜番木瓜

续表

序号	标准编号	标准名称
6013	ES 6206 – 1 – 2007	水果及其产品的试验方法　第1部分：物理分析　净重和含水量罐头顶隙　加物质的测定
6014	ES 6206 – 2 – 2013	水果和蔬菜及其制品的试验方法　第2部分：水分含量　不溶性固形物的测定
6015	ES 6933 – 2009	速冻花椰菜
6016	ES 7138 – 2010	核果罐头
6017	ES 7337 – 2011	带壳榛子
6018	ES 7381 – 2011	去皮杏仁
6019	ES 7382 – 2011	蔬菜罐头中氯化钠的测定
6020	ES 7442 – 2011	水果、蔬菜和衍生产品　总灰分和水溶性灰分的碱度的测定
6021	ES 3 – 1978	制成动物饲料和粗饲料物质
6022	ES 3 – 1 – 2005	加工饲料和动物饲料　第1部分：有关动物饲料谷物标准应用的一般规定
6023	ES 3 – 2 – 2005	加工饲料和动物饲料　第2部分：动物饲料工业用燕麦
6024	ES 3 – 3 – 2005	加工饲料和动物饲料　第3部分：动物饲料用黑麦
6025	ES 3 – 4 – 2005	加工饲料和动物饲料　第4部分：动物饲料用大麦
6026	ES 3 – 5 – 2005	加工饲料和动物饲料　第5部分：动物饲料用大麦
6027	ES 3 – 6 – 2005	加工饲料和动物饲料　第6部分：动物饲料用高粱
6028	ES 3 – 7 – 2006	动物饲料　第7部分：动物饲料工业用稻米及其衍生物
6029	ES 3 – 8 – 2005	动物饲料　第8部分：取样
6030	ES 3 – 9 – 1993	动物饲料　第9部分：原油和加工动物饲料的分析和试验方法
6031	ES 3 – 10 – 2005	动物饲料　第10部分：饲料技术中的食品技术副产物
6032	ES 3 – 11 – 2005	加工饲料和动物饲料　第11部分：动物饲料中的动物蛋白来源
6033	ES 3 – 12 – 2006	动物饲料　第12部分：加工饲料
6034	ES 3 – 13 – 2005	加工饲料和动物饲料　第13部分：家禽用制成饲料
6035	ES 3 – 14 – 2006	加工饲料和动物饲料　第14部分：改良饲料和粗饲料
6036	ES 3 – 15 – 2005	加工饲料和动物饲料　第15部分：草料和粗饲料
6037	ES 2832 – 2006	小型反刍动物饲料用代乳品
6038	ES 3450 – 2005	加工马饲料
6039	ES 3451 – 2008	大豆制品　甲酚红指数的测定
6040	ES 3463 – 2005	加工兔饲料
6041	ES 3623 – 2006	动物饲料良好生产实践
6042	ES 3707 – 2005	动物饲料　试样的制备
6043	ES 3735 – 1 – 2002	动植物油脂　植物油中豆甾烷测定　第1部分：毛细管柱气相色谱法
6044	ES 3755 – 2005	饲料、动物产品和粪便或尿液　总热值测定　弹式热量计法
6045	ES 3780 – 2005	动物饲料工业中使用的鱼粉
6046	ES 3957 – 2005	鱼饲料
6047	ES 3980 – 2003	动物饲料　氮含量的测定和粗蛋白质含量的计算　凯氏定氮法
6048	ES 3981 – 2003	动物饲料　水分和其他挥发性物质含量的测定
6049	ES 4056 – 2008	油籽残留物　盐酸不溶灰分的测定

续表

序号	标准编号	标准名称
6050	ES 4057 – 2008	油籽残留物　总灰分的测定
6051	ES 4058 – 1 – 2003	油籽残留物　含油量的测定　第1部分：己烷（或石油醚）萃取法
6052	ES 4058 – 2 – 2003	油籽残留物　含油量的测定　第2部分：快速萃取法
6053	ES 4089 – 2008	虾的饲喂
6054	ES 4090 – 2005	动物饲料　尿素含量的测定
6055	ES 4091 – 2005	家禽饲料用蛋白质精料
6056	ES 4185 – 2005	使用分光光度法测定动物饲料中总磷的含量
6057	ES 4480 – 2006	蔬菜制品　氯化物含量的测定
6058	ES 4591 – 2005	动物饲料中可溶性氯化物含量的测定
6059	ES 4592 – 2005	大豆制品中尿素酶活性的测定
6060	ES 4764 – 2005	动物饲料行业用油
6061	ES 4765 – 2005	动物饲料用禽脂
6062	ES 4766 – 2005	动物饲料　玉米赤霉烯酮含量的测定
6063	ES 5106 – 2006	动物饲料　赖氨酸的测定
6064	ES 5123 – 1 – 2006	狗粮和猫粮　第1部分：干制食品
6065	ES 5123 – 2 – 2006	狗粮和猫粮　第2部分：维生素和微量元素预混料
6066	ES 5396 – 2006	动物饲料　脂肪含量的测定
6067	ES 5397 – 2006	动物饲料　粗纤维含量的测定　中间过滤法
6068	ES 5398 – 2006	矿物盐搅拌器　泌乳奶油
6069	ES 5462 – 2006	动物饲料　水分和其他挥发性物质含量的测定
6070	ES 5463 – 2006	盐酸不溶性灰分的测定
6071	ES 5464 – 2006	粗灰分的测定
6072	ES 5465 – 1 – 2006	氮含量的测定和粗蛋白质含量的计算　第1部分：凯氏法
6073	ES 5465 – 2 – 2011	动物饲料　氮含量的测定和粗蛋白质含量的计算　第2部分：块分解和蒸汽蒸馏法
6074	ES 5645 – 1 – 2006	动物饲料　钙含量的测定　滴定法
6075	ES 5728 – 2006	动物饲料　高效液相色谱法测定混合饲料中黄曲霉毒素 B1 的含量
6076	ES 5729 – 2015	游离和总棉酚的测定
6077	ES 5747 – 2006	动物饲料　半定量测定黄曲霉毒素 B1 – 薄层色谱法
6078	ES 5860 – 2015	动物饲料　钾和钠含量的测定　火焰发射光谱法
6079	ES 5861 – 2007	动物饲料　钙、铜、铁、镁、锰、钾、钠和锌含量的测定　原子吸收光谱法
6080	ES 5862 – 2007	动物饲料　维生素 A 含量的测定　高性能液相色谱法
6081	ES 5871 – 2007	全价配合羊饲料
6082	ES 5872 – 2007	山羊完全饲料
6083	ES 6060 – 2007	动物饲料　淀粉含量的测定　极化法
6084	ES 6061 – 2007	动物饲料　大豆制品胰蛋白酶抑制剂活性的测定
6085	ES 6062 – 2007	动物饲料　蓖麻油种子壳的测定　显微镜法
6086	ES 6189 – 1 – 2007	脂肪酸含量的测定　第1部分：甲基酯的制备

续表

序号	标准编号	标准名称
6087	ES 6189 – 2 – 2007	动物饲料　脂肪酸含量的测定　第 2 部分：气相色谱法
6088	ES 6190 – 2007	动物饲料　维生素 E 含量的测定　高性能液相色谱法
6089	ES 6453 – 2007	动物饲料　有机氯农药的测定　气相色谱法
6090	ES 6455 – 2007	青贮饲料
6091	ES 6457 – 2007	动物饲料　分析样品中的允许公差
6092	ES 6458 – 2007	家禽饲料　有限氨基酸
6093	ES 6498 – 2008	饲料中纤维（酸性洗涤剂）的测定
6094	ES 6499 – 2008	油籽残留物　水分和挥发性物质含量的测定
6095	ES 6549 – 2008	油籽残留物　试样的制备
6096	ES 6637 – 2008	油籽残留物　己烷总残留量的测定
6097	ES 6642 – 2008	鱼饲料　微量营养素预混料
6098	ES 6865 – 2008	动物饲料中磷的来源
6099	ES 6866 – 2008	动物饲料　呋喃唑酮含量的测定　高效液相色谱法
6100	ES 6945 – 2009	饲料中使用的全脂大豆
6101	ES 6946 – 2009	乙醇提取后的干酒糟
6102	ES 7491 – 2011	动物饲料　氨基酸含量的测定
6103	ES 1793 – 2005	食品中酵母菌和霉菌总数的测定
6104	ES 1864 – 1990	食品中细菌总数的测定方法
6105	ES 2232 – 2014	枯草芽孢杆菌蜡样芽孢杆菌计数通用指南
6106	ES 2233 – 2014	食品和动物饲料微生物学　沙门氏菌检测用水平法
6107	ES 2234 – 2006	副溶血弧菌检测的通用指南
6108	ES 2235 – 2007	肠杆菌科细菌检测的通用指南
6109	ES 2235 – 1 – 2014	食品和动物饲料微生物学　肠杆菌科检测和计数的水平方法　第 1 部分：mpn 预富集技术检测和计数
6110	ES 2235 – 2 – 2014	食品和动物饲料微生物学　肠杆菌科检测和计数的水平法　第 2 部分：菌落计数法
6111	ES 2236 – 2008	食品和动物饲料微生物学　产气荚膜梭菌计数的水平法　菌落计数法
6112	ES 2248 – 2015	微生物学　大肠菌计数通用指南　最大可能数技术
6113	ES 2364 – 1993	金黄色葡萄球菌菌落计数法计数通用指南
6114	ES 2719 – 2005	在锁定容器中进行热处理的食物　pH 的测定
6115	ES 2720 – 1994	乳和乳制品　单核细胞增生李斯特菌的检测
6116	ES 2721 – 2007	推定的致病性小肠结肠炎耶尔森菌的检测
6117	ES 2761 – 2008	大肠杆菌估算用计数方法　最大可能数法
6118	ES 3062 – 2007	乳和乳制品　大肠杆菌的推定计数　MUG 技术
6119	ES 3206 – 2007	肉和肉制品　热死环丝菌菌落计数　计数方法
6120	ES 3271 – 2007	肉和肉制品中好氧乳酸菌的测定　刮刀法
6121	ES 3332 – 2007	检测耐热弯曲杆菌的水平方法
6122	ES 3332 – 1 – 2008	食品和动物饲料微生物学　空肠弯曲杆菌检测和计数的水平法　第 1 部分：检测方法

续表

序号	标准编号	标准名称
6123	ES 3332 – 2 – 2008	食品和动物饲料微生物学 空肠弯曲杆菌检测和计数的水平法 第2部分：菌落计数技术
6124	ES 3393 – 2005	食品场所卫生要求
6125	ES 3612 – 2013	包装瓶装饮用水卫生实施规程
6126	ES 3638 – 2001	初始悬浮液和十进制稀释液制备的通用原则
6127	ES 3638 – 1 – 2006	初始悬浮液和十进制稀释液制备的通用原则
6128	ES 3638 – 2 – 2011	食品和动物饲料微生物学 试样的制备 微生物学检测用初始悬浮液和十倍制稀释 第2部分：肉和肉制品制备的特殊规则
6129	ES 3638 – 3 – 2013	食品和动物饲料微生物学 试样的制备 微生物学检测用初始悬浮液和十倍制稀释 第3部分：水产品制备的特殊规则
6130	ES 3638 – 4 – 2010	食品和动物饲料微生物学 试样的制备 微生物学检测用初始悬浮液和十倍制稀释 第4部分：除乳和乳制品、肉和肉制品以及水产品之外的产品制备的特殊规则
6131	ES 3638 – 5 – 2013	食品和动物饲料微生物学 试样的制备 微生物学检测用初始悬浮液和十倍制稀释 第5部分：乳和乳制品制备的特殊规则
6132	ES 3778 – 2005	危害分析和关键控制点体系和应用指南（HACCP）
6133	ES 3779 – 2005	检测食品和动物饲料中大肠杆菌0157的水平方法
6134	ES 3856 – 2006	推荐性埃及操作规范 食品卫生一般原则
6135	ES 3857 – 2005	微生物风险评估原理和指南
6136	ES 3897 – 2002	微生物学 微生物计数通用指南 30℃时的菌落计数技术
6137	ES 3898 – 1 – 2002	食品和动物饲料微生物学 凝固酶阳性金黄色葡萄球菌和其他物种用水平法 第1部分：琼脂培养基技术
6138	ES 3899 – 2002	微生物学 蜡样芽孢杆菌计数通用指南 30℃时的菌落计数技术
6139	ES 4335 – 2008	散装食品和半包装食品运输卫生实施规程
6140	ES 4336 – 2004	微生物检测用食品样品的制备
6141	ES 4337 – 2008	战略和产品安全的卫生实施规程
6142	ES 4408 – 2005	作为全蛋含量热处理的有效指标的α–淀粉酶试验
6143	ES 4466 – 2008	运输和仓储过程中冷冻食品温度的测量方法
6144	ES 4884 – 2008	食品安全管理系统 食品供应链中组织的要求
6145	ES 4884 – 5 – 2013	饲料和食物链的可追踪性 系统设计和执行的通用原则和基本要求
6146	ES 4914 – 2005	进入球菌 食品测定
6147	ES 4915 – 2005	食品微生物学 水平法检测志贺氏菌病
6148	ES 5101 – 2006	食品和动物饲料微生物学 常温乳酸菌的计数 30℃时菌落计数法
6149	ES 5102 – 2006	保质期延长的冷藏包装食品的卫生实施规程
6150	ES 5103 – 2006	食品微生物标准的建立和应用指南（原则）
6151	ES 5104 – 2006	鸡蛋制品中嗜常温厌氧菌的枚举
6152	ES 5105 – 2006	食品微生物学和动物饲料 单核细胞增生李斯特菌的检测方法
6153	ES 5105 – 2 – 2010	食品和动物饲料微生物学 单核细胞增生李斯特菌检测和计数的水平法 第2部分：计数方法

续表

序号	标准编号	标准名称
6154	ES 5119－2006	低酸和酸化低酸罐头食品的卫生实务规范
6155	ES 5466－1－2006	有关低酸和酸化低酸罐头食品的推荐性国际卫生操作规范　第1部分：制造和加工
6156	ES 5466－2－2006	有关低酸和酸化低酸罐头食品的推荐性国际卫生操作规范　第2部分：酸碱度测量值分析方法
6157	ES 5466－4－2006	有关低酸和酸化低酸罐头食品的推荐性国际卫生操作规范　第4部分：暴露于不良条件下的救助用罐头食品
6158	ES 5466－5－2007	低酸和酸化低酸罐头食品的卫生实施规程　第5部分：确定低酸和酸化低酸罐头食品腐败变质原因的实施指南
6159	ES 5467－2006	食品和饲料微生物检验的一般作用
6160	ES 5646－2006	水质　培养微生物计数的通用指南
6161	ES 5647－2006	食品和动物饲料微生物学　大肠杆菌群计数的水平法　菌落计数技术
6162	ES 5730－1－2006	水质　采用枚举技术选择的培养标准的微生物的通用枚举指南
6163	ES 6057－1－2007	食品和动物饲料的微生物学　凝固酶阳性金黄色葡萄球菌计数的水平方法（金黄色葡萄球菌和其他物种）　第1部分：使用兔血浆纤维蛋白原亚古珥介质法
6164	ES 6057－2－2008	食品和动物饲料微生物学　凝固酶阳性葡萄状球菌（金黄色葡萄球菌和其他物种）计数的水平法　第2部分：利用兔血浆纤维蛋白原琼脂培养基的技术
6165	ES 6057－3－2008	食品和动物饲料微生物学　凝固酶阳性葡萄状球菌（金黄色葡萄球菌和其他物种）计数的水平法　第3部分：低数检测和MPN技术
6166	ES 6191－2007	食品和动物饲料微生物学　在厌氧条件下生长的亚硫酸还原菌计数的水平法
6167	ES 6454－2007	食品和动物饲料微生物学　微生物计数的水平法　30℃菌落计数技术
6168	ES 6868－2008	有关速冻食品加工和处理的推荐性国际卫生操作规范
6169	ES 7021－1－2009	食品和动物饲料微生物学　培养基制备和生产指南　第1部分：实验室培养基制备用质量保证通用指南
6170	ES 7021－2－2009	食品和动物饲料微生物学　培养基制备和生产指南　第2部分：培养基性能检验的实用指南
6171	ES 7126－1－2010	食品和动物饲料微生物学　β－葡萄糖醛酸酶阳性大肠杆菌计数的水平法　第1部分：44℃时用薄膜材料和5－溴代－4－氯－3－吲哚基－D－葡糖苷酸的菌落计数技术
6172	ES 7126－2－2010	食品和动物饲料微生物学　β－葡萄糖醛酸酶阳性大肠杆菌计数的水平法　第2部分：44℃时用5－溴代－4－氯－3－吲哚基－D－葡糖苷酸的菌落计数技术
6173	ES 7127－1－2010	食品和动物饲料微生物学　沙门氏菌的检测方法
6174	ES 7128－2010	初级生产阶段的动物粪便和环境样品中的沙门氏菌属的检测
6175	ES 7129－1－2010	食品和动物饲料微生物学　肠杆菌科检测和计数的水平法　第1部分：通过预浓缩MPN技术进行计数和检测

续表

序号	标准编号	标准名称
6176	ES 7129 – 2 – 2010	食品和动物饲料微生物学 肠杆菌科检测和计数的水平法 第2部分：菌落计数法
6177	ES 7149 – 1 – 2010	食品和动物饲料微生物学 酵母菌和霉菌计数的水平法 第1部分：水活性大于0.95的产品用菌落计数技术
6178	ES 7149 – 2 – 2010	食品和动物饲料微生物学 酵母菌和霉菌计数的水平法 第2部分：水活性小于或等于0.95的产品用菌落计数技术
6179	ES 7445 – 2011	肉和肉制品 假单胞菌种类计数
6180	ES 417 – 2007	天然精华露
6181	ES 568 – 2007	精油 取样
6182	ES 595 – 2007	天竺葵油
6183	ES 688 – 1994	精油和混凝土试验的通用方法
6184	ES 688 – 1 – 2015	精油分析和试验方法 第1部分：试样制备
6185	ES 688 – 2 – 2015	精油分析和试验方法 第2部分：20℃时比重的估算
6186	ES 688 – 3 – 2015	精油分析和试验方法 第3部分：旋光度测定
6187	ES 688 – 4 – 2015	精油分析和试验方法 第4部分：折射率测定
6188	ES 688 – 5 – 2007	精油分析和试验方法 第6部分：蒸发残渣定量评估
6189	ES 688 – 6 – 2007	精油 乙醇中混溶性的评价
6190	ES 688 – 7 – 2007	精油 酯值的测定
6191	ES 688 – 8 – 2007	精油 酸值的测定
6192	ES 688 – 9 – 2007	精油 乙酰化之前和之后酯值的测定与游离和总醇含量的评估
6193	ES 688 – 10 – 2007	精油 酚类化合物含量的测定
6194	ES 689 – 1 – 2006	柑橘精油 第1部分：柠檬油
6195	ES 689 – 2 – 2006	食用植物油 第2部分：蒸馏酸橙油
6196	ES 689 – 3 – 2006	柑橘精油 第3部分：橙油
6197	ES 689 – 4 – 2006	柑橘精油 第4部分：佛手柑油
6198	ES 689 – 5 – 2006	柑橘精油 第5部分：橙花油
6199	ES 689 – 6 – 2011	食用植物油 第6部分：橙叶油
6200	ES 689 – 7 – 2006	柑橘精油 第7部分：橘子油
6201	ES 689 – 8 – 2006	柑橘油 第8部分：酸橙油（冷压）
6202	ES 1313 – 2007	玫瑰酱
6203	ES 1314 – 2007	玫瑰油
6204	ES 1315 – 2007	茉莉花浆
6205	ES 1316 – 2014	埃及绝对茉莉油
6206	ES 1358 – 2006	薄荷油
6207	ES 1359 – 2007	紫花罗勒油
6208	ES 1360 – 2014	甘菊油
6209	ES 1361 – 2014	牛至油
6210	ES 1383 – 2008	蒜油
6211	ES 1384 – 2008	洋葱油
6212	ES 1530 – 2014	浓缩金合欢
6213	ES 1531 – 2014	紫罗兰浸膏

续表

序号	标准编号	标准名称
6214	ES 1532 – 2014	丁香酱
6215	ES 1533 – 2014	老鹳草膏
6216	ES 1534 – 2007	夜来香浸膏
6217	ES 2022 – 2007	小豆蔻油
6218	ES 2023 – 2007	甜辣椒叶油
6219	ES 2024 – 2005	黑胡椒油
6220	ES 2025 – 2007	丁香苞油
6221	ES 2026 – 1991	檀香油
6222	ES 2027 – 2007	广藿香油
6223	ES 2028 – 2007	柠檬草油（曲序香茅）
6224	ES 2029 – 2007	柠檬草油
6225	ES 2030 – 2006	黄樟油
6226	ES 2031 – 2015	荜澄茄油
6227	ES 2032 – 2007	卡南加油
6228	ES 2033 – 2005	月桂油
6229	ES 2034 – 2007	小茴香油
6230	ES 2035 – 2007	芹菜籽油
6231	ES 2036 – 2007	葛缕子油
6232	ES 2037 – 2007	芫荽油
6233	ES 2374 – 2007	杜松子油
6234	ES 2375 – 2007	龙蒿油
6235	ES 2376 – 2007	柠檬叶油
6236	ES 2377 – 2007	肉桂叶油
6237	ES 2753 – 2007	香柠檬油
6238	ES 2754 – 2007	香根草油
6239	ES 2756 – 2007	白千层芳香油
6240	ES 2757 – 1994	檀香油
6241	ES 3141 – 2007	桉树油
6242	ES 3142 – 2007	黑种草
6243	ES 3143 – 2007	欧芹精油
6244	ES 3144 – 2007	胡萝卜精油
6245	ES 3145 – 2007	莳萝精油
6246	ES 3282 – 2013	西班牙式含百里酚的百里香精油
6247	ES 3285 – 2007	松节油
6248	ES 2755 – 2013	迷迭香油
6249	ES 3286 – 2007	欧洲当归油
6250	ES 3287 – 2006	包装的通用规则　调节和存储
6251	ES 3288 – 2007	水含量的测定（卡尔·费休滴定法）
6252	ES 3624 – 2008	八角油
6253	ES 3625 – 2008	葡萄柚油
6254	ES 3626 – 2008	香茅油（爪哇型）

续表

序号	标准编号	标准名称
6255	ES 3627 – 2008	法国醒目薰衣草油
6256	ES 4171 – 2008	香柏油
6257	ES 4172 – 2008	迷迭香油
6258	ES 4173 – 2008	薰衣草油
6259	ES 4175 – 2008	中国肉桂油
6260	ES 4176 – 2008	西班牙牛至油
6261	ES 4263 – 2003	精油 填充柱气相色谱分析 通用方法
6262	ES 4264 – 2003	精油 高效液相色谱分析 通用方法
6263	ES 4265 – 2003	精油 冰点的测定
6264	ES 4266 – 2003	精油 1.8 桉叶素含量的测定
6265	ES 4268 – 2003	精油 羰基值的测定 游离羟胺法
6266	ES 4482 – 2004	精油 取样
6267	ES 4595 – 2008	穗薰衣草油
6268	ES 4596 – 2008	白松香油
6269	ES 4597 – 2008	榄香脂油
6270	ES 5745 – 2006	鼠尾草油
6271	ES 5746 – 2006	花梨木油
6272	ES 5870 – 2007	檀香油
6273	ES 6508 – 2008	茴香油
6274	ES 6509 – 2008	牛膝草油
6275	ES 6510 – 2008	苦茴香油
6276	ES 6511 – 2008	中国型冬青油
6277	ES 7157 – 2010	玉兰花油
6278	ES 7158 – 2010	苦橙油
6279	ES 7159 – 2010	胡椒薄荷油
6280	ES 7160 – 2010	松节油（中式）
6281	ES 7234 – 2010	精油 容器标签和标记的通用原则
6282	ES 7334 – 2011	月季油
6283	ES 7383 – 2011	薄荷油 中国薄荷（80% 和 60%） 再蒸馏油
6284	ES 7384 – 2011	薄荷油、部分薄荷素油
6285	ES 7439 – 2011	澳大利亚桉叶油（80% ~85%）
6286	ES 7440 – 2011	澳大利亚檀香木油
6287	ES 7550 – 2013	香柠檬油
6288	ES 7551 – 2013	白千层芳香油（茶树精油）
6289	ES 1159 – 1992	强化牛奶的素食婴儿食品
6290	ES 1432 – 2008	特殊饮食用途的面包
6291	ES 1433 – 2008	果酱 减少热量
6292	ES 1667 – 2008	巧克力 热量减少
6293	ES 1805 – 1990	谷类婴儿食品
6294	ES 1853 – 2005	用于特殊低能量饮食的食品 低能量饮料
6295	ES 1927 – 2005	特殊饮食用食物 合成食品

续表

序号	标准编号	标准名称
6296	ES 1928 – 2005	特殊饮食用食物　低钠和带有盐替代品的食品
6297	ES 2072 – 2013	婴儿食品
6298	ES 2082 – 2007	婴幼儿食品卫生规程（三岁以下）
6299	ES 2108 – 2005	低淀粉通心粉
6300	ES 2109 – 1992	婴儿果汁
6301	ES 2110 – 1992	婴儿果泥
6302	ES 2111 – 2006	用于重量控制饮食的食品
6303	ES 2112 – 2007	用于体重控制的非常低热量饮食的食物
6304	ES 2240 – 2007	婴幼儿辅食配方制备指南
6305	ES 2247 – 2005	特殊医疗作用食品的标记
6306	ES 2474 – 1993	特殊膳食用途的预包装食品的搬运要求
6307	ES 2729 – 2006	特殊膳食用预包装食品的标签和说明
6308	ES 2730 – 2007	蛋白质　高浓缩营养辅食
6309	ES 2732 – 1996	碘强化食盐
6310	ES 2732 – 1 – 2015	碘强化精制食盐和试验方法　第 1 部分：碘强化食盐
6311	ES 2732 – 2 – 2005	碘强化精制食盐和试验方法　第 2 部分：取样
6312	ES 2732 – 3 – 2005	碘强化精制食盐和试验方法　第 3 部分：水分的测定
6313	ES 2732 – 4 – 2005	碘强化精制食盐和试验方法　第 4 部分：氯化物的测定
6314	ES 2732 – 5 – 2005	碘强化精制食盐和试验方法　第 5 部分：硫酸盐的测定
6315	ES 2732 – 6 – 2005	碘强化精制食盐和试验方法　第 6 部分：水中不溶物质的测定
6316	ES 2732 – 7 – 2006	碘强化精制食盐和试验方法　第 7 部分：钙和镁的测定
6317	ES 2732 – 8 – 2005	碘强化精制食盐和试验方法　第 8 部分：碘酸钾的测定
6318	ES 2732 – 9 – 2006	碘强化精制食盐和试验方法　第 9 部分：重金属的测定
6319	ES 2733 – 1994	钙强化精制食盐
6320	ES 2734 – 1994	铁氟强化精制食盐
6321	ES 2735 – 2006	低钠碘食盐“淡”
6322	ES 2912 – 1995	特殊饮食用途食物的通用要求
6323	ES 2913 – 2008	运动食品的通用要求
6324	ES 2915 – 1995	主要由蔬菜和肉类制备的婴幼儿食品
6325	ES 2966 – 1966	植物性婴幼儿和儿童加工食品
6326	ES 3120 – 2008	营养标签指南
6327	ES 3185 – 2005	婴幼儿食品中使用维生素参考清单
6328	ES 3186 – 2005	婴幼儿食品中使用矿物盐参考清单
6329	ES 3284 – 2005	加工婴幼儿和儿童用谷类食品
6330	ES 3394 – 2008	婴儿食品的取样方法
6331	ES 3452 – 2008	荧光法测定食品中的维生素
6332	ES 3614 – 2008	食品中维生素 B_2（核黄素）的测定
6333	ES 3900 – 2002	乳基婴幼儿食品　脂肪含量的测定　重量法（参考方法）
6334	ES 4343 – 2004	乳基婴儿配方中维生素 E 活性（全消旋 α – 生育酚）的测定　液相色谱法
6335	ES 4344 – 2004	奶基婴儿配方奶粉中 D3（胆钙化醇）的测定　液相色谱法

续表

序号	标准编号	标准名称
6336	ES 4345 – 2004	乳基婴儿配方奶粉中硫胺素的测定（维生素 B） 荧光法
6337	ES 4346 – 2004	氯的测定 乳基婴幼儿配方 电位滴定法
6338	ES 4347 – 2004	乳基婴儿配方奶粉中碘的测定 离子选择性电极法
6339	ES 4348 – 2004	婴幼儿配方食品、肠内制品和宠物食品中矿物质的测定 原子吸收分光光度法
6340	ES 4349 – 2004	婴幼儿配方中钙、铜、铁、镁、锰、磷、钾、钠和锌的测定 电感耦合等离子体发射光谱法
6341	ES 4350 – 2004	乳基婴儿配方奶粉中亚油酸含量的测定 气相色谱法
6342	ES 4351 – 2004	乳基婴儿配方中钴胺素（维生素 B_{12} 活性）的测定 浊度法
6343	ES 4352 – 2004	婴儿配方奶粉中叶酸的测定 微生物学法
6344	ES 4353 – 2004	乳基婴儿配方奶粉中泛酸含量的测定
6345	ES 4406 – 2008	后续配方
6346	ES 5117 – 2008	学校饼干
6347	ES 5118 – 2006	食品中必须营养品添加的通用原则
6348	ES 5484 – 2006	罐装婴儿食品
6349	ES 5733 – 2006	有机食品 定义
6350	ES 5734 – 2006	有机食品 产品、动物制备和动物类产品
6351	ES 5735 – 2006	有机食品 产品和蜂蜜制备
6352	ES 5736 – 2006	有机食品 产品以及种植和植物类产品的制备
6353	ES 5737 – 2006	有机食品 标签、权利与认证
6354	ES 5738 – 2006	有机食品 检验与认证体系
6355	ES 5863 – 2007	营养强化的食品级盐（元素）
6356	ES 6461 – 2007	特殊饮食用途食品的产品和处理的通用要求
6357	ES 7117 – 2010	食品营养与健康声明（及其修改件）
6358	ES 7264 – 2010	产品的有机生产与标贴
6359	ES 7265 – 2010	EC/834/2007 有机产品详细实施细则
6360	ES 191 – 1 – 2014	酵母 试验和分析方法 第1部分：酵母
6361	ES 191 – 2 – 2014	酵母 第2部分：酵母分析和试验方法
6362	ES 273 – 1 – 2015	氯化钠 第1部分：食用盐
6363	ES 337 – 1 – 2015	保存食品用己二烯酸及其盐 第1部分：己二烯酸
6364	ES 337 – 2 – 2015	保存食品用己二烯酸及其盐 第2部分：山梨酸钾
6365	ES 338 – 1 – 2005	食品保存用苯甲酸和苯甲酸钠 第1部分：苯甲酸
6366	ES 338 – 2 – 2005	用于保存的苯甲酸和苯甲酸钠 第2部分：苯甲酸钠
6367	ES 339 – 1 – 2014	保藏食品用二氧化硫和硫酸盐 第1部分：保藏食品用二氧化硫
6368	ES 339 – 2 – 2014	保藏食品用二氧化硫和亚硫酸盐 第2部分：保藏食品用亚硫酸盐
6369	ES 383 – 2005	天然醋
6370	ES 384 – 2005	天然醋
6371	ES 740 – 1 – 2005	食品保存用丙酸和丙酸盐 第1部分：丙酸
6372	ES 740 – 2 – 2005	食品保存用丙酸和丙酸盐 第2部分：丙酸钠
6373	ES 740 – 3 – 2005	食品保存用丙酸和丙酸盐 第3部分：丙酸钙
6374	ES 741 – 1993	甜食用糖精和糖精钾钠
6375	ES 742 – 1994	甜味食品用甜蜜素

续表

序号	标准编号	标准名称
6376	ES 803 – 2008	发酵粉
6377	ES 741 – 2 – 2007	食品用糖类甜味剂　第2部分：食品用糖精钠
6378	ES 852 – 2006	丽春红 4R
6379	ES 741 – 3 – 2007	食品用糖类甜味剂　第3部分：食品用糖精钠盐
6380	ES 853 – 2014	食品用着色材料　晚霞黄
6381	ES 741 – 1 – 2007	食品用糖类甜味剂　第1部分：食品用糖精
6382	ES 854 – 1966	食品用着色材料　丽春红 MX
6383	ES 855 – 1975	食品用人工着色材料　苋菜
6384	ES 856 – 2005	食品用着色材料　红色酸性染料
6385	ES 890 – 1 – 2005	香草、香草提取物、香兰素和乙基香兰素　第1部分：香草清香
6386	ES 890 – 2 – 2005	香草、香草提取物、香兰素和乙基香兰素　第2部分：香草精
6387	ES 890 – 3 – 2005	香草、香草提取物、香兰素和乙基香兰素　第3部分：总则
6388	ES 890 – 4 – 2005	香草、香草提取物、香兰素和乙基香兰素　第4部分：乙基香草
6389	ES 894 – 2015	食品着色剂分析和试验方法
6390	ES 1131 – 2008	食品用琼脂
6391	ES 1181 – 1996	蔬菜萨姆纳和人造黄油用调味料
6392	ES 1196 – 2006	起酥用抗氧化剂和肥皂
6393	ES 1218 – 1993	非酒精饮料用调味材料
6394	ES 1232 – 2000	食品味道的通用要求
6395	ES 1233 – 2007	食用明胶
6396	ES 1255 – 2014	柠檬黄
6397	ES 1262 – 2006	食用植物油抗氧化剂
6398	ES 1378 – 2006	阿拉伯树胶
6399	ES 1385 – 2014	食用果胶
6400	ES 1396 – 2014	食品用着色材料　固绿
6401	ES 1397 – 2014	艳蓝食品用着色材料
6402	ES 1420 – 2014	食品用着色材料　靛蓝
6403	ES 1421 – 2014	艳蓝食品用着色材料
6404	ES 1422 – 2014	食品用着色材料　钛白粉
6405	ES 1570 – 2005	食品用着色材料　偶氮直接猩红
6406	ES 1624 – 2005	食品用着色材料　合成 β – 胡萝卜
6407	ES 1625 – 2014	食品中的天然色素　β – 阿朴 – 8′ – 胡萝卜酸乙酯
6408	ES 1626 – 2014	食品中的天然色素　β – 阿朴 – 8′ – 胡萝卜醛
6409	ES 1642 – 2008	食品工业用抗坏血酸（维生素 C）
6410	ES 1652 – 2007	胶姆糖基础剂中结合使用的树脂和物质
6411	ES 1669 – 1988	食品用着色材料　赤藓红
6412	ES 1670 – 2005	食品中的天然色素　焦糖
6413	ES 1671 – 1988	食品中的天然色素　胭脂树提取物
6414	ES 1671 – 1 – 2006	食品用胭脂树提取物　第1部分：油处理的胭脂树橙
6415	ES 1671 – 2 – 2014	食品用胭脂树提取物　第2部分：水处理的胭脂树橙
6416	ES 1671 – 3 – 2014	食品用胭脂树提取物　第3部分：溶剂萃取胭脂树橙
6417	ES 1671 – 4 – 2014	食品用胭脂树提取物　第4部分：溶剂萃取降胭脂树橙
6418	ES 1671 – 5 – 2014	食品用胭脂树提取物　第5部分：未经酸沉的碱处理降胭脂树橙

续表

序号	标准编号	标准名称
6419	ES 1671 – 6 – 2006	食品用胭脂树提取物　第6部分：碱处理的降胭脂树橙
6420	ES 1697 – 2006	香草分析和试验方法
6421	ES 1732 – 2006	食品颜色的通用要求
6422	ES 1733 – 2005	食品用着色材料　姜黄素　供应姜黄素
6423	ES 1831 – 2006	食品用乳化剂和增稠剂"羧甲基纤维素钠"
6424	ES 1854 – 2015	食品中使用的柠檬酸
6425	ES 1873 – 2005	食品前置用食品非糖甜味剂（乙酰磺胺酸钾）
6426	ES 1874 – 2006	天然维生素 E 油（生育酚）
6427	ES 1929 – 2007	允许使用的食品添加剂　允许在产品中使用的抗氧化剂
6428	ES 2219 – 2007	食品用糖类甜味剂　阿斯巴甜
6429	ES 2241 – 2014	食品抗氧化剂　丁基羟基茴香醚
6430	ES 2242 – 2014	食品抗氧化剂　丁基羟基甲苯
6431	ES 2361 – 2005	食品用甘露醇
6432	ES 2362 – 2006	山梨醇
6433	ES 2371 – 2006	L – 谷氨酸一钠
6434	ES 2372 – 2006	三氯三脱氧半乳型蔗糖
6435	ES 2431 – 2007	允许使用的食品添加剂　允许在产品中使用的防腐剂
6436	ES 2476 – 2006	木糖醇
6437	ES 2477 – 2006	L – 谷氨酸一铵
6438	ES 2478 – 2006	L – 谷氨酸一钾
6439	ES 2480 – 2015	食品中的天然色素　甜菜红
6440	ES 2481 – 2006	浓缩混合生育酚
6441	ES 2482 – 2015	α – 生育酚浓缩
6442	ES 2956 – 2006	碳化钙
6443	ES 2957 – 2015	卵磷脂
6444	ES 2958 – 2006	乙二胺四乙酸二钠
6445	ES 2959 – 2006	没食子酸丙酯
6446	ES 2960 – 2006	食品用没食子酸八酯
6447	ES 2961 – 2006	食品用十二烷基半乳糖
6448	ES 3191 – 2007	醋的分析方法
6449	ES 3355 – 2006	食品用刺槐豆胶
6450	ES 3597 – 2005	食品用硝酸钠
6451	ES 3598 – 2005	食品用亚硝酸钠
6452	ES 3639 – 2008	食品中的天然色素　蔬菜胡萝卜素
6453	ES 3706 – 2008	食品中的天然色素　胭脂虫提取物
6454	ES 3740 – 2008	食品用棕色色素
6455	ES 4033 – 2008	食品中甜味剂的测定　气相色谱法测定食品中的山梨糖醇
6456	ES 4139 – 2008	用薄层色谱法测定苹果汁中的展青霉素
6457	ES 4140 – 2008	食品用天然色素　胭脂虫红
6458	ES 4186 – 2008	食品用天然色素　叶绿素
6459	ES 4247 – 2008	烘烤用改良剂的要求
6460	ES 4248 – 2008	食品用颜色　诱惑红
6461	ES 4338 – 2008	食品用黄原胶

续表

序号	标准编号	标准名称
6462	ES 4340 – 2008	食品用柠檬酸三钾
6463	ES 4341 – 2008	食品用柠檬酸三钠
6464	ES 4483 – 2004	食品添加剂规格纲要 52　第 11 号补充件　食品工业用滑石粉
6465	ES 4919 – 2005	焦糖分析和试验方法
6466	ES 5116 – 2006	食品用卡拉胶
6467	ES 5457 – 2006	食品用山梨糖醇浆
6468	ES 5473 – 2006	食品用三乙酸甘油酯
6469	ES 5474 – 2006	食品中使用的葡萄糖酸 – δ – 内酯
6470	ES 5475 – 2006	食品中使用的磷酸
6471	ES 5476 – 2006	水质　总碱度和复合碱度的测定
6472	ES 5477 – 2006	食品用二乙酸钠
6473	ES 5478 – 2006	食品中使用的柠檬酸钙
6474	ES 5638 – 2006	食品用叔丁基对苯二酚（TBHQ）
6475	ES 5731 – 2006	食品用葡萄糖酸钠
6476	ES 5732 – 2006	食品用葡萄糖酸钾
6477	ES 5739 – 2006	食品用瓜尔胶
6478	ES 5740 – 2006	食品用乳酸链球菌肽
6479	ES 5741 – 2006	单双甘油酯
6480	ES 5865 – 2007	食品用亚硝酸钾
6481	ES 5866 – 2007	食品中使用的葡萄糖酸镁
6482	ES 5867 – 2007	食品用部分水解卵磷脂
6483	ES 5874 – 2007	食品用海藻酸钠
6484	ES 5875 – 2007	食品用藻酸丙二醇酯
6485	ES 5876 – 2007	食品用丙二醇
6486	ES 6045 – 2007	食品用对羟基苯甲酸甲酯
6487	ES 6046 – 2007	食品用对羟基苯甲酸乙酯
6488	ES 6047 – 2007	食品用对羟基苯甲酸丙酯
6489	ES 6200 – 2007	食品用抗坏血酸棕榈酸酯
6490	ES 6201 – 2007	食品用抗坏血酸硬脂酸酯
6491	ES 6202 – 2007	食品用抗坏血酸钠
6492	ES 6203 – 2007	食品中使用的抗坏血酸钙
6493	ES 6341 – 2007	食品味道的通用要求
6494	ES 6452 – 2007	食品用非碳水化合物甜味剂　食品用糖精钙
6495	ES 6627 – 2008	食品用甘油
6496	ES 6628 – 2008	食品中使用的檬酸和脂肪酸甘油酯
6497	ES 6629 – 1 – 2008	食品添加剂分析和试验方法　无机成分试验　第 1 部分：铁含量限值试验
6498	ES 6629 – 2 – 2008	食品添加剂分析和试验方法　无机成分试验　第 2 部分：铬含量限值试验
6499	ES 6629 – 3 – 2008	食品添加剂分析和试验方法　无机成分试验　第 3 部分：氯化物限值试验

续表

序号	标准编号	标准名称
6500	ES 6717 – 2008	食品用焦磷酸四钠
6501	ES 6718 – 2008	食品用焦磷酸钠
6502	ES 6719 – 2008	食品用磷酸二氢钠（磷酸一钠）
6503	ES 6720 – 2008	食品用颜色　叶黄素
6504	ES 6721 – 2008	食品保存用苯甲酸钙
6505	ES 6857 – 2008	氢化钠磷酸盐在食品中的用途
6506	ES 6858 – 2008	食品中使用的三磷酸五钠
6507	ES 6931 – 2009	食品用颜色　番茄红素合成物
6508	ES 6932 – 2009	食品用颜色　三孢布拉霉制番茄红素
6509	ES 7114 – 2010	食品用着色材料（及其修改件）
6510	ES 7115 – 2010	食品用甜味剂（及其修改件）
6511	ES 7116 – 2010	除颜色和甜味剂之外的食品添加剂（及其修改件）
6512	ES 7139 – 2010	食品中的达玛树脂
6513	ES 7140 – 2010	食品添加剂分类名称和国际编码系统
6514	ES 7443 – 2011	食品用海藻酸钾
6515	ES 7506 – 2012	食品用海藻酸钠
6516	ES 7552 – 2013	食品用着色材料　喹啉黄
6517	ES 7553 – 2013	食品用亚硫酸钾
6518	ES 7554 – 2013	食品用亚硫酸钠
6519	ES 7555 – 2013	食品用着色材料　核黄素
6520	ES 7624 – 2013	食品中的乳酸
6521	ES 7625 – 2013	食品用乳酸钾
6522	ES 7626 – 2013	食品用冰醋酸
6523	ES 483 – 2005	卡塔尔香烟
6524	ES 611 – 2005	斗烟叶
6525	ES 718 – 2006	卷烟用混合烟草
6526	ES 654 – 2015	烟草和烟草制品试验　湿度的测定
6527	ES 655 – 2007	烟草和烟草制品试验　酸不溶性灰分（沙）的测定
6528	ES 657 – 1985	烟草和烟草制品试验　灰分的测定
6529	ES 656 – 2015	烟草和烟草制品试验　糖分的测定
6530	ES 657 – 2007	烟草和烟草制品试验　总灰分的测定
6531	ES 671 – 2015	烟草和烟草制品试验　取样
6532	ES 684 – 2015	鼻烟
6533	ES 743 – 2008	烟草　非混合型卷烟
6534	ES 864 – 2015	雪茄和斯堪尼亚雪茄
6535	ES 1139 – 2015	烟草和烟草制品　卷烟
6536	ES 1217 – 2015	烟草和烟草制品的试验方法（丙三醇评估）
6537	ES 1434 – 2015	烟草行业用倒糖浆酒精
6538	ES 1464 – 2008	均质烟草薄片
6539	ES 1877 – 2005	嚼烟
6540	ES 2038 – 2005	烟草和烟草制品　卷烟　卷烟自由燃烧速率的测定
6541	ES 2039 – 1991	香烟末端烟草损失的测定

续表

序号	标准编号	标准名称
6542	ES 2039 - 2 - 2005	卷烟　卷烟端部掉落烟丝的测定　旋转立方体法
6543	ES 2063 - 2005	带有水果味的烟草（2007 年部分修订）（2008 年部分修订）（2018 年部分修订）
6544	ES 2141 - 2006	烟草和烟草制品分析方法：烟草所含生物碱（抽烟者）的测定
6545	ES 3901 - 2002	烟草和烟草制品　调节和试验用大气
6546	ES 3983 - 2003	常规分析吸烟机　定义和标准条件
6547	ES 4190 - 2003	烟草和烟草制品　有机氯农药残留的测定　气相色谱法
6548	ES 4191 - 2003	烟草和烟草制品　二硫代氨基甲酸酯农药残留的测定　分子吸收光度法
6549	ES 4192 - 2003	常规分析吸烟机　附加试验方法
6550	ES 4193 - 2003	东方烟叶　形式与尺寸特征的测定
6551	ES 4194 - 2003	烟草和烟草制品　马来酰肼残留的测定
6552	ES 4879 - 2005	卷烟　用常规分析用吸烟机测定总干燥颗粒物和无尼古丁的干燥颗粒物
6553	ES 4920 - 2014	烟草制品　苯甲酸钠的测定
6554	ES 6944 - 2009	烟草及其制品中烟碱的测定
6555	ES 7237 - 2010	烟草和烟草制品　马来酰肼残留的测定
6556	ES 63 - 1 - 2008	肉和肉制品分析和试验方法　第 1 部分：取样方法
6557	ES 63 - 2 - 2013	肉和肉制品分析和试验方法　第 2 部分：化学分析和滴量测定用试样的制备
6558	ES 63 - 3 - 2006	肉和肉制品分析和试验方法　第 3 部分：水分测定方法
6559	ES 63 - 4 - 2006	肉和肉制品分析和试验方法　第 4 部分：游离脂肪含量的测定
6560	ES 63 - 5 - 2006	肉和肉制品分析和试验方法　第 5 部分：总灰分的测定
6561	ES 63 - 6 - 2006	肉和肉制品分析和试验方法　第 6 部分：氯化物含量的测定（佛尔哈德法）
6562	ES 63 - 7 - 2006	肉和肉制品分析和试验方法　第 7 部分：亚硝酸盐含量测定（参考方法）
6563	ES 63 - 8 - 2006	肉和肉制品分析和试验方法　第 8 部分：粗蛋白的测定
6564	ES 63 - 9 - 2006	肉和肉制品分析和试验方法　第 9 部分：总挥发氮的测定
6565	ES 63 - 10 - 2006	肉和肉制品分析和试验方法　第 10 部分：硫代巴比妥酸（TBA）的测定
6566	ES 63 - 11 - 2006	肉和肉制品分析和试验方法　第 11 部分：酸碱值测量（参考方法）
6567	ES 63 - 12 - 2007	肉和肉制品分析和试验方法　第 12 部分：马肉或马肉掺合其他肉类的辨别方法
6568	ES 63 - 13 - 2007	肉和肉制品分析和试验方法　第 13 部分：机械分离的家禽和牛肉中含钙量的测定
6569	ES 63 - 14 - 2013	肉和肉制品分析和试验方法　第 14 部分：可见寄生虫的检测
6570	ES 63 - 15 - 2013	肉和肉制品分析和试验方法　第 15 部分：肉、内脏和淋巴结中总胆红素的检测
6571	ES 1042 - 2005	Basterma（2013 年部分修改）（2015 年部分修改）
6572	ES 1090 - 2005	冷冻的家禽和兔（2006 年和 2008 年修改件）

续表

序号	标准编号	标准名称
6573	ES 1114 – 2005	午餐肉
6574	ES 1473 – 2007	冷冻肝
6575	ES 1522 – 2005	冷冻肉（2006 年修改件）（2013 年修改件）
6576	ES 1523 – 2007	蛋粉
6577	ES 1563 – 2005	咸牛肉、咸羊肉罐头
6578	ES 1651 – 2005	冷冻家禽和兔子
6579	ES 1688 – 2005	冰冻牛肉汉堡
6580	ES 1694 – 2005	冷冻肉末
6581	ES 1696 – 2005	午餐禽肉
6582	ES 1819 – 2003	干肉鸡汤
6583	ES 1819 – 1 – 2005	肉汤和清汤的分析方法　第 1 部分：肉类和家禽肉汤
6584	ES 1819 – 2 – 2008	肉汤和清汤的分析与试验方法　第 2 部分：肉汤和清汤　分析与检测方法
6585	ES 1971 – 2005	香肠罐头
6586	ES 1972 – 2005	冷冻香肠
6587	ES 1973 – 2005	冰冻团
6588	ES 2061 – 2007	加工肉和鲜肉中猪肉脂肪（猪油）的检测
6589	ES 2062 – 2006	冷冻肾脏、心、脾、脑、胰腺和舌
6590	ES 2097 – 2005	肉末配大豆蛋白
6591	ES 2910 – 2005	鸡肉和火鸡制品　冷冻鸡肉和冷冻火鸡制品
6592	ES 2911 – 2005	冷冻家禽肠
6593	ES 3169 – 2007	鲜鸡蛋"食用鸡蛋"
6594	ES 3491 – 2005	牛肉罐头
6595	ES 3492 – 2005	腊肠、热狗和香肠
6596	ES 3493 – 2005	经过热处理的家禽肉制品
6597	ES 3493 – 2005	经过热处理的家禽肉制品
6598	ES 3602 – 2013	冷冻肉
6599	ES 3708 – 2008	冷藏和冷冻的平胸鸟肉
6600	ES 4054 – 2003	肉和肉制品　L – 谷氨酸含量测定（参考方法）
6601	ES 4055 – 2003	肉和肉制品　葡萄糖酸 – δ – 内酯含量测定（参考方法）
6602	ES 4177 – 2008	肉和肉制品 – 萨拉米（2013 年部分修订）（2015 年部分修订）
6603	ES 4178 – 2005	家禽肉碎肉　机械分离
6604	ES 4195 – 2008	肉和肉制品　总磷量测定（参考方法）
6605	ES 4246 – 2008	与植物化合物机械分离的家禽肉碎肉
6606	ES 4334 – 2008	鲜肉
6607	ES 4415 – 2004	肉和肉制品　游离脂肪含量测定
6608	ES 4416 – 2004	肉和肉制品　羟脯氨酸含量测定
6609	ES 4484 – 2004	肉和肉制品　色素的检测　薄层色谱法
6610	ES 4485 – 2008	肉和肉制品　总磷量测定　光谱测定法
6611	ES 5873 – 2007	巴氏消毒鸡蛋（冷藏、冷冻）
6612	ES 6553 – 2008	巴氏消毒鸡蛋（冷却、冷冻、干燥）分析和试验方法
6613	ES 6943 – 2009	猪脂肪（猪油）（新鲜冷冻 – 冷藏）的检测

续表

序号	标准编号	标准名称
6614	ES 1465 – 2007	食品中残留农药的样品检测方法
6615	ES 1466 – 2006	食品中农药残留物的试验和测定方法　有机氯农药和有机磷农药
6616	ES 1952 – 2005	食品和饲料中敌草快的最大残留限量
6617	ES 1953 – 2007	食品中敌杀磷的最大残留限量
6618	ES 1954 – 2007	食品和饲料中异狄氏剂的最大残留限量
6619	ES 1955 – 2005	食品和饲料中促长啉的最大残留限量
6620	ES 1956 – 2007	食品中丰索磷的最大残留限量
6621	ES 1957 – 2006	食品中三苯锡的最大残留限量
6622	ES 1958 – 2007	食品中育畜磷的最大残留限量
6623	ES 1959 – 2005	食品中2，4－二氯苯氧乙酸的最大残留限量
6624	ES 1960 – 2007	食品和饲料中毒死蜱的最大残留限量
6625	ES 1961 – 2005	食品和饲料中倍硫磷的最大残留限量
6626	ES 1962 – 1991	食品和饲料中二苯胺的最大残留限量
6627	ES 1963 – 2005	食品中二苯胺的最大残留限量
6628	ES 1964 – 2006	食品中杀螟硫磷的最大残留限量
6629	ES 1965 – 2006	食品和饲料中乐果的最大残留限量
6630	ES 1966 – 2006	食品和饲料中林丹的最大残留限量
6631	ES 1967 – 2006	食品中敌敌畏的最大残留限量
6632	ES 1968 – 2005	食品中二嗪农的最大残留限量
6633	ES 1969 – 2007	食品中灭菌丹的最大残留限量
6634	ES 1970 – 2007	食品中安果的最大残留限量
6635	ES 2013 – 2007	农药残留量测定术语的定义
6636	ES 2014 – 2007	食品中毒虫畏的最大残留限量
6637	ES 2015 – 2005	食品和饲料中矮壮素的最大残留限量
6638	ES 2016 – 2006	食品中硫丹的最大残留限量
6639	ES 2017 – 2006	食品中乙硫磷的最大残留限量
6640	ES 2018 – 2007	食品中三硫磷的最大残留限量
6641	ES 2019 – 2006	食品中氯丹的最大残留限量
6642	ES 2020 – 2007	香辛料和调味品的最大残留限量
6643	ES 2021 – 2006	食品中聚酰亚胺的最大残留限量
6644	ES 2073 – 2006	食品中谷硫磷的最大残留限量
6645	ES 2074 – 2007	食品中溴硫磷的最大残留限量
6646	ES 2075 – 2007	食品中乙基溴硫磷的最大残留限量
6647	ES 2076 – 2007	食品中磷化氢的最大残留限量
6648	ES 2077 – 2007	食品中氰化氢的最大残留限量
6649	ES 2078 – 2006	食品和饲料中甲萘威的最大残留限量
6650	ES 2079 – 2006	食品中艾氏剂和狄氏剂的最大残留限量
6651	ES 2080 – 2007	食品中皮蝇硫磷的最大残留限量
6652	ES 2081 – 2007	食品中滴滴涕的最大残留限量
6653	ES 2222 – 2005	食品中马拉松的最大残留限量
6654	ES 2223 – 2006	食品和饲料中杀扑磷的最大残留限量
6655	ES 2224 – 2007	食品中久效磷的最大残留限量
6656	ES 2225 – 1992	食品中氧化乐果的最大残留限量

续表

序号	标准编号	标准名称
6657	ES 2226 – 2007	食品和饲料中2 – 苯基苯酚的最大残留限量
6658	ES 2227 – 2006	食品中百草枯的最大残留限量
6659	ES 2228 – 2005	食品中伏杀磷的最大残留限量
6660	ES 2229 – 2007	食品中磷胺的最大残留限量
6661	ES 2230 – 2007	食品中胡椒基丁醚的最大残留限量
6662	ES 2231 – 2005	食品和饲料中除虫菊酯的最大残留限量
6663	ES 2684 – 2006	食品中甲基毒死蜱的最大残留限量
6664	ES 2685 – 2006	食品中乙酰甲胺磷的最大残留限量
6665	ES 2686 – 2006	食品中卡巴呋喃的最大残留限量
6666	ES 2687 – 2007	食品和饲料中杀螟丹的最大残留限量
6667	ES 2688 – 2007	食品中克瘟散的最大残留限量
6668	ES 2689 – 2006	食品中甲胺磷的最大残留限量
6669	ES 2690 – 2015	食品中马来酰肼的最大残留限量
6670	ES 2691 – 2006	食品中抗蚜威的最大残留限量
6671	ES 2692 – 2006	食品中亚胺硫磷的最大残留限量
6672	ES 2693 – 2007	食品中的最大残留限量（二硫代氨基甲酸盐类）
6673	ES 2694 – 2007	食品中乙硫苯威的最大残留限量
6674	ES 2695 – 2007	食品和饲料中六苯丁锡氧的最大残留限量
6675	ES 2696 – 2007	食品中乙酯杀螨醇的最大残留限量
6676	ES 2697 – 2006	食品中三氯杀螨醇的最大残留限量
6677	ES 2698 – 2007	食品和饲料中七氯的最大残留限量
6678	ES 2699 – 2007	食品中速灭磷的最大残留限量
6679	ES 2700 – 2007	食品中对硫磷的最大残留限量
6680	ES 2701 – 2007	食品中甲基对硫磷的最大残留限量
6681	ES 2702 – 2005	食品中五氯硝基苯的最大残留限量
6682	ES 2703 – 2006	食品中无机溴化物的最大残留限量
6683	ES 2704 – 2005	食品中噻苯咪唑的最大残留限量
6684	ES 2705 – 2007	食品和饲料中敌百虫的最大残留限量
6685	ES 2706 – 2007	食品中三环锡的最大残留限量
6686	ES 2707 – 2006	食品中溴螨酯的最大残留限量
6687	ES 2708 – 2005	食品中乙拌磷的最大残留限量
6688	ES 2709 – 2007	食品和饲料中残杀威的最大残留限量
6689	ES 2710 – 2007	食品和饲料中甲基乙拌磷的最大残留限量
6690	ES 2711 – 2007	食品和饲料中甲基硫菌灵的最大残留限量
6691	ES 2712 – 2007	食品和饲料中蚜灭多的最大残留限量
6692	ES 2713 – 2007	食品和饲料中灭螨猛的最大残留限量
6693	ES 2714 – 2007	食品中百菌清的最大残留限量
6694	ES 2715 – 2005	食品中氯硝胺的最大残留限量
6695	ES 2716 – 2006	食品中多果定的最大残留限量
6696	ES 2717 – 2005	食品中克线磷的最大残留限量
6697	ES 2718 – 2006	食品中甲基嘧啶磷的最大残留限量
6698	ES 2737 – 2006	食品中抑菌灵的最大残留限量
6699	ES 2876 – 2006	食品中抑霉唑的最大残留限量

续表

序号	标准编号	标准名称
6700	ES 2877 – 2007	食品和饲料中甲拌磷的最大残留限量
6701	ES 2878 – 2006	食品中双甲脒的最大残留限量
6702	ES 2879 – 2007	食品和饲料中乙嘧硫磷的最大残留限量
6703	ES 2880 – 2007	食品和饲料中灭蚜磷的最大残留限量
6704	ES 2881 – 2007	食品和饲料中虫螨畏的最大残留限量
6705	ES 2882 – 2006	食品中草氨酰的最大残留限量
6706	ES 2883 – 2007	食品和饲料中苯醚菊酯的最大残留限量
6707	ES 2884 – 2007	食品和饲料中稻丰散的最大残留限量
6708	ES 2885 – 2007	食品和饲料中三唑锡的最大残留限量
6709	ES 2886 – 2006	食品中除虫脲的最大残留限量
6710	ES 2936 – 2007	食品和饲料中氰戊菊酯的最大残留限量
6711	ES 2937 – 2007	食品和饲料中氯菊酯的最大残留限量
6712	ES 2938 – 1996	食品中 2，4，5 – T 的最大残留限量
6713	ES 3002 – 2007	食品和饲料中异菌脲的最大残留限量
6714	ES 3003 – 2007	食品和饲料中双胍盐的最大残留限量
6715	ES 3004 – 2007	食品中双胍盐的最大残留限量
6716	ES 3005 – 2007	食品中四氯硝基苯的最大残留限量
6717	ES 3006 – 2007	食品中嗪氨灵的最大残留限量
6718	ES 3007 – 2007	食品和饲料中涕灭威的最大残留限量
6719	ES 3008 – 2007	食品和饲料中氯氰菊酯的最大残留限量
6720	ES 3105 – 2007	工程用银和银合金电镀层
6721	ES 3486 – 2007	食品中溴氰菊酯的最大残留限量
6722	ES 3487 – 2007	食品中腐霉利的最大残留限量
6723	ES 3488 – 2007	食品和饲料中三唑酮的最大残留限量
6724	ES 3489 – 2008	食品中辛硫磷的最大残留限量
6725	ES 3490 – 2005	食品中三唑磷的最大残留限量
6726	ES 4179 – 2008	食品和饲料中甲霜灵的最大残留限量
6727	ES 4180 – 2005	食品和饲料中咪鲜胺的最大残留限量
6728	ES 4181 – 2005	食品和饲料中三氟氯氰菊酯的最大残留限量
6729	ES 4182 – 2005	食品中噻节因的最大残留限量
6730	ES 4183 – 2008	食品和饲料中三氟氯氰菊酯的最大残留限量
6731	ES 4184 – 2008	食品和饲料中定菌磷的最大残留限量
6732	ES 4467 – 2005	食品和饲料中丙环唑的最大残留限量
6733	ES 4468 – 2005	食品和饲料中甲氰菊酯的最大残留限量
6734	ES 4469 – 2006	食品和饲料中丙溴磷的最大残留限量
6735	ES 4470 – 2006	食品和饲料中戊菌唑的最大残留限量
6736	ES 4471 – 2005	食品和饲料中生物苄呋菊酯的最大残留限量
6737	ES 4472 – 2005	食品和饲料中苯那君的最大残留限量
6738	ES 4473 – 2005	食品和饲料中甲基立枯磷的最大残留限量
6739	ES 4474 – 2005	食品和饲料中己唑醇的最大残留限量
6740	ES 4476 – 2004	有机氯和有机磷农药残留（气相色谱法）（A. O. A. C 10. 1. 02）
6741	ES 4477 – 2004	二硫化碳演变测定二硫代氨基甲酸酯的残留量　分光光度法
6742	ES 4877 – 2005	食品和动物饲料中多菌灵的最大残留限量

续表

序号	标准编号	标准名称
6743	ES 4880 – 2005	食品和动物饲料中阿维菌素的最大残留限量
6744	ES 4881 – 2005	食品和饲料中氟氯氰菊酯的最大残留限量
6745	ES 4882 – 2005	食品和饲料中硫线磷的最大残留限量
6746	ES 4921 – 2005	食品和饲料中乙烯利的最大残留限量
6747	ES 4922 – 2005	食品和饲料中氯苯嘧啶醇的最大残留限量
6748	ES 4923 – 2005	食品中甲硫威的最大残留限量
6749	ES 5016 – 2005	食品和动物饲料中丙线磷的最大残留限量
6750	ES 5017 – 2005	食品和动物饲料中三唑醇的最大残留限量
6751	ES 5018 – 2005	食品和动物饲料中烯菌酮的最大残留限量
6752	ES 5019 – 2005	食品和动物饲料中戊唑醇的最大残留限量
6753	ES 5020 – 2005	食品和动物饲料中灭多威的最大残留限量
6754	ES 5481 – 2006	食品和饲料中氟虫腈的最大残留限量
6755	ES 5482 – 2006	食品和饲料中噻嗪酮的最大残留限量
6756	ES 5483 – 2006	食品和饲料中四螨嗪的最大残留限量
6757	ES 6214 – 2007	食品和动物饲料中灭草松的最大残留限量
6758	ES 6215 – 2007	食品和动物饲料中甲氧普林的最大残留限量
6759	ES 6216 – 2007	食品和动物饲料中氟硅唑的最大残留限量
6760	ES 6217 – 2007	食品和动物饲料中甲氧普林的最大残留限量
6761	ES 6218 – 2007	食品和饲料中特丁硫磷的最大残留限量
6762	ES 6219 – 2007	食品和饲料中联笨三唑醇的最大残留限量
6763	ES 6539 – 2008	食品中兽药的最大残留限量　乙酰氨基阿维菌素
6764	ES 6540 – 2008	食品中兽药的最大残留限量　吡利霉素
6765	ES 6541 – 2008	食品中兽药的最大残留限量　三氮脒
6766	ES 6542 – 2008	食品中兽药的最大残留限量　头孢噻呋
6767	ES 6543 – 2008	食品中兽药的最大残留限量　氟氯氰菊酯
6768	ES 6544 – 2008	食品中兽药的最大残留限量　阿扎哌隆
6769	ES 6545 – 2008	食品中兽药的最大残留限量　敌百虫
6770	ES 6546 – 2008	食品中兽药的最大残留限量　多拉菌素
6771	ES 6547 – 2008	食品中兽药的最大残留限量　氯氰菊酯和高效氯氰菊酯
6772	ES 6548 – 2008	食品中兽药的最大残留限量　卡拉洛尔
6773	ES 6847 – 2008	食品和饲料中联苯肼酯的最大残留限量
6774	ES 6848 – 2008	食品和饲料中环丙氨嗪的最大残留限量
6775	ES 6849 – 2008	食品和饲料中敌菌灵的最大残留限量
6776	ES 6850 – 2008	食品和饲料中恶虫威的最大残留限量
6777	ES 6851 – 2008	食品和饲料中噻草酮的最大残留限量
6778	ES 6852 – 2008	食品和饲料中异柳磷的最大残留限量
6779	ES 6853 – 2008	食品和饲料中肟菌酯的最大残留限量
6780	ES 6854 – 2008	食品和饲料中草铵膦的最大残留限量
6781	ES 6855 – 2008	食品和饲料中二嗪农的最大残留限量
6782	ES 6856 – 2008	食品和饲料中咯菌腈的最大残留限量
6783	ES 7113 – 2010	玉米、小麦和饲料中的玉米烯酮　酶联免疫吸附（农用屏蔽网）法

续表

序号	标准编号	标准名称
6784	ES 7118 – 2010	某些食品中二噁英和二噁英类多氯联苯水平的官方控制用取样和分析方法（及其修改件）
6785	ES 7124 – 2010	农药 EU – MRLS（EU 数据库）
6786	ES 7333 – 2011	有机产品农药残留量与重金属最大限值
6787	ES 189 – 2006	酒精饮料
6788	ES 224 – 2001	啤酒的标准分析方法
6789	ES 292 – 2001	葡萄酒的标准分析方法
6790	ES 336 – 1 – 2005	不含酒精的碳酸饮料　第 1 部分：总则
6791	ES 336 – 2 – 2005	不含酒精的碳酸饮料　第 2 部分：分析方法
6792	ES 364 – 2001	蒸馏酒精饮料的标准分析方法
6793	ES 374 – 2005	加香糖浆
6794	ES 875 – 2007	食品调味粉分析和试验方法
6795	ES 1043 – 1988	人工无气饮料粉
6796	ES 1231 – 2005	碳酸饮料浓缩物
6797	ES 1765 – 2005	不含酒精的大麦饮料
6798	ES 1797 – 2005	调味大麦碳酸饮料
6799	ES 2106 – 2006	罗望子浓缩果浆
6800	ES 3954 – 2005	冰茶
6801	ES 3955 – 2005	风味红茶
6802	ES 4244 – 2008	不含酒精的能量饮料（能量饮料）
6803	ES 4465 – 2008	咖啡制品
6804	ES 5121 – 2006	调味无气饮料
6805	ES 5480 – 2006	液体麦芽提取物
6806	ES 5644 – 2006	角豆树
6807	ES 5749 – 2014	调味酒精饮料
6808	ES 5750 – 2006	酸角豆　卡凯蒂 – 棕糖浆
6809	ES 6220 – 2007	角豆糁
6810	ES 6459 – 2007	饮用角豆、罗望子、芙蓉和姜饼
6811	ES 6554 – 2008	酒精饮料　比重和酒精度的测定
6812	ES 6555 – 2008	稻子豆糖浆　罗望子果　芙蓉花　埃及姜果棕
6813	ES 6556 – 2008	酒精饮料　颜色、黏度和浑浊度的测定
6814	ES 6557 – 2008	酒精饮料　总酸度、挥发性酸度和 pH 的测定
6815	ES 6558 – 2008	酒精饮料　糖的测定
6816	ES 6631 – 2008	酒精饮料　总二氧化硫和绝对二氧化硫的测定
6817	ES 6632 – 2008	酒精饮料　灰分和提取物的测定
6818	ES 6633 – 2008	酒精饮料　乙醇的测定
6819	ES 6634 – 2008	酒精饮料　二氧化碳的测定
6820	ES 6640 – 2008	酒精饮料　酯和醛的测定
6821	ES 6641 – 2008	酒精饮料　高级醇和糠醛的测定
6822	ES 6771 – 2008	酒精饮料　糖精的检测和测定
6823	ES 6776 – 2008	酒精饮料　有毒物质和色素的检测

续表

序号	标准编号	标准名称
6824	ES 7033 – 2009	酒精饮料　氨基甲酸乙酯的测定
6825	ES 7150 – 2010	酒精饮料　乳酸的测定
6826	ES 7151 – 2010	酒精饮料　葡萄酒中总酒石酸的测定
6827	ES 7335 – 2011	酒精饮料　葡萄酒中钙含量的测定
6828	ES 7380 – 2011	酒精饮料　铜的测定
6829	ES 7447 – 2011	酒精饮料　钠的测定
6830	ES 7492 – 2011	酒精饮料　色素测定
6831	ES 7493 – 2011	不含酒精的能量饮料　牛磺酸的测定
6832	ES 7507 – 2012	酒精饮料　钾的测定
6833	ES 7508 – 2012	高效液相色谱法测定食品中的维生素 B_6
6834	ES 190 – 1 – 2007	饮用水和冰　第 1 部分：饮用水
6835	ES 190 – 2 – 2005	饮用水和冰　第 2 部分：冰
6836	ES 1588 – 2005	便携式瓶装天然矿泉水
6837	ES 1589 – 2007	除天然矿泉水之外的瓶装饮用水
6838	ES 1673 – 1988	瓶装饮用水分析方法　砷和硒的测定
6839	ES 1674 – 1988	瓶装饮用水分析方法　洗涤剂和表面活性剂的测定
6840	ES 1674 – 1 – 2014	表面活性剂的测定　第 1 部分：亚甲基蓝指数测量（MBA）测定阴离子表面活性剂
6841	ES 1750 – 1989	瓶装饮用水分析方法　酚和氰化物的测定
6842	ES 1750 – 1 – 2014	选定的单价酚的测定　第 1 部分：衍生化和气相色谱法
6843	ES 1750 – 2 – 2014	水质　氰化物的测定　第 2 部分：总氰化物的测定
6844	ES 1763 – 2005	瓶装饮用水分析方法　总有机碳的测定
6845	ES 1840 – 1990	瓶装饮用水分析方法　汞的测定
6846	ES 1841 – 1990	瓶装饮用水分析方法　铁的测定
6847	ES 1842 – 2005	瓶装饮用水分析方法　颜色、浊度和酸碱值的测定
6848	ES 1842 – 1 – 2007	水质　颜色的检查和测定
6849	ES 1842 – 2 – 2007	水质　pH 的测定
6850	ES 1843 – 1990	瓶装饮用水分析方法　锰的测定
6851	ES 1844 – 1990	瓶装饮用水分析方法　锌的测定
6852	ES 1845 – 2007	水中钡含量的测定方法 920.201
6853	ES 1846 – 1990	瓶装饮用水分析方法　硫酸盐和硫化物的测定
6854	ES 1846 – 1 – 2006	瓶装饮用水分析方法　硫酸盐和硫化物的测定　第 1 部分：硫酸盐的测定
6855	ES 1846 – 2 – 2006	瓶装饮用水分析方法　硫酸盐和硫化物的测定　第 2 部分：硫化物的测定
6856	ES 1847 – 1990	瓶装饮用水分析方法　硼酸盐、氯和氟的测定
6857	ES 1847 – 1 – 2006	分析用乳和乳制品的取样方法　第 1 部分：除黄油和奶酪之外的固体和半固体乳制品
6858	ES 1848 – 1990	瓶装饮用水分析方法　铬的测定
6859	ES 1849 – 1990	瓶装饮用水分析方法　铜的测定
6860	ES 1850 – 1990	瓶装饮用水分析方法　银的测定

续表

序号	标准编号	标准名称
6861	ES 1851 – 1990	瓶装饮用水分析方法　铝的测定
6862	ES 1852 – 1990	瓶装饮用水分析方法　硝酸盐和亚硝酸盐的测定
6863	ES 1861 – 2007	水质　多环芳香烃（PAH）的测定　用高效薄层色谱法和液液萃取之后的荧光检测测定六种多环芳香烃
6864	ES 1861 – 1 – 2007	水质　多环芳香烃（PAH）的测定　用高效液相色谱法和液液萃取之后的荧光检测测定六种多环芳香烃
6865	ES 1861 – 2 – 2007	水质　油气指数的测定　溶剂萃取 – 气相色谱法
6866	ES 1862 – 1990	瓶装饮用水分析方法　铅的测定
6867	ES 1863 – 2007	水中固体含量的测定方法 920·193
6868	ES 1876 – 1990	瓶装饮用水分析方法　钙的测定
6869	ES 1933 – 2006	瓶装饮用水分析方法　取样
6870	ES 2243 – 2007	瓶装矿泉水和饮用水的细菌学和生物学实验
6871	ES 2243 – 1 – 2007	水质　可培养微生物的计数　接种在营养琼脂培养基中的菌落计数
6872	ES 2243 – 2 – 2007	水质　沙门氏菌的检测和计数
6873	ES 2243 – 3 – 2007	水质　还原亚硫酸盐的厌氧菌芽孢（梭状芽孢杆菌）的检测和计数　液体介质增菌法
6874	ES 2243 – 4 – 2007	ISO 6461 – 2 水质　还原亚硫酸盐的厌氧菌芽孢（梭状芽孢杆菌）的检测和计数　薄膜过滤法
6875	ES 2243 – 5 – 2007	水质　肠道球菌的检测和计数　薄膜过滤法
6876	ES 2243 – 6 – 2007	水质　微生物测定法之间等效性的确定标准
6877	ES 2243 – 7 – 2007	水质　微生物分析用取样
6878	ES 2243 – 8 – 2007	水质　厌气菌的气体生成的抑制测定　通用试验
6879	ES 2243 – 9 – 2007	水质　厌气菌的气体生成的抑制测定　低生物量浓度试验
6880	ES 3333 – 2007	三卤甲烷
6881	ES 3854 – 2008	水中氯化氰的测定
6882	ES 3956 – 2008	在水介质中对有机化合物好氧生物降解性的评估　静态试验
6883	ES 4870 – 2005	水质　浓盐水法测定水质中总 α 活性
6884	ES 4871 – 2005	水质　钙和镁含量的测定　原子吸收光谱法
6885	ES 4872 – 1 – 2005	水质　氟化物的测定　第 1 部分：用于饮用和轻度污染水的电化学探针方法
6886	ES 4924 – 2005	水质　用原子吸收光谱法和石墨炉测定正确的元素
6887	ES 5099 – 2006	水质　非盐水中总 β 活性的测量
6888	ES 5100 – 1 – 2006	六种特定多环芳烃的测定　第 1 部分：薄层色谱法
6889	ES 6192 – 1 – 2007	水质　大肠杆菌和大肠杆菌类的检测和计数　第 1 部分：膜过滤
6890	ES 6770 – 2008	水质　碘量滴定法测定总氯
6891	ES 7017 – 2009	水质　六价铬的测定　1，5 – 羰二肼的光谱法
6892	ES 7018 – 2009	水质　铝含量的测定　原子吸收光谱法
6893	ES 7441 – 2011	水质　选定的有机氮和磷化合物的测定　气相色谱法
6894	ES 153 – 2006	罐头食品用装配式锡容器
6895	ES 153 – 1 – 1978	罐头食品用装配式锡容器　第 1 部分：总则

续表

序号	标准编号	标准名称
6896	ES 340 – 1963	食品用纸容器
6897	ES 340 – 1 – 2007	食品用纸容器　第1部分：纸制袋子和容器用包装纸
6898	ES 340 – 2 – 2007	食品用纸容器　第2部分：硬纸盒
6899	ES 340 – 3 – 2007	食品用纸容器　第3部分：分析和试验方法
6900	ES 418 – 2005	预包装食品用玻璃容器
6901	ES 557 – 1996	自动密封容器通用闭包
6902	ES 558 – 2005	非酒精饮料用玻璃容器
6903	ES 813 – 2008	食品用软木塞和垫
6904	ES 1546 – 2011	预包装食品标记的通用标准
6905	ES 1559 – 2008	食品分析的包装与采样方法
6906	ES 1698 – 1989	冠幅分析和试验方法
6907	ES 2143 – 1992	食品用纸质包装的通用要求
6908	ES 2144 – 1992	食品用塑料包装的通用要求
6909	ES 2145 – 1992	食品用玻璃包装的通用要求
6910	ES 2146 – 1992	食品用金属包装的通用要求
6911	ES 2339 – 2007	柔性片状材料对于水蒸气的渗透性的测量方法　柔性片状材料对于水蒸气的渗透性的测量方法　包装用途
6912	ES 2340 – 2014	已加工乳酪包装用铝箔
6913	ES 2341 – 1992	奶酪包装用软包装材料的使用
6914	ES 2342 – 2006	严禁儿童接触的开放式集装箱　要求与测试方法
6915	ES 2344 – 1992	食品用玻璃罐
6916	ES 2345 – 2006	冰激凌与冷冻糖果包装用上蜡纸板
6917	ES 2479 – 2014	牛奶包装用塑料袋
6918	ES 2613 – 1996	食品的耐久性周期
6919	ES 2613 – 1 – 2008	食品的耐久性周期　第1部分：通用要求
6920	ES 2613 – 2 – 2008	食品的耐久性周期　第2部分：鱼和鱼类产品的耐久性周期
6921	ES 2613 – 3 – 2002	食品的耐久性周期　第3部分：牛奶和奶制品的保质期
6922	ES 2613 – 4 – 2002	食品的耐久性周期　第4部分：牛奶和奶制品的保质期
6923	ES 2613 – 5 – 2002	食品的耐久性周期　第5部分：谷物、豆类及其制品的耐久性周期
6924	ES 2613 – 6 – 2002	食品的耐久性周期　第6部分：茶、咖啡及其制品的耐久性周期
6925	ES 2613 – 7 – 2002	食品的耐久性周期　第7部分：糖、糖果、可可及其制品的耐久性周期
6926	ES 2613 – 9 – 2002	动物产品的耐久性周期　第9部分：食品饲料的耐久性周期
6927	ES 2613 – 10 – 2002	食品的耐久性周期　第10部分：糖、糖果、可可及其制品的耐久性周期
6928	ES 2613 – 11 – 2002	食品的耐久性周期　第11部分：肉和肉制品的耐久性周期
6929	ES 2613 – 12 – 2002	食品的耐久性周期　第12部分：啤酒和水的耐久性周期
6930	ES 2613 – 13 – 2002	食品的耐久性周期　第13部分：食品添加剂的耐久性周期
6931	ES 2854 – 1995	肉制品包装的安全要求

续表

序号	标准编号	标准名称
6932	ES 2855 – 2006	包装食品用对苯二甲酸乙二醇酯容器
6933	ES 3019 – 2007	食品包装用塑料杯和容器的一次性使用的通用要求
6934	ES 3613 – 2008	设计街头售卖食品监管措施的准则
6935	ES 3952 – 2015	食品添加剂标签
6936	ES 4245 – 2008	移除食品包装框架标签的 k 阻力印刷的测定方法
6937	ES 4249 – 2014	清真食品标签要求和规定
6938	ES 5212 – 2006	信息技术　自动识别和数据采集技术　条形码符号表示规范　交错 2∶5
6939	ES 5213 – 2006	信息技术　自动识别和数据采集技术　条形码符号表示规范　条码 128
6940	ES 5479 – 2006	信息技术　自动识别和数据采集技术　条形码体系规范　UPC – EAN
6941	ES 6050 – 2007	包和包装的通用要求
6942	ES 6347 – 2007	食品容器顶部
6943	ES 6456 – 2007	罐装食品用预制锡容器的试验方法
6944	ES 6460 – 2007	饮料和果汁包装用金属罐
6945	ES 6462 – 2007	预包装食品用玻璃容器
6946	ES 6947 – 1 – 2009	与食品接触的材料和物品　塑料　第 1 部分：整体偏移用条件和试验方法的选择指南
6947	ES 6947 – 3 – 2009	与食品接触的材料和物品　塑料　第 3 部分：全浸渍在液态食品中的塑料总转移量的试验方法
6948	ES 6947 – 5 – 2009	与食品接触的材料和物品　塑料　第 5 部分：全浸渍在液态食品样品中的塑料总转移量的试验方法
6949	ES 6947 – 7 – 2009	与食品接触的材料和物品　塑料　第 7 部分：使用小袋子向含水食品模拟物种的整体移动的试验方法
6950	ES 6947 – 9 – 2009	与食品接触的材料和物品　塑料　第 9 部分：颗粒填充时液态食品中的塑料总转移量的试验方法
6951	ES 6947 – 14 – 2009	与食品接触的材料和物品　塑料　第 14 部分：使用试验媒介异辛烷和 95% 乙醇测试与脂肪食品接触的塑料的总转移量的替代试验方法
6952	ES 6947 – 15 – 2009	与食品接触的材料和物品　塑料　第 15 部分：用快速萃取到异辛烷和/或 95% 乙醇的方法转移到脂肪食品模拟装置中的替代试验方法
6953	ES 7040 – 2009	会与食品接触的塑料材料和塑料制品（同见 EU 指令中所述附件）
6954	ES 7041 – 2009	包装和包装废料（以及 EU 指令规定的附件）
6955	ES 7042 – 2009	包装和包装废料（以及 EU 指令规定的附件）
6956	ES 3978 – 2003	感官分析　方法学　使用标度的方法评价食品
6957	ES 3979 – 2 – 2003	感官分析　选择、培训和监督评估者的通用指南　第 2 部分：专家
6958	ES 3984 – 2003	感官分析　方法学　气味检测和识别评估者的入门和培训
6959	ES 4251 – 2003	硬粒小麦面粉和面食　采用感官分析评估面食的烹饪质量
6960	ES 4409 – 2005	茶叶　感官试验用溶液的制备

续表

序号	标准编号	标准名称
6961	ES 4410 – 2005	生咖啡 感官分析用样品的制备
6962	ES 4417 – 2005	感官分析 方法学 通用指南
6963	ES 4418 – 2005	感官分析 试验室通用设计指南
6964	ES 4419 – 2005	感官分析 方法学 成对比较试验
6965	ES 4478 – 2004	感官分析 方法学 通用指南
6966	ES 4479 – 2004	低热量辣椒感官评定的试验方法
6967	ES 4873 – 2005	感官分析 词汇
6968	ES 4874 – 2005	感官分析 方法学 不能进行直接感官分析的样品制备指南
6969	ES 4875 – 2005	感官分析（方法学 二－三点检验）
6970	ES 4876 – 2005	食用油脂的感官评定
6971	ES 5206 – 1 – 2006	感官分析 选择、培训和监督评估者的通用指南 第1部分：优选评价者
6972	ES 5206 – 2 – 2006	感官分析 选择、培训和监督评估者的通用指南 第2部分：专家
6973	ES 5207 – 2006	感官分析 方法学 排序
6974	ES 5208 – 2006	感官分析 通过多元分析方法鉴定和选择用于建立感官剖面的描述词
6975	ES 5209 – 2006	感官分析 方法学 建立感官剖面的通用指南
6976	ES 5210 – 2006	感官分析 方法学 采用三点选配（3－AFC）法测定嗅觉、味觉和风味觉察阈值的通用指南
6977	ES 5211 – 2006	感官分析 评定食品包装引起的味道改变的方法
6978	ES 5395 – 1 – 2006	感官分析 直接接触食品的纸和纸板 第1部分：气味
6979	ES 5395 – 2 – 2006	感官分析 直接接触食品的纸和纸板 第2部分：异味（污染）
6980	ES 5726 – 2006	生咖啡 嗅觉和肉眼检验以及杂质的缺陷的测定
6981	ES 5727 – 2006	感官分析 实验室通用设计指南
6982	ES 5742 – 2006	感官分析 方法学 香味分析法
6983	ES 5743 – 2006	储藏期间包装对食品和饮料的影响测定
6984	ES 5744 – 2006	感官评定用大量取样、搬运和制备食用植物油
6985	ES 5877 – 2007	感官分析 软木塞
6986	ES 5878 – 2007	感官分析 器具 品酒用玻璃用具
6987	ES 5879 – 2007	感官分析 气味检测和识别评估者的入门和培训
6988	ES 5880 – 2007	感官分析 定量反应尺度的使用指南
6989	ES 6058 – 2007	感官分析 器具 橄榄油试验用玻璃用具
6990	ES 6059 – 2007	感官分析 方法学 "a"和非"a"试验
6991	ES 6063 – 2007	儿童产品的感官评定
6992	ES 6207 – 2007	鲜果感官评价方法
6993	ES 6208 – 2007	感官分析 方法学 序贯分析
6994	ES 6344 – 2007	感官分析 方法学 味觉灵敏度的调查方法
6995	ES 7019 – 2009	感官分析 方法学 三角试验
6996	ES 7020 – 2009	感官分析 方法学 质地剖面
6997	ES 7152 – 2010	感官分析 辣椒油树脂的感官评定
6998	ES 7153 – 2010	感官分析 低加热辣椒的感官评定

续表

序号	标准编号	标准名称
6999	ES 7154 – 2010	加热红辣椒的感官评定
7000	ES 7623 – 2013	感官分析　方法学　成对比较试验
7001	ES 284 – 1 – 2006	芥末　第1部分：芥菜籽和芥末粉
7002	ES 284 – 2 – 1992	芥末　第2部分：芥末糊
7003	ES 284 – 3 – 2003	芥末　第3部分：芥末酱
7004	ES 385 – 1993	黑胡椒粉和白胡椒粉（2003年修改件）
7005	ES 385 – 1 – 2009	胡椒属　第1部分：黑胡椒
7006	ES 385 – 2 – 2009	胡椒属　第2部分：白胡椒
7007	ES 802 – 2007	咖喱粉
7008	ES 960 – 2005	辣椒
7009	ES 1675 – 2005	干辣椒分析和试验方法
7010	ES 1680 – 2008	乳香
7011	ES 1684 – 2003	小豆蔻
7012	ES 1684 – 1 – 2008	小豆蔻　第1部分：整果荚
7013	ES 1684 – 2 – 2008	小豆蔻　第2部分：种子
7014	ES 1693 – 2008	肉桂
7015	ES 1695 – 2008	手套
7016	ES 1724 – 2005	辣椒酱
7017	ES 1778 – 2006	玫瑰茄
7018	ES 1783 – 2006	甘草
7019	ES 1868 – 2007	香料和调味品分析和试验方法
7020	ES 1868 – 1 – 2007	香料和调味品分析和试验方法　第1部分：取样
7021	ES 1868 – 2 – 2008	香料和调味品分析和试验方法　第2部分：显微试验
7022	ES 1868 – 3 – 2014	香料和调味品分析和试验方法　第3部分：杂质含量测定
7023	ES 1868 – 4 – 2007	香料和调味品分析和试验方法　第4部分：冷水醇提物的测定
7024	ES 1868 – 5 – 2008	香料和调味品分析和试验方法　第5部分：水分、总灰分和酸不溶性灰分的测定
7025	ES 1868 – 6 – 2008	香料和调味品分析和试验方法　第6部分：挥发油含量测定（水蒸馏法）
7026	ES 1868 – 7 – 2008	香料和调味品分析和试验方法　第7部分：污物的测定
7027	ES 1868 – 8 – 2008	香料和调味品分析和试验方法　第8部分：淀粉和粗纤维的测定
7028	ES 1930 – 2008	孜然
7029	ES 1931 – 2008	香菜
7030	ES 1932 – 2008	八角
7031	ES 2095 – 2005	香菜
7032	ES 2096 – 2005	藏红花
7033	ES 2105 – 2006	百里香
7034	ES 2107 – 2008	月桂树叶
7035	ES 2366 – 2007	蛋黄酱和沙拉酱
7036	ES 2367 – 2006	干薄荷
7037	ES 2830 – 2006	姜黄
7038	ES 2831 – 2006	茴香籽
7039	ES 2850 – 2008	黑籽

续表

序号	标准编号	标准名称
7040	ES 2985 – 2008	甜椒（全香料）
7041	ES 2986 – 2011	生姜
7042	ES 3207 – 2006	葫芦巴或葫芦巴粉
7043	ES 3221 – 2008	马郁兰
7044	ES 3259 – 1997	食品用草本植物和药用植物的通用要求
7045	ES 3410 – 2008	芹菜籽
7046	ES 3982 – 2003	辣椒　斯科维尔指数的测定
7047	ES 4034 – 2008	干甜罗勒
7048	ES 4035 – 2008	干沙拉
7049	ES 4174 – 2008	干薄荷
7050	ES 4262 – 2007	香料和调味品分析和试验方法　非挥发性醚提取物
7051	ES 4267 – 2003	香料和调味品　污物的测定
7052	ES 4269 – 2007	香料和调味品分析和试验方法　分析用研磨样品的制作
7053	ES 4878 – 2005	干迷迭香
7054	ES 5472 – 1 – 2006	香薄荷　第 1 部分：冬香薄荷
7055	ES 5472 – 2 – 2006	香薄荷　第 2 部分：夏香薄荷
7056	ES 5868 – 2011	肉豆蔻
7057	ES 6501 – 2008	姜黄　着色能力的测定　分光光度法
7058	ES 6722 – 2008	磨碎（粉状）辣椒粉　显微镜检验
7059	ES 6723 – 2008	脱水青椒
7060	ES 6724 – 2008	脱水龙蒿
7061	ES 6772 – 2008	磨碎（粉状）辣椒粉　显微镜检验
7062	ES 6773 – 2008	磨碎（粉状）辣椒粉　天然色素总含量的测定
7063	ES 6775 – 2008	八角茴香
7064	ES 7037 – 2009	刺柏果
7065	ES 7038 – 2009	干莳萝
7066	ES 7039 – 2009	干欧芹
7067	ES 7155 – 2010	加工肉类和家禽产品中香料和草药的微生物质量指南
7068	ES 7156 – 2010	大豆蔻胶囊和种子
7069	ES 7235 – 2010	浓盐水浸泡胡椒粒（Piper nigrum L.）
7070	ES 7559 – 2013	药用植物和芳香植物生产、处理和制造的良好实践
7071	ES 5389 – 2006	土质　土壤保护和土壤污染的相关术语和定义
7072	ES 5390 – 2014	特定电导率－土壤质量的测定
7073	ES 5391 – 2014	土质　干燃烧后有机和总碳含量的测定
7074	ES 5392 – 2014	土质　酸碱值的测定
7075	ES 5393 – 2014	土质　总氮含量的测定　改良凯氏法
7076	ES 5394 – 2014	土质　物理化学分析试样的制备
7077	ES 5458 – 2014	土质　土壤和现场信息记录格式
7078	ES 5459 – 2006	干容积密度的测定
7079	ES 5460 – 2006	土质　碳酸盐含量的测定　体积分析法
7080	ES 5461 – 2006	土质　土壤的王水萃取物中镉、铬、钴、铅、锰、镍和锌含量的测定　火焰和电热原子吸收光谱法
7081	ES 5725 – 2006	土质　采用硫铬氧化法测定有机碳

续表

序号	标准编号	标准名称
7082	ES 6051－2007	土质　采用氯化钾溶液萃取法测定湿地土壤中的硝酸盐、亚硝酸盐和铵含量
7083	ES 6052－2007	土质　非饱和带水含量的测定　中子深度探测法
7084	ES 6053－2007	土质　采用氯化钙溶液作为萃取剂测定风干土壤中的硝态氮、氨态氮、可溶性总氮含量
7085	ES 6054－1－2007	土质　污染物对蚯蚓的影响　第1部分：采用人工土壤基质测定急性毒性
7086	ES 6054－2－2007	土质　污染物对蚯蚓的影响　第2部分：对繁殖影响的测定
7087	ES 6054－3－2007	土质　污染物对蚯蚓的影响　第3部分：环境影响测定指南
7088	ES 6055－2007	土质　采用有芯套筒测定土壤水含量的体积百分比　重量分析法
7089	ES 6056－2007	土质　王水中微量元素溶解的萃取
7090	ES 6193－1－2007	土质　元素总含量测定用分解　第1部分：采用氢氟酸和高氯酸进行分解
7091	ES 6193－2－2008	土质　元素总含量测定用分解　第2部分：采用碱熔法进行分解
7092	ES 6194－2007	土质　采用氯化钡溶液测定有效阳离子交换能力和基本饱和等级
7093	ES 6195－2007	土质　土壤水分和非饱和带　定义、符号和理论
7094	ES 6196－2007	土质　孔隙水压力的测定　张力计法
7095	ES 6197－2007	土质　土壤的简单描述
7096	ES 6198－2007	土质　颗粒密度的测定
7097	ES 6199－2007	土质　采用缓冲的二亚乙基三胺五乙酸溶液萃取微量元素
7098	ES 6345－2007	土质　采用干烧法测定总硫含量
7099	ES 6346－2007	土质　采用干烧法测定总氮含量（元素分析）
7100	ES 6506－2008	土质　矿质土壤物质粒度分布的测定　筛分法和沉降法
7101	ES 6507－1－2008	土质　取样　第1部分：取样方案设计指南
7102	ES 6507－2－2010	土质　取样　第2部分：取样技术指南
7103	ES 6507－3－2010	土质　取样　第3部分：安全指南
7104	ES 6638－2008	土质　水溶性和酸溶性硫酸盐的测定
7105	ES 6774－2008	土质　有机污染物测定用样品的预处理
7106	ES 6936－2009	土质　保水特性的测定　实验室方法
7107	ES 7446－2011	土质　磷含量测定　碳酸氢钠溶液中可溶性磷的光谱测定
7108	ES 7629－2013	农业用污水污泥时对土壤的环境保护
7109	ES 1448－2007	食品中铜的测定　比色法
7110	ES 1449－2008	罐头食品中锡的测定　原子吸收分光光度法
7111	ES 1460－2008	食品中砷的测定
7112	ES 1461－2008	食品中锌的测定
7113	ES 1467－1979	食品中黄曲霉毒素的测定
7114	ES 1796－2007	食品中有毒物质的检测和测定方法
7115	ES 1806－2007	食品含银量的测定方法
7116	ES 1865－1990	食品含铅量定量评估
7117	ES 1865－1－2007	食品含铅量的定量估算
7118	ES 1865－2－2007	食品中铅的测定　第2部分：无焰原子吸收光谱法
7119	ES 1865－3－2009	食品中铅的测定　第3部分：原子吸收分光光度法
7120	ES 1875－1－2007	食品中真菌毒素的最高水平　第1部分：黄曲霉毒素

续表

序号	标准编号	标准名称
7121	ES 1875 – 2 – 2010	食品和饲料中霉菌毒素的最高水平　第2部分：最高水平
7122	ES 2359 – 2007	食品中多氯联苯（P. C. BS）的最高水平
7123	ES 2360 – 2008	食品中金属（铜 – 铁 – 锌）的最高水平
7124	ES 2360 – 1 – 2007	重金属的最高水平　第1部分：食品中铅的最高水平
7125	ES 2360 – 2 – 2007	重金属的最高水平　第2部分：镉的最高水平
7126	ES 2360 – 3 – 2007	重金属的最高水平　第3部分：汞和甲基汞的最高水平
7127	ES 2360 – 4 – 2007	重金属的最高水平　第4部分：锡的最高水平
7128	ES 2360 – 5 – 2007	重金属的最高水平　第5部分：砷的最高水平
7129	ES 3220 – 1997	辐照食品
7130	ES 3220 – 1 – 2011	辐照食品　第1部分：辐照食品通用标准
7131	ES 3220 – 2 – 2011	辐照食品　第2部分：食品辐照加工实务守则
7132	ES 3781 – 2008	食品添加剂中重金属限值试验
7133	ES 4730 – 1 – 2008	珍珠和珍珠制品中赭曲霉毒素 A 的测定　第1部分：硅胶净化的高效液相色谱法
7134	ES 4730 – 2 – 2014	食品　谷物和谷物制品中赭曲霉素 A 的测定　第2部分：重碳酸氢盐净化高性能液相色谱法
7135	ES 5033 – 1 – 2005	淀粉和其衍生物产品　重金属含量　第1部分：用原子吸收光谱法测定砷含量
7136	ES 5033 – 2 – 2006	淀粉和其衍生物产品　重金属含量　第2部分：用原子吸收光谱法测定汞含量
7137	ES 5033 – 3 – 2006	淀粉和衍生产品　重金属含量　第3部分：采用原子吸收光谱法测定铅含量
7138	ES 5033 – 4 – 2006	淀粉和衍生产品　重金属含量　第4部分：采用原子吸收光谱法测定镉含量
7139	ES 5724 – 2006	食品　谷类、坚果和副产品中黄曲霉素 B_1 以及黄曲霉素 B_1，B_2，G1 和 G2 总含量的测定　高效液相色谱法
7140	ES 6340 – 1 – 2007	水果、蔬菜和衍生产品　锌含量的测定　第1部分：极谱法
7141	ES 6340 – 2 – 2007	水果、蔬菜和衍生产品　锌含量的测定　第2部分：原子吸收分光光度法
7142	ES 6502 – 2008	用薄层色谱法测定玉米和花生中的黄曲霉毒素
7143	ES 6503 – 2008	房客微柱法测定食品和饲料中的黄曲霉毒素
7144	ES 6635 – 2008	食品中铅、镉、锌、铜和铁的测定　微波消解之后采用原子吸收分光光度法
7145	ES 6636 – 2008	食品中铅、镉、锌、铜和铁的测定　干灰化之后采用原子吸收分光光度法
7146	ES 6863 – 2008	海鲜中组胺的测定　荧光法
7147	ES 6934 – 2009	黄曲霉毒素薄层色谱法标准
7148	ES 7034 – 2009	二噁英类和二噁英类与二噁英类似多氯联苯总量的最大限量
7149	ES 7035 – 2009	鱼和壳鱼中汞（甲基）的测定　快速气相色谱法
7150	ES 7036 – 2009	鱼中汞的测定　替代性无焰原子吸收分光光度法
7151	ES 7136 – 2010	食品污染物最高限量
7152	ES 7147 – 2010	气相色谱法测定食品中的丙烯腈
7153	ES 7148 – 2010	食品包装材料和工具中氯乙烯单体残留量的测定　气相色谱法

续表

序号	标准编号	标准名称
7154	ES 7236 – 2010	预防和降低食品和饲料中二噁英和二噁英类多氯联苯污染的实施规程
7155	ES 7336 – 2011	食品中镉的测定　原子吸收分光光度法
7156	ES 7556 – 2013	预防和减少食品中铅污染物的实施规程
7157	ES 7557 – 2013	预防和降低谷物中霉菌毒素污染的实施规程，包括关于赭曲霉毒素 A、玉米赤霉醇、伏马菌素和单端孢霉烯的附件
7158	ES 7558 – 2013	在酸水解植物蛋白（酸 – Hvp5）和含酸 – Hvp5 产品的生产过程中降低 3 – 氯 – 1，2 – 丙二醇（3 – MCPD）的实施规程
7159	ES 7627 – 2013	气相色谱/质谱法测定 3 – 单氯丙烷 – 1，2 – 二醇
7160	ES 2736 – 1 – 2007	为评估兽药残留的食品取样　第 1 部分：肉禽制品
7161	ES 2736 – 2 – 2007	为评估兽药残留的食品取样　第 2 部分：鱼类制品、乳制品和蛋制品
7162	ES 2736 – 3 – 2007	为评估兽药残留的食品取样　第 3 部分：蜂蜜
7163	ES 3684 – 2008	食品中兽药的最大残留限量　阿苯达唑
7164	ES 3685 – 2008	食品中兽药的最大残留限量　苄青霉素 – 普鲁卡因青霉素
7165	ES 3686 – 2001	食品中兽药的最大残留限量
7166	ES 3687 – 2008	食品中兽药的最大残留限量　氯氰碘柳胺
7167	ES 3688 – 2008	食品中兽药的最大残留限量　17β – 雌二醇
7168	ES 3689 – 2008	食品中兽药的最大残留限量　氟苯达唑
7169	ES 3690 – 2008	食品中兽药的最大残留限量　氮氨菲啶
7170	ES 3691 – 2008	食品中兽药的最大残留限量　伊佛霉素
7171	ES 3692 – 2008	兽医板车的最大残留限量　土霉素
7172	ES 3693 – 2008	兽医板车的最大残留限量　孕酮
7173	ES 3694 – 2008	兽医板车的最大残留限量　磺胺二甲嘧啶
7174	ES 3695 – 2008	兽医板车的最大残留限量　睾酮
7175	ES 3696 – 2008	兽医板车的最大残留限量　噻菌灵
7176	ES 3697 – 2008	兽医板车的最大残留限量　醋酸去甲雄三烯醇酮
7177	ES 3698 – 2008	兽医板车的最大残留限量　玉米赤霉醇
7178	ES 6178 – 2007	食品中兽药的最大残留限量　阿维菌素
7179	ES 6179 – 2007	食品中兽药的最大残留限量　氟甲喹
7180	ES 6180 – 2007	食品中兽药的最大残留限量　达氟沙星
7181	ES 6181 – 2007	食品中兽药的最大残留限量　溴氰菊酯
7182	ES 6182 – 2007	食品中兽药的最大残留限量　辛硫磷
7183	ES 6183 – 2007	食品中兽药的最大残留限量　三氟氯氰菊酯
7184	ES 6184 – 2007	食品中兽药的最大残留限量　咪唑苯脲
7185	ES 6185 – 2007	食品中兽药的最大残留限量　地克珠利
7186	ES 6186 – 2007	食品中兽药的最大残留限量　地昔尼尔
7187	ES 6187 – 2007	食品中兽药的最大残留限量　新霉素
7188	ES 7024 – 2009	食品中兽药的最大残留限量　庆大霉素
7189	ES 7025 – 2009	食品中兽药的最大残留限量　壮观霉素
7190	ES 7026 – 2009	食品中兽药的最大残留限量　苯硫氨酯/芬苯达唑/奥芬达唑
7191	ES 7027 – 2010	食品中兽药的最大残留限量　替米考星
7192	ES 7028 – 2010	食品中兽药的最大残留限量　双氢链霉素

续表

序号	标准编号	标准名称
7193	ES 7029 – 2009	食品中兽药的最大残留限量　螺旋霉素
7194	ES 7030 – 2009	食品中兽药的最大残留限量　左旋咪唑
7195	ES 7031 – 2009	食品中兽药的最大残留限量　尼卡巴嗪
7196	ES 7032 – 2009	食品中兽药的最大残留限量　林可霉素
7197	ES 7135 – 2010	动物源性食品中兽药产品的最大残留限量
7198	ES 7022 – 2009	切花和绿叶出口的通用要求
7199	ES 7141 – 2010	切花　蔷薇
7200	ES 7142 – 2010	切花　鹤望兰
7201	ES 7143 – 2010	切花　康乃馨
7202	ES 7144 – 2010	切花　一枝黄花
7203	ES 7145 – 2010	切花　唐菖蒲
7204	ES 7146 – 2010	切花　雪菊
7205	ES 7450 – 2011	切花　鸢尾花
7206	ES 7494 – 2011	切花　百合
7207	ES 7495 – 2011	切花　非洲菊
7208	ES 7509 – 2012	切花　满天星
7209	ES 7510 – 2012	切花　小苍兰
7210	ES 7511 – 2012	切花　金丝桃
7211	ES 7512 – 2012	切花　补血草
7212	ES 7513 – 2012	切花　紫菀
7213	ES 6864 – 2 – 2008	食品加工机械　基本概念　第2部分：卫生要求
7214	ES 7023 – 2009	食品加工机械　面粉和粗麦粉的研磨加工机　安全和卫生要求
7215	ES 28 – 1 – 2010	数量和单位　第1部分：空间和时间
7216	ES 208 – 2003	0，5 和 1 类交流电能表
7217	ES 425 – 1 – 2005	广播和电视接收机的技术术语和定义　第1部分：通用术语
7218	ES 425 – 2 – 2005	广播和电视接收机的技术术语和定义　第2部分：普通声音和电视广播术语
7219	ES 425 – 3 – 2005	广播和电视接收机的技术术语和定义　第3部分：声音广播
7220	ES 425 – 4 – 2005	广播和电视接收机的技术术语和定义　第4部分：电视　通用定义
7221	ES 540 – 1964	电压互感器
7222	ES 540 – 1 – 2003	电压互感器　第1部分：适用于所有电压互感器的通用要求
7223	ES 540 – 2 – 1989	电压互感器　第2部分：单相电压互感器的附加要求
7224	ES 540 – 3 – 1990	电压互感器　第3部分：单相保护互感器的附加要求
7225	ES 540 – 4 – 2003	电压互感器　第4部分：电容式电压互感器的附加要求
7226	ES 605 – 2008	电信用图形符号（用于波导技术）
7227	ES 606 – 1 – 1993	半导体器件图表用图形符号　第1部分：用于半导体器件符号的图形符号描述
7228	ES 606 – 2 – 1993	半导体器件简图用图形符号　第2部分：半导体器件（二极管）的符号描述
7229	ES 606 – 3 – 1993	半导体器件简图用图形符号　第3部分：半导体器件（晶闸管）的符号描述

续表

序号	标准编号	标准名称
7230	ES 606 – 4 – 1993	半导体器件图表用图形符号　第 4 部分：半导体器件（晶体管）的符号描述
7231	ES 606 – 5 – 1993	半导体器件电信用图形符号　第 5 部分：半导体器件的符号描述（光敏感和磁场器件）
7232	ES 607 – 1996	图表用图形符号（电子阀）
7233	ES 668 – 2008	建筑和工程结构中电气配线和规划图表用图形符号
7234	ES 669 – 1 – 2014	电学测量通用术语　第 1 部分：基本术语
7235	ES 669 – 2 – 2014	电学测量通用术语　第 2 部分：与技术特性有关的术语
7236	ES 669 – 3 – 2014	电力测量的通用术语　第 3 部分：与功能相关的通用术语
7237	ES 669 – 4 – 2014	国际电工词汇　电气和电子测量和测量仪器　第 4 部分：根据仪器类型的特定术语
7238	ES 676 – 2002	用于自动控制系统的图形符号
7239	ES 676 – 1 – 2006	电器简图用图形符号　第 1 部分：传动装置和相关装置
7240	ES 676 – 2 – 2006	电器简图用图形符号　第 2 部分：过程测量和控制装置
7241	ES 710 – 1 – 2014	电子测量仪器和其附件　第 1 部分：定义和通用要求
7242	ES 710 – 2 – 2014	直接作用模拟指示电测量仪表和其附件　第 2 部分：电流表和电压表的特殊要求
7243	ES 710 – 3 – 2014	直接作用模拟指示电测量仪表和其附件　第 3 部分：功率表和无功功率表的特殊要求
7244	ES 710 – 4 – 2014	直接作用模拟指示电测量仪表和其附件　第 4 部分：频率计的特殊要求
7245	ES 710 – 5 – 2014	直接作用模拟指示电测量仪表和其附件　第 5 部分：相位表、功率因数表和同步指示器的特殊要求
7246	ES 710 – 6 – 2014	直接作用模拟指示电测量仪表和其附件　第 6 部分：电阻表（阻抗表）和电导表的特殊要求
7247	ES 710 – 7 – 2014	直接作用模拟指示电测量仪表和其附件　第 7 部分：多功能表的特殊要求
7248	ES 710 – 8 – 2014	直接作用模拟指示电测量仪表和其附件　第 8 部分：附件的特殊要求
7249	ES 710 – 9 – 2014	直接作用模拟指示电测量仪表和其附件　第 9 部分：推荐的试验方法
7250	ES 772 – 2013	电和磁的量、单位、符号和转换因子
7251	ES 876 – 2010	电阻器和电容器的标志代码
7252	ES 877 – 2015	电阻器和电容器的优选系列
7253	ES 1019 – 1970	埃及标准起草指南
7254	ES 1021 – 2008	电气测量仪器的校准（电流表、电压表、欧姆表和瓦特计）
7255	ES 1023 – 2005	仪器和过程的初始和后续验证
7256	ES 1023 – 1 – 2000	测量仪器和过程的初始验证和随后验证　第 1 部分：测量仪器和过程的初始验证和随后验证
7257	ES 1023 – 2 – 2000	测量仪器和过程的初始验证和后续验证　第 2 部分：用于实验室测量的测量设备的校准间隔测定指南
7258	ES 1068 – 2001	电能表的校准

续表

序号	标准编号	标准名称
7259	ES 1075 – 2008	仪表变压器的校准
7260	ES 1197 – 2005	SI 单位及其倍数单位和一些其他单位的应用推荐
7261	ES 1237 – 2015	采用气隙法测量电压
7262	ES 1268 – 2002	测量验证和试验用实验室的确定和批准指南
7263	ES 1439 – 2015	固体绝缘材料体积电阻率和表面电阻率试验方法
7264	ES 1572 – 2006	测量和校准系统
7265	ES 1665 – 1988	互感器局部放电测量
7266	ES 1666 – 2005	高电压试验技术　局部放电测量
7267	ES 1836 – 1990	导体和连接装置中使用图表的图形符号
7268	ES 1913 – 1990	电容器标志代码
7269	ES 1923 – 1 – 2005	工业过程测量和控制设备的操作条件　第1部分：温度、湿度和气压
7270	ES 1923 – 2 – 2005	工业过程测量和控制设备的操作条件　第2部分：电源
7271	ES 2004 – 2007	计量和校准实验室认证索引
7272	ES 2043 – 2004	低频电气与电子实验室的特殊要求
7273	ES 2044 – 2004	高频电子测量实验室的特殊要求
7274	ES 2045 – 2004	物理实验室的特殊条件
7275	ES 2046 – 2004	计量和校准实验室创立索引
7276	ES 2064 – 1 – 1993	通用电流互感器　第1部分：便于所有电流互感器的通用要求
7277	ES 2064 – 2 – 1991	通用电流互感器　第2部分：所有电流互感器的试验
7278	ES 2400 – 1 – 1994	与测量仪器使用的电流互感器　第1部分：与测量仪器使用的电流互感器的附加要求
7279	ES 2400 – 2 – 1993	与测量仪器使用的电流互感器　第2部分：与测量仪器使用的电流互感器的试验
7280	ES 2859 – 1 – 1995	保护用电流互感器　第1部分：附加要求
7281	ES 2859 – 2 – 1995	保护用电流互感器　第2部分：试验
7282	ES 2859 – 3 – 1995	保护用电流互感器　第3部分：测量仪器用保护互感器的试验
7283	ES 2965 – 1 – 1996	电气简图用图形符号　第1部分：通用信息
7284	ES 2965 – 2 – 1996	电气简图用图形符号　第2部分：通用应用的符号元素、限定符号和其他符号
7285	ES 2965 – 4 – 1996	图表用图形符号　第4部分：基础无源组件
7286	ES 2965 – 6 – 1996	电气图用图形符号　第6部分：电能的发生和转换
7287	ES 2965 – 7 – 1996	电气简图用图形符号　第7部分：开关、控制齿轮和节能装置
7288	ES 2965 – 8 – 1996	电气简图用图形符号　第8部分：测量设备、灯和信号装置
7289	ES 2965 – 9 – 1996	电气简图用图形符号　第9部分：电信交换和外围设备
7290	ES 2965 – 10 – 1996	电气简图用图形符号　第10部分：电信传输
7291	ES 2965 – 11 – 1997	电气简图用图形符号　第11部分：建筑与地形的安装平面图和简图
7292	ES 2965 – 12 – 1997	电气简图用图形符号　第12部分：二叉逻辑元件
7293	ES 2965 – 13 – 1997	电气简图用图形符号　第13部分：模拟元件
7294	ES 3164 – 1997	试验和校准实验室能力的通用要求
7295	ES 3278 – 2007	法律计量学术语的国际词汇

续表

序号	标准编号	标准名称
7296	ES 3458 - 2014	电气技术中使用的字母符号（电信和电子）
7297	ES 3566 - 2015	IEC 60050 - 321/198（第 321 章：仪表互感器）国际电工词汇
7298	ES 3633 - 2005	法定计量单位
7299	ES 3683 - 2001	试验和校准实验室能力的通用要求
7300	ES 3719 - 2002	用于直接连接的有源电能表（2 级）
7301	ES 3920 - 2005	用于实验室测量的测量设备的校准间隔测定指南
7302	ES 3921 - 2 - 2002	测量设备的质量保证 第 2 部分：测量过程控制指南
7303	ES 4146 - 2005	计量特性 心电图机 检定方法和设备
7304	ES 4148 - 2011	试验和校准实验室能力的通用要求
7305	ES 4204 - 2005	电导率细胞的校准方法
7306	ES 4236 - 1 - 2015	实验室电阻器 第 1 部分：实验室直流电阻器
7307	ES 4236 - 2 - 2015	实验室电阻器 第 2 部分：实验室交流电阻器
7308	ES 4363 - 2005	电气和电子测量设备 随机文件
7309	ES 4364 - 2005	脉冲发生器的性能表示
7310	ES 4365 - 2004	信号发生器的性能表示
7311	ES 4486 - 2014	电子测量仪器 板上装配尺寸
7312	ES 4490 - 121 - 2005	国际电工词汇 第 121 部分：电磁学
7313	ES 4491 - 1 - 2005	电子测量仪器 X - t 记录仪 第 1 部分：定义和要求
7314	ES 4491 - 2 - 2005	电子测量仪器 X - t 记录仪 第 2 部分：推荐的附加试验方法
7315	ES 4492 - 2005	测定电气绝缘材料在工频、音频、射频（包括米波长）下电容率和电介质损耗因数的推荐方法
7316	ES 4493 - 2005	绝缘漆耐热性试验规程 电气强度法
7317	ES 4666 - 2004	电路和磁路 多相电路和元件定义
7318	ES 4666 - 1 - 2011	电路理论电工词汇 第 1 部分：总则
7319	ES 4666 - 2 - 2011	电路理论电工词汇 第 2 部分：电路元件及其特性
7320	ES 4666 - 3 - 2012	电路理论电工词汇 第 3 部分：网络拓扑
7321	ES 4666 - 4 - 2012	电路理论电工词汇 第 4 部分：双端口和 n 端口网络
7322	ES 4666 - 5 - 2013	电路理论电工词汇 第 5 部分：电路理论方法
7323	ES 4885 - 1 - 2005	仪表互感器 第 1 部分：电流互感器
7324	ES 4885 - 2 - 2005	仪表互感器 第 2 部分：感应式电压互感器
7325	ES 4885 - 3 - 2005	仪表互感器 第 3 部分：组合互感器
7326	ES 4885 - 5 - 2006	仪表互感器 第 5 部分：电容式电压互感器
7327	ES 4885 - 6 - 2008	仪表互感器 第 6 部分：保护用电流互感器暂态性能技术要求
7328	ES 4885 - 7 - 2008	仪表互感器 第 7 部分：电子式电压互感器
7329	ES 4885 - 8 - 2008	仪表互感器 第 8 部分：电子式电流互感器
7330	ES 5410 - 2013	交流电电能表的符号
7331	ES 5411 - 2013	电气绝缘 热分类
7332	ES 5412 - 2010	测量仪器校准间隔的测定指南
7333	ES 5413 - 2014	电气和电子测量设备 随机文件
7334	ES 5428 - 2011	国际电工词汇 电气和电磁设备
7335	ES 5429 - 1 - 2014	高压脉冲试验测量用仪器和软件 第 1 部分：仪器的要求
7336	ES 5429 - 2 - 2006	用于高压脉冲试验测量的数字录像机 第 2 部分：用于确定脉冲波形参数的软件的评价

续表

序号	标准编号	标准名称
7337	ES 5430 – 2006	固体电绝缘材料试验前和试验中使用的标准条件
7338	ES 5431 – 2015	感应分压器
7339	ES 5514 – 2014	电阻测量用直流电桥
7340	ES 5515 – 2015	电子能量计的试验设备
7341	ES 5541 – 2 – 2006	绝缘材料的电气强度　试验方法　第 2 部分：使用直流电压的附加要求
7342	ES 5541 – 3 – 2006	绝缘材料的电气强度　试验方法　第 3 部分：1.2/50ms 冲击试验的附加要求
7343	ES 5542 – 2007	将交流电量转换为模拟或者数字信号的电气测量传感器
7344	ES 5543 – 2014	国际电工词汇　变压器
7345	ES 5544 – 2006	数字计数率计　特性和试验方法
7346	ES 5545 – 1 – 2007	测量、控制和实验室用电气设备的安全要求　第 1 部分：通用要求
7347	ES 5545 – 2 – 2007	测量、控制和实验室用电气设备的安全要求　第 2 部分：电气试验和测量用手持式和手操纵式电流传感器的特殊要求
7348	ES 5545 – 2 – 32 – 2006	测量、控制和实验室用电气设备的安全要求　第 2 – 32 部分：电气试验和测量用手持式和手操纵式电流传感器的特殊要求
7349	ES 5545 – 3 – 2007	测量、控制和实验室用电气设备的安全要求　第 3 部分：电气试验和测量用手持式和手操纵式电流传感器的特殊要求
7350	ES 5545 – 31 – 2006	测量、控制和实验室用电气设备的安全要求　第 31 部分：电工测量和试验用手持探头组件的安全要求
7351	ES 5546 – 1 – 2007	电力计量设备（交流）　通用要求、试验和试验条件　第 1 部分：计量设备
7352	ES 5546 – 11 – 2006	交流电测量设备　通用要求、试验和试验条件　第 11 部分：测量设备
7353	ES 5790 – 2006	电子测量仪器的通用要求
7354	ES 5791 – 21 – 2006	交流电测量设备　通用要求、试验和试验条件　第 21 部分：费率和负荷控制设备
7355	ES 5792 – 22 – 2006	交流电测量设备　特殊要求　第 22 部分：静态有功电度表（0，2s 和 0，5s 级）
7356	ES 5977 – 1 – 2007	水银孔率法和气体吸收法测定孔径大小分布和固体材料孔隙度　第 1 部分：水银孔率法
7357	ES 5980 – 23 – 2007	交流电测量设备　特殊要求　第 23 部分：静态无功电度表（2 和 3 级）
7358	ES 5981 – 31 – 2007	交流电测量设备　特殊要求　第 31 部分：机电和电子仪表（只限于双线）用脉冲输出设备
7359	ES 5982 – 61 – 2007	交流电测量设备　特殊要求　第 61 部分：功耗和电压要求
7360	ES 6266 – 2007	工业用筛板　筛孔的指定标记方法
7361	ES 6267 – 1 – 2007	工业用筛板　第 1 部分：板厚 3mm 及以上
7362	ES 6268 – 2015	电气和电子测量设备　性能表达
7363	ES 6276 – 1 – 2015	交流电测量设备　特殊要求　第 1 部分：电力机械（0.5，1 和 2 级）
7364	ES 6276 – 2 – 2007	交流电测量设备　特殊要求　第 2 部分：静态有功电度表（1 和 2 级）

续表

序号	标准编号	标准名称
7365	ES 6675 – 11 – 2008	交流电能计量　费率和负荷控制　第 11 部分：电子纹波控制接收机的特殊要求
7366	ES 6675 – 21 – 2008	交流电能计量　费率和负荷控制　第 21 部分：计时开关的特殊要求
7367	ES 6676 – 1 – 2013	电测量设备　可信性　第 1 部分：通用概念
7368	ES 6676 – 2 – 2013	电测量设备　可信性　第 2 部分：现场仪表可信性数据收集
7369	ES 6676 – 11 – 2008	电测量设备　可信性　第 11 部分：通用概念
7370	ES 6676 – 21 – 2008	电测量设备　可信性　第 21 部分：现场仪表可信性数据收集
7371	ES 7073 – 2009	标准溶液再现电解质的导电性
7372	ES 7078 – 1 – 2009	仪表用变压器　第 1 部分：通用要求
7373	ES 7079 – 1 – 2009	高压试验技术　第 1 部分：通用定义和试验要求
7374	ES 7079 – 2 – 2009	高压试验技术　第 2 部分：测量系统
7375	ES 7079 – 3 – 2009	高压试验技术　第 3 部分：定义和现场试验要求
7376	ES 7080 – 1 – 2009	低压设备的高电压试验技术　第 1 部分：定义、试验和程序要求
7377	ES 7080 – 2 – 2009	低压设备的高电压试验技术　第 2 部分：试验设备
7378	ES 7081 – 2009	乏尔 – 小时（无功电度）表
7379	ES 7082 – 2009	最大需求指标 1.0 类
7380	ES 7083 – 2009	直接作用模拟指示电测量仪表和其附件
7381	ES 7251 – 2010	电子测量仪器的通用要求
7382	ES 28 – 3 – 2005	数量和单位　第 3 部分：机械结构
7383	ES 138 – 2001	刻度钢尺
7384	ES 163 – 2015	外部测量用千分尺卡规
7385	ES 174 – 2008	刻度木尺
7386	ES 175 – 2001	工程师广场
7387	ES 207 – 2010	计价器　计量和技术要求、试验规程和试验报告格式
7388	ES 276 – 2000	正弦规
7389	ES 277 – 2000	正弦表
7390	ES 310 – 2008	钢卷尺
7391	ES 311 – 2008	亚麻带
7392	ES 312 – 1 – 2015	平板　第 1 部分：铸铁
7393	ES 312 – 2 – 2015	平板　第 2 部分：花岗岩
7394	ES 313 – 2008	游标卡尺
7395	ES 314 – 2008	斜量角规
7396	ES 371 – 2002	量角器
7397	ES 423 – 1 – 2008	光滑工件的检验　第 1 部分：极限量规的公差
7398	ES 436 – 1990	试验筛
7399	ES 436 – 1 – 2015	试验筛和筛分试验　第 1 部分：词汇
7400	ES 458 – 2015	卡钳
7401	ES 528 – 2008	内径千分尺
7402	ES 530 – 2015	高度调节千分尺和立块
7403	ES 617 – 2008	刻度盘
7404	ES 670 – 1 – 2015	产品几何技术规格（GPS）　线性尺寸公差的 ISO 编码系统　第 1 部分：公差、偏差和配合的基础

续表

序号	标准编号	标准名称
7405	ES 670 – 2 – 2005	ISO 极限和配合系统　第 2 部分：标准公差等级及孔和轴极限偏差表
7406	ES 712 – 2008	极限量规的公差限值
7407	ES 770 – 1 – 2005	产品几何技术规格（GPS）　表面结构：轮廓法　接触式（触针式）仪器的标称特性
7408	ES 770 – 2 – 2005	产品几何技术规格（GPS）　表面结构：轮廓法　相位校正滤波器的计量特性
7409	ES 776 – 2008	钢　矩形截面直边
7410	ES 777 – 2008	精密水准仪
7411	ES 778 – 2002	塞规
7412	ES 779 – 2008	圆度误差的评定方法　半径变化值测量
7413	ES 911 – 2008	游标高度尺
7414	ES 912 – 2003	游标深度尺
7415	ES 945 – 2015	优先数　优先数系
7416	ES 946 – 2 – 2001	限值和配合的体系　第 2 部分：建议
7417	ES 1014 – 1 – 1970	通用工程用齿轮　第 1 部分：齿中设计符号和定义　通用工程用齿轮传动
7418	ES 1014 – 2 – 2015	通用工程用齿轮　第 2 部分：标准系列模块
7419	ES 1014 – 3 – 2008	通用工程用齿轮　第 3 部分：基本概要
7420	ES 1014 – 4 – 1970	通用工程用齿轮　第 4 部分：圆柱齿轮传动公差
7421	ES 1014 – 5 – 1970	通用工程用齿轮　第 5 部分：带有不超过一个模块的圆柱齿轮传动公差
7422	ES 1014 – 6 – 2008	通用工程用齿轮　第 6 部分：锥形传动公差
7423	ES 1014 – 7 – 2008	通用工程用齿轮　第 7 部分：螺纹蜗杆传动公差
7424	ES 1092 – 2005	内定心圆柱形轴的直边花键轴　尺寸、公差和验证
7425	ES 1092 – 1 – 1971	花键轴　第 1 部分：直边式花键（公称尺寸）
7426	ES 1093 – 2002	公差尺寸在英寸与毫米之间的相互转换
7427	ES 1094 – 2008	锥度与锥角系列
7428	ES 1116 – 2015	ISO 通用螺纹　基本牙型
7429	ES 1116 – 1 – 2002	ISO 通用螺纹　第 1 部分：基本牙型
7430	ES 1117 – 2015	ISO 通用米制螺纹　用于尖头、螺栓和螺母的总体平面图和所选尺寸
7431	ES 1117 – 2 – 2002	ISO 通用螺纹　第 2 部分：总规划（直径、间距和选定尺寸）
7432	ES 1118 – 2005	ISO 通用米制螺纹　基准尺寸
7433	ES 1118 – 3 – 2002	ISO 通用螺纹　第 3 部分：基准尺寸
7434	ES 1129 – 2002	直线滑动规则
7435	ES 1142 – 2002	校对符号
7436	ES 1143 – 1 – 2005	ISO 通用米制螺纹　公差　第 1 部分：原理和基本数据
7437	ES 1143 – 2 – 2005	ISO 通用米制螺纹　公差　第 2 部分：通用外螺纹和内螺纹的极限尺寸　中等精度
7438	ES 1143 – 3 – 2006	ISO 通用米制螺纹　公差　第 3 部分：结构螺纹的偏公差
7439	ES 1143 – 4 – 2003	ISO 通用螺纹　第 4 部分：公差系统原则

续表

序号	标准编号	标准名称
7440	ES 1143 – 5 – 2003	ISO 通用螺纹　第 5 部分：商品紧固件的中等精度普通螺纹极限尺寸
7441	ES 1143 – 6 – 2003	ISO 通用米制螺纹　第 6 部分：结构螺纹的偏公差
7442	ES 1144 – 5 – 2003	ISO 通用米制螺纹
7443	ES 1145 – 6 – 2003	ISO 通用米制螺纹　第 5 部分：通用外螺纹和内螺纹的极限尺寸中等精度
7444	ES 1146 – 7 – 2005	ISO 通用米制螺纹　第 7 部分：测量
7445	ES 1167 – 2005	锥度为 1∶3～1∶500 以及长度为 6～630mm 的锥形工件的锥度公差体系
7446	ES 1178 – 2007	量块
7447	ES 1188 – 2008	花键连接的尺寸和公差
7448	ES 1286 – 2007	基准尺
7449	ES 1458 – 2 – 1979	光滑工件的检验　第 2 部分：极限量规和校对规
7450	ES 1565 – 2008	正弦棒线性测量用测试仪的校准表盘指示器
7451	ES 1591 – 2003	丁字尺
7452	ES 1726 – 1989	ABEE 型立式测长仪的校准
7453	ES 2065 – 2007	产品几何技术规格（GPS）　表面结构　轮廓法　术语、定义和表面结构参数
7454	ES 2065 – 1 – 1991	表面粗糙度术语　第 1 部分：表面及其参数
7455	ES 2065 – 2 – 1993	表面粗糙度术语　第 2 部分：表面粗糙度参数的测量
7456	ES 2676 – 2007	产品几何技术规格（GPS）　表面结构　轮廓法　评定表面结构的规则和程序
7457	ES 2679 – 2004	表面粗糙度　参数、参数值和指定要求的通用规则
7458	ES 2858 – 1995	万能测长仪
7459	ES 3083 – 2008	机动车机械里程表和行驶记录仪　计量法规
7460	ES 3278 – 1 – 1998	计量学基本术语和通用术语词汇　第 1 部分：量和单位
7461	ES 3278 – 2 – 1998	计量学基本术语和通用术语词汇　第 2 部分：测量和测量结果
7462	ES 3278 – 3 – 1998	计量学基本术语和通用术语词汇　第 3 部分：测量仪器及其特性
7463	ES 3278 – 4 – 1998	计量学基本术语和通用术语词汇　第 4 部分：测量标准
7464	ES 3791 – 2005	车速测量用雷达设备
7465	ES 3922 – 1 – 2005	产品几何技术规格（GPS）　表面结构：轮廓法测量标准　第 1 部分：材料测量
7466	ES 3922 – 2 – 2015	产品几何技术规格（GPS）　表面结构：轮廓法测量标准　第 2 部分：软件标准
7467	ES 3923 – 2005	可调高度测微仪和其垫块
7468	ES 3924 – 2005	铸件　尺寸公差和机械加工余量体系
7469	ES 3925 – 1 – 2002	产品几何技术规格（GPS）　坐标测量机（CMM）的验收试验和复检试验　第 1 部分：词汇
7470	ES 3925 – 3 – 2002	验收用测量和复检试验　带有旋转轴线的坐标测量机　第 3 部分：作为第四条轴线的坐标测量机（CMM）
7471	ES 3925 – 4 – 2002	产品几何技术规范（GPS）　坐标测量机（CMM）中坐标测量验收和使用的复检试验　第 4 部分：用于扫描测量的 CMMs 模式

续表

序号	标准编号	标准名称
7472	ES 3925 – 5 – 2003	产品几何技术规范（GPS） 坐标测量机（CMM）的验收试验和复检试验 第5部分：采用多探针探测系统的坐标测量机
7473	ES 4004 – 2003	试验筛 金属丝编织网、穿孔板和电成型薄板 筛孔的基本尺寸
7474	ES 4005 – 1 – 2003	筛分试验 第1部分：机织金属丝织物和穿孔金属板制试验筛的使用方法
7475	ES 4237 – 2 – 2005	产品几何技术规格（GPS） 坐标测量机（CMM）的验收试验和复检试验 第2部分：用于测量尺寸的坐标测量机
7476	ES 4237 – 6 – 2005	产品几何技术规格（GPS） 坐标测量机（CMM）验收试验和复检试验 第6部分：高斯拟合要素计算时的误差估定
7477	ES 4488 – 2008	一般用途公差带的选择
7478	ES 4489 – 2008	产品几何技术规格（GPS） 产品几何规格和验证的标准参考温度
7479	ES 4494 – 1 – 2005	统计学 词汇和符号 第1部分：概率和通用统计术语
7480	ES 4494 – 2 – 2005	统计学 词汇和符号 第2部分：统计质量控制
7481	ES 4494 – 3 – 2005	统计学 词汇和符号 第3部分：实验设计
7482	ES 4806 – 1 – 2005	通用公差 第1部分：未注明单项公差的线性和角度尺寸公差 通用公差
7483	ES 5425 – 2006	不合格品率的计量抽样检验程序及图表
7484	ES 5788 – 1 – 2006	使用离心液体沉积法测定粒度分布 第1部分：通用原则和指南
7485	ES 5788 – 2 – 2006	使用离心液体沉积法测定粒度分布 第2部分：光照离心法
7486	ES 5788 – 3 – 2006	使用离心液体沉积法测定粒度分布 第3部分：离心 X 射线法
7487	ES 5968 – 2007	公制正弦规和正弦表（不包括复合表）
7488	ES 5976 – 1 – 2014	产品几何技术规格（GPS）圆柱度 第1部分：直线度的词汇和参数
7489	ES 5978 – 2007	机动车用车速表、机械里程表和行驶记录仪 计量规范
7490	ES 5979 – 2013	长度的高精度线测量
7491	ES 6106 – 1 – 2011	产品几何技术规格（GPS） 圆度 第1部分：圆度的词汇和参数
7492	ES 6106 – 2 – 2011	产品几何技术规格（GPS） 圆度 第2部分：规格操作集
7493	ES 6107 – 1 – 2014	产品几何技术规格（GPS） 直线度 第1部分：直线度的词汇和参数
7494	ES 6107 – 2 – 2014	产品几何技术规格（GPS） 直线度 第2部分：规格操作集
7495	ES 6108 – 1 – 2014	产品几何技术规格（GPS） 平面度 第1部分：平面度的词汇和参数
7496	ES 6108 – 2 – 2014	产品几何技术规格（GPS） 平面度 第2部分：规格操作集
7497	ES 6273 – 2007	磨料颗粒 筛分试验机
7498	ES 6277 – 2007	产品几何技术规格（GPS） 表面结构：轮廓法 评定表面结构的规则和程序
7499	ES 6278 – 2007	产品几何技术规格（GPS） 技术产品文件中表面结构的表示
7500	ES 6279 – 2007	产品几何技术规格（GPS） 线性和角度尺寸与公差：+/－极限规格 台阶尺寸、距离、角度大小和半径
7501	ES 6280 – 2007	产品几何技术规格（GPS） 表面缺陷 术语、定义和参数
7502	ES 6281 – 2014	产品几何技术规格（GPS） 锥度与锥角系列
7503	ES 6368 – 1 – 2013	产品几何技术规格（GPS） 通用概念 第1部分：几何技术规格和检验用模型

续表

序号	标准编号	标准名称
7504	ES 6368 – 2 – 2013	产品几何技术规格（GPS）　通用概念　第2部分：基本原则、规格、操作集和不确定度
7505	ES 6662 – 2008	ISO 米制梯形螺纹　公差
7506	ES 6663 – 2008	ISO 米制梯形螺纹　基本牙型和最大实体牙型
7507	ES 6664 – 2008	酒精比重计和酒精液体比重计用温度计
7508	ES 6957 – 2009	产品几何技术规格（GPS）　总体规划
7509	ES 7058 – 2009	耗量和需量的遥测仪器
7510	ES 7210 – 1 – 2010	齿轮术语词汇　第1部分：与几何相关的定义
7511	ES 7210 – 2 – 2011	齿轮术语词汇　第2部分：蜗杆几何形状相关定义
7512	ES 7257 – 2013	长度测量仪器
7513	ES 7258 – 2010	皮革面积测定仪器
7514	ES 7259 – 2013	多维测量仪器
7515	ES 7262 – 2010	出租汽车计价器：计量和技术要求、试验程序及试验报告格式
7516	ES 7457 – 1 – 2011	产品几何技术规格（GPS）　工件和测量设备的测量检查　第1部分：证明规格符合性或不符合项的决策规则
7517	ES 7501 – 2011	圆度误差的评定方法　两点和三点测量法
7518	ES 212 – 2008	液态燃料的体积测定及其标准校准方法
7519	ES 213 – 2007	液态食品的体积测定及其标准校准方法
7520	ES 214 – 2008	校准大容量石油流量计的标准方法
7521	ES 215 – 1 – 2003	安装在加油站里用于分配液体燃料的计量泵和分配器　第1部分：施工规范
7522	ES 215 – 2 – 2003	安装在加油站里用于分配液体燃料的计量泵和分配器　第2部分：安装指南
7523	ES 215 – 3 – 2003	安装在加油站里用于分配液体燃料的计量泵和分配器　第3部分：安装后维护指南
7524	ES 771 – 1 – 2005	封闭管道中水流量的测量　饮用冷水水表　第1部分：规格
7525	ES 771 – 2 – 2005	封闭管道中水流量的测量　饮用冷水水表　第2部分：安装要求和选择
7526	ES 771 – 3 – 2005	封闭管道中水流量的测量　饮用冷水水表　第3部分：试验方法和设备
7527	ES 775 – 2008	波登管压力计和真空计
7528	ES 838 – 1 – 2006	立式圆柱形罐的校验　第1部分：容量计量法
7529	ES 838 – 2 – 2007	石油和液体石油产品　立式圆筒型油罐的标定　第2部分：光学参考线法
7530	ES 838 – 3 – 2006	立式圆柱形罐的校验　第3部分：光学三角法
7531	ES 838 – 4 – 2006	立式圆柱形罐的校验　第4部分：内部光电测距法
7532	ES 838 – 5 – 2014	石油和液体石油产品　立式圆筒型油罐的标定　第5部分：光电外测距法
7533	ES 838 – 6 – 2001	立式圆柱形罐的校验　第6部分：油箱校准和容量表的监测、检查和验证规程
7534	ES 947 – 2007	容量为 10L 及以上的牛奶罐（1995 年更新）
7535	ES 1113 – 1 – 2005	气体容积式流量计的通用规格　第1部分：流量计的通用规格

续表

序号	标准编号	标准名称
7536	ES 1113 – 2 – 2005	气体容积式流量计的通用规格　第 2 部分：电子流量计的附加规格
7537	ES 1113 – 3 – 2005	气体容积式流量计的通用规格　第 3 部分：试验
7538	ES 1437 – 2008	轮胎压力计
7539	ES 1440 – 2014	带弹性敏感元件的压力计和真空计（标准仪器）
7540	ES 1457 – 2014	带有弹性接收元件的寄存测压计真空计和真空测压计以及按照类型和图表的直接寄存
7541	ES 2775 – 2014	使用围堰和斜槽测量明渠中的液体流量　评估自由溢流矩形渠流量的端部深度方法（近似法）
7542	ES 2893 – 2014	封闭管道中流体流量的测量　术语和符号
7543	ES 2893 – 1 – 2004	封闭管道中流体流量的测量　第 1 部分：数量和单位和符号
7544	ES 2893 – 2 – 2004	封闭管道中流体流量的测量　第 2 部分：流体力学中的通用术语
7545	ES 2893 – 3 – 2004	封闭管道中液体流量的测量　第 3 部分：不确定因素
7546	ES 2893 – 4 – 2004	封闭管道中流体流量的测量　第 4 部分：与设备有关的通用术语
7547	ES 2893 – 5 – 2004	封闭管道中流体流量的测量　第 5 部分：测量方法的分类
7548	ES 2993 – 1996	正位移气体流量计（$2 \sim 170 m^3/h$）
7549	ES 2995 – 2014	液体量的直接质量流量测量系统
7550	ES 3225 – 2005	公路铁路油轮
7551	ES 3226 – 2015	固定储罐　通用要求
7552	ES 3234 – 1 – 2008	石油和液态石油制品　立式圆柱槽罐的校准　第 1 部分：捆扎方法
7553	ES 3234 – 2 – 2008	石油和液态石油产品　立式圆筒状油罐的标定　第 2 部分：光学参考线法
7554	ES 3234 – 3 – 2008	石油和液态石油产品　立式圆筒状油罐的标定　第 3 部分：光学三角形法
7555	ES 3234 – 4 – 2008	石油和液态石油制品　立式圆柱槽罐的校准　第 4 部分：内部光电测距法
7556	ES 3235 – 1 – 1997	石油和液态石油产品　直接静态测量　立式储罐的容量　第 1 部分：采用静压箱计量的质量测量
7557	ES 3236 – 2008	石油和液态石油产品　储罐温度和水位的测量　自动化方法
7558	ES 3237 – 2008	石油和天然气工业　钻井和开采设备　提升设备的检验、维护、修理和改造
7559	ES 3247 – 2014	气压计
7560	ES 3247 – 1 – 1997	气压计　第 1 部分：计量和技术要求
7561	ES 3247 – 2 – 1997	气压计　第 2 部分：校准和试验程序
7562	ES 3429 – 2007	有关量、单位和符号的通用原则
7563	ES 3430 – 2007	特征数的量和单位
7564	ES 3442 – 2014	压力平衡
7565	ES 3521 – 2014	液体量直接质量流测量系统的试验报告格式
7566	ES 3522 – 2014	储罐内液体质量的测量系统
7567	ES 3522 – 1 – 2000	储罐内液体质量的测量系统　第 1 部分：通用术语
7568	ES 3522 – 2 – 2000	储罐内液体质量的测量系统　第 2 部分：技术和计量要求

续表

序号	标准编号	标准名称
7569	ES 3522 – 3 – 2000	储罐内液体质量的测量系统　第 3 部分：在实验室模拟条件下进行的性能试验和检查
7570	ES 3635 – 1 – 2005	冷水组合仪表　第 1 部分：规格
7571	ES 3635 – 2 – 2005	封闭管道中水流量的测量　饮用冷水用复式水表　第 2 部分：安装要求
7572	ES 3635 – 3 – 2005	冷水组合仪表　第 3 部分：试验方法
7573	ES 3765 – 2005	用于测量固定式储罐液体液位的自动液位计　计量和技术要求　试验
7574	ES 3765 – 1 – 2002	用于测量固定式储罐液体液位的自动液位计　第 1 部分：计量和技术要求　试验
7575	ES 3765 – 2 – 2002	用于测量固定式储罐液体液位的自动液位计　第 2 部分：试验报告格式
7576	ES 4238 – 2005	石油计量表
7577	ES 4239 – 2005	安全色和安全标志
7578	ES 4432 – 2005	活塞式气表
7579	ES 4433 – 2005	热水表　规格
7580	ES 4487 – 1 – 2014	液压流体动力　测量技术　第 1 部分：通用测量原则
7581	ES 4487 – 2 – 2006	液压流体动力　测量技术　第 2 部分：密闭回路中平均稳态压力的测量
7582	ES 4667 – 2005	机动车燃油加油机型式评价检测程序及检测报告
7583	ES 4668 – 2005	用于水以外液体测试测量系统的体积管
7584	ES 4669 – 2005	封闭管道中流体流量的测量　液体用电磁流量计的性能评定方法
7585	ES 4670 – 2005	流体传动系统及元件　词汇
7586	ES 4671 – 2005	流体流量的测量　不确定度的测量
7587	ES 4672 – 1 – 2005	图形符号　安全色和安全标志　第 1 部分：工作场所和公共领域中的安全标志设计原理
7588	ES 4807 – 2005	封闭管道中导电液体流量的测量　电磁流量计测量法
7589	ES 5417 – 2015	封闭管道中气体流量的测量　涡轮流量计
7590	ES 5424 – 1 – 2003	用插入圆截面管道中的压差装置测量流体流量　第 1 部分：通用原则和要求
7591	ES 5424 – 2 – 2006	用插入圆截面管道中的压差装置测量流体流量　第 2 部分：节流孔板
7592	ES 5424 – 3 – 2006	用插入圆截面管道中的压差装置测量流体流量　第 3 部分：喷嘴和文丘里喷嘴
7593	ES 5424 – 4 – 2006	用插入圆截面管道中的压差装置测量流体流量　第 4 部分：文丘里管
7594	ES 5426 – 2006	封闭管道中液体流量的测量　加权法
7595	ES 5427 – 1 – 2006	明渠中液体流量的测量　测量稳定流速用的示踪稀释法　第 1 部分：总则
7596	ES 5427 – 2 – 2006	明渠中液体流量的测量　测量稳定流速用的示踪稀释法　第 2 部分：放射性示踪剂
7597	ES 5513 – 2006	油船　通用要求
7598	ES 5540 – 2006	印刷技术　印刷图像的光谱测量和色度计算

续表

序号	标准编号	标准名称
7599	ES 5785 – 2006	液压流体动力 油液取样容器 净化方法的鉴定和控制
7600	ES 5786 – 2006	流体传动系统及元件 多层唇形密封组件 测量叠合高度的方法
7601	ES 5787 – 2006	流体动力系统和组件 带接地的三针电插头连接器 特性和要求
7602	ES 5967 – 1 – 2007	液压流体动力 电机特性的测定 第1部分：恒定低速和恒压下的测定
7603	ES 5967 – 2 – 2007	液压流体动力 电机特性的测定 第2部分：起动性
7604	ES 5967 – 3 – 2007	液压流体动力 电机特性的测定 第3部分：在恒流量和恒转矩下
7605	ES 5969 – 1 – 2007	封闭满灌管道中水流量的测量 饮用冷水水表和热水水表 第1部分：规格
7606	ES 5969 – 2 – 2007	封闭满灌管道中水流量的测量 饮用冷水水表和热水水表 第2部分：安装要求
7607	ES 5969 – 3 – 2007	封闭满灌管道中水流量的测量 饮用冷水水表和热水水表 第3部分：试验方法和试验设备
7608	ES 5975 – 2007	液压流体动力 带分离器的充气蓄能器 压力和容积的范围及特征数量
7609	ES 6282 – 2007	流体流量的测量 不确定度的测量程序
7610	ES 6283 – 1 – 2015	流体传动系统及元件 图形符号和回路图 第1部分：用于常规用途和数据处理的图形符号
7611	ES 6283 – 2 – 2015	流体传动系统及元件 图形符号和回路图 第2部分：回路图
7612	ES 6284 – 2007	流体传动系统及元件 公称压力系列
7613	ES 6285 – 2015	液压流体动力 系统及其部件的通用规则和安全要求
7614	ES 6286 – 2007	流体传动系统及元件 词汇
7615	ES 6363 – 1 – 2007	流体传动系统及元件 流体的逻辑回路 第1部分：二进制逻辑和有关功能的符号
7616	ES 6363 – 2 – 2007	流体传动系统及元件 流体的逻辑回路 第2部分：与逻辑符号相关的供气和排气符号
7617	ES 6363 – 3 – 2007	流体传动系统及元件 流体的逻辑回路
7618	ES 6364 – 2007	液压流体动力 流体和标准弹性体材料之间的相容性
7619	ES 6365 – 2007	气压传动 可压缩流体用部件 流量特性的测定
7620	ES 6366 – 2007	气压传动 标准参考大气
7621	ES 6367 – 1 – 2007	液压流体动力 测量技术 第1部分：通用测量原则
7622	ES 6367 – 2 – 2007	液压流体动力 测量技术 第2部分：密闭回路中平均稳态压力的测量
7623	ES 6568 – 2008	燃气表 隔膜燃气表
7624	ES 6672 – 2015	液压流体动力 采用消光原理通过自动粒子计数测定液体样品中颗粒物污染水平
7625	ES 6673 – 1 – 2008	液压流体动力 部件和系统中流体噪声特性的测定 第1部分：简介
7626	ES 6673 – 2 – 2008	液压流体动力 部件和系统中流体噪声特性的测定 第2部分：管道内液流中声音速度的测量
7627	ES 6873 – 2008	调节和/或试验用标准环境 规格
7628	ES 6876 – 2008	其他术语和定义

续表

序号	标准编号	标准名称
7629	ES 6877 – 2008	水文测量的不确定度指南（HUG）
7630	ES 6878 – 2008	湿度测定　洪水中大型河流和河流排放的现场测量
7631	ES 6880 – 2008	用临界流量文丘里喷嘴测定气体流量
7632	ES 6881 – 2017	通过临界流量文丘里喷嘴测量气体流量（ISO 9300）
7633	ES 6886 – 2008	水文测定　词汇和符号
7634	ES 6888 – 2008	封闭管道中流体流量的测量　脉动流动对流量测量仪器影响的指南
7635	ES 6958 – 1 – 2009	流量测量装置校准和使用不确定度的评估　第1部分：线性校准关系
7636	ES 6958 – 2 – 2009	流量测量装置校准和使用不确定度的评估　第2部分：非线性校准关系
7637	ES 6959 – 2009	气体测量指南
7638	ES 6960 – 2009	封闭管道中流体流量的测量　在圆形截面导管中插入涡流流量计来测量流率
7639	ES 6961 – 2009	明渠中液体流量的测量　水文设备性能的指定方法
7640	ES 6962 – 2009	明渠中液体流量的测量　水文船的位置固定设备
7641	ES 7062 – 1 – 2009	用插入圆截面管道中的压差装置测量流体流量　第1部分：通用原则和要求
7642	ES 7062 – 2 – 2010	用插入圆截面管道中的压差装置测量流体流量　第2部分：节流孔板
7643	ES 7062 – 3 – 2013	用插入圆截面管道中的压差装置测量流体流量　第3部分：喷嘴和文丘里喷嘴
7644	ES 7209 – 2010	压力计　词汇表
7645	ES 7211 – 2010	车用压缩气体燃料计量系统
7646	ES 7243 – 2010	燃气表　隔膜燃气表
7647	ES 7245 – 2010	燃气表　涡轮式燃气表
7648	ES 7246 – 1 – 2010	气体表　转换装置　第1部分：容积转换
7649	ES 7247 – 2010	燃气表　旋转位移式燃气表
7650	ES 7248 – 1 – 2010	水表　第1部分：通用要求
7651	ES 7248 – 2 – 2010	水表　第2部分：安装和使用条件
7652	ES 7249 – 2010	超声波家用煤气表
7653	ES 7250 – 1 – 2010	用于水以外液体的动态测量系统　第1部分：计量和技术要求
7654	ES 7261 – 2010	气体燃料测量系统
7655	ES 160 – 1962	平衡砝码
7656	ES 161 – 2008	双盘商用量具
7657	ES 162 – 2008	台秤
7658	ES 209 – 2008	半自动平衡
7659	ES 210 – 2008	分析天平
7660	ES 211 – 1 – 2006	杆秤　第1部分：单面
7661	ES 211 – 2 – 2006	杆秤　第2部分：三面
7662	ES 711 – 2008	验证人员的印记
7663	ES 1127 – 2003	非自动称量仪的计量性能
7664	ES 1180 – 2008	商业天平的铸造黄铜重量

续表

序号	标准编号	标准名称
7665	ES 1189 – 2006	谷物百升质量测量仪器（1996 年更新）
7666	ES 1338 – 2004	验证人员的标准砝码
7667	ES 1377 – 1977	矩形重量
7668	ES 1394 – 1977	精度等级为 A1，A2，B，B2 和 C1 的平衡砝码
7669	ES 1785 – 2008	弹簧秤
7670	ES 2461 – 2006	电子衡器
7671	ES 2678 – 2006	大容量称重机试验的标准重量
7672	ES 2774 – 2006	连续累计自动衡器（皮带秤）　计量和技术要求　试验
7673	ES 2774 – 1 – 1994	连续累计自动衡器　第 1 部分：总则
7674	ES 2774 – 2 – 1995	连续累计自动衡器　第 2 部分：计量和技术要求
7675	ES 2774 – 3 – 1995	连续累计自动衡器　第 3 部分：计量控制
7676	ES 2857 – 2008	测量仪器的法定资格
7677	ES 2857 – 1 – 1995	测量仪器的法定资格　第 1 部分：测量仪器的法定标准
7678	ES 2857 – 2 – 1995	测量仪器的法定资格　第 2 部分：法律特性对测量仪器的再归因
7679	ES 3051 – 2014	空气中质量的常规值
7680	ES 3152 – 2006	称重传感器的计量规程
7681	ES 3152 – 1 – 1997	传感器的计量规程　第 1 部分：质量测量仪用称重传感器的特性
7682	ES 3152 – 2 – 1997	称重传感器的计量规程　第 2 部分：质量测量仪用称重传感器的技术要求和校准方法
7683	ES 3213 – 2005	E1，E2，F1，F2，M1，M2 和 M3 等级砝码
7684	ES 3213 – 1 – 2013	E1，E2，F1，F2，M1，M1 – 2，M2，M2 – 3 和 M3 等级砝码　第 1 部分：计量和技术要求
7685	ES 3213 – 2 – 1997	E1，E2，F1，F2，M1，M2 和 M3 等级砝码　第 1 部分：砝码不确定度
7686	ES 3313 – 2005	测量仪器的准确度等级
7687	ES 3338 – 2006	自动分检衡器　第 1 部分：计量和技术要求　试验
7688	ES 3338 – 1 – 1998	检查称重和重量分级机　第 1 部分：计量和技术要求
7689	ES 3338 – 2 – 1998	检查称重和重量分级机　第 2 部分：计量控制和试验方法
7690	ES 3441 – 2008	非连续累计自动衡器（累计料斗秤）　第 1 部分：计量和技术要求　试验
7691	ES 3441 – 1 – 2002	非连续累计自动衡器（累计料斗秤）　第 1 部分：技术词汇
7692	ES 3441 – 2 – 2002	称重仪表　累计料斗秤　第 2 部分：计量和技术要求
7693	ES 3441 – 3 – 2003	非连续累计自动衡器（累计料斗秤）　第 3 部分：计量控制和试验方法
7694	ES 3441 – 4 – 2003	非连续累计自动衡器（累计料斗秤）　第 4 部分：试验规程
7695	ES 3845 – 2005	六角砝码　100g～50kg 普通精度等级
7696	ES 3846 – 1 – 2005	非自动衡器　第 1 部分：计量和技术要求　试验
7697	ES 3846 – 2 – 2005	非自动衡器　第 2 部分：模式评估报告
7698	ES 3847 – 1 – 2002	重力式自动装料衡器　第 1 部分：计量和技术要求　试验
7699	ES 3847 – 2 – 2005	重力式自动装料衡器　第 2 部分：试验报告格式
7700	ES 3868 – 2006	自动轨道　地磅　计量和技术要求　试验
7701	ES 3868 – 1 – 2002	自动轨道衡　第 1 部分：技术词汇

续表

序号	标准编号	标准名称
7702	ES 4070 – 2 – 2005	自动轨道衡　第 2 部分：计量和技术要求　试验
7703	ES 4071 – 2 – 2005	非连续累计自动衡器（累计料斗秤）　第 2 部分：计量和技术要求　试验
7704	ES 4072 – 2 – 2003	自动轨道衡　第 2 部分：试验报告格式
7705	ES 4073 – 2 – 2003	非连续累计自动衡器（累计料斗秤）　第 2 部分：试验报告格式
7706	ES 4240 – 2 – 2005	连续累计自动衡器（皮带秤）　第 2 部分：试验报告格式
7707	ES 4241 – 2 – 2005	自动分检衡器　第 2 部分：试验报告格式
7708	ES 4495 – 2005	无损检测　表面检测的金相复制件技术
7709	ES 4496 – 2005	无损检测　外观检验辅助设备　低功率放大器的选择
7710	ES 4497 – 2005	无损检测　渗透检测和磁粉检测　观察条件
7711	ES 4498 – 2005	无损检测　渗透检验　通用原则
7712	ES 4498 – 2 – 2005	无损检测　渗透检测　第 2 部分：渗透材料的检验
7713	ES 5414 – 2006	封闭管道中流体流量的测量　术语和符号
7714	ES 5415 – 2006	检定用设备的计量控制原则
7715	ES 5780 – 2006	非自动衡器　第 1 部分：计量和技术要求　试验
7716	ES 6101 – 2007	六角砝码
7717	ES 6109 – 2 – 2007	重力式自动装料衡器　第 2 部分：试验报告格式
7718	ES 6110 – 2007	公路车辆自动衡器　车辆总重量
7719	ES 6110 – 2 – 2014	公路车辆自动衡器　车辆总重量　第 2 部分：试验报告格式
7720	ES 6780 – 1 – 2008	重力式自动装料衡器　第 1 部分：计量和技术要求　试验
7721	ES 7252 – 1 – 2010	自动分检衡器　第 1 部分：计量和技术要求　试验
7722	ES 7253 – 1 – 2010	重力式自动装料衡器　第 1 部分：计量和技术要求　试验
7723	ES 7254 – 1 – 2011	非连续累计自动衡器（累计料斗秤）　第 1 部分：计量和技术要求　试验
7724	ES 7255 – 1 – 2011	连续累计自动衡器（皮带秤）　第 1 部分：计量和技术要求　试验
7725	ES 7255 – 2 – 2011	连续累计自动衡器（皮带秤）　第 2 部分：试验报告格式
7726	ES 7256 – 1 – 2011	自动轨道衡　第 1 部分：计量和技术要求　试验
7727	ES 884 – 2013	维氏硬度试验机用标准化块的验证
7728	ES 885 – 2008	金属材料　布氏硬度试验　基准块的校准
7729	ES 886 – 2013	洛氏硬度试验机用标准块的校准　级别（A – B – C – D – E – F – G – H – K – N – T）
7730	ES 892 – 2006	金属材料　布氏硬度试验　试验机的校验和校准
7731	ES 893 – 2015	金属材料　维氏硬度试验　试验机的验证和校准
7732	ES 1106 – 2005	试验用钢摆锤冲击试验机的验证
7733	ES 1128 – 1 – 2008	钢拉伸试验用试验机的载荷校准
7734	ES 1128 – 2 – 2015	静态单轴向试验机的验证　第 2 部分：拉伸蠕变试验机　作用力的验证
7735	ES 1205 – 1 – 1994	机床的准确度试验　第 1 部分：通用中心车床的准确度试验
7736	ES 1214 – 2008	普通中心车床的静态刚度试验
7737	ES 1310 – 1 – 2006	箱型立式钻床的试验条件　精确度试验　第 1 部分：几何试验

续表

序号	标准编号	标准名称
7738	ES 1310 – 2 – 2006	箱型立式钻床的试验条件　精确度试验　第2部分：实际试验
7739	ES 1310 – 3 – 2003	方柱立式钻床的准确度和刚度试验　第3部分：在空载或精加工条件下机床工作的几何精度
7740	ES 1429 – 1 – 1978	铣床的试验条件　第1部分：升降台立式铣床
7741	ES 1430 – 2 – 1978	铣床的试验条件　第2部分：升降台卧式铣床
7742	ES 1451 – 2001	刨床的准确度和刚度试验
7743	ES 1566 – 2008	用于测力计和杠杆的验证
7744	ES 3659 – 2015	金属材料　力校准　用于单轴试验机验证的验证仪器
7745	ES 3660 – 2005	金属材料　单轴向试验用伸长计的校准
7746	ES 3741 – 2005	金属材料　夏比摆锤冲击试验　第3部分：试验机验证用夏比V型参考试件的制备及其特性描述
7747	ES 3926 – 2002	金属电阻应变计的性能特性
7748	ES 3927 – 2002	金属材料　硬度试验　努氏硬度试验
7749	ES 4366 – 1 – 2014	测量方法与测量结果的准确度（正确度与精密度）　第1部分：通用原则和定义
7750	ES 4366 – 2 – 2014	测量方法和测量结果的准确度（正确度与精密度）　第2部分：标准测量方法重复性和再现性测定的基本方法
7751	ES 4366 – 3 – 2014	测量方法与测量结果的准确度（正确度与精密度）　第3部分：标准测量方法精确度的间歇性测量
7752	ES 4366 – 4 – 2014	测量方法与测量结果的准确度（正确度与精密度）　第4部分：标准测量方法正确度测定的基本方法
7753	ES 4366 – 5 – 2014	测量方法与测量结果的准确度（正确度与精密度）　第5部分：标准测量方法精密度测定的可替代方法
7754	ES 4366 – 6 – 2014	测量方法与测量结果的准确度（正确度与精密度）　第6部分：准确值的实际应用
7755	ES 4598 – 2005	金属材料　硬度试验　努氏硬度试验机器的校验
7756	ES 4599 – 2005	金属材料　硬度试验　努氏硬度试验机用标准块的校准
7757	ES 4600 – 2005	单轴材料试验机的测力系统
7758	ES 4604 – 2005	无损检测　渗透试验用术语
7759	ES 4605 – 2005	无损检测超声检验探头及其声场的表征
7760	ES 4606 – 2005	无损检测　液体渗透检验　校验方法
7761	ES 4607 – 2005	无损检测　人员资格鉴定和认证
7762	ES 4608 – 2005	无损检测　工业X射线和伽马射线照相　词汇
7763	ES 5416 – 2006	硬度试验机压头检定
7764	ES 6104 – 2007	玻璃　混合碱沸腾水溶液的耐攻击性　试验和分类方法
7765	ES 6522 – 1 – 2008	带有固定高度表的手动控制铣床的试验条件　精确度试验　第1部分：带有水平主轴的机器
7766	ES 6522 – 2 – 2011	带有固定高度表的手动控制铣床的试验条件　精确度试验　第2部分：带有垂直主轴的机器
7767	ES 6573 – 2008	机床　卧式转塔车床和单轴自动车床的试验条件　精度试验

续表

序号	标准编号	标准名称
7768	ES 6574－2008	螺钉和螺母用装配工具　手动转矩工具　设计一致性试验、质量一致性试验和重新校准程序的要求和试验方法
7769	ES 6665－2008	机床试验规程　第1部分：在空载或精加工条件下机床运行的几何精度
7770	ES 6956－2009	橡胶的萧氏A和萧氏D硬度试验
7771	ES 7385－2011	机床　带垂直砂轮轴和往复式工作台的平面磨床的试验条件　精度试验
7772	ES 7649－2013	双柱式平面磨床的验收条件　导轨磨床　精度试验
7773	ES 139－2008	实验室用容积为200mL且带有渐变式颈部的烧瓶
7774	ES 140－2008	糖测定用容量瓶
7775	ES 141－1996	单列刻度量瓶
7776	ES 142－2013	实验室玻璃器皿　单容量吸量管
7777	ES 143－2013	实验室玻璃器皿　刻度量筒
7778	ES 300－2001	滴定管和球滴定管（2001年更新）
7779	ES 301－1962	带压力加注装置和自动回零的滴定管（1998年修改件）
7780	ES 302－2008	千分尺式滴定管
7781	ES 303－2013	实验室玻璃器皿　刻度移液管
7782	ES 303－1－2005	刻度移液管　第1部分：通用要求
7783	ES 303－2－2005	刻度圆柱移液管和吸管　第2部分：没有等待时间的移液管
7784	ES 303－3－2005	刻度圆柱移液管和吸管　第3部分：15s指定等待时间的移液管
7785	ES 303－4－2005	刻度移液管　第4部分：吹吸式移液管
7786	ES 304－2014	一般用途直孔玻璃活塞
7787	ES 305－2008	称量吸移管
7788	ES 306－2006	自动移液器
7789	ES 307－2008	注射器式微量移液管
7790	ES 308－2001	纳氏缸
7791	ES 309－1962	医用注射器
7792	ES 315－2008	每毫升100单位量的胰岛素注射器
7793	ES 587－2008	医学和药物的体积测定
7794	ES 346－2008	红细胞沉降率测量用试管
7795	ES 347－2001	注射液用刻度烧杯（医院用）
7796	ES 367－2008	牙科液体比重计
7797	ES 368－1－2005	非侵入式血压计　第1部分：一般要求
7798	ES 368－2－2005	非侵入式血压计　第2部分：机械血压计的补充要求
7799	ES 368－3－2005	非侵入式血压计　第3部分：机电血压测量系统的补充要求
7800	ES 368－4－2014	非侵入式血压计　第4部分：自动非侵入式血压计
7801	ES 369－2008	校准密度瓶
7802	ES 370－1991	比重瓶
7803	ES 457－2005	可更换的锥形接地玻璃接头
7804	ES 529－2002	分液漏斗和滴液漏斗
7805	ES 586－2005	可更换的球形接地玻璃接头

续表

序号	标准编号	标准名称
7806	ES 616 – 2001	医学滴管
7807	ES 628 – 1965	通用电气实验室炉
7808	ES 629 – 2 – 1965	实验室干燥炉
7809	ES 630 – 2008	电加热器消毒炉
7810	ES 630 – 3 – 1965	电加热炉　第3部分：消毒炉
7811	ES 651 – 2008	实验室用电烤箱的试验方法
7812	ES 773 – 1 – 2006	医用输血设备　第1部分：血液和血液制品用可折叠容器的规格
7813	ES 774 – 2006	牛奶用密度比重计
7814	ES 861 – 1966	用于高达1000 ℃的干燥、热处理和燃烧的电加热实验室炉
7815	ES 994 – 1970	医用金属注射器
7816	ES 995 – 1970	奈氏气缸的校准
7817	ES 996 – 2008	分离漏斗的校准
7818	ES 997 – 2008	千分尺操作滴定管的校准
7819	ES 1022 – 2008	自动滴定管的校准
7820	ES 1069 – 1970	比重瓶的校准
7821	ES 1091 – 2018	极化糖量计
7822	ES 1168 – 2018	实验室仪器　词汇
7823	ES 1168 – 1 – 2003	与主要由玻璃陶瓷或良性硅胶制成的仪器有关的词汇　第1部分：输送和关闭装置
7824	ES 1168 – 2 – 2003	实验室仪器词汇　第2部分：包含仪器
7825	ES 1168 – 3 – 2003	实验室仪器词汇　第3部分：基本操作仪器
7826	ES 1168 – 4 – 2003	实验室仪器词汇　第4部分：测量仪器
7827	ES 1168 – 5 – 2005	实验室仪器词汇　第5部分：物理特性的测定装置
7828	ES 1168 – 6 – 2005	实验室仪器词汇　第6部分：化学元素和化合物的测定装置
7829	ES 1168 – 7 – 2005	实验室仪器词汇　第7部分：材料试验仪
7830	ES 1168 – 8 – 2005	实验室仪器词汇　第8部分：食品、医学和生物用设备
7831	ES 1168 – 9 – 2005	实验室仪器词汇　第9部分：附件
7832	ES 1456 – 1979	一刻度式容量瓶
7833	ES 1776 – 1 – 2020	黏度计　第1部分：水的黏度
7834	ES 1776 – 2 – 2008	橡胶粘度　第2部分：胶乳－用布鲁克菲尔德试验法测定外观黏度
7835	ES 1885 – 1 – 2010	一次性使用无菌注射器　第1部分：手动注射器
7836	ES 1885 – 2 – 2018	一次性使用无菌注射器　第2部分：带有动力驱动式注射器泵的手动注射器
7837	ES 3050 – 2016	溶液酒精强度的测量
7838	ES 3082 – 2016	验证人员的标准刻度玻璃瓶
7839	ES 3162 – 2016	冷凝器
7840	ES 3173 – 2016	验证人员的标准刻度吸量管
7841	ES 3174 – 2006	实验室玻璃器皿　钳工烧瓶
7842	ES 3227 – 1 – 2005	滴定管　第1部分：通用要求
7843	ES 3227 – 2 – 2005	滴定管　第2部分：没有指定等待时间的滴定管
7844	ES 3227 – 3 – 2005	滴定管　第3部分：30s指定等待时间的滴定管

续表

序号	标准编号	标准名称
7845	ES 3408－2013	锥形磨口接头烧瓶
7846	ES 3409－2016	窄颈烧瓶
7847	ES 3471－2008	实验室容量玻璃器皿　容量的使用和试验方法
7848	ES 3472－2006	埃及标准　实验室用烧杯
7849	ES 3567－2020	木材水分计　验证方法和设备　通用规定
7850	ES 3717－2018	一次性　微量移液器
7851	ES 3718－2020	吸液管　颜色编码
7852	ES 3742－2008	电气实验室烤箱　通用干燥、热处理和燃烧用途（40－1000）C 1000
7853	ES 3768－1－2005	重复使用的全玻璃或金属玻璃医用注射器　第1部分：尺寸
7854	ES 3768－2－2005	重复使用的全玻璃或金属玻璃医用注射器　第2部分：设计、性能、要求和试验
7855	ES 3792－1－2018	比重瓶和校准方法　第1部分：规格和种类
7856	ES 3792－2－2018	比重瓶和校准方法　第2部分：比重瓶的校准和使用方法
7857	ES 3959－2005	一刻度式容量瓶
7858	ES 4006－1－2018	实验室玻璃器皿　瓶　第1部分：螺纹颈瓶
7859	ES 4006－2－2018	实验室玻璃器皿　瓶　第2部分：锥形颈瓶
7860	ES 4006－3－2018	实验室玻璃器皿　瓶　第3部分：吸气瓶
7861	ES 4007－2005	验证人员的标准滴管
7862	ES 4008－2005	一次性使用无菌注射针
7863	ES 4011－2014	一次性皮下注射针头　识别用色码
7864	ES 4147－2005	一次性巴斯德吸管
7865	ES 4205－2005	一次性服务　逻辑吸管
7866	ES 4436－1－2005	注射容器与附件　第1部分：玻璃管制注射瓶
7867	ES 4436－2－2005	注射容器与附件　第2部分：注射瓶封口
7868	ES 4436－3－2005	注射容器与附件　第3部分：注射瓶用铝盖
7869	ES 4436－4－2005	注射容器与附件　第4部分：模压玻璃制注射瓶
7870	ES 4436－5－2005	注射容器与附件　第5部分：注射瓶的冷冻干燥瓶塞
7871	ES 4436－6－2005	注射容器与附件　第6部分：用于注射瓶的铝塑料组合盖
7872	ES 4436－7－2005	注射容器与附件　第7部分：无叠层塑料件的铝塑组合注射帽
7873	ES 4609－1－2014	医用输液设备　第1部分：玻璃输液瓶
7874	ES 4609－2－2014	医用输液设备　第2部分：输液瓶用瓶盖　技术勘误表
7875	ES 4609－3－2014	医用输液设备　第3部分：输液瓶用铝帽
7876	ES 4609－5－2004	医用输液设备　第5部分：滴定管式输液器
7877	ES 4609－6－2004	医用输液设备　第6部分：注射瓶的冷冻干燥瓶塞
7878	ES 4609－7－2015	医用输液设备　第7部分：用于输液瓶的铝塑料组合盖
7879	ES 5419－2006	国际药品标准中安全问题的制定和包容性指南
7880	ES 5420－2006	分析化学的校准和经检定的基准材料的使用
7881	ES 5421－2006	安全方面　在标准中引入安全条款的指南
7882	ES 5432－1－2006	医疗器械生物学评价　第1部分：评价和试验
7883	ES 5432－2－2006	医疗器械生物学评价　第2部分：动物福利要求
7884	ES 5432－3－2006	医疗器械生物学评价　第3部分：遗传毒性、致癌性和生殖毒性试验

续表

序号	标准编号	标准名称
7885	ES 5432 – 4 – 2006	医疗器械生物学评价　第4部分：与血液相互作用试验选择 ISO 10993 – 4 – 2002/DAmd 1
7886	ES 5432 – 5 – 2006	医疗器械生物学评价　第5部分：体外细胞毒性试验
7887	ES 5432 – 6 – 2006	医疗器械生物学评价　第6部分：植入后局部反应试验
7888	ES 5432 – 7 – 2006	医疗器械生物学评价　第7部分：环氧乙烷灭菌残留量
7889	ES 5432 – 9 – 2006	医疗器械生物学评价　第9部分：潜在降解产物的定性和定量框架
7890	ES 5432 – 10 – 2006	医疗器械生物学评价　第10部分：刺激与迟发型超敏反应试验
7891	ES 5511 – 1 – 2006	活塞式容量测量仪器　第1部分：术语、通用要求和用户使用建议
7892	ES 5511 – 2 – 2007	活塞式容量测量仪器　第2部分：活塞式移液器
7893	ES 5511 – 3 – 2007	活塞式容量测量仪器　第3部分：活塞式量管
7894	ES 5511 – 4 – 2007	活塞式容量测量仪器　第4部分：稀释计
7895	ES 5511 – 5 – 2007	活塞式容量测量仪器　第5部分：分配器
7896	ES 5511 – 6 – 2007	活塞式容量测量仪器　第6部分：判定测量误差的重量分析法
7897	ES 5512 – 2006	轴向载荷疲劳试验　机器　动态力校准　应变仪技术
7898	ES 5519 – 2006	采用福特黏度杯测定黏度的标准试验方法
7899	ES 5522 – 2006	实验室玻璃器皿　玻璃量具的设计与制作原理
7900	ES 5523 – 2014	带针或不带针的一次性无菌胰岛素注射器
7901	ES 5526 – 2 – 2006	医用输血设备　第2部分：采血装置
7902	ES 5550 – 2006	脚曲柄工作测力计
7903	ES 5971 – 2007	金属材料管环膨胀试验
7904	ES 6270 – 2007	额定散装玻璃产品的复合材料及其试验方法导则
7905	ES 6667 – 2008	一般用途相对密度比重计（60/60 ℉）
7906	ES 6737 – 2008	玻璃容器　内部压力阻力　试验方法
7907	ES 6738 – 2008	空气质量　一般状况　测量单位
7908	ES 6739 – 1 – 2008	玻璃制品　玻璃容器内表面耐水浸蚀性能　第1部分：用滴定方法测定和分级
7909	ES 6739 – 2 – 2008	玻璃制品　玻璃容器内表面耐水浸蚀性能　第2部分：用火焰光谱法测定和分级
7910	ES 6783 – 2008	测量容器瓶
7911	ES 6874 – 1 – 2008	振荡式密度计　第1部分：实验室仪器
7912	ES 6874 – 2 – 2008	振荡式密度计　第2部分：均质液体的使用过程测量仪器
7913	ES 6953 – 2009	玻璃比重计　热立方膨胀系数的常规值（用于修正液体测量表）
7914	ES 6954 – 2009	实验室玻璃器皿　试管和培养管
7915	ES 7065 – 2009	实验室塑料器皿　烧杯
7916	ES 7066 – 2009	实验室塑料器皿　刻度量筒
7917	ES 7214 – 1 – 2011	测量仪器　第1部分：测量仪器的基本要求
7918	ES 7240 – 2010	校验医学　参考测量实验室的要求
7919	ES 7241 – 2010	医学实验室　安全要求
7920	ES 7338 – 2011	活塞式容量测量仪器　采用光度测定法测定体积测量的不确定度
7921	ES 7388 – 2011	采用重量法对体积测量不确定度的测定
7922	ES 7456 – 2011	有关调节的标准术语

续表

序号	标准编号	标准名称
7923	ES 7496 – 2011	医学实验室　质量和能力的特殊要求
7924	ES 7547 – 2012	显微镜学的标准术语
7925	ES 7548 – 2012	蒸馏设备规格
7926	ES 975 – 2003	具有可调节透光率的焊接过滤器和带有双透光率的焊接过滤器
7927	ES 1046 – 2006	隐丝式光学高温计的校准
7928	ES 1176 – 1972	隐丝式光学高温计
7929	ES 1225 – 1 – 2008	眼镜片　第 1 部分：眼科镜片材料
7930	ES 1225 – 2 – 2008	眼镜片　第 2 部分：安装前镜片
7931	ES 1225 – 3 – 1989	眼镜片　第 3 部分：安装后镜片
7932	ES 1567 – 2015	万能测量显微镜的校准
7933	ES 1568 – 2008	大型工具显微镜的校准
7934	ES 1775 – 2015	光电机械比较仪和校准
7935	ES 1804 – 2003	隐形眼镜
7936	ES 1912 – 2015	有色眼镜和太阳眼镜的通用要求
7937	ES 1946 – 1 – 2015	光学和光学仪器　显微镜　载片　第 1 部分：尺寸、光学特性和标志
7938	ES 2003 – 2015	隐丝式光学高温计
7939	ES 2066 – 2005	个人眼睛保护器　词汇
7940	ES 2067 – 2005	个人眼睛保护器　光学试验方法
7941	ES 2068 – 2006	焦距计
7942	ES 2069 – 2006	试验镜头用来测量焦度计
7943	ES 2069 – 1 – 2015	光学和光学仪器　焦距计校正用检验透镜　第 1 部分：眼镜镜片测量用焦距计的检验透镜
7944	ES 2069 – 2 – 2010	光学和光学仪器　焦距计校正用检验透镜　第 2 部分：接触镜片测量用焦距计的检验透镜
7945	ES 2399 – 1993	光学和光学仪器　轻微镜通用的显微镜浸油
7946	ES 2399 – 1 – 2006	光学和光学仪器　显微镜　第 1 部分：通用光学显微镜浸油
7947	ES 2462 – 2002	个人眼睛保护器　光学试验方法
7948	ES 2463 – 1993	光学和光学仪器　接触镜　氧渗透性和透过率的测定
7949	ES 2463 – 1 – 2006	光学和光学仪器　接触镜　第 1 部分：用极谱法确定氧渗透性以及透过率
7950	ES 2464 – 2015	光学和光学仪器　眼科分度刻度盘
7951	ES 2465 – 2006	光学和光学仪器　管切片和管槽的微观连接尺寸
7952	ES 2466 – 1993	光学和光学仪器　接触镜　厚度的测定
7953	ES 2466 – 1 – 2006	光学和光学仪器　接触镜　厚度的测定　第 1 部分：硬性接触镜
7954	ES 2466 – 2 – 2006	光学和光学仪器　接触镜　厚度的测定　第 2 部分：水凝胶接触镜
7955	ES 2766 – 2004	眼镜架的标记
7956	ES 2767 – 2015	用于眼科植入手术的材料和设备
7957	ES 2768 – 2005	光学和光学仪器　接触镜　镜顶屈光度的测定
7958	ES 2769 – 2005	隐形眼镜　隐形眼镜试验用盐溶液
7959	ES 2770 – 2006	眼内透镜尺寸的规格和公差
7960	ES 2771 – 2006	隐形眼镜　隐形眼镜材料折射率的测定

续表

序号	标准编号	标准名称
7961	ES 2772 – 2006	眼科光学　眼镜架　测量系统和术语
7962	ES 2833 – 1995	隐形眼镜应变性的测定
7963	ES 2834 – 1995	隐形眼镜直径的测定
7964	ES 2835 – 1995	隐形眼镜　夹层和表面缺陷的测定
7965	ES 2856 – 2014	人工晶体的灭菌和包装
7966	ES 2925 – 1 – 2015	眼科光学　未切精加工眼镜片　第1部分：单视力和多焦镜片规范
7967	ES 2925 – 2 – 2015	眼科光学　未切精加工眼镜片　第2部分：逐级放大镜片专用
7968	ES 2925 – 3 – 2007	眼科光学　未切精加工眼镜片　第3部分：透射比规格及测量方法
7969	ES 2925 – 4 – 2015	眼科光学　未切精加工眼镜片　第4部分：防反射涂层的试验方法和规格
7970	ES 2925 – 5 – 2008	眼科光学　未切精加工眼镜片　第5部分：耐磨眼镜镜片表面的最低要求
7971	ES 2926 – 1995	组合随机振动宽带　干热或者寒冷中的再现性介质
7972	ES 2947 – 1996	隐形眼镜的弯曲度
7973	ES 2994 – 1 – 2007	眼科光学　半精加工眼镜片毛坯　第1部分：单目和多焦镜片坯料规范
7974	ES 2994 – 2 – 2007	眼科光学　半精加工眼镜片毛坯　第2部分：渐进式和递减式镜片毛坯规范
7975	ES 3065 – 2007	眼科光学　眼镜架　等效术语和词汇表
7976	ES 3188 – 2015	镜头样板
7977	ES 3189 – 2007	个人眼睛防护　常规使用的太阳镜和滤光镜
7978	ES 3200 – 1997	接触镜片材料的致癌性的测定（琼脂覆盖试验和生长抑制试验）
7979	ES 3283 – 1 – 2008	光学和光学仪器　环境试验方法　第1部分：术语和试验范围
7980	ES 3283 – 2 – 2008	光学和光学仪器　环境试验方法　第2部分：低温、高温、湿热
7981	ES 3283 – 3 – 2008	光学和光学仪器　环境试验方法　第3部分：机械作用力
7982	ES 3283 – 4 – 2008	光学和光学仪器　环境试验方法　第4部分：盐雾
7983	ES 3283 – 5 – 2008	光学和光学仪器　环境试验方法　第5部分：低温、低气压综合试验
7984	ES 3283 – 6 – 2008	光学和光学仪器　环境试验方法　第6部分：砂尘
7985	ES 3283 – 7 – 2008	光学与光学仪器　环境试验方法　第7部分：雨滴
7986	ES 3283 – 8 – 2008	光学与光学仪器　环境试验方法　第8部分：高压、低压、浸泡
7987	ES 3283 – 9 – 2008	光学与光学仪器　环境试验方法　第9部分：阳光辐射
7988	ES 3283 – 10 – 2008	光学和光学仪器　环境试验方法　第10部分：振动（正弦）与高温、低温综合试验
7989	ES 3283 – 11 – 2008	光学和光学仪器　环境试验方法　第11部分：长霉
7990	ES 3283 – 12 – 2008	光学和光学仪器　环境试验方法　第12部分：污染
7991	ES 3283 – 13 – 2008	光学和光学仪器　环境试验方法　第13部分：冲击、碰撞或自由跌落与高温、低温综合试验
7992	ES 3283 – 14 – 2008	光学和光学仪器　环境试验方法　第14部分：雾、霜、冰
7993	ES 3283 – 15 – 1998	光学和光学仪器　环境试验方法　第15部分：宽带随机振动（中再现性）与高温、低温综合试验

续表

序号	标准编号	标准名称
7994	ES 3283 – 16 – 2008	光学与光学仪器　环境试验方法　第16部分：干热或寒冷条件下的组合反弹或稳态加速
7995	ES 3283 – 17 – 2008	光学和光学仪器　环境试验方法　第17部分：污染与太阳辐射综合试验
7996	ES 3283 – 18 – 2008	光学和光学仪器　环境试验方法　第18部分：湿热、低内压综合试验
7997	ES 3283 – 19 – 2008	光学和光学仪器　环境试验方法　第19部分：温度周期与正弦振动、随机振动综合试验
7998	ES 3367 – 1 – 2007	光学和光学仪器　环境要求　第1部分：一般信息、定义、气候带及其参数
7999	ES 3367 – 2 – 1999	光学和光学仪器　环境要求　第2部分：医用光学仪器的试验要求
8000	ES 3367 – 3 – 2000	光学和光学仪器　光学零件和光学系统图样　第8部分：表面结构
8001	ES 3367 – 4 – 2007	光学和光学仪器　接触镜头　第4部分：伸缩系统的试验要求
8002	ES 3367 – 6 – 2007	光学和光子学　环境要求　第6部分：医用光学仪器的试验要求
8003	ES 3367 – 7 – 2007	光学和光学仪器　环境要求　第7部分：光学测量仪器的试验要求
8004	ES 3367 – 8 – 2007	光学和光子学　环境要求　第8部分：极端使用条件的试验要求
8005	ES 3367 – 11 – 2007	光学和光学仪器　环境要求　第11部分：户外条件的试验要求
8006	ES 3367 – 12 – 2007	光学和光学仪器　环境要求　第12部分：光学仪器的运输条件
8007	ES 3392 – 1 – 2007	光学和光学仪器　测地和勘测仪器的现场测试程序　第1部分：理论
8008	ES 3392 – 2 – 2016	光学和光学仪器　测地和勘测仪器的现场测试程序　第2部分：水准仪
8009	ES 3392 – 3 – 2016	光学和光学仪器　测地和勘测仪器的现场测试程序　第3部分：经纬仪
8010	ES 3392 – 4 – 2016	光学和光学仪器　测地和勘测仪器的现场测试程序　第4部分：电光测距仪（EDM仪）
8011	ES 3392 – 5 – 2009	光学和光学仪器　测地和勘测仪器的现场测试程序　第5部分：电子速测仪
8012	ES 3392 – 6 – 2009	光学和光学仪器　测地和勘测仪器的现场测试程序　第6部分：旋转激光
8013	ES 3551 – 1 – 2015	光学和光学仪器　环境试验方法　第1部分：术语和试验范围
8014	ES 3551 – 2 – 2014	光学和光学仪器　环境试验方法　第2部分：冷、热、湿
8015	ES 3551 – 3 – 2014	光学和光学仪器　环境试验方法　第3部分：机械作用力
8016	ES 3551 – 4 – 2014	光学和光学仪器　环境试验方法　第4部分：盐雾
8017	ES 3551 – 5 – 2016	光学和光学仪器　环境试验方法　第5部分：低温、低气压综合试验
8018	ES 3551 – 6 – 2014	光学和光学仪器　环境试验方法　第6部分：砂尘
8019	ES 3551 – 7 – 2005	光学与光学仪器　环境试验方法　第7部分：雨滴
8020	ES 3551 – 15 – 2007	光学和光学仪器　环境试验方法　第15部分：宽带随机振动（数字控制）与高温、低温综合试验
8021	ES 3848 – 1 – 2014	光学和光学仪器　光学零件和光学系统图样　第1部分：总则

续表

序号	标准编号	标准名称
8022	ES 3848 – 2 – 2005	光学和光学仪器　光学零件和光学系统图样　第 2 部分：材料缺陷　应力双折射
8023	ES 3848 – 3 – 2005	光学和光学仪器　光学零件和光学系统图样　第 3 部分：材料缺陷　气泡和杂质
8024	ES 3848 – 4 – 2005	光学和光学仪器　光学零件和光学系统图样　第 4 部分：材料缺陷　不同质和擦痕
8025	ES 3848 – 5 – 2014	光学和光学仪器　光学零件和光学系统图样　第 5 部分：面形公差
8026	ES 3848 – 6 – 2019	光学和光学仪器　光学零件和光学系统图样　第 6 部分：中心公差
8027	ES 3848 – 7 – 2014	光学和光学仪器　光学零件和光学系统图样　第 7 部分：表面疵病公差
8028	ES 3848 – 8 – 2014	光学和光学仪器　光学零件和光学系统图样　第 8 部分：表面结构
8029	ES 3848 – 9 – 2019	光学和光学仪器　光学零件和光学系统图样　第 9 部分：表面处理和覆层
8030	ES 3848 – 10 – 2007	光学和光学仪器　光学零件和光学系统图样　第 10 部分：光学零件和硬质组件的表格表示数据
8031	ES 3848 – 11 – 2014	光学和光学仪器　光学零件和光学系统图样　第 11 部分：无公差数据
8032	ES 3848 – 12 – 2014	光学和光学仪器　光学零件和光学系统图样　第 12 部分：无公差数据
8033	ES 3848 – 14 – 2014	光学和光学仪器　光学零件和光学系统图样　第 14 部分：波前变形公差
8034	ES 3848 – 17 – 2008	光学和光学仪器　光学零件和光学系统图样　第 17 部分：激光辐照损伤阈值
8035	ES 3849 – 2005	眼科光学　条形码规格
8036	ES 4232 – 1 – 2018	激光和激光相关设备　标准光学组件　第 1 部分：紫外线、可见和近红外光谱范围用组件
8037	ES 4232 – 2 – 2018	激光和激光相关设备　标准光学组件　第 2 部分：红外光谱范围用组件
8038	ES 4233 – 2019	眼科光学　眼镜镜片　未切精加工眼镜片的基本要求
8039	ES 4367 – 1 – 2018	密封罩　第 1 部分：设计原理
8040	ES 4367 – 2 – 2018	密封罩　第 2 部分：密封性分级及其检验方法
8041	ES 4434 – 1 – 2004	光学和光学仪器　医用内窥镜和内镜治疗　第 1 部分：通用要求
8042	ES 4434 – 2 – 2008	光学和光学仪器　医用内窥镜和内窥镜附件　第 2 部分：硬质支气管镜的特殊要求
8043	ES 4434 – 3 – 2008	光学和光学仪器　医用内窥镜和内窥镜附件　第 3 部分：光学内窥镜观察方向和观察区域的测定
8044	ES 4435 – 2008	光学和光学仪器　激光和激光相关设备　词汇和符号
8045	ES 4437 – 2005	水质　非盐水中总 β 活性的测量
8046	ES 4601 – 2004	眼科光学　眼镜架　通用要求和试验方法
8047	ES 4602 – 2004	眼科光学　接触镜　接触镜和接触镜材料的分类

续表

序号	标准编号	标准名称
8048	ES 4610 – 2004	放射性污染表面的去污　纺织品去污剂的试验
8049	ES 4611 – 2004	放射性污染表面的去污　检测和评价去污难易程度的方法
8050	ES 4612 – 2004	放射性核素计　设计用于永久安装的仪表
8051	ES 4613 – 2004	个人胶片剂量计
8052	ES 4614 – 5 – 2004	密封罩用组件　第5部分：电气和流体回路的渗透
8053	ES 4615 – 2004	放射性物质安全运输　货包的泄漏检验
8054	ES 4616 – 2004	辐射防护　密封型放射源　通用要求和分类
8055	ES 4665 – 2008	眼科光学和仪器　改善低度视力的光学装置
8056	ES 4808 – 2005	机械安全　激光加工机械　安全要求
8057	ES 4808 – 1 – 2012	机械安全　激光加工机械　第1部分：通用安全要求
8058	ES 4808 – 2 – 2012	机械安全　激光加工机械　第2部分：手持式激光加工装置的安全要求
8059	ES 5520 – 2006	眼科仪器　检眼仪
8060	ES 5521 – 2015	光学和光学仪器　显微镜　35mm单反照相机镜头的接口（T螺纹适配）
8061	ES 5527 – 2015	光学与光学仪器　显微镜　可互换目镜的直径
8062	ES 5528 – 2014	眼科仪器　视网膜镜
8063	ES 5781 – 2014	眼科仪器　眼底照相机
8064	ES 5970 – 2007	光学与光学仪器　参考波长
8065	ES 5972 – 2007	眼镜光学　接触镜　保质期的测定
8066	ES 6102 – 1 – 2007	玻璃　应力光学系数的测定　第1部分：拉伸试验
8067	ES 6102 – 2 – 2007	玻璃　应力光学系数的测定　第2部分：弯曲试验
8068	ES 6103 – 2007	光学和光学仪器　立体显微镜　提供给用户的信息
8069	ES 6105 – 2007	眼科仪器　测试箱镜头
8070	ES 6269 – 1 – 2016	光学和光学仪器　体视显微镜的最低要求　第1部分：普及型体视显微镜
8071	ES 6269 – 2 – 2007	光学及光学仪器　体视显微镜的最低要求　第2部分：高性能显微镜
8072	ES 6369 – 2013	眼科光学　眼镜架　要求和试验方法
8073	ES 6465 – 1 – 2013	眼科光学　接触镜　第1部分：词汇、分类和推荐的标识规格
8074	ES 6465 – 2 – 2013	眼科光学　接触镜　第2部分：公差
8075	ES 6465 – 3 – 2013	眼科光学　接触镜　第3部分：测量方法
8076	ES 6872 – 2008	眼科仪器　图表投影仪
8077	ES 7451 – 2011	眼科仪器　试验框架
8078	ES 840 – 2007	声学　量和单位
8079	ES 1392 – 2015	声学　优选频率
8080	ES 1393 – 1 – 2014	纯音听力计校准用标准参考零点
8081	ES 1427 – 2015	助听器
8082	ES 1428 – 1996	试验方法　助听器
8083	ES 1428 – 1 – 2015	助听器　试验方法　第1部分：电声特性的测量
8084	ES 1428 – 2 – 2005	助听器　试验方法　第2部分：具有感应拾音线圈输入的助听器特性测量方法

续表

序号	标准编号	标准名称
8085	ES 1428 – 3 – 2015	助听器　试验方法　第3部分：带自动增益控制电路的助听器电声学特性测量方法
8086	ES 1428 – 4 – 2015	助听器　试验方法　第4部分：听者不完全佩戴的助听器的电声学特性测量方法
8087	ES 2773 – 1 – 2007	声学　建筑和建筑构件的隔声测量　第1部分：实验室要求
8088	ES 2836 – 1 – 2007	声学　环境噪声的描述、测量与评价　第1部分：基本数量和测量程序
8089	ES 2836 – 2 – 2015	声学　环境噪声的描述、测量与评价　第2部分：与土地利用有关的采集和数据
8090	ES 2978 – 1996	声级的测定
8091	ES 2978 – 1 – 2007	电声学　声级计　第1部分：规格
8092	ES 3153 – 2015	设备和仪器的噪声标记
8093	ES 3154 – 2015	声学　听阈与年龄关系的统计分布
8094	ES 3163 – 2015	声学　司机位置处测定土方机械发出的噪声　定置试验条件
8095	ES 3187 – 2007	声学　标准调谐频率（标准音调）
8096	ES 3198 – 2013	声学　声学和振动级的首选参考值
8097	ES 3199 – 2015	言语测听设备
8098	ES 3636 – 1 – 2014	声学　护听器　第1部分：声音衰减测量的主观法
8099	ES 3636 – 2 – 2014	声学　护听器　第2部分：戴护听器时有效的A计权声压级估算
8100	ES 3928 – 2 – 2005	声学　测听设备校准用基准零点　第2部分：纯音和插入式耳机的基准等效阈声压级
8101	ES 3928 – 3 – 2005	声学　测听设备校准用基准零点　第3部分：纯音和骨传导振动器用标准等效阈力级别
8102	ES 3928 – 4 – 2005	声学　测听设备校准用基准零点　第4部分：窄带掩蔽噪声的基准级
8103	ES 3928 – 5 – 2005	声学　测听设备校准用基准零点　第5部分：频率范围在 8kHz ~ 16kHz 的纯音用标准等效阈声压级
8104	ES 3928 – 7 – 2005	声学　测听设备校准用基准零点　第7部分：短时间声测试信号的基准等效阈声压级
8105	ES 3929 – 1 – 2014	听力测试方法　第1部分：基本纯音空气声学传导性听阈法
8106	ES 4012 – 2003	声学　听力保护用纯音气导听阈测定
8107	ES 4013 – 2014	声学　环境中声压级评定用多声源工业厂房声功率级的测定　工程法
8108	ES 4014 – 1 – 2003	声学　低噪声机械装置和设备设计的推荐实用规程　第1部分：计划
8109	ES 4015 – 2015	声学　机器和设备发射的噪声　工作位置和其他指定位置发射声压级的测量　反射平面上方近乎空旷区域的工程法
8110	ES 4016 – 2003	声学　机器和设备发射的噪声　工作位置和其他指定位置发射声压级的测量　现场测量法
8111	ES 4017 – 2014	声学　计算机和商务设备的噪声发射标示值
8112	ES 4018 – 2014	声学　紧急撤离听觉信号

续表

序号	标准编号	标准名称
8113	ES 4019 - 2 - 2003	声学 听力测试方法 第2部分：纯音和窄频带信号声场测听技术
8114	ES 4020 - 2014	倍频程带和三分之一倍频程带通滤波器
8115	ES 4234 - 2014	纯音听力计
8116	ES 4438 - 1 - 2005	声学 供水设施使用的器械和设备发出噪音的实验室试验 第1部分：测量方法
8117	ES 4438 - 2 - 2005	声学 供水设施使用的器械和设备发出噪音的实验室试验 第2部分：放水龙头和混合阀的安装和操作条件
8118	ES 4438 - 3 - 2005	声学 供水设施使用的器械和设备发出噪音的实验室试验 第3部分：管路阀门和器械的安装和操作条件
8119	ES 4438 - 4 - 2005	声学 供水设施使用的器械和设备发出噪音的实验室试验 第4部分：专用器械的安装和工作条件
8120	ES 4439 - 1 - 2005	声学与振动 弹性元件振动声传递特性的实验室测量 第1部分：原理与指南
8121	ES 4439 - 2 - 2006	声学与振动 弹性元件振动声传递特性的实验室测量 第2部分：弹性支撑件平移动刚度的直接测定方法
8122	ES 4439 - 3 - 2006	声学与振动 弹性元件振动声传递特性的实验室测量 第3部分：弹性支撑件平移动刚度的间接测定方法
8123	ES 4617 - 1 - 2014	声学 阻抗管中吸声系数和阻抗的测定 第1部分：使用驻波比的方法
8124	ES 4617 - 2 - 2014	声学 阻抗管中吸声系数和阻抗的测定 第2部分：传递函数法
8125	ES 5418 - 1 - 2006	声学 低噪声机械装置工作间设计的推荐实用规程 第1部分：噪声控制策略
8126	ES 5418 - 2 - 2006	声学 低噪声机械装置工作间设计的推荐实用规程 第2部分：噪声控制措施
8127	ES 5418 - 3 - 2006	声学 低噪声机械装置工作间设计的推荐实用规程 第3部分：工作间内的声传播和噪声预测
8128	ES 5524 - 2006	声学 农林业用拖拉机和自驱动机械 行进中的噪声测量
8129	ES 5525 - 2015	声学 工作环境中噪声暴露的测量和评价准则
8130	ES 5547 - 1 - 2006	声学 建筑和建筑构件隔声等级 第1部分：气载声隔声 ISO 717 - 1：1996 DAmd 1 与单数评价和单数数量有关的舍入规格
8131	ES 5547 - 2 - 2006	声学 建筑和建筑构件隔声等级 第2部分：撞击声隔音
8132	ES 5548 - 2006	声学 建筑物用吸音器 吸声率
8133	ES 5549 - 2006	声学 管道消声器无气流状态下插入损耗的测量 实验室调查法
8134	ES 5551 - 3 - 2006	建筑结构 用户要求的表述 第3部分：声学要求
8135	ES 5552 - 2006	声学 混响室中吸声测量
8136	ES 5553 - 2006	声学 参考其他声学参数的房间混响时间测量
8137	ES 5554 - 2006	声学 管道消声器和风道末端装置的实验室测量方法 插入损耗、气流噪声和全压损失
8138	ES 5664 - 31 - 2013	振动和冲击传感器的校准方法 第31部分：横向振动灵敏度试验
8139	ES 5983 - 1 - 2007	声学 隔声罩的隔声性能测定 第1部分：实验室条件下的测量（标示用）

续表

序号	标准编号	标准名称
8140	ES 5983 - 2 - 2007	声学 隔声罩的隔声性能测定 第 2 部分：现场测量（验收和验证用）
8141	ES 5984 - 2007	声学 消音器噪声控制指南
8142	ES 6287 - 2007	声学 舱室声音性能测定 实验室测量和现场测量
8143	ES 6288 - 2007	声学 次声测量的频率加权特性
8144	ES 6289 - 2007	声学 响度级的计算方法
8145	ES 6290 - 1 - 2007	声学 测定和检验机械装置及设备噪声标定值的统计方法 通用考虑和定义 第 1 部分：声学标准和确定误差的方法
8146	ES 6290 - 2 - 2007	声学 测定和检验机械装置及设备噪声标定值的统计方法 第 2 部分：个别机械装置标定值方法
8147	ES 6290 - 3 - 2007	声学 测定和验证装置和设备噪声发射标定值的统计方法 第 3 部分：成批机器标牌值的简单（过渡）方法
8148	ES 6290 - 4 - 2007	声学 测定和验证装置和设备噪声发射标定值的统计方法 第 4 部分：成批机械装置标定值方法
8149	ES 6291 - 2007	电影技术 影院审片室和混录棚的背景噪声级
8150	ES 6292 - 2007	声学 计算机和商用设备发出的高频噪声的测量
8151	ES 6293 - 2007	声学 计算机和商务设备的噪声发射标示值
8152	ES 6523 - 1 - 2008	声学 利用声强法测定噪声源的声功率级 第 1 部分：离散点上的测量
8153	ES 6523 - 2 - 2008	声学 利用声强法测定噪声源的声功率级 第 2 部分：扫描测量法
8154	ES 6523 - 3 - 2008	声学 利用声强法测定噪声源的声功率级 第 3 部分：扫描测量精密法
8155	ES 6677 - 3 - 2014	声学 建筑和建筑构件的隔声测量 第 3 部分：轻型双叶隔板的安装指南
8156	ES 6677 - 4 - 2014	声学 建筑和建筑构件的隔声测量 第 4 部分：房间之间气载声隔声的现场测量
8157	ES 6677 - 5 - 2008	声学 建筑和建筑构件的隔声测量 第 5 部分：外墙构件和外墙气载声隔声现场测量
8158	ES 6677 - 6 - 2008	声学 建筑和建筑构件的隔声测量 第 6 部分：楼板撞击声隔声的实验室测量
8159	ES 6677 - 7 - 2008	声学 建筑和建筑构件的隔声测量 第 7 部分：楼板撞击声隔声的现场测量
8160	ES 6677 - 10 - 2008	声学 建筑和建筑构件的隔声测量 第 10 部分：小型建筑构件空气声隔声的实验室测量
8161	ES 6677 - 11 - 2008	声学 建筑和建筑构件的隔声测量 第 11 部分：轻型标准楼板上降低地板覆盖物传递撞击声的实验室测量
8162	ES 6677 - 14 - 2009	声学 建筑和建筑构件的隔声测量 第 14 部分：现场特殊情况指南
8163	ES 6677 - 16 - 2009	声学 建筑和建筑构件的隔声测量 第 16 部分：附加衬里提高隔声指数的实验室测量
8164	ES 6677 - 18 - 2009	声学 建筑和建筑构件的隔声测量 第 18 部分：建筑构件隔雨声实验室测量

续表

序号	标准编号	标准名称
8165	ES 6811 – 2008	声学　噪声源声功率级测定　基础标准使用指南
8166	ES 6812 – 2008	声学　汽车车内噪声测量方法
8167	ES 6813 – 2008	声学　机械装置和设备发出的噪声　工作地点和其他试验场所声压级测定基本标准使用指南
8168	ES 6875 – 2008	水深测量的回声测深仪
8169	ES 6963 – 2009	声学　隔音罩和隔音室噪声控制指南
8170	ES 7242 – 2010	声学　机器和设备发射的噪声　噪声测试规格起草和表述的准则
8171	ES 7339 – 2011	声学　旋转电机噪声测定的试验规程
8172	ES 7497 – 2011	声学　利用声压的噪声源声功率级的测定　消声室和半消声室用精密法
8173	ES 7498 – 1 – 2011	声学　户外声传播衰减　第1部分：大气吸声计算
8174	ES 7592 – 1 – 2013	医疗器械　用于医疗器械标签、标记和提供信息的符号　第1部分：通用要求
8175	ES 7592 – 2 – 2013	医疗器械　用于医疗器械标签、标记和提供信息的符号　第2部分：符号的制定、选择和确认
8176	ES 7593 – 1 – 2013	建筑声学　从建筑构件性能评定建筑物声学性能　第1部分：房间之间的气载声音隔音
8177	ES 7593 – 2 – 2013	建筑声学　从建筑构件性能评定建筑物声学性能　第2部分：房间之间的撞击声隔音
8178	ES 7593 – 3 – 2013	建筑声学　从建筑构件性能评定建筑物声学性能　第3部分：防室外声音的气载声音隔音
8179	ES 7593 – 4 – 2013	建筑声学　从建筑构件性能评定建筑物声学性能　第4部分：室内到室外的声音传递
8180	ES 28 – 11 – 2007	数量和单位　第11部分：物理科学和技术中使用的数学符号
8181	ES 399 – 2006	实验室玻璃管液体温度计　设计、构造和使用原则
8182	ES 400 – 2005	固体杆式通用温度计
8183	ES 401 – 2006	双刻度和排卵临床最大温度计（封闭式刻度的水银玻璃）
8184	ES 569 – 2005	热学的量和单位
8185	ES 570 – 1996	量和单位
8186	ES 839 – 2005	光及有关电磁辐射的量和单位
8187	ES 841 – 2006	物理化学和分子物理学的量和单位
8188	ES 962 – 2004	热电偶和校准方法
8189	ES 962 – 1 – 2006	热电偶　第1部分：参考表
8190	ES 962 – 2 – 2006	热电偶　第2部分：公差
8191	ES 962 – 3 – 2006	热电偶　第3部分：扩展和补偿电缆　公差和识别系统
8192	ES 1001 – 2011	湿度计规格和校准方法
8193	ES 1179 – 2008	标准铂电阻温度计
8194	ES 1287 – 1 – 2006	湿度计校准的检验　第1部分：谷物水分计
8195	ES 1287 – 2 – 2006	湿度计校准的检验　第2部分：油料水分计
8196	ES 1438 – 2006	电离辐射的基本符号
8197	ES 1513 – 2008	比重计
8198	ES 1573 – 2005	由铂、铜或镍制成的电阻温度计传感器（用于工业和商业用途）
8199	ES 1744 – 2007	闪光点测量仪的校准（更新）

续表

序号	标准编号	标准名称
8200	ES 2091－2008	可调量程的内标式温度计
8201	ES 2092－2008	双热循环和校准
8202	ES 2667－2005	内标式量热温度计（ECAL）
8203	ES 2668－2005	酒精比重计和液体比重计用温度计
8204	ES 2669－2005	精密用长内标式温度计（EL）
8205	ES 2670－2006	固体杆式量热温度计
8206	ES 2671－2005	精密用长实心杆温度计（S·T·I）
8207	ES 2672－2015	实验室玻璃器皿　热酒精计和酒精热密度计
8208	ES 2673－2015	短封闭座式精密温度计（EC）
8209	ES 2674－2015	精密用途短固体杆式温度计（STC）
8210	ES 2677－2015	实验室玻璃器皿　热冲击和热冲击耐久性试验方法
8211	ES 2927－1－2007	热量表　第1部分：通用要求
8212	ES 2927－2－2007	热量表　第2部分：施工要求
8213	ES 2927－3－2007	热量表　第3部分：数据交换和接口
8214	ES 2927－4－2008	热量表　第4部分：型式批准试验
8215	ES 2927－5－2008	热量表　第5部分：初始验证试验
8216	ES 2927－6－2008	热量表　第6部分：安装、调试、运行监控和维护
8217	ES 2942－2005	热绝缘　辐射热量传递　物理量和定义
8218	ES 2943－2005	热绝缘　材料的热传导条件和性能　词汇
8219	ES 2944－2005	热绝缘　质量传递　物理量和定义
8220	ES 2945－2005	热绝缘　物理量和定义
8221	ES 2946－2005	热绝缘　材料、成品和系统　词汇
8222	ES 2977－2005	稳态热阻和有关特性的测定　热流计法
8223	ES 2977－1－1996	稳态热阻和有关特性的测定　热流计法　第1部分：总则
8224	ES 2977－2－1998	隔热　稳态热阻和有关性能的测定　热流计装置　第2部分：装置和校准
8225	ES 2977－3－1999	绝热材料　稳态热阻和有关特性的测定　热流计法　第3部分：试验规程
8226	ES 3211－2006	固体物理学的量和单位
8227	ES 3459－2006	数量和单位　第9部分：原子与核子物理
8228	ES 3473－1－2006	带最大值显示装置的医用电子体温计　第1部分：技术和方法要求
8229	ES 3473－2－2006	带最大值显示装置的医用电子体温计　第2部分：测试和验证方法
8230	ES 3568－2006	带最大值显示装置的含汞玻璃医用体温计
8231	ES 3569－2005	绝热材料　稳态热阻及有关特性的测定　防护热板法　ISO 8302：1995（E）
8232	ES 3569－1－2000	稳态热阻和有关特性的测定　防护热板法　第1部分：总则
8233	ES 3569－2－2000	稳态热阻和有关特性的测定　防护热板法　第2部分：装置和误差评估
8234	ES 3569－3－2000	稳态热阻和有关特性的测定　防护热板法　第3部分：试验程序
8235	ES 3617－2007	连续测量用医用电子体温计
8236	ES 3617－1－2001	连续测量用医用电子体温计　第1部分：技术和计量要求

续表

序号	标准编号	标准名称
8237	ES 3617－2－2001	连续测量用医用电子体温计 第2部分：验证和试验程序
8238	ES 3764－2008	绝热层 稳态传热性质的测定 校准和防护热箱法
8239	ES 3764－1－2002	稳态热传递特性的测定 校准的防护帽箱 第1部分：总则
8240	ES 3764－2－2002	稳态热传递特性的测定 校准的防护帽箱 第2部分：装置
8241	ES 3764－3－2002	稳态热传递特性的测定 校准的防护帽箱 第3部分：试验规程
8242	ES 3930－2－2002	用于校准剂量计和剂量比率计并确定其光子能量响应的 X 和 γ 参考辐射 第2部分：辐射防护用的能量范围为 8keV～1.3MeV 和 4～9MeV 的参考辐射剂量测定
8243	ES 4235－2008	空气相对湿度对饱和盐溶液的验证范围
8244	ES 4361－2008	全辐射高温计
8245	ES 4663－1－2008	调节和试验用大气 相对湿度的测定 第1部分：气吸式干湿表法
8246	ES 4663－2－2008	调节和试验用大气 相对湿度的测定 第2部分：旋转式干湿表法
8247	ES 4809－2005	处理和使用冰点浴作为参考温度的标准方法
8248	ES 4810－2005	使用水三点细胞的标准指南
8249	ES 4811－2005	温度表示的标准指南
8250	ES 5782－2006	有关测温和水文测验的术语
8251	ES 6111－1－2007	电离辐射测量探测限和判断阀的确定 第1部分：基本原则和对不受样品处理影响的计数测量的应用
8252	ES 6271－2007	无机物绝缘热电偶电缆和热电偶
8253	ES 6272－2007	感温元件用金属温度套管 功能尺寸
8254	ES 6361－2007	工业铂电阻温度计敏感件
8255	ES 6362－2007	与有相同电动势温度性能的标准热电偶相比较测定单个热电偶材料的热电动势
8256	ES 6666－2008	内标式通用温度计
8257	ES 6815－2008	用辐射高温计校准耐火金属热电偶的试验方法
8258	ES 7244－1－2010	热量表 第1部分：通用要求
8259	ES 7244－2－2010	热量表 第2部分：施工要求
8260	ES 7244－4－2011	热量表 第4部分：型式批准试验
8261	ES 7244－5－2011	热量表 第5部分：初始验证试验
8262	ES 7244－6－2011	热量表 第6部分：安装、调试、运行监控和维护
8263	ES 7453－2011	金属护套温度计元件的尺寸
8264	ES 7546－2012	采用比较技术校准热电偶的标准试验方法
8265	ES 7588－1－2013	医用体温计 第1部分：带限位装置的玻璃式金属液体体温计
8266	ES 7588－2－2013	医用体温计 第2部分：相位变换式（点矩阵）体温计
8267	ES 7589－2013	温度计检验和验证的标准试验方法
8268	ES 2289－2005	瓶装产品数据卡要求
8269	ES 2290－2014	包装 货物装卸图形符号（通用符号）
8270	ES 2291－2005	刚性矩形包装件的尺寸
8271	ES 2292－2014	箱（包）证书
8272	ES 2293－2014	箭头的图形符号使用
8273	ES 2293－1－2015	设备上使用的图形符号的基本原则 第1部分：符号原型的创建

续表

序号	标准编号	标准名称
8274	ES 2293 – 2 – 2015	设备上使用的图形符号的基本原则　第2部分：共同形式和用途
8275	ES 2293 – 3 – 2011	设备上使用的图形符号的基本原则　第3部分：图形符号的应用指南
8276	ES 2293 – 4 – 2012	设备上使用的图形符号的基本原则　第4部分：屏幕和显示器上使用的图形符号的应用指南（图标）
8277	ES 2294 – 2008	包装　单元货物尺寸
8278	ES 2295 – 2007	包装商品净含量
8279	ES 2296 – 2005	货运集装箱　术语
8280	ES 2297 – 2011	货运集装箱　分类、尺寸和额定质量
8281	ES 2298 – 2005	航空货运设备　大容量飞机底舱面专用基座固定式认证集装箱
8282	ES 2299 – 2005	材料搬运用托盘　词汇
8283	ES 2300 – 2006	托盘车的主要尺寸
8284	ES 2301 – 2005	满装的运输包装　分类检验　要记录的信息
8285	ES 2302 – 1992	货运集装箱　货箱牌照
8286	ES 3227 – 2013	实验室玻璃器皿　滴定管
8287	ES 3526 – 1 – 2009	货运集装箱　规格和试验　第1部分：一般用途通用货物集装箱
8288	ES 3526 – 3 – 2010	货运集装箱　规格和试验　第3部分：液体、气体和加压的干散料用罐式集装箱
8289	ES 3526 – 4 – 2006	货运集装箱　规格和试验　第4部分：无压干散货集装箱
8290	ES 3526 – 5 – 2006	货运集装箱　规格和试验　第5部分：平台式和台架式集装箱
8291	ES 4664 – 2008	集装箱　代码、识别和标记
8292	ES 5423 – 2015	集装箱　热效率要求
8293	ES 5973 – 1 – 2015	货运集装箱　船上集装箱相关信息　第1部分：箱位坐标代码
8294	ES 5974 – 2007	飞机　用于航空货运的飞机用认证集装箱　规格和试验
8295	ES 6274 – 2015	包装　完全满运包装和单位负载　恒定低频振动试验
8296	ES 6356 – 2007	飞机　空运用模块化集装箱
8297	ES 6357 – 2007	航空货运设备　航空货运托盘的使用指南
8298	ES 6569 – 2008	洲际物料运输用平底托盘　主要尺寸和公差
8299	ES 6570 – 2008	货运集装箱　货运集装箱搬运用跨运车　稳定性的计算
8300	ES 6571 – 2008	航空货运设备　联运托盘网
8301	ES 6572 – 1 – 2014	材料转移用托盘　平托盘　第1部分：试验方法
8302	ES 6668 – 2008	航空货运设备　联运托盘
8303	ES 6669 – 2008	货运集装箱　罐式集装箱接口
8304	ES 6670 – 1 – 2008	托盘连接件的试验方法　第1部分：托盘用钉子、其他榫钉型紧固件和U形钉的抗弯曲测定
8305	ES 6670 – 2 – 2009	托盘连接件的试验方法　第2部分：货架钉子和钩环头拉伸抗性和回缩特性的测定
8306	ES 6670 – 3 – 2009	托盘连接件的试验方法　第3部分：托盘连接件强度的测定
8307	ES 6671 – 2008	飞机设备　机载设备的环境和工作条件　湿度、温度和压力试验
8308	ES 6740 – 2008	货运集装箱　自动识别
8309	ES 6741 – 2008	航空货运设备　航空/陆地托盘网
8310	ES 6742 – 2008	航空和航空/陆地货运托盘　规格和试验
8311	ES 6781 – 2008	航空货运　用于大容量飞机底舱面的非认证容器　规格和试验

续表

序号	标准编号	标准名称
8312	ES 6782 – 2008	货运集装箱　角件　规格
8313	ES 6814 – 2008	货运集装箱　搬运和固定
8314	ES 6955 – 2009	系列1货物集装箱　结构测试标准的基本原理
8315	ES 6968 – 1 – 2009	飞机　地面设备　基本要求　第1部分：通用设计要求
8316	ES 6968 – 2 – 2009	飞机　地面设备　基本要求　第2部分：安全要求
8317	ES 6969 – 2009	飞机　控制电缆皮带轮用滚动轴承　尺寸和负载
8318	ES 6970 – 2013	飞机　地面设备　主舱板装载机　功能要求
8319	ES 6971 – 2009	飞机　地面设备连接器　位置和类型
8320	ES 7067 – 1 – 2009	航空货运设备　约束带　第1部分：设计标准和试验方法
8321	ES 7067 – 2 – 2009	航空货运设备　约束带　第2部分：使用指南和绑扎计算
8322	ES 7263 – 2010	商业船舶
8323	ES 7340 – 1 – 2011	飞机　地面设备　基本要求　第1部分：通用设计要求
8324	ES 7389 – 2011	飞机　地面设备　底舱板装载机　功能要求
8325	ES 7458 – 1 – 2011	飞机　牵引杆连接件接口要求　第1部分：干线飞机
8326	ES 7458 – 2 – 2011	飞机　牵引杆连接件接口要求　第2部分：支线飞机
8327	ES 7549 – 2012	货运集装箱　航空/地面（联合运输的）通用集装箱　规格和试验
8328	ES 7590 – 2013	飞机　货舱容积的计算方法
8329	ES 7591 – 2013	航空货运设备　组合装载装置的地面装卸和运输系统　最低要求
8330	ES 2467 – 1 – 2007	气态排放物放射性连续监测设备　第1部分：通用要求
8331	ES 2467 – 2 – 1995	气态排出流（放射性）活度连续监测设备的通用要求　第2部分：排出流监测仪设计
8332	ES 2467 – 3 – 1995	气态排出流（放射性）活度连续监测设备的通用要求　第3部分：试验方法
8333	ES 2467 – 4 – 1995	无线电活性气体流出物长期监测设备的通用要求　第4部分：文件
8334	ES 3930 – 1 – 2002	用于校准剂量计和剂量比率计并确定其光子能量响应的 X 和 γ 参考辐射　第1部分：辐射特性及产生方法
8335	ES 3930 – 3 – 2002	用于校准剂量计和剂量比率计并确定其光子能量响应的 X 和 γ 参考辐射　第3部分：场所和个人剂量仪的校准以及能量和入射角的测定
8336	ES 3931 – 2002	用于校准剂量仪和剂量率仪及确定其 β 辐射能量的参考 β 辐射
8337	ES 3932 – 2 – 2002	参考中子辐射　第2部分：与表征辐射场基本量相关的辐射防护仪表校准基础
8338	ES 3932 – 3 – 2005	参考中子辐射　第3部分：场所和个人剂量计的校准及中子能量响应和角响应的确定
8339	ES 4242 – 2005	电离辐射防护栏　50mm 和 100mm 壁厚铅屏蔽装置
8340	ES 4243 – 2005	水质　非盐水中总 α 活性的测量　厚源法
8341	ES 4440 – 2004	多晶材料　中子衍射法测定残余应力
8342	ES 4441 – 2004	硅衬底上薄膜热导率的测量
8343	ES 4442 – 2005	用于校准表面污染监测仪的参考源　β 发射体（最大 β 能量大于 0.15MeV）和 α 发射体

续表

序号	标准编号	标准名称
8344	ES 4442 – 2 – 2005	用于校准表面污染监测仪的参考源　第 2 部分：能量低于 0.15MeV 的电子和能量低于 1.5MeV 的光子
8345	ES 4499 – 1 – 2005	电离辐射测量探测限和判断阀的确定　第 1 部分：基本原则和对不受样品处理影响的计数测量的应用
8346	ES 4499 – 2 – 2005	电离辐射测量探测限和判断阀的确定　第 2 部分：基本原则和对受样品处理影响的计数测量的应用
8347	ES 4499 – 3 – 2005	电离辐射测量探测限和判断阀的确定　第 3 部分：基本原则和采用高分辨率伽马射线光谱法对不受样品处理影响的计数测量的应用
8348	ES 4618 – 2004	辐射防护　X 辐射和伽马辐射个人剂量计处理器定期评价准则和性能限值
8349	ES 4619 – 2014	参考中子辐射　模拟工作场所中子场的产生的特性和方法
8350	ES 4678 – 2014	硫酸高铈 – 三价铈剂量测定系统使用规程
8351	ES 4679 – 2004	食品加工用 γ 射线辐照装置中的剂量规程
8352	ES 4812 – 2005	核反应和电离辐射的量和单位
8353	ES 5517 – 2006	有害元素污染物现场测量用便携式和移动式 X 射线荧光光谱仪
8354	ES 5555 – 2006	水质　采用高分辨率 γ 射线光谱法测定放射性核素的活性浓度
8355	ES 5556 – 2006	拟再循环、再使用或作非放射性废物处置的固体物质放射性活度的测量
8356	ES 5557 – 1 – 2006	密封罩用组件　第 1 部分：手套/布袋口、手套/布袋盖、密封环和互换部件
8357	ES 5557 – 2 – 2006	密封罩用组件　第 2 部分：机械手和遥控操作抓手用手套、焊接袋和鞋罩
8358	ES 5557 – 3 – 2006	密封罩用组件　第 3 部分：光面门用传送系统、气闸室、双开门用传送系统和废鼓形容器的密封连接
8359	ES 5557 – 4 – 2006	密封罩用组件　第 4 部分：通风和气体清洁系统（例如过滤器和疏水阀）的安全和调节阀门的控制和保护装置
8360	ES 5558 – 1 – 2006	辐射防护　放射生物测定的性能标准　第 1 部分：通用原则
8361	ES 5559 – 2006	核能　辐射防护　个人用四肢和眼睛热释光放射量测定器
8362	ES 5560 – 2011	辐射防护　X 辐射和 γ 辐射个人剂量计处理器定期评价准则和性能限值
8363	ES 5561 – 2006	中子辐射防护屏蔽　供选择适当材料时使用的设计原则和考虑
8364	ES 6111 – 2 – 2007	电离辐射测量探测限和判断阀的确定　第 2 部分：基本原则和对受样品处理影响的计数测量的应用
8365	ES 6111 – 3 – 2007	电离辐射测量探测限和判断阀的确定　第 3 部分：基本原则和采用高分辨率伽马射线光谱法对不受样品处理影响的计数测量的应用
8366	ES 6111 – 4 – 2007	电离辐射测量探测限和判断阀的确定　第 4 部分：基本原则和采用线性尺度模拟仪对不受样品处理影响的测量的应用
8367	ES 6111 – 5 – 2007	电离辐射测量探测限和判断阀的确定　第 5 部分：基本原则和在放射性物质积累过程中对滤波器上计数测量的应用
8368	ES 6111 – 6 – 2007	电离辐射测量探测限和判断阀的确定　第 6 部分：基本原则和采用瞬态模式对测量的应用

续表

序号	标准编号	标准名称
8369	ES 6952 – 2009	个人胶片剂量计
8370	ES 7545 – 2012	辐射防护　密封型放射源　通用要求和分类
8371	ES 4500 – 2006	计时仪器　手表壳与表带连接部位的尺寸系列
8372	ES 4501 – 2008	手表和怀表　时针、分针和秒针的配合直径
8373	ES 4502 – 2008	计时仪器　柄头和密封管　设计和尺寸
8374	ES 4503 – 2014	钟表　功能和非功能宝石
8375	ES 5141 – 2006	土方机械　计时表
8376	ES 5142 – 1 – 2014	表壳和附件　金合金壳　第1部分：通用要求
8377	ES 5142 – 2 – 2008	表壳和附件　金合金壳　第2部分：光洁度、厚度、抗腐蚀性和黏附性的测定
8378	ES 5143 – 2006	钟表　防水手表
8379	ES 5144 – 2006	钟表　防震手表
8380	ES 5422 – 1 – 2006	无机和蓝宝石钟表玻璃　第1部分：尺寸和公差
8381	ES 5422 – 2 – 2015	无机和蓝宝石钟表玻璃　第2部分：用胶粘或密封圈安装在表壳上
8382	ES 5422 – 3 – 2015	无机和蓝宝石钟表玻璃　第3部分：定性标准和试验方法
8383	ES 5516 – 2015	计时仪器　无线电发光存储的检查条件
8384	ES 5518 – 1 – 2006	计时学术语　第1部分：技术和科学定义
8385	ES 5518 – 2 – 2014	计时学术语　第2部分：技术和商业定义
8386	ES 5662 – 2006	电池驱动手表的电池寿命评估方法
8387	ES 5783 – 2006	潜水员手表
8388	ES 5784 – 2006	计时仪器的辐射发光规定　规格
8389	ES 6275 – 2007	计时仪器　手表机芯的形状、尺寸和名称
8390	ES 6358 – 2007	钟表　防磁手表
8391	ES 6359 – 2007	钟表　评定石英手表精度的规程
8392	ES 6360 – 2007	计时仪器　手表壳　非弹簧表带栓型连接尺寸
8393	ES 4603 – 1 – 2014	机械振动　测量非旋转部件以评价机器的机械振动　第1部分：通用指南
8394	ES 4603 – 2 – 2006	机械振动　测量非旋转部件以评价机器的机械振动　第2部分：额定功率大于50MW且额定转速为1500r/min、1800r/min、3000r/min和3600r/min的陆上汽轮机和发电机
8395	ES 4603 – 3 – 2006	机械振动　测量非旋转部件以评价机器的机械振动　第3部分：现场测量时额定功率大于15kW且额定转速在120r/min～15000r/min之间的工业机器
8396	ES 4603 – 4 – 2006	机械振动　测量非旋转部件以评价机器的机械振动　第4部分：不含航空器衍生物的燃气轮机驱动机组
8397	ES 4603 – 5 – 2006	机械振动　测量非旋转部件以评价机器的机械振动　第5部分：水力发电厂和泵站机组
8398	ES 4603 – 6 – 2014	机械振动　测量非旋转部件以评价机器的机械振动　第6部分：功率大于100kW的往复式机器
8399	ES 4620 – 4 – 2005	振动与冲击传感器的校准方法　第4部分：冲击二次校准
8400	ES 4620 – 5 – 2005	振动与冲击传感器的校准方法　第5部分：采用地心引力的校准

续表

序号	标准编号	标准名称
8401	ES 4620 – 6 – 2004	振动和冲击传感器的校准方法　第6部分：低频振动一次校准
8402	ES 4620 – 7 – 2004	振动与冲击传感器的校准方法　第7部分：离心机法一次校准
8403	ES 4620 – 8 – 2005	振动与冲击传感器的校准方法　第8部分：双离心机法一次校准
8404	ES 4620 – 10 – 2005	振动与冲击传感器的校准方法　第10部分：采用高冲击进行的基本校准
8405	ES 4620 – 11 – 2005	振动与冲击传感器的校准方法　第11部分：横向振动灵敏度测试
8406	ES 4620 – 12 – 2006	振动和冲击传感器的校准方法　第12部分：横向冲击灵敏度试验
8407	ES 4620 – 13 – 2006	振动与冲击传感器的校准方法　第13部分：基座应变灵敏度测试
8408	ES 4620 – 14 – 2006	振动与冲击传感器的校准方法　第14部分：安装在钢块上的无阻尼加速度计共振频率测试
8409	ES 4620 – 15 – 2006	振动与冲击传感器的校准方法　第15部分：声学灵敏度测试
8410	ES 4620 – 16 – 2006	振动与冲击传感器的校准方法　第16部分：安装扭矩灵敏度测试
8411	ES 4620 – 17 – 2004	振动与冲击传感器的校准方法　第17部分：固定温度灵敏度测试
8412	ES 4620 – 18 – 2004	振动与冲击传感器的校准方法　第18部分：瞬态温度灵敏度测试
8413	ES 4620 – 19 – 2004	振动与冲击传感器的校准方法　第19部分：磁场灵敏度测试
8414	ES 4620 – 22 – 2004	振动与冲击传感器的校准方法　第22部分：加速度计共振试验通用方法
8415	ES 5529 – 1 – 2012	机械振动与冲击　人体接触全身振动的评估　第1部分：通用要求
8416	ES 5529 – 2 – 2012	机械振动与冲击　人体接触全身振动的评估　第2部分：建筑物内的振动（1Hz~80Hz）
8417	ES 5529 – 3 – 2013	机械振动与冲击　人体接触全身振动的评估　第3部分：对固定导轨运输系统中乘客和乘务员舒适性产生影响的振动和旋转运动的评价指南
8418	ES 5529 – 4 – 2006	机械振动与冲击　人体接触全身振动的评估　第4部分：对固定导轨运输系统中乘客和乘务员舒适性产生影响的振动和旋转运动的评价指南
8419	ES 5529 – 5 – 2013	机械振动与冲击　人体接触全身振动的评估　第5部分：含多次冲击的振动评价方法
8420	ES 5530 – 2011	机械振动与冲击　人体暴露　词汇
8421	ES 5531 – 2006	关于固定构筑物，特别是建筑物和海上构筑物占用者对低频（0.063~1Hz）水平运动响应的评价导则
8422	ES 5532 – 2006	机械振动与冲击　人体暴露　生物动力协调系统
8423	ES 5533 – 2006	机械振动与冲击　人体活动及作业障碍　分类
8424	ES 5534 – 2006	机械振动与冲击　驱动点的人体手臂系统自由机械阻抗
8425	ES 5535 – 2006	人/人替代的影响（单震）测试和评价　技术方面的指南
8426	ES 5536 – 2006	机械振动与冲击　手臂振动　手掌戴手套时振动传递率的测量和评定方法
8427	ES 5537 – 1 – 2006	机械振动与冲击　试验及与人有关的实验安全方面指南　第1部分：人体暴露于全身机械振动和反复冲击
8428	ES 5538 – 1 – 2006	机械振动　用于评价神经功能障碍的振动触觉感知阈值　第1部分：指尖上的测量方法

续表

序号	标准编号	标准名称
8429	ES 5538 - 2 - 2006	机械振动　用于评价神经功能障碍的振动触觉感知阈值　第 2 部分：分析指尖上测量的解释
8430	ES 5539 - 2006	机械振动与冲击　手臂振动　手臂系统施压时弹性材料振动传递率的测量方法
8431	ES 5663 - 1 - 2006	转轴振动测量系统　第 1 部分：径向振动的相对和绝对测量
8432	ES 5664 - 1 - 2006	振动和冲击传感器的校准方法　第 1 部分：基本概念
8433	ES 5664 - 11 - 2006	振动和冲击传感器的校准方法　第 11 部分：激光干涉法的一次振动校准
8434	ES 5664 - 12 - 2014	振动和冲击传感器的校准方法　第 12 部分：互易法振动绝对校准
8435	ES 5664 - 13 - 2006	振动和冲击传感器的校准方法　第 13 部分：激光干涉法冲击绝对校准
8436	ES 5664 - 21 - 2014	振动和冲击传感器的校准方法　第 21 部分：与参考传感器比较振动校准
8437	ES 5664 - 22 - 2006	振动和冲击传感器的校准方法　第 22 部分：通过与基准传感器比较进行冲击校准
8438	ES 5789 - 2006	人体对振动的响应的测量仪器
8439	ES 6470 - 1 - 2014	非往复式机械的机械振动　旋转轴的测量和评价标准　第 1 部分：通用指南
8440	ES 6470 - 2 - 2008	机械振动　测量旋转轴以评价机器的机械振动　第 2 部分：额定功率大于 50MW 且额定转速为 1500r/min、1800r/min、3000r/min 和 3600r/min 的陆上汽轮机和发电机
8441	ES 6470 - 3 - 2008	非往复式机械的机械振动　旋转轴的测量和评价标准　第 3 部分：耦合式工业机器
8442	ES 6470 - 4 - 2008	非往复式电机的机械振动　旋转轴测量和评估标准　第 4 部分：燃气轮机组
8443	ES 6470 - 5 - 2014	机械振动　测量旋转轴以评价机器的机械振动　第 5 部分：水力发电厂和泵站机组
8444	ES 6674 - 1 - 2008	机器的工况监测和诊断　振动状态监测　第 1 部分：通用程序
8445	ES 6674 - 2 - 2008	机器的工况监测和诊断　振动状态监测　第 2 部分：振动数据的处理、分析及表示
8446	ES 6678 - 2008	液压伺服振动试验设备　特性的表述方法
8447	ES 6679 - 2008	机械冲击　试验机　特点和性能
8448	ES 6680 - 1 - 2008	振动发电机　选择指南　第 1 部分：环境试验设备
8449	ES 6879 - 2008	机器的工况监测和诊断　词汇
8450	ES 6882 - 1 - 2008	机器的工况监测和诊断　数据处理、通信和演示　第 1 部分：通用指南
8451	ES 6883 - 1 - 2013	机械振动　人体手臂传导振动的测量和评价　第 1 部分：通用要求
8452	ES 6884 - 2008	振动与冲击发生系统　词汇
8453	ES 6885 - 2014	辅助表　设备特性的描述方法
8454	ES 6887 - 2008	机器的工况监测和诊断　数据解释和诊断技术的通用指南
8455	ES 6964 - 2009	机械振动与冲击　结构状态监测用性能参数

续表

序号	标准编号	标准名称
8456	ES 6965 – 2009	机器的工况监测和诊断　性能参数的通用使用指南
8457	ES 6966 – 2014	机器的工况监测和诊断　通用指南
8458	ES 6967 – 2009	电动振动发生系统　性能特性
8459	ES 7063 – 1 – 2009	机器的工况监测和诊断　人员培训和认证要求　第1部分：认证机构和认证过程要求
8460	ES 7063 – 2 – 2009	机器的工况监测和诊断　人员培训和认证要求　第2部分：振动状态监测和诊断
8461	ES 7064 – 1 – 2009	转轴振动测量系统　第1部分：径向振动的相对和绝对检测
8462	ES 7239 – 2010	机械振动与冲击　桥和高架桥动态试验和检测指南
8463	ES 7386 – 2011	冲击和振动对建筑物敏感设备的影响的测量和评估
8464	ES 7387 – 2011	机械振动　列车通过时引起铁路隧道内部振动的测量
8465	ES 7502 – 2011	机械振动　道路路面谱　测量数据报告
8466	ES 7648 – 2013	机械振动　冲击和状态监测　词汇
8467	ES 3634 – 2005	车辆废气排放的测量仪器
8468	ES 3634 – 1 – 2010	车辆废气排放的测量仪器　第1部分：计量和技术要求
8469	ES 3634 – 2 – 2010	车辆废气排放的测量仪器　第2部分：计量控制和性能试验
8470	ES 3634 – 3 – 2010	车辆废气排放的测量仪器　第3部分：报告格式
8471	ES 4009 – 2005	用于测量农药和其他有毒物质的高效液相色谱仪
8472	ES 7260 – 1 – 2013	车辆废气排放的测量仪器　第1部分：计量和技术要求
8473	ES 7260 – 2 – 2013	车辆废气排放的测量仪器　第2部分：计量控制和性能试验
8474	ES 7075 – 2014	试验结果确认用双边或者多边协议指南　型式批准　验证
8475	ES 7076 – 2013	合法计量人员的培训和资格
8476	ES 7077 – 2013	型式评价和型式批准
8477	ES 7452 – 2011	计量监督的原则
8478	ES 4010 – 2005	用于测量葡萄汁中含糖量的折射计
8479	ES 4206 – 2008	用于测量果汁中含糖量的折射计
8480	ES 7074 – 2009	用于测量运动黏度的玻璃毛细管粘度计　验证方法
8481	ES 7454 – 2011	液体黏度测量仪器的层次结构
8482	ES 7455 – 2011	用于测量葡萄汁中含糖量的折射计
8483	ES 7499 – 2011	用于测量运动黏度的玻璃毛细管粘度计　验证方法
8484	ES 7500 – 2011	再现电解质电导率的标准溶液
8485	ES 4362 – 2005	无损检验用放射性图像质量显示器　原理和识别
8486	ES 4673 – 2005	印刷技术　文章校对符号
8487	ES 4674 – 2005	印刷技术　过程控制　胶印制版
8488	ES 4675 – 1 – 2005	印刷技术　网目调分色片、样张和印刷成品的制造过程控制　第1部分：参数和测量方法
8489	ES 4675 – 2 – 2005	印刷技术　网目调分色片、样张和印刷成品的制造过程控制　第2部分：胶印工艺
8490	ES 4676 – 2004	观看条件　图形技术和摄影
8491	ES 4677 – 2004	印刷技术　过程控制　印刷用反射密度计的光学、几何学和测量学要求

续表

序号	标准编号	标准名称
8492	ES 7068 – 2009	电影技术　词汇
8493	ES 7069 – 2009	电影技术　35mm 电影胶片在摄影机上的用法　规格
8494	ES 7070 – 2009	电影技术　35mm 磁片上三声轨、四声轨或六声轨和 17.5mm 磁片上单声轨录音磁头的缝隙和声带　位置和宽度尺寸
8495	ES 7071 – 2009	电影技术　35mm 电影胶片和磁膜　切割和打孔尺寸
8496	ES 283 – 2013	羊毛和混纺羊毛纱
8497	ES 39 – 2013	测定羊毛产品按发票正确重量、灰分含量以及异物的标准方法
8498	ES 109 – 2013	精梳和粗制灰色棉纱
8499	ES 1009 – 1993	棉或人造纤维制成的纱线和织物取样
8500	ES 111 – 2013	测定棉纱线纱支、捻度、拉伸强度、外观和按发票正确重量的标准方法
8501	ES 112 – 2002	棉纱线色牢度的标准试验方法
8502	ES 127 – 2013	棉缝纫线
8503	ES 128 – 2013	棉和混纺棉手工缝纫线
8504	ES 238 – 2013	用于表示纺织纤维纱线和类似结构尺寸的特制系统（tex）的实施
8505	ES 334 – 2013	6 号尼龙连续长丝纱
8506	ES 439 – 2013	连续长丝粘胶纱
8507	ES 463 – 2013	6 号聚酰胺短纤维
8508	ES 658 – 2015	纺织品　棉纤维　成熟度评估　显微镜法
8509	ES 659 – 2001	零距长度（平束法）棉纤维强度的测定
8510	ES 660 – 2005	原棉取样和制作方法
8511	ES 665 – 1965	纺织原料用二元纤维混合物的定量化学分析
8512	ES 750 – 2007	纺织原料用二元纤维混合物的定量化学分析
8513	ES 666 – 1965	某些类型的纤维尼龙和其他某些尼龙的二元混合物定量化学分析
8514	ES 672 – 2014	醋酸纤维素纤维和一些二次纤维的混合物的定量化学分析　粘胶短纤维
8515	ES 673 – 1966	蛋白质纤维和其他某些纤维的二元混合物的定量化学分析
8516	ES 681 – 2007	纺织品　棉纤维　马克隆尼值的测定
8517	ES 748 – 1966	一些再生纤维素纤维和棉的混合物的定量化学分析
8518	ES 750 – 1996	双组分基质双掺的化学定量分析
8519	ES 755 – 2008	测量单个纤维长度以测定纤维长度
8520	ES 756 – 2015	加权法测定纺织纤维的线性密度
8521	ES 757 – 2011	棉纤维长度和长度分布的标准试验方法（排列法）
8522	ES 831 – 2008	纺织材料单个纤维拉伸特性的评估
8523	ES 832 – 2014	短纤维长度和长度分布的测定　单纤维测量法
8524	ES 835 – 2014	用投影显微镜法测定羊毛纤维直径
8525	ES 836 – 2008	二次醋酸纤维素/聚氯乙烯和其他某些纤维的二元混合物的定量化学分析
8526	ES 1032 – 2014	手工地毯和额外花毯用粗纺毛纱
8527	ES 1037 – 2014	缝纫鞋底用亚麻线（1996 年更新）
8528	ES 1038 – 1 – 2014	纺织工业术语词汇　第 1 部分：人造纤维（更新版 1996）
8529	ES 1079 – 1971	蛋白质纤维、尼龙 6 或尼龙 66 和其他某些纤维的三元混合物定量化学分析

续表

序号	标准编号	标准名称
8530	ES 1151 – 2015	刺绣棉线
8531	ES 1152 – 2015	灰棉电缆纱
8532	ES 1182 – 2014	弹力尼龙纱线
8533	ES 1194 – 2014	羊毛在碱中溶解度的试验方法
8534	ES 1195 – 2007	羊毛在尿素亚硫酸氢盐中溶解度的试验方法
8535	ES 1209 – 2015	棉与某些纤维素人造纤维的铜铵溶液流动性的测定试验方法
8536	ES 1212 – 2008	弹力尼龙纱线试验
8537	ES 1219 – 2006	用气流法测定羊毛纤维细度
8538	ES 1227 – 2008	灰色棉纱
8539	ES 1252 – 2005	利用阿尔米特仪测定羊毛纤维长度分配的试验
8540	ES 1253 – 2015	精纺银（顶部）100% 羊毛
8541	ES 1273 – 2006	精纺顶棉结数的测定
8542	ES 1274 – 2007	预估粗羊毛中羊毛和植物的净含量
8543	ES 1275 – 2015	混纺合成纤维的羊毛条
8544	ES 1276 – 2015	羊毛油、脂肪和蜡的测定
8545	ES 1279 – 2015	聚酯长丝纱
8546	ES 1294 – 2008	含脂原毛中清洁羊毛含量的测定
8547	ES 1295 – 2015	线性密度通用设计系统（Tex 系统）
8548	ES 1307 – 2015	亚麻纤维和其衍生物
8549	ES 1308 – 2015	亚麻纤维细度的测定　渗透法
8550	ES 1341 – 2015	聚酯人造纤维
8551	ES 1365 – 2008	聚丙烯酸纤维的试验方法
8552	ES 1398 – 2015	用梳棉机测定羊毛条长度的试验方法
8553	ES 1406 – 2005	纤维混合物定量分析之前非纤维物质的清除方法
8554	ES 1407 – 2008	混纺面料定量分析
8555	ES 1452 – 2006	动物纤维混合物的定量分析方法
8556	ES 1475 – 2015	渔网　特制渔网线的设计
8557	ES 1491 – 2007	纤维样品试验方法
8558	ES 1501 – 2005	纺织品　纱线的命名
8559	ES 1509 – 1981	纺织品　三组分纤维混纺产品的定量分析
8560	ES 1510 – 2005	人造纤维的通用名称
8561	ES 1607 – 2015	混纺原普梳纺纱（棉/涤纶）
8562	ES 1608 – 2015	棉质自由端纺纱
8563	ES 1715 – 2008	羊毛涤纶丝束
8564	ES 1762 – 2005	纺织品　纤维和纱线的形态
8565	ES 1771 – 2015	混纺纱（涤纶/黏胶）
8566	ES 1779 – 2006	膨松长丝纱线的技术术语
8567	ES 1791 – 1990	纱布不均匀性和制作阶段的测量方法
8568	ES 1792 – 2015	聚酯银线（上衣）毛系统
8569	ES 1814 – 2015	混纺纱（55% 涤纶、45% 羊毛）（已撤销）
8570	ES 2083 – 2015	棉纱线不匀度的测定
8571	ES 2084 – 2015	膨松聚酯纱线
8572	ES 2154 – 2007	棉纱和混纺纱　根据外观分级（黑板整经法）

续表

序号	标准编号	标准名称
8573	ES 2162 – 2006	羊毛 使用纤维图机测定精纺系统上加工纤维的长度
8574	ES 2176 – 2005	纺织品 人造纤维纱 沸水收缩率的测定
8575	ES 2207 – 2007	聚酯缝纫线（100%）和聚酯－棉混纺（35% ~65%）
8576	ES 2212 – 2007	单纤维和长丝拉伸弹性恢复的测定（等速伸长试验机）
8577	ES 2214 – 2006	单纤维断裂强度和断裂伸长的测定
8578	ES 2395 – 2007	针织物的聚丙烯腈纱
8579	ES 2436 – 2005	棉花成熟度评价
8580	ES 2437 – 2007	纺织品 棉纤维 棉分级室用设备和人工照明
8581	ES 2438 – 2007	家具用废棉
8582	ES 2448 – 1 – 2005	托运货物商业质量的测定 纤维和纱线 第1部分：质量测定和计算
8583	ES 2448 – 2 – 2005	托运货物商业质量的测定 纤维和纱线 第2部分：实验室样品获取方法
8584	ES 2448 – 3 – 2005	托运货物商业质量的测定 纤维和纱线 第3部分：样件清洁程序
8585	ES 2448 – 4 – 2006	纺织品 纤维和纱线 交付货物商业质量的测定 第4部分：用于商业允贴和商业公定回潮率的数值
8586	ES 2568 – 2007	单纤维数的测定
8587	ES 2570 – 2006	成熟度的气流法检测
8588	ES 2586 – 2007	聚丙烯腈纱
8589	ES 2587 – 2007	利用生丝复丝强伸力机试验测定生丝强度及断裂伸长率的方法
8590	ES 2588 – 2005	纺织品 纱线和相关制品捻转方向的命名
8591	ES 2778 – 2007	黄麻纱
8592	ES 2892 – 2007	精梳和粗混纺灰色（纱棉/丙烯酸棉型）
8593	ES 2922 – 2007	混纺毛纱涤纶/黏胶/亚麻
8594	ES 2923 – 2007	混纺纱棉/亚麻
8595	ES 2924 – 2007	亚麻纱（湿100%）
8596	ES 2971 – 2007	由棉/粘胶纤维制成的粘胶纱
8597	ES 3023 – 2008	纱线卷装和双织纺纱的专业术语
8598	ES 3045 – 2007	纺织品 纱线捻度的测定 直接计数法
8599	ES 3064 – 2007	加工羊毛纤维和银的测定特性
8600	ES 3150 – 2007	混纺纱 羊毛/羊绒、羊毛、羊绒、聚酯
8601	ES 3171 – 2007	制服套装用混纺精纺哔叽
8602	ES 3194 – 2007	精梳毛条故障检测的总则和安全要求
8603	ES 3208 – 2007	腈纶棉纤维
8604	ES 3222 – 2007	聚丙烯纤维羊毛
8605	ES 3277 – 2007	装饰纱线（仿毛纱）
8606	ES 3309 – 2007	刺绣粘胶丝
8607	ES 3339 – 2007	混纺纱、涤纶、粘胶
8608	ES 3340 – 2007	高弹性弹力纱
8609	ES 3361 – 2007	利用生丝复丝强伸力机试验测定生丝强度及断裂伸长率的方法
8610	ES 3378 – 2007	自捻纱（针织纱）
8611	ES 3379 – 2007	包芯涤纶100%和混纺涤纶/棉

续表

序号	标准编号	标准名称
8612	ES 3380 – 2006	筒子纱 绞纱法测定密度（单位长度的质量）
8613	ES 3439 – 2006	利用大容量仪器测定棉纤维的标准试验方法
8614	ES 3464 – 2015	100% 涤纶纱"棉系统"和旋转故障的不均匀度的测定
8615	ES 3496 – 2008	100% 腈纶棉系统纺针织纱线
8616	ES 3497 – 2008	纱线与固体材料摩擦系数的标准试验方法
8617	ES 3579 – 2008	100% 羊毛混纺纱（涤纶 55%、羊毛 45%）和细纱缺陷不均匀不规则性的测定
8618	ES 3600 – 2006	与开放式纺丝有关的术语定义
8619	ES 3709 – 2008	线纱缺陷的分类和测定（潜在缺陷）
8620	ES 3710 – 2008	混纺纱（羊毛 – 亚麻 – 涤纶）
8621	ES 3734 – 2007	纱线之间摩擦系数的试验方法
8622	ES 3735 – 2008	芯线、线和股线用标准纤维化聚丙烯
8623	ES 3756 – 2008	带有棉粘胶的涤棉混纺纱
8624	ES 3757 – 2008	羊毛腈纶高膨体纱
8625	ES 3782 – 2007	粗纱、梳条和毛条中纤维内聚力动态试验的标准试验方法
8626	ES 3783 – 2007	静态试验条件下纱条和毛条中的纤维黏附力
8627	ES 3803 – 2008	真丝纱线规格
8628	ES 3835 – 2002	棉纤维 长度（空间长度）和均匀性指数的测定
8629	ES 3836 – 2014	纺织品 天然纤维 通用名称和定义
8630	ES 3850 – 2006	棉或精纺系统纱线标准
8631	ES 3902 – 2002	纺织品 棉纱线 规格
8632	ES 3915 – 2005	纺织纤维 线性密度的测定 重量法和振动仪法
8633	ES 3933 – 2009	纱线收缩性的标准试验方法
8634	ES 3934 – 2007	纺织纤维收缩性的标准试验方法
8635	ES 4039 – 2008	人造短纤维过长纤维含量的标准试验方法
8636	ES 4040 – 2008	羊毛条和马海毛条细度及分级的标准规格
8637	ES 4092 – 2008	混纺纱涤纶/棉/碳涤纶
8638	ES 4093 – 2008	涤纶和聚丙烯制灯心绒混纺纱
8639	ES 4142 – 2003	采用光电仪器测量纱线的毛状特性的标准指南
8640	ES 4143 – 2008	混纺纱（尼龙 – 腈纶）短纤纱系统
8641	ES 4196 – 2008	羊毛条白度的测量方法
8642	ES 4197 – 2008	纺织纤维商业公定回潮率的标准表格
8643	ES 4270 – 2006	短纤纱外观分级的标准试验方法
8644	ES 4355 – 2006	羊毛及类似动物纤维的水萃取物酸碱值的标准试验方法
8645	ES 4420 – 2008	辅助添加材料抗静电充电和加油的产业用纺织品的百分比的测定
8646	ES 4421 – 2008	纺织纤维弹性性能的标准试验方法
8647	ES 4423 – 2008	棉中杂质比率的标准试验方法
8648	ES 4444 – 2009	膨松纱线膨松特性的标准试验方法
8649	ES 4453 – 2005	碳纤维 密度的测定
8650	ES 4454 – 2005	碳纤维 尺寸含量的测定
8651	ES 4455 – 2005	碳纤维 长丝纱命名系统
8652	ES 4639 – 2007	缝纫线的标准试验方法
8653	ES 4680 – 2006	纺织纤维收缩性的标准试验方法（单纤维试验）

续表

序号	标准编号	标准名称
8654	ES 4681 – 2008	纺纱棉 莱克拉
8655	ES 4682 – 2008	针织棉纱
8656	ES 4799 – 2005	人造短纤维卷曲率
8657	ES 4800 – 2005	纺织品 棉纱线规格
8658	ES 4801 – 2005	洗净羊毛及生条中羊毛纤维长度的标准试验方法
8659	ES 4827 – 2005	纺织品 三组分纤维混纺产品 定量分析
8660	ES 4839 – 2005	纺织品 二组分纤维混纺产品 定量化学分析
8661	ES 4927 – 2005	单丝样品抗拉性能的测定
8662	ES 4928 – 2005	棉纤维 长度（跨越长度）和均匀性指数的测定
8663	ES 4929 – 2005	用号数制的约整数值取代传统纱线支数的综合换算表
8664	ES 4930 – 2005	碳纤维 长丝直径和横截面积的测定
8665	ES 5137 – 2006	采用光电仪器测量纱线的毛状特性的标准指南
8666	ES 5138 – 2006	纺织品 天然纤维 通用名称和定义
8667	ES 5139 – 2006	纺织纤维保水性的标准试验方法
8668	ES 5400 – 2006	利用电容测试设备测定纺织品不均匀度的标准试验方法
8669	ES 5500 – 2006	试验用人造短纤维、次等化学纤维或亚麻短纤维取样的标准实施规程
8670	ES 5501 – 2006	羊毛相关标准术语
8671	ES 5502 – 2006	采用甲苯蒸馏法测定羊毛含水率的标准试验
8672	ES 5503 – 2006	计算羊毛和其他动物纤维中粒子分裂的标准试验方法
8673	ES 5509 – 2006	混纺针织纱 涤纶/棉
8674	ES 5765 – 2006	纺织品 雪尼尔纱线 测定纱线形成包装线性密度的试验方法
8675	ES 5766 – 2006	试验用纱线取样的标准实施规程
8676	ES 5948 – 2007	棉纤维 断裂强度的测定
8677	ES 6085 – 2007	鉴定纺织品纤维的试验方法
8678	ES 6093 – 2007	针织纱 浸水后长度的测定
8679	ES 6095 – 2007	羊毛 纤维长度分布参数的测定 电子法
8680	ES 6096 – 2007	鉴定纺织品中纤维的标准试验方法
8681	ES 6097 – 2007	（2000）羊毛条和马海毛条细度及分级的标准规格
8682	ES 6351 – 2007	多组分纺织纤维的标准术语
8683	ES 6352 – 2007	羊毛 用投影显微镜测定有髓纤维的比例
8684	ES 6353 – 2007	纺织品中可萃取物质的标准试验方法
8685	ES 6463 – 2007	棉或人造纤维制成的纱线和织物取样
8686	ES 6517 – 2008	开司米毛线中粗毛节含量的标准试验方法
8687	ES 6518 – 2008	自动分析系统自动校准和分类清洁缺陷的方法
8688	ES 6519 – 2008	利用光纤直径分析仪（光程差调节器）测量羊毛直径的均值和分布
8689	ES 6520 – 2008	针织纱的织造 100% 聚酯（环锭纺）
8690	ES 6559 – 2008	羊毛 精梳条中可溶性物质二氯甲烷的测定
8691	ES 6560 – 2008	聚烯烃单丝的标准规格
8692	ES 6561 – 2008	利用电容检测设备测定条干均匀度的方法
8693	ES 6562 – 2008	用电容法测定擦或碳化羊毛或毛条或绒的发票质量
8694	ES 6654 – 2008	测定净羊毛纤维百分率用包内原毛心部取样的标准实施规程

续表

序号	标准编号	标准名称
8695	ES 6655 – 2008	各类羊驼毛细度的标准规格
8696	ES 6656 – 2008	含脂羊毛上化学残留物的测定方法
8697	ES 6659 – 1 – 2008	纺织品　定量化学分析　第1部分：试验的通用原则
8698	ES 6659 – 2 – 2008	纺织品　定量化学分析　第2部分：三组分纤维混纺产品
8699	ES 6659 – 3 – 2014	纺织品　定量化学分析　第3部分：醋酯纤维与某些其他纤维的混纺产品（丙酮法）
8700	ES 6659 – 4 – 2014	纺织品　定量化学分析　第4部分：某些蛋白纤维与某些其他纤维的混纺产品（次氯酸盐法）
8701	ES 6659 – 5 – 2014	纺织品　定量化学分析　第5部分：粘胶纤维、铜氨纤维或莫代尔纤维和棉纤维的混纺产品（锌酸钠法）
8702	ES 6726 – 2008	纺织品　与 Tex 系统有关的制捻系数
8703	ES 6727 – 2008	利用动态膨松纱线试验机测定膨松纱线卷曲和压缩特性的标准试验方法
8704	ES 7202 – 2010	利用 testrite 热收缩力试验机测定纱线和绳索热收缩性的标准试验方法
8705	ES 7203 – 2010	亚麻与亚麻布相关标准术语
8706	ES 7373 – 2011	棉纤维中棉结的标准试验方法（afis 仪器）
8707	ES 7374 – 2011	采用显微投影法测定羊毛和其他动物纤维中有髓纤维和死毛纤维的标准试验方法
8708	ES 7488 – 2011	纺织品　复丝纱线　膨松或非膨松长丝纱线的试验方法
8709	ES 7490 – 2011	纺织品　单丝拉伸性能的测定
8710	ES 7620 – 2013	纺织品　全部或部分由合成纤维制成的工业缝纫线
8711	ES 7621 – 2013	采用 sirolan 激光扫描纤维直径分析仪测定羊毛和其他动物纤维直径的标准试验方法
8712	ES 32 – 2013	全羊毛衣服用精纺毛哔叽
8713	ES 33 – 2013	轻锻制华达呢纯羊毛
8714	ES 34 – 2013	羊毛和棉纱制衬衫的法兰绒面料
8715	ES 167 – 2008	橡胶软管加固织物
8716	ES 201 – 2014	横贡呢（精纺毛型）
8717	ES 204 – 2014	大衣用华达呢（格背双层织物）
8718	ES 205 – 2014	外套用尼龙混纺织物
8719	ES 206 – 2008	制服套装用混纺精纺哔叽
8720	ES 278 – 2013	棉织物　原色布
8721	ES 279 – 2013	棉织物　漂白棉布
8722	ES 280 – 2014	棉织物　印花轻薄织物
8723	ES 281 – 2014	印花棉布床单
8724	ES 477 – 2014	帆用亚麻帆布
8725	ES 498 – 2008	精纺斜纹布
8726	ES 499 – 2008	全毛法兰绒布料
8727	ES 500 – 2008	羊毛和人造纤维混纺织物制法兰绒布
8728	ES 501 – 2008	由羊毛和尼龙混纺制成的旗布
8729	ES 502 – 2008	棉织华达呢面料
8730	ES 503 – 2014	印花绒毛棉服（斜纹布和法兰绒）

续表

序号	标准编号	标准名称
8731	ES 603 – 2014	耐水渗透的亚麻帆布织物
8732	ES 604 – 2014	耐水渗透和阻燃的亚麻帆布织物
8733	ES 641 – 2008	船帆棉织物
8734	ES 642 – 2008	棉布钻（斜纹 3/1）
8735	ES 643 – 2008	黄麻或者红麻织物
8736	ES 682 – 2008	羊毛和混纺毛毯
8737	ES 729 – 2008	贝德福德棉布
8738	ES 810 – 2008	棉斜纹织物（斜纹 2/2）
8739	ES 882 – 2008	精纺斜纹华达呢
8740	ES 987 – 2007	粘胶人造丝或者粘胶人造丝和棉衬里（1993 年修改件）
8741	ES 1011 – 2008	水渗透防护服制造用涂层织物
8742	ES 1033 – 2008	涤纶（布、55% 的聚酯和 45% 的羊毛）
8743	ES 1034 – 2008	羊毛布（330 ~ 360g/m²）
8744	ES 1035 – 2008	全毛法兰绒布料（290/315g/m²）
8745	ES 1036 – 2007	棉帆布面料（1997 年修改件）
8746	ES 1095 – 2008	羊毛/聚丙烯织物（50% 精纺、50% 聚丙烯）
8747	ES 1120 – 2005	纺织物　缺陷描述　术语
8748	ES 1120 – 1 – 1999	纺织品　术语和定义　第 1 部分：织物疵点
8749	ES 1120 – 2 – 1999	纺织品　疵点的描述　术语和定义　第 2 部分：纱线机织物的疵点
8750	ES 1120 – 3 – 1998	纺织品　术语和定义　第 3 部分：纬纱方向的缺陷
8751	ES 1120 – 4 – 1998	纺织品　术语和定义　第 4 部分：经纱方向的缺陷
8752	ES 1120 – 5 – 2000	纺织品　术语和定义　第 5 部分：因染色印刷或精加工之后明显可见的疵点
8753	ES 1120 – 6 – 2001	缺陷描述　第 6 部分：由于布边或者与之有关的缺陷
8754	ES 1120 – 7 – 2000	缺陷描述　词汇　第 7 部分：通用缺陷
8755	ES 1130 – 6 – 2008	纺织品　术语和定义　第 6 部分：由于布边或者与之有关的缺陷
8756	ES 1174 – 2008	棉布提花织物
8757	ES 1175 – 2008	制服外套用混纺哔叽
8758	ES 1208 – 1 – 2006	床单用棉织物　第 1 部分：环锭纺纱制
8759	ES 1208 – 2 – 2006	床单用棉织物　第 2 部分：自由端纺纱纬纱线制
8760	ES 1210 – 2008	克雷托内棉织物
8761	ES 1220 – 2008	普通棉纱罗织物
8762	ES 1256 – 2008	优良的棉纱罗织物
8763	ES 1269 – 2008	羊毛织物的缺陷
8764	ES 1270 – 2008	软薄棉布织物
8765	ES 1271 – 2007	棉麻面料（1995 年更新）
8766	ES 1272 – 2007	棉府绸织物
8767	ES 1277 – 2014	毛巾织物
8768	ES 1278 – 2008	棉织物　小学电话
8769	ES 1399 – 2006	棉绒布和网络线起绒织物（1990 年更新）
8770	ES 1476 – 2008	床单和枕套的标准尺寸
8771	ES 1489 – 2007	贝德福德棉绒织物
8772	ES 1490 – 2007	有绒缎纹织物（1990 年更新）

续表

序号	标准编号	标准名称
8773	ES 1492 – 2008	艺术作品的布加工
8774	ES 1543 – 2014	机织物描述
8775	ES 1603 – 2007	人造纤维毯
8776	ES 1619 – 2008	华达呢用聚酯和棉混纺布
8777	ES 1630 – 2008	聚酯/棉褥套料提花织物
8778	ES 1645 – 2008	衬衫用67% 聚酯和33% 棉的泥纺面料
8779	ES 1677 – 2007	混纺床单（棉/聚酯）
8780	ES 1742 – 2007	聚酯连续长丝纱衬里
8781	ES 2208 – 2007	自由端纺纱 印花棉布片
8782	ES 2209 – 2005	棉织物 自由端纺纱 印花棉布
8783	ES 2210 – 2007	棉织物 自由端纺纱 印花棉布轻薄织物
8784	ES 2211 – 2005	棉织物 自由端纺纱 漂白棉布
8785	ES 2451 – 2007	自由端纺纱制帆布织物
8786	ES 3077 – 2007	60% 聚酯纤维和40% 纤维膜的混纺面料
8787	ES 3148 – 2007	混纺织物涤纶棉
8788	ES 3172 – 2007	自由端纺纱 棉斜纹织物
8789	ES 3195 – 2007	35% 亚麻和65% 聚酯纤维的混纺面料
8790	ES 3657 – 2007	机织织物的技术要求
8791	ES 4640 – 2008	家用机织、花边和针织窗帘及帏帐织物的标准性能规格
8792	ES 5404 – 2006	涤纶和棉的混纺涤纶织物
8793	ES 5405 – 2006	涤纶和棉制混纺衬里织物
8794	ES 5406 – 2006	涤纶和棉的混合式钻头和华达呢织物
8795	ES 5506 – 1 – 2006	塑料 室内装饰用涂层织物 第1部分：聚氯乙烯涂层针织物规格
8796	ES 5506 – 2 – 2014	塑料 室内装饰用涂层织物 第2部分：聚氯乙烯涂层编织物规格
8797	ES 5507 – 2006	防水帆布用聚氯乙烯涂层织物 规格
8798	ES 5776 – 2006	女式机织运动服、短裤、长裤和套装织物的标准性能规格
8799	ES 5777 – 2006	男式服装用机织平纹衬里织物的标准性能规格
8800	ES 5778 – 2014	机织遮阳篷和遮雨檐织物的标准性能规格
8801	ES 5779 – 2006	男式机织礼服衬衫织物的标准性能规格
8802	ES 5940 – 2014	用于机构和家庭使用的机织和针织浴帘
8803	ES 5941 – 2014	机织室内装饰用平纹、簇绒、植绒织物
8804	ES 5942 – 2007	机织和针织家用枕套、床和床单织物
8805	ES 5943 – 2007	机织雨伞布料的标准性能规格
8806	ES 5944 – 2007	领带及围巾面料
8807	ES 5950 – 2007	平面维耶拉织物
8808	ES 5951 – 2007	针织泳装面料
8809	ES 6259 – 2007	男子和男孩的编织浴袍和睡衣面料
8810	ES 6354 – 2007	女式机织长袍、便服、睡袍、睡衣、三角裤和贴身内衣裤织物的标准性能规格
8811	ES 6355 – 2007	单位和家用编织、针织和棉的床褥品
8812	ES 6651 – 2008	由合成或混纺材料制成的针织毛毯

续表

序号	标准编号	标准名称
8813	ES 6652 – 2008	100 % 棉质牛仔织物的标准性能规格
8814	ES 6653 – 2008	莱卡氨纶机织弹力织物的结构
8815	ES 6731 – 2008	聚酯编织物
8816	ES 6732 – 2008	棉及其混纺织物的斜纹粗棉布面料
8817	ES 6733 – 2008	棉混纺的床单和枕头套
8818	ES 6734 – 2008	公共机构和家庭使用毛毯制品的标准性能规格
8819	ES 6735 – 2008	平面维耶拉织物
8820	ES 6736 – 2008	华达呢混纺织物
8821	ES 6777 – 2008	公共机构和家庭使用编织和针织被单制品的标准性能规格
8822	ES 6778 – 2008	雨衣和所有用途防水外套织物的标准性能规格
8823	ES 6809 – 2008	女式机织礼服和罩衫织物的标准性能规格
8824	ES 7052 – 3 – 2011	纺织品　洗涤后扭斜度的测定　第 3 部分：机织和针织服装
8825	ES 7059 – 2009	机织混纺床罩
8826	ES 7060 – 2009	机织棉布床罩
8827	ES 7204 – 2010	机织、针织或植绒床罩织物的标准性能规格
8828	ES 7205 – 2010	机织可干洗大衣织物的标准性能规格
8829	ES 7330 – 2011	公共机构和家庭使用毛巾制品的标准性能规格
8830	ES 7375 – 2011	雨衣和所有用途防水外套织物的标准性能规格
8831	ES 7376 – 2011	男式和女式服装及职业工作人员工作服织物的标准性能规格
8832	ES 7433 – 2011	浴袍、晨衣、便服、睡袍和睡衣织物的标准性能规格
8833	ES 7485 – 2011	女式服装用机织平纹衬里织物的标准性能规格
8834	ES 7487 – 2011	浴袍、晨衣、便服、睡袍和睡衣织物的标准性能规格
8835	ES 7503 – 2012	机织餐桌用布织物的标准性能规格：家庭和公共机构使用
8836	ES 7504 – 2012	家用窗户软覆盖织物的标准性能规格
8837	ES 7578 – 2013	女式针织和机织紧身束腰胸衣织物的标准性能规格
8838	ES 7579 – 2013	女式机织运动服、短裤、长裤和套装织物的标准性能规格
8839	ES 7615 – 2013	纺织品　内饰织物　规格和试验方法
8840	ES 7616 – 2013	纺织品　丝绒毛巾和丝绒毛巾织物　规格和试验方法
8841	ES 35 – 2008	羊毛产品取样的标准方法
8842	ES 37 – 2001	测定羊毛织物宽度、重量、每厘米线程和拉伸强度的标准方法
8843	ES 40 – 2001	羊毛产品色牢度的标准试验方法：纤维、纱线和织物
8844	ES 235 – 1962	纺织物断裂载荷和断裂伸长率的试验方法
8845	ES 236 – 1990	测定纺织品回潮率和按发票重量正确性的试验方法
8846	ES 237 – 2013	耐摩擦色牢度
8847	ES 239 – 2008	彩色纺织品耐日晒色牢度的测定
8848	ES 240 – 2013	耐光色牢度试验：日光
8849	ES 241 – 2005	纺织品　调节和试验的标准大气条件
8850	ES 242 – 2008	手柄强度的测定
8851	ES 294 – 2008	每单位长度线数的测定
8852	ES 295 – 1962	测定织物长度、宽度和厚度的标准试验方法
8853	ES 295 – 1 – 2008	测定织物长度、宽度、重量和厚度的标准方法　第 1 部分：机织织物长度的标准试验方法

续表

序号	标准编号	标准名称
8854	ES 295 – 2 – 2014	测定织物长度、宽度、重量和厚度的标准方法　第2部分：纺织织物宽度的标准试验方法
8855	ES 295 – 3 – 2008	测定织物长度、宽度、重量和厚度的标准方法　第3部分：机织织物单位面积质量（重量）的标准试验方法
8856	ES 295 – 4 – 2008	测定织物长度、宽度和厚度的标准试验方法　第4部分：纺织材料厚度的标准试验方法
8857	ES 296 – 1962	有色纺织品手洗色牢度的测定方法
8858	ES 297 – 2008	用于测定耐光色牢度的碳弧灯试验
8859	ES 298 – 2014	纺织品　色牢度试验　颜色变化评定用灰度色标
8860	ES 299 – 2005	纺织品　色牢度试验　着色评定用灰度色标
8861	ES 362 – 2005	纺织品耐汗渍色牢度试验
8862	ES 363 – 2005	纺织品水洗色牢度的测定方法
8863	ES 390 – 2013	从织物中取出的纱线捻度的测定
8864	ES 391 – 2013	纱线计数的测定
8865	ES 392 – 1 – 2008	纺织品　表面耐水润湿性的测定　第1部分：喷雾试验
8866	ES 393 – 1 – 2007	纺织织物撕裂强度的测定
8867	ES 393 – 2 – 2013	纺织品　织物的抗撕裂性　第2部分：裤形试样撕裂力的测定（单撕裂法）
8868	ES 393 – 3 – 2013	纺织品　织物的抗撕裂性　第3部分：翼形试样撕裂力的测定（单撕裂法）
8869	ES 393 – 4 – 2013	纺织品　织物的抗撕裂性　第4部分：舌形试样撕裂力的测定（双撕裂法）
8870	ES 394 – 1995	纺织品　耐酸斑和碱斑的色牢度试验
8871	ES 394 – 1 – 2005	纺织品　色牢度试验　第1部分：耐斑色牢度：酸
8872	ES 394 – 2 – 2005	纺织品　色牢度试验　第2部分：耐斑色牢度：碱
8873	ES 395 – 1995	纺织品　耐次氯酸盐和过氧化氢漂白的色牢度试验
8874	ES 395 – 1 – 2014	纺织品　色牢度试验　第1部分：耐漂白色牢度：次氯酸盐
8875	ES 395 – 2 – 2006	纺织品　色牢度试验　第2部分：耐漂白色牢度：过氧化氢
8876	ES 396 – 1995	纺织品耐洗色牢度的测定
8877	ES 478 – 2005	纺织品　耐海水色牢度试验
8878	ES 484 – 2014	纺织品　色牢度试验　耐丝光处理色牢度
8879	ES 485 – 2005	纺织品　纺织品耐碱性缩呢的色牢度试验
8880	ES 486 – 1995	纺织品　纺织品耐酸性黏合的色牢度试验
8881	ES 486 – 1 – 2014	纺织品　色牢度试验　第1部分：耐酸性黏合色牢度：重度
8882	ES 486 – 2 – 2005	纺织品　色牢度试验　第2部分：耐酸性黏合色牢度：温和
8883	ES 519 – 2003	机织棉和亚麻织物洗涤收缩率的测定
8884	ES 520 – 2015	纺织品　冷水浸泡导致织物尺寸变化的测定
8885	ES 576 – 2008	烘干纺织品色牢度的测定
8886	ES 577 – 2005	纺织品　色牢度试验　耐汽蒸色牢度
8887	ES 578 – 2005	脱胶纺织品色牢度的测定
8888	ES 579 – 2006	纺织品　色牢度试验　耐交染色牢度：羊毛
8889	ES 580 – 2006	碱煮纺织品色牢度的测定
8890	ES 661 – 2008	织物弯曲长度和挠曲硬度的测定

续表

序号	标准编号	标准名称
8891	ES 662 – 2008	棉布制品取样方法
8892	ES 663 – 2008	棉或者粘胶纱线和织物中总淀粉或者胶尺寸和填充的测定
8893	ES 664 – 2002	使用脲甲醛和某些其他氨基甲醛树脂处理的纺织品的树脂整理测定
8894	ES 678 – 2008	纺织品耐霉、耐腐和微生物抗性的测定
8895	ES 679 – 2007	纺织品　通过测量恢复角测定水平折叠样品弄皱恢复
8896	ES 680 – 2005	纺织织物：耐渗水性的测定　流体静压试验
8897	ES 699 – 2008	塑料涂层织物的试验方法
8898	ES 722 – 2005	纺织品试验取样
8899	ES 751 – 2008	羊毛纺织品防蛀性的试验方法
8900	ES 758 – 2005	每单位布面积中无附加物质的经纬重量的测定
8901	ES 830 – 2006	耐熨烫（热压）色牢度
8902	ES 833 – 2007	织物中纱线卷曲的测定
8903	ES 834 – 2006	机织织物在接近沸点的洗涤中发生尺寸变化的试验
8904	ES 1010 – 2008	棉或者人造纤维制织物和出口的目视检查
8905	ES 1148 – 1 – 2005	纺织品　色牢度试验　第1部分：耐碳化色牢度：氯化铝
8906	ES 1148 – 2 – 2005	纺织品　色牢度试验　第2部分：耐碳化色牢度：硫酸
8907	ES 1149 – 1972	纺织品耐染浴中金属的色牢度试验　第1部分：耐铬盐的色牢度　第2部分：耐铁和铜的色牢度（1990年更新）
8908	ES 1149 – 1 – 2005	纺织品　色牢度试验　第1部分：耐染浴金属色牢度：铬
8909	ES 1149 – 2 – 2018	纺织品　色牢度试验　第2部分：耐染浴金属色牢度：铁和铜
8910	ES 1150 – 2008	纺织品耐亚氯酸钠漂白的色牢度试验
8911	ES 1165 – 2006	纺织品耐沸煮的色牢度试验（沸水作用）
8912	ES 1166 – 2008	纺织品　色牢度试验　第S03部分：耐硫化色牢度：直接蒸气
8913	ES 1280 – 2008	升华法测定纺织品色牢度
8914	ES 1302 – 2014	纺织品　色牢度试验　耐干洗色牢度
8915	ES 1303 – 2006	不含压力的纺织品干热色牢度的测定
8916	ES 1304 – 2005	纺织品　色牢度试验　耐热水色牢度
8917	ES 1305 – 2007	纺织品　纺织品耐甲醛色牢度的测定
8918	ES 1306 – 2006	纺织品　色牢度试验　耐含氯水色牢度（游泳池用水）
8919	ES 1350 – 2007	纺织品　色牢度试验　耐硫化色牢度　热空气
8920	ES 1387 – 2008	纺织品　色牢度试验　通用试验原则
8921	ES 1400 – 2008	纺织品　化学试验用实验室样品和试样的制备
8922	ES 1408 – 2008	用自由蒸汽评估含纤维织物羊毛的尺寸变化
8923	ES 1416 – 2008	织物残留氯破坏的测定
8924	ES 1441 – 2008	人工风化色牢度的测定　氙气弧灯试验
8925	ES 1442 – 2007	纺织品　色牢度试验　耐人造光色牢度　氙弧衰减灯试验
8926	ES 1506 – 1994	机织物　断裂强度和断裂伸长率的测定（条带法）
8927	ES 1506 – 1 – 2014	纺织品　织物的拉伸性能　第1部分：采用条样法测定最大作用力和最大作用力下的伸长率
8928	ES 1506 – 2 – 2007	纺织品　织物的拉伸性能　采用抓样法测定最大作用力
8929	ES 1512 – 2007	纺织品　色牢度试验　耐斑色牢度　水
8930	ES 1535 – 2006	耐破碎性和耐磨性的测定

续表

序号	标准编号	标准名称
8931	ES 1620 – 2005	纺织品　色牢度试验　纺织品上颜色迁移进入聚氯乙烯涂层的评定
8932	ES 1621 – 1986	纺织品　色牢度试验　光致变色性的检测和评定
8933	ES 1622 – 2008	纺织品耐摩擦色牢度试验　有机溶剂
8934	ES 1678 – 2008	纺织品抗水性的测定（Bwndesmann 试验）
8935	ES 1860 – 1990	机织物　断裂强度的测定（抓式法）
8936	ES 1942 – 2007	纺织品　色牢度试验　丝线衬织物规格
8937	ES 2151 – 2007	纺织品　色牢度试验　次级醋酯纤维贴衬织物规格
8938	ES 2152 – 2007	色牢度试验用三醋酯纤维标准贴衬织物规格
8939	ES 2153 – 2007	色牢度试验用标准摩擦布规格
8940	ES 2163 – 2005	纺织品　耐蒸汽色牢度
8941	ES 2164 – 2006	纺织品　耐室外风化暴露的色牢度
8942	ES 2396 – 2008	纺织材料的蛾类昆虫抗（红外）剂含量测定的化学分析法
8943	ES 2452 – 2006	耐用印刷品折缝外观的评估方法　家庭洗涤和干燥法
8944	ES 2453 – 2005	洗涤和干燥中尺寸变化的测定
8945	ES 2454 – 2007	纺织品　评价织物清洗后表面平滑度的试验方法
8946	ES 2455 – 2007	耐家庭和商业洗涤色牢度
8947	ES 2589 – 1993	纺织品抗起球和外观变化的测定
8948	ES 2589 – 1 – 2007	纺织品　织物表面起毛和起球性能的测定　第1部分：起球箱法
8949	ES 2590 – 2007	纺织品　评价织物清洗后表面平滑度的试验方法
8950	ES 2591 – 1993	试验用面料样品的制备、标记和测量　尺寸变化值测量
8951	ES 2592 – 2007	质量的测定　词汇
8952	ES 2780 – 2007	组织学结构分析方法
8953	ES 2781 – 1995	高氯酸盐乙烯机械法测定干洗的尺寸变化
8954	ES 2781 – 1 – 2010	纺织品　干洗和整理　第1部分：纺织品和服装可清洁性的评定方法
8955	ES 2781 – 2 – 2013	纺织品　织物和服装的专业护理、干洗和湿洗　第2部分：用四氯乙烯清洗和整理时的性能试验规程
8956	ES 2781 – 3 – 2013	纺织品　织物和服装的专业护理、干洗和湿洗　第3部分：用烃类溶剂清洗和整理时的性能试验规程
8957	ES 2781 – 4 – 2013	纺织品　织物和服装的专业护理、干洗和湿洗　第4部分：用模拟湿洗法清洗和整理时的性能试验规程
8958	ES 2782 – 2002	纺织品　纺织品试验用家庭洗涤和干燥程序
8959	ES 2783 – 2007	纺织品　色牢度试验　聚酰胺贴衬织物规格
8960	ES 2784 – 2007	纺织品　色牢度试验　聚酯贴衬织物规格
8961	ES 2785 – 2007	纺织品　色牢度试验　羊毛贴衬织物规格
8962	ES 2786 – 2007	纺织品　色牢度试验　丙烯酸贴衬织物规格
8963	ES 2787 – 2007	色牢度试验用棉和粘纤标准贴衬织物规格
8964	ES 2813 – 2007	纺织品　织法　编码系统和示样
8965	ES 2864 – 2014	纺织品　色牢度试验　第J03部分：色差的计算
8966	ES 3020 – 2008	耐高湿环境中氮氧化物的色牢度
8967	ES 3033 – 2006	耐氮氧化物色牢度试验
8968	ES 3046 – 2007	纺织品　色牢度试验　贴衬织物规格　多股纤维

续表

序号	标准编号	标准名称
8969	ES 3246 – 1997	纺织品　色牢度试验　第 B05 部分：光致变色性的检验和评定
8970	ES 3312 – 2007	纺织品　色牢度试验　耐燃烧废气色牢度
8971	ES 3334 – 2007	纺织品　色牢度试验　耐大气臭氧色牢度
8972	ES 3360 – 2007	纺织品　色牢度试验　耐蒸汽褶裥色牢度
8973	ES 3498 – 2008	机器干洗稳定性评价
8974	ES 3499 – 2008	水溶性染料冷水溶解度的测定
8975	ES 3500 – 2008	坐浴盆　功能要求和试验方法
8976	ES 3503 – 2008	色牢度试验　分散染料的可分散性
8977	ES 3504 – 2008	纺织品　水萃取物酸碱值的测定
8978	ES 3537 – 2005	水溶性染料溶解度和溶液稳定性的测定
8979	ES 3538 – 2008	电解质中的溶解度和溶液稳定性反应染料的测定
8980	ES 3539 – 1 – 2005	纺织品　干洗和整理　第 1 部分：纺织品和服装可清洁性的评定方法
8981	ES 3540 – 2008	纺织品　色牢度试验　第 2 部分：着色剂分散体尘埃度的评估
8982	ES 3541 – 2005	纺织品　色牢度试验　测定灰色样卡等级用颜色变化的仪器评定
8983	ES 3560 – 2005	纺织品　色牢度试验　丙烯酸纤维用碱性染料的相容性
8984	ES 3580 – 2008	纺织品　色牢度试验　染料和颜料褪色评估
8985	ES 3628 – 1 – 2008	工业用洗衣设备对纺织品影响的评估　第 1 部分：洗衣机
8986	ES 3628 – 3 – 2008	工业用洗衣设备对纺织品影响的评估　第 3 部分：床上用品熨烫机
8987	ES 3628 – 4 – 2008	工业用洗衣设备对纺织品影响的评估　第 4 部分：批量干燥机
8988	ES 3629 – 2008	纺织品　家庭洗涤和烘干后服装和其他纺织品的外观评估方法
8989	ES 3661 – 2001	OKO　环保纺织标准 100
8990	ES 3711 – 2 – 2008	用马丁代尔法测定织物的耐磨性　第 2 部分：试样断裂测定
8991	ES 3711 – 3 – 2005	用马丁代尔法测定织物的耐磨性　第 3 部分：质量损耗测定
8992	ES 3711 – 4 – 2008	用马丁代尔法测定织物的耐磨性　第 4 部分：外观变化评定
8993	ES 3712 – 1 – 2008	织物在低压下的干热效应　第 1 部分：织物的干热处理程序
8994	ES 3712 – 2 – 2008	织物在低压下的干热效应　第 2 部分：暴露于干热的织物尺寸变化
8995	ES 3722 – 2002	OKO　环保纺织标准 200/2001
8996	ES 3731 – 1 – 2002	纺织品　织物的胀破性能　第 1 部分：测定胀破强度和胀破扩张度的液压方法
8997	ES 3731 – 2 – 2002	纺织品　织物的胀破性能　第 2 部分：测定胀破强度和胀破扩张度的气压方法
8998	ES 3786 – 2007	纺织品的健康和环境标准
8999	ES 3787 – 2007	纺织品的健康和环境标准（试验方法）
9000	ES 3805 – 2008	色牢度试验　溶液中染料相对着色强度的测定
9001	ES 3837 – 2002	甲醛的测定　第 1 部分：游离和水解的甲醛（水萃取法）
9002	ES 3843 – 2002	橡胶或塑料涂覆织物　耐渗透性的测定
9003	ES 3844 – 2 – 2014	橡胶或塑料涂覆织物　抗撕裂性的测定　第 2 部分：冲击摆试验法

续表

序号	标准编号	标准名称
9004	ES 3851－9－2002	纺织品　色牢度试验　耐家庭和商业洗涤的色牢度　利用有低温漂白活化剂的无磷标准洗涤剂测定氧化漂白反应
9005	ES 3903－2002	纺织品　色牢度试验　第2部分：耐硫化色牢度　一氯化硫
9006	ES 3909－2－2002	橡胶或塑料涂覆织物　轧辊特性的测定　第2部分：每单位面积的总质量、每单位涂层面积的质量以及每单位底板面积的质量的测定方法
9007	ES 3912－2－2002	纺织品　甲醛的测定　第2部分：释放甲醛（蒸汽吸收法）
9008	ES 3913－2－2002	纺织品　色牢度试验　第2部分：相对白度的仪器评定
9009	ES 3917－2002	纺织品　质量的测定　词汇
9010	ES 3935－2008	印染纺织品耐湿擦洗的色牢度
9011	ES 3991－2003	纺织品　织物的拉伸性能　第2部分：采用抓样法测定最大作用力
9012	ES 3992－1－2003	纺织品　纺织品含有纤维素耐微生物的测定　土埋试验　第1部分：防腐处理的评定
9013	ES 4003－2003	橡胶或塑料涂覆织物　涂层附着力的测定
9014	ES 4094－2008	染料粉尘飞扬性的测定
9015	ES 4198－2008	橡胶或塑料涂覆织物　卷织物特性的测定　厚度的测定方法
9016	ES 4199－2008	橡胶或塑料涂覆织物　调节和试验的标准环境
9017	ES 4422－2004	涂有橡胶或塑料的织物　加速老化和模拟服务测试
9018	ES 4445－2008	橡胶涂覆织物　橡胶与织物黏合强度的测定　直接拉力法
9019	ES 4446－2－2008	织物的抗撕裂性　第2部分：裤形试样撕裂力的测定（单撕裂法）
9020	ES 4456－1－2004	橡胶或塑料涂覆织物　耐磨性的测定　第1部分：泰伯法
9021	ES 4456－2－2004	橡胶或塑料涂覆织物　耐磨性的测定　第2部分：马丁代尔研磨器
9022	ES 4457－2004	橡胶或塑料涂覆织物　低温弯曲试验
9023	ES 4641－2008	橡胶或塑料涂覆织物　静态条件下耐臭氧性的评估
9024	ES 4683－2008	橡胶或塑料涂覆织物　卷织物特性的测定　长度、宽度和净质量的测定方法
9025	ES 4684－2008	橡胶或塑料涂覆织物　破裂强度的测定
9026	ES 4716－2004	OKO　环保纺织标准200－2001
9027	ES 4717－2－2004	纺织品　织物表面起毛和起球性能的测定　第2部分：改良的马丁代尔法
9028	ES 4718－1－2008	纺织品　织物的胀破性能　第1部分：测定胀破强度和胀破扩张度的液压方法
9029	ES 4718－2－2008	纺织品　织物的胀破性能　第2部分：测定胀破强度和胀破扩张度的气压方法
9030	ES 4825－1－2005	纺织品　色牢度试验　第1部分：耐洗涤色牢度（试验1）
9031	ES 4825－2－2005	纺织品　色牢度试验　第2部分：耐洗涤色牢度（试验2）
9032	ES 4825－3－2005	纺织品　色牢度试验　第3部分：耐洗涤色牢度（试验3）
9033	ES 4825－4－2005	纺织品　色牢度试验　第4部分：耐洗涤色牢度（试验4）
9034	ES 4825－5－2005	纺织品　色牢度试验　第5部分：耐洗涤色牢度（试验5）
9035	ES 5399－2006	纺织品　色牢度试验　光致变色性的检验和评定

续表

序号	标准编号	标准名称
9036	ES 5652－2006	橡胶或塑料涂覆织物　阻尼力的测定
9037	ES 5653－2006	橡胶或塑料涂覆织物　气体渗透率测量
9038	ES 5775－2006	拉链带耐磨色牢度的标准方法
9039	ES 5949－2007	纺织品　色牢度试验　耐摩擦色牢度　小面积
9040	ES 5955－2007	拉链耐光色牢度的标准试验方法
9041	ES 6098－2007	纺织品含水率相关标准术语
9042	ES 6564－2008	织物疵点的数字编号　目视检查
9043	ES 6643－2008	橡胶或塑料涂覆织物　抗皱性的测定
9044	ES 7061－2009	防水布的橡胶或塑料涂覆织物　规格
9045	ES 7207－2010	纺织织物液压破裂强度的标准试验方法　隔膜破裂强度试验机方法
9046	ES 7266－1－2011	纺织品的安全健康标准和标识要求　第1部分：染色纱线
9047	ES 7266－2－2011	纺织品的安全健康标准和标识要求　第2部分：染色、印花或整理织物
9048	ES 7266－3－2011	纺织品的安全健康标准和标识要求　第3部分：服饰和家用纺织品
9049	ES 7266－4－2011	纺织品的安全健康标准和标识要求　第4部分：服装
9050	ES 7266－5－2011	纺织品的安全健康标准和标识要求　第5部分：地毯和垫子
9051	ES 7331－2011	纺织品破裂强度的标准试验方法　恒速横向移动（crt）球式破裂试验
9052	ES 7377－2011	纺织品　邻苯二甲酸盐的试验方法
9053	ES 7434－1－2011	纺织品　源于偶氮着色剂的某些芳香胺的测定方法　第1部分：未经萃取获得某些偶氮着色剂的使用检测
9054	ES 645－2008	纺织地板覆盖物　蔺草材质
9055	ES 728－2014	手工制作的全羊毛地毯
9056	ES 753－2008	羊毛铺地织物、其他羊毛织品和其他含角蛋白织物抗甲虫性的测定
9057	ES 754－2008	羊毛铺地织物、毛纺织和在干洗和洗涤含有角质素的其他织物防蛀和防虫处理的测定
9058	ES 809－2006	全羊毛唯的手工毯
9059	ES 943－2006	羊毛唯含量60%的手工毯
9060	ES 986－2008	机用棉堆地毯
9061	ES 998－2014	机制羊毛堆地毯
9062	ES 1135－2008	麻垫
9063	ES 1258－2006	手工打结地毯面簇绒引线长度的测定
9064	ES 1259－2014	手工地毯的打结类型
9065	ES 1260－2014	长方形纺织铺地物　尺寸测定
9066	ES 1354－2009	机制纺织铺地物　物理试验用取样和切割试样
9067	ES 1355－2014	机制纺织铺地物　厚度的测定
9068	ES 1356－2014	单位长度和单位面积绒簇或绒圈数目的测定方法
9069	ES 1357－2014	纺织地板覆盖物　底布上的毛绒厚度的测定
9070	ES 1477－2005	绒头拔出力的测定

续表

序号	标准编号	标准名称
9071	ES 1504 – 2014	手工打结地毯　取样和试验区域的选择（1995 年更新）
9072	ES 1505 – 2005	纺织地板覆盖物　分类和术语
9073	ES 1544 – 1984	地毯　测得表面桩密度和测得桩体积比的确定
9074	ES 1646 – 2014	人造纤维桩机制成的地毯
9075	ES 1714 – 2006	机制羊毛堆壁到壁
9076	ES 1780 – 2006	机制地毯（人造纤维桩的壁到壁）
9077	ES 2130 – 2007	纺织地板覆盖物的耐湿法洗涤色牢度
9078	ES 2267 – 2008	铺地织物的说明标签
9079	ES 2439 – 2014	动态负载下厚度减少的测定（铺地织物）
9080	ES 2440 – 2014	经短时间施加中等静载荷后厚度减薄的测定（铺地织物）
9081	ES 2441 – 2005	用 Reines 量热法不破坏毛毡层厚度的测算
9082	ES 2442 – 2005	纺织地板覆盖物　采用改良的维特曼鼓试验测定抗切边损坏
9083	ES 2579 – 2005	纺织地板覆盖物　燃烧特性　环境中的小块试验
9084	ES 2580 – 2005	纺织地板覆盖物　磨损的测定　小脚轮轮椅试验
9085	ES 2581 – 2007	纺织地板覆盖物　磨损试验
9086	ES 2582 – 2007	经长时间施加重型静载荷后厚度减薄的测定（铺地织物）
9087	ES 2810 – 2005	机制地板覆盖物　水热条件变化尺寸的测定
9088	ES 2811 – 2006	纺织地板覆盖物消费者信息
9089	ES 2812 – 2005	纺织地板覆盖物　外观变化的评定
9090	ES 2887 – 2005	纺织地板覆盖物　静电特性的评定　行走试验
9091	ES 2888 – 2006	纺织地板覆盖物　质量的测定方法
9092	ES 2889 – 2005	纺织地板覆盖物　四撑点式步行试验仪的构造细节和使用说明
9093	ES 2970 – 2007	簇绒地毯
9094	ES 2989 – 2005	铺地织物衬垫
9095	ES 3031 – 1 – 1996	加衬柔性聚氯乙烯地板覆盖物规格　第 1 部分：针刺机制毡衬地板覆盖物
9096	ES 3276 – 2008	黄麻地毯背衬织物
9097	ES 3362 – 2008	黄麻地毯背衬织物 237 – 271 – 305 – 339 – 407g/m^2
9098	ES 3363 – 3 – 2007	黄麻地毯背衬织物　第 3 部分：纬纱变形
9099	ES 3389 – 2007	重量为 186g/m^2 和 203g/m^2 的黄麻地毯背衬织物
9100	ES 3390 – 2007	机制纺织铺地物　用于重型用途
9101	ES 3391 – 1 – 2008	黄麻地毯背衬织物　第 1 部分：长度测量
9102	ES 3391 – 2 – 2007	黄麻地毯背衬织物　第 2 部分：宽度测量
9103	ES 3455 – 2010	矩形纺织铺地物尺寸的测定
9104	ES 3465 – 2007	拜毯
9105	ES 3542 – 2005	纺织地板覆盖物　地板污渍　试验位置确定和污渍的评估
9106	ES 3543 – 2000	纺织铺地物表面疲劳的测定方法
9107	ES 3561 – 2000	纺织地板覆盖物　摩托车　交流电闪光装置
9108	ES 3581 – 2005	纺织地板覆盖物　采用喷射萃取的实验室清洁规程
9109	ES 3582 – 2006	铺地织物结构和颜色变化的产生和评估
9110	ES 3713 – 2008	聚氯乙烯铺地织物加强板或衬里单位面积质量的测定
9111	ES 3736 – 2005	纺织地板覆盖物　瓷砖边长、边缘平直度和直角度的测定

续表

序号	标准编号	标准名称
9112	ES 3758 – 2005	冲压工具　带60°锥头和细柄的圆冲头
9113	ES 3758 – 1 – 2007	纺织地板覆盖物　污渍的实验室试验　第1部分：卡帕污渍试验
9114	ES 3758 – 2 – 2007	纺织地板覆盖物　污渍的实验室试验　第2部分：鼓试验
9115	ES 3759 – 2006	纺织地板覆盖物　椰壳粗纤维垫的规格
9116	ES 3838 – 2008	纺织品　地板覆盖物　采用利森试验测定质量损失
9117	ES 3839 – 2002	纺织品　地板覆盖物　纯羊毛手结绒头地毯　规格
9118	ES 3840 – 2002	纺织品　地板覆盖物　附着泡沫脆性的测定
9119	ES 3852 – 2008	纺织地板覆盖物　针刺绒头地板覆盖物以外的针刺地板覆盖物分类
9120	ES 3904 – 2002	纺织地板覆盖物　静电特性的评定　行走试验
9121	ES 3919 – 2002	纺织地板覆盖物　毛束联结牢度的测定
9122	ES 3914 – 2002	机制纺织铺地物　物理试验用试样的选择和切割
9123	ES 3993 – 1 – 2007	铺地材料防火性能试验　第1部分：燃烧性能的测定　辐射热源法
9124	ES 3993 – 2 – 2007	铺地材料防火性能试验　第2部分：在$25kW/m^2$热通量水平条件下的火焰展焰性试验
9125	ES 3994 – 2003	纺织地板覆盖物　燃烧特性　环境温度条件下的小块试验
9126	ES 3995 – 2003	纺织地板覆盖物　利用磨耗机测定羊毛纤维的完整度
9127	ES 3996 – 2003	纺织地板覆盖物　抗电阻性的测定
9128	ES 3997 – 2005	利用威特曼鼓轮和六足滚筒试验仪产生的外观变化
9129	ES 3998 – 2003	纺织地板覆盖物　地板污渍　试验位置确定和污渍的评估
9130	ES 4067 – 2008	纺织地板覆盖物　黄麻地毯背衬织物规格
9131	ES 4095 – 2007	抗酸性食物颜色的沾色能力的测定
9132	ES 4271 – 2008	纺织铺地物厚度、压缩和恢复特性的测定
9133	ES 4354 – 2008	地毯清洗　热水提取法
9134	ES 4356 – 2006	纺织地板覆盖物　楼梯上的铺设和使用指南
9135	ES 4423 – 1 – 2008	地毯抗微生物活性测定　第1部分：地毯抗微生物活性的定量评价　单条法
9136	ES 4423 – 2 – 2008	地毯抗微生物活性测定　第2部分：地毯抗微生物活性的定量活性评价
9137	ES 4423 – 3 – 2008	地毯抗微生物活性测定　第3部分：地毯材料的抗真菌活性评价　地毯材料的抗霉性和抗腐性
9138	ES 4447 – 2008	清洗　纺织地板覆盖物的洗涤
9139	ES 4642 – 2005	纺织地板覆盖物　黄麻地毯背衬织物　规格
9140	ES 4643 – 2005	纺织地板覆盖物　利用磨耗机测定羊毛纤维的完整度
9141	ES 4644 – 2008	纺织地板覆盖物　附着泡沫的测定
9142	ES 4685 – 2011	纺织地板覆盖物　抗脱层性的测定
9143	ES 4802 – 2005	绒头地板覆盖物和衬垫物以外的纺织品和皮革制品使用须知标签相关标准术语
9144	ES 4803 – 2005	纺织地板覆盖物　抗电阻性的测定
9145	ES 5770 – 2006	地毯静电倾向
9146	ES 5771 – 2006	机制纺织铺地物　热和/或水暴露后尺寸变化的测定

续表

序号	标准编号	标准名称
9147	ES 5772 – 2006	纺织地板覆盖物　衬垫物蠕变性的测定
9148	ES 5956 – 2007	评估绒头纱线地毯的标准试验方法和规程的标准指南
9149	ES 5957 – 2007	绒头地板覆盖物第二层底布脱层强度的标准试验方法
9150	ES 5958 – 2007	绒头纱线地板覆盖物的单位面积质量
9151	ES 5959 – 2007	叠层地板覆盖物　部分浸水后厚度膨胀的测定
9152	ES 5960 – 2007	叠层地板覆盖物　抗冲击性的测定
9153	ES 5961 – 2007	叠层地板覆盖物　机械装配板锁紧强度的测定
9154	ES 6083 – 8 – 2007	声学　建筑和建筑构件的隔声测量　第 8 部分：重型标准地板上降低地板织物传递冲击噪声的实验室测量
9155	ES 6086 – 2007	清洁地毯时真空吸尘器直线移动的标准试验方法
9156	ES 6089 – 2007	叠层地板覆盖物　几何特征的测定
9157	ES 6090 – 2007	叠层地板覆盖物　耐磨性的测定
9158	ES 6091 – 2007	叠层和织物地板覆盖物　干燥和潮湿条件下尺寸变化的测量
9159	ES 6092 – 2007	弹性铺地物　层厚测定
9160	ES 6348 – 2007	弹性铺地物　带黄麻背衬或聚酯毡衬或含聚氯乙烯背衬的聚酯毡的聚氯乙烯铺地物　规格
9161	ES 6349 – 2007	弹性铺地物　带泡沫层的聚氯乙烯铺地物　带泡沫层的氯化物铺地物　规格
9162	ES 6350 – 2007	绒头纱线地板覆盖物第二层底布抗脱层性的标准试验方法
9163	ES 6512 – 2008	弹性和纺织铺地物
9164	ES 6513 – 2008	叠层地板覆盖物　几何特征的测定
9165	ES 6515 – 2008	精制纺织地板覆盖物着火特性的标准试验方法
9166	ES 6565 – 1 – 2008	黄麻地毯背衬织物规格　第 1 部分：总则
9167	ES 6566 – 2 – 2008	黄麻地毯背衬织物规格　第 2 部分：237，271，305，339 和 407g/m^2
9168	ES 6566 – 3 – 2008	黄麻地毯背衬织物规格　第 3 部分：186 和 203g/m^2
9169	ES 6567 – 2008	双面加衬的祈祷用地毯
9170	ES 6601 – 2008	运动表面系统和材料减震性能的标准试验方法
9171	ES 6644 – 2008	胶粘剂抗剥离性的标准试验方法（T 型剥离试验）
9172	ES 6645 – 2008	纱线地板覆盖物每单位长度或宽度结接点的标准试验方法
9173	ES 6646 – 2008	簇绒地毯
9174	ES 6647 – 2008	纺织地板覆盖物　纺织羊毛衬垫物密度的测定
9175	ES 6648 – 2008	绒头纱线地板覆盖物单位面积质量的标准试验方法
9176	ES 6649 – 2008	测定纺织地板覆盖物上小火源影响的英国标准方法（热金属螺母法）
9177	ES 6660 – 2008	采用辐射热能源测定楼面覆盖系统临界辐射通量的标准试验方法
9178	ES 6661 – 2008	运动表面系统和材料减震性能的标准试验方法
9179	ES 6729 – 2008	人造草皮运动场表面相对耐磨性的标准试验方法
9180	ES 6730 – 2008	绒头纱线地板覆盖物毛束联结牢度的标准试验方法
9181	ES 7056 – 2009	绒头纱线地板覆盖物背衬织物特性的标准试验方法
9182	ES 7057 – 2009	运动表面系统和材料减震性能的标准试验方法
9183	ES 1040 – 3 – 2008	纺织品（＋D696 – D792）　术语和定义　第 3 部分：纱线卷绕机械（1996 年更新）
9184	ES 1221 – 2014	自动换纤织机用梭　尺寸

续表

序号	标准编号	标准名称
9185	ES 1228 – 8 – 2008	纺织品　术语和定义　第8部分：经织准备
9186	ES 1229 – 9 – 2014	纺织品　术语和定义　第9部分：纺纱和捻线机械（1996 年更新）
9187	ES 1344 – 2013	纺织用沥青结合芦苇的基本尺寸（1996 年更新）
9188	ES 1346 – 2014	带有双弹性梁的纺织金属簧片的基本尺寸
9189	ES 1409 – 2013	棕框编织机用双丝综
9190	ES 1410 – 2013	提花机织用双丝综
9191	ES 1426 – 2008	纺织机械和附件　织机的分类和术语
9192	ES 1813 – 2014	纺织机械和附件　卷经轴用轴　术语和尺寸
9193	ES 1909 – 2013	纺织机械和附件　卷纬机　词汇
9194	ES 1910 – 2014	自由端纺纱机　词汇
9195	ES 1911 – 1 – 2014	圆柱管　第1部分：内径和长度的推荐值
9196	ES 1911 – 2 – 2014	圆柱管　第2部分：开放式纺纱机用管
9197	ES 1911 – 3 – 2014	圆柱管　第3部分：带纱管
9198	ES 1911 – 4 – 2014	圆柱管　第4部分：变形纱用管
9199	ES 1911 – 5 – 2014	圆柱管　第5部分：连续纺丝、拉伸、合成长丝纱管的尺寸、公差和标记
9200	ES 1911 – 6 – 2014	圆柱管　第6部分：在络纱和加捻中交叉卷绕卷装管的尺寸、公差和标记
9201	ES 2182 – 2014	闭路式干洗机　定义和检查机器特性
9202	ES 2205 – 2014	染整机械　拉幅机词汇
9203	ES 2213 – 2014	圆柱形银罐　主要尺寸
9204	ES 2215 – 2014	圆柱形银罐　弹簧底部
9205	ES 2215 – 2 – 1992	圆柱形银罐　第2部分：弹簧底部
9206	ES 2216 – 2014	半锥角 5°57′ 的纱线卷绕（交叉卷绕）圆锥形筒管
9207	ES 2217 – 2014	交叉卷绕用圆锥形筒管　半锥角 3°30′ 圆锥形筒管的尺寸、公差和标记
9208	ES 2218 – 2014	染整机械　左侧和右侧定义
9209	ES 2397 – 3 – 1993	圆柱形银罐　第3部分：银罐包装（压力罐）
9210	ES 2398 – 2014	条子和纱线染色用轴　术语和主要尺寸
9211	ES 2432 – 2014	浆纱机　最大有效宽度
9212	ES 2433 – 2014	染整机械　工作宽度和标称宽带
9213	ES 2434 – 2014	交叉卷绕用圆锥形筒管　推荐的主要尺寸
9214	ES 2434 – 1 – 1993	交叉卷绕用圆锥形筒管　第1部分：半角值、长度和大直径
9215	ES 2435 – 2005	C 和 EL 行走装置的环锭纺纱和环锭捻线机的环　主要尺寸
9216	ES 2557 – 2009	闭口综耳扁钢综　尺寸
9217	ES 2558 – 2006	塑料接合的金属簧片　尺寸和标号
9218	ES 2559 – 2007	织机　分类和词汇
9219	ES 2560 – 2014	精纺粗纺梳毛机　锡林宽度和针布宽度
9220	ES 2561 – 2014	环锭纺纱机和环锭捻线机的锭距
9221	ES 2583 – 2006	刺轴
9222	ES 2584 – 1993	梳理机用边缘的线和相应的槽　主要型号和尺寸
9223	ES 2585 – 2014	机械和电气经止动装置落丝
9224	ES 2776 – 2014	提花机线束的编号

续表

序号	标准编号	标准名称
9225	ES 2777 – 2008	金属针布 术语和定义
9226	ES 2919 – 1995	环锭细纱机和粗纱机用顶胶圈和底胶圈
9227	ES 2920 – 2014	闭口 "O" 型综耳综丝用的穿综杆
9228	ES 2921 – 2014	交叉卷绕用圆锥形筒管 半锥角4°20′圆锥形筒管的尺寸、公差和标记
9229	ES 2939 – 2014	筒子纱染色用穿孔圆筒管
9230	ES 2940 – 1996	综框 与硬度间距有关的相关尺寸
9231	ES 2962 – 2007	织机的工作宽度
9232	ES 2963 – 2015	传输锥 圆锥半角4°20′
9233	ES 2964 – 1996	自动织机中央尖梭用单箱皮结和相关投梭棒尺寸
9234	ES 2990 – 1996	染整机械 辅助设备词汇
9235	ES 3032 – 1996	并捻用有边筒管
9236	ES 3047 – 2015	机械偏差停止运动的齿形条 交叉部件的尺寸
9237	ES 3076 – 2015	卷布辊 术语和主要尺寸
9238	ES 3127 – 2015	梭眼位置相关术语及命名
9239	ES 3146 – 2008	纺纱前纺和纺纱机械 上部卷轴的包纱性能
9240	ES 3159 – 1997	扁钢宗 "C" 型终端的穿综杆
9241	ES 3196 – 2015	梳毛机用搓条胶板
9242	ES 3209 – 2015	自动织机用的纬管
9243	ES 3224 – 1997	金属针布用钢丝
9244	ES 3224 – 1 – 2015	梳理机金属针布用异型钢丝的主要尺寸 第1部分：无互联锁或链接的底边
9245	ES 3224 – 2 – 2015	梳理机金属针布用异型钢丝的主要尺寸 第2部分：有互联锁或链接的底边
9246	ES 3311 – 2008	用于机械和电气断经自停装置和自动穿经织机的封闭式停经片
9247	ES 3356 – 2015	直接固定在综框横梁上的穿综杆 相关尺寸
9248	ES 3357 – 2015	用托座固定于综框横梁的穿综杆 相关尺寸
9249	ES 3358 – 2007	弹性针布用钢丝
9250	ES 3359 – 2005	综框 综框指南
9251	ES 3381 – 2007	卡槽
9252	ES 3387 – 2005	交叉卷绕染色用圆锥形筒管 半锥角4°20′圆锥形筒管
9253	ES 3388 – 2007	牵伸装置底部槽纹辊
9254	ES 3440 – 2008	纺纱和加捻用金属圈
9255	ES 3453 – 2008	粗纱管
9256	ES 3454 – 2000	织机自动卷绕用带环的纬管（27mm和30mm）
9257	ES 3466 – 2006	锥形和奶酪卷机 词汇
9258	ES 3467 – 2000	轴 形式和位置变化的测量方法
9259	ES 3505 – 2006	筒子架 主要尺寸
9260	ES 3506 – 2006	锥度1：38和1：64的环锭纺纱、并纱和捻纱锭子用纱管
9261	ES 3507 – 2006	织工梁 梁变自动化连接规格
9262	ES 3508 – 2015	环锭纺纱机和捻线机用锭子 同义术语表
9263	ES 3509 – 2015	经轴 织物染色轴
9264	ES 3510 – 2000	织机自动缠绕用无环纬纱管（24mm和27mm）

续表

序号	标准编号	标准名称
9265	ES 3520 – 2015	经轴　跳动公差的定义和测量方法
9266	ES 3544 – 2015	染整机械　工作范围设定　合格零件
9267	ES 3546 – 2008	倍捻机　词汇
9268	ES 3562 – 1 – 2005	开口式综耳钢片综主要尺寸　第1部分："C"形端环
9269	ES 3562 – 2 – 2005	开口式综耳钢片综主要尺寸　第2部分："J"形端环
9270	ES 3562 – 3 – 2005	开口式综耳钢片综及相应穿综杆的主要尺寸　第3部分：C型和J型综耳钢片综用穿综杆
9271	ES 3565 – 2008	条子、粗纱和纱线染色用轴
9272	ES 3583 – 2005	环锭纺纱和环锭捻线机的环和行走装置　HZCH，HZ，J环及其适宜的行走装置
9273	ES 3601 – 2005	与纺织加工油剂接触的机器零件　钢防腐效果的测定
9274	ES 3651 – 2005	纺织预备和纺织机械用钢针
9275	ES 3652 – 2005	染整机绕线装置用方棒　尺寸
9276	ES 3714 – 2005	织机综框的编号
9277	ES 3737 – 2005	旋转和扭转主轴用六角螺母和板条螺母
9278	ES 3738 – 2005	染整机械　额定速度
9279	ES 3760 – 2005	提花织造用铅锤
9280	ES 3761 – 2005	织机　机器的部分词汇
9281	ES 3762 – 2005	使用四氯乙烯的干洗机的安全要求
9282	ES 3762 – 1 – 2013	干洗机的安全要求　第1部分：通用安全要求
9283	ES 3784 – 2005	经轴　织轴
9284	ES 3806 – 2005	经轴　织轴整经轴和分段整经轴边盘的质量等级
9285	ES 3905 – 2005	纺织机械　附件　词汇
9286	ES 3905 – 2 – 2002	纺织机械和附件　织机　第2部分：附件　词汇
9287	ES 3906 – 2002	自由端纺纱机　词汇
9288	ES 3910 – 2002	纺织机械和附件　织轴　自动换轴的连接规格
9289	ES 3918 – 2002	纺织机械和附件　针织机　分类和词汇
9290	ES 3936 – 2008	染整和相关机械
9291	ES 3999 – 2003	纺织机械和附件　环锭纺纱机和捻线机用锭子　同义术语表
9292	ES 4041 – 2008	纺织机械发出的声压级和声功率级的测定　工程与测量方法
9293	ES 4061 – 2003	纺织机械和附件　纺纱机的牵伸装置　术语
9294	ES 4062 – 2003	纺织机械和附件　机织织机　左侧和右侧定义
9295	ES 4063 – 2003	纺织机械和附件　圆锥滚筒分条整经机　最大有效宽度
9296	ES 4064 – 2003	纺织机械和附件　染整机用导辊　主要尺寸
9297	ES 4065 – 2003	纺织机械和附件　机织前纺机械　左侧和右侧定义
9298	ES 4096 – 2005	卷纬机和交叉卷绕络纱机　左右侧定义
9299	ES 4144 – 2006	纺织机械图形符号
9300	ES 4200 – 2006	多臂机纸图案尺寸
9301	ES 4272 – 2006	织机　左右侧的定义
9302	ES 4357 – 2005	纱线和半成品包装物　第2部分：缠绕方式
9303	ES 4424 – 2005	染整机械用导向辊　主要尺寸
9304	ES 4448 – 2005	织造准备机械　左右侧定义

续表

序号	标准编号	标准名称
9305	ES 4449 – 2005	环锭纺纱和环锭捻线机的环和行走装置　第1部分：T环及其适宜的行走装置
9306	ES 4458 – 1 – 2008	纺织机械　噪声试验规程　第1部分：通用要求
9307	ES 4458 – 2 – 2008	纺织机械　噪声试验规程　第2部分：纺纱前纺和纺纱机械
9308	ES 4458 – 3 – 2008	纺织机械　噪声测试规格　第3部分：非织造布机械
9309	ES 4458 – 4 – 2008	纺织机械　噪声试验规程　第4部分：纱线加工机和绳索制造机
9310	ES 4458 – 5 – 2008	纺织机械　噪声试验规程　第5部分：机织和针织前纺机械
9311	ES 4458 – 6 – 2008	纺织机械　噪声试验规程　第6部分：织物织造机械
9312	ES 4458 – 7 – 2008	纺织机械　噪声试验规程　第7部分：染整机械
9313	ES 4645 – 2006	离心机　结构和安全规则　圆柱形转鼓壳体内切向应力的计算方法
9314	ES 4649 – 1 – 2004	纺织机械　噪声试验规程　第1部分：通用要求
9315	ES 4649 – 2 – 2004	纺织机械　噪声试验规程　第2部分：纺纱前纺和纺纱机械
9316	ES 4686 – 2005	圆锥滚筒分条整经机　术语
9317	ES 4926 – 2005	纺纱机械　左右侧定义
9318	ES 5409 – 1 – 2011	纺织机械　安全要求　第1部分：通用要求
9319	ES 5409 – 2 – 2011	纺织机械　安全要求　第2部分：纺纱前纺和纺纱机械
9320	ES 5409 – 3 – 2011	纺织机械　安全要求　第3部分：非机织机械
9321	ES 5409 – 4 – 2012	纺织机械　安全要求　第4部分：纱线加工机和绳索制造机
9322	ES 5409 – 5 – 2006	纺织机械　安全要求　第5部分：机织和针织前纺机械
9323	ES 5409 – 6 – 2013	纺织机械　安全要求　第6部分：织物制造机械
9324	ES 5409 – 7 – 2013	纺织机械　安全要求　第7部分：染整机械
9325	ES 5654 – 2014	喷气织机用异形筘片　尺寸
9326	ES 5655 – 2007	棉纺用松包机　词汇和构造原理
9327	ES 5656 – 2007	棉纺用料斗送料器　词汇和结构原理
9328	ES 5657 – 2007	用于棉纺纱的环锭纺纱机　词汇
9329	ES 5658 – 2 – 2009	与纺织加工油剂接触的机器零件　第2部分：对聚合物材料的影响的测定
9330	ES 5658 – 3 – 2009	与纺织加工油剂接触的机器零件　第3部分：对漆的影响的测定
9331	ES 5659 – 2007	棉纺用集棉器　词汇和制造原理
9332	ES 5660 – 2007	环扭转机　词汇
9333	ES 5661 – 2007	纺织机械　提花织造机用通丝　词汇
9334	ES 6082 – 2007	经轴　通用词汇
9335	ES 6869 – 2008	机械的安全性　机械工作站设计的人体测量要求
9336	ES 6870 – 1 – 2008	机械安全的人类工效学设计　第1部分：确定全身进入机械所需开口尺寸的原则
9337	ES 6870 – 3 – 2008	机械安全的人类工效学设计　第3部分：人体测量数据
9338	ES 7617 – 2013	与干洗机有关的操作和浸泡液　词汇
9339	ES 202 – 1 – 2008	衬衫成衣规格　第1部分：成年男性
9340	ES 202 – 2 – 2007	衬衫成衣规格　第2部分：未成年和青年男性
9341	ES 203 – 1 – 2014	睡衣成衣规格　第1部分：成年男性
9342	ES 203 – 2 – 2014	睡衣成衣规格　第2部分：未成年和青年男性
9343	ES 351 – 1 – 2014	套装成衣规格　第1部分：未成年男性

续表

序号	标准编号	标准名称
9344	ES 351 – 2 – 2007	套装成衣规格　第2部分：成年男性
9345	ES 389 – 1 – 2007	针织内衣成衣规格　第1部分：青年和成年男性
9346	ES 389 – 2 – 2014	针织内衣服装规格　第2部分：女童和男童内衣
9347	ES 389 – 3 – 2014	针织内衣成衣规格　第3部分：女性
9348	ES 407 – 2008	裤子
9349	ES 542 – 1969	青年和成年男性大衣成衣规格
9350	ES 542 – 1 – 2014	大衣成衣规格　第1部分：青年和成年男性
9351	ES 542 – 2 – 2008	大衣成衣规格　第2部分：未成年男性
9352	ES 543 – 1969	青年和成年男性工作服成衣规格
9353	ES 543 – 1 – 2014	青年和成年男性工作服成衣规格　第1部分：两件式（夹克和裤子）
9354	ES 543 – 2 – 2007	青年和成年男性工作服成衣规格　第2部分：两件式（夹克和裤子）
9355	ES 543 – 3 – 2015	青年和成年男性工作服成衣规格　第3部分：一件式（工装裤）
9356	ES 543 – 4 – 2015	青年和成年男性工作服成衣规格　第4部分：一件式（裤子）
9357	ES 701 – 1 – 2008	大衣成衣规格　第1部分：未成年女性
9358	ES 701 – 2 – 2008	大衣成衣规格　第2部分：女性
9359	ES 702 – 1 – 2007	女式简单睡袍成衣规格　第1部分：女性
9360	ES 702 – 2 – 2007	女式简单睡袍成衣规格　第2部分：未成年女性
9361	ES 703 – 1 – 2015	睡衣成衣规格　第1部分：未成年女性
9362	ES 703 – 2 – 2015	睡衣成衣规格　第2部分：女性
9363	ES 730 – 1 – 2015	简洁裙装尺寸　第1部分：女装
9364	ES 730 – 2 – 2015	简单礼服成衣规格　第2部分：未成年女性
9365	ES 731 – 1 – 2015	简单罩衫成衣规格　第1部分：未成年女性
9366	ES 731 – 2 – 2015	简单罩衫成衣规格　第2部分：女性
9367	ES 732 – 2007	成年女性套装成衣规格
9368	ES 752 – 2008	羊毛铺地织物、毛纺织和含有角质素的其他织物防蛀和防虫处理效果的评估
9369	ES 811 – 1 – 2008	简单居家长袍成衣规格　第1部分：女性
9370	ES 811 – 2 – 2007	简单居家长袍成衣规格　第2部分：未成年女性
9371	ES 812 – 2007	未成年女性两件式套裙（夹克和裙子）成衣规格
9372	ES 985 – 2007	女童和男童校服成衣规格
9373	ES 1211 – 2008	政府用混纺毛线套衫
9374	ES 1318 – 2005	服装规格设定　定义和人体测量程序
9375	ES 1319 – 2005	男式服装规格设定
9376	ES 1320 – 2005	成年女性服装和未成年女性外套的规格设定（针织品除外）
9377	ES 1321 – 2005	服装规格设定　婴幼儿服装
9378	ES 1551 – 2007	青年和男士针织睡衣成衣
9379	ES 1552 – 2002	青年T恤成衣规格
9380	ES 1557 – 2 – 2008	埃及人体尺寸　第2部分：女孩和妇女身体尺寸
9381	ES 1727 – 2008	成年男性裤子成衣规格
9382	ES 1741 – 2007	成年男性无领对襟束带长袍成衣规格
9383	ES 1788 – 2007	女童和男童衬衫成衣规格
9384	ES 1789 – 3 – 2007	人体尺寸　第3部分：儿童尺寸
9385	ES 1790 – 2009	女童长袍成衣

续表

序号	标准编号	标准名称
9386	ES 1815 – 2007	女童和男童运动衫和夹克成衣规格
9387	ES 1816 – 2009	女士简洁裙装成衣
9388	ES 1817 – 2007	女式简单裤子成衣规格
9389	ES 1818 – 2007	女式简单无领对襟束带长袍成衣规格
9390	ES 1835 – 2007	猎装规格和尺寸
9391	ES 1900 – 2007	青年和成年男性简单无领对襟束带长袍成衣规格
9392	ES 1901 – 2007	女童和男童针织 T 恤成衣规格
9393	ES 1902 – 2009	男童和青年长袍成衣
9394	ES 2131 – 1 – 2007	埃及人体尺寸　第 1 部分：男人和青少年尺寸
9395	ES 2155 – 2007	服装规格设定　手套
9396	ES 2156 – 2007	青年和成年男性居家长袍成衣规格
9397	ES 2157 – 2007	新生儿成衣规格
9398	ES 2158 – 2005	服装规格设定　连裤袜
9399	ES 2159 – 2007	女童和男童成衣规格
9400	ES 2165 – 2007	服装规格设定　男式内衣、睡衣和衬衫
9401	ES 2166 – 2007	未成年女性简单裤子成衣规格
9402	ES 2167 – 2007	青年和成年男性训练服成衣规格
9403	ES 2446 – 2007	服装规格设定　帽子
9404	ES 2447 – 1993	服装规格设定　袜子
9405	ES 2460 – 2007	服装规格设定　女式内衣、睡衣、紧身胸衣和衬衫
9406	ES 2566 – 2007	未成年男性裤子成衣规格
9407	ES 2567 – 2007	女童和男童训练服成衣规格
9408	ES 3011 – 2015	纺织品　测定尺寸变化试验用织物试样和服装的制备、标记和测量
9409	ES 3078 – 2007	未成年女性针织衬衫成衣规格
9410	ES 3079 – 2007	医生工作服成衣规格
9411	ES 3080 – 2007	女式 T 恤成衣规格
9412	ES 3128 – 2007	女式训练服成衣规格
9413	ES 3147 – 2007	青年和成年男性衬衫成衣规格
9414	ES 3160 – 2007	女式针织睡袍成衣规格
9415	ES 3170 – 2007	未成年女性针织礼服成衣规格
9416	ES 3245 – 2007	未成年女性针织睡袍成衣规格
9417	ES 3470 – 2008	服装结构和人体测量调查　人体尺寸
9418	ES 3511 – 2008	防火服装设计
9419	ES 3512 – 2008	成年男性套装成衣规格
9420	ES 3547 – 2008	未成年男性居家长袍成衣规格
9421	ES 3563 – 2008	女式针织睡衣成衣规格
9422	ES 3615 – 2008	未成年男性和女性马球衫成衣规格
9423	ES 3630 – 2008	青年和成年男性马球衫成衣规格
9424	ES 3653 – 2008	女式套装成衣规格
9425	ES 3658 – 2005	机织织物服装的技术要求
9426	ES 3785 – 2002	成年男性海洋服（短袖衬衫）成衣规格
9427	ES 3807 – 2008	未成年男性和女性针织睡衣成衣规格

续表

序号	标准编号	标准名称
9428	ES 4042 – 2008	成年女性东方斗篷成衣规格
9429	ES 4097 – 2008	女式机织织物衬衫成衣规格
9430	ES 4145 – 2008	花边的尺寸
9431	ES 4201 – 2008	青年和成年男性背心成衣规格
9432	ES 4358 – 2008	针织内衣成衣规格　成年女性大号内衣
9433	ES 4425 – 2008	针织内衣成衣规格　成年男性大号内衣
9434	ES 4450 – 2008	儿童睡衣成衣规格（短袖 T 恤）
9435	ES 4646 – 2008	女式背心成衣规格
9436	ES 6948 – 1 – 2009	服装及其等价符号的数值大小　第 1 部分：青年装和男装
9437	ES 6948 – 2 – 2009	服装及其等价符号的数值大小　第 2 部分：青年装和女装
9438	ES 6948 – 3 – 2009	服装及其等价符号的数值大小　第 3 部分：童装、男女童装
9439	ES 7206 – 2010	纺织品　针织鞋袜耐磨性的测定
9440	ES 7432 – 2 – 2011	纺织品　太阳紫外线防护特性　第 2 部分：服装的分类和标记
9441	ES 7438 – 2011	纺织品　工作服检测用工业洗涤和整理规程
9442	ES 7619 – 2013	评估可洗涤机织礼服衬衫和运动衫的标准实施规程
9443	ES 113 – 2014	医用脱脂棉
9444	ES 114 – 2014	棉纱布组织（敷料）
9445	ES 116 – 1992	医用脱脂棉纱布条
9446	ES 117 – 2013	原色棉布棉绷带
9447	ES 119 – 1995	医用脱脂棉纱布
9448	ES 120 – 2013	白色脱脂棉
9449	ES 121 – 2008	棉花备件和医用棉绒的标准测试方法
9450	ES 282 – 2008	打字机色带
9451	ES 333 – 2013	亚麻绳
9452	ES 379 – 2007	拉链扣　要求和试验
9453	ES 462 – 1993	剑麻绳索
9454	ES 521 – 1978	耐火纺织品的试验和评估
9455	ES 521 – 1 – 1978	火焰的测试和评价　第 1 部分：耐火材料
9456	ES 931 – 1998	拉链用棉带
9457	ES 950 – 2013	亚麻帆布软管
9458	ES 978 – 2008	棉鞋带
9459	ES 1020 – 2008	家用煤油灯棉芯
9460	ES 1039 – 2 – 2007	纤维绳索　词汇
9461	ES 1081 – 2013	剑麻细绳
9462	ES 1096 – 1993	马尼拉绳
9463	ES 1134 – 2013	装饰用的麻布丝带
9464	ES 1257 – 2008	起吊用非金属绳的安全工作负荷
9465	ES 1322 – 2008	绳索和绳索制品　系船用的天然纤维绳索与化学纤维绳索之间的等效性
9466	ES 1351 – 2014	纤维绳索　3，4 以及 8 股聚酰胺绳索
9467	ES 1352 – 2005	纤维绳索　3，4 以及 8 股聚酯绳索
9468	ES 1353 – 2005	绳索　特定物理和机械性能的测定
9469	ES 1405 – 2014	纺织品　使用符号的保养标签规程

续表

序号	标准编号	标准名称
9470	ES 1444 – 1979	绳索　试验用的取样和调节（废止）
9471	ES 1445 – 2014	纤维绳索　聚乙烯绳索　3 股和 4 股绳
9472	ES 1459 – 2014	纤维绳索　聚丙烯裂膜、单丝和复丝（PP2）以及聚丙烯高韧性复丝（PP3）　– 3，4 以及 8 股绳索
9473	ES 1478 – 2014	渔网　有结网片的类型与标示
9474	ES 1479 – 2008	渔网　网线断裂强度和打结断裂强度的测定
9475	ES 1487 – 2014	渔网　网眼　基本术语和定义
9476	ES 1493 – 2014	与黄麻有关的术语词汇
9477	ES 1500 – 2008	网线　浸水后长度变化的测定
9478	ES 1502 – 2014	渔网　拉网网眼断裂力的测定
9479	ES 1713 – 2008	聚丙烯捻线
9480	ES 1770 – 1989	拉链扣用合成带材
9481	ES 2160 – 2014	医用脱脂棉的标准试验方法
9482	ES 2169 – 2014	测定非机织织物单位面积质量的试验方法
9483	ES 2171 – 2006	黄麻材料缺陷的定义
9484	ES 2172 – 1992	股线物理力学性质的试验方法
9485	ES 2173 – 2007	测定非机织织物拉伸强度和伸长度的试验方法
9486	ES 2177 – 2007	防护服　液态化学品防护　材料对液体的抗浸透性的试验方法
9487	ES 2180 – 2007	对用户和防止用户服装遇热或着火的负责人的通用建议
9488	ES 2206 – 2007	医用脱脂棉纱布的标准试验方法
9489	ES 2449 – 2005	纺织品及纺织制品的燃烧性能　词汇
9490	ES 2450 – 2007	辐射热源环境中防热服和防火服所用纺织面料的热性能评估方法
9491	ES 2575 – 1 – 2014	针脚型式　分类和术语　第 1 部分：100 型
9492	ES 2575 – 2 – 2014	针脚型式　分类和术语　第 2 部分：200 型
9493	ES 2575 – 3 – 2014	针脚型式　分类和术语　第 3 部分：300 型
9494	ES 2575 – 4 – 2015	针脚型式　分类和术语　第 4 部分：400 型
9495	ES 2575 – 5 – 2015	针脚型式　分类和术语　第 5 部分：500 型
9496	ES 2575 – 6 – 2015	针脚型式　分类和术语　第 6 部分：600 型
9497	ES 2576 – 1 – 2005	接缝型式　分类和术语　第 1 部分：100 型
9498	ES 2576 – 2 – 2005	接缝型式　分类和术语　第 2 部分：2 型
9499	ES 2576 – 3 – 2005	接缝型式　分类和术语　第 3 部分：3 型
9500	ES 2576 – 4 – 2005	接缝型式　分类和术语　第 4 部分：4 型
9501	ES 2576 – 5 – 2005	接缝型式　分类和术语　第 5 部分：5 型
9502	ES 2576 – 6 – 2005	接缝型式　分类和术语　第 6 部分：6 型
9503	ES 2576 – 7 – 2005	接缝型式　分类和术语　第 7 部分：7 型
9504	ES 2576 – 8 – 2005	接缝型式　分类和术语　第 8 部分：8 型
9505	ES 2593 – 2007	纺织织物　燃烧特性　垂直向试样易点燃性的测定
9506	ES 2594 – 2007	金属溅射冲击下材料性状的测定
9507	ES 2779 – 2005	纤维绳索　通用规格
9508	ES 2815 – 2005	膨松纱线　规格基础
9509	ES 2816 – 2007	材料耐熔融金属飞溅的评定
9510	ES 2862 – 2006	垂直方向向样本燃烧的火焰蔓延性能的测量
9511	ES 2863 – 1 – 2005	热阻的测定　第 1 部分：低热阻

续表

序号	标准编号	标准名称
9512	ES 2863 – 2 – 2005	热阻的测定　第 2 部分：高热阻
9513	ES 2890 – 2007	贴有使用须知标签的服装和家居用品的拉链选择
9514	ES 2891 – 2007	纺织玻璃纤维　短纤维或长丝　平均直径的测定
9515	ES 2969 – 2014	稳态条件下热阻和湿阻的测量（防护热板排汗试验）
9516	ES 2992 – 2007	纺织玻璃纤维　纱线　命名
9517	ES 3010 – 2007	玻璃纤维制品中水分含量的测定
9518	ES 3022 – 2006	家用枕头和抱枕
9519	ES 3048 – 2007	玻璃纤维制品中连续长丝、短纤维、纱线、变形丝粗纱包的线性密度的测定
9520	ES 3063 – 2005	填充物为天然纤维或人造纤维的被褥
9521	ES 3129 – 2005	被褥的标准试验方法
9522	ES 3149 – 2005	羽绒填充规格
9523	ES 3210 – 2005	羽绒以外的家庭用品使用填充物清洁的标准方法
9524	ES 3310 – 1998	试验用绳索的取样和调节
9525	ES 3335 – 2011	枕套及褥罩织物规格
9526	ES 3336 – 2007	聚酯和环氧树脂体系加固玻璃纤维无捻粗纱
9527	ES 3364 – 2005	农用剑麻细绳
9528	ES 3366 – 2 – 2007	装饰复合材料着火性的评估　第 2 部分：装饰复合材料的试验方法
9529	ES 3366 – 3 – 2007	用闷燃和燃烧点火源对软座进行易燃性评价　第 3 部分：整套家具部件着火性的试验方法
9530	ES 3402 – 1 – 2007	软垫座椅可燃性评定试验方法　第 1 部分：火焰点火源
9531	ES 3417 – 2005	粗纱　规格基础
9532	ES 3457 – 2008	耐火性要求
9533	ES 3468 – 2008	童床、摇篮童车及类似家用物品用垫子的规格
9534	ES 3469 – 2005	可燃性试验前的纺织品家庭洗涤程序
9535	ES 3501 – 2008	体育和娱乐设备　遮阳篷和野营帐篷用织物规格
9536	ES 3502 – 2008	休闲旅居车辆用遮篷　要求和试验方法
9537	ES 3513 – 2005	灭火用无渗漏排水扁形软管与软管组件
9538	ES 3514 – 2005	织物表面燃烧时间的测定
9539	ES 3516 – 2005	农用剑麻细绳
9540	ES 3517 – 2005	纺织玻璃纤维　机织织物厚度的测定
9541	ES 3548 – 2008	织物使用须知标签的符号和词汇
9542	ES 3549 – 2005	纺织织物易燃性的水浸和干洗试验方法
9543	ES 3564 – 2006	安全网　装配的安全要求
9544	ES 3631 – 2014	室内装饰车　汽车座椅的编织装饰
9545	ES 3632 – 2001	机织物中纱线抗滑移性测定　固定开口法
9546	ES 3632 – 1 – 2012	纺织品　机织织物接缝处纱线防滑性的测定　第 1 部分：固定接缝打开方法
9547	ES 3632 – 2 – 2012	封闭管道中水流量的测量　饮用冷水组合水表　第 2 部分：安装要求
9548	ES 3632 – 3 – 2007	纺织品　机织织物接缝处纱线防滑性的测定　第 3 部分：针夹法
9549	ES 3654 – 2005	织物燃烧试验前的商业洗涤程序

续表

序号	标准编号	标准名称
9550	ES 3655 – 2008	汽车座椅坐垫织物的试验方法
9551	ES 3715 – 2002	纺织品　机织织物接缝处纱线防滑性的测定　第2部分：固定载荷方法
9552	ES 3841 – 1 – 2002	手提式链锯使用者防护服　第1部分：抗链锯切割性试验用飞轮驱动型试验台
9553	ES 3841 – 2 – 2002	手提式链锯使用者防护服　第2部分：支架保护装置试验方法和性能要求
9554	ES 3907 – 4 – 2006	纺织品　床上用品的燃烧性能　第4部分：采用小团明火测定易燃性的特殊试验方法
9555	ES 4043 – 2008	天然棉麻椰子壳纤维制长袍
9556	ES 4098 – 1 – 2003	织物及人工纺织品的接缝拉伸性能　第1部分：采用条样法测定接缝撕裂的最大作用力
9557	ES 4098 – 2 – 2008	织物及人工纺织品的接缝拉伸性能　第2部分：采用抓样法测定接缝撕裂的最大作用力
9558	ES 4359 – 2008	纺织品　床上用品的燃烧性能　利用阴燃的卷烟测定易燃性的通用试验方法
9559	ES 4426 – 2008	纺织品　床上用品的燃烧性能　利用阴燃的卷烟测定易燃性的特殊试验方法
9560	ES 4428 – 2004	防护服　通用要求
9561	ES 4429 – 2004	防护服　机械性能　材料防刺穿性能和动态撕裂性测定用试验方法
9562	ES 4430 – 2007	服饰　生理效应　用热的人体模型法测量隔热性
9563	ES 4431 – 1 – 2008	渔网　测定网眼尺寸的试验方法　第1部分：网眼孔
9564	ES 4431 – 2 – 2008	渔网　测定网眼尺寸的试验方法　第2部分：网眼长度
9565	ES 4443 – 2007	棉中非棉绒含量的标准试验方法
9566	ES 4459 – 1 – 2014	浸水服　第1部分：常穿服的包括安全在内的要求
9567	ES 4459 – 2 – 2014	浸水服　第2部分：废弃服的包括安全在内的要求
9568	ES 4459 – 3 – 2014	浸水服　第3部分：试验方法
9569	ES 4647 – 1 – 2008	运动垫　第1部分：体操垫安全要求
9570	ES 4647 – 2 – 2008	运动垫　第2部分：撑杆跳高和跳高安全要求
9571	ES 4647 – 3 – 2008	运动垫　第3部分：柔道用垫安全要求
9572	ES 4647 – 4 – 2008	运动垫　第4部分：减震测定
9573	ES 4647 – 5 – 2008	运动垫　第5部分：底部摩擦的测定
9574	ES 4647 – 6 – 2008	运动垫　第6部分：顶部摩擦的测定
9575	ES 4647 – 7 – 2005	运动垫　第7部分：静态刚度的测定
9576	ES 4754 – 2005	医用脱脂棉纱布
9577	ES 4757 – 2005	医用脱脂棉纱布条
9578	ES 4826 – 2005	纤维绳索　马尼拉麻和西沙尔麻绳索　3股、4股和5股绳
9579	ES 5403 – 2006	碰触和闭锁扣件　清洗、干燥和干洗后尺寸变化的测定
9580	ES 5407 – 2006	服装纺织品易燃性的标准试验方法
9581	ES 5508 – 2006	防止血液和体液接触用防护服　血液和体液渗透防护服装材料阻力的测定　用人造血液的试验方法

续表

序号	标准编号	标准名称
9582	ES 5510 – 2006	防护服 液态化学品防护 防护服不同部位之间带防喷雾连接件的防护服性能要求（4 类设备）
9583	ES 5648 – 2006	防护服 通用要求
9584	ES 5649 – 2006	防护服 非专业用途的 试验方法和要求
9585	ES 5773 – 2006	碰触和闭锁扣件 剥离强度的测定
9586	ES 5952 – 2007	无菌不可吸收缝线
9587	ES 5953 – 2007	无菌合成可吸收性编织缝线
9588	ES 5954 – 2007	无菌合成可吸收性单丝缝线
9589	ES 5963 – 2007	纺织玻璃纤维 短切原丝和连续长丝毡 荷载下平均厚度和压缩后复原度的测定
9590	ES 5964 – 2007	消防员用防护手套 实验室试验方法和性能要求
9591	ES 5965 – 2007	消防员用防护手套 野外消防服实验室试验方法和性能要求
9592	ES 6087 – 2007	消防员防护服 消防用防护服要求和试验方法
9593	ES 6094 – 2008	渔网 渔网网线伸长率的测定
9594	ES 6100 – 2007	消防员防护服 带反射外表面的防护服的性能要求的实验室试验方法
9595	ES 6124 – 2007	防护服 防热和防火 有限火焰扩散试验方法
9596	ES 6260 – 2013	增强制品 毯子和织物 单位面积质量的测定
9597	ES 6261 – 2014	增强织物 单位长度的经纬线上纱线根数的测定
9598	ES 6262 – 2007	纺织玻璃纤维 机织织物 采用条样法测定拉伸断裂强力和断裂伸长
9599	ES 6658 – 2008	防高温火焰防护服 防护服选择、护理和使用的通用建议
9600	ES 7053 – 1 – 2009	个人漂浮装置 第 1 部分：海船救生衣安全要求
9601	ES 7053 – 3 – 2010	个人漂浮装置 第 3 部分：救生衣、性能等级 150 安全要求
9602	ES 7208 – 2010	弹簧垫规格 试验方法
9603	ES 7332 – 2011	纺织品 儿童睡衣的燃烧性能 规格
9604	ES 7411 – 1 – 2011	患者、医护人员和器械用作为医疗器械使用的手术单、手术衣和洁净服 第 1 部分：制造商、加工商和产品的通用要求
9605	ES 7411 – 2 – 2011	患者、医护人员和器械用作为医疗器械使用的手术单、手术衣和洁净服 第 2 部分：试验方法
9606	ES 7411 – 3 – 2011	患者、医护人员和器械用作为医疗器械使用的手术单、手术衣和洁净服 第 3 部分：患者用作为医疗器械使用的手术单、手术衣和洁净服
9607	ES 7435 – 2011	纺织品 服装织物 测定燃烧性能的详细规程
9608	ES 7505 – 1 – 2012	个人防坠落系统 第 1 部分：全身安全带
9609	ES 7580 – 2013	防护服 低温环境防护服
9610	ES 7622 – 2013	防护服 防雨性能
9611	ES 38 – 2005	测定针织织物可见经纬密度、重量和针迹长度的标准方法
9612	ES 518 – 2008	含羊毛布料在洗涤过程中尺寸变化的测定方法
9613	ES 1041 – 4 – 2003	纺织工业术语词汇 第 4 部分：针织面料和制品
9614	ES 1097 – 7 – 2007	纺织品 术语和定义 第 7 部分：针织工业的织物缺陷和机械零件
9615	ES 1507 – 2014	编制和针织面料厚度的测定（不包括纺织铺地物）

续表

序号	标准编号	标准名称
9616	ES 1639 – 1987	针织物收缩率的测量
9617	ES 1920 – 1991	编织或针织面料长度的测定方法
9618	ES 1921 – 1991	编织或针织面料宽度的测定方法
9619	ES 1922 – 2007	女式针织长袍、便服、睡袍、睡衣、三角裤和贴身内衣裤织物的标准性能规格
9620	ES 1943 – 2008	针织泳衣的标准性能规格
9621	ES 1944 – 2014	女式罩衫和礼服织物的标准性能规格
9622	ES 2161 – 2005	针织品试验方法
9623	ES 2168 – 2014	纺织品　非机织品的试验方法　抗撕裂性的测定
9624	ES 2170 – 2007	测定非机织织物厚度的试验方法
9625	ES 2174 – 2014	无纺布　定义
9626	ES 2175 – 2005	针织面料的测定　结构
9627	ES 2178 – 2005	无纺粘合衬
9628	ES 2179 – 2005	无纺可缝衬里
9629	ES 2181 – 1992	针织面料花的评价
9630	ES 2183 – 2008	针织织物延伸性能的试验方法
9631	ES 2443 – 2014	针织机　圆机的公称直径
9632	ES 2444 – 2014	纺织机械和附件　针织机用针　术语　舌型针
9633	ES 2445 – 2007	经编机分段经轴　术语和主要尺寸
9634	ES 2456 – 2007	针织行业用针织机的技术原则
9635	ES 2457 – 2007	针织行业主要针织织物结构的技术原则
9636	ES 2458 – 2005	针织机　铭牌信息
9637	ES 2459 – 2014	编织机用针　术语　钩针
9638	ES 2562 – 2007	圆型针织机机号的适宜纱线计数
9639	ES 2563 – 1 – 2007	纺织机械和附件　平型经编针织机　第1部分：基本结构和针织机件的词汇
9640	ES 2563 – 2 – 2008	纺织机械和附件　平型经编针织机　第2部分：送经、织物卷取和卷布的词汇
9641	ES 2563 – 3 – 2015	平型经编机　第3部分：图形设备词汇
9642	ES 2563 – 4 – 2008	平型经编机　词汇　第4部分：缝编机械和设备
9643	ES 2564 – 2014	纺织机械　针织机　大标称直径的圆形针织机的针数
9644	ES 2565 – 2007	针织机针距
9645	ES 2569 – 1993	土工织物　特定压力下厚度的测定
9646	ES 2569 – 1 – 2011	土工合成材料　特定压力下厚度的测定　第1部分：单层
9647	ES 2571 – 2015	土工织物和相关制品　现场标识
9648	ES 2572 – 2011	土工合成材料　抽样和试样制备
9649	ES 2573 – 2011	土工合成材料　术语和定义
9650	ES 2574 – 2015	土工织物　单位面积质量的测定
9651	ES 2814 – 2014	针织面料　疵点的描述　术语
9652	ES 2860 – 1995	针织面料　由于染色印刷或精整或在此之后明显的疵点
9653	ES 2861 – 2014	纺织机械和附件　针织机　词汇
9654	ES 2972 – 2007	织针带经轴　术语和主要尺寸
9655	ES 2991 – 2005	纺织机械和附件　针织机用针　复式针术语

续表

序号	标准编号	标准名称
9656	ES 3021－2005	平型经编机　导纱梳栉编号
9657	ES 3081－2007	无纺布毛毯
9658	ES 3275－2007	机织和针织织物熨烫收缩率的试验方法
9659	ES 3365－2007	采用大宽度法测定土工织物接头/接缝处的拉伸试验
9660	ES 3403－2005	非机织织物的试验方法　弯曲长度的测定
9661	ES 3404－2008	针织纱零售包装净重的测定方法
9662	ES 3405－2005	纺织机械和附件　经编针织机用环链　词汇和符号
9663	ES 3406－2007	男式针织礼服衬衫织物的标准性能规格
9664	ES 3415－2006	土工织物大宽度拉伸试验
9665	ES 3416－2006	无纺布的网络形成与连接（词汇）
9666	ES 3456－2005	针织机的喂纱器　词汇
9667	ES 3515－2008	无纺布液体击穿时间（模拟尿液）的测定
9668	ES 3518－2008	针织物组织的表示方法
9669	ES 3519－2005	针织机用舌针针杆厚度与针头高度的配置
9670	ES 3550－2005	非织造布悬垂系数的测定方法
9671	ES 3616－1－2008	机织和针织织物起球的试验方法　第1部分：使用型式测试仪
9672	ES 3616－2－2006	机织和针织织物起球的试验方法　第2部分：使用（外观保持）型测试仪
9673	ES 3616－3－2008	机织和针织织物起球的试验方法　第3部分：使用随机翻滚式测试仪
9674	ES 3616－4－2008	机织和针织织物起球的试验方法　第4部分：使用加速器型测试仪
9675	ES 3616－5－2008	机织和针织织物起球的试验方法　第5部分：使用通用型测试仪
9676	ES 3616－6－2008	机织和针织织物起球的试验方法　第6部分：使用均匀型测试仪
9677	ES 3616－7－2008	机织和针织织物起球的试验方法　第7部分：使用刷型和海绵型测试仪
9678	ES 3656－2008	机织和针织织物滑动磨擦熔融的试验方法
9679	ES 3668－2002	供应商符合性声明的通用标准
9680	ES 3674－2002	供应商质量体系在第三方产品认证中的应用方法
9681	ES 3716－2008	机织和针织织物因倒纱出现霜花的试验方法
9682	ES 3739－2008	土工布和土工布相关产品　动态穿孔试验（对照试验）
9683	ES 3763－2008	毯子的试验方法
9684	ES 3804－2007	针织织物的技术要求
9685	ES 3808－2005	土工织物和相关制品　测定耐液体性的筛选试验方法
9686	ES 3842－2008	土工织物和相关制品　第2部分：多层产品单层厚度的测定规程
9687	ES 3853－2008	非机织织物吸收性的试验方法
9688	ES 3908－2014	土工织物和相关制品　平面流动能力的测定
9689	ES 3911－2014	土工织物和相关制品　特征性开口大小的测定
9690	ES 3916－2014	土工织物和相关制品　空载下垂直于平面的水渗透特性的测定
9691	ES 4000－2014	纺织机械　平型针织机　词汇
9692	ES 4001－2003	纺织机械和附件　经编针织机用环链　词汇和符号
9693	ES 4002－2014	纺织机械和附件　针织机用舌型针　针杆宽度和挂钩高度的协调
9694	ES 4066－2005	针织　基本概念　词汇

续表

序号	标准编号	标准名称
9695	ES 4068 – 2014	土工织物和相关制品　耐久性指南
9696	ES 4069 – 2014	土工织物和相关制品　磨损模拟（滑块试验）
9697	ES 4070 – 2003	土工织物和相关制品　在土壤中安装和提取样品并在实验室里检测试样的方法
9698	ES 4071 – 2003	土工织物和相关制品　拉伸蠕变和蠕变破裂性能的测定
9699	ES 4099 – 2018	室内家具用针织装饰织物
9700	ES 4202 – 2003	100% 的粘胶无纺布（重量为 100g/m²）
9701	ES 4203 – 2003	100% 的粘胶无纺布（重量为 50g/m²）
9702	ES 4273 – 2003	混纺无纺布（10% 的粘胶和30% 的聚酯）
9703	ES 4360 – 2008	无纺布 100% 的聚酯（重量为 50g/m²）
9704	ES 4427 – 2008	混纺无纺布（60% 的粘胶和40% 的聚酯）
9705	ES 4460 – 2005	纺织品试验方法　干燥状态下棉绒的和其他粒子生成物
9706	ES 4460 – 2017	纺织品　非机织品的试验方法　干燥状态下棉绒和其他粒子生成物
9707	ES 4648 – 2008	混纺无纺布（90% 的粘胶、10% 的聚酯）
9708	ES 5044 – 2005	纺织品　织物　宽度和长度的测定
9709	ES 5140 – 2006	由非织造织物制成的一次性医用长袍
9710	ES 5401 – 2006	评估无纺织物的标准指南
9711	ES 5402 – 2006	利用落锤（埃尔曼多夫落锤仪）测定非机织织物撕裂强度的标准试验方法
9712	ES 5408 – 2006	由非织造织物制成的一次性灭菌披盖
9713	ES 5651 – 2006	利用延展拉伸试验机的榫舌测定非机织织物撕裂强度的标准试验方法（单缝法）
9714	ES 5774 – 2006	医用压迫治疗用针织物品
9715	ES 5962 – 2007	针织面料　类型　词汇
9716	ES 5966 – 1 – 2007	土工合成材料　摩擦特性的测定　第1部分：直接剪切试验
9717	ES 5966 – 2 – 2007	土工合成材料　摩擦特性的测定　第2部分：倾斜面试验
9718	ES 6088 – 2007	针织织物的公差
9719	ES 6099 – 1 – 2007	土工织物和相关制品　内部结构连接的强度　第1部分：土工格室
9720	ES 6099 – 2 – 2007	土工织物和相关制品　内部结构连接的强度　第2部分：土工复合材料
9721	ES 6263 – 2007	土工织物和相关制品　平面水流动能力的测定
9722	ES 6264 – 2007	土工合成材料　土工合成织物抗冲击损坏的保护效率的测定
9723	ES 6265 – 2007	土工织物和相关制品　测定抗氧化能力的筛选试验方法
9724	ES 6464 – 2007	纺织品　非机织品的试验方法　第12部分：定值吸收　家用热水
9725	ES 6514 – 2008	纺织机械和附件　平型经编针织机　导纱梳栉编号
9726	ES 6521 – 2008	机织和针织织物弓纬与纬斜的标准试验方法
9727	ES 6779 – 2008	混纺无纺布"70% 纤维胶 –30% 涤纶"
9728	ES 7052 – 1 – 2011	纺织品　洗涤后扭斜度的测定　第1部分：针织服装纵行扭斜变化率
9729	ES 7052 – 2 – 2009	纺织品　洗涤后扭斜度的测定　第2部分：机织和针织织物

续表

序号	标准编号	标准名称
9730	ES 7436 – 2011	纺织品 针织织物 纬编针织织物针迹长度和纱线线性密度的测定
9731	ES 7484 – 2011	公共机构和家庭使用机织、针织和植绒床罩制品的标准规格
9732	ES 7486 – 2011	针织领带和围巾织物的标准性能规格
9733	ES 7576 – 2013	公共机构和家庭使用编织和针织盖被及配套产品的标准规格
9734	ES 7577 – 2013	高蓬松性非机织织物厚度的标准试验方法
9735	ES 644 – 2015	黄麻或洋麻制包装物
9736	ES 2263 – 2014	机织物的说明标签
9737	ES 2264 – 2014	棉花包 尺寸和密度
9738	ES 2265 – 2008	包装 袋 试验空袋采样方法
9739	ES 2266 – 2005	包和袋的接缝、褶边和使用规格
9740	ES 2268 – 2014	纺织产品标签的通用条件
9741	ES 2269 – 2005	防止昆虫螨类和啮齿动物损坏包装及其内容物
9742	ES 2270 – 2014	医疗用棉制品的说明标签
9743	ES 2271 – 2014	包装 针织 T 恤成衣
9744	ES 2272 – 2014	包装 女士针织内衣 男士和男孩针织服装
9745	ES 2273 – 2014	包装 男士和男孩针织内衣
9746	ES 2274 – 2005	聚烯烃类机纺纱线制开口袋规格
9747	ES 2275 – 2005	试验方法 聚烯烃扁丝纱
9748	ES 2276 – 2005	黄麻包装用纱线和织物的技术术语
9749	ES 2277 – 2014	粘胶短纤维包装规格
9750	ES 2278 – 2008	羊毛和化纤上衣的包装
9751	ES 2279 – 2005	黄麻袋的规格计算和尺寸大小
9752	ES 2280 – 2014	男士西装裤子成衣包装
9753	ES 2281 – 2014	包装成衣、男式睡衣和睡袍
9754	ES 2282 – 2015	男士和男孩衬衫成衣以及女士和女孩衬衫成衣的包装
9755	ES 2283 – 2007	女士和女孩外套、套装、大衣和裙子成衣的包装和打包
9756	ES 2284 – 2015	女士和女孩睡衣和睡袍成衣的包装和打包
9757	ES 2285 – 2005	黄麻纤维制麻袋包的封闭和内衬与地毯的包装
9758	ES 2286 – 2006	包装水泥用轻量级黄麻袋的规格
9759	ES 2287 – 2008	纺织产品包装用织物的规格
9760	ES 2288 – 2005	亚麻帆布水桶
9761	ES 2577 – 2006	包装 纱线绑扎 不限制出口和本地销售
9762	ES 2578 – 2006	多脂羊毛和洗净羊毛的包装以及浓密羊毛的开放式包装袋
9763	ES 2916 – 2006	塑料包装 最大净质量为 75kg 的编织袋
9764	ES 2917 – 2007	聚烯烃扁丝纱的规格和应用
9765	ES 2918 – 2007	新生儿成衣包装
9766	ES 2988 – 2005	包装选择影响因素
9767	ES 3009 – 1 – 2005	包装术语和定义
9768	ES 3009 – 2 – 2005	包装术语 第 2 部分：黏合和压敏
9769	ES 3009 – 3 – 2005	包装术语和定义 第 3 部分：走锭捻线机 6 防腐蚀
9770	ES 3009 – 4 – 2005	包装 第 4 部分：术语和定义（衬垫和衬垫材料）
9771	ES 3049 – 2005	包装功能

续表

序号	标准编号	标准名称
9772	ES 3126 – 2005	人造纤维包 尺寸
9773	ES 3158 – 2008	包装方法和管理
9774	ES 3212 – 2008	包 包装 第3部分：棉花和标记包
9775	ES 3223 – 2015	棉花包装 包装和标记
9776	ES 3260 – 1 – 2006	柔性中型散装容器 第1部分：通用要求和试验 V
9777	ES 3260 – 2 – 2006	柔性中型散装容器 第2部分：选择柔性中型散装容器的用户指南
9778	ES 3260 – 3 – 2006	柔性中型散装容器 第3部分：用于重型用途的柔性中型散装容器
9779	ES 3260 – 4 – 2006	柔性中型散装容器 第4部分：用于标准用途的柔性中型散装容器
9780	ES 3260 – 5 – 2006	柔性中型散装容器 第5部分：单次集装袋
9781	ES 3260 – 6 – 2006	柔性中型散装容器 第6部分：循环天皮性能的试验方法
9782	ES 3260 – 7 – 2006	柔性中型散装容器 第7部分：集装箱袋 不同设计的集装箱袋
9783	ES 3308 – 2007	非金属材料曝光用荧光紫外灯的标准操作规程
9784	ES 3407 – 2005	包装 完整且已装满的运输用包装物 试验时的部件核对
9785	ES 4274 – 2005	纺织铺地物厚度、压缩和恢复特性的测定
9786	ES 4452 – 2005	包装 完整且已装满的运输用包装物和装载单位 试验条件
9787	ES 4687 – 2008	救援食品运输袋 聚丙烯机织袋
9788	ES 4804 – 2005	包装 袋 试验空袋采样方法
9789	ES 4805 – 2015	包装 完整且已装满的运输用包装物和装载单位 垂直随机振动试验
9790	ES 5504 – 2006	儿童不可拆包装 可重新封盖包装的要求和试验程序
9791	ES 5505 – 2006	救援食品运输袋 聚丙烯除外的聚烯烃机织袋
9792	ES 5650 – 2006	包装 装载单位大小 尺寸
9793	ES 5767 – 2006	救援食品运输袋 黄麻/聚烯烃机织袋
9794	ES 5768 – 2006	救援食品运输袋 聚乙烯薄膜袋
9795	ES 5769 – 2006	救援食品运输袋 带衬里的棉织物袋
9796	ES 5945 – 2007	救援食品运输袋 棉/聚烯烃织物机织袋
9797	ES 5946 – 2007	救援食品运输袋 黄麻织物袋
9798	ES 5947 – 1 – 2007	完整满装运输包装 试验计划通用编制规则 第1部分：通用原则
9799	ES 5947 – 2 – 2007	完整满装运输包装 性能计划通用编制规则 第2部分：定量数据
9800	ES 6254 – 2007	包装 女士、男士和儿童袜子
9801	ES 6255 – 2007	包装 家具披覆材料和斜纹
9802	ES 6256 – 2007	加工成原生或原生棉花丝的包装
9803	ES 6516 – 2008	包装 包装与环境术语
9804	ES 6563 – 2008	玻璃纤维编织绳和油绳包装的标准规格
9805	ES 6650 – 2008	包装 袋 白色吸水棉
9806	ES 6728 – 2008	包装 袋 脱脂药棉袋
9807	ES 6949 – 2009	测定安全气囊用织物特定可包装性的标准试验方法
9808	ES 7054 – 2009	包装 袋 脱脂薄纱药棉袋

续表

序号	标准编号	标准名称
9809	ES 7437 – 2011	防紫外线纺织品贴标的标准指南
9810	ES 7489 – 2011	包装　薄纱织物（装饰）包装
9811	ES 7618 – 2013	商业包装的标准实施规程
9812	ES 3177 – 2014	环境管理系统　原理系统和支持技术的通用指南
9813	ES 3178 – 2006	环境管理系统　使用指南规格
9814	ES 3179 – 2008	环境管理系统的词汇
9815	ES 3180 – 2008	环境审计准则　环境审计人员资格标准
9816	ES 3181 – 2008	环境审计准则　环境审计系统的程序审计
9817	ES 3182 – 2008	产品标准中包括的环境方面指南
9818	ES 3183 – 2008	环境审计准则　通用原则
9819	ES 3411 – 2006	环境标志和声明　通用原则
9820	ES 3412 – 2008	环境标志和声明　自我声明环境要求　术语指南、定义和使用
9821	ES 3413 – 2006	环境管理词汇
9822	ES 3670 – 2001	环境管理术语
9823	ES 3679 – 2001	环境管理体系（EMS）评估和注册机构的通用要求
9824	ES 3789 – 2013	环境标志和声明（Ⅲ型）　声明
9825	ES 3790 – 2008	环境管理体系（EMS）评估、认证和注册机构的通用要求
9826	ES 4699 – 2004	环境管理系统　使用指南规格
9827	ES 4700 – 2004	环境管理系统　原理系统和支持技术的通用指南
9828	ES 4701 – 2005	环境绩效环境管理　评估　指南
9829	ES 4702 – 2005	环境管理　生命周期评估　原则和框架
9830	ES 4703 – 2005	环境管理　生命周期评估　目标与范围的确定和清单分析
9831	ES 4704 – 2005	环境管理　生命周期评估　生命周期影响评价
9832	ES 4705 – 2005	环境管理　生命周期评估　生命周期解释
9833	ES 4706 – 2005	环境管理　生命周期评估　ISO 14041 应用范例
9834	ES 4707 – 2004	环境管理　词汇
9835	ES 4708 – 2008	协助林业机构使用 ISO 14001 和 ISO 14004 环境管理系统标准的信息
9836	ES 4709 – 2004	环境标志和声明　自我环境声明（Ⅱ型环境标志）
9837	ES 4710 – 2004	环境标签和声明　通用原则
9838	ES 4711 – 2004	环境标志和声明　类型环境标签　原则和程序
9839	ES 4712 – 2008	环境管理　环境性能评定（EPE）范例
9840	ES 4713 – 2004	环境标志和声明　Ⅲ型环境声明
9841	ES 4719 – 2008	管理系统标准的辩证和发展指南
9842	ES 6257 – 2007	环境管理　现场和组织的环境评估（easo）
9843	ES 6258 – 2007	环境管理　生命周期评估　生命周期影响评价
9844	ES 7431 – 1 – 2011	温室气体　第 1 部分：组织层面的温室气体排放和移除的量化与报告指南规范
9845	ES 7431 – 2 – 2011	温室气体　第 2 部分：项目层面的温室气体减排或强化清除的量化、监测和报告的指南规范
9846	ES 7431 – 3 – 2011	温室气体　第 3 部分：温室气体认定用验证和确认的指南规范
9847	ES 6810 – 1 – 2008	人类工效学　人工搬运　第 1 部分：提升和运送
9848	ES 6810 – 2 – 2008	人类工效学　人工搬运　第 2 部分：推和拉

续表

序号	标准编号	标准名称
9849	ES 6810 – 3 – 2008	人类工效学　人工搬运　第3部分：高频低负荷的搬运
9850	ES 6951 – 2009	人类工效学　言语交际评价
9851	ES 6871 – 1 – 2008	统计学　词汇和符号　第1部分：通用统计术语和概率术语
9852	ES 6871 – 2 – 2008	统计学　词汇和符号　第2部分：应用统计
9853	ES 6871 – 3 – 2008	统计学　词汇和符号　第3部分：实验设计
9854	ES 6950 – 2009	验收控制图
9855	ES 3788 – 2013	环境标志和声明　Ⅰ型环境标签　原则和程序
9856	ES 6657 – 2008	防治荒漠化与土地退化的管理　术语和定义
9857	ES 7581 – 2013	环境管理　防治荒漠化和荒漠化监测评价　指南和要求
9858	ES 7055 – 1 – 2009	社会责任　第1部分：术语和定义
9859	ES 7575 – 2013	社会责任指南
9860	ES 1834 – 2008	质量控制用术语词汇
9861	ES 3414 – 1 – 2008	质量管理和质量保证标准　第1部分：选择和使用指南
9862	ES 3414 – 2 – 2008	质量管理和质量保证标准　第2部分：ISO 9001，ISO 9002 和 ISO 9003 应用通用指南
9863	ES 3414 – 3 – 2008	质量管理和质量保证标准　第3部分：有关计算机软件开发、供货、安装和维护的 ISO 9001：1994 应用指南
9864	ES 3669 – 2001	第三方认证体系中标准符合性的表示方法
9865	ES 3671 – 2001	适用于合格评定的起草标准指南
9866	ES 3672 – 2001	认证机构对误用其符合性标志采取纠正措施的实施指南
9867	ES 3673 – 2001	产品型号第三方认证体系的通用原则
9868	ES 3676 – 2001	合格评定的良好做法守则
9869	ES 3677 – 2001	认证/注册机构评估和认证的通用要求
9870	ES 3678 – 2001	产品认证系统操作机构的通用要求
9871	ES 4696 – 2004	质量管理体系　基本原理和词汇
9872	ES 4697 – 2004	质量管理体系　要求
9873	ES 4698 – 2004	质量管理体系　性能改进指南
9874	ES 4714 – 1 – 2004	信息技术设备　安全性　第1部分：通用要求
9875	ES 3675 – 2001	校准和检验实验室认可体系　通用操作和认可指南
9876	ES 3680 – 2001	指令体系评估和认证/注册机构的通用要求
9877	ES 3871 – 2012	电气标志　具有与电气安全要求有关的额定值的设备
9878	ES 3682 – 2001	提供验证机构认可的机构的通用要求
9879	ES 1914 – 2014	文献　译文的标识
9880	ES 1915 – 2014	文献　书籍标题页
9881	ES 1916 – 2014	期刊文献目录
9882	ES 1917 – 1990	文献　出版物索引
9883	ES 1918 – 1990	文献　国际标准书号（ISBN）
9884	ES 1919 – 2014	书写文献的部分和细目编号
9885	ES 2595 – 2014	检查文件、确定主题和选择索引词的方法
9886	ES 2596 – 2014	书籍和其他出版物的书脊题名
9887	ES 2597 – 2014	阿拉伯字符向拉丁字符的转化音译
9888	ES 2598 – 2006	文献　连续出版物和图书中的文献的书目标识
9889	ES 2599 – 2014	文献　期刊出版物摘要表

续表

序号	标准编号	标准名称
9890	ES 2600 – 1993	文献 磁带上书目信息交换格式
9891	ES 2601 – 2014	信息与文献 出版物和文献摘要
9892	ES 2602 – 2014	国际标准音像制品编码（ISRC）
9893	ES 2603 – 2005	国际标准期刊编号（ISSN）
9894	ES 2603 – 1 – 2013	信息与文献 国际标准期刊编号（ISSN） 第 1 部分：规则编制
9895	ES 2603 – 2 – 2013	信息与文献 国际标准期刊编号（ISSN） 第 2 部分：附件
9896	ES 2604 – 1993	文献 图书馆统计学
9897	ES 2604 – 1 – 2008	信息与文献 国际图书馆统计学 第 1 部分：词汇
9898	ES 2604 – 2 – 2008	信息与文献 国际图书馆统计学 第 2 部分：报告统计数据
9899	ES 2604 – 3 – 2013	信息与文献 国际图书馆统计学 第 3 部分：统计数据编辑
9900	ES 2604 – 4 – 2013	信息与文献 国际图书馆统计学 第 4 部分：测量图书馆中电子服务的应用
9901	ES 2605 – 2006	数据元和交换格式 信息交换 日期和时间表示法
9902	ES 2606 – 2014	系列标题信息的表示
9903	ES 2607 – 2014	文献 出版物题名和标题缩写规则
9904	ES 2608 – 2014	文献 译本描述
9905	ES 2609 – 2014	论文和类似文献的表示
9906	ES 2610 – 2014	文献 期刊和其他出版物文献的介绍
9907	ES 2611 – 2014	信息与文献 标准或类似出版物的目录表示
9908	ES 2612 – 2014	印刷技术 文章校对符号
9909	ES 2680 – 1 – 2014	文献与情报 词汇 第 1 部分：基本概念
9910	ES 2680 – 2 – 2014	文献与情报 词汇 第 2 部分：传统文献
9911	ES 2680 – 3 – 2014	信息与文献 词汇 第 3 部分：文献机构及其馆藏
9912	ES 2680 – 4 – 2008	文献与情报 词汇 第 4 部分：文件和数据的获取、识别和分析
9913	ES 2680 – 4 – 2 – 2014	信息与文献 词汇 第 4 部分：文献工作过程 4 – 2 分析表示和内容描述
9914	ES 2680 – 4 – 3 – 2014	信息与文献 词汇 第 4 部分：文献工作过程 4 – 3 存储、搜索和检索
9915	ES 2680 – 5 – 2014	信息与文献 词汇 第 5 部分：信息和文献的使用
9916	ES 2680 – 6 – 2014	文献与情报 词汇 第 6 部分：视音频文件
9917	ES 2681 – 1994	文献书目参考内容的形式和结构
9918	ES 2681 – 1 – 2006	信息与文献 参考文献 第 1 部分：内容、形式和结构
9919	ES 2681 – 2 – 2006	信息与文献 第 2 部分：电子文献或其组成部分
9920	ES 2682 – 1994	科技报告的文献描述
9921	ES 2683 – 1994	图书馆、档案馆、信息和文献中心及其数据库的文献目录
9922	ES 2894 – 2006	信息与文献 书目归档原则
9923	ES 2895 – 2005	信息与文献 信息交换格式
9924	ES 3013 – 2008	文献 文献归档原则
9925	ES 3034 – 1996	语言名称代码
9926	ES 3034 – 1 – 2006	信息与文献 语言名称代码 第 1 部分：阿尔法 – 2 编码
9927	ES 3151 – 2006	国际标准技术报告编号

续表

序号	标准编号	标准名称
9928	ES 3161 – 2006	信息和文献 国家名称代码
9929	ES 3161 – 1 – 2006	国家及其分支机构名称表示用信息和文献代码 第1部分：国家代码
9930	ES 3161 – 3 – 2005	国家及其分支机构名称表示用信息和文献代码 第3部分：以前使用的国家名称
9931	ES 3197 – 1 – 2007	信息技术 词汇 第1部分：基本术语
9932	ES 3197 – 4 – 2007	信息与文献 信息处理系统 词汇 第4部分：数据组织
9933	ES 3197 – 5 – 2007	信息处理系统 词汇 第5部分：数据表示
9934	ES 3197 – 6 – 2007	信息处理系统 词汇 第6部分：数据的准备与处理
9935	ES 3337 – 6 – 1998	信息处理系统 词汇 第6部分：数据的准备与处理
9936	ES 3604 – 2006	信息与文献 国际标准乐谱号（ISMN）
9937	ES 3637 – 2001	国际标准书号（ISBN）
9938	ES 3720 – 2006	信息与文献 书目描述和参考 书目术语缩写规则
9939	ES 3766 – 2006	信息与文献 除粉报表汇总
9940	ES 3767 – 2006	信息与文献 图书馆和相关组织用国际标准识别号（ISIL）
9941	ES 4044 – 2006	信息与文献 图书馆绩效指标
9942	ES 4149 – 2006	文献 单语词典的编写和开发指南
9943	ES 4275 – 2003	索引内容的组织和表示准则
9944	ES 4504 – 1 – 2006	书目数据元 编目和元数据交换用数据元 第1部分：数据元目录
9945	ES 4504 – 2 – 2006	书目数据元 编目和元数据交换用数据元 第2部分：索引
9946	ES 4504 – 3 – 2006	书目数据元 编目和元数据交换用数据元 第3部分：数据元的结构化顺序
9947	ES 4504 – 4 – 2006	书目数据元 编目和元数据交换用数据元 第4部分：编目应用消息矩阵
9948	ES 4813 – 1 – 2007	信息与文献 CEDI 通用电子文档交换 第1部分：通用电子文件交换格式
9949	ES 4813 – 2 – 2007	信息与文献 GEDI 通用电子文档交换 第2部分：通用电子文件交换格式
9950	ES 4828 – 2005	索引的内容、组织和表示准则
9951	ES 4829 – 2005	国际标准书号（ISBN）
9952	ES 4830 – 2005	信息交换格式
9953	ES 5145 – 1 – 2006	信息与文献 交互式文本检索命令集 第1部分：通用原则
9954	ES 5145 – 2 – 2006	信息与文献 交互式文本检索命令集 第2部分：命令名称
9955	ES 5146 – 2014	信息与文献 都柏林核心元数据元素集
9956	ES 5433 – 2006	阿拉伯数字和基本的算术符号
9957	ES 5665 – 1 – 2006	信息与文献 书目数据元目录 互借应用 第1部分：数据元目录
9958	ES 5665 – 2 – 2006	信息与文献 书目数据元目录 互借应用 第2部分：数据元索引
9959	ES 5665 – 3 – 2006	信息与文献 书目数据元目录 互借应用 第3部分：数据元的结构化顺序

续表

序号	标准编号	标准名称
9960	ES 5665 – 4 – 2007	信息与文献　书目数据元目录　互借应用　第4部分：互借应用消息矩阵
9961	ES 5985 – 1 – 2007	信息与文献　书目数据元目录　获取应用　第1部分：数据元目录
9962	ES 5985 – 2 – 2007	信息与文献　书目数据元目录　获取应用　第1部分：数据元索引
9963	ES 5985 – 3 – 2007	信息与文献　书目数据元目录　获取应用　第3部分：数据元目录
9964	ES 5985 – 4 – 2007	信息与文献　书目数据元目录　获取应用　第4部分：获取信息矩阵
9965	ES 5986 – 2007	文献　论文和类似文献的介绍
9966	ES 6294 – 1 – 2007	信息与文献　书目数据元目录　信息检索应用　第1部分：数据元目录
9967	ES 6294 – 2 – 2007	信息与文献　书目数据元目录　第2部分：索引
9968	ES 6294 – 3 – 2007	信息与文献　书目数据元目录　信息检索应用　第3部分：数据元的结构化顺序
9969	ES 6294 – 4 – 2007	信息与文献　书目数据元目录　信息检索应用　第4部分：信息检索消息矩阵
9970	ES 6370 – 2007	信息与文献　国际标准试听资料编码（ISAN）
9971	ES 6681 – 1 – 2008	信息与文献　书目数据元目录　循环应用　第1部分：数据元目录
9972	ES 6681 – 2 – 2008	信息与文献　书目数据元目录　循环应用　第2部分：索引
9973	ES 6681 – 3 – 2008	信息与文献　书目数据元目录　循环应用　第3部分：数据元的结构化顺序
9974	ES 6681 – 4 – 2008	信息与文献　书目数据元目录　循环应用　第4部分：循环应用消息矩阵
9975	ES 6682 – 2 – 2008	国家和其地区的名称代码　第2部分：国家地区代码
9976	ES 7542 – 2012	信息和文献　Marc 交换
9977	ES 7543 – 2012	信息和文献　专著和系列出版物缩微平片的标题
9978	ES 7544 – 1 – 2012	信息和文献　图书馆绩效指标　第1部分：通用原则
9979	ES 7544 – 2 – 2012	信息和文献　图书馆绩效指标　第2部分：指标描述